商业智能深入浅出

——Cognos，Informatica 技术与应用

王　飞　刘国峰　编著

机械工业出版社

本书包括：理论篇、项目篇、工具篇和实践篇。其中，理论篇涵盖了商业智能的大部分理论知识，包括进入商业智能领域之前所需要的基础准备知识；项目篇根据实际项目和例子讲解各个知识点，包括如何进行商业智能项目需求的定义，如何开发数据仓库系统，如何实现 ETL 数据抽取和 OLAP 多维分析等方面的内容；工具篇介绍了商业智能开发中最常见的 ETL 工具 Informatica 和报表展示工具 Cognos；实践篇是提供给项目设计人员和开发人员的练习资料。读者完全可以按照书中的内容一步步进行操作，这也是作者和读者进行互动的一种方式。

本书最大的亮点在于根据实际的项目经验定义总结了商业智能设计、开发的一般流程和规范，是企业领导决策层和商业智能开发人士的宝贵参考资料。

本书提供部分源代码和一些有价值的文档模板，读者可以网上免费下载。

图书在版编目（CIP）数据

商业智能深入浅出：Cognos，Informatica 技术与应用/王飞，刘国峰编著.
-北京：机械工业出版社，2012.2（2015.9 重印）
ISBN 978-7-111-37241-7

Ⅰ.①商… Ⅱ.①王… ②刘… Ⅲ.①关系数据库-数据库管理系统
Ⅳ.①TP311.138

中国版本图书馆 CIP 数据核字（2012）第 012433 号

机械工业出版社（北京市百万庄大街 22 号 邮政编码 100037）
策划编辑：丁 诚
责任编辑：吴超莉
责任印制：李 洋

北京振兴源印务有限公司印刷

2015 年 9 月 · 第 1 版第 3 次印刷
184mm×260mm · 28.25 印张 · 702 千字
5001-6000 册
标准书号：ISBN 978-7-111-37241-7
定价：69.80 元

凡购本书，如有缺页、倒页、脱页，由本社发行部调换

电话服务
社服务中心：（010）88361066
销售一部：（010）68326294
销售二部：（010）88379649
读者购书热线：（010）88379203

网络服务
门户网：http://www.cmpbook.com
教材网：http://www.cmpedu.com

前　言

谁需要阅读本书

如果您是一直关注商业智能领域发展变化的信息技术领域专业人员，或者是正在考虑涉足这个充满机会的商业智能领域，同时又迷失在浩如烟海的文献和书籍中不知所措，如果您希望得到一本简单明了，同时又是专门为信息技术领域专业人员量身定制的商业智能方面的书籍，那么这本书很适合你。

在内容上，本书几乎涵盖了商业智能的方方面面，同时又强调特定的重点，可以由浅入深，循序渐进地带您进入商业智能的世界。

本书可以为你做什么

本书内容全面详细，从中您可以学到商业智能领域各个方面的重要内容。书中涵盖了进入商业智能领域所需要的几乎所有的理论知识，但是本书并不推崇细节性的理论知识讲述，因为每一部分理论都可以写成一本书。本书主要是针对项目中所遇到的问题，商业智能项目开发的一般流程，尤其针对初学者如何能够很快进入到项目中，这本书对他们来说具有极高的参考价值，由于笔者是在电力行业工作，所以会适当列举一些电力行业的例子作为参考。本书涵盖的知识点很多，但是全书分成如下几个部分。理论篇：包括进入到商业智能领域之前的准备知识、商业智能简介、数据仓库的基本理论知识、商业智能 ETL、商业智能 OLAP 报表分析等方面的理论知识。项目篇：包括如何应用商业智能，如何进行商业智能项目需求的定义，如何开发数据仓库系统，如何实现 ETL 数据抽取和 OLAP 多维分析等方面的内容。工具篇：详细介绍两大商业智能工具 Cognos 与 Informatica 的理论知识和使用方法。实践篇：包括 Cognos 报表的开发、部署和实践。本书附赠部分源代码和一些有价值的文档模板。

阅读背景

目前，很多公司引入了商业智能。商业智能已经不是单纯的、仅供科研和实验的概念了，它已经成为了企业信息化的重要的解决方案和技术手段。从零售企业到金融机构，从电力行业到环保产业，商业智能正在引起一场商业分析和战略决策的革命。预计，很快国内外超过半数的企业都会使用商业智能技术去开拓和抢占市场了。小时候曾经有一本书给我留下了深刻的印象，大概内容是教小学生如何写作文的，包括如何写议论文、记叙文、散文等。书中并没有很刻板地去阐述写作的步骤，而是通过主人公（小胖）的一个个小故事，把一些看似偶然，却又非常合理的情节，包括在公园、火车站、旅游景点等场景下，以对话的形式将写作的方法一一告诉读者，语言风趣幽默，主人公（小胖）的写作水平得到了长足的提高，同时身为读者的我们也有了相当大的收获，时隔几十年，仍然让我不能忘怀。本书的内容，虽然不能以故事情节或者对话的形式展现给大家，但是也尽量不用晦涩难懂的语言去解释概念，而是用简单易懂的例子去说明问题。本书以形象生动的语言，由浅入深地进行讲解，让初学者能够很快进入到商业智能的世界中，同时也可让专业人士轻松阅读。

在本书的编写中，王飞主要负责理论篇和项目篇，刘国峰主要负责工具篇和实践篇。

作　者

致　　谢

我要感谢帮助我完成这本书的所有人。

感谢刘国峰对本书的重要贡献，他为本书的出版付出了自己的心血和努力。

感谢公司的同事们，他们都以各种方式为本书的编写做出了贡献，在这里特别感谢燕超源主任和李永红经理给予的支持和鼓励，同时感谢乔晅给予的技术支持和帮助。

最后，也是最重要的，我要感谢家庭给予我的不懈支持，如果没有母亲(张丽华)、父亲(王贵林)，还有我的岳父(丁一贤)、岳母(赵桂荣)，特别是我的妻子(丁玲玲)，刚出生的女儿(王预萱)。他们给予了我最大的精神支持和帮助，如果没有他们，我很难想象能完成这本书。

王　飞

这本书的面世，得到了很多人的鼎力相助，请允许我在此逐一进行感谢。

写书的这个想法最初是王飞提出来的，同时在刘博老师的鼎力相助下才有了这本书的面世。

这本书的执笔从2010年的秋季就已经开始了。我和合作者王飞的写作环境基本上是一样的，每天下班后晚上7点到家，双方的爱人同时都处于怀孕的初期，在她们的理解和鼓励下，我们每天坚持写作到凌晨1点，最后终于完成了本书的创作。所以非常感谢王飞的爱人和我的妻子，如果没有她们在背后的默默支持，我们不可能坚持完成这本书的写作。在此我谨代表我和王飞，感谢背后支持我们的家人和朋友，万分感谢！

刘国峰

目 录

项　目　篇

工 具 篇

实 践 篇

理 论 篇

第1章 商业智能简介

本章目标

什么是商业智能？什么样的企业需要商业智能？商业智能在这些企业里发挥了怎样的重要作用？或者说商业智能给我们的生活带来了哪些便利？下面先了解身边的几个应用商业智能的例子：

- 大家知道，商业银行的网点非常多，每家网点的现金流每天都是不一样的，那么银行面临的问题就来了：怎么解决或者平衡各网点的现金流问题？
- 大家都用过百度搜索引擎，在搜索关键字的时候，如果我们想搜 “伊拉克战争”却打成了“伊拉克站争”，百度的显示结果页最前面会提示：您是不是要搜索“伊拉克战争”？
- 某发电行业如何根据历史发电量、历史增长率和其他相关的因素去预测未来几年的用电需求？
- 笔者前些日子连续两次在南方航空公司订票系统网站，购买大连和青岛到北京的往返机票，后来持续一年，每隔一周就能收到航空公司的关于三亚特价机票和酒店的邮件和短信提示。那么该订票系统如何根据个人的历史订票记录去预测未来哪些潜在客户会在什么时段内需要预订哪些票？

针对以上问题，本章对商业智能做了概述性的介绍，重点讲解了商业智能在企业中的重要性和作用，并且预测了商业智能的发展趋势和实施商业智能的一般步骤，使读者对商业智能有一个初步认识。

学习本章后，您将掌握：

- 商业智能的作用。
- 商业智能的功能。
- 商业智能的发展趋势。
- 商业智能的实施方法和步骤。
- 商业智能成功的关键。
- 商业智能组织机构的特点。

1.1 商业智能介绍

1.1.1 商业智能在企业中的作用

曾经看过这样一个例子，美国某超市有一个系统：当你采购了一车的物品准备结账时，美丽的收银员小姐扫完了你的所有物品后，计算机会显示出一些信息，然后收银员小姐会友好地问你：“我们有一种一次性纸杯正在促销，位于**货架上，您要购买么？”结果你非常惊奇地说：“啊，谢谢你！我刚才一直没有找到纸杯。”那么计算机系统如何知道的？秘密在于当系统知道你的购物车里面有餐巾纸、大瓶可乐和沙拉的时候，则会计算出 80%以上你要买一次性纸杯。这就是商业智能的一个简单应用。

当然，商业智能的作用绝不仅限于此，从小型的超市系统，到国家银行、航空、水利、电力、铁路运输等大型系统，商业智能的应用无处不在。如果我们对商业智能做一个简单的定义，那就是：帮助你把一些数据转化成具有商业价值的，而且可以获取的信息和知识，同时在最恰当的时候，通过某种方式把信息传递给需要的人。在上面的例子中，计算机系统把餐巾纸、大瓶可乐、沙拉等商品信息转化成具有商业价值的信息（知识），同时在恰当的时候把顾客需要一次性纸杯的信息告诉收银员，这就是商业智能的价值。数据可以转化成信息和知识，最后转化成利润，如图 1-1 所示。

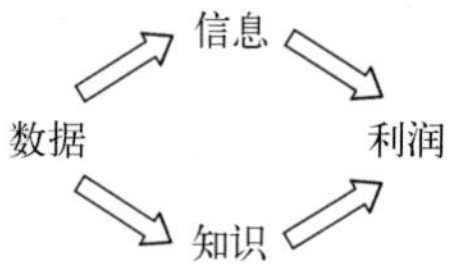

图 1-1　商业智能的价值

很多企业经过多年的企业资源计划（Enterprise Resource Planning，ERP）系统的运行，已经坐拥了大量的经营数据，如何将这些宝贵的数据财富转化成一种信息、知识传达给企业管理者，这就是商业智能需要研究和完成的工作。商业智能好像一个采矿加工厂，如图 1-2 所示：它负责采集大量的矿石，然后经过进一步的分离，加工等操作，最后提炼出高纯度的精矿。

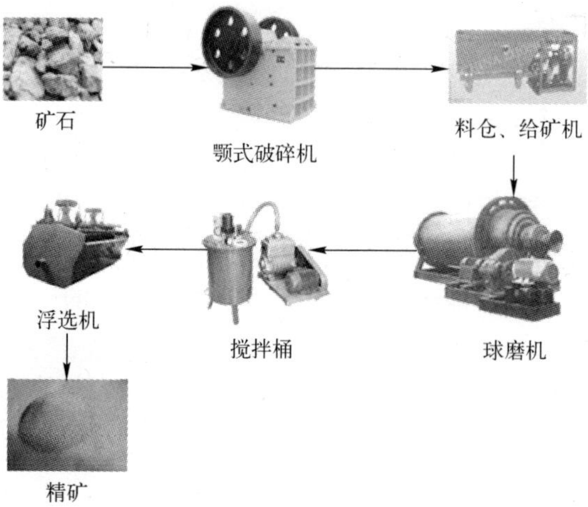

图 1-2　采矿加工图

企业的经营和销售数据就是这些未开采的矿石，而商业智能的作用就是将这些“矿石”转化成对企业非常有用的“精矿”。

商业智能对企业的重要性是不言而喻的。它可以提高企业的运营效率，增加企业的竞争力和领导者的决策能力，从而获得更大的市场，提高企业的利润。同时为公司管理层人员提供一种全新的思维方式，通过使用企业宝贵的数据财产，发现内部潜在的规律，这样才能作出准确的判断，制定出正确的决策方针，这样的企业在竞争中才能处于不败之地，同时也优化了企业内部的组织结构，增强了企业资源的合理配置。

1.1.2 商业智能的功能

商业智能最早出现在 20 世纪 90 年代，当时它的主要功能就是查询报表、数据分析、数据备份和恢复等。随着技术的发展和应用的扩展，商业智能已经拓展了其他功能。

1）数据读取功能：除了读取数据库中的数据外，还包括一些平面文件，例如 Excel 文件、csv 文件等。

2）分析功能：通过业务之间的关联关系去分析、探查事物发生的概率，例如通过顾客采购的商品种类去分析顾客需要纸杯的概率。

3）红色报警功能：基于数据仓库提供报警功能，例如用绿色代表正常，红色代表超出了目标范围，提醒相关人员注意。

4）报表展示的功能：例如报表工具（Cognos、BO 等）利用各种可视化的功能呈现给用户交叉报表、饼形图（见图 1-3）、散点图、线图、柱形图（见图 1-4），还可以通过向下钻取、数据切片和旋转以及交互式的图形分析能力，使用户能够从任何角度去观察业务。

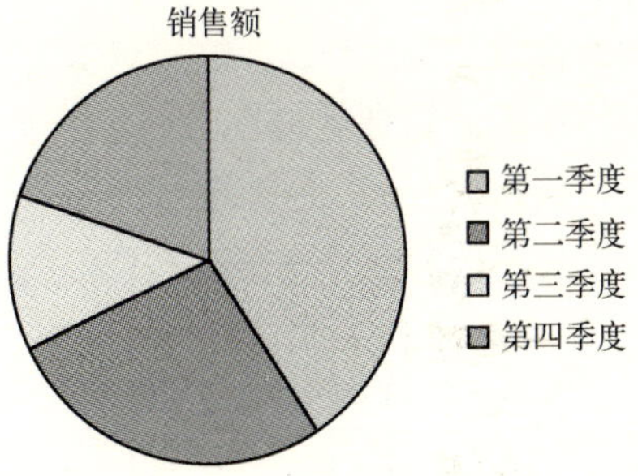

图 1-3　饼形图

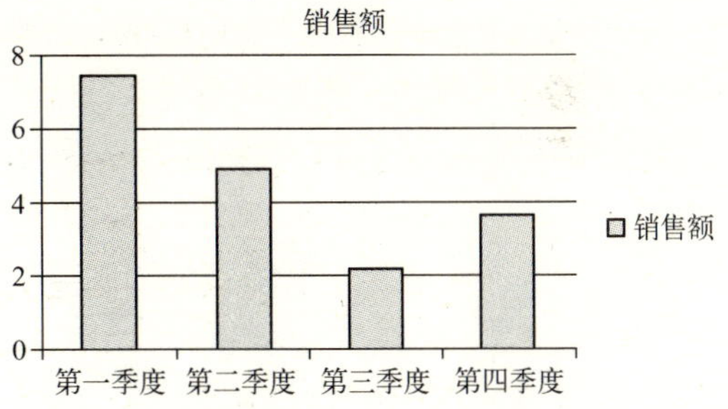

图 1-4　柱形图

1.2 商业智能的发展趋势

除了商业智能的一般功能，以及帮助企业的管理人员进行快速、准确的分析和决断外，还可以为客户提供各种个性化的服务。例如，通过客户的特征和购买的商品，可以进行有针对性的促销，不仅能为客户提供方便，帮助客户在最短的时间内购买到最需要的商品，同时也会给企业带来直接的经济效益。商业智能的发展也必然通过 Web 和局域网的交互，在有效的安全体制下，实现决策信息和知识的共享。

随着互联网的普及和发展，商业智能的发展也成了不可阻挡的趋势。企业可以通过互联网的广泛应用，收集到更多的客户信息和销售信息，通过商业智能技术的应用，将这些数据转化成更多有价值的信息，帮助企业的决策层作出更准确的分析和判断。

中国是目前经济发展最快的新型超级大国，国内外很多经济学家都预测中国有潜力成为和美国相媲美的经济超级大国和世界经济中心。为了实现这个目标，中国很多制造、能源企业必将大力发展商业智能技术，加大对商业智能解决方案的投入，从而降低生产成本，提高资源利用率和市场占有率，使其生产运营能够健康平稳地发展。随着企业信息化整体水平的提高，很多大型的 ERP 公司将商业智能的理念嵌入到自身的系统软件当中，这也必然会推动商业智能的快速发展。

1.3 商业智能的实施方法和步骤

了解了商业智能的作用和功能之后，现在开始讲解商业智能的实施方法和步骤。当然这些实施方法和步骤会在后续内容中有详细的介绍，在这里读者只要大致了解其框架结构即可，不必深究。

1.3.1 商业智能的实施方法

1）项目规划：主要包括项目前期的准备，业务现状的调研，目前系统的现状分析。分析内容包括业务需求的定义和系统实现的目标，系统运行环境的定义，系统的框架结构定义，逻辑模型的设计等。

2）系统设计与实现：主要包括系统体系结构的设计，物理数据库的设计，数据抽取、转换和加载的实现，前端应用的开发，元数据的管理等内容。

3）系统调优：指逻辑、物理模型的调整，系统性能的调优。

4）系统运行维护：指编写系统运行维护手册和用户操作手册，培训教材等文档。

商业智能项目的实施方法如图 1-5 所示。

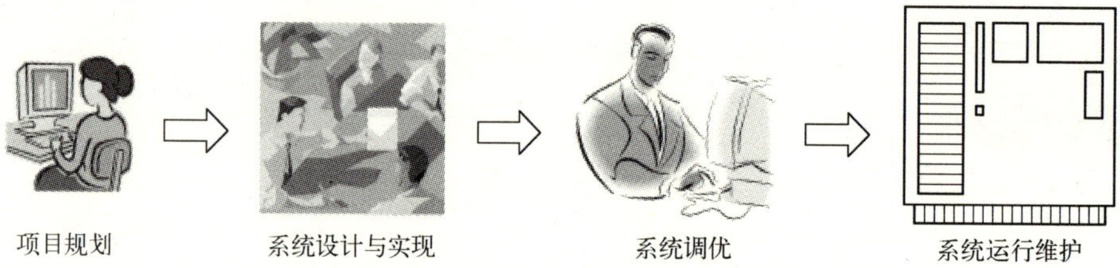

图 1-5　商业智能项目的实施方法

1.3.2 商业智能的实施步骤

（1）定义需求

需求分析是商业智能项目最重要的一步，需要描述项目背景与目的、业务范围、业务目标、业务需求和功能需求等内容，明确企业对商业智能的期望和需要分析哪些主题等方面。

其中项目背景主要描述已有系统的当前现状，包括不同的历史时期，它的业务需求分别是什么。这些独立的信息系统的特点一般是缺乏统一的整体规划和标准，数据分散，每个业务之间不能共享信息，报表展示功能单一，各业务系统之间存在数据不一致的现象，企业领导层无法从全局的角度对业务进行综合分析等。

商业智能项目最重要的目的就是解决各个业务系统之间数据集中整合的问题，避免数据不一致的现象，为企业管理人员提供高效的数据查询和强大的报表展示功能，能够进行多维度的深入分析和数据挖掘，对企业未来的经营状况作出准确的预测。

业务范围是指项目团队所有人员工作范围的界定。

业务目标是根据调研的结果，对业务需求和功能需求的整体和粗略的概述。

业务需求用于描述客户对系统实现的总体性要求。商业智能项目的特点是从不同的维度去分析各个主题，以报表的形式对业务进行阐述。

功能需求可以包含各个业务专题分析、关键性指标查询和监控、报表查询、高级分析和数据挖掘等内容。

商业智能的功能框架如图 1-6 所示。

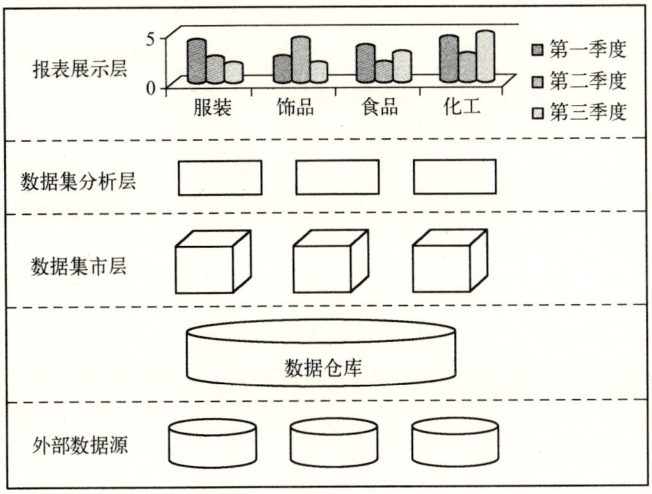

图 1-6　商业智能的功能框架

（2）数据仓库模型的建设

模型是对现实世界的抽象。数据仓库模型是在需求分析的基础上建立起来的。数据模型的设计流程是：在系统设计开发之前，业务人员和设计人员共同参与概念模型的设计，核心的业务概念在业务人员和设计人员之间达成一致；在系统设计开发时，业务人员和设计人员共同参与逻辑模型的设计；最后设计人员以逻辑模型为基础进行物理模型的设计。数据模型的建设将在后续章节中重点介绍。模型的设计流程如图 1-7 所示。

图 1-7　模型的设计流程

（3）数据抽取、清洗、转换、加载（ETL）

抽取主要负责将数据仓库需要的数据从各个业务系统中抽取出来。如果每个业务系统的数据情况各不相同，可能对每个数据源都需要建立独立的抽取流程。每个数据抽取流程都需要使用接口将源数据传送给下一阶段的清洗与转换阶段。通过数据抽取程序，可以从业务源系统中不断地将数据抽取出来，抽取周期可以设定为某个固定时间，例如每天中午 12 点对源数据进行抽取，也可以设定为某个时间间隔，例如每 6 个小时抽取一次源数据。

清洗阶段是对业务源数据的清洗和确认，检查抽取的源数据质量是否达到数据仓库的规定标准。数据清洗大致有两种方式。一是不同业务系统间各自专用的清洗程序；二是不同业务系统间有满足数据仓库清洗需求的通用程序。从不同业务系统抽取的数据有可能存在数据不一致的情况，可以使用相关规则和标准检查业务源数据的质量。

转换是对源系统的数据做最后一步的修改，包括对源数据的聚合以及各种计算，是整个ETL 过程的核心部分。

加载是将数据加载到最后的目标表中，其复杂度没有转换高，一般采用批量装载的形式。ETL 过程如图 1-8 所示。

图 1-8　ETL 过程

数据抽取、清洗、转换、加载的相关内容会在后续章节中进行详细的介绍。

（4）建立商业智能分析报表

商业智能分析报表通过对数据仓库的数据分析，使企业的高层领导可以从多个角度查看企业的运营情况，并且按照不同的方式去探查企业内部的核心数据，从而更好地帮助企业决策人员对公司未来经营状况进行预测和判断。商业智能实施步骤如图 1-9 所示。

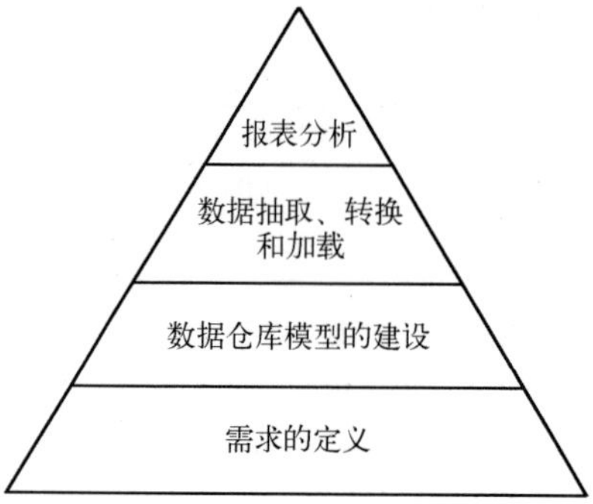

图 1-9　商业智能实施步骤

1.4　商业智能项目成功的关键

1）企业高级领导层对商业智能项目的支持和雄厚的资金是项目成功的关键。

2）拥有实力雄厚的技术团队。他们不仅精通商业智能相关技术，同时也熟悉相关的业务规则和开发流程。

3）商业智能项目团队的协同合作能力。项目的管理者需要保证团队中每个人员的分工明确，沟通及时，并且需要各部门之间有良好的合作能力。总之，商业智能项目的实施是一个长期的不断完善的过程。

1.5　商业智能项目的组织机构

（1）商业智能项目甲方组织机构

一般来说，甲方组织机构应该包括以下成员：项目经理、业务负责人、业务系统负责人、业务部门代表、业务系统开发商代表、软硬件平台供应商，如图 1-10 所示。

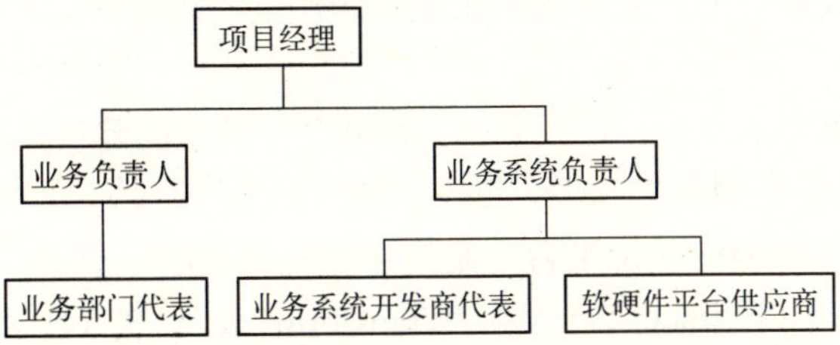

图 1-10　甲方组织机构

（2）商业智能项目乙方开发商组织机构

商业智能项目乙方开发商组织机构应该包括以下成员：项目经理、需求定义人员（包括需求调研人员和需求分析人员）、设计人员（包括架构设计人员、模型设计人员、ETL 设计人员、报表设计人员）、开发人员（包括 ETL 数据抽取开发人员、报表开发人员）、测试人员、部署实施人员，如图 1-11 所示。

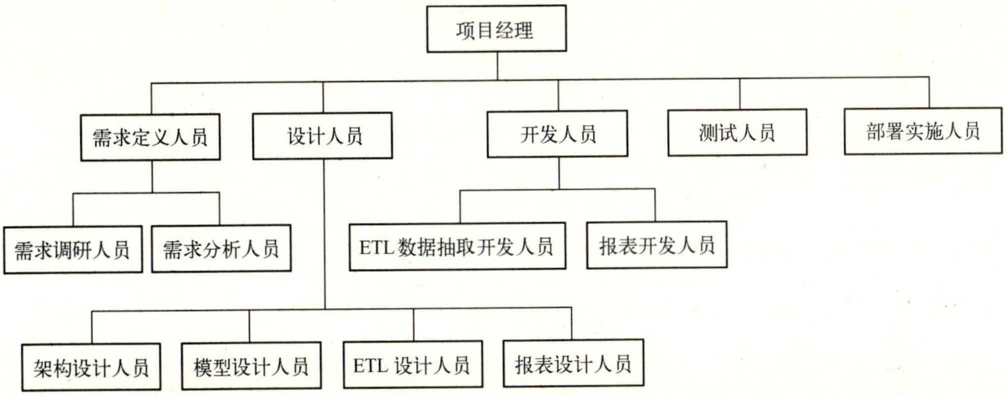

图 1-11　乙方开发组织机构

1.6　本章小结

1）商业智能对企业的重要性是不言而喻的，它可以提高企业的运营效率，增加企业的竞争力和领导者的决策能力，从而获得更大的市场，提高企业的利润。

2）随着商业智能的发展，除了基本的功能外，还扩展了读取数据的功能、分析功能和报表展示的功能。

3）商业智能拓展的功能。

- 数据读取功能：除了读取数据库中的数据外，还包括一些平面文件。
- 分析功能：通过业务之间的关联关系去分析、探查事物发生的概率。
- 红色报警功能：基于数据仓库提供报警功能。
- 报表展示的功能：例如报表工具（Cognos、BO 等）利用各种可视化的功能呈现给用户交叉报表、饼图、散点图、线图、直方图，还可以通过向下钻取、数据切片和旋转以及交互式的图形分析能力，使用户能够从任何角度去观察业务。

4）随着互联网的发展，商业智能的应用越来越广泛，政府机构和企业必将加大对商业智能的投资。

5）商业智能的实施方法包括：定义需求，数据仓库模型的建设，数据抽取、清洗、转化、加载，建立商业智能的分析报表。

6）数据仓库是商业智能的基础平台，是商业智能的核心。

7）ETL 是数据抽取（Extract）、转换（Transform）、加载（Load ）的简写，贯穿于整个项目，关系到整个项目的数据质量，所以必须摆放到十分重要的位置上。

8）一般来说，甲方组织机构应该包括以下成员：项目经理、业务负责人、业务系统负责人、业务部门代表、业务系统开发商代表、软硬件平台供应商。

9）商业智能项目乙方开发商组织机构应该包括以下成员：项目经理、需求定义人员（包括需求调研人员和需求分析人员）、设计人员（包括架构设计人员、模型设计人员、ETL 设计人员、报表设计人员）、开发人员（包括 ETL 数据抽取开发人员、报表开发人员）、测试人员、部署实施人员。

第 2 章　学习商业智能之前的准备知识

本章目标

第 1 章对商业智能做了概述性的介绍，读者对商业智能已经有了大致的了解。本章则重点介绍学习商业智能需要的背景知识，包括 Oracle 数据库基础知识，数据建模理论知识等内容，为后续的商业智能深入学习打下坚实的基础。

学习本章后，您将掌握：

- Oracle 体系结构。
- Oracle 的优化知识。
- 数据建模的理论知识。
- 数据建模的流程。

2.1　Oracle 体系结构介绍

Oracle 数据库的背景知识是学习商业智能的基础。Oracle 数据库是 Oracle（中文名为甲骨文）公司的产品。Oracle 数据库从推出到现在只有短短的几十年，却几乎占有了当今世界数据库产品里 50%的市场份额。Oracle 的历史在本书中不作讲解。下面从 Oracle 的体系结构入手进行简单的介绍。

1．数据库的定义

一系列的物理文件和对应的逻辑结构称为数据库。其中物理文件包括数据文件、日志文件、控制文件、参数文件等。逻辑结构包括表空间、段、区段、块。

（1）物理存储结构

数据文件：物理存储数据库的文件。每一个数据文件只能对应一个数据库，主要包括数据表、索引和其他的段。

日志文件：记录对数据库的修改信息，以备恢复数据时使用。具体操作是每一个数据库至少包含两个日志文件组，日志文件组以循环的方式进行读写操作，每一个日志文件对应一个物理文件。

控制文件：一个较小的二进制文件，用于描述数据库的结构。这个文件会告诉用户数据文件、临时文件、重做日志文件的位置，还包括一些描述性的信息：例如数据库建立的时间、数据库的名称、恢复数据库时所需要的各种同步信息等内容。

参数文件：内容包括确定内存结构的大小、设置数据库的默认值、设置数据库的范围、设置数据库的各种属性、优化数据库的性能等内容。这些参数文件同样会告诉 Oracle 实例在什么位置可以找到控制文件等。

数据库的物理存储结构如图 2-1 所示。

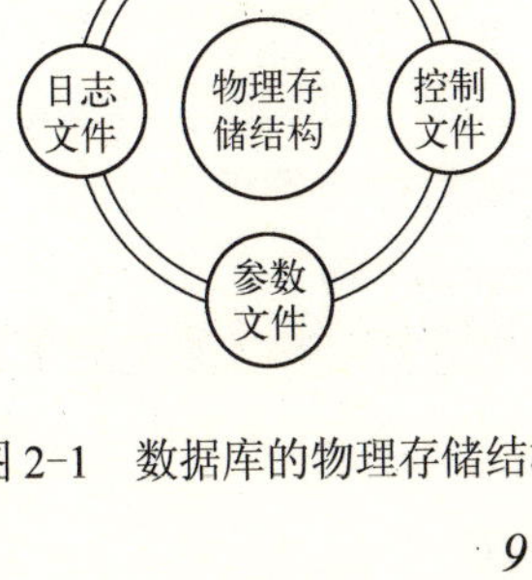

图 2-1　数据库的物理存储结构

（2）逻辑结构

块：Oracle 管理存储空间最基本的单元，也是最小的逻辑存储单元。

区段：比块高一级的逻辑存储结构。区段由一系列块组成。

段：由多个区段组成，区段可以是连续的，也可以是不连续的。

表空间：最高级别的逻辑存储结构。数据库就是由若干个表空间组成的。

Oracle 逻辑结构如图 2-2 所示。

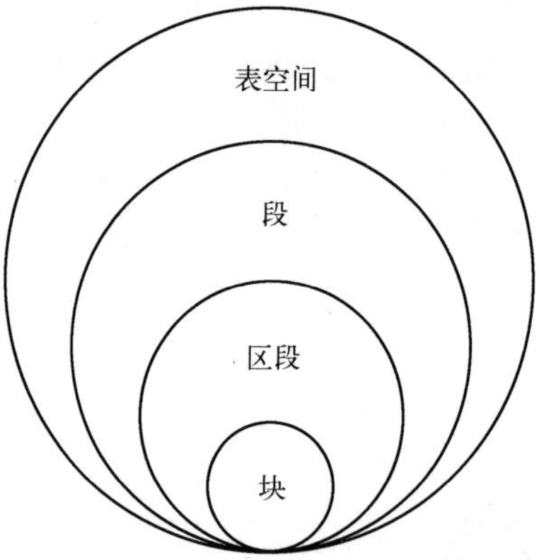

图 2-2　Oracle 逻辑结构

2. 数据库实例

Oracle 实例由内存和一系列后台进程组成。Oracle 实例是存储和控制数据库的软件机制。Oracle 数据库实例框架结构如图 2-3 所示。

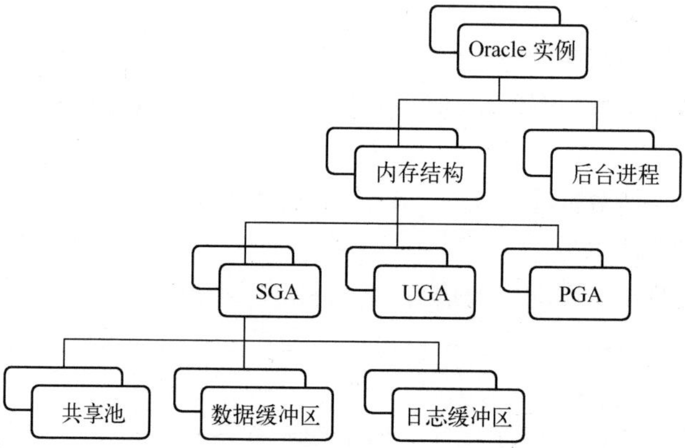

图 2-3　Oracle 数据库实例框架结构

（1）后台进程

后台进程的主要功能是为所有的数据库用户异步完成各种操作任务，从而保证数据库的实际运行任务正常进行。

（2）内存结构

内存结构主要包括系统全局区(SGA)、进程全局区(PGA)、用户全局区(UGA)。

1）SGA 主要由 3 部分构成：共享池、数据缓冲区、日志缓冲区。

共享池：由共享 SQL 区和数据字典区组成，参数 shared_pool_size 确定共享池的大小。

数据缓冲区：用于存储从数据文件中读取的数据备份和临时存储数据库块的地方。

日志缓冲区：以记录项的形式备份到数据缓冲区中被修改的缓冲块里，这些记录被写到日志文件中，从而可以加速数据库的操作。

2）PGA 主要存储服务器进程或后台进程的基本信息。

3）UGA 主要存储服务器会话的基本信息。

2.2 Oracle 优化理论

由于数据仓库系统存储大量的历史数据和当前数据，并且数据量在不断增加，为了提高数据存储、检索的运行效率，建立一个优良的数据仓库系统，数据仓库设计人员和开发人员需要掌握 Oracle 优化理论方面的知识，这有助于设计、开发出高性能的数据仓库系统。

2.2.1 外部优化原则

CPU 是直接影响数据库性能的外部因素，同时 Oracle 的内存大小也会影响 SQL 查询的效率，大量的 Net8 通信同样会使 SQL 的性能变差。

下面介绍外部优化原则的具体调整方法。

1）适当增加服务器 CPU 的数量，服务器的性能会受 CPU 的限制，最好的方法就是为服务器增加额外的 CPU，或者关闭很多等待处理资源的各种组件，以减少 CPU 资源的浪费。

2）当内存分页时，如果内存容量不足，最好的方法就是增加更多的内存，减小 SGA 的大小，或者关闭 Oracle 多线程服务器，以提高数据库系统的运行效率。

2.2.2 SQL 优化基本规则

1）在对大表进行全表搜索时，为了避免不必要的全表搜索而导致的大量 I/O 操作，最常见的调优方法是适量增加索引，加快查询的速度，以提高数据库运行的效率。

2）保证最优的索引使用，对于改善查询的速度和提高数据库的性能是至关重要的。在某些情况下也可以选择多个索引进行查询，还包括位图索引和基于函数索引的使用。

2.2.3 SQL 使用规范

1）尽量避免使用游标。因为游标的效率较差，如果游标操作的数据超过 1 万行，那么就应该采用其他的方法；如果使用了游标，还要尽量避免在游标循环中再进行表连接的操作。

2）不要在 where 子句中的“=”左边进行函数、算术运算或其他表达式运算，否则数据库系统可能无法正常使用索引。

3）尽量使用 exists 代替 select count(*)语句来判断表中是否存在满足条件的记录。count 函数只有统计表中所有行数时才使用，而且 count(1)或 count('X')比 count(*)更有效率。

4）注意表之间关联字段的数据类型，避免使用不同类型的字段作为关联条件进行多表连接。

2.2.4 索引使用规范

1）索引的创建要与实际应用情况结合考虑，建议大的联机事务处理系统（OLTP）表最好不要超过 6 个索引，以免系统增加不必要的负担。

2）尽可能使用索引字段作为查询条件，以提高查询效率。

3）尽量避免在大表查询时使用全表扫描的方式，必要时可以考虑新建索引。

4）注意索引的定期维护，可以周期性地重建索引和重新编译存储过程。

例如使用：

```
SELECT 'ALTER INDEX ' || index_name || ' REBUILD;'
FROM    user_indexes
```

语句查询出当前用户下所有的索引重建语句，然后在 SQL 窗口下一条执行该重建索引语句。

2.2.5 临时表使用规范

1）尽量避免在临时表中使用 distinct、order by、group by、having、join，因为这些语句会加重临时表的负担。同时也尽量避免临时表的频繁创建和删除，以减少系统表资源的消耗。

2）在新建临时表时，如果一次性插入数据量非常大，那么可以使用 select into 语句替代 create table 语句，避免对日志的大量操作，可以缩短运行的时间；如果数据量并不大，为了缓和系统表的资源消耗，建议先创建临时表，然后再进行插入操作。

3）如果临时表的数据量较大，则需要为临时表建立相应的索引，同时保证数据库系统对该临时表索引的使用。

4）如果存储过程中使用了临时表，在代码的结尾处，一定要将所有的临时表都删除，通常的做法是先执行 truncate table 语句，然后再执行 drop table 语句，这样就可以避免数据库系统较长时间锁定临时表与其他表的连接查询和关联，从而减轻数据库系统的负担。

2.2.6 索引创建原则

索引创建原则如图 2-4 所示。

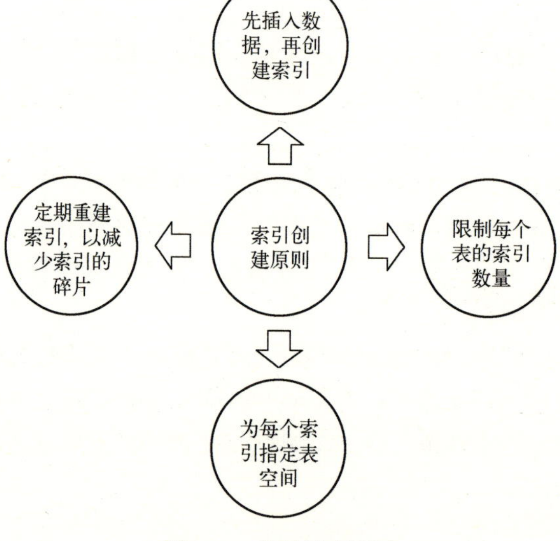

图 2-4　索引创建原则

1）先插入数据，再进行索引的创建工作。

2）限制每个表的索引数量，避免大量的索引导致数据库系统的性能降低。

3）为每个索引指定表空间，这样有利于避免发生 I/O 冲突。

4）定期重建索引，以减少索引的碎片，提高数据库系统的性能。一般来说，枚举类型的字段可以考虑使用位图索引，而非二叉树类索引。

2.2.7 大数据量表的维护原则

1）如果是超大数据量的表，并且经常进行增加、删除、修改、查询等操作，最好的办法就是定期收集统计信息传递给 Oracle 优化器，以提高数据库系统的性能。

2）如果是大数据量的表，可以考虑使用按照时间或者哈希的分区技术，并且将不同的分区放入到规定的表空间中，以提高数据库表查询的效率。

2.2.8 视图创建原则

1）绝对禁止在视图的基础上再创建视图，这样会严重影响数据库的性能。

2）推荐使用物化视图技术，以提高数据库表查询的效率，但是物化视图刷新的频率不能过高，因为这样也会影响整个数据库系统的性能。

3）为保证数据的一致性和安全性，推荐将普通视图设置成只读类型，不能做任何删除操作。

2.2.9 代码程序中使用索引的原则

1）尽量少用 in 操作符。使用 exists 替代 in 操作符，使查询的子表能够使用索引，提高数据库表查询的效率。

2）在 where 条件的后面尽量不用<> 或！=。例如，条件 count<>0 可以修改成 count>0 or count<0，这样可以发挥索引的作用，提高数据库表查询的效率。

3）like 语句尽量不要使用通配符“%”或者“_”作为查询条件的第一个字符。例如，count like '%100%'，这个条件会对数据库表进行全表扫描，严重影响了数据库表查询的性能，可以修改成 count like '2100%' or count like '3100%'，这样 count 字段会利用该字段上的索引进行不同范围的查询，大大提高了数据库表的查询效率。

4）因为运算的字段不能进行任何索引，所以 where 子句应该尽量避免在索引字段上做任何计算。例如，substr(count,1,3)='100'可以修改成 count like'100%'。

5）在 where 条件的后面，一般将表连接语句写在最前面，将可以滤掉大量记录的条件写在最后。因为 Oracle 进行多表查询时，是从后往前执行 SQL 代码的。

2.2.10 代码程序中的一些建议

1）尽量不使用 select * 语句，最好的办法是将要查询的字段全部列出，以提高 SQL 运行的效率。因为 Oracle 在解析的过程中，会将“*” 依次转换成所有的列名，这个工作是通过查询数据字典完成的，这意味着将耗费更多的时间和数据库资源。

2）尽量多使用 execute immediate 语句，可以提高 SQL 执行的效率。

3）在使用游标时，如果将大量的数据集合赋给游标，运行时一般会出现内存溢出的报错信息。这时需要调整缓冲区的大小，所以使用游标时要注意内存大小的问题。

4）对于超大数据量的表应该每隔一段时间执行一次收集统计信息的操作。例如，执行 dbms_stats.gather_table_stats 命令，将统计信息传递给 Oracle 优化器，以提高数据库系统的性能。

5）面向对象的最佳实践方法是为每个属性都定义一个 get 方法，但是不能把面向对象的实现方法应用于关系型数据库中。关系型数据库中的表不能等同于面向对象中的类，表中的字段同样不能等同于类的属性，如图 2-5 所示。因此查询数据库表中的字段时，应该一次性全部取出。

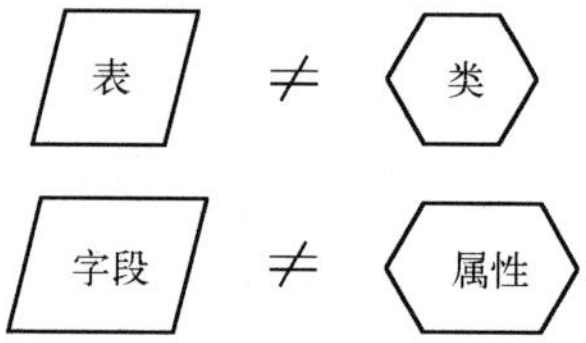

图 2-5　面向对象和关系型数据库的关系

6）谨慎使用自定义的函数。自定义函数通常会影响优化器对查询的优化作用。

7）检查满足某个条件的记录是否存在，绝对不要使用 select count(*)语句去判断，可以考虑使用 merge 语句判断该记录是否存在。

总之，编写 SQL 代码程序的基本原则是尽可能减少数据库的连接，尽量减少表之间的关联（在表的设计过程中可以将第三范式的表转化成第二范式），少用临时表，避免将大批量的数据分割成小块的数据去处理。

此外，建议在表设计过程中尽量避免使用 BLOB、CLOB 等大字段，因为这样做可能会对数据库的迁移备份等造成不必要的麻烦。

2.3　数据库建模理论知识

2.3.1　数据库的数据模型

数据建模是指采用实体-关系的方法，用图形化的形式去描述业务规则的过程。数据建模主要关注的是企业的信息需求和各种业务活动。主要包括概念模型设计、逻辑模型设计和物理模型设计，数据模型最终要转化成数据库存储的物理表。数据模型是指用实体、实体的属性、实体之间的关系对企业在运营活动中涉及的所有业务概念和业务活动进行统一的定义和描述。数据模型是业务人员和技术开发人员之间沟通的平台。

1）概念模型是一种高层次的数据模型。它定义了主要的业务概念及其关系，通过对业务需求和调研访谈内容的分析，对业务模型进行初步的归纳和提炼。概念模型的主题域主要反映了企业活动中某方面的业务概念和内容，一般由同一类别的或者关系较为紧密的主题组成。主题是通过分析业务的需求，业务活动的流程和各种活动得到的。主题根据实际的业务需求可以进一步细化成更小的主题或者实体，而实体是概念模型的最小单元，是不可再分的。主题域、主题、实体以及它们之间的关系组成了整个概念模型的基础架构，如图 2-6 所示。

例如：人员基本信息主题域由人员职位信息、人员社会关系信息、人员教育背景信息、人员通信地址信息、人员社会保险信息等主题或实体组成。

主题域、主题和实体之间的关系如图 2-7 所示。

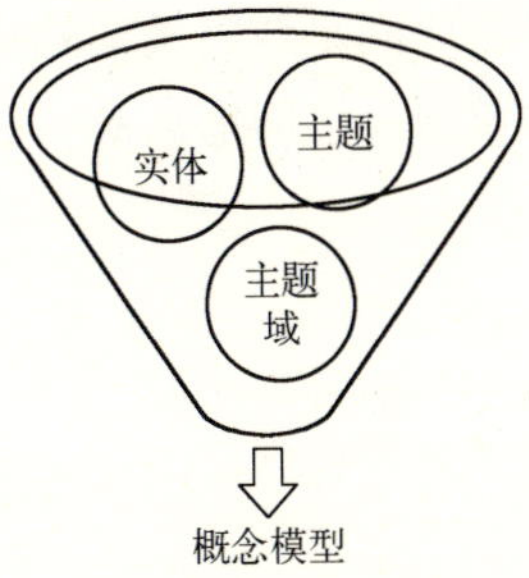

图 2-6　概念模型的基础架构

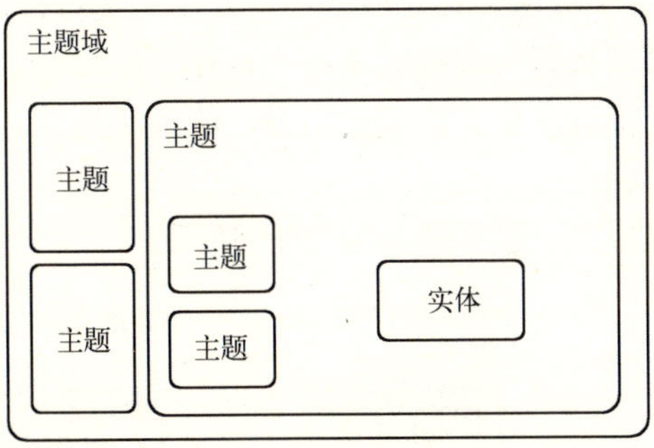

图 2-7　主题域、主题和实体之间的关系

2）逻辑模型是对概念模型的进一步分解和细化，描述了实体、属性以及实体之间的关系，一般采用第三范式。模型中的主要元素为主题、实体、属性、关系。所谓主题，是指与业务相关的数据主要类别；实体通常定义为一个概念、一件事或者一个人，是唯一的；属性用来描述实体的特性，处于最低层次；关系用来描述实体之间的业务规则。例如：客户实体包括客户姓名、地址、出生日期等属性，客户姓名可以是字符类型，长度是 20。逻辑模型的作用主要有两点。一是便于技术开发人员和业务人员或者用户进行沟通交流，进一步明确需求。二是作为物理模型设计的基础，保证物理模型充分满足用户的需求。

3）物理模型在逻辑模型的基础上描述模型实体的细节，包括选择什么样的数据库平台，数据库产品所对应的数据类型、长度、索引等因素，为逻辑模型选择一个最优的物理存储环境。逻辑模型转化成物理模型的过程也就是实体名转化成表名，属性名转化成物理表列名的过程。在设计物理模型时，还需要考虑数据存储空间的分配，包括对列的属性必须作出明确的定义。例如：客户姓名的数据类型是 Varchar2，长度是 20，存储在 Oracle 数据库中，并且建立索引用于提高该字段的查询效率。

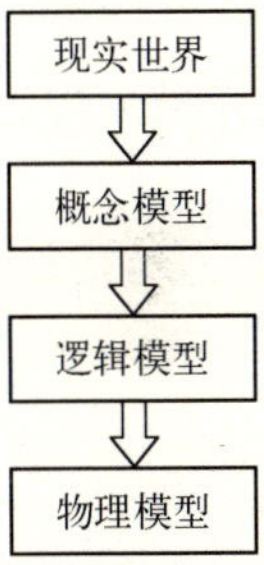

图 2-8　数据库模型的设计流程

数据库模型的设计一般是从现实世界到概念模型、逻辑模型、物理模型到最后数据仓库设计的完成，如图 2-8 所示。其中概念模型主要关注业务相关的核心问题和核心概念，逻辑模型主要关注业务细节信息，而物理模型则偏重于数据存储方面的技术细节。数据模型之间的关系如图 2-9 所示。

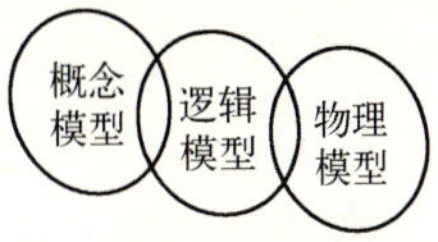

图 2-9　数据模型之间的关系

2.3.2　数据库建模的一般流程

数据建模的一般流程如下：

1）数据建模人员邀请业务人员进行“头脑风暴”，开发一系列可能的主题域，然后检查所有的主题域列表，精益求精。

2）建立主题域之间的关系，用建模工具画出最终的主题域关系图。

3）在已经确定的主题域内，通过项目组讨论，以“头脑风暴”的方式分析所有可能的主题和实体，并且建立标示符，确定实体和实体之间的关系，为实体加入属性，其中实体应该有一个唯一的名字，最后确定模型的结构和内容。逻辑模型的设计表达了企业的信息需求。

4）在逻辑模型设计完成之后，技术人员再根据所选数据库产品的特点及其他外界因素，基于逻辑模型按照实现技术进行物理模型的设计。物理模型需要满足逻辑模型的基本需求，并且对性能进行优化。物理模型设计的最终目的就是将逻辑模型表达的信息需求转化为数据库中的物理表。

数据建模的一般步骤如图 2-10 所示。

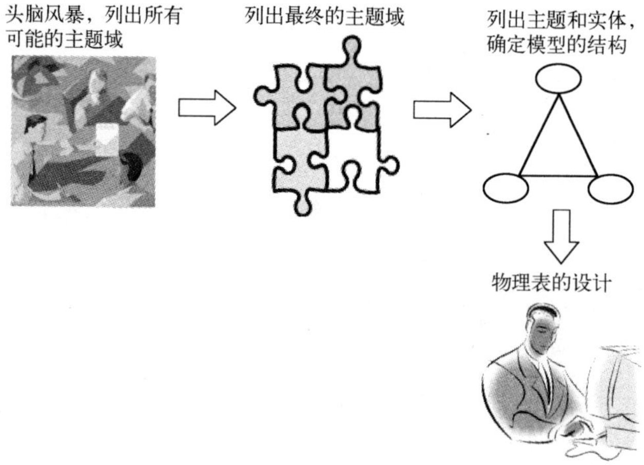

图 2-10　数据建模的一般步骤

数据建模流程如图 2-11 所示。

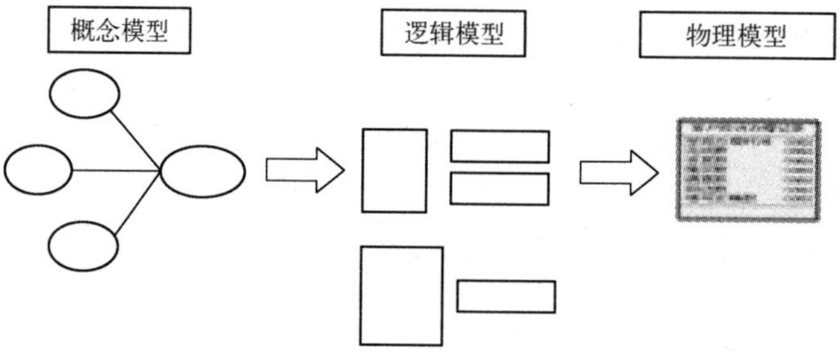

图 2-11　数据建模流程

2.4　本章小结

1）数据库的定义：一系列的物理文件和对应的逻辑结构被称为数据库。

2）Oracle 框架体系结构。

- 物理结构：数据文件、日志文件、控制文件、参数文件。
- 系统全局区(SGA)：　共享池、数据缓冲区、日志缓冲区。
- 进程：用户进程、服务器进程、后台进程。

3）Oracle 逻辑结构包括：表空间、段、区段、块。其中块是最小的逻辑存储单元，表空间是最高级别的逻辑存储结构。

4）Oracle 优化理论。

- 外部优化包括增加 CPU 的个数和内存的大小去调整 Oracle 的性能。
- 内部优化包括 SQL 优化的基本规则、SQL 使用的基本规范、索引和临时表的使用规范、索引和视图的创建原则和代码程序中的规范等。因为商业智能数据仓库的数据量一般来说非常巨大，所以进行必要的数据库优化是非常重要的，甚至能决定项目的成败。

5）索引创建原则。

- 先插入数据，再进行索引的创建工作。
- 限制每个表的索引数量，避免大量的索引导致数据库系统的性能降低。
- 为每个索引指定表空间，这样有利于避免发生 I/O 冲突。
- 定期重建索引，以减少索引的碎片，提高数据库系统的性能。一般来说，枚举类型的字段可以考虑使用位图索引，而非二叉树类索引。

6）关系型数据库中的表不能等同于面向对象中的类，表中的字段同样不能等同于类的属性。

7）数据建模是指采用实体-关系的方法，用图形化的形式去描述业务规则的过程。数据建模主要关注的是企业的信息需求和各种业务活动。主要包括概念模型设计、逻辑模型设计和物理模型设计，数据模型最终要转化成数据库存储的物理表。

8）数据库模型的设计一般是从现实世界到概念模型、逻辑模型、物理模型到最后数据仓库设计的完成。

9）概念模型主要关注业务相关的核心问题和核心概念，逻辑模型主要关注业务细节信息，而物理模型则偏重于数据存储方面的技术细节。

10）数据模型是数据仓库项目中最关键的技术环节，直接影响项目的成败。在建模过程中不仅需要考虑当前的需求，更要为未来需求的扩展提供接口，从而满足数据仓库系统对新需求的适应能力。

11）数据建模的一般步骤是：头脑风暴，列出所有可能的主题域；开会讨论，列出最终的主题域；列出主题和实体，确定模型的结构；最后是物理表的设计。

12）数据建模的流程是：概念模型的设计、逻辑模型的设计、物理模型的设计。

第 3 章　商业智能数据仓库的理论知识

本章目标

通过前两章的学习，读者已经大致了解了商业智能的概念和学习商业智能所需要的前期准备知识。从本章开始正式学习在商业智能中占有重要地位的数据仓库理论方面的知识，使读者了解数据仓库的特点、设计方法和实施的方法论等。

学习本章后，您将掌握：

- 数据仓库的定义。
- 数据仓库的特点。
- 数据仓库的使用和维护。
- 数据仓库的组成部分。
- 数据仓库的模型设计。
- 数据集市的概念。
- 数据集市和数据仓库之间的关系。
- 数据仓库项目开发的一般流程。
- ODS 统一信息视图区的含义。

3.1　数据仓库的定义

数据仓库是一个面向主题的、集成的、稳定的、反映历史变化的、随着时间的流逝发生变化的数据集合。它主要用来支持企业管理人员的决策分析。

数据仓库中面向主题的特性是根据业务的不同而进行的内容划分。数据仓库的集成特性是因为不同的业务源数据具有不同的数据特点，当业务源数据进入到数据仓库时，需要采用统一的编码格式进行数据加载，从而保证数据仓库中数据的唯一性。数据仓库的非易失性是指数据仓库通常保存数据不同历史时期的各种状态，并不对数据进行任何更新操作。数据仓库的历史特性是指数据保留时间戳字段，记录每个数据在不同时间点内的各种状态。

笔者认为：数据仓库是计算机应用发展的必然产物。它收集了企业相关内部和外部各个业务系统的数据源、归档文件等一系列历史数据，最后转化成企业需要的战略决策信息。数据仓库技术是企业应对市场激烈的竞争、扩大市场份额，提高企业利润的最佳方案之一。

3.2　数据仓库的特点

3.1 节归纳了数据仓库的特点：

- 面向主题的。
- 集成的。

● 稳定性。

● 反映历史变化。

数据仓库的特点如图 3-1 所示。

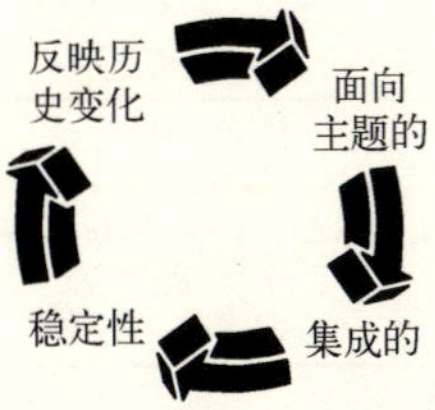

图 3-1　数据仓库的特点

下面将分别介绍数据仓库的这些特点。

3.2.1　面向主题

普通的操作型数据库主要是面向事务性处理，而数据仓库中的所有数据一般按照主题进行划分。主题是对业务数据的一种抽象，是从较高层次上对信息系统中的数据进行的归纳和整理。面向主题的数据组织可以分成两部分：根据原系统业务数据的特点进行主题的抽取和确定每个主题所包含的数据内容，例如典型的主题包括：客户主题、产品主题、财务主题等，而客户主题包括：客户基本信息、客户信用信息、客户资产信息等内容。在分析数据仓库主题的时候，一般的方法是先确定几个基本的主题，然后再将范围扩大，最后再逐步求精，如图 3-2 所示。

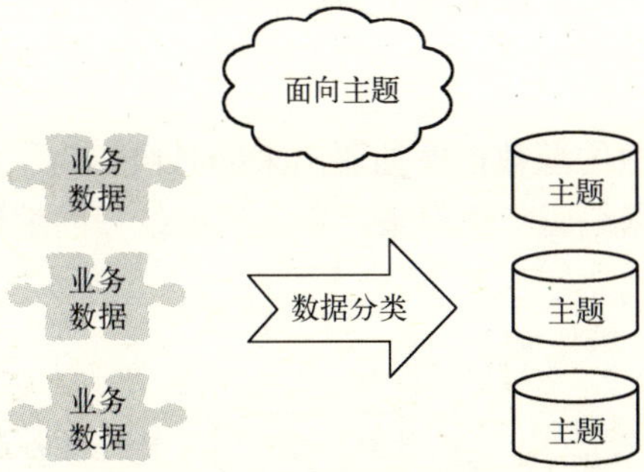

图 3-2　面向主题的方法

3.2.2　集成性

面向操作型的数据库通常是异构的、并且相互独立，所以无法对信息进行概括和反映信息的本质。而数据仓库中的数据是经过源数据的抽取、清洗、转换、加载得到的，所以为了保证数据不存在二义性，必须对源数据进行编码的统一和必要的汇总，以保证数据仓库内数据的一致性。数据仓库在经历数据集成阶段后，使数据仓库中的数据都遵循统一的编码规则，并且消除许多冗余数据。

集成一般有如下两种形式：

（1）数据的集成

当数据从操作型数据传向数据仓库时，数据就会被集成，如图 3-3 所示。

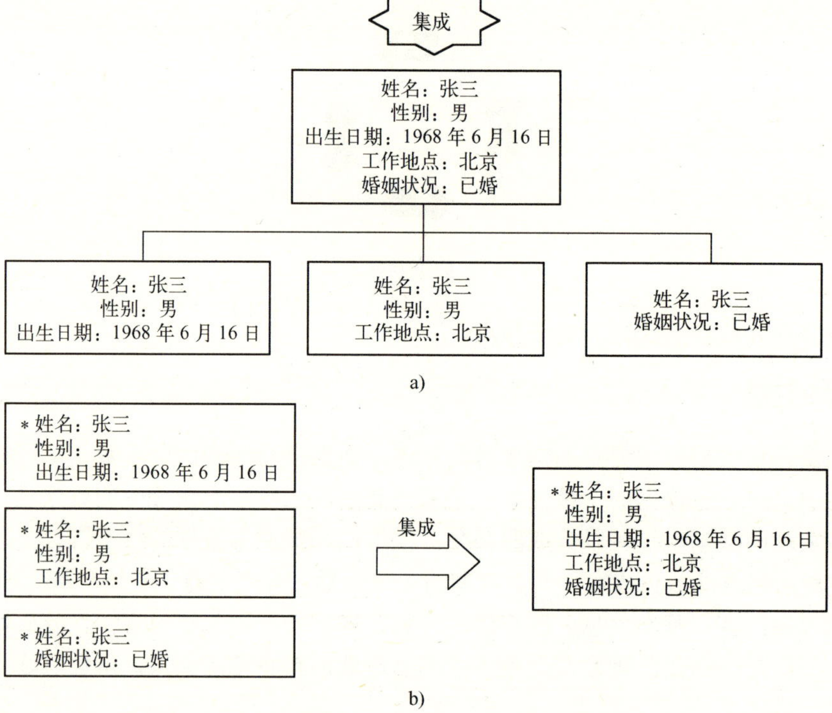

图 3-3　数据的集成

（2）编码的集成

当数据仓库是从原有分散的源数据库抽取出来的时候，为了消除编码的不一致性，需要将这些来自不同数据源的数据编码集成起来，使之遵循统一的编码规则，如图 3-4 所示。

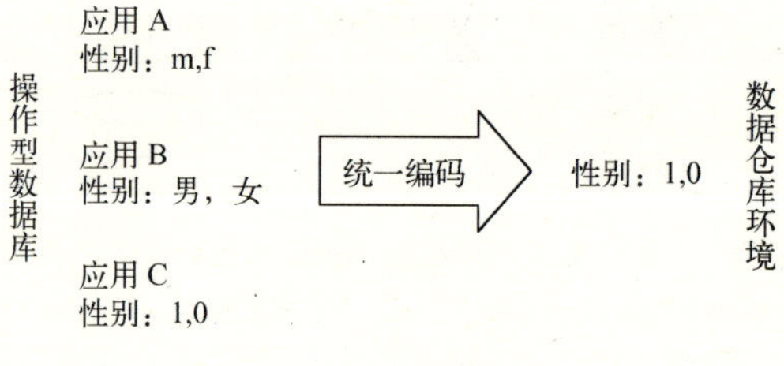

图 3-4　编码的集成

3.2.3 稳定性

数据仓库中的数据反映的都是一段历史时期的数据内容，它的主要操作是查询、分析而不进行一般意义上的更新，一旦某个数据进入到数据仓库后，一般情况下数据会被长期保留，当超过规定的期限时才会被删除。通常数据仓库需要做的工作就是加载、查询和分析，一般不进行任何修改操作，是为了企业高层人员决策分析之用，如

图 3-5 所示。

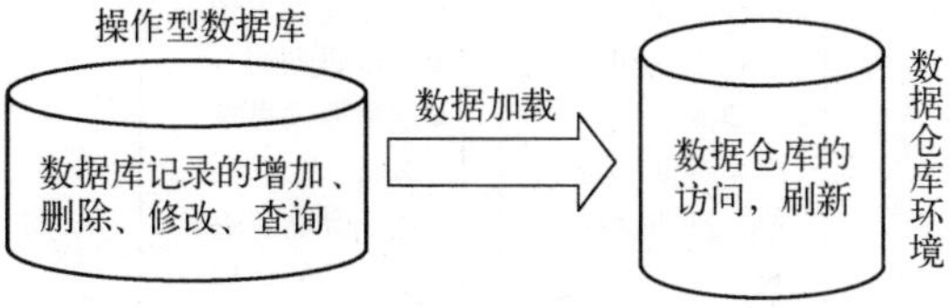

图 3-5　数据的加载

3.2.4　反映历史变化

操作型数据库主要反映某一时间段内的数据，而数据仓库的目标就是对企业的发展趋势作出分析和预测。数据仓库不断从 OLTP 数据库中获得变化的数据，从而形成分析和预测需要的历史数据，所以一般数据仓库中数据表的键码都含有时间键，以标明数据的历史时期信息，然后不断增加新的数据内容。通常来说，数据仓库包含的时间期限大概是 5～10 年，当超出规定的期限时，需要删除这些过时的数据。通过这些历史信息可以对企业的发展历程和趋势作出分析和预测。同时要清楚，数据仓库的建设需要大量的业务数据作为积累，并将这些宝贵的历史信息经过加工、整理，最后提供给决策分析人员，这是数据仓库建设的根本目的，如图 3-6 所示。

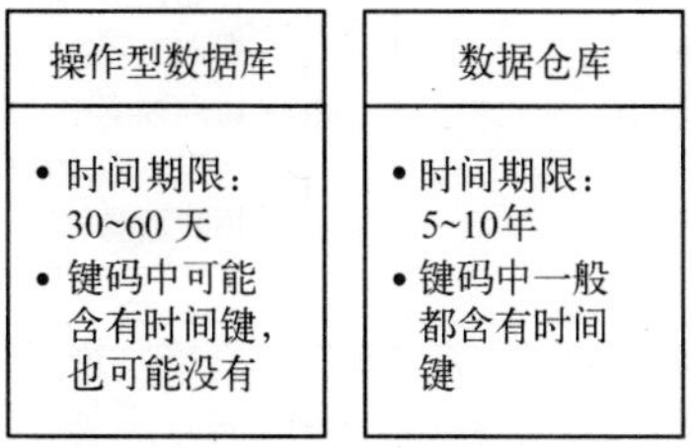

图 3-6　操作型数据库和数据仓库的区别

3.3　数据仓库和数据库的区别

下面用一个图例来说明数据仓库与数据库的不同之处。数据库生产系统主要是面向应用的、事务型的数据处理，一般来说具有实时性较高，数据检索量较小，普通用户的数量较大等特点。而数据仓库系统主要面向主题的、分析型的数据处理，具有实时性要求不高，数据检索量较大，主要针对特殊的用户群体（一般是企业高层领导、决策分析人员等），用户的数量较小等特点。其中事务型和分析型处理数据是有区别的。事务型处理数据一般来说对性能的要求较为严格，数据是事务驱动的，主要面向应用，存储的一般都是即时性、细节性的数据，数据是可更新的。对于分析型处理数据，一般来说，对性能的要求较高，数据是分析驱动的，主要面向决策分析，存储的一般都是历史、汇总性的数据，数据是不可更新的。事务型处理数据和分析型处理数据的区别如图 3-7 所示。

事务型处理数据	分析型处理数据
• 对性能要求严格 • 事物驱动的 • 主要面向应用 • 主要存储即时性、细节性的数据 • 数据可更新	• 对性能要求较高 • 分析驱动的 • 主要面向决策分析 • 主要存储历史、汇总性的数据 • 数据不可更新

图 3-7　事务型处理数据和分析型处理数据的区别

数据库生产系统和数据仓库决策系统的区别如图 3-8 所示。

数据库生产系统	数据仓库决策系统
• 面向应用，事务处理 • 实时性高 • 数据检索量小 • 只存储当前数据 • 访问频率高 • 响应时间在1s以下 • 用户数量很大	• 面向主题，分析型处理数据 • 实时性要求不高 • 数据检索量大 • 存储大量的历史数据和当前数据 • 访问频率中、低 • 响应时间为几秒或更长 • 用户数量相对较小

图 3-8　数据库生产系统和数据仓库决策系统的区别

笔者认为：数据仓库是区别于一般数据库存储的另外一种数据组织方式。它以面向主题的形式进行数据存储，同时只有数据插入的操作，而没有数据更新和删除的动作。数据仓库实际上就是一个过程，而非某一个产品，不同的企业在构建数据仓库系统的时候，需要企业相关业务人员和数据仓库开发设计人员在各个部门的配合下共同建设。

3.4　数据仓库开发过程介绍

数据仓库开发应用过程主要包括以下几个方面：规划分析阶段、设计实现阶段、使用维护阶段。

3.4.1　规划分析阶段

首先，确定数据仓库项目的开发目标。从用户角度分析，给用户提供哪些决策分析内容和功能。从技术角度分析，在划分的各个主题中需要哪些业务数据源，确定使用哪种 ETL 工具去抽取数据，使用什么工具构建数据模型，确定数据仓库的实现范围，然后制订数据仓库项目目标和工程计划。

其次，对实施数据仓库项目开发的所有预算进行有效估计，编写详细的开发说明书，说明该数据仓库系统对企业发展的作用。内容包括对工作任务概况的说明、重点支持该项目的业务部门和设计开发的工作计划等。

再次，开展概念模型设计工作。内容主要包括用户需求调研、模型的定义和需求分析等内容。先明确用户的需求；然后在理解用户需求的基础上，进行数据仓库概念模型的设计，还包括撰写详细的用户需求分析调查表和针对概念模型的评审报告。

最后，在概念模型的基础上进行逻辑模型的分析和设计。内容包括：所要分析的主题域有哪些，主题域中包含的主题和实体有哪些，实体粒度层级的定义等内容。除此之外，还需要撰写逻辑模型的评审报告和定义数据仓库的抽取流程。

3.4.2 设计实现阶段

设计阶段主要包括商业智能项目体系结构的设计。在设计阶段主要包括数据模型的设计，元数据的设计，ETL 数据抽取、转换、加载的设计，报表展现设计等内容。其中元数据包括业务元数据和技术元数据，它们之间的具体区别在后续内容中详细介绍。在实现阶段，需要确定数据仓库系统选择了哪些业务数据源，实现从源系统中抽取数据、清洗数据、装载数据的设计和编码过程，使用报表展现工具开发报表。在设计和开发阶段选定建模工具，为数据仓库填充测试数据，一般来说，测试数据需要选择 3 年或者 3 年以上的测试数据，例如选择 2006～2009 年的数据。商业智能项目体系结构如图 3-9 所示。

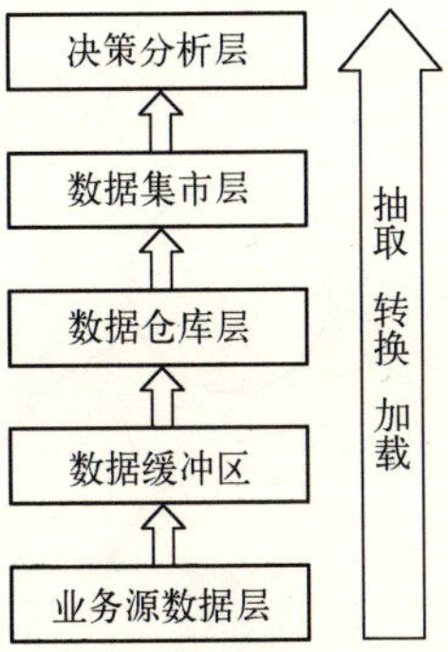

图 3-9　商业智能项目体系结构

3.4.3 使用维护阶段

使用阶段包含的内容有：针对用户的培训，使用户明白数据仓库的工作原理，通过实际操作使用户清楚如何使用数据仓库，数据仓库可以实现哪些功能等。而数据仓库运维内容主要包括：

（1）备份与恢复

数据仓库数据的定期备份与恢复是数据仓库项目一个必不可少的运维步骤。这是为了保证用户使用的同时，也对数据仓库中的数据进行妥善处理，以应对将来历史数据的增加和数据仓库规模的扩大。

（2）数据归档

在数据仓库项目中，数据归档也是一个非常重要的运维步骤。历史数据大量的增加使数据仓库需要增加额外的存储设备来存储这些数据，这也产生了额外的开销。如何将这些海量的、历史细节性的数据有效地管理起来，是数据仓库运维过程中最重要的组成部分。因为数据量的不断增加，数据仓库对这些数据不断地进行备份，不仅增加了系统的复杂度，也严重影响了系统的性能。正因为如此，数据仓库需要将历史细节性数据归档到离线的存储设备上，从而降低运维的难度。

（3）性能管理与监控

同备份与恢复、数据归档相比，系统监控过程更加复杂化。系统监控包括对数据库的监控和对业务系统的监控。数据库的监控可以帮助系统管理员对数据库系统进行必要的优化，以满足未来日益增加的海量数据容量需求和对性能的要求。对业务系统的监控是为了保证数据仓库系统的正常运行。性能是数据仓库项目必须要考虑的问题，由于数据量巨大，在设计过程中每个步骤都需要考虑系统性能的问题，包括对数据库的各种优化。性能管理主要包括：用户针对业务系统响应的时间，文件传输的时间、数据备份和恢复的时间、ETL 的时间和报表展示的时间等方面。

（4）用户培训

培训的目的是让用户对数据仓库系统的结构、功能和操作流程有一个比较清晰的认识，用户能够依靠培训手册学会基本的操作和了解该系统提供的各种功能。在进行用户培训之前，需要详细地列出培训的计划和方案，例如列出本次培训的目的、时间、日程和内容安排，培训的人员等内容。

使用维护阶段如图 3-10 所示。

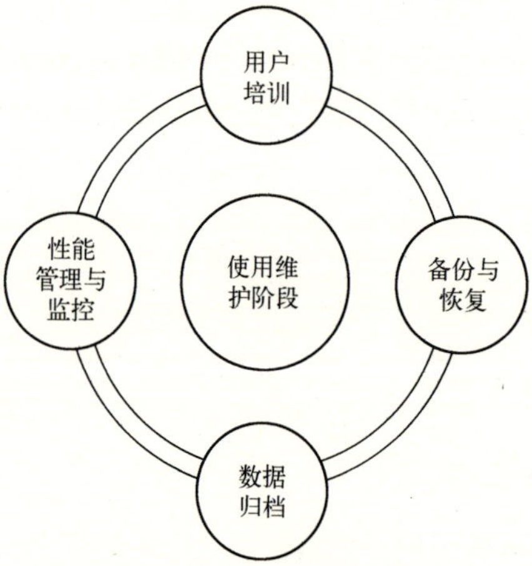

图 3-10　使用维护阶段

总结：数据仓库的开发周期可以划分成规划分析阶段、设计实现阶段以及使用维护阶段。这 3 个阶段是不断循环和完善的过程，经过多次循环设计、开发和改进，不断为系统增加新的功能，使数据仓库系统的应用得到进一步的加强，同时为了保证数据仓库系统开发的有效进行，用户需要在关键步骤中投入更多的资源。数据仓库系统开发与应用的过程如图 3-11 所示。

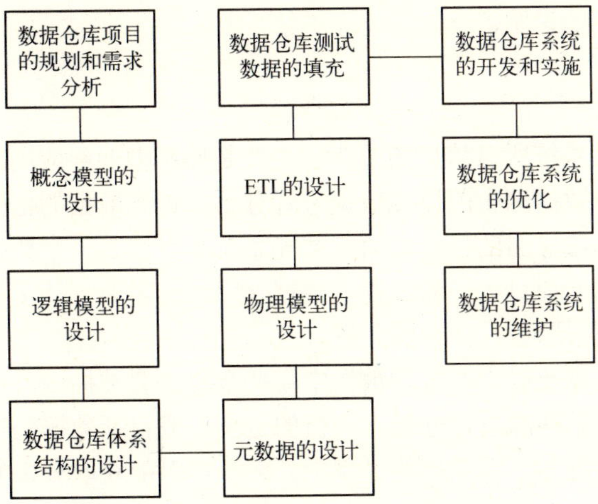

图 3-11　数据仓库系统开发与应用的过程

3.5　数据仓库系统组成部分介绍

数据仓库系统的组成部分有：针对数据源的分析、数据的迁移、数据的存储结构、元数据管理等。

其中数据仓库系统的数据源分析是开启商业智能项目的第一道大门，也是最基本的一步。业务系统的源数据通常来自企业的内部信息和外部信息。所谓内部信息，是指来自企业的生产数据和历史归档数据。而企业的生产数据有可能来自于不同的业务系统，如何将这些业务数据进行标准化，转换成数据仓库可以存储的数据，从而保证数据仓库中数据的一致性，这是数据源分析最重要的一步。归档历史数据一般是指将大量的、不常用的历史数据以在线的方式或者以离线的方式存储在数据库中或者磁带机中，这些历史数据有可能会成为数据仓库系统分析未来趋势和探究根本原因的宝贵财富。外部信息一般包括企业的法律法规、该行业的市场信息和该企业竞争对手的信息，例如该企业竞争对手的市场占有率信息。企业内部信息和外部信息如图 3-12 所示。

数据的迁移部分主要包括数据的抽取、转换和加载 3 个部分。

数据仓库的存储与管理：存储与管理是数据仓库的核心工作。因为数据仓库特有的组织管理方式区别于传统的数据库管理，它是按照主题的形式对业务源数据进行抽取、转换、加载和集成的。在数据仓库中，存储了大量的历史数据，将这些宝贵的历史数据转换成可以分析的、稳定的数据是数据仓库的根本任务和目的。

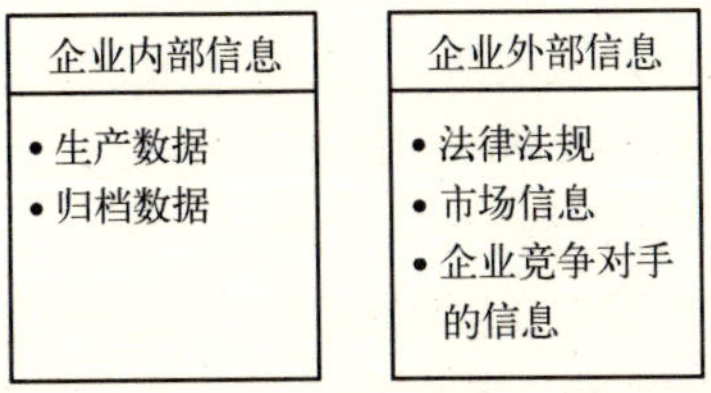

图 3-12　企业内部信息和外部信息

元数据的管理主要包括技术元数据和业务元数据的管理。

下面对此进行详细的说明。

3.5.1 数据源分析

数据源是数据仓库系统所有信息的源头，主要是操作型业务应用系统存放的数据集合。数据源分析是指对业务数据源中的原始数据进行分析，得到数据的范围、格式，以及其更新方式、更新频率、质量等方面的信息。商业智能系统本身就是一个数据分析的系统，对数据源的分析是开启商业智能项目大门的过程，数据仓库系统需要支持多种数据源格式，为了确定抽取方式，需要对数据源进行详细的分析。

在分析的过程中，需要确定业务源数据中哪些数据需要被抽取。为了确定合适的抽取方式，需要在抽取之前对数据源进行分析，分析的范围一般包括数据的格式、数据的范围、更新的方式、数据质量的好坏。在分析的过程中，应该尽可能获取分析的结果，形成数据源分析报告，在仔细研究分析报告后，再选择合适的抽取、加载方式。

在分析时，应该抛弃实际的应用系统，在逻辑上重新确定目标表中需要哪些业务数据，然后再根据业务系统的实现方式，分析业务源数据的存储格式、更新频率、更新方式和数据质量。

可以得出这样的结论：所谓数据源分析，就是对源数据进行分析和总结，得出源数据的范围、格式、更新方式、更新频率和质量好坏的过程。

数据源分析的过程分为范围分析、格式分析、更新方式分析、质量分析 4 个方面，如图 3-13 所示。

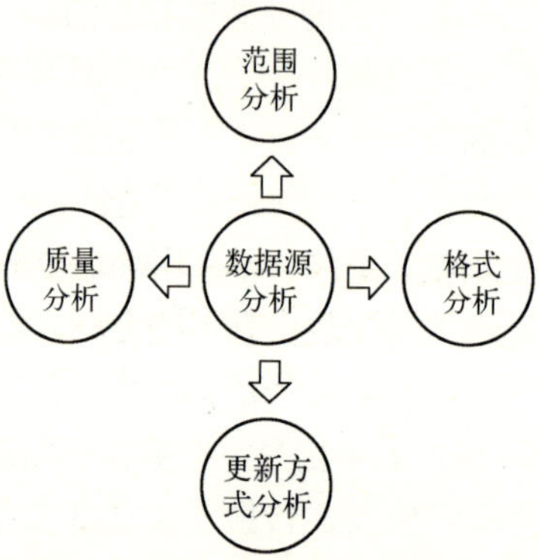

图 3-13 数据源分析过程

1）范围分析是指分析数据的范围。用户需要确定数据仓库系统需要数据源中的哪些原始数据。例如，在某电力行业的销售电量分析主题中，所有的数据均来自某管理信息系统，由此可以确定，这个销售电量分析主题的数据源都来自该管理信息系统，可能是与这个管理系统中的客户相关的数据，或者与电量相关的数据。而与财务数据或用户欠费相关的业务数据不相关。

2）格式分析是指对原始数据在数据库中的物理存储方式进行分析。内容包括在数据库中的存储类型、存储长度、数据精度等指标。

3）更新方式分析是指对原始数据在应用系统中的更新方式、更新频率、更新内容进行分析判断。内容包括原始数据何时更新、更新方式、具体更新哪些内容等。例如，在某销售电量主题分析中，需要考虑用户的抄表数据和电量数据，一般都是每月增量更新的，而用户的档案信息也有可能进行更新，用户的欠费信息也随着用户的缴费行为而随时发生相应的变化。

4）质量分析是指分析业务源数据的质量。主要分析数据完整性、数据准确性、数据一致性等内容。一般步骤包括：设计数据质量定义文档，内容包括数据质量验收的依据，数据质量等级的划分，数据质量检查的流程等内容；再根据数据质量定义文档进行数据质量检查，最终形成质量报告；根据数据质量报告进行深入分析，将分析结果提交给相关人员，协助设计人员完成数据清洗规则的制定。通常，质量分析是数据源分析中最重要、工作量最多的部分。

总结：除以上所述的对数据源进行分析外，还需要对各项指标数据的确切含义，统计口径等信息进行明确的界定，以避免产生二义性。例如，在销售电量主题分析中，需要明确销售电量的确切含义，是否包含线损电量、变损电量等。

3.5.2 数据迁移

数据迁移是商业智能的重点，可以归纳为如下 3 点。

（1）数据抽取

数据抽取前需要清楚以下内容：数据源来自于哪几个业务系统，各个业务系统的数据库管理系统分别是什么，是否存在手工录入的情况。

在确定数据抽取方式时，根据不同情况，不同业务源数据的抽取方式可能不相同。在对数据抽取方式进行设计时，首先根据数据抽取的范围，估算出每次抽取的数据量；然后再从实际的业务系统数据库服务器当前的运行情况，ETL 服务器与业务系统数据库服务器之间的网络连接情况，客户对数据实时性的要求等方面考虑，选择最合适的抽取方式。

数据抽取可以有两种方式：直接抽取方式、间接抽取方式。

在进行数据抽取时，先明确每个数据表采用何种数据抽取方式。直接抽取方式是指数据抽取过程中直接从业务源数据库到目标库，中间没有经历过任何过渡。但是直接抽取方式必须确定业务系统数据库为 ETL 过程提供的数据库用户名、授权给该用户访问的表名称，对该用户授权的方式、数据抽取时相关的安全措施等内容。间接抽取方式是指采用文件交换的方式进行数据抽取，需要考虑网络连接、数据库的分布等客观因素。在文件交换的过程中，需要确定文件交换的位置、文件的格式、对文件完整性的检查、文件传输的方式、文件是否传输完毕的标记、文件重新传递的标记等内容。间接抽取方式也称做异步 ETL 方式。

（2）数据转换

数据转换的含义是将业务系统内的各种源数据，通过自定义的转换脚本或者其他一些计算方法，将源数据转换成符合数据仓库要求的数据。转换过程包含了对数据不一致性的转换，数据粒度的转换和满足一些计算指标的转换。

如果转换的目标表是针对数据集市中的表，那么当每一个字段确定好转换规则后，需要对同一表中的所有字段进行综合，以 SQL 语句的方式记录下来。这期间包含了将业务系统数据按照数据仓库粒度进行聚合的过程。对于比较复杂的转换规则，无法在一个 SQL 语句中完整地表现一个表所有字段的，可以拆分为多个 SQL 语句。

在这一步，需要形成转换规则文档。内容包括数据集市中的所有字段如何关联到业务系统中的各个字段，以及每个字段的运算转换函数及参数，转换的方法，还包括每个表的 SQL 转换语句等内容。

（3）数据装载

数据经过转换、清洗后，需要装载到目标数据库中。数据装载的方式有多种：全表对比方式、时间戳方式、日志表的方式、全表删除后再插入的方式。这部分内容在后续章节中有详细的介绍，在此不再赘述。

3.5.3 选择数据的存储结构

数据库管理系统一般都提供多种存储结构。所谓数据的存储结构，是指数据的逻辑结构在计算机系统中的表示。

设计人员根据实际的需求选择合适的数据存储结构，不同的存储结构有不同的实现方式，各有各的特点。对设计人员来说，考虑的主要因素包括以下 3 个方面：存储的时间、存储空间的利用率和数据维护的成本。

一般在 ODS 数据存储结构说明书中，需要详细说明这些数据采用的存储结构，以及采用该存储结构的原因。

3.5.4 元数据

元数据主要包括技术元数据与业务元数据。

（1）技术元数据

技术元数据是存储关于商业智能系统技术细节的数据，是用于开发和管理商业智能系统使用的数据。它主要包括以下信息：商业智能系统结构的描述，包括对数据源、数据转换、抽取过程、数据加载策略以及对目标数据库的定义等内容；还包括数据仓库使用的模式、视图、维度、层次结构、类别和属性的定义，以及立方体的存储模式等信息。

总之，技术元数据提供给系统管理人员和数据仓库开发人员使用，管理人员需要了解操作环境到商业智能环境的映射关系（即 ETL 数据抽取的映射关系），数据的刷新规则，数据的安全性，数据库优化和任务调度等内容。数据仓库开发人员需要了解度量值和维度定义的算法。在实际商业智能开发过程中，业务元数据和技术元数据是相互关联的，对元数据的深刻理解是数据仓库应用和维护的基础。

（2）业务元数据

业务元数据从业务角度描述了商业智能系统中的数据，是介于使用者和真实系统之间的语义层，使得不懂计算机技术的业务人员也能够“理解”商业智能系统中的数据。业务元数据使用业务名称、定义、描述等信息表示数据仓库中的各种属性和概念。业务元数据主要包括以下信息：用户的业务术语和它们表达的数据模型信息、对象名称及其属性，数据的来源信息和数据访问的规则信息，商业智能系统提供的各种分析方法以及报表展示的信息。业务元数据使数据仓库管理人员和用户更好地理解和使用数据仓库，用户通过查看业务元数据可以清晰地理解各指标的含义，指标的计算方法等信息。

元数据的作用包括：便于商业智能系统的集成和可重用，保证数据仓库的数据质量和可维护性，帮助业务人员和技术人员更好地理解当前业务和系统数据，提高商业智能系统的管理效率。

这部分内容在后续章节中有详细的介绍，在此不再赘述。

总结：房地产业对我国经济的贡献是不可估量的。一是可以解决大批的农民工就业问题；二是为地方财政带来了客观的收益。数据仓库系统的组成部分与房地产的建设过程非常相似。建筑行业的人都知道，大楼的建设是很复杂的，包括钢筋、水泥、保温材料、下水道、燃气管道、防水层等一系列的原材料（数据仓库中称为源数据），经供货公司从全国各地运送到建筑工地，由建筑工人按照建筑设计师的图样手工搭建，配合大型搅拌机、起重机等外部设备的灌浇过程，最终建设完成。数据仓库与房地产业的关联图如图 3-14 所示。

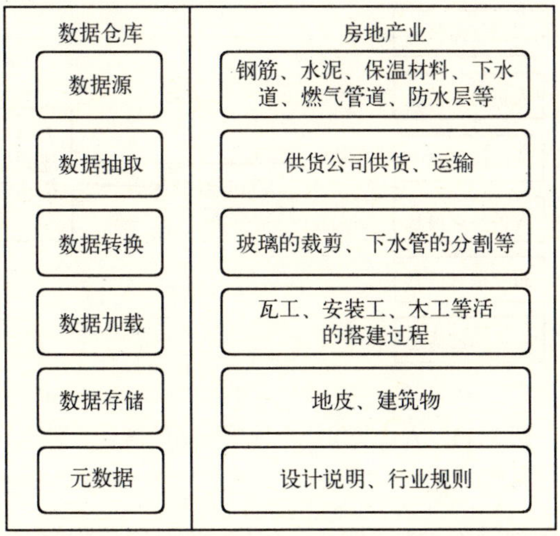

图 3-14　数据仓库与房地产业的关联图

3.6　数据仓库模型设计介绍

数据模型的概念在第 1 章中已经有了介绍。数据模型是指用实体、属性、实体之间的关系对业务概念和逻辑规则进行统一的定义，命名和编码，主要描述企业的信息需求和业务规则，是业务人员和开发人员沟通的语言，是数据仓库架构设计工作开始的第一步。正确的数据模型是用户需求的集中体现，是商业智能项目成功与否最重要的因素之一。数据模型可以分为概念模型、逻辑模型、物理模型，本节进行详细的介绍。

3.6.1　概念模型

从定义上来说，概念模型是最高层次的数据模型，反映了数据仓库的主要主题和重要业务之间的关系。一般来说，在进行数据仓库系统设计和开发之前，设计开发人员和业务人员已经对概念模型达成了共识，因为概念模型反映的是核心的业务问题。

概念模型的设计步骤如下：

1）从业务需求中提取重要的业务数据主题，包括对业务数据主题的详细解释，见表 3-1。

表 3-1　数据主题及其解释

数 据 主 题	对数据主题的详细解释
培训信息	人员进行各类培训的记录
调动信息	人员工作调动记录
薪酬福利信息	公司人员薪酬、福利相关的各种数据
社会保险信息	社会保险分类定义信息
劳动保障信息	劳动保障分类定义信息
社保缴纳	人员参与社会保险的记录

2）在业务数据主题的基础上进行数据主题域的划分，包括对数据主题域的详细解释，如图 3-15 所示。

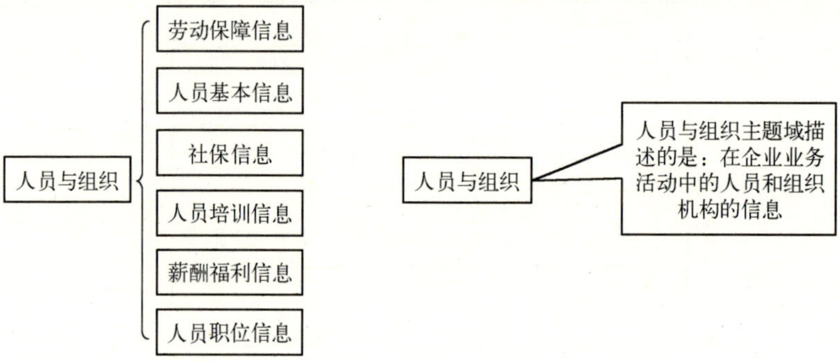

图 3-15　人员与组织主题域包括的信息及解释

a) 人员与组织主题域包括的信息　b) 对人员与组织主题域的详细解释

3）划分主题域概念模型：根据数据主题域的划分，细化内部的组织结构和业务关系，如图 3-16 所示。

总结：概念模型建模的流程大致可以分成如下几个部分：通过对业务系统的详细说明，进行数据的梳理，列出数据主题详细的清单，并对每个数据主题都作出详细的解释，然后经过归纳、分类，整理成各个数据主题域，列出每个数据主题域包含哪些部分，并对每个数据主题域作出详细解释，最后划分成主题域概念模型，如图 3-17 所示。

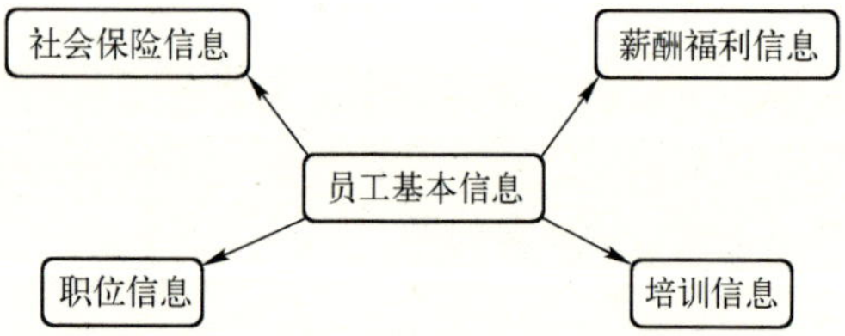

图 3-16　划分主题域概念模型

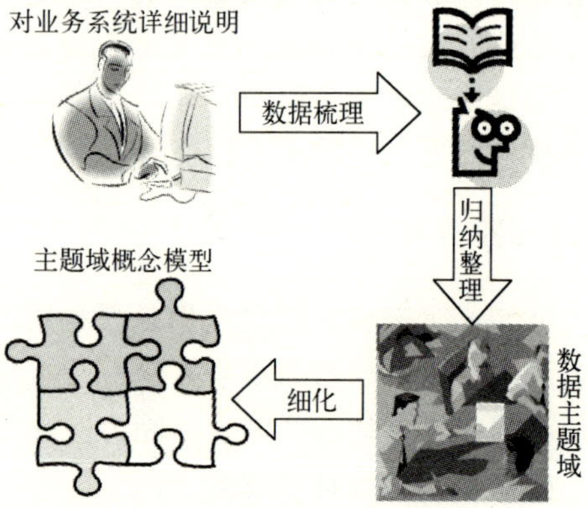

图 3-17　概念模型设计流程图

3.6.2　逻辑模型

从定义上讲，逻辑模型是以概念模型为基础，对概念模型的进一步细化、分解。逻辑模型通过实体和实体之间的关系描述业务的需求和系统实现的技术领域，是业务需求人员和技术人员沟通的桥梁和平台。概念模型和逻辑模型的关系如图 3-18 所示。

（1）逻辑模型的设计

逻辑模型的设计是数据仓库实施中最重要的一步，因为它直接反映了业务部门的实际需求和业务规则，同时对物理模型的设计和实现具有指导作用。它的特点就是通过实体和实体之间的关系勾勒出整个企业的数据蓝图和规划。逻辑模型一般遵循第三范式，与概念模型不同，它主要关注细节性的业务规则，同时需要解决每个主题域包含哪些概念范畴和跨主题域的继承和共享的问题。

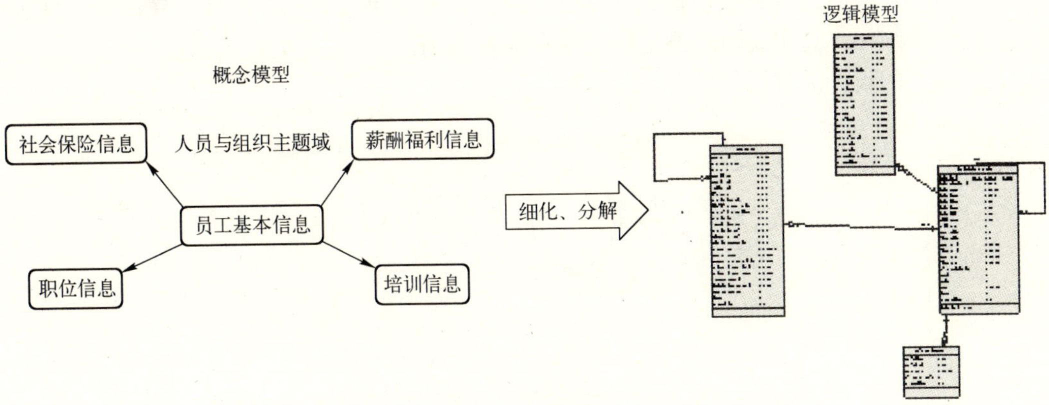

图 3-18　概念模型和逻辑模型的关系

（2）逻辑模型设计的一般步骤

概念模型的主题域一般是从企业现有的信息系统和行业自身业务活动汇总得来的业务模型主题域。而逻辑模型除了在概念模型的基础上丰富和细化主题域，并且确定每个主题域包含哪些主题外，还需要以下几个步骤。

1）分析需求，列出需要分析的主题，需求目标、维度指标、维度层次、分析的指标、分析的方法、数据的来源、关注的对象等。例如，所要分析的主题是电力营销业务分析处理情况，见表 3-2。

表 3-2　电力营销业务分析处理情况

分 析 对 象	分 析 方 式
需求目标	按照时间、单位、用电类型分析用电容量、用户数
维度指标	时间、电压等级
维度层次	时间是年、季、月，电压等级是 6kV、10kV
分析的指标	用户数量、用电储存容量
分析的方法	同比、环比
数据的来源	电力营销系统
关注的对象	公司领导、中层管理人员、业务人员

2）选择用户感兴趣的数据，通过业务需求将需要分析的指标分离抽取出来，转化成逻辑模型需要的实体。例如，从用户数量、用电储存容量等分析指标中分离出用户实体和用电量实体。

3）在实体中需要增加时间戳属性，因为实体中需要保存各个阶段的历史数据。通常情况下，如果实体为统一编码，则不需要增加时间戳属性。

4）需要考虑粒度层次的划分。数据仓库的粒度层次划分直接影响了数据仓库模型的设计，通常细粒度的数据模型直接从企业模型选取实体作为逻辑模型的实体，而粗粒度的数据模型需要经过汇总计算得到相应的实体。粒度决定了企业数据仓库的实现方式、性能、灵活性和数据仓库的数据量。

5）在粒度层次划分的基础上，还需要进行关系模式的定义。关系模式一般采取第三范式的特点进行定义，对当前的主题进行关系模式的划分，形成各个实体、实体属性、实体之间的关系等内容。同时在逻辑模型框架的基础上对实体的中英文名称、属性、属性的值域进行明确、完善和细化，真实反映业务逻辑关系和业务规则。

逻辑模型的设计流程图如图 3-19 所示。

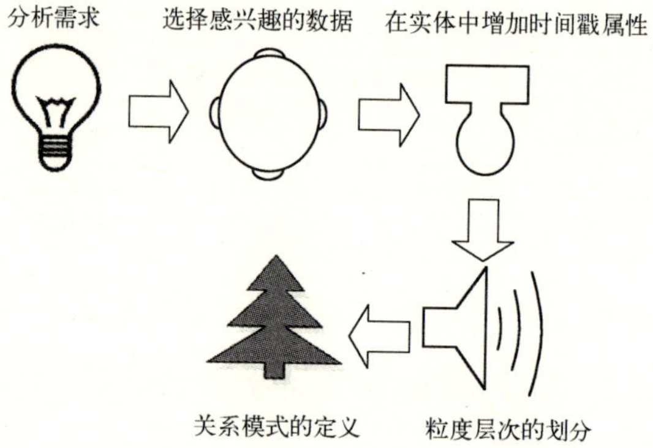

图 3-19　逻辑模型的设计流程图

3.6.3　物理模型

（1）物理模型设计阶段

在逻辑模型的基础上，为应用生产环境选取一个合适的物理结构的过程，包括合适的存储结构和存储方法，称作物理模型的设计过程。

逻辑模型转变为物理模型包括以下几个步骤：

1）实体名（Entity）转变为表名（Table）。

2）属性名（Attribute）转换为列名（Column），确定列的属性（Property）。

（2）实现业务规则

物理模型必须对列的属性进行明确的定义，包括：列名、数据类型（与特定数据库管理系统有关）、长度、能否为空值、有效性规则、默认值等，如图 3-20 所示。

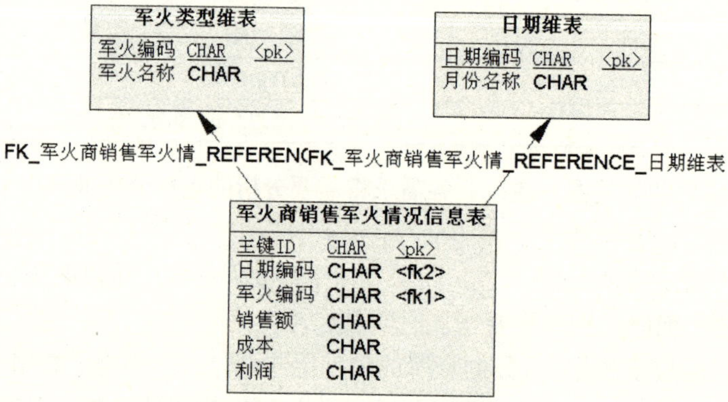

图 3-20　数据仓库的物理模型

物理模型确定以后，可以进一步确定数据的存放位置和存储空间的分配，最后生成定义数据库的 SQL 命令。

概念模型、逻辑模型和物理模型的区别如图 3-21 所示。

概念模型	逻辑模型	物理模型
• 最高层次的数据模型 • 定义了重要的业务概念和关系 • 包含核心的数据主题和主题间的业务关系	• 是概念模型的进一步细化。 • 一般遵循第三范式 • 描述实体、属性及其关系	• 描述模型实体的细节 • 对列的属性进行明确的定义

图 3-21　概念模型、逻辑模型和物理模型的区别

3.7　数据集市介绍

3.7.1　数据集市的定义

比尔·盖茨说过："如何搜集、管理和利用信息将决定您的胜负。"商业智能正是在这种需求下诞生的，而数据集市是满足部分特殊用户群体用来收集、管理他们本部门、本专业信息的数据仓库。大多数情况下，数据集市的数据来源于数据仓库，是一种小型的部门级别的数据仓库。数据集市的重点就是它满足了某些用户的特殊业务需求，根据所属部门的需求，对历史数据进行必要的汇总和计算。那么什么是数据集市？数据集市就是满足特定的部门或者用户的需求，按照多维的方式进行存储，包括定义维度、需要计算的指标、维度的层次等，生成面向决策分析需求的数据立方体。数据仓库体系结构中增加了数据集市，数据集市可以看做是部门级的小型数据仓库，如图 3-22 所示。

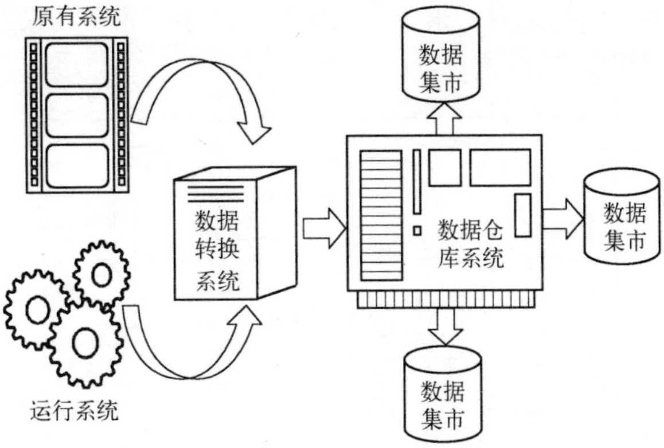

图 3-22　数据集市与各系统之间的关系

3.7.2 数据集市的类型

（1）独立型数据集市

独立型数据集市（见图 3-23）的数据来自于操作型数据库，是为了满足特殊用户而建立的一种分析型环境。这种数据集市的开发周期一般较短，具有灵活性，但是因为脱离了数据仓库，独立建立的数据集市可能会导致信息孤岛的存在，不能以全局的视角去分析数据。

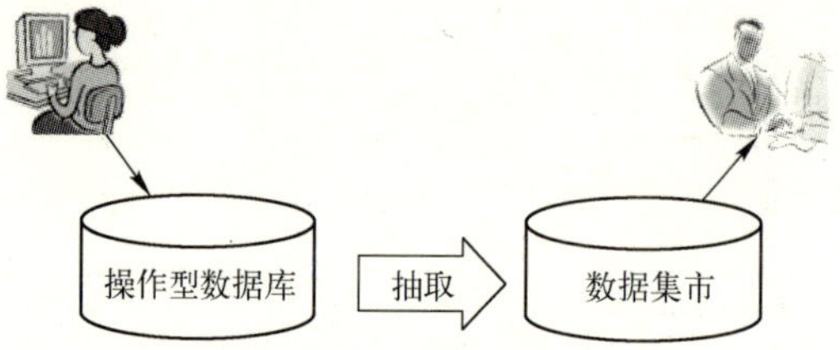

图 3-23　独立型数据集市

（2）从属型数据集市

从属型数据集市（见图 3-24）的数据来自于企业的数据仓库，这样会导致开发周期的延长，但是从属型数据集市在体系结构上比独立型数据集市更稳定，可以提高数据分析的质量，保证数据的一致性。

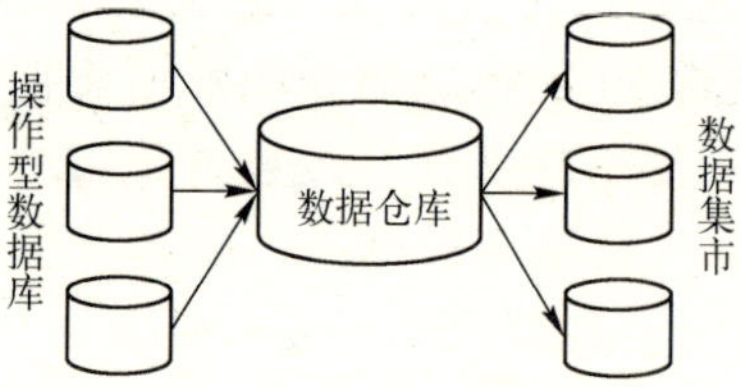

图 3-24　从属型数据集市

3.7.3 数据集市和数据仓库的区别

在数据结构上，数据仓库是面向主题的、集成的数据的集合。而数据集市通常被定义为星型结构或者雪花型数据结构，数据集市一般是由一张事实表和几张维表组成的。数据仓库和数据集市的数据结构如图 3-25 所示。

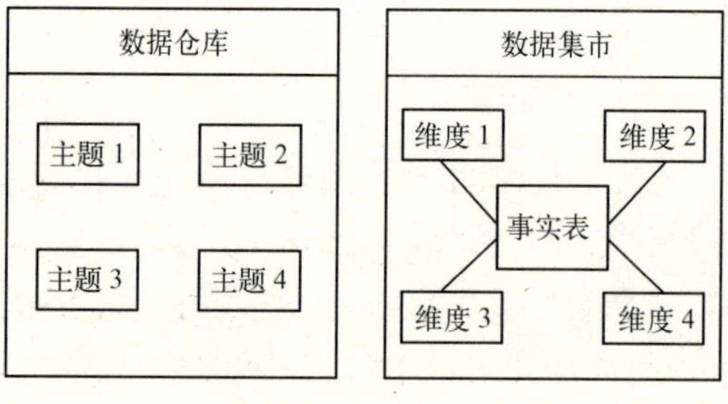

图 3-25　数据仓库和数据集市的数据结构

数据仓库和数据集市的区别见表 3-3。

表 3-3　数据仓库和数据集市的区别

比较对象	数据仓库	数据集市
数据来源	ODS 统一信息视图区	数据仓库
数据范围	面向企业级	一般是部门级
数据结构	第三范式	雪花型或星型结构
历史数据	大量的历史数据	一部分历史数据
索引	高度索引	高度索引

3.7.4　数据集市和数据仓库的关系

数据集市是一组特定的、针对某个主题域、某个部门或者某些特殊用户而进行分类的数据集合，也可以说是小型的数据仓库。用户可以在数据集市中快速地对数据进行访问和对报表进行展示，同时在数据结构的内部对数据进行必要的汇总和优化。数据集市的存储通常按照划分主题的形式进行存放，其模型一般是星型结构或者雪花型结构。而数据仓库除了按照主题的形式进行存放外，其模型一般按照第三范式的形式进行设计。数据仓库到数据集市的过程是从数据规范化到多维建模的过程，包括数据仓库内的实体表转化成事实表、维表，以及将实体之间的关系转化成多维关系的映射。在数据仓库项目中，数据集市通常按照地区、日期等维度对数据进行组织和汇总，因此数据仓库转化成数据集市也是按照轻量级汇总或者中度汇总和计算所完成的。简而言之，数据集市里的数据一般都是从数据仓库中经过转换、汇总计算获取的，直接支撑前端的应用需求，如图 3-26 所示。数据集市的数据通常会作为 OLAP 服务和应用服务的数据输入。数据集市的数据一般不会从源数据系统中直接抽取，即一般不提倡建设独立型的数据集市。这是因为，如果数据集市从源数据系统中直接抽取数据，则可能导致数据的不一致性，同时也会增加多个额外的进程，这些进程在源系统中将大大消耗系统的 CPU 资源，从而造成资源上的浪费。数据集市和数据仓库的关系如图 3-27 所示。

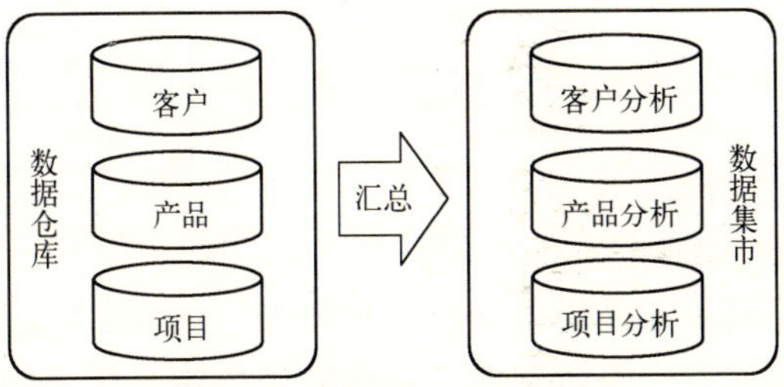

图 3-26　数据集市的数据来源

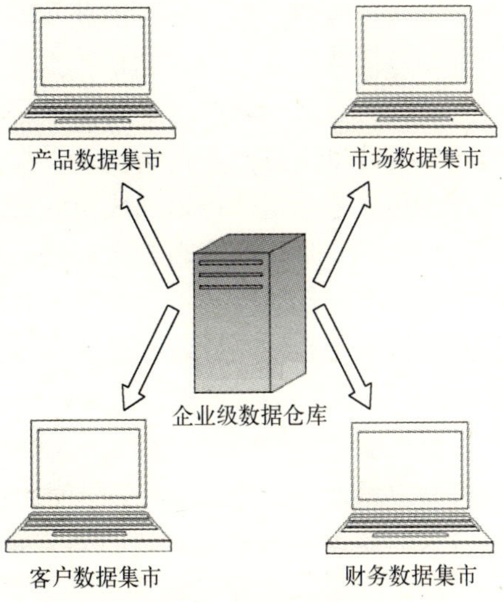

图 3-27　数据仓库和数据集市的关系

3.7.5 数据集市的目标分析

数据集市主要是针对一组特定的某个主题域、部门或者特殊用户需求的数据集合。这些数据需要针对用户的快速访问和报表展示进行优化，优化的方式包括对数据进行轻量级汇总，在数据结构的基础上创建索引。数据集市的目标分析过程包括对数据集市的需求进行拆分，按照不同的业务规则进行组织，将与业务主题相关的实体组织成主题域，并且对各类指标进行维度分析，从而形成数据集市目标说明书。内容包括详细的业务主题、业务主题域和各项指标及其分析维度。

3.8 数据仓库实施详细步骤

3.8.1 需求分析

需求分析是数据仓库项目最重要的一个环节，如果需求分析不准确，会直接影响客户的使用，最终导致商业智能项目的失败。为了避免最坏的情况，将采取以下措施和方法去完善需求分析。

1）尽可能与客户一起分析需求，引导客户将项目所要实现的整体框架和业务细节部分描述清楚，最佳途径就是需求人员和设计人员通过原型与客户讨论，从而正确理解客户实际的业务需求。

2）同时必须实事求是地将数据仓库所能实现的目标和不容易解决的问题与客户界定清楚，每一步的需求都需要和客户进行签字确认。

在需求讨论的基础上，需要理解客户的业务工作流程，当然如果我们已经在这一行业中积累了丰富的业务知识，同时具备了引导客户的能力，可以在需求调研的时候尽可能地让客户按照自己的思路去完成数据仓库系统的功能设计。根据商业智能项目的特点，可以将客户分成以下几类：数据查询客户、报表查询客户、企业决策者，通过与他们的沟通交流，帮助客户理清思路，尽可能获知他们的需求信息，同时需要对客户讲解数据仓库的框架知识，包括数据仓库的概念，数据仓库系统能解决什么问题，和一般的应用系统有什么区别。最好将以前成功的商业智能项目讲解给客户，使客户理解处理当前数据需要的时间周期，系统可以支持的客户访问量、报表格式和展示方式等内容。在此基础上，可以完成商业智能项目整体的规划和对每一个开发阶段的清晰界定。最后需要跟客户沟通的是在对数据准确性的校验上，在现有的客观条件下，所能保证的数据仓库系统在抽取、清洗、转换过程中允许出现的误差率，如图 3-28 所示。

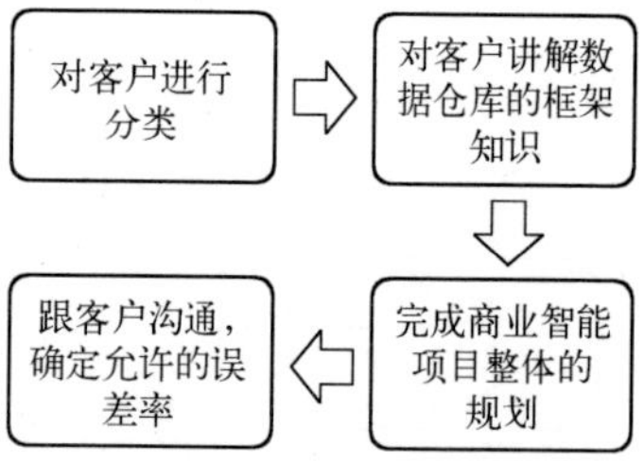

图 3-28　完善需求分析的方法

商业智能决策分析系统的实际需求通常并不确定，因为需求不断地发生变化，这无形中增加了设计者理解客户实际需求的难度。一般情况下，客户能够提供的都是需求的整体框架部分或者是实际需求的一部分内容，不能预见未来需要增加的需求，这也注定了商业智能决策分析系统的开发是一个不断循环、反馈，使系统不断完善增长的过程。同时，为了最大限度地减少需求变更，我们在需求采集的过程中制订出详细的调研计划，采用切实可行的调研方式跟客户沟通和交流，从而了解客户最真实的需求。其中最常见的调研方式就是问卷调查，会议调研或者电话沟通等，如图 3-29 所示。我们需要充分利用调研的宝贵时间，利用一切资源，充分了解企业不同层面的各类人员的实际需求。当需求完成时，需要对采集结果进行分析、归纳、整理，最终形成完整的需求分析报告。

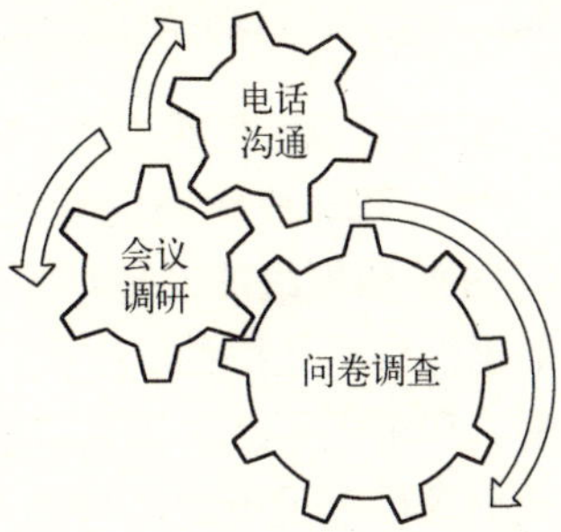

图 3-29　常见的调研方式

业务需求的实施目的就是真正理解企业决策者的战略性目标和企业建立商业智能系统的根本目的。在理解建立商业智能系统目标的基础上，建立有效的企业管理模式，制定出详细的企业数据仓库业务管理规范，设计出常用的 ETL 数据采集规范和工作流程，从而明确商业智能系统的实施范围和目标。为了提高企业的分析决策能力，可以利用当下的局域网技术和互联网技术实现企业对各种信息的查询和分析，通过建立企业业务数据模型，分析商业智能系统的系统架构，数据源之间的差异，对数据质量的评估和各种信息的处理方法，有效地提高了企业商业智能系统的分析和决策能力。

3.8.2　数据仓库的逻辑分析

数据仓库在逻辑上可以分成操作型数据库、数据仓库层、数据集市层、数据分析应用层和报表展示层，如图 3-30 所示。

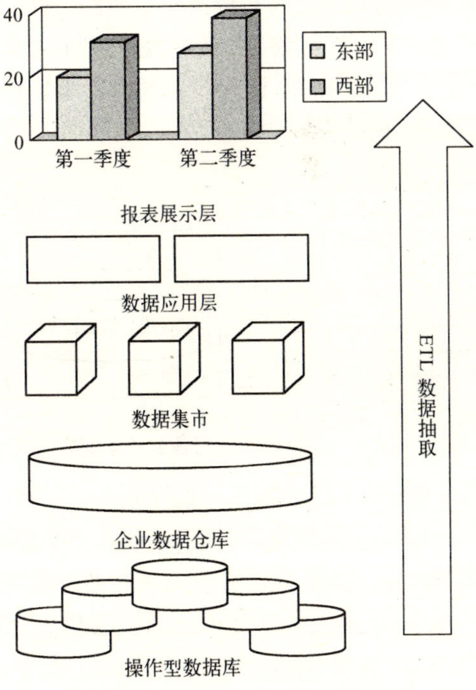

图 3-30　数据仓库的逻辑框架结构

3.8.3 设计 ODS 系统

ODS 可以有两种形式：ODS 数据缓冲区和 ODS 统一信息视图区。

（1）ODS 数据缓冲区

ODS 数据缓冲区是业务数据流动过程的第一个存储区，实现了数据仓库从各个业务系统的数据源中将数据抽取出来，并且装载到 ODS 数据缓冲区的这一过程，从而实现统一的、全局的企业数据平台，为以后的数据抽取、清洗、转换过程打下了坚实的基础。对于数据量大的数据源可以采用增量的方式进行抽取，对于经常变化更新的数据一般采用全量的方式进行抽取。ODS 数据缓冲区具有实时性的特征，ODS 系统将各个孤立的业务系统的生产运营数据集成起来，组成统一的、全局的企业数据交换平台。ODS 数据缓冲区与业务数据的关系如图 3-31 所示。

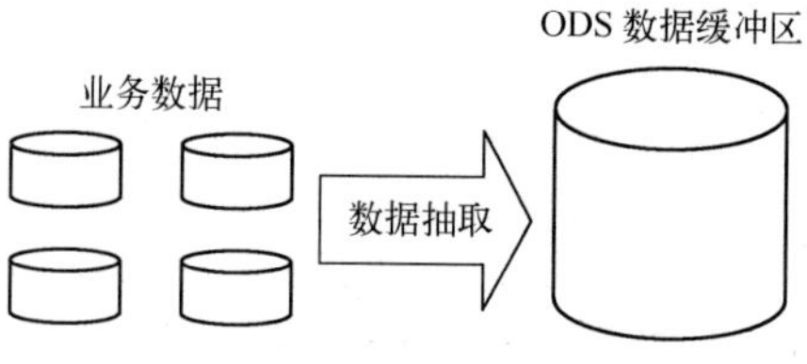

图 3-31　ODS 数据缓冲区与业务数据的关系

（2）ODS 统一信息视图区

ODS 统一信息视图区是指有选择地集成各类业务源数据，对数据进行抽取、清洗、转换操作，以数据主题域为数据集成的基础，对数据进行分类和组织，使用户能够通过统一信息视图区获得跟某个主题域相关的实时性数据。各业务系统和 ODS 统一信息视图区可以互相访问，可以生成具有实时性的操作性报表和查询某一主题的近期全部信息。ODS 统一信息视图区与各业务系统之间的关系如图 3-32 所示。

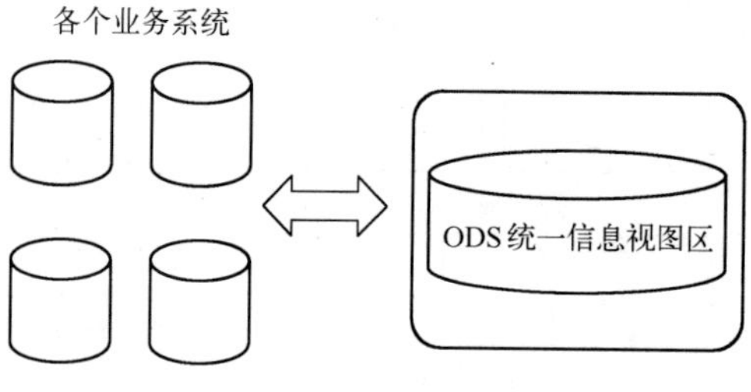

图 3-32　ODS 统一信息视图区与各业务系统之间的关系

（3）ODS 数据缓冲区和 ODS 统一信息视图区的区别和共同点

ODS 数据缓冲区主要为业务源数据抽取到数据仓库中提供中间数据缓冲的功能，与 ODS 统一信息视图区最大的区别就是数据抽取、清洗、转换、加载的转换规则和数据存储的方式不同。ODS 统一信息视图区是完全按照主题的方式进行数据存储，向用户提供快速的报表展示和数据实时查询的功能。而 ODS 数据缓冲区的 ETL 规则一般只进行简单的汇总、计算，或者从操作型数据库中直接抽取而中间不进行任何转化。ODS 统一信息视图区的数据一般都是从 ODS 数据缓冲区中抽取过来的。ODS 数据缓冲区和 ODS 统一信息视图区如图 3-33 所示。

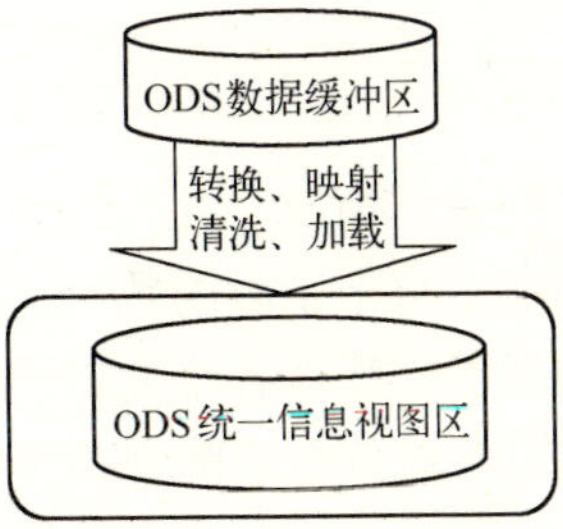

图 3-33　ODS 数据缓冲区和 ODS 统一信息视图区

3.8.4　数据仓库建模

数据仓库建模在前面已经有了详细的介绍，数据仓库模型是 IT 技术开发人员、业务人员、决策管理者相互沟通的一套语言和平台。对于数据建模工程师来说，对业务的深刻理解是首要任务，因为数据仓库建模分为概念模型设计、逻辑模型设计和物理模型设计 3 个阶段，一般按照自顶向下的顺序依次对模型进行设计。概念模型主要是模型设计人员对业务规则的理解，是最高层次的数据模型，几乎涵盖了业务所有的核心概念和重要的主题，为以后逻辑模型的建设打下了基础。逻辑模型是对概念模型的分解、细化，将数据主题划分成一个个的实体和实体关系，一般将第三范式作为设计的模板。物理模型在逻辑模型的基础上对模型实体进行细节性的描述，包括字段类型、长度、索引等因素，最后转化成数据库存储的物理表。

3.8.5　数据集市建模

一般数据集市模型的建设是基于需求分析得到的结果，数据集市的建模主要针对事实表和维表的设计。例如，部门员工关系表，如果事实表包含部门编码，则数据可以分析到部门；如果事实表又包含员工编码，则数据既可以分析到部门，又可以分析到员工。一张事实表除了包含所要分析的维度编码外，还包括需要分析的度量值。例如，用户用电分析事实表（见表 3-4），它的主题描述就是按地区、时间、电压等级统计用户的耗电量、应收电费，并进行同期对比；它的维度就是地区、时间、电压等级，度量值包括耗电量、应收电费等；指标来源就是数据仓库中的计费结果表、用户基本信息表。维表一般采用增量的方式进行抽取。

表 3-4　用户用电分析事实表

分析的主题	用户用电情况分析
需求目标	按地区、时间、电压等级统计用户的耗电量、应收电费，并进行同期对比
维度组成	地区、时间、电压等级
分析的指标	耗电量、应收电费
分析方法	同比、环比
数据来源	电力营销系统
指标来源	计费结果表、用户基本信息表

3.8.6 数据源分析

通过需求调研得知业务数据源的基本情况，并且加以详细说明，具体内容包括数据源中存在哪些物理表，表之间的关系和表中每个字段的数据类型和含义等。一般来说，业务数据源可能存在数据不完整、不一致的现象，或者各个数据源存在业务规则不统一的情况。了解这些数据源的特点，有利于 ETL 抽取时对数据的整合和统一，从而保证数据的质量和可信度。

3.8.7 数据的获取与整合

数据的获取与整合存在于数据仓库项目中的各个阶段。ETL 过程实际上就是数据流动的过程，即从不同的数据源流向统一的目标数据库。数据的获取与整合是完成数据仓库建设最复杂的过程，关系到数据的质量，是数据仓库项目建设的根基。

3.8.8 应用分析

应用分析可以有图形、查询列表、报表、文字报告等形式。应用分析是数据仓库辅助决策系统架构的最高层次，一般都是采用专业的商业智能工具实现的。商业智能系统架构图如图 3-34 所示。

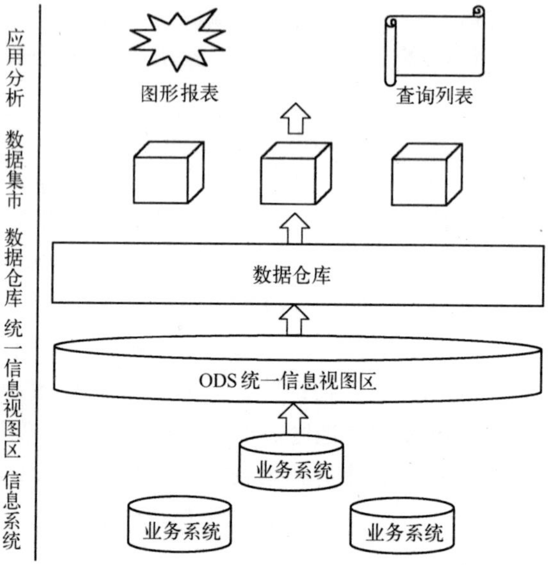

图 3-34 商业智能系统架构图

3.8.9 报表展现

在商业智能中，报表展现功能主要利用第三方工具或者专业的报表工具对数据进行展示和分析。报表工具不仅需要支持多维分析，同时还要有丰富的图表案例，使展现出来的数据不那么空洞，图像更加生动，展示的形式更加多样化，同时保证数据更加真实。报表定义了很多格式，可以通过柱形图、饼形图等方式来展现报表。

例如，可以使用饼形图的方式展示出不同季度的用电容量情况，如图 3-35 所示。

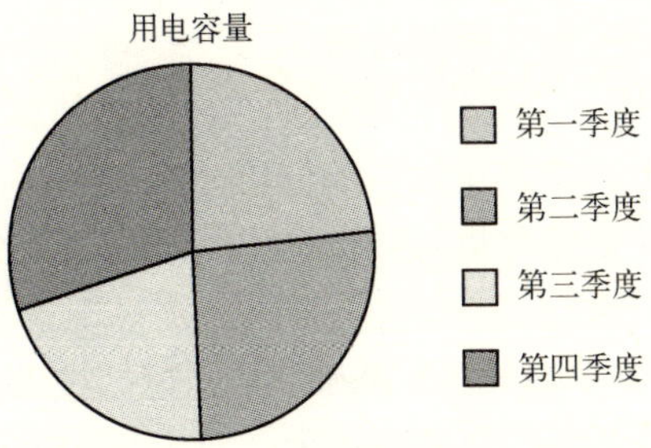

图 3-35　不同季度的用电容量

数据仓库的实施步骤如图 3-36 所示。

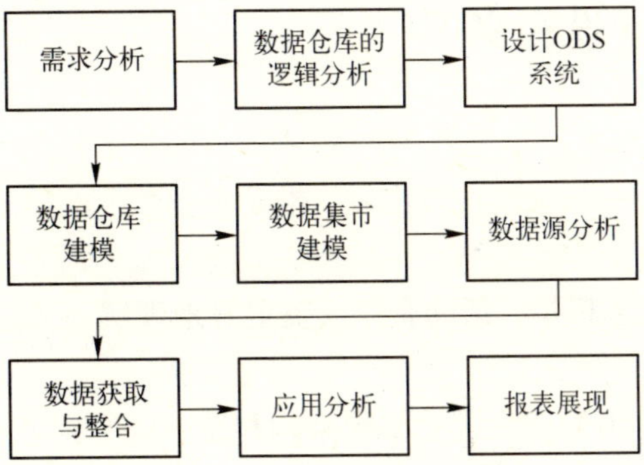

图 3-36　数据仓库的实施步骤

3.9　数据仓库的作用

数据仓库主要有 3 个方面的作用，如图 3-37 所示。

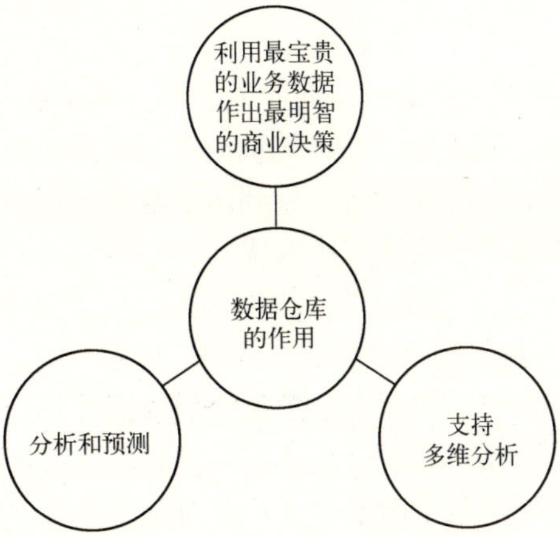

图 3-37　数据仓库的主要作用

1）数据仓库系统提供了标准的报表和图表展示功能，数据仓库内的数据来源于不同的业务处理系统，而数据仓库系统展示的数据是整个企业的数据集成，数据仓库的作用就是利用这些最宝贵的业务数据作出最明智的商业决策。

2）数据仓库支持多维分析。多维分析通过把一个实体的属性定义成维度，使用户能方便地从多个角度汇总、计算数据，增强了数据的分析处理能力，通过对不同维度数据的比较和分析，增强了信息处理能力。多维分析是数据仓库系统在决策分析过程中非常有用的一个功能。

3）数据仓库是数据挖掘技术的关键和基础。数据挖掘技术是在已有数据的基础上，帮助用户理解现有的信息，并且在当前信息的基础上，对未来的企业状况作出预测，在数据仓库的基础上进行数据挖掘，可以针对整个企业的发展状况和未来前景作出较为完整、合理、准确的分析和预测。

3.10 数据仓库的建设意义

数据仓库的建设意义如下：

1）使企业高层领导能够从全局角度出发，推动企业数据的统一规划，便于业务人员对企业数据的分析与理解。

2）可以形成企业的概念模型，帮助企业人员更好地理解业务的核心概念和业务之间的关系。

3）帮助设计人员制定出更加合理的数据架构和统一的数据分布图。

4）可以明确各个业务部门之间的关系和在分析应用工作中的主要职责，有利于实现统一的报表体系规范，便于实现企业的运营指标分析和统一的口径。

5）形成有效的数据管理体系，保证企业在业务部门众多，内部数据和外部数据复杂的情况下，数据只有唯一事实的特点。

6）为业务人员提供各种报表查询功能，为应用系统提供强大的数据分析功能。

3.11 本章小结

1）数据仓库的定义：数据仓库是一个面向主题的、集成的、稳定的、反映历史变化的数据集合，用于支持管理决策。数据仓库是计算机应用发展的必然产物，它搜集了企业相关内部和外部各个系统的数据源、归档文件等一系列历史数据，包括大量原始数据、业务数据，该系统用于构建面向企业管理者的决策支持系统。

2）数据仓库的特点：面向主题的、集成的、稳定的、反映历史变化。

3）数据仓库模型设计：数据模型分为概念模型、逻辑模型、物理模型。概念模型建模的流程大致可以分成如下几个部分：通过对业务系统的详细说明，进行数据的梳理，列出数据主题详细的清单，并对每个数据主题都作出详细的解释，然后再经过归纳、分类，整理成数据主题域，列出每个数据主题域包含哪些部分，并对每个数据主题域作出解释，最后划分成主题域概念模型。逻辑模型是以概念模型为基础，对概念模型的进一步细化、分解。物理模型最终确定数据仓库的表名、列名及相关属性，并生成定义数据库的 SQL 命令。

4）数据模型是指用实体、属性、实体之间的关系对业务概念和逻辑规则进行统一的定义，命名和编码，主要描述企业的信息需求和业务规则，是业务人员和开发人员沟通的语言，是数据仓库架构设计工作开始的第一步。正确的数据模型是用户需求的集中体现，是商业智能项目成功与否最重要的因素之一。

5）数据仓库开发过程包括：数据仓库规划分析与确定需求，概念模型的开发，逻辑模型的开发，数据仓库体系结构设计，元数据的设计与物理表的实现，数据抽取、转换、加载，数据仓库实施应用，数据仓库维护等过程。

6）数据仓库的价值不在于存储数据量的多少，而是在于用户能从数据仓库中得到的信息和知识。

7）在数据仓库的概念模型中，业务建模主要有两种方式：

- 从企业的战略目标出发，结合业务需求和调研的内容，进行自顶向下开发，保证模型不偏离商业智能项目的目标。
- 分析现有系统的数据内容，通过归纳和总结，自底向上进行概念模型建设，即从数据的角度去理解业务的需求和规则。

8）模型设计中主要的设计元素有主题、实体、属性、关系。主题是指与业务相关的数据的主要分类。主题域是企业数据的主题的集合，反映了企业数据的子集，主要包含主题、实体、属性以及它们之间的关系，是数据模型中最大的逻辑单位。实体通常是一个人、一个地点或者是一个事件，在实体模型中是唯一的、不可再分的最小逻辑单位。实体一般分成主实体、子实体、属性实体、关系实体。其中主实体是不依赖于其他任何实体而独立存在的实体，如用户实体、产品实体等。子实体是对父实体的逻辑分类，一般继承父实体的所有特征、属性和关系。

9）数据集市就是满足特定的部门或者用户的需求，按照多维的方式进行存储，包括定义维度、需要计算的指标、维度的层次等，生成面向决策分析需求的数据立方体。

10）数据仓库和数据集市的区别：数据仓库是面向主题的、集成的数据的集合。而数据集市通常被定义为星型结构或者雪花型数据结构，通常由一张事实表和几张维表组成。

11）数据仓库实施详细步骤：需求分析、数据仓库的逻辑分析、ODS 设计、数据仓库建模、数据集市建模、数据源分析、数据的获取与整合、应用分析、报表展示。

12）数据仓库在逻辑上可以分成操作型数据库、数据仓库层、数据集市层、数据分析应用层、报表展示层。

13）ODS 数据缓冲区主要为业务源数据抽取到数据仓库中提供中间数据缓冲的功能，与 ODS 统一信息视图区最大的区别就是数据抽取、清洗、转换、加载的转换规则和数据存储的方式不同。ODS 统一信息视图区是完全按照主题的方式进行数据存储，向用户提供快速的报表展示和数据实时查询的功能。而 ODS 数据缓冲区的 ETL 规则一般只进行简单的汇总、计算，或者从操作型数据库中直接抽取而中间不进行任何转化。

14）数据仓库的主要作用。数据仓库主要有 3 个方面的作用：利用最宝贵的业务数据作出最明智的商业决策、支持多维分析、分析和预测功能。

第 4 章　商业智能 ETL 简介

本章目标

通过前 3 章的学习，我们已经理解了商业智能的系统架构，对数据仓库的设计方法和实施的步骤有了清楚的认识。本章将重点介绍商业智能 ETL 方面的理论知识，包括 ETL 的核心概念、本质思想和一般设计开发方法等内容。本章提出了实施数据仓库项目的 ETL 方法，ETL 的框架体系结构，重点讲解了 ETL 的数据抽取、转换、加载过程。

学习本章后，您将掌握：

- ETL 的地位。
- ETL 的一般过程。
- ETL 的本质。
- ETL 的体系结构。
- ETL 的主流工具。
- ETL 的详细过程。
- ETL 的优化要点。
- ETL 的设计规范。
- ETL 的框架结构。

4.1 ETL 在数据仓库中的重要地位

在数据仓库系统中，ETL 占有重要的地位，ETL 作为一种数据整合解决方案，已经上升到了一种理论的高度。ETL 在数据仓库中具有以下几个特点。

1）数据流动具有周期性。一般来说，商业智能 ETL 按照某种业务抽取规则周期性运行，每次运行都会加载新的数据到目标库中。

2）因为数据仓库中的数据量巨大，一般采用成熟的 ETL 工具去完成抽取、转换、加载，以降低设计开发和维护的复杂度，使设计开发人员有更多的时间去专注于业务转化规则。ETL 是数据仓库项目中最艰难且耗时最长的工作，ETL 系统的设计和开发工作对商业智能项目的成败产生至关重要的影响，如果把数据仓库项目看成一座大厦的话，那么数据模型好像图样，而 ETL 就是建造这座大厦的过程。而我们作为从事商业智能的专业人士，需要真正理解 ETL 理论方面的知识，而不仅仅停留在 ETL 工具的使用上，因为只有这样，才能更好地发挥它的作用。

例如，如图 4-1 所示，建筑图样的规划就是数据仓库模型的设计过程，根据图样建造宫殿的过程就是 ETL 设计开发的过程，而那座美丽的宫殿就是数据仓库的成果。可以看出建造宫殿的过程就是耗时最长、最困难的工作，即 ETL 是整个数据仓库项目中难度最大、耗费时间最长的工作。

图 4-1　数据仓库模型的设计过程

4.2　ETL 的一般过程

ETL 是数据抽取（Extract）、转换（Transform）、加载（Load ）的简写。它的一般过程是指：将源数据抽取出来，中间经过数据的清洗、转换，最后加载到目标表中。ETL 过程一般都是批量操作的，如图 4-2 所示。

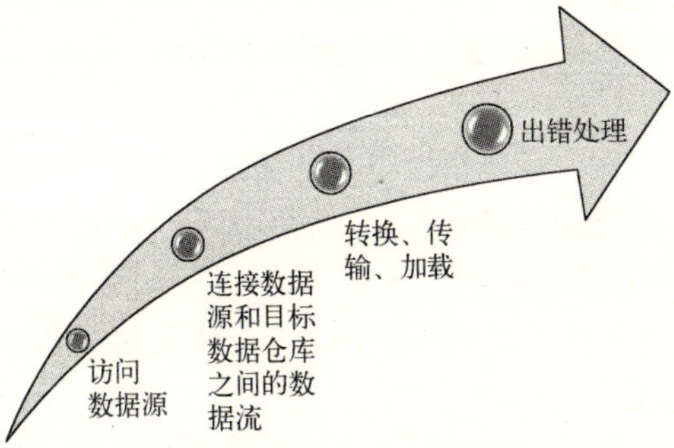

图 4-2　ETL 的一般过程

4.3　研究 ETL 的本质

1）用户应该理解 ETL 本质上就是数据从源到目标的过程（即数据流动的过程）。在数据仓库中历史数据是海量的，ETL 过程需要经历以下几个步骤：抽取、清洗、转换、加载。抽取和加载是转换过程的输入和输出部分，而数据转换是 ETL 过程的核心部分，也是难度最大的部分。可以把 ETL 分成静态单元和动态单元两个部分。所谓静态单元，就是业务数据转换的规则；而动态单元是 ETL 时间调度的最小单位。目前有很多成熟的工具都提供 ETL 功能，包括 Informatica、Datastage、Kettle 等。这些工具不但具有可视化的数据流动、转换编辑界面，还提供各种转换规则定义和数据转化的函数集。

2）多数 ETL 工具价格昂贵，宏观上一般都适合处理海量的数据，但是在微观上需要考虑 ETL 处理的不同情况。在数据量和复杂度都不高的情况下，可以利用 ETL 工具提供的组件指定数据源和目标库，通过对图形的拖曳就可以设定需要转换的规则，操作非常方便。在处理大数据量和复杂数据转换时，一般采用编码的方式进行设计和开发，更直观地实现业务转换的规则。ETL 工具如（Informatica、Datastage、Kettle）都是用图形界面去设置转换规则和编写代码程序，这需要 ETL 设计开发人员熟悉工具中的各种组件和规则转换函数，当然这些 ETL 工具不可能提供所有的转换规则，所以一般 ETL 工具都提供特定语言环境（JavaScript 语言脚本和存储过程的调用功能）来实现高级转换功能。

3）元数据是 ETL 过程的重要体现，描述了数据源的属性、数据源到目标库的转换规则，数据抽取的历史记录等内容。ETL 的所有过程一般都是依赖元数据去实现数据的清洗、转换，最后加载到目标数据仓库中，同时元数据也是数据仓库项目中不可或缺的部分。采用元数据方法，可以实现数据抽取流程的自动化，并且保证了数据抽取的及时、准确和完整。元数据的概念在数据仓库中非常重要， ETL 中存在大量的数据源定义和映射规则、转换规则，这些都是元数据需要管理和存储的。

4）如果构建一个商业智能系统，设计开发人员要完全理解业务数据源系统是非常困难的，需要花费大量的时间去整理数据源的属性，更多的人喜欢在 ETL 开始之前就将所有的业务转换规则弄清楚。

笔者认为：在 ETL 过程中，如果遇到质量有问题的源数据，一定要正面对待这些垃圾数据或者错误数据，是丢弃还是处理，这些问题都是无法逃避的。假设这些数据不经过处理，那么在 ETL 过程中错误会逐渐放大，抛开数据源质量问题，我们再来看看 ETL 过程中哪些因素会对数据的准确性产生重大影响。

影响 ETL 数据质量的关键因素包括以下几种情况：

- 可能会有一部分数据因为客观或者人为的原因导致数据格式混乱。
- 源系统设计存在不合理性。
- 在开发过程中，因为开发人员的错误或者设计人员对业务规则描述的问题，同样会导致数据质量出现问题。

因为各种因素都会影响 ETL 数据的质量。保证数据质量的方法有如下几种：

首先，用户必须遵守在数据仓库项目中数据源的质量要求，对业务源数据进行仔细分析，以便对数据源的任何错误或不规范的地方有相应的处理方法，如对错误数据舍弃或者修改。

其次，在保证数据源的质量之后，在设计 ETL 的过程中，对每一个步骤都应该有一个衡量数据质量的方法，需要重视 ETL 的每一个过程。对于有误差的数据，需要追溯到根本原因，并且将数据仓库的模型与数据质量的验证方法统一起来，实现每一步的 ETL 过程都有验证数据质量的脚本。

最后，就是规范业务流程，保证 ETL 的正确性，避免误删数据或者重复加载业务数据。

其中对质量的衡量有下面几种方式，如图 4-3 所示。

1）定义的数据是否和实际数值相同。例如，一个数据项“客户来电等候率”是描述在客户服务中，客人来电等候的时间超过 1min 的次数/客人来电的总次数。随着客户服务质量的提高，客人来电等候率会发生变化，当客人来电等候的时间超过 1min 的次数减少时，客户来电等候率也会相应降低，但是如果这个值没有被更新，那么该数值可能是不正确的。

2）指标数据是否符合业务的规则。例如，“社会保险类别”是描述社会保险分类的信息，不包括劳动保障类别里的内容，这个指标如果出现劳动保障类别里的信息，就表明该指标违背了业务规则。

3）数据是否和业务源系统中的信息保持一致。该数据和源系统中公认的、权威性的信息必须保持一致，否则该数值可能是不正确的。例如，发票中的公司名称必须和公司注册的名称保持一致，公司涉及的所有票据名称必须和公司合同里的名称保持一致，否则该数值可能不正确。

4）数据是否违背自然规律或者不符合常理。如果数据与业务源系统中公认的、权威性的信息保持一致，但是却违背了自然规律或者不符合常理，同样应该分析该数据是否正确。

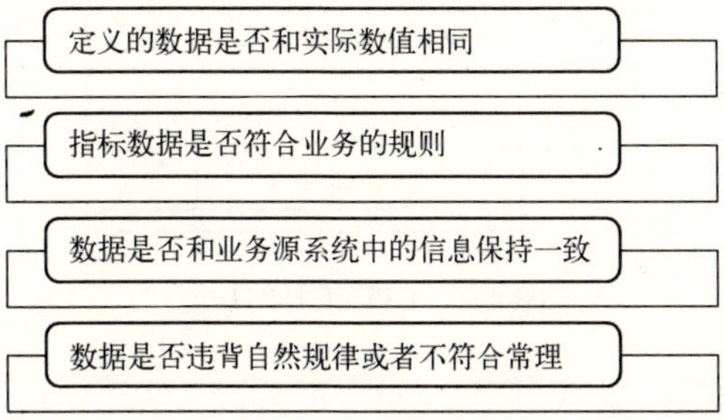

图 4-3　对质量的衡量方式

4.4　ETL 的体系结构

ETL 的体系结构如图 4-4 所示。

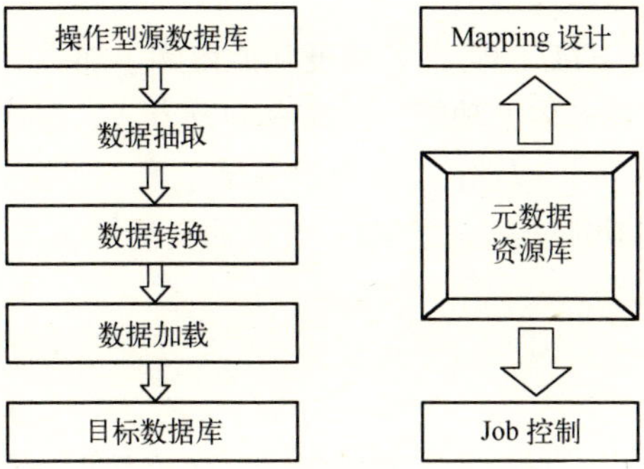

图 4-4　ETL 的体系结构

4.5　ETL 的难点

笔者认为：数据仓库项目中必须要解决的问题，就是多个源数据中可能存在数据不一致的问题，这就需要有统一的编码，将不同源的数据根据统一的编码进行规范，统一抽取到数据仓库中，而数据仓库将保证数据是一致的，不会存在二义性，这也是 ETL 的难点和重点。

4.6 主流的 ETL 工具

选择合适的 ETL 工具是实际数据仓库项目中必须要考虑的问题，包括使用成本、技术人员对此工具的熟练程度、ETL 工具开发商业智能项目的成功案例和工具厂商强有力的技术支持。在实际项目中，最常用的工具就是 PowerCenter 和 Datastage，一些公司甚至也用开源的 ETL 工具，如 Kettle。

从本质上来说，ETL 工具的功能都是相同的，都提供了一个全面的数据集成解决方案。ETL 工具的功能如图 4-5 所示。

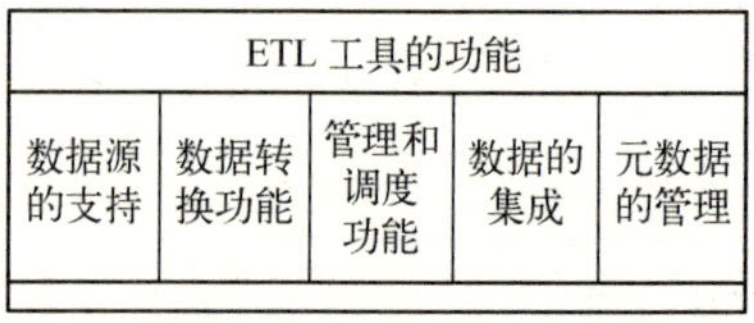

图 4-5　ETL 工具的功能

ETL 工具可以使用通用的接口 JDBC、ODBC 或者自己厂商的专用接口去抽取源数据，实现了 ETL 对不同数据源的支持。

数据转换是 ETL 工具提供的最强大的功能，也是 ETL 开发人员面临的难度最大的问题。一般来说，ETL 工具提供了各种组件来实现不同的转换功能，有行列转换、过滤、排序、汇总、分组、计算等常用的转换方式；同时可以实现代理主键的生成，Mapping 的调试功能，抽取远程源数据，各种数据增量加载方式；在转换过程中还可以支持数据比较、类型转换、字段拆分等功能，数据预览，数据的批量装载，性能监控，自动调度 ETL 程序，程序出错处理，按行、按列的聚合汇总等功能。

随着 ETL 工具的发展，ETL 的管理和调度功能得到了加强。管理功能包括 ETL 程序的备份与恢复，版本升级和管理。调度功能包括命令触发方式、事件触发方式和时间触发方式。目前很多公司都在拓展 ETL 的集成性；在原有的基础上嵌入了公共的 API，增加了 JavaScript 语言脚本和存储过程的调用功能，增强了 ETL 工具的灵活性。

4.7 ETL 的作用

商业智能数据仓库系统由数据仓库、数据集市、多维数据分析组成。ETL 的作用就是解决数据集成化的问题。ETL 过程中包含一些灵活的计算、汇总、字段拆分、字段合并、数据比较、过滤、混合运算等内容；还包括对自定义函数的支持，复杂条件的过滤，数据的批量加载，时间类型的转换，多种数据类型支持，去重复记录等功能，如图 4-6 所示。商业智能系统的目的就是通过数据分析为企业管理者和决策者提供辅助决策支持。因为数据来源不统一，格式混乱、各种类型的“脏”数据都增加了对数据集成整合的难度，所以需要 ETL 提供一个完整的方案来解决数据一致性和集成性的问题。ETL 的设计和实施是商业智能项目中工作量最大的部分，也是最重要的工作内容，所以 ETL 是商业智能的核心和灵魂。

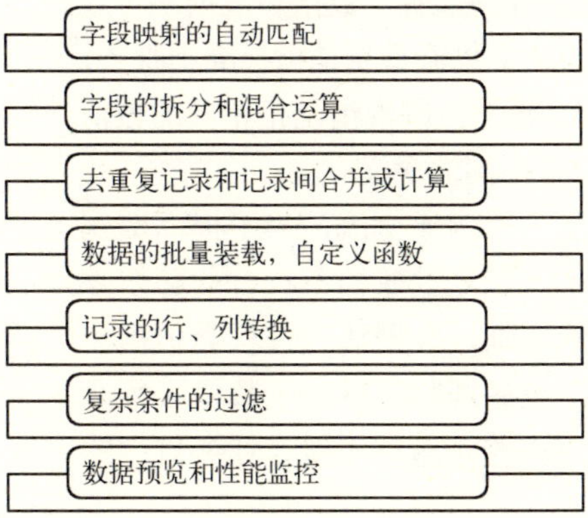

图 4-6　ETL 工具可以实现的转换要求

4.8　详解 ETL 过程

我们已经知道 ETL 是将业务系统的数据经过抽取、清洗、转换之后加载到数据仓库的过程，通常情况下，整个商业智能项目的 ETL 部分会占整个项目的 1/3 以上，所以 ETL 的设计会直接决定商业智能项目的成败。下面详细介绍 ETL 中的抽取、清洗、转换、加载等各个部分的内容。

4.8.1　数据抽取

数据抽取就是从源系统中获取业务数据的过程。数据的抽取需要充分满足商业智能系统的决策分析需要，为了保证不影响系统的性能，数据抽取时需要考虑很多因素，包括：抽取方式、抽取时间和抽取周期等内容。例如，抽取方式包括增量抽取、全量抽取。抽取时间应该尽量在系统使用的低峰时段，例如夜间。抽取的周期是根据业务的需求制定的，例如按小时抽取，或者按天、月、季度、年等。在数据抽取之前，需要确定业务系统的数据情况，了解数据量的大小，以及业务系统中每张表的数据结构，字段含义，表之间的关系等信息，当搜集完这些信息后，才能进行数据抽取的设计开发等工作。数据抽取有下面几种情况：

1）如果业务操作型数据库和数据仓库之间的数据库管理系统完全相同，只需要建立相应的连接关系就可以使用 ETL 工具直接访问，或者调用相应的 SQL 语句或者存储过程。

2）如果数据仓库系统和业务操作型数据库的数据库管理系统不相同，比较简单的方式是使用 ETL 工具导出成文本文件或者 Excel 文件，然后再进行统一的数据抽取。

3）如果需要抽取的数据量非常庞大，此时必须考虑增量抽取。通常用标记位或者时间戳的形式，每次抽取前首先判断是否是抽取标记位或者是当前最近的时间，然后再将数据源的数据抽取出来。

4.8.2　数据清洗

一般情况下，数据清洗的目的就是选择出有缺陷的数据，然后再将它们正确化和规范化，从而达到用户要求的数据质量标准。其中数据缺陷可能包括以下几种情况：数值重复、数据缺失、数据错误、数据范围混淆、存在“脏”数据和数据不一致性等几种情况，如图 4-7 所示。其中数值重复是指标准不唯一，很多数值都代表着相同的含义。数据范围混淆是指相同的数值会应用到不同的场合中，代表着不同的含义。

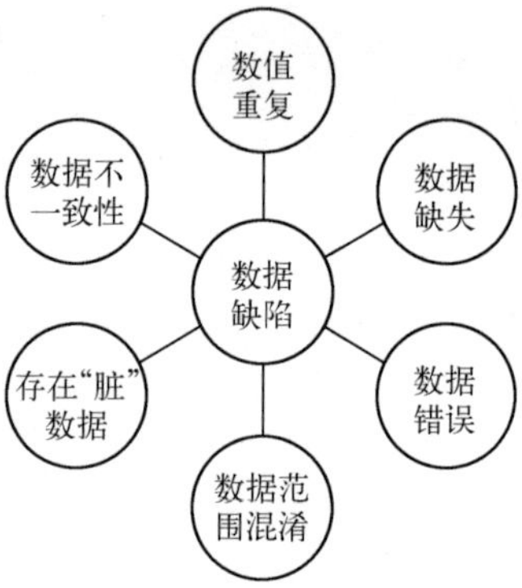

图 4-7　数据缺陷图

第一步，需要跟业务部门进行沟通交流，为了提高数据的质量，得到标准的数据，应该首先过滤掉不符合业务要求的数据，这些数据都违背业务规则，数据清洗过程会根据业务规则去修正这些数据，每个业务规则都规定了数据必须满足的条件，然后通过 ETL 程序去修正这些不符合业务规则的数据。

第二步，为了确保用于决策分析的数据质量，需要跟用户积极沟通，将缺失的数据补全，最后才能过滤到数据仓库中。而那些错误的数据，应该等用户完全修正后再抽取。重复的数据，同样应该等用户确认完毕后再进行抽取。我们应该理解数据清洗是一个非常费时、复杂的工程，需要多个业务部门的配合和技术开发人员对业务数据的理解，通过不断修正问题和解决问题才能完成。

数据清洗的流程包括以下几个方面：

（1）定义业务数据源

标识出满足需求的数据源，并且决定什么时候进行数据清洗。

（2）分析业务数据源

分析数据源的数据是否符合业务的规则和定义，是否存在非正常的数据结构。

（3）将数据标准化

定义标准化格式的数据，并且加以转换。

（4）通过业务规则修正错误数据

定义是否为正确数据的标准，确定如何处理错误数据的方法。

（5）合并数据

将属于同一实体的多个数据进行合并，合并时应该有去重的功能。

（6）总结数据错误类型

通过总结数据出错的类型，提高清洗程序的完整性和正确性，从而降低数据出现重大问题的可能性。

数据清洗的流程图如图 4-8 所示。

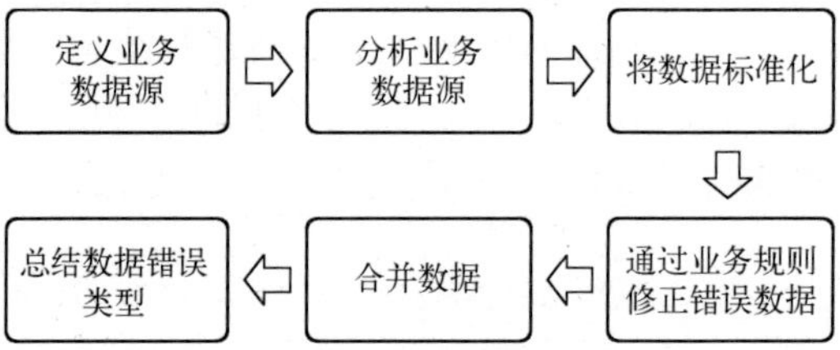

图 4-8　数据清洗的流程图

4.8.3 数据转换

数据转换是指从业务系统中抽取出源数据，然后再根据数据仓库模型的需求，进行一系列数据转换的过程。

我们已经知道数据转换是整个 ETL 过程中复杂程度最高的过程，包括对数据不一致性的转换，业务指标的计算和某些数据的汇总，为决策分析系统提供数据支持。其中对数据不一致性的转换就是依赖于编码表的设计，通过电压等级编码表（见表 4-1）将不同业务系统中相同类型的数据进行转换，即将各个省市的电力营销系统的电压等级编码标准化，例如将 110kV 的编码统一设置成 1220kV 的编码设置成 2380kV 的编码设置成 3500kV 的编码设置成 41000kV 的编码设置成 5，以消除数据仓库系统中数据存在不一致的可能。

表 4-1　电压等级编码表

电压等级/kV	电压等级编码
110	1
220	2
380	3
500	4
1000	5

通过建立程序代码编写规范，与模型设计小组共同制定编码规则，不仅可以提高数据模型的可靠性、可读性、可修改性、可维护性和一致性，而且也会提高数据模型的可继承性，促使每个人的成果可以互相共享。同时也应该建立公共的编码表作为数据转换的依据，可以根据编码表制定的业务规则进行数据的转换，保证数据仓库系统内部数据的一致性。例如，性别在客户关系表中用 1 和 0 分别代表男和女，而在单位员工表中可能使用 m 和 f 区分男和女，所以需要对不同业务表中相同类型的业务含义进行统一和规范。

在转换过程中，对粒度的分析也是工作的重要组成部分，因为存放到数据仓库中的数据对粒度的要求可能不相同，用户需要将低粒度的数据汇总形成决策分析型的数据，同时完成各种数据指标的计算，这都需要经过 ETL 转换过程。最后一步，将转换后得到的数据加载到数据仓库中，以供企业高层领导决策分析时使用。

ETL 转换过程可能包括以下几个方面：

1）对空值的处理：如果在转换过程中捕获到某些字段存在空值，在进行加载时需要将空值替换成某一数据或者直接进行加载，不做任何转换。

2）对数据格式的规范化：根据业务数据源中各个字段的数据类型，进行数据格式的规范和统一。例如，统一将数值类型转化成字符串类型。

3）根据业务需求进行字段的拆分或者合并。

4）对缺失数据的替换：根据业务需求对缺失数据进行替换。

5）根据业务规则对数据进行过滤。

6）根据编码表进行数据唯一性的转换：根据编码表制定的业务规范进行数据的转换，实现数据仓库系统内部数据的一致性。

ETL 的转换过程如图 4-9 所示。

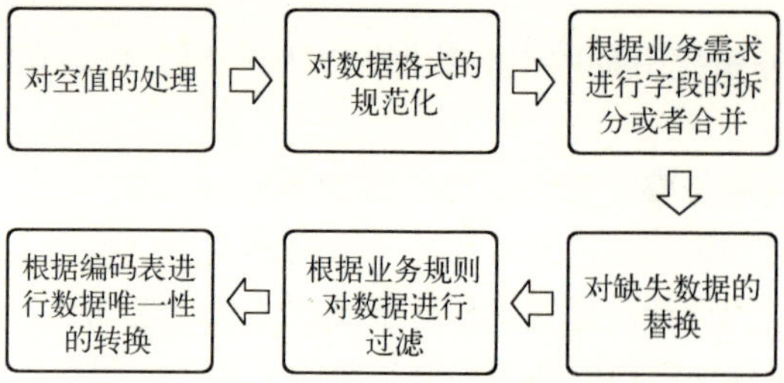

图 4-9　ETL 的转换过程

4.8.4　数据加载

数据的加载过程就是将已经转换完成的数据，存放到目标数据库的过程。这是 ETL 过程中的最后一步，需要保证加载工具必须具有高效的性能去完成数据加载，同时还需要考虑数据加载的周期和数据加载的策略。数据加载策略包括时间戳的加载方式、全表对比的加载方式、通过读取日志表进行加载的方式、全表删除后再进行加载的方式，如图 4-10 所示。

数据加载策略			
时间戳的加载方式	全表对比的加载方式	通过读取日志表进行加载的方式	全表删除后再进行加载的方式

图 4-10　数据加载策略

时间戳的加载方式是通过对源系统的表添加时间戳字段，将系统当前时间和时间戳的值进行对比，决定哪些业务数据需要被抽取，可以实现数据的递增加载，是比较常见的一种加载方式。

全表对比的加载方式是在数据加载前，将每条数据都与目标表的所有记录进行全表对比，根据主键值是否相同，判断数据是更新还是插入。当数据量比较大的时候，有耗时长、效率低的缺点。通常也对全表对比进行改进，采用版本号、标记字段等缓慢变化维的形式进行增量的抽取。

读取日志表的加载方式是当源数据表发生变化时，不断更新日志表的信息，日志表的信息作为数据加载的一个依据，但是日志表维护相对麻烦，会存在一定风险。

全表删除后再插入的加载方式是在数据加载前，先删除目标表的所有数据，然后再去加载全部的数据，但是不能实现数据的递增加载，效率较低，但是实现方式相对简单。

4.8.5　ETL 的日志

ETL 的日志功能非常重要，可以记录 ETL 执行过程中的每一步信息，包括运行的起始时间和结束时间，历史数据的抽取记录，数据抽取的行数和运行到某一步的出错信息，出错时间等内容。当然 ETL 工具是自动产生这些日志信息，帮助系统维护人员进行监控的，如果 ETL 过程中出现错误，将要形成错误日志，系统管理员可以通过邮件或者其他方式接收到该错误信息，然后对该错误及时进行处理。当然我们已经知道 ETL 的日志信息也可以作为数据加载的一个策略，通过读取日志表的形式有计划地进行数据加载。

4.9 ETL 优化

如果数据仓库建设中的 ETL 都是由 SQL 和调用存储过程、函数来实现的，那么 SQL 语句的性能将直接影响 ETL 的效率。可以将 ETL 优化分成以下几个部分：

1）面对海量的数据，可以分成不同的时段进行批量数据的增加、删除、修改、查询。数据的抽取、清洗、转换过程可以放到凌晨到早上 8 点左右处理。

2）如何采用高效的 SQL 语句是 ETL 优化的核心和重点。游标、索引的优化在第 2 章中已经有了详细的介绍，在此不再赘述。

4.10 ETL 设计规范要点

ETL 设计需要遵循业务数据处理的要求，根据问题的多样性和不确定性，在设计过程中需要依照以下原则（见图 4-11）：

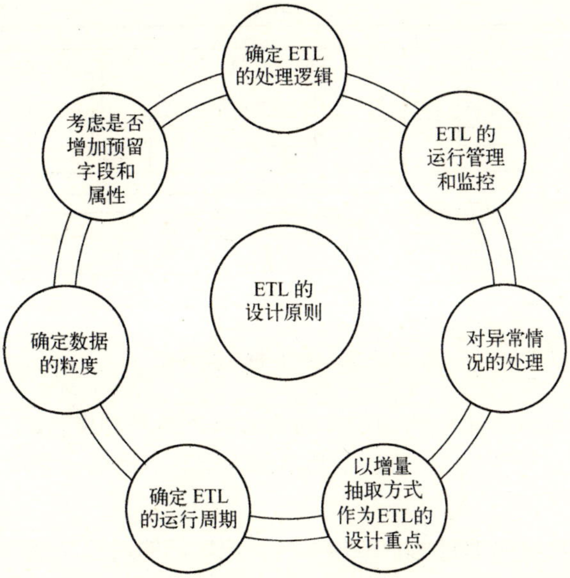

图 4-11　ETL 的设计原则

1）在 ETL 设计之前，需要根据业务的需求确定所要分析的主题和数据结构。根据数据仓库的模型，考虑在 ETL 设计中是否增加预留字段和属性。

2）确定数据的粒度。可以通过粗粒度减少数据的总量，也可以根据细粒度追溯到最底层的数据，探寻原因。粒度的大小是业务需求和分析的主题所确定的。

3）ETL 抽取周期的确定。根据用户的需求，在设计 ETL 之前就应该确定抽取的时间、抽取的周期。

4）以增量抽取的方式作为 ETL 设计的重点，减少数据抽取的压力和抽取的时间。

5）通常数据的抽取和清洗可以分成许多步骤，根据不同的条件采用不同的处理逻辑。

6）对异常情况的处理。包括网络的中断，数据流动过程中各种未知的错误，都需要通过相应的措施去解决，以保证数据的正确性。

7）对 ETL 的运行管理和监控措施。可以使用 ETL 工具中的管理监控组件对 ETL 进行设置，方便 ETL 出现异常时可以进行人工干预，或者通过程序自动调度功能，对每一步的错误异常都调用相应的处理程序自动去解决，以保证数据的质量。

总结：按照以上设计原则，可以增加数据仓库系统的灵活性和扩展性，保证数据的正确性，降低维护成本。

4.11 ETL 的框架结构

ETL 的框架结构包括 ETL 调度、抽取策略、转换策略、加载策略等，如图 4-12 所示。它的每一步包括抽取、转换、加载的信息都记录到日志文件中，以便系统维护人员查看 ETL 的运行信息，同时 ETL 又有异常处理的功能，对于每一步骤的异常都有相应的处理流程。

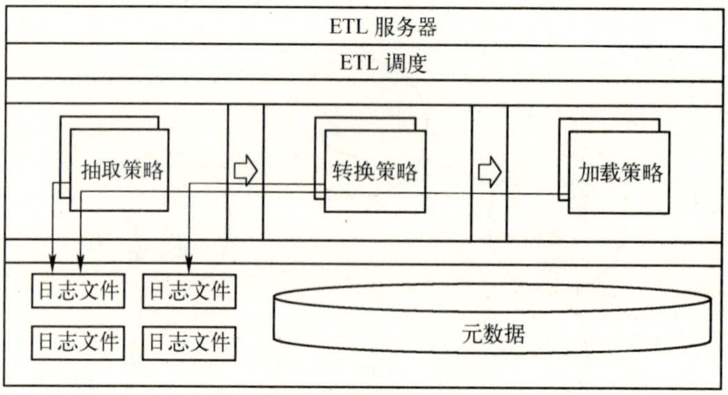

图 4-12　ETL 框架结构图

统一调度是 ETL 中较为重要的功能。通常有以下两种调度方式。

1）自动调度方式：可以使用 ETL 工具，每天定时启动后台程序，自动完成 ETL 的处理流程和加载过程。

2）手工方式：用户可以通过前台应用系统，使用它的监控功能对一些 ETL 处理程序进行手工调度。

当然，无论采用何种调度方式，都需要有报警和监控的功能，用来提醒管理人员在处理数据过程中是否出现错误。ETL 框架结构是整个商业智能系统的核心部分，占有重要地位。

4.12 本章小结

1）ETL 是数据仓库项目中最艰难且耗时最长的工作，ETL 系统的设计和开发工作对商业智能项目的成败产生至关重要的影响，ETL 是数据抽取（Extract）、转换（Transform）、加载（Load）的简写。

2）ETL 本质上就是数据从源到目标的过程（即数据流动的过程），所以一般 ETL 工具都提供特定语言环境（JavaScript 语言脚本和存储过程的调用功能）来实现高级转换功能。

3）元数据的概念在数据仓库中非常重要， ETL 中存在大量的数据源定义和映射规则、转换规则，这些都是元数据需要管理和存储的。

4）影响 ETL 数据质量的关键因素包括以下几种情况。

- 可能会有一部分数据因为客观或者人为的原因导致数据格式混乱。
- 源系统设计存在不合理性。
- 在开发过程中，因为开发人员的错误或者设计人员对业务规则描述的问题，同样会导致数据质量出现问题。

5）质量的衡量有以下几种方式：定义的数据是否和实际数值相同、指标数据是否符合业务的规则、数据是否和业务源系统中的信息保持一致、数据是否违背自然规律或者不符合常理。

6）选择合适的 ETL 工具是实际数据仓库项目中必须要考虑的问题，包括使用成本、技术人员对此工具的熟练程度、ETL 工具开发商业智能项目的成功案例和工具厂商强有力的技术支持，在实际项目中，我们最常用的工具就是 PowerCenter 和 Datastage，一些公司甚至也用开源的 ETL 工具，例如 Kettle。

7）ETL 是将业务系统的数据经过抽取、清洗、转换之后加载到数据仓库的过程，通常情况下，整个商业智能项目的 ETL 部分会占整个项目的 1/3 以上，所以 ETL 的设计会直接决定商业智能项目的成败。

8）数据清洗的流程包括以下几个方面：定义业务数据源、分析业务数据源、将数据标准化、通过业务规则修正错误数据、合并数据、总结数据错误类型、转换和加载。

9）ETL 转换过程可能包括以下几个方面：对空值的处理、对数据格式的规范化、根据业务需求进行字段的拆分或者合并、对缺失数据的替换、根据业务规则对数据进行过滤、根据编码表进行数据唯一性的转换。

10）通常 ETL 的数据加载策略包括：时间戳的加载方式、全表对比的加载方式、通过读取日志表进行加载的方式、全表删除后再进行加载的方式。

11）ETL 的日志功能非常重要，可以记录 ETL 执行过程中的每一步信息，包括运行的起始时间和结束时间，历史数据的抽取记录，数据抽取的行数和运行到某一步的出错信息，出错时间等内容。

12）采用高效的 SQL 语句是 ETL 优化的核心和重点。

13）ETL 框架结构主要包括 ETL 调度、抽取策略、转换策略、加载策略等。

14）统一调度是 ETL 中较为重要的功能。通常有两种调度方式：

- 自动调度方式：可以使用 ETL 工具，每天定时启动后台程序，自动完成 ETL 的处理流程和加载过程。
- 手工方式：用户可以通过前台应用系统，使用它的监控功能对一些 ETL 处理程序进行手工调度。

第 5 章　商业智能联机分析处理理论简介

本章目标

本章将重点介绍商业智能联机分析处理（OnLine Analysis Processing, OLAP）的理论知识，包括 OLAP 的核心概念，OLAP 发挥了什么样的作用，OLAP 与 OLTP 的区别，OLAP 的实现方法和实施过程等内容。

学习本章后，您将掌握：

- OLAP 的定义。
- OLAP 系统和 OLTP 系统的区别。
- OLAP 系统的基本目标和特点。
- OLAP 系统和数据仓库系统的关系。
- OLAP 系统的实施过程。
- OLAP 模型的设计与实现。

5.1　OLAP 介绍

OLAP 系统能够帮助决策分析人员从多个角度分析数据。要想理解 OLAP 的概念，必须先知道以下几个重要的概念。

1）维度：人们观察事物的角度，例如地区维度、时间维度、产品维度等。

2）层：根据维度细节程度的不同，划分数据在逻辑上的等级关系，用来描述维度的各个方面。例如，时间维度包括年、季度、月、日等层次，地区维度包括国家、省、市、县等层次。

维度和层次的关系如图 5-1 所示。

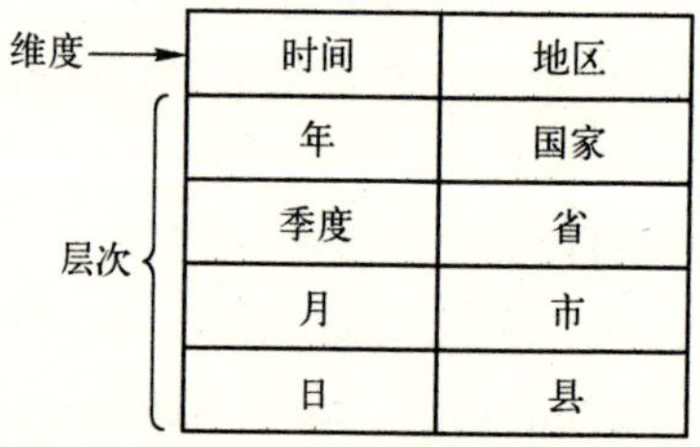

图 5-1　维度和层次的关系

3）维度的成员：维度的取值，即维度中的各个数据元素的取值。例如，地区维度中具体的成员有英国、法国、德国。

维度和维度成员的关系如图 5-2 所示。

4）钻取：通过变换维度的层次，改变粒度的大小。它包括向上钻取（Drill Up）和向下钻取（Drill Down）。向上钻取是将细节数据向上追溯到最高层次的汇总数据。向下钻取是将最高层次的汇总数据深入到最低层次的细节数据中。

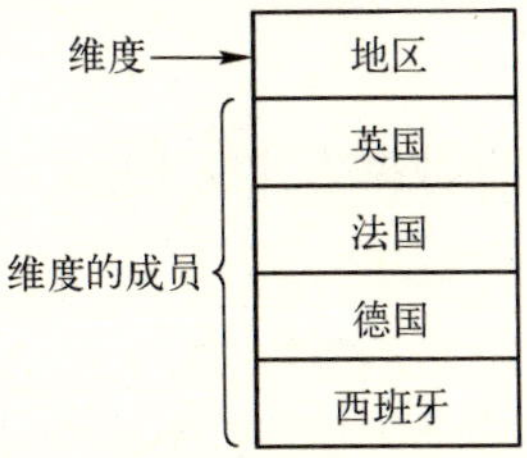

图 5-2　维度和维度成员的关系

5）旋转：通过变换维度的方向，重新安排维的位置，例如行列互换。

6）切片和切块：在一个或者多个维度上选取固定的值，分析其他维度上的度量数据。如果其他维度剩余两个，则是切片；如果是 3 个，则是切块。

7）度量：多维数据的取值。例如，销售额、利润。

8）ROLAP：是基于关系数据库的 OLAP，以关系型数据库为基础，对多维数据的存储。

9）MOLAP：是基于多维数据库的 OLAP，其中切片、切块是主要技术。

10）HOLAP：是基于关系型和多维矩阵型等混合型的 OLAP 实现。

总结：OLAP 是针对决策分析人员和企业管理人员从多个角度对数据进行分析，随着市场竞争的日益激烈，OLAP 的应用越来越广泛，它可以从不同的角度去分析各种指标，例如当分析企业利润指标时，可能综合时间维度、地区维度、产品类别维度、客户类别维度等多种因素来衡量利润的值是多少，最后通过报表进行展示。OLAP 的最大特点就是通过多维模型，用户可以动态地从多个角度分析数据，增加了分析的灵活性和时效性，大大提高了企业管理的效率，这是 OLAP 发展的根本原因。

5.2　OLAP 系统与 OLTP 系统的区别

OLTP（在线联机事务处理）系统主要面向细节性的数据，存储的都是当前的数据，用来支持日常业务运作。这些数据都是可以更新的，数据处理量相对较小。OLAP 系统主要是综合的、并且经过提炼的数据，它的数据主要是历史数据，不可修改，数据处理量相对较大，主要面向决策分析处理。它们的区别如图 5-3 所示。

OLTP 系统	OLAP 系统
• 细节性数据 • 当前数据 • 可更新的 • 数据处理量较小 • 面向事务处理 • 面向业务操作人员	• 综合和经过提炼的数据 • 历史数据 • 不可修改 • 数据处理量较大 • 面向决策分析处理 • 面向决策管理层人员

图 5-3　OLTP 系统和 OLAP 系统的区别

5.3 OLAP 的实现方法

OLAP 有多种实现方法，根据存储数据方式的不同，可以分为 ROLAP、MOLAP、HOLAP，如图 5-4 所示。

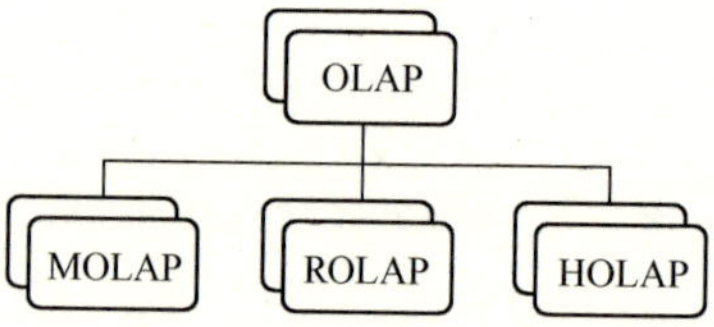

图 5-4 根据存储方式划分的 OLAP 的实现方法

ROLAP（Relational OLAP）表示基于关系型数据库的 OLAP 实现。它的技术依赖于关系型数据，以关系型数据库为核心，以关系型结构对多维数据进行数据存储和展现。通常 ROLAP 将多维数据分成事实表和维表，事实表存储的都是指标数据和维表的关键字段值，维表多数存储维度的层次、维度的成员值等信息。事实表以存储的产品 ID、产品类型 ID、地址 ID 和时间 ID 作为连接维表的关键字段，以销售数量作为指标数据。维表有产品维表、时间维表、产品类型维表、地理位置维表。维表和事实表通过主外关键字关联在一起，形成了星型模式，如图 5-5 所示。对于层次复杂的维，可以使用多个表来描述，这种对星型模式的扩展称为雪花型模式。事实表以存储的产品 ID、产品类型 ID、地址 ID 和时间 ID 作为关联维表的关键字段，以销售数量作为指标数据。维表有产品维表、时间维表、产品类型维表、地址维表，地址维表又包括国家、省级、地市等维表，如图 5-6 所示。通过最大限度地减少数据存储量以及关联较小的维表来改善数据查询的性能，这是典型的雪花型模式。

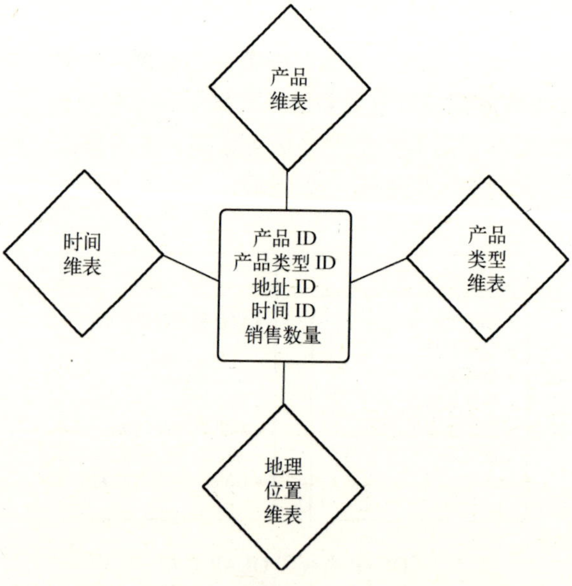

图 5-5 ROLAP 的多维关系图（星型模式）

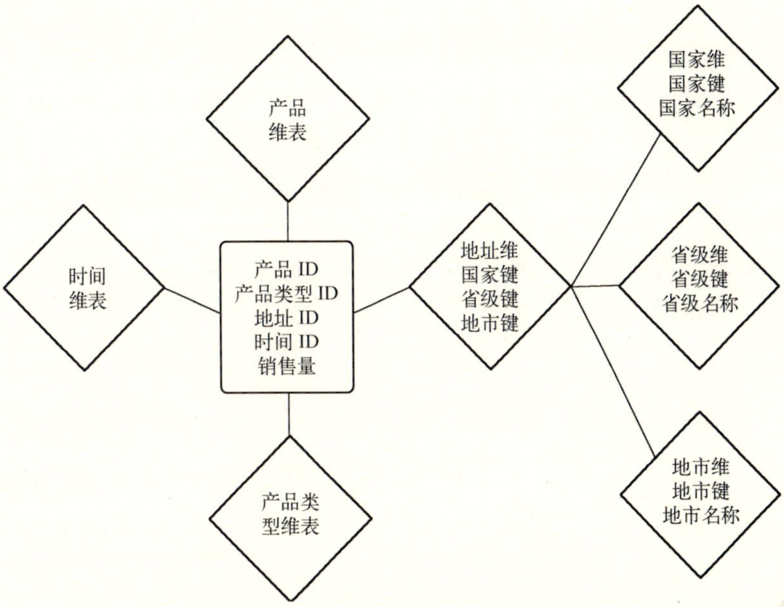

图 5-6　ROLAP 的多维关系图（雪花型模式）

MOLAP（Multidimensional OLAP）表示基于多维数据的 OLAP 实现。它的技术手段主要有“切块”、“切片”，数据检索速度较快，但是生成立方体的时间较长，数据存储在多维立方体中。MOLAP 多维立方体如图 5-7 所示。

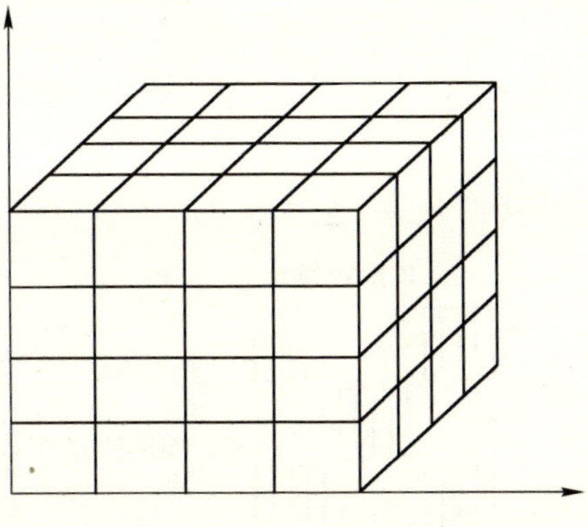

图 5-7　MOLAP 多维立方体

HOLAP（Hybrid OLAP）表示基于混合型的 OLAP 实现。它的技术主要结合 MOLAP 和 ROLAP 两种技术的优点。

5.4　OLAP 的基本目标和特点

OLAP 的基本目标就是支持决策分析和多维数据查询。OLAP 通过对信息的各种形式的存取，满足企业决策人员和管理人员对复杂查询的处理，并且将结果提供给决策分析人员，使他们对企业的运营状况有更深入的了解，能够制定出正确的决策方针。OLAP 是引领企业发展的灯塔。

OLAP 系统的特点包含以下几个方面：

1）丰富的报表展示功能：OLAP 系统一般有丰富的报表展示功能，例如柱形图、折线图、饼形图。

2）数据访问和多维分析的能力：提供给用户数据访问和多维分析的能力，并以用户希望的方式进行展示。

3）快速的数据分析能力：OLAP 系统有秒级的数据分析能力。

OLAP 的特点如图 5-8 所示。

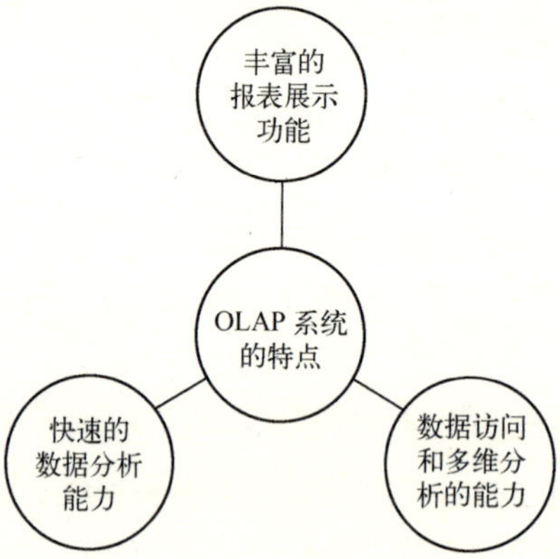

图 5-8　OLAP 的特点

5.5　建立 OLAP 的过程

建立 OLAP 的过程如图 5-9 所示。

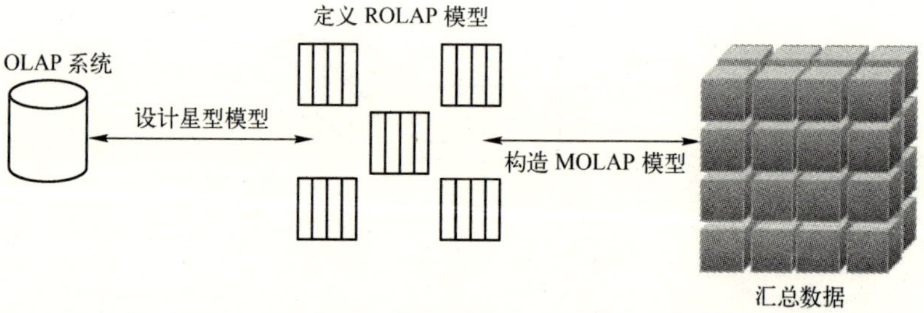

图 5-9　建立 OLAP 的过程

5.6　OLAP 与数据仓库的关系

为了提高 OLAP 系统的效率，设计数据仓库时应该考虑如下因素：

1）为事实表和维度表中的关键字创建索引，以提高数据查询的效率。同一类数据尽可能使用一个事实表，以减少表之间的关联。

2）事实表中尽量不要包含汇总类型的数据。

3）维表的设计应该符合第三范式的约束，维表中不要存储无关的数据。

4）数据仓库设计的好坏直接影响建立 OLAP 系统的难易程度和效率，同时 OLAP 系统又是数据仓库系统的一种多维展现方式。

5.7 OLAP 系统的实施过程

OLAP 系统的实施过程（见图 5-10）包括以下几个步骤：

1）源系统经过 ETL 过程装载到 ODS 数据缓冲区中，目的是将所有的业务数据集成起来。

2）从 ODS 数据缓冲区中将数据抽取到 ODS 统一信息视图区，目的是使用户能够通过 ODS 统一信息视图区获得跟某个主题域相关的实时数据。

3）将数据从 ODS 统一信息视图区抽取到数据仓库中。

4）数据集市里的数据在数据仓库中经过转换、汇总计算获取，直接支撑 OLAP 多维分析。

5）最后 OLAP 系统支持多维数据分析。

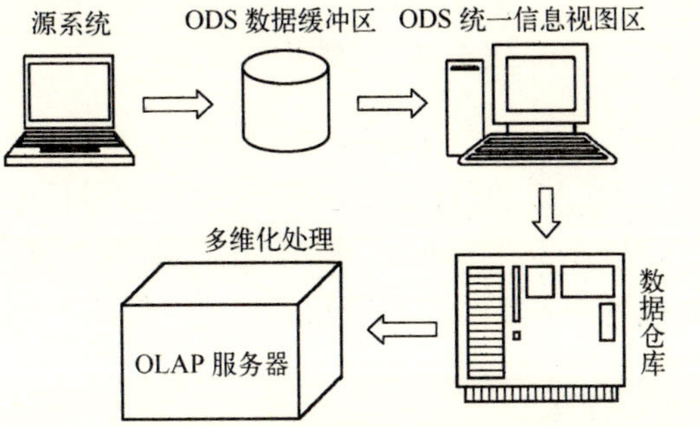

图 5-10　OLAP 系统的实施过程

5.8 OLAP 模型的设计与实现

（1）了解用户的需求

作为解决方案的提供者，我们需要理解业务规则，了解当前的业务状况，不仅需要和系统相关人员进行交流，还需要和系统的设计者和开发者进行沟通。首先，对用户进行分类，理解用户对数据的可用性和访问速度的要求。第二，需要了解不同用户对系统的访问频率，每类用户的数量和需要分析的数据量是多少。第三，需要大致清楚系统的数据总量应该是多少。当我们已经了解了用户和数据源的基本情况后，可以考虑系统能够满足客户的需求是哪些。用户、开发者、管理者是通过需求文档进行交流沟通的，如图 5-11 所示。而用户最关心的问题就是开发者是否完成了需求文档所要求的功能特性。

（2）逻辑模型的设计

通常所说的数据模型一般有两个层次：逻辑层、物理层。逻辑模型描述现实世界的内在规律和业务规则。物理模型描述数据库内部存储的具体实现。OLAP 模型是一个逻辑概念，主要是对数据进行多角度的分析，以便为企业决策者和管理者提供各种信息和知识。“多维结构”是 OLAP 世界的核心，而多维模型通过维度、层次、度量三者之间的关系分析数据。举例来说，如果有一个销售系统，度量值可能包括销售额、成本、利润，维度包括时间、产品类型。OLAP 逻辑模型的设计就像是桥梁，一端是用户的需求，另一端是业务数据源。销售额、成本、利润是需要展现、存储的内容，随着时间、产品类型的变化而变化。

图 5-11　了解用户的需求

（3）OLAP 的分析过程

首先根据逻辑模型定义 OLAP 多维模型，在定义模型的过程中，需要根据业务需求定义“立方体”，分析方法有“切片”和“切块”。例如，在“利润、地区、时间”三维立方体中进行切块和切片，可得到各地区、各产品的销售利润情况，如图 5-12 所示。

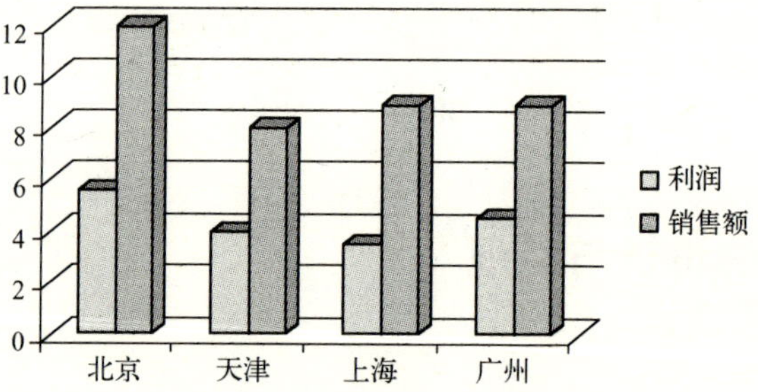

图 5-12　商业智能 OLAP 的例子

5.9　本章小结

1）OLAP 是联机分析处理，英文名称 OnLine Analysis Processing。OLAP 系统能够帮助决策分析人员从多个角度分析数据。

2）OLTP（在线联机事务处理）系统主要面向细节性的数据，存储的都是当前的数据，用来支持日常业务运作。这些数据都是可以更新的，数据处理量相对较小。OLAP（联机分析处理）系统主要是综合的、并且经过提炼的数据，它的数据主要是历史数据，不可修改，数据处理量相对较大，主要面向决策分析处理。

3）OLAP 有多种实现方法，根据存储数据的方式不同，可以分为 ROLAP、MOLAP、HOLAP。

4）OLAP 系统的特点包含以下几个方面：丰富的报表展示功能、数据访问和多维分析的能力、快速的数据分析能力。

5）OLAP 模型的设计与实现包括了解用户的需求、逻辑模型的设计、OLAP 的分析过程。

第 6 章　ODS 与数据仓库的结合

本章目标

当用户要了解企业当前的运营状况，企业未来几年的发展战略，企业当前的销售情况时，可通过 ODS 系统与数据仓库的结合来解决。通过本章的学习，可以了解 ODS 的基本概念，ODS 的发展情况，ODS 系统与数据库系统、数据仓库系统的区别，ODS 的主要功能，ODS 的特点，ODS 的设计方法等内容。

学习本章后，您将掌握：

- ODS 的概念。
- ODS 的特点。
- ODS 与数据库的区别。
- ODS 与数据仓库的区别。
- ODS 的主要功能。

6.1　ODS 的概念

ODS 是操作数据存储的缩写，英文全称为 Operational Data Store。通过前几章的学习，我们已经知道数据仓库是一个面向主题、集成、相对稳定的、反映历史变化的数据集合，用于支持用户的辅助决策分析。而 ODS 则是一个面向主题的、集成的、可变的、反映当前细节的数据集合。它主要用于支持企业处理业务应用和存储面向主题的、即时性的集成数据，为企业决策者提供当前细节性的数据，通常作为数据仓库的过渡阶段。

6.2　ODS 的特点

业务数据经过 ETL 数据抽取、转换、加载进入到 ODS 系统中，为企业提供了一种全局的、集成的和反映当前实时性的视角，在支持企业决策分析需求的同时，还能够在业务系统和数据仓库之间构建一个数据缓冲带，使得数据之间的传输和转换相对容易。ODS 系统的主要功能就是将多个业务系统中不同的数据源进行数据集成，通过数据抽取、转换、加载将数据放入到共享的存储区中，以保证数据的一致性。ODS 具有以下特点。

1）数据是不断更新和易丢失的，当新的业务数据进入到 ODS 时，旧的数据会被新数据覆盖或者更新，一般不存储历史数据，只反映当前实时性的信息。

2）ODS 系统一般存储的都是细节性的信息，很少有汇总的数据，即 ODS 包含粒度级别最低的数据。

3）ODS 系统支持快速的数据更新操作，数据刷新频率很快，一般不保存过期的历史数据。

4）ODS 系统一般存储在关系数据库中，通过将各个业务系统的数据集成起来，组成企业的全局统一性视图，实现 ODS 的数据共享功能。

5）用户可以频繁访问 ODS 系统，因为它是基于操作型应用的。

ODS 的数据具有面向主题的、集成的、可变的、数据是当前的或是接近当前的等基本特征。

6.3 ODS 系统与数据库系统、数据仓库系统的区别

ODS 系统是既不同于一般的数据库系统，又不同于数据仓库系统的一种特殊的数据存储系统。它与一般数据库有很多区别，它的数据组织方式是面向主题的、集成的；而数据库系统则是面向应用和事务处理的。ODS 系统与数据仓库系统相比，它只存储当前的、细节性的信息或者接近当前的实时性数据，可以对数据进行增加、删除和修改等操作；而数据仓库系统是面向主题和集成的，但是数据一般不进行修改，并且存储大量的历史数据。ODS 系统和数据仓库系统的主要区别体现在数据的时间性、稳定性、可修改性、细节性和用户访问频率上。

ODS 系统与数库系统、数据仓库系统的区别如图 6-1 所示。

（1）ODS 系统与数据仓库的区别

1）ODS 系统是业务数据进入到数据仓库系统中的一段临时存储区域，存储当前或者接近当前的实时性数据；而数据仓库一般只存储历史数据。

2）ODS 系统对数据的更新是频繁的；而数据仓库中的数据是不能更新的，数据的任何变化都应该反映到数据仓库中。

3）ODS 系统主要存储细节性的数据；而数据仓库系统既包含细节性的历史数据，同时也包含轻度汇总的数据。

（2）ODS 系统与数据库的区别

1）数据库系统主要是面向事物处理和应用的；而 ODS 系统主要是面向主题的，集成的。

2）数据库系统的用户量相对较大，而 ODS 系统面对的用户数量相对较小。

数据库系统	ODS 系统	数据仓库系统
• 面向应用、事务处理 • 实时性高 • 数据检索量小 • 只存储当前数据 • 访问频率高 • 响应时间控制到 1s 以下 • 用户数量大	• 面向主题、集成的 • 实时性要求高 • 数据检索量小 • 一般只保留当前数据 • 访问频率高 • 响应时间控制到 1s 以下 • 用户数量相对较小	• 面向主题、集成的 • 实时性要求不高 • 数据检索量大 • 存储大量历史数据和轻度汇总的数据 • 访问频率中、低 • 响应时间需几秒或者更长 • 用户数量相对较小

图 6-1　ODS 系统与数据库系统、数据仓库系统的区别

6.4 ODS 的主要功能

ODS 的主要功能如图 6-2 所示。

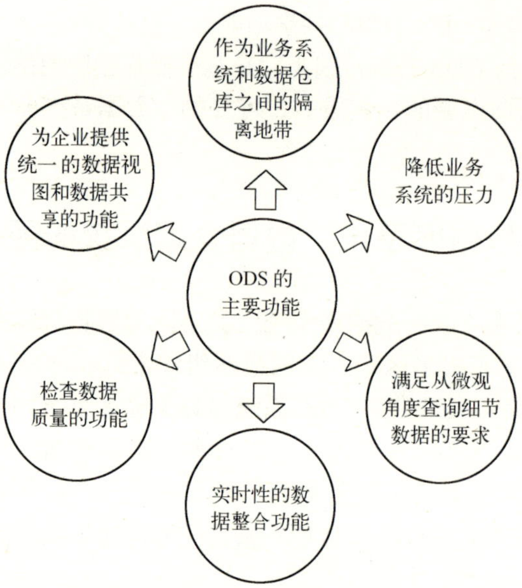

图 6-2　ODS 的主要功能

（1）作为业务系统和数据仓库之间的隔离地带

一般来说，数据仓库系统的数据来源非常复杂，数据可能存储在不同的应用系统和业务数据库中，为了满足数据仓库对业务数据的抽取标准，需要在应用系统和数据仓库系统之间建立一个隔离墙，如图 6-3 所示。ODS 系统作为隔离墙的目的是临时存储多个业务源数据，经过一系列的清洗、转换达到数据仓库对数据的要求后，再将数据加载到数据仓库中。

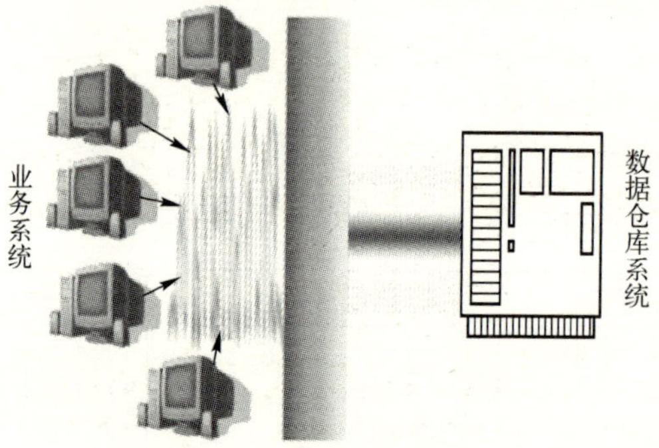

图 6-3　ODS 的隔离墙功能

在业务系统中直接将数据抽取到数据仓库中并不容易，ODS 系统作为业务系统和数据仓库系统之间的隔离地带，用于存放从业务系统抽取出来的数据，为数据仓库提供了平整、可靠的数据源。

（2）降低业务系统的压力

在数据仓库建立之前，大量的决策分析报表是由业务系统直接生成的，在报表生成过程中可能存在复杂的计算，对业务系统的运行产生非常大的压力。在建立 ODS 系统之后，原来由业务系统直接产生的复杂报表、对细节数据的查询都能够在 ODS 系统中进行，从而有效降低了业务系统的查询压力，提高了业务系统的运行效率。

（3）满足从微观角度查询细节数据的要求

一般来说，在数据仓库体系结构中，数据仓库层存储的数据都是经过轻度汇总的数据和历史数据，几乎不存储任何生产运营过程中产生的细节数据。但是，为了满足特殊用户群体的要求，可能需要对一些交易数据进行查询，这时需要把查询这些交易数据的功能让ODS系统来实现。通常，ODS系统支持多维分析的功能，因为它也是面向主题的，集成的。数据仓库从宏观上支持多维决策分析，而ODS系统从微观角度描述细节性的数据查询。

（4）实时性的数据整合功能

ODS系统具有实时性的数据整合功能。它通过ETL技术，实时地从各个业务系统中抽取企业的运营交易数据，通过数据转换、清洗、加载等操作最终形成共享数据，为企业提供统一的数据视图。这种数据整合功能有助于提高数据的一致性，为数据仓库提供优质的数据源。

（5）检查数据质量功能

ODS系统具有完善的数据质量检查功能。它通过对企业数据的质量检查和质量评估，完善企业内部的组织机构，支持对数据质量管理流程的监控，从而实现对源数据质量问题的发现和修正。

（6）为企业提供统一的数据视图和数据共享功能

ODS系统为企业提供统一的数据视图和数据共享功能。它通过对各个业务系统运维数据的集成，实现ODS的数据共享，同时为企业提供全局的统一数据视图。

6.5 ODS的设计步骤

ODS的设计步骤（见图6-4）如下：

（1）数据调研

数据调研主要是根据业务人员提供的需求意向，将业务系统划分成几个模块，并对各个模块所涉及的数据和数据源进行调研分析。数据调研分析可以分成编号、模块名称、数据来源（包括导入和输入）、备注等信息，见表6-1。

表6-1 数据调研分析表

编　号	模块名称	数据来源		备　注
		导　入	输　入	
1	生产数据	******	******	
		******	******	
2	基本数据	******	******	
		******	******	

（2）确定数据范围

确定数据范围是在需求调研的基础上进行的。为了保证所需的数据都能够从业务系统中得到，需要将应用需求与ODS的数据范围结合起来，也就是对ODS进行主题的划分。通常来说，ODS主题的划分是以企业的业务模型为基础，通过参考各种业务系统信息模型，得到ODS数据主题的范围，根据该范围进行ODS主题的定义，从而确定ODS的数据范围。

（3）设计主题元素

ODS 系统的主题元素主要包括主题名称、维度、度量值、粒度、存储的时间。下面进行详细的介绍。

- 主题名称：说明该主题主要包含哪些分析数据，用户重点关注的对象是什么。
- 维度：说明数据分析时的角度有哪些，例如时间维度的年、季、月、日等。
- 度量值：说明用户关注的指标值，例如工资额、销售量等。
- 粒度：是指对数据的细化程度。一般来说，细化程度越高，粒度级别就越小；细化程度越低，粒度级别就越大。
- 存储的时间：主要描述数据的存储周期和存储期限是多少。

（4）ODS 系统的物理实现

ODS 系统的物理实现主要包括：数据库的物理实现，数据抽取的设计等内容，如图 6-4 所示。

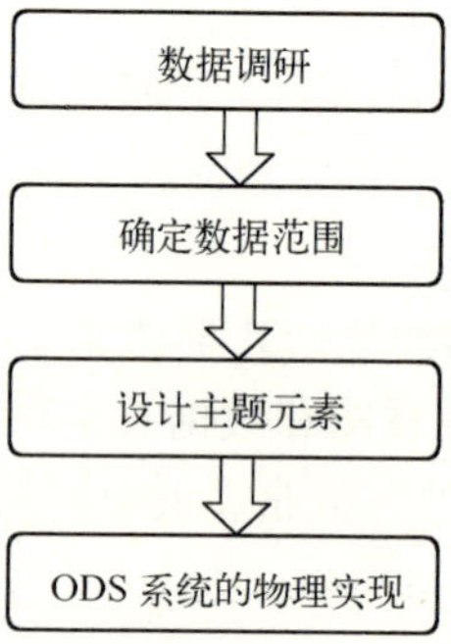

图 6-4　ODS 系统的设计步骤

6.6　基于 ODS 和基于数据仓库的 OLAP 之间的关系

建立基于 ODS 系统的即时 OLAP 应用是建立决策分析的一种解决方案，通常应用于中低级别的决策分析应用。建立基于数据仓库的 OLAP 应用是为了进行长期的趋势分析，但是一般运行较慢。如果企业决策者需要查看周期时间较短的一些指标情况，不需要太多的历史数据，这样就需要建立基于 ODS 的即时 OLAP 应用。例如，查看一周之内的各地区销售情况，只需要参考当前时间内一周的历史数据，如果在数据仓库中建立即时 OLAP 应用，运行效率非常低，并且很难准确地反映当前时间的各地区销售情况。基于 ODS 和基于数据仓库的 OLAP 之间的关系如图 6-5 所示。

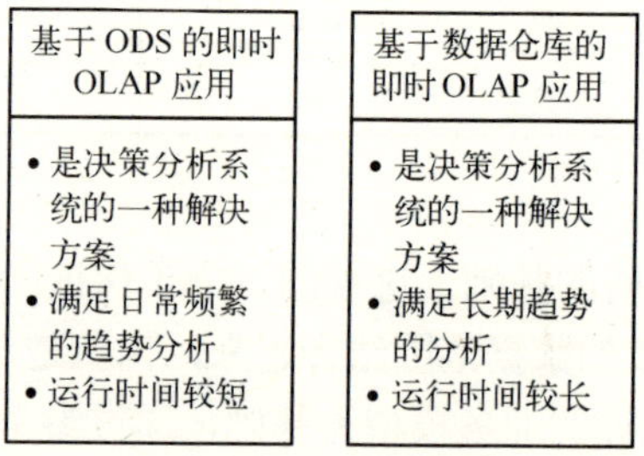

图 6-5　基于 ODS 和基于数据仓库的 OLAP 之间的关系

6.7 数据库系统—ODS 系统的转化机制

数据库系统是操作型环境，数据分散，而 ODS 系统是面向主题的操作型环境。通过定义 ODS 系统的表结构，数据库系统向 ODS 系统提供数据，当 ODS 系统的数据发生变化时，必须反映到数据库系统中。它们的转化机制如图 6-6 所示。

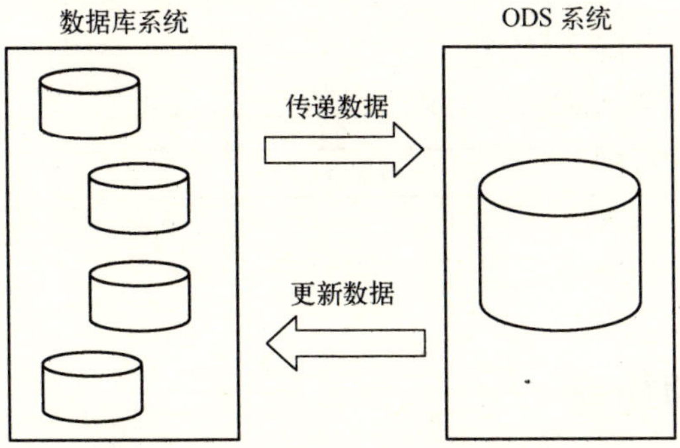

图 6-6　数据库系统—ODS 系统的转化机制

6.8 ODS 系统的逻辑模型

ODS 系统的逻辑模型主要包括星型模型、雪花型模型、混合型模型 3 种，如图 6-7 所示。星型模型通常由事实表和多个维表组成。雪花型模型是对星型模型的扩展，它将维表进一步层次化，在其他章节中有详细的介绍。混合型模型是将星型模型和雪花型模型结合起来，增加了应用程序的灵活性。

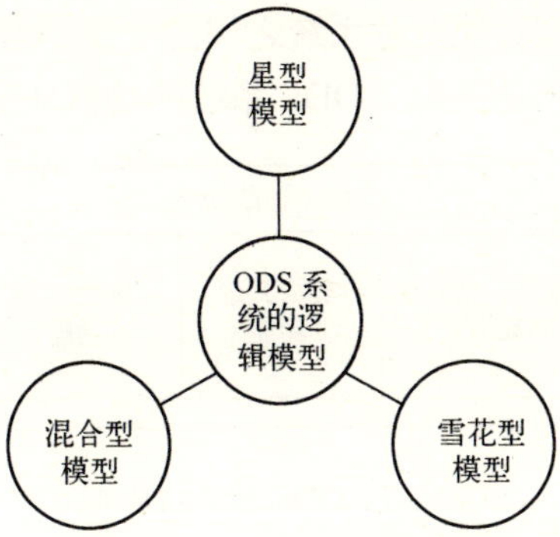

图 6-7　ODS 系统的逻辑模型

6.9 ODS 系统的架构

ODS 系统的架构如图 6-8 所示。

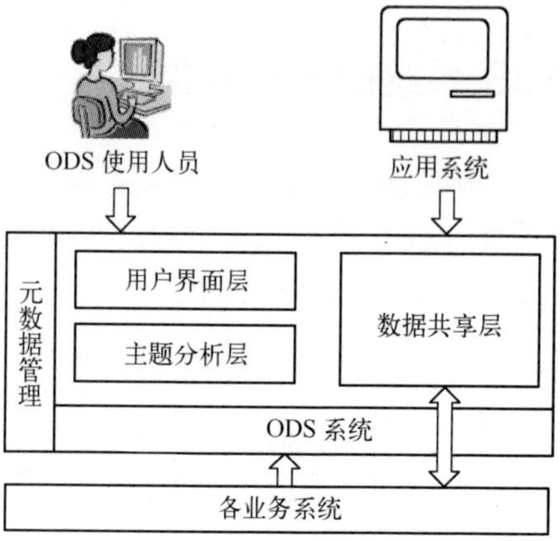

图 6-8　ODS 系统的架构

6.10　ODS 系统的功能

一般来说，在数据仓库系统中，存储的数据都是轻度汇总的指标数据或者历史数据，很少有细节性的、当前的生产运营数据，但是在特殊的应用中，用户可能会对这些生产数据进行查询，数据仓库不支持这些特殊的查询，这部分功能可以由 ODS 系统来实现。

ODS 系统不仅可以支持多维分析等查询功能，还可以满足对细节性的交易数据或者粒度级别很低的数据进行查询。因为 ODS 系统是按照面向主题的方式进行数据存储，同时它又只存储当前时间段内的或者接近当前的细节性数据。ODS 系统的数据组织方式是基于主题的，它对所有业务系统的数据进行集成，组成全局共享的数据视图。ODS 系统的另一个重要功能就是数据共享的功能，它的数据存储量取决于对业务数据的抽取频率。ODS 系统的数据具有交互功能，不仅提供企业的全局信息统一视图，满足对信息共享的需求，同时还可以在固定的周期内，实现决策分析系统与其他业务系统之间的交互。当 ODS 系统的数据有更新时，外围的业务系统数据也会发生相应的变化。ODS 系统的功能如图 6-9 所示。

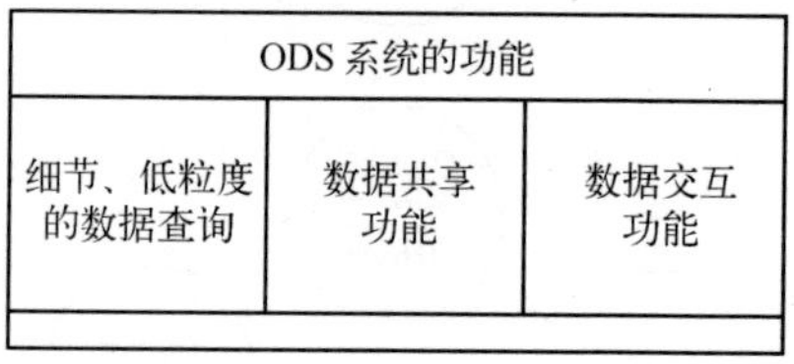

图 6-9　ODS 系统的功能

总结：ODS 系统是一个面向主题的、集成的、当前的、可更新的数据集合，用于细节性的查询和为决策分析系统提供当前时间段内的数据。ODS 系统是介于操作型数据库和数据仓库之间的一种存储方式，数据仓库存储的是概括性的数据和历史数据，ODS 系统存储的是细节性数据和当前时间段内的数据。数据仓库系统和 ODS 系统之间的结合能够分析企业当前的运营情况，同时对未来企业的经营状况进行合理的规划和分析。ODS 系统中的数据可以进行增加、删除、修改等操作，但是数据仓库中的数据一般不能进行修改。数据仓库系统与业务系统相隔离，目的是减少数据仓库的处理和决策支持分析对业务系统造成的影响，减少业务系统的压力。

6.11 本章小结

1）ODS 是一个面向主题的、集成的、可变的、反映当前细节的数据集合。它主要用于支持企业处理业务应用和存储面向主题的、即时性的集成数据，为企业决策者提供当前细节性的数据，通常作为数据仓库的过渡阶段。

2）ODS 系统的主要功能：作为业务系统和数据仓库之间的隔离地带、降低业务系统的压力、满足从微观角度查询细节数据的要求、实时性的数据整合功能、检查数据质量的功能、为企业提供统一的数据视图和数据共享的功能。

3）ODS 系统的设计步骤：数据调研→确定数据范围→设计主题元素→ODS 系统的物理实现。

4）建立基于 ODS 系统的即时 OLAP 应用是建立决策分析的一种解决方案，通常应用于中低级别的决策分析应用。建立基于数据仓库的 OLAP 应用是为了进行长期的趋势分析，但是一般运行较慢。如果企业决策者需要查看周期时间较短的一些指标情况，不需要太多的历史数据，这样就需要建立基于 ODS 的即时 OLAP 应用。

5）数据库生产系统是操作型环境，数据分散，而 ODS 系统是面向主题的操作型环境。通过定义 ODS 系统的表结构，数据库系统向 ODS 系统提供数据，当 ODS 系统的数据发生变化时，必须反映到数据库系统中。

6）ODS 系统的逻辑模型主要包括星型模型、雪花型模型、混合型模型 3 种。

7）ODS 系统不仅可以支持多维分析等查询功能，还可以满足对细节性的交易数据或者粒度级别很低的数据进行查询。因为 ODS 系统是按照面向主题的方式进行数据存储，同时它又只存储当前时间段内的或者接近当前的细节性数据。

第 7 章　商业智能元数据简介

本章目标

为了理解商业智能的目标，首先应该熟悉元数据的基本知识。通过本章的学习，我们应该了解商业智能元数据的基本概念和特点。

学习本章后，您将掌握：

- 元数据的定义。
- 元数据的框架结构。
- 元数据的类型。
- 元数据的作用。
- 元数据的管理。
- 元数据包含的内容。

7.1　元数据的定义

在商业智能领域中，元数据被定义为：在数据仓库系统的建立、维护、管理和使用过程中，用以描述实际数据的信息，是关于数据的数据。在商业智能系统的建设过程中，元数据占有非常重要的地位，它不仅定义了数据仓库的许多对象，例如表结构、所有的字段列等属性，还包括对数据仓库内部数据流动和业务规则的描述。元数据的框架图如图 7-1 所示。

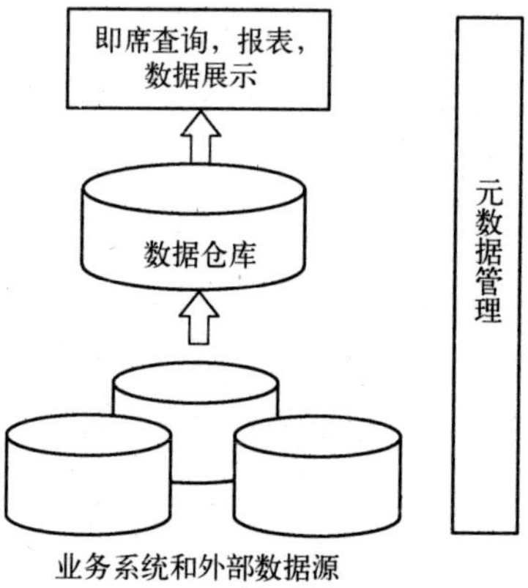

图 7-1　元数据的框架图

7.2　元数据的重要性

元数据在商业智能项目中占有非常重要的地位，是数据仓库系统的灵魂和核心。数据仓库系统在建设的过程中产生的数据源定义、转换规则的定义、目标库的定义都存储在元数据库中。元数据还支持以下几种功能：

1）描述数据仓库系统存在哪些数据。

2）描述哪些数据是在数据仓库系统中产生的。

3）描述哪些数据将要抽取到数据仓库系统中。

4）评估数据质量的好坏。

5）记录数据抽取工作的执行情况。元数据为企业建设数据仓库系统提供了详细的记录，并且保证了数据的一致性和准确性。因此元数据对数据仓库系统的开发和管理是非常重要的，具有决定性的意义。

7.3　元数据的类型

元数据主要包括技术元数据和业务元数据，如图 7-2 所示。

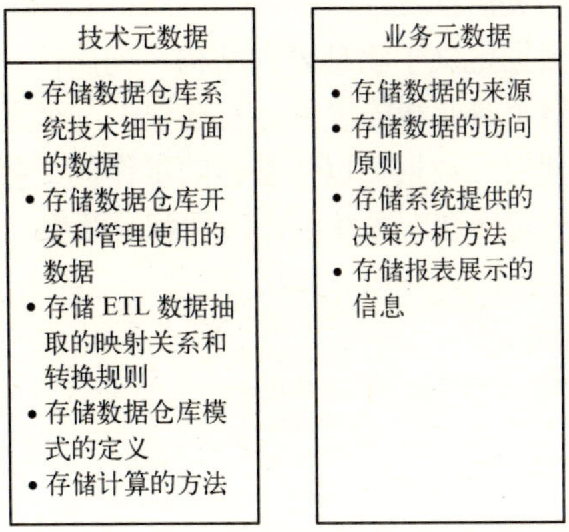

图 7-2　元数据的类型

技术元数据（Technical Metadata）主要存储数据仓库系统技术细节方面的数据。主要包括数据仓库开发和管理使用的数据，ETL 数据抽取的映射关系和转换规则，对数据仓库模式的定义，计算的方法等内容。

业务元数据（Business Metadata）从业务角度描述了商业智能系统中的数据。业务元数据包括以下信息：数据的来源，数据的访问原则，系统提供的决策分析方法，报表展示的信息等内容。业务人员可以通过业务元数据了解数据仓库内部的信息。

7.4　元数据的作用

元数据的作用如图 7-3 所示。

（1）帮助用户理解数据仓库系统中的数据

在使用数据仓库时，元数据可以帮助用户理解数据仓库中包含的所有内容。例如，用户在进行数据分析时，需要查看元数据的内容，因为元数据包含了从数据源到数据仓库中的映射关系，数据从源到目标的过程中，经历了清洗、转换、汇总、计算、过滤等变化，元数据能及时地跟踪这些数据变化，包括数据结构发生的变化，而用户利用元数据去理解数据仓库系统中发生变化的这些数据，这是元数据的一个重要功能。一般情况下，普通用户不熟悉数据仓库的技术，而元数据可以帮助这些用户理解数据仓库中的数据含义和如何使用这些数据，是用户和数据仓库之间沟通的桥梁。

（2）用于数据仓库系统的集成

数据仓库是面向主题的、集成的。在数据仓库的实施过程中，通过元数据的管理，按照统一的数据模型，将数据集成到数据仓库中，同时将数据源与数据仓库的映射关系和转换规则存储在元数据库中，这也是元数据的重要功能之一。

（3）保证数据的质量

元数据管理可以使数据仓库设计人员和开发人员对数据流程和转换规则的定义有一个清晰的认识，方便对数据质量的控制，也能迅速发现哪些地方存在问题。相对于最终用户来说，元数据也会帮助他们对数据的整体流程，包括数据抽取、清洗、转换、加载的规则有一个大概的认识，可以对数据质量有一个正确的评估。

（4）提高数据仓库系统的灵活性

在数据仓库系统中，元数据定义了物理表的结构、列属性、业务规则，包括数据抽取的规则、决策分析等内容，在整个商业智能项目开发过程中占有重要的地位。

随着企业的发展变化，利用元数据可以将整体的工作流、数据流管理起来，适应企业需求的变化和扩展，有效提高了数据仓库系统的扩展性和灵活性。

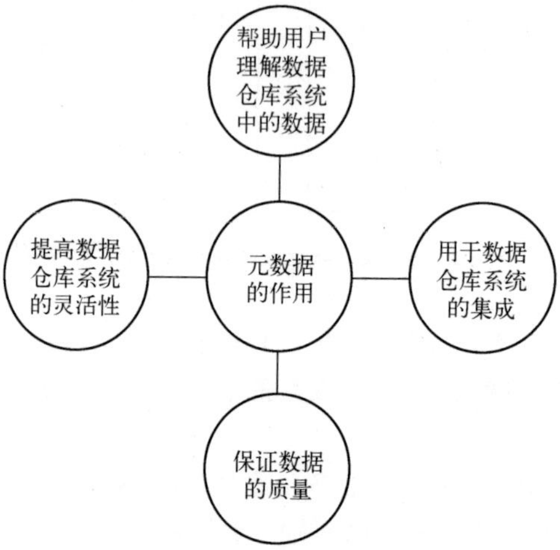

图 7-3　元数据的作用

7.5　元数据的管理

元数据的管理包含以下几个方面的内容：

1）确定每个实体的属性和实体与实体之间的关系，追踪实体发生变化时对全局造成的影响。

2）通过元数据的管理机制，有效管理数据仓库系统的整体流程，提高系统的扩展性和项目管理的效率，降低项目失败的风险。

3）通过元数据的管理，决定系统中的哪些数据需要更新，以及更新的方式。

7.6 元数据包含的内容

元数据主要包含以下几个方面的内容：对数据库方面的描述，对实体的属性和实体之间关系的描述，对数据库中各种物理表、表之间的关系和属性的描述，数据流动的描述，各种维度的描述等。元数据包含的主要内容如图 7-4 所示。

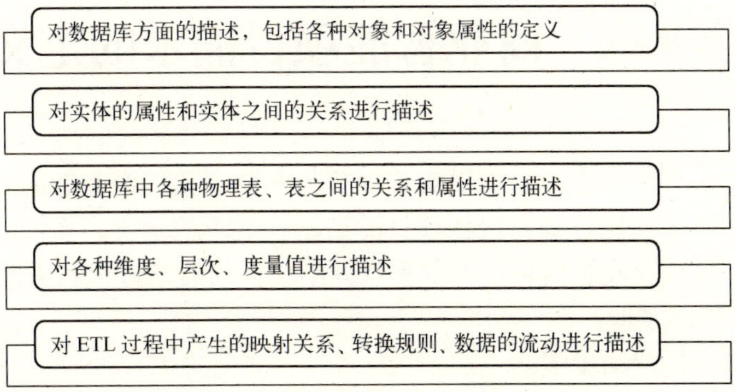

图 7-4　元数据包含的主要内容

7.7 本章小结

1）在商业智能领域中，元数据被定义为：在数据仓库系统的建立、维护、管理和使用过程中，用以描述实际数据的信息，是关于数据的数据。

2）元数据在商业智能项目中占有非常重要的地位，是数据仓库系统的灵魂和核心。

3）元数据主要包括技术元数据和业务元数据。

4）元数据的作用包括：帮助用户理解数据仓库系统中的数据，用于数据仓库系统的集成，保证数据的质量，提高数据仓库系统的灵活性。

项　目　篇

第8章　商业智能项目需求的定义

本章目标

从本章开始进入到项目篇，我们以实际项目为基础，依托商业智能理论知识，详细介绍商业智能项目的每个实施过程，包括项目的启动、需求的定义、系统的设计、系统的开发和测试、系统上线到验收等内容。本章重点介绍项目的启动过程和需求的定义。

学习本章后，您将掌握：

- 商业智能项目的启动步骤。
- 商业智能项目的需求定义过程。
- 需求调研的方式。
- 如何制订商业智能项目的调研计划。
- 系统原型的建立条件。
- 验收和评审包含的内容。

8.1　商业智能项目的启动

通常，商业智能项目的启动过程包括项目资源的组织和管理，了解项目背景，确定项目成员的工作范围，制订项目计划和实施步骤，确定项目管理的规范和流程，确定项目的质量规范和要求，召开项目启动会，确定项目需要交付的成果，确定项目成员的角色及其主要工作内容等，如图8-1所示。

下面介绍商业智能项目启动过程的主要步骤。

（1）项目资源的组织和管理

商业智能项目的管理者通常需要了解项目的资源如何组织和管理。如图8-2所示，项目资源的组织和管理包括项目需要的运行环境和开发环境，所需要的软硬件设备和其他配套设施等内容。其根本目的是在项目实施中根据项目需要的人力和设备资源结合项目的进度、计划和工作安排，由项目经理或者项目管理者列出详细的项目计划资源使用图（见图8-3）。

（2）项目的背景

首先需要介绍甲方公司的社会背景、主营业务及其公司软硬件实力等信息；然后介绍本次项目需要完成哪些功能模块，参考了哪些成果，采纳了哪些意见，借鉴了哪些行业的经验等信息。

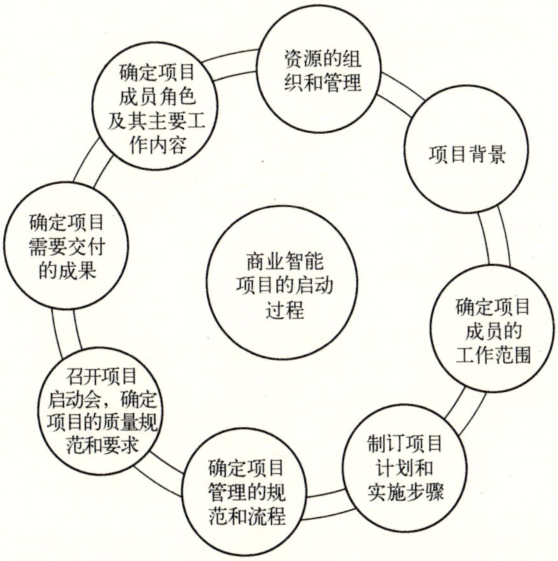

图 8-1　商业智能项目的启动过程

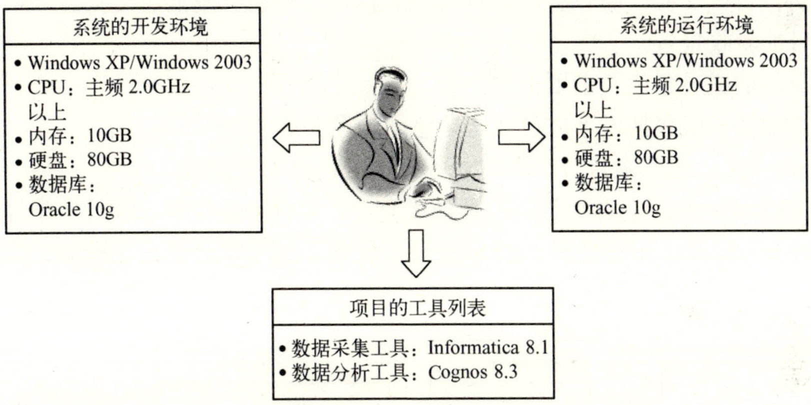

图 8-2　资源的组织和管理

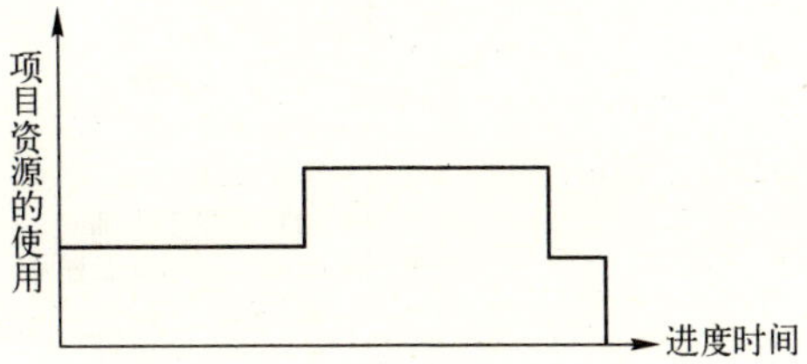

图 8-3　项目计划的资源使用图

（3）确定项目成员的工作范围

完成商业智能项目主要包括需求分析、数据模型的设计、数据模型的物理实现、ETL 设计和实现、数据分析和报表展示功能的设计和实现，由此划分项目组成员的工作范围。

（4）确定项目需要交付的成果

一般来说，商业智能项目需要交付的成果包括商业智能软件系统、技术开发文档、测试说明文档、商业智能项目管理文档，如图 8-4 所示。

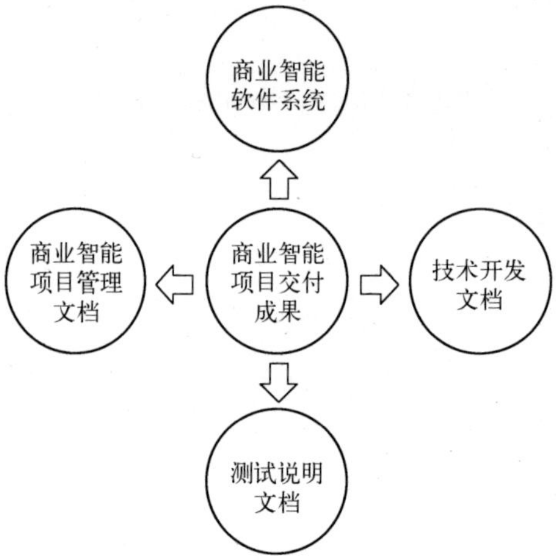

图 8-4　商业智能项目需要交付的成果

其中，技术开发文档包括系统实施方案、需求说明书、系统概要设计说明书、系统详细设计说明书、数据库设计说明书、用户手册、维护手册等文档；测试说明文档包括测试用例及其测试说明报告等文档；商业智能项目管理文档包括项目开发的进度报告和项目开发计划书，以及项目的验收报告。

（5）项目组的成员角色及主要工作内容

商业智能项目一般包括以下成员及其角色，如图 8-5 所示。

1）业务组成员：包括项目负责人、业务负责人、技术负责人。

2）开发组成员：包括总体协调、总体技术负责、总体业务指导、项目实施经理、技术开发经理、平台开发经理、客户经理、ETL 开发工程师、展示平台开发工程师、美工、系统维护工程师。

业务组成员	开发组成员
• 项目负责人 • 业务负责人 • 技术负责人	• 总体协调 • 总体技术负责 • 总体业务指导 • 项目实施经理 • 技术开发经理 • 平台开发经理 • 客户经理 • ETL 开发工程师 • 展示平台开发工程师 • 美工 • 系统维护工程师

图 8-5　项目组的成员及其角色

- 总体协调主要负责审批商业智能项目方案和计划的可行度，调配项目成员，提供人力、财力和一些必要的配套设施。
- 总体技术负责主要是针对商业智能项目制订项目方案、计划；负责项目实施工作，协调和管理项目成员，包括与业务人员的工作协调和沟通；负责商业智能技术培训和业务分析、系统整体的设计。

- 总体业务指导主要是针对业务的总体指导，负责相关业务人员和技术人员的沟通协调，把握整体业务的流程。
- 项目实施经理主要是负责需求调研、分析开发、实施，包括以后的测试、维护等工作。
- 技术开发经理主要负责需求分析、概要设计、详细设计、数据库设计、数据库建模、功能设计、数据库管理功能开发等工作。
- 平台开发经理主要负责平台页面的展示功能。
- 客户经理主要负责商业智能项目中与客户的沟通。
- ETL 开发工程师主要负责商业智能项目数据库、文件数据抽取的设计与开发。
- 展示平台开发工程师主要负责商业智能项目展示平台的研发，包括开发报表的展示功能。
- 美工主要负责整体系统页面的设计和规划。
- 系统维护工程师主要负责系统的运行和维护。

8.2 商业智能项目的需求定义

需求分析是商业智能项目的第一步，通常包括需求采集和需求分析。需求采集是针对用户所能提供的大方向以及部分需求，去预见以后的需求；需求分析是在需求采集过程中，根据调研大纲，充分了解企业不同层次人员的需求，并且对需求进行仔细的分析、总结、归纳、整理，形成一份准确的需求分析报告。同时为了减少用户需求的变更，能够了解用户的真实需求，可以采用多种方式进行调研，例如通过问卷或者会议的形式进行记录。需求分析也是一个经过不断循环、反馈和不断完善的过程，只有这样才能得到明确而详细的需求。

下面是对需求各阶段的详细介绍。

1. 需求调研问卷设计

需求调研问卷是根据问卷中的问题和最终用户的回答，提取相应的内容，并且进行详细的统计分析和整理，形成比较完整的需求信息资料，从而得到用户最真实的需求。调研问卷设计应遵循问卷的合理性、全面性、简单性、易扩充性等原则（见图 8-6），以便在调研时整理与分析。

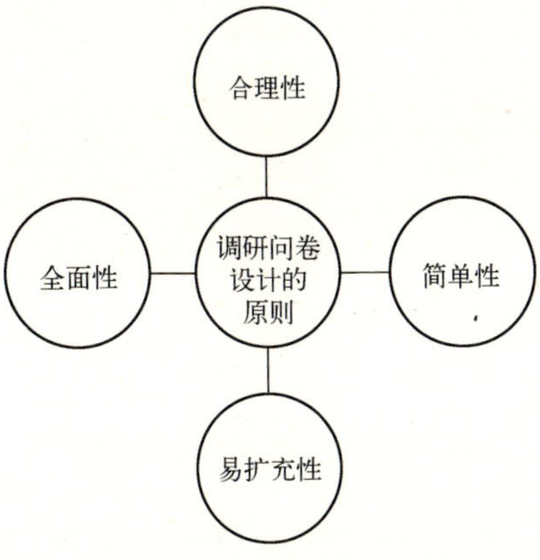

图 8-6 调研问卷设计的原则

- 合理性是指问卷的设计需要与相关业务保持一致性。
- 简单性是指在问卷过程中尽可能地减少业务人员的工作量，通过最简单的形式获得业务人员更深层次的需求。
- 易扩充性是指提供灵活的处理手段，使调研对象可以比较清楚地回答调研问题。
- 全面性是指调研问题设计应该全面覆盖所有的相关业务，使需求调研人员能够清楚地获取需要的调研结果，使问卷成为一个相对完整的整体。

2．需求调研问卷内容

针对商业智能项目的调研主要包括以下几个方面：

1）目前业务系统的现状：熟悉业务系统的编码标准和当前系统的应用现状。

2）业务数据库的基本信息：搜集数据库系统的版本、操作系统的版本、当前的数据量和数据的保存方式。

3）数据字典的信息：搜集业务数据库中数据结构的信息。例如，表、视图的结构说明，所有列、主键、外键、索引的基本信息，这些信息保证了数据抽取的设计和开发。

4）测试数据的搜集：为了保证测试的准确性，搜集当前系统的真实数据供系统开发环境和测试环境使用，并且遵循以下原则：编码表的数据不能缺失；事实表的数据字段不能缺失，并且保证编码字段不能被修改。一般来说，测试数据是真实数据的一半左右，同时各个业务系统的数据时间段尽量保持统一，例如搜集某生产系统的数据时间段是 2008 年 1 月到 2011 年 1 月，而搜集某营销系统的数据时间段仍然是 2008 年 1 月到 2011 年 1 月，这样会保证开发和测试的准确性；同时搜集的历史数据应该至少 2～3 年。测试数据的搜集原则如图 8-7 所示。

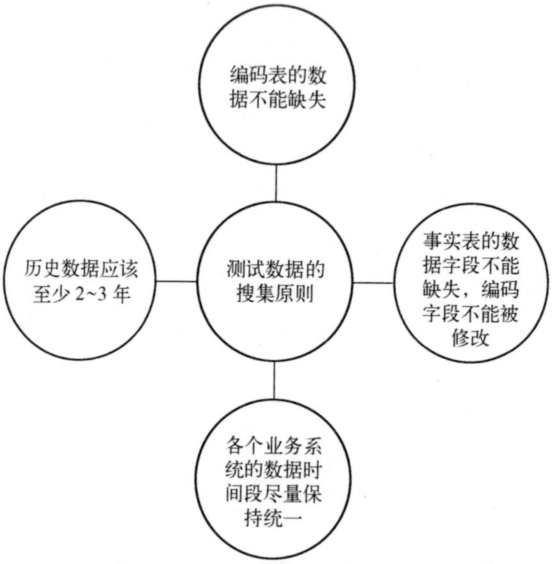

图 8-7　测试数据的搜集原则

5）ETL 需求调研：主要以问卷的形式对数据抽取、转换、加载的需求进行调研。问卷的内容通常包括指标项、数据获取的频率、数据获取的方式，以及备注等内容。例如，以问卷的形式对客户进行调研，获取工业耗电量、民用耗电量、其他类型的耗电量 3 个指标数据的获取频率（年、季、月、日、小时）、获取方式（数据库直接读取、文本文件或其他方式）等信息，见表 8-1。

表 8-1 某系统 ETL 需求调研示例

指 标 项	数据获取频率	数据获取方式	备 注
工业耗电量	年季月日小时	数据库直接读取、文本文件或其他方式	
民用耗电量	年季月日小时	数据库直接读取、文本文件或其他方式	
其他类型的耗电量	年季月日小时	数据库直接读取、文本文件或其他方式	

6）主题分析需求调研：主题分析需求调研的示例如图 8-8 所示。由该图可看出，人员基本信息主题域包括人员家庭成员信息、人员职位信息、人员工作经历信息、人员社会关系信息、人员教育背景信息、人员通信地址信息、人员社会保险信息等内容。我们以问卷调研的形式得到哪些层次的客户人员关心该主题域，如何获得该主题域的数据、该主题域中数据的频率是多少、关注该主题域的企业对象有哪些、针对该主题域的维度分析有哪些等内容。

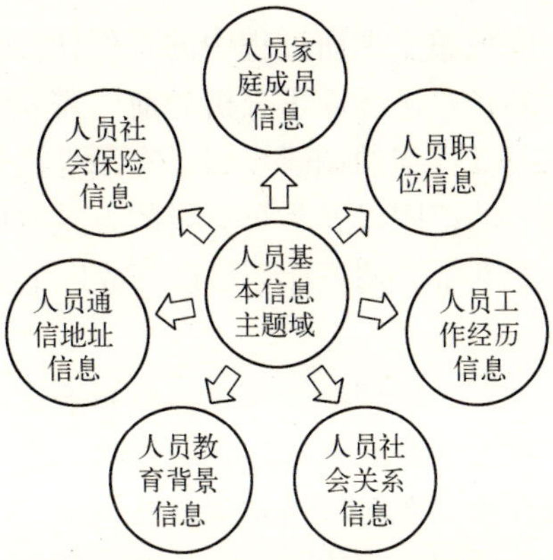

图 8-8 人员基本信息主题域

以下是关于人员基本信息主题域的问卷示例。

1）您是否关心该主题域？

□是；

□否。

2）获得该主题域数据的情况：

□能够从业务系统中获得该主题的所有数据；

□可获得业务系统中的部分数据，请详细说明可以获得哪些数据：____________________；

□从业务系统中不能获得任何数据；

□其他情况，请详细说明：____________________。

3）获得该主题域中数据的频率是多少？

□年；

□季；

□月；

□日；

□小时；

□分钟；

□实时。

4）关注该主题域的企业对象：

□公司领导决策人员；

□公司中层管理人员；

□公司业务人员；

□其他人员，请详细说明：________________________。

5）针对该主题域的维度分析：

□按时间维度；

□按地区维度；

□按电压等级维度；

□其他，请详细说明：________________________。

3．制订商业智能项目的调研计划

制订调研计划主要包括：完成整个调研过程中的工作任务分配，工作时间的安排，资源的调度，以及调研的目标等内容。在进行需求分析之前，需要制订详细完备的调研计划，目的是安排好调研的侧重点，以及其详细的调研步骤。在制订调研计划的时候，同样需要说明调研的背景、调研的目标、调研的范围以及各种调研的方式等内容，这样有利于调研人员有的放矢，对调研工作做好充分的准备。调研计划可以分成以下几个步骤：

（1）确定调研目标

确定调研目标可以有多种方式。例如，通过填写调研调查表或者会议座谈的形式对业务需求进行调研、整理和记录；同时让企业领导、中层管理人员、业务人员、商业智能项目组的开发设计人员在此期间达成共识。在对应用系统进行调研时，需要全面了解当前系统的各种信息资源，包括数据的来源、数据生成的时间和频率等信息。同样，可以将其他行业成功的案例作为学习的模板。

（2）确定人员组织结构

确定项目的人员组织结构是为了保证甲方和乙方人员之间的配合。例如，在商业智能项目实施初期，乙方需要项目经理制订项目工作的计划，制订资源使用计划，协调各部门之间的配合，把握项目的进度；甲方业务顾问需要为乙方人员提供业务方面的指导，需求分析人员需要对项目需求进行采集和调研，系统架构人员对项目整体架构进行分析和规划，开发人员主要负责商业智能系统的设计与实现。

4．调研方式

（1）会议或访谈的形式

在开始访谈之前，应该预定好访问的时间和地点，确定参会人员及其各方主要负责人，包括双方需要做哪些准备工作等内容。在访谈的时候，需要与相关业务人员进行交流，乙方需要根据调研大纲的内容进行有的放矢的提问，无论是甲方人员还是乙方人员，都需要进行详细的记录和分析。调研的内容可以包括当前应用系统的实际现状和数据资源的配置情况。在访谈结束时，应该形成统一风格的文档，以备后来的需求分析使用。

（2）问卷调查的形式

如果采用问卷调查的形式，应该尽量对提出的问题进行认真的设计和规划，从而保证调研的质量和效果，使业务人员能够对问卷中提出的问题有针对性地进行回答。

5．调研的内容和形式

在需求调研过程中，需要了解企业不同层次人员的业务需求，包括企业的领导决策层、中间管理层、各个业务部门的相关人员和技术人员，如图 8-9 所示。针对不同的调研对象，调研的侧重点也有所不同。

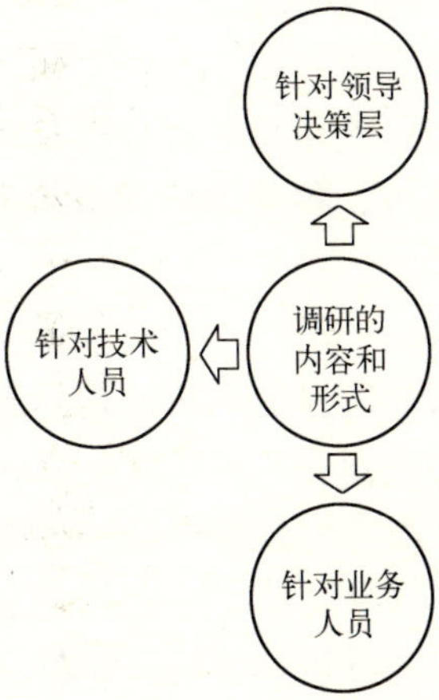

图 8-9　调研的内容和形式

（1）针对领导决策层

- 需要了解领导决策层关注哪些主题和哪些重点指标。
- 在当前业务系统中，领导决策层以何种方式获取这些指标。
- 领导决策层希望这些重点指标的展现方式是什么，以及目前指标的展现方式是什么。
- 领导决策层希望这些重点指标关联哪些维度进行多维展示。
- 领导决策层希望获得数据仓库系统中的哪些决策分析功能。
- 领导决策层希望这些重点指标对象的最小粒度是多少。

（2）针对中间管理层

- 需要了解中间管理人员关心哪些指标和主题。
- 需要了解中间管理层人员目前以何种方式获取这些指标值。
- 需要了解中间管理层人员希望得到这些指标的展现方式是什么，以及目前指标的展现方式是什么。
- 中间管理层人员对商业智能决策分析系统的期望是什么。
- 中间管理层人员希望关注的这些指标关联哪些维度进行多维展示。
- 中间管理层人员希望关注的这些指标的最小粒度是多少。

（3）针对业务人员

- 需要了解业务人员平时最常用的指标是哪些。
- 业务人员最关心的主题是哪些。
- 业务人员希望得到数据仓库系统的哪些决策分析功能。

- 业务人员希望关心的这些指标关联哪些维度进行多维展示。
- 业务人员希望关注的这些指标的最小粒度是多少。

（4）针对技术人员

- 技术人员平时最常用的指标是哪些。
- 技术人员最关心的主题是哪些。
- 了解目前业务系统的数据结构。
- 了解当前系统的数据刷新频率是多少。
- 了解当前系统的数据源来自于哪些业务系统。

6. 商业智能项目需求的总结与整理

对需求的总结与整理是指根据调研得到的信息进行分析、归纳、整理，得出商业智能项目的相关需求。需求中包括对现有应用系统、各种信息资源和决策分析系统之间关系的详细描述和总结。

7. 需求说明书的编写

需求分析说明书中包括对本次商业智能项目的调研计划、调研目标、调研范围和调研的方法、内容等信息的详细描述。同时描述该商业智能系统生成哪些数据，生成的时间和频率是多少，在需求说明书中还需要列出不同需求的数据来自于哪些业务系统。

8. 逻辑分析说明书的编写

逻辑分析过程是通过调研获取的资料去分析各种信息资源，包括定义分析的角度、指标以及这些指标的数据来源等信息。整个逻辑分析过程由数据仓库设计开发人员和业务人员一起完成。逻辑分析的过程是一个不断完善和项目迭代的过程。针对每一个主题进行分析时，都需要考虑已经完成的主题分析和尚未完成的主题。

下面以用户用电欠费情况主题为例，说明如何进行需求的逻辑分析。为了实现用电户的欠费总额、本年欠费、两年以内欠费、两年及两年以上欠费、本年应收费用、本年累计实收费用等指标在不同地区、时间、供电单位等维度的多角度分析，需要在某电力销售系统的业务处理逻辑上进行分析。逻辑分析说明书的编写包括需求分析、数据源描述、业务逻辑处理方法等内容。

（1）欠费总额

欠费总额是指用电户欠费的总额。

（2）本年欠费

本年欠费是指用电户按本年度汇总计算得出的欠费总额。

（3）两年以内欠费

在用电户欠费中，两年以内欠费总和。

（4）两年及两年以上欠费

在用电户欠费中，两年以上的欠费总和。

（5）本年应收费用

在未收电费中，本年的欠费总额。

（6）本年累计实收费用

本年各月实收费用之和。

（7）地区

地区维度一般分成省级、地市、县级 3 种维度。

（8）时间

大多数的电力公司采用按月人工抄表的方式进行计费，时间维度一般是按月计算费用，然后由月进行季度汇总，由季度进行年度汇总。

（9）供电单位

供电单位包括省电力公司、地市电力公司或者县级电力公司等。

总结：在对系统进行需求分析时，需要考虑各个业务系统的数据是否满足逻辑分析的需要，包括数据产生的周期和数据质量等内容。

商业智能项目的需求定义过程如图 8-10 所示。

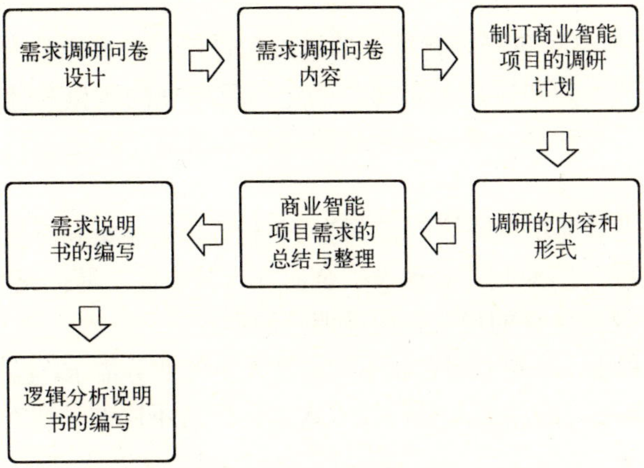

图 8-10　商业智能项目的需求定义过程

8.3　系统原型的建立

系统原型是在需求分析的基础上，经过业务人员和开发人员共同协商建立起来的，为以后的系统开发、测试和系统实施上线打下了基础。使用系统原型的条件如图 8-11 所示。

考虑使用系统原型模型的情况	不适合使用系统原型模型的情况
• 需求定义模糊 • 需求改变的可能性不断增大 • 项目开发风险大，费用高	• 用户需求已经明确，并有相应的文档支持 • 商业智能系统划分成各个独立的模块 • 系统开发的工作量大

图 8-11　使用系统原型的条件

8.4　验收和评审的内容

验收包括技术文件清单、申请验收单位的意见、审批的意见等内容。评审方式主要包括会议式、传阅式、批准式评审。评审的内容包括业务需求、功能需求、非功能需求等。评审的结论有 3 种情况：

1）通过评审，可以进入下一阶段。

2）原则通过，修改后进入下一阶段。

3）未通过评审，修改后重新评审。

在评审过程中需要参评人和评审组长。在评审过程中，需要确定评审的方式、评审的对象，最后得出评审的结果，包括工作成果是否合格、评审意见和评审组长的签字。

8.5 本章小结

1）商业智能项目的启动包括项目资源的组织和管理，了解项目背景，确定项目成员的工作范围，制订项目的计划和实施的步骤，确定项目管理的规范和流程，确定项目的质量规范和要求，召开项目启动会，确定项目需要交付的成果，确定项目成员角色及其主要工作内容。

2）需求分析是商业智能项目的第一步，通常包括需求的采集和对需求的分析。

3）需求调研问卷设计的原则：合理性、全面性、简单性、易扩充性。

4）调研方式：会议或访谈的形式、问卷调查的形式。

5）在需求调研过程中，需要了解企业不同层次人员的业务需求，包括企业的领导决策层、中间管理层、各个业务部门的相关人员和技术人员。针对不同的调研对象，调研的侧重点也有所不同。

6）商业智能项目的需求定义包括需求调研问卷设计，需求调研问卷内容，制订商业智能项目的调研计划，调研的内容和形式，商业智能项目需求的总结与整理，需求说明书的编写，逻辑分析说明书的编写。

7）系统原型的建立为以后的系统开发、测试和系统实施上线打下了基础。

8）验收和评审的内容包括会议式、传阅式、批准式评审。

第 9 章　商业智能项目模型的建立

本章目标

与理论篇中的数据模型内容不同，本章的重点是根据实际项目介绍数据模型的设计原则，概念模型的分析方法，主题域的设计，主题的设计，针对 ODS 的逻辑模型设计、物理设计，针对数据仓库的逻辑设计、物理设计，针对数据集市的逻辑设计、物理设计等内容。

学习本章后，您将掌握：

- 数据模型的设计原则。
- 企业数据模型转换到数据仓库模型的一般步骤。
- 概念模型的设计方法。
- 逻辑模型的设计方法。
- 物理模型的设计方法。

9.1　数据模型的设计原则

1）数据模型的设计应该满足 ODS、数据仓库、数据集市的存储要求。

2）ODS 的数据模型应该能够满足业务系统的集成性和交互性，提供统一的数据视图。

3）数据仓库模型应该满足企业决策分析的需要，存储核心的历史数据，完成必要的汇总计算等要求。

4）数据集市模型应该满足业务分析需求，一般满足星型模型或者雪花型模型等关系模式。

5）数据模型的设计一般遵循国际通用的标准。

6）数据模型的设计需要保证业务系统的扩展性。

9.2　企业模型的意义

9.2.1　企业模型的定义

企业模型是根据业务系统的特点，用数据建模的方法描述企业的各种生产经营活动，是对业务系统的抽象，是企业信息化建设的基础。

9.2.2　建设企业模型的意义

企业数据模型从企业的角度去分析、构造相应的业务数据模型。建议企业数据模型的意义如图 9-1 所示。

1）有利于实现应用系统与业务数据的分离，能够将部门级别的数据汇总到企业的全局视图中，提高企业的信息化建设。

2）为企业的数据仓库建设打好基础，提高企业的决策分析能力。

3）有利于规范各种业务概念，避免业务概念的不一致，从而降低系统应用集成的难度。

4）增强 IT 技术人员与业务人员的沟通，提高沟通的效率。

5）企业数据模型是企业高层领导、业务人员、IT 技术人员共享的信息平台， 是企业信息化应用建设的基础。

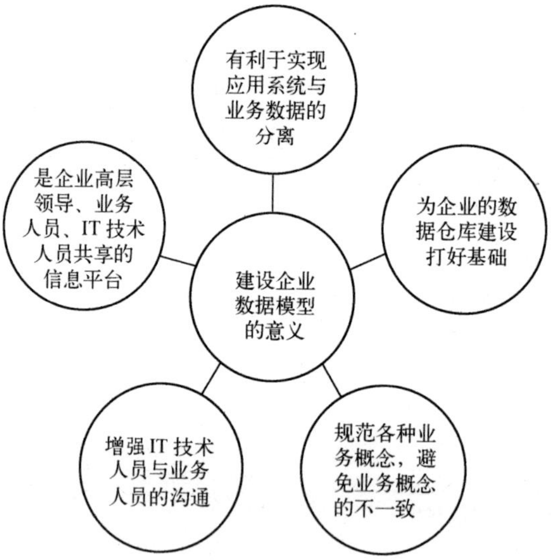

图 9-1　建设企业数据模型的意义

9.2.3　企业数据模型和其他模型之间的关系

企业数据模型是构建数据仓库模型、ODS 模型、数据集市模型的基础，如图 9-2 所示。企业模型的设计主要与业务相关，指导业务系统其他模型的建设，保证 ODS 模型、数据仓库模型和数据集市模型与企业模型的一致性。数据仓库模型、ODS 模型、企业数据模型都属于关系型数据模型，而数据集市属于多维数据模型。

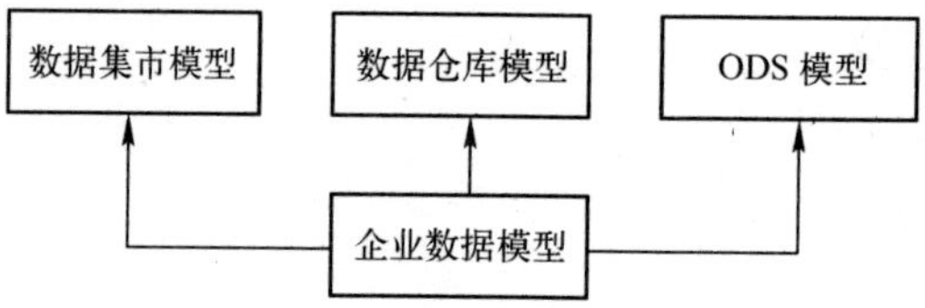

图 9-2　企业数据模型和其他模型之间的关系

9.2.4　与企业数据模型相关的概念

（1）ODS

ODS 是各个业务系统之间共享的数据存储区，是业务系统数据流动到数据仓库系统之间的缓冲区。ODS 按照职能可以划分为 3 个部分：数据缓冲区、统一信息视图区和 ODS 管理区，如图 9-3 所示。数据缓冲区为统一信息视图区提供临时的存储区，它的存储方式和数据结构通常与源系统相同。统一信息视图区为企业提供统一的数据视图区，并且按照主题进行划分，存储实时的业务数据，方便系统查询当前的数据。其中 ODS 管理区的作用是对 ODS 数据库进行管理，包括存放 ETL 的状态信息和日志信息等内容。

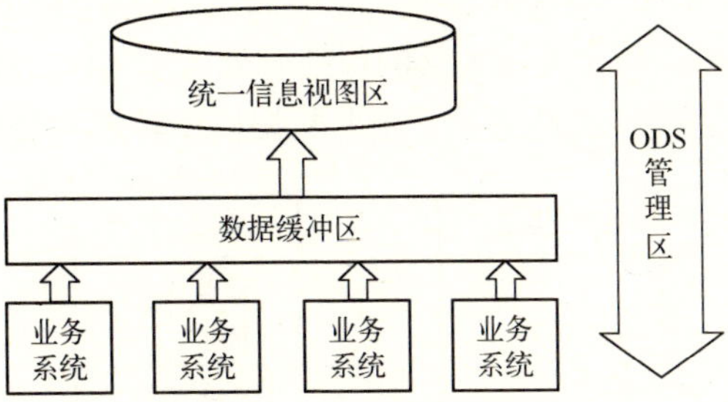

图 9-3　ODS 的划分

（2）数据仓库

数据仓库是一个面向主题的、集成的、不易丢失的，并且随时间变化的帮助企业管理人员决策分析的数据集合。数据仓库的理论知识在理论篇中已经有详细的介绍，此处不再赘述。

（3）数据集市

数据集市是在数据仓库的基础上创建起来的，根据各个业务部门的不同需要，对数据仓库中的数据进行高度汇总、计算。数据集市的作用是创建一组特定的、针对某个主题域或者部门的特殊数据集合。一般来说，数据集市的模型都采用星型模式或雪花型模式。

9.2.5　企业数据模型转换到数据仓库模型的步骤

（1）在企业模型中有条件地选择数据仓库需要的数据

首先数据仓库模型应该包含数据仓库项目中所有的需要，在企业数据模型转换到数据仓库模型的过程中，应该有目的地选择一些数据。可以将数据元素分成需要的数据元素、不需要的数据元素、可能需要的数据元素。重点是如何选择可能需要的数据元素，如果是事务性的数据元素，无论是否需要它，都应该引入；但是其他类型的数据元素，如果不确定，则更倾向于删除它。在图 9-4 中，企业数据模型实体中包含职工、学生、用户、课程等实体，如果针对数据仓库中的销售主题域，可以选择用户实体，同时包含了有间接关系的用户信息渠道、用户类别实体。

企业数据模型的实体	选择相关的实体	间接相关的实体
职工 学生 用户 课程	用户	用户信息渠道 用户类别

图 9-4　有条件地选择感兴趣的实体

（2）为企业模型的每个实体都增加时间键

在企业数据模型中，有些实体可能会含有时间键，有些实体可能不含有时间键；但是在数据仓库模型中，所有的实体都应该包含时间键（除了统一编码实体），因为数据仓库存储的是核心的历史数据，加入时间键是重要的搜集历史数据的方法。加入时间键的原则是：如果该实体已经存在时间属性，分析该时间属性是否满足历史信息的分析，如果可以，则使用该时间属性。如果该实体没有时间键，同时它又不是统一编码实体（即在一定时间内不会修改的实体），则需要加入时间键，以保证该实体的历史信息分析。举一个简单有趣的例子，一个普通的美国大兵可能需要以下信息：姓名、编号、入伍时间、装备、退伍时间，如图 9-5 所示。因为入伍时间和退伍时间一般是固定的，不能满足对该实体的历史信息的分析需求，所以增加了作战时间这个属性，每个美国大兵的作战时间随着地区、战场的不同都会发生变化，不断产生新的历史数据，因此该属性满足了企业数据模型转换到数据仓库模型的基本条件。

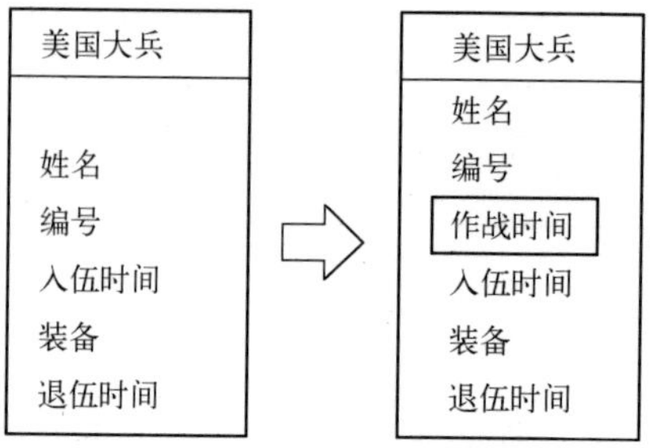

图 9-5　为企业数据模型增加时间键

（3）确定数据仓库的粒度

确定数据仓库的粒度级别影响了数据仓库模型的设计，因为它规定了数据仓库的灵活性，包括数据仓库的开销和创建数据仓库的工作量是多少。粒度级别越高，数据仓库需要处理的数据量越多。虽然这样增加了系统的性能负担，但却提高了数据仓库的灵活性和潜在的分析能力。如果粒度级别低，则降低了系统的性能负担，但却降低了数据仓库的灵活性和分析能力。如果数据仓库需要高细节的数据，直接把部分相关实体全部抽取到数据仓库中；如果数据仓库不需要高细节的数据，则可以对部分实体进行轻度汇总或者过滤。

（4）汇总企业模型中的数据

汇总企业模型中数据的目的是节省数据仓库中的空间，提高数据仓库的性能。

汇总的方法有多种，最主要的有：对实体一个属性上的数据求和，汇总一定时间段内的数据，按照某种分类进行汇总数据，或者汇总固定时间间隔内的数据的值。

汇总企业数据模型举例如图 9-6 所示。

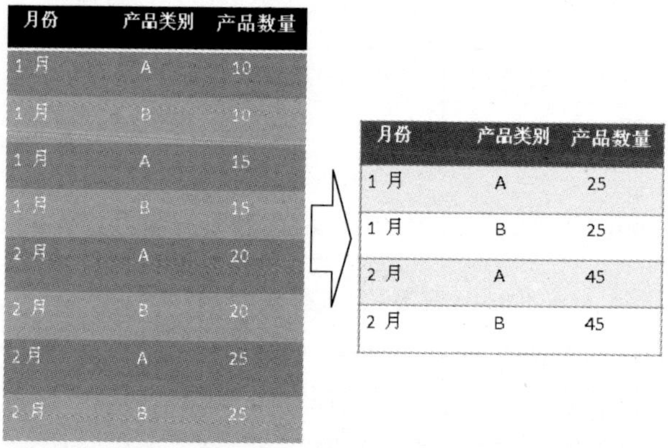

月份	产品类别	产品数量
1 月	A	10
1 月	B	10
1 月	A	15
1 月	B	15
2 月	A	20
2 月	B	20
2 月	A	25
2 月	B	25

月份	产品类别	产品数量
1 月	A	25
1 月	B	25
2 月	A	45
2 月	B	45

图 9-6　汇总企业数据模型

（5）根据数据仓库的特点合并企业模型中的一些实体

合并实体是为了将两个或者多个实体合并成一个实体，通过合并实体可以减少实体之间的连接操作，提高数据仓库的性能。合并实体的条件是多个实体之间必须要有共同的键，否则不能合并。当多个实体合并到一个实体中时，任何属性的变化都会产生新的一行。合并实体是将第三范式回归到第二范式的过程。如图 9-7 所示，美国大兵作为一个实体，有姓名、作战时间、入伍时间、退伍时间、装备编号、性别编号等属性，同时关联两个实体编码表（装备编码实体、性别编码实体），为了提高数据仓库的性能，增加数据仓库的灵活性，把美国大兵实体和装备编码实体、性别编码实体进行了合并，也就是将第三范式回归到第二范式。

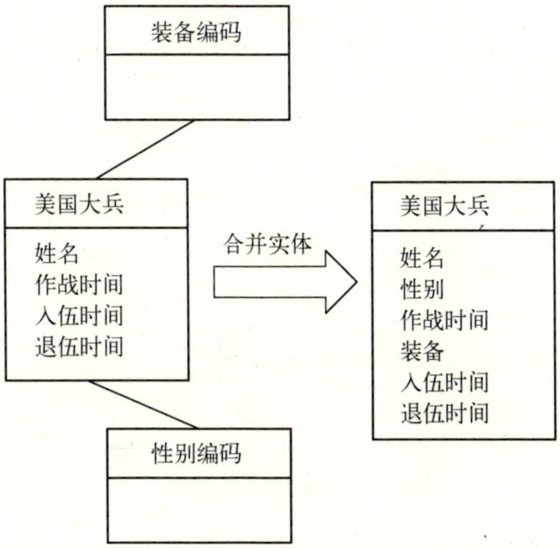

图 9-7　合并实体

总结：企业数据模型转换到数据仓库模型的步骤如图 9-8 所示。

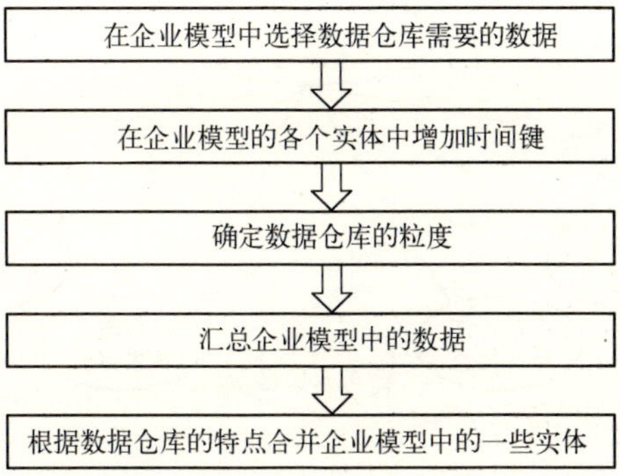

图 9-8　企业数据模型转换到数据仓库模型的步骤

9.3　概念模型的设计

概念模型是最高层次的数据模型，它定义了核心的业务概念及其关系。概念模型的分析通常是以企业模型为基础的，而企业模型主要描述企业内部的组织结构和企业经营活动状况等信息。概念模型主要包含主题域和主题域下面的主题。主题域反映了某方面的业务活动情况，并且按照企业经营活动的规律将实体和实体之间的关系进行划分。主题域用以描述企业核心的业务数据，它独立于任何业务系统，描述了企业经营生产活动中，需要管理的主题的集合。主题域可以进一步划分成各个主题，概念模型的主题是通过分析企业包含的经营活动、业务流程、业务之间的关联关系和所涉及的数据概念得出的。主题也可以进一步细化成更小的主题，实体是概念模型建设中最小的单元，是不可划分的。概念模型就是由主题域、主题、实体和实体之间的关系组成的。概念模型的组成如图 9-9 所示。

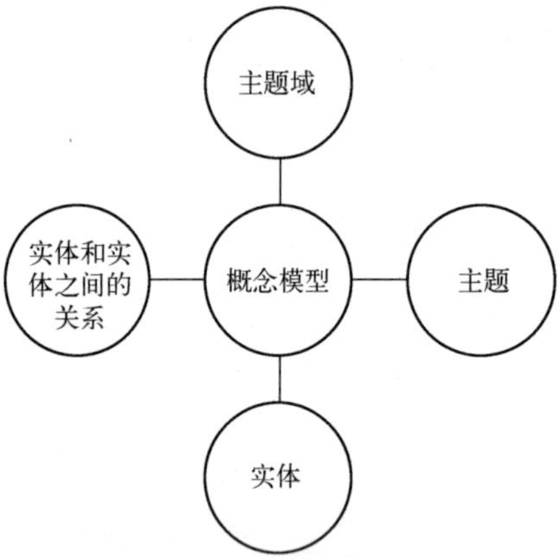

图 9-9　概念模型的组成

举例如下：人员基本信息主题域用于描述人员的基本信息情况。人员基本信息主题域包含人员家庭成员信息、人员职位信息、人员工作经历信息、人员社会关系信息、人员教育背景信息、人员通信地址信息、人员社会保险信息等主题，如图 9-10 所示。

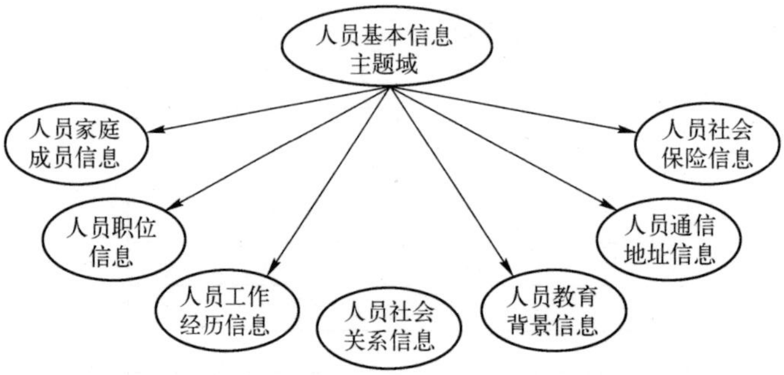

图 9-10　人员基本信息主题域

9.4　逻辑模型的设计

9.4.1　ODS 逻辑模型

1. ODS 逻辑模型设计

ODS 逻辑模型设计通过 ODS 统一信息视图区集成各类业务系统的源数据，以数据主题域作为设计的基础。ODS 统一信息视图区有选择性的集成各类业务系统的数据，通过 ETL 数据抽取、转换、加载与业务系统进行交互，它主要保存与主题相关的、实时性的信息，因此 ODS 统一信息视图区具有准实时性的特点；而业务系统的数据通过一定的时间间隔，最终以主题的形式反映到 ODS 统一信息视图区中。如图 9-11 所示，用户可以访问 ODS 统一信息视图区，以便快速查询某个主题的信息。

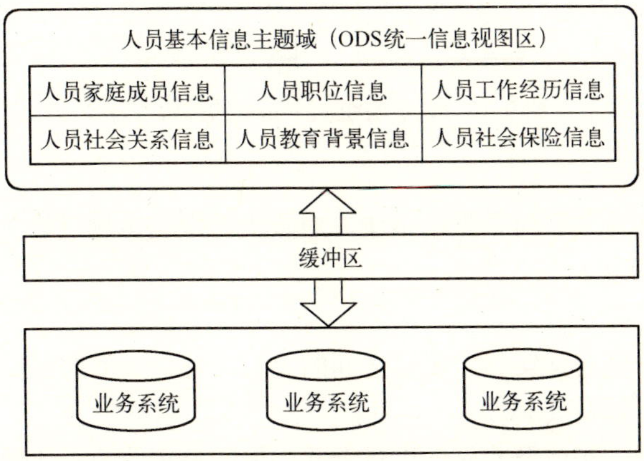

图 9-11　业务系统与 ODS 统一信息视图区的交互

通过业务系统的不断完善和加强，ODS 逻辑模型不断得到补充。企业从外部或者内部生产经营活动中获得各种业务数据，按照业务功能分成几类主题域，由 ODS 统一信息视图区描述各个主题域。如图 9-12 所示，美国国防部整体可以划分成人员与组织主题域、科技研发主题域、国防财政主题域、反恐主题域、安全主题域、作战计划主题域、能源主题域、通信主题域、人力资源主题域。

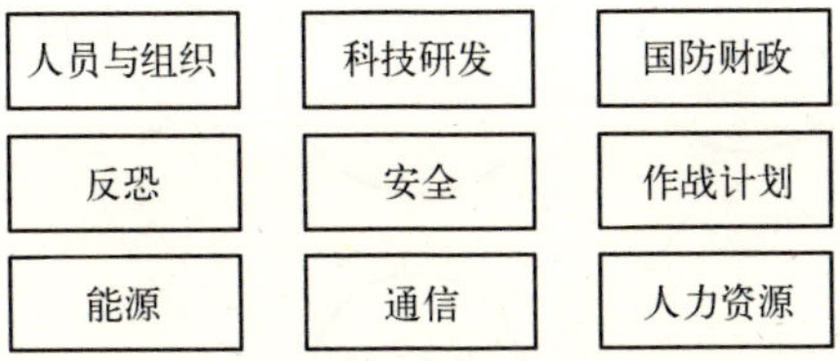

图 9-12　美国国防部划分的主题域

ODS 统一信息视图区的逻辑模型可以用绿色表示中间库编码，橙色表示自己的私有编码，黄色表示统一编码。美国大兵实体关联各个编码实体，包括装备类型编码实体、通信地址编码实体、军衔等级编码实体、作战地区编码实体。其中装备类型编码实体和作战地区编码实体作为逻辑模型中的中间库编码，通信地址编码实体作为私有编码，军衔等级编码实体作为整个主题域的统一编码。它们都隶属于人员与组织主题域。该主题域下的各个编码实体如图 9-13 所示。

2．ODS 逻辑模型的设计步骤

ODS 逻辑模型设计主要考虑业务之间的关系和业务处理的流程。处理的步骤如下：

（1）确定业务系统数据的范围

在 ODS 逻辑模型设计中，确定业务系统数据范围是在调研的基础上进行的，然后再进行主题的划分，以确保主题需要的数据都能从业务系统中获得。逻辑模型设计过程中需要对各种业务模型进行合并或者拆分，然后再进行抽象，以便划分 ODS 数据主题的范围。

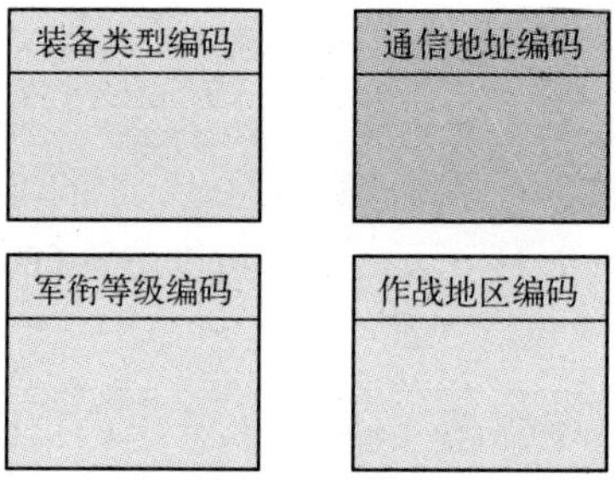

图 9-13　人员与组织主题域的编码实体

（2）对主题的定义

根据调研的结果和业务系统数据的范围，对较大的数据主题进行分解、定义，以便形成各个主题。

（3）确定主题的元素

根据每个主题，分别定义实体、实体之间的关系，每个实体的属性和存储粒度等。

（4）合并相同的实体及其属性

对每个主题中相似的实体及其属性进行合并，保证各实体的一致性和唯一性。

ODS 逻辑模型的设计步骤如图 9-14 所示。

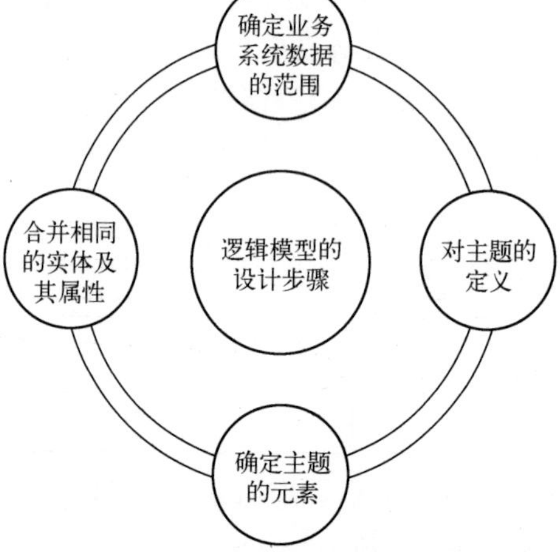

图 9-14　ODS 逻辑模型的设计步骤

3．ODS 的存储周期和存储粒度

ODS 的存储周期分为以下几种情况：

1）当临时数据从 ODS 存储区加载到数据仓库后，需要删除 ODS 存储区中的临时数据。

2）对于细节性或者汇总的数据，可以按照实际的业务需求，以年、季、月进行存储，并且删除过期数据。

3）ODS 存储区中如果存在一些有价值的数据，但是使用频率较低，则需要将数据备份到其他存储介质中，为以后使用作准备。

总结：存储粒度的划分将直接影响 ODS 逻辑模型的设计和 ODS 存储区的数据量，ODS 的存储粒度一般与源数据保持一致。

4. ODS 逻辑模型实例

如图 9-15 所示，国家、省、地市、县、区等实体继承地区实体。

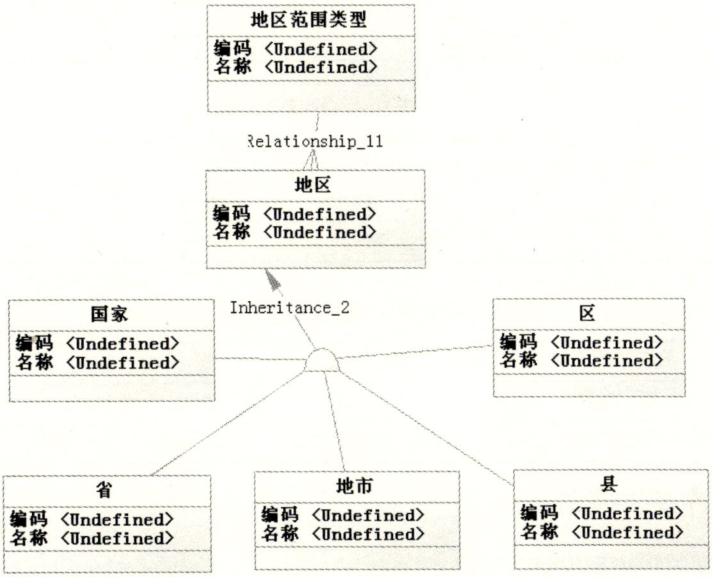

图 9-15　ODS 逻辑建模实例

模型描述见表 9-1～表 9-7。

表 9-1　国家

序　号	中文属性名	英文属性名	数 据 类 型	是 否 主 键	非　空
1	国家编码	CN_CODE	Varchar2	Y	Y
2	国家名称	CN_NAME	Varchar2	N	N

表 9-2　省

序　号	中文属性名	英文属性名	数 据 类 型	是 否 主 键	非　空
1	省编码	PRO_CODE	Varchar2	Y	Y
2	省名称	PRO_NAME	Varchar2	N	N

表 9-3　地市

序　号	中文属性名	英文属性名	数 据 类 型	是 否 主 键	非　空
1	地市编码	CITY_CODE	Varchar2	Y	Y
2	地市名称	CITY_NAME	Varchar2	N	N

表 9-4　县

序　号	中文属性名	英文属性名	数 据 类 型	是 否 主 键	非　空
1	县编码	TOWN_CODE	Varchar2	Y	Y
2	县名称	TOWN_NAME	Varchar2	N	N

表 9-5　区

序　　号	中文属性名	英文属性名	数 据 类 型	是 否 主 键	非　　空
1	区编码	AREA_CODE	Varchar2	Y	Y
2	区名称	AREA_NAME	Varchar2	N	N

表 9-6　地区

序　　号	中文属性名	英文属性名	数 据 类 型	是 否 主 键	非　　空
1	地区编码	ZONE_CODE	Varchar2	Y	Y
2	地区名称	ZONE_NAME	Varchar2	N	N

表 9-7　地区范围类型

序　　号	中文属性名	英文属性名	数 据 类 型	是 否 主 键	非　　空
1	地区范围类型编码	TYPE_CODE	Varchar2	Y	Y
2	地区范围类型名称	TYPE_NAME	Varchar2	N	N

9.4.2　数据仓库逻辑模型

1. 数据仓库逻辑模型设计

数据仓库逻辑模型是对概念模型的进一步细化和分解，主要描述了实体、属性以及实体之间的关系。数据仓库逻辑模型设计的主要工作（见图 9-16）有：

1）以概念模型为基础，进一步分解、细化当前的主题域。

2）定义合适的数据来源。

3）确定数据仓库存储的粒度。

4）确定数据仓库模型中的实体、属性以及实体之间的关系。

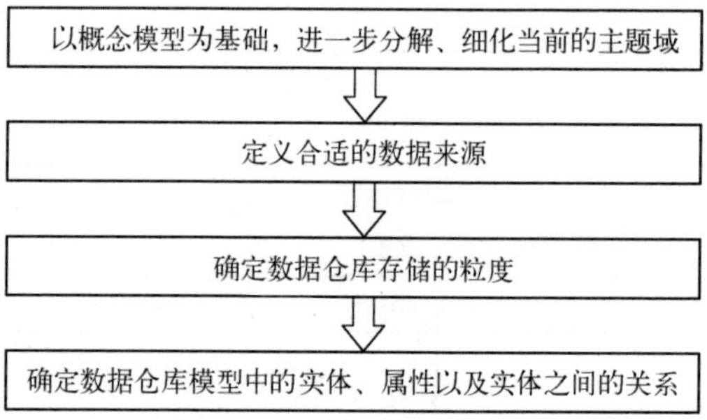

图 9-16　数据仓库逻辑模型设计的主要工作

2. 确定数据仓库的存储粒度

数据仓库逻辑设计主要解决数据仓库的粒度划分问题。粒度层次的划分直接决定了数据仓库中的数据量和查询方式。要选择一个合适的粒度级，除了业务上的需求，更需要项目经验的积累。在细节程度很高的数据上建立轻度汇总会浪费数据库资源，降低查询的灵活性，但是会减少数据仓库中的数据量，提高数据仓库运行的效率。而如何确定数据仓库的存储粒度，需要得到用户的认可。

3．确定数据仓库的存储

数据仓库的存储一般是稳定的，不易变化的。对于查询频率高的业务数据，需要将数据存放到数据仓库中；对于一些查询频率低的，并且已经超出了存储期限的业务数据，应该分离到外部存储介质上，以备将来查询使用。

4．数据仓库的建模方法

数据仓库一般的建模方法是通过调研的结果和业务系统详细说明文档，经过分析、梳理列出所有可能的数据主题。根据分析得出的数据主题，结合相关业务的关注点可以划分出各个主题域。主题域通常是联系较为紧密的数据主题的集合。例如，从调研中获悉该业务包含以下数据主题：客户基本信息、客户信用信息、客户资产信息、毕业学校信息、出生日期、地址信息、岗位信息、联系方式信息、婚姻状况信息。可以根据业务的关注点，将这些数据主题划分成员工信息主题域和客户主题域。其中，员工信息主题域包含毕业学校信息、出生日期、地址信息、岗位信息、联系方式信息、婚姻状况信息；客户主题域包含客户基本信息、客户信用信息、客户资产信息。

员工信息主题域和客户主题域如图 9-17 所示。

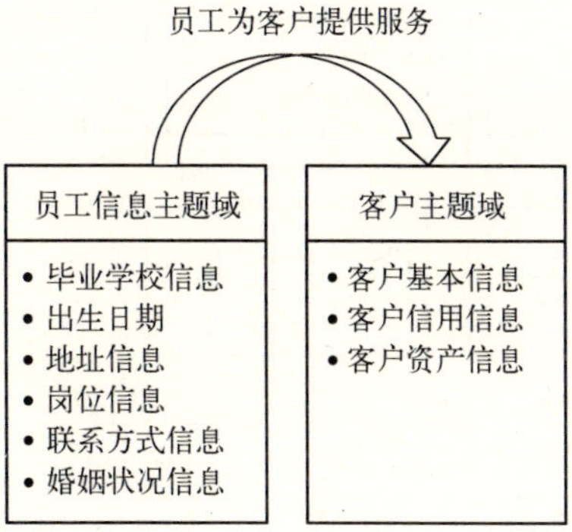

图 9-17　员工信息主题域和客户主题域

5．数据仓库主题域设计

主题域设计是数据仓库逻辑模型建设中重要的一步，因为它反映了企业主要的业务活动和内容，根据企业活动的特点和业务之间的关联关系进行主题域的划分。主题域描述了企业活动的核心内容，如图 9-18 所示，北大西洋公约组织(北约)的主题域设计包含了北约的宗旨、会议、组织机构、战略、主要事件等主题域。

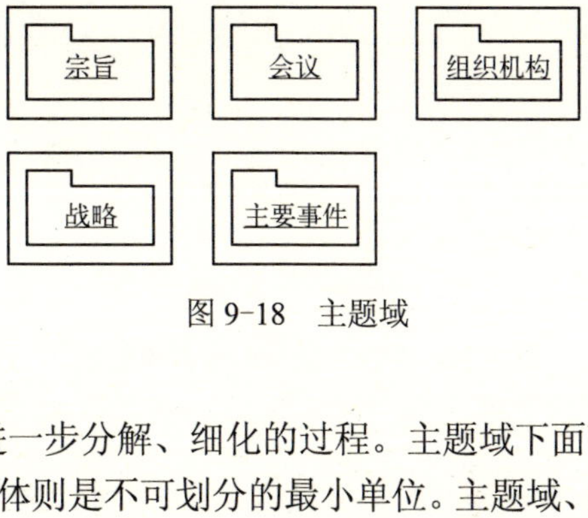

图 9-18　主题域

6．数据仓库主题设计

主题设计是对主题域进一步分解、细化的过程。主题域下面可以有多个主题，主题还可以划分成更多的主题，而实体则是不可划分的最小单位。主题域、主题、实体的关系如图 9-19 所示。

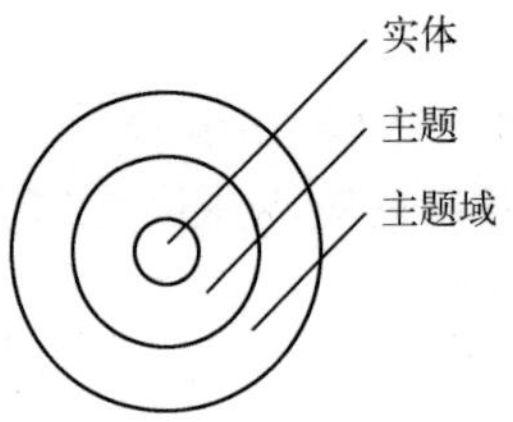

图 9-19　主题域、主题、实体的关系

主题设计的原则如下：

1）主题设计的命名方式与主题域的命名方式保持一致。

2）对主题进行不断的细化、分解，直到明确模型中的业务概念为止。

3）当主题细化、分解的工作完成之后，需要对主题或者实体之间的关系进行建模，从而理解相关的业务规则。

例如，针对北大西洋公约组织(北约)主题域中的组织机构进行主题设计，如图 9-20 所示。

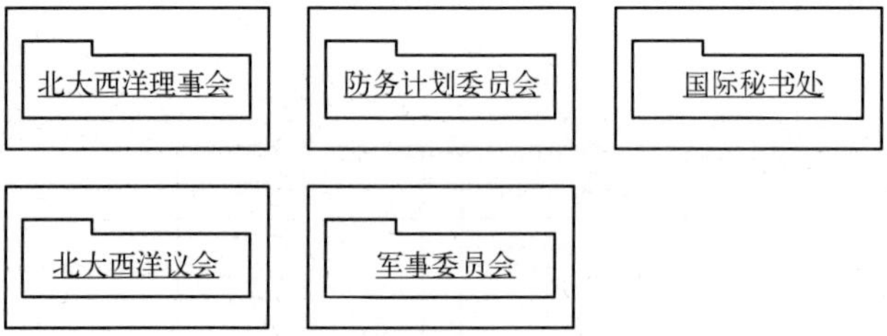

图 9-20　组织机构主题域

7. 数据仓库逻辑模型设计

针对会议主题域的逻辑模型设计如图 9-21 所示。

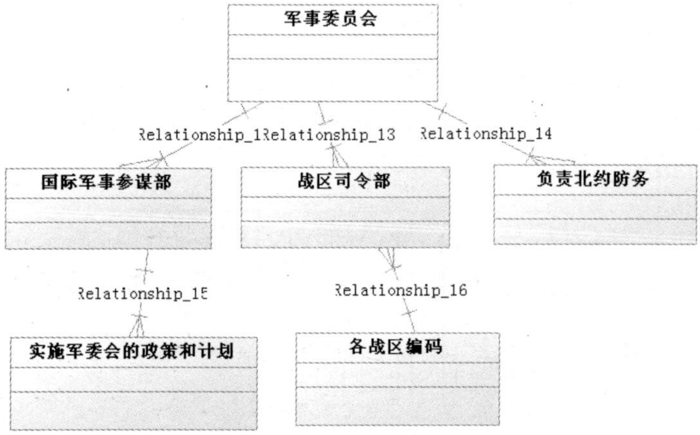

图 9-21　会议主题域的逻辑模型设计

模型描述如下：

1）军事委员会：北约军事、政治的决策机构，同时向北约秘书长、北大西洋理事会、防务计划委员会等提供建议，是北约的最高军事机构。

2）国际军事参谋部：是北约军事委员会的执行机构，负责制订军事计划、提出有关军事政策的建议，负责执行北约军事委员会的各种决定。

3）战区司令部：北约军事委员会下辖的战区司令部。

4）负责北约防务：由北约军事委员会负责领导北约防务的问题。

5）实施军委会的政策和计划：由国际军事参谋部负责实施军委会的政策和计划。

6）各战区编码：包括目前北约所有的战区名称及其战区编码。

逻辑模型中的实体可以分成两个部分：普通实体和从其他主题中引用的实体。在图 9-21 中，军事委员会是从其他主题中引进的，所以可以将它标成黄色以示区分。

其他的实体，例如国际军事参谋部、战区司令部等都是模型中普通的实体，以绿色表示，实体和实体之间的关系也可以分成普通的对应关系和汇总关系。

8．数据仓库逻辑模型建设方案

数据仓库逻辑模型建设方案如图 9-22 所示。

（1）通过轻度汇总或者高度汇总的方式架构数据仓库逻辑模型

通过轻度汇总或者高度汇总的方式架构逻辑模型，针对整个数据仓库项目，标准化地管理层次编码，根据不同的类型编码（例如地区编码、人员类型编码）多角度地实现数据的汇总和标准化，明确各项汇总数据在数据仓库中的粒度。虽然这种建模方式相对容易实现，但是存在一定的缺陷，就是对各种特殊的、灵活多变的查询所需求的支持性较差，只适合一般相对稳定的查询需求。

（2）通过提供相对细节的数据架构数据仓库逻辑模型

针对特殊的、灵活的查询需求，可以提供粒度级别相对较细节的数据作为数据仓库逻辑建模的基础，这样可以满足更长远的需求。但是这种建模方式相对难度较大，开发周期较长，需要技术开发人员与设计人员理解的业务规则更多。

总结：在设计数据仓库逻辑建模方案的时候，通常采用两种方式相结合的方法。针对灵活多变的查询分析需求，尽量将数据的粒度级别更细节化；对于相对稳定的查询需求，更倾向于通过对数据的轻度汇总或者高度汇总去架构数据仓库逻辑模型。

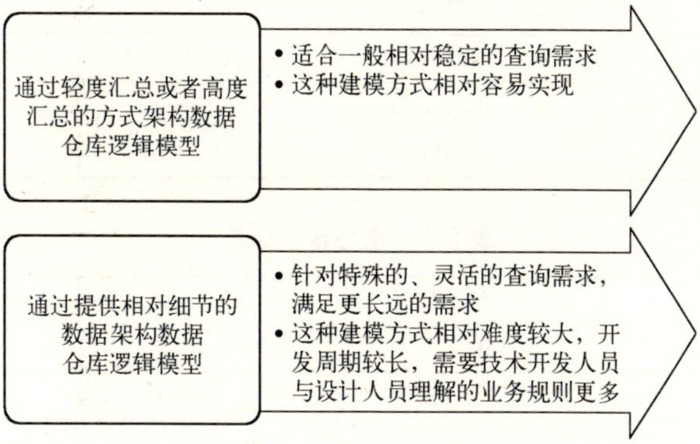

图 9-22　数据仓库逻辑模型建设方案

9．数据仓库逻辑模型实例

图 9-23 所示的数据仓库逻辑模型包含客户信息实体、潜在客户信息实体、信用卡客户评价类型实体、对信用卡客户的评价实体、信用卡客户基本信息实体、信用卡客户基本信息汇

总实体。其中信用卡客户基本信息实体包含了客户编码、客户名称、立户时间、个人信息更改时间、销户时间、办卡数量等属性。立户时间、销户时间和个人信息更改时间保证了该实体的历史信息分析，办卡数量是该实体需要分析的指标项。信用卡客户评价类型实体存储了信用卡客户所有的评价类型编码和名称。该模型满足第三范式，信用卡客户基本信息汇总实体是根据信用卡客户基本信息实体里面的立户时间、销户时间，按照年月进行汇总，计算出客户的数量。同时信用卡客户基本信息实体继承了客户信息的基本属性。

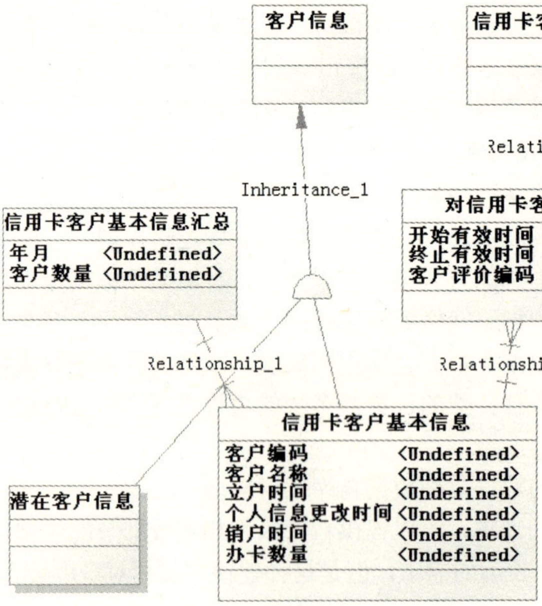

图 9-23　数据仓库逻辑模型

模型描述见表 9-8～表 9-13。

表 9-8　客户信息

序　　号	中文属性名	英文属性名	数 据 类 型	是 否 主 键	非　　空
1	身份证号	ID_CARD	Varchar2	Y	Y
2	姓名	NAME	Varchar2	N	N

表 9-9　潜在客户信息

序　　号	中文属性名	英文属性名	数 据 类 型	是 否 主 键	非　　空
1	身份证号	ID_CARD	Varchar2	Y	Y
2	姓名	NAME	Varchar2	N	N

表 9-10　信用卡客户评价类型

序　　号	中文属性名	英文属性名	数 据 类 型	是 否 主 键	非　　空
1	编码	PJ_CODE	Varchar2	Y	Y
2	信用卡评价类型名称	PJ_NAME	Varchar2	N	N

表 9-11　对信用卡客户的评价

序　号	中文属性名	英文属性名	数 据 类 型	是 否 主 键	非　空
1	开始有效时间	START_TIME	Date	N	N
2	终止有效时间	END_TIME	Date	N	N
3	客户评价编码	CUST _PJ_CODE	Varchar2	N	N

表 9-12　信用卡客户基本信息汇总

序　号	中文属性名	英文属性名	数 据 类 型	是 否 主 键	非　空
1	年月	YEAR_MONTH	Varchar2	N	N
2	客户数量	CUST _NUM	Number	N	N

表 9-13　信用卡客户基本信息

序　号	中文属性名	英文属性名	数 据 类 型	是 否 主 键	非　空
1	客户编码	CUST _CODE	Varchar2	Y	Y
2	客户名称	CUST_NAME	Varchar2	N	N
3	立户时间	LH_TIME	Date	N	N
4	个人信息更改时间	UPDATE_TIME	Date	N	N
5	销户时间	XH_TIME	Date	N	N
6	办卡数量	BK_NUM	Number	N	N

9.4.3　数据集市逻辑模型

1．数据集市逻辑模型的设计

数据集市是针对特定的某个主题域，或者按照部门进行划分的数据集合。这些数据是经过 ETL 工具的抽取、转换、加载及其一系列的汇总计算转化而成的，是在数据仓库的基础上建立起来的。数据集市在整体结构上，应该符合立方体的规则和即席查询的要求。通过 ETL 工具为数据仓库生成满足条件的立方体数据，立方体则是多维报表查询和商业智能展现分析的数据提供者。

数据集市逻辑模型设计的主要工作（见图 9-24）包括以下方面。

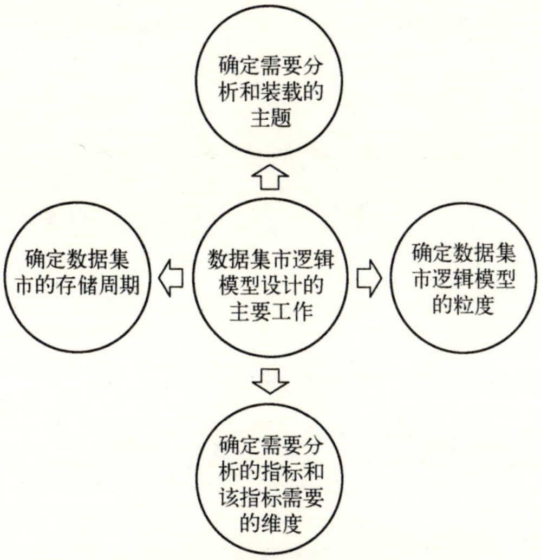

图 9-24　数据集市逻辑模型设计的主要工作

（1）确定需要分析和装载的主题

需要明确哪些主题域是目前决策分析人员和上层领导关心的，该主题域中哪些主题是商业智能展现的基础。这些信息都是通过调研的方式得出的结果。

（2）确定数据集市逻辑模型的粒度

通过需求的分析和调研的结果，确定模型中所有实体的粒度层次。例如，确定实体属性中的时间是精确到月，还是日。

（3）确定数据集市逻辑模型需要分析的指标和该指标需要的维度

数据集市的每个主题都是由多张表组成的。这些表由事实表和一组维表组成，需要确定数据集市逻辑模型由哪些事实表和维表组成，事实表与哪些维表进行关联，每个事实表需要分析哪些指标。通常，这些指标都是数值类型的或者是可以进行计算的。这些指标关联的维度通常是时间、地区、类型等数据。

（4）确定数据集市的存储周期

一般来说，数据集市的数据相对稳定，其存储周期也相对较长。业务查询比较频繁的数据需要长期存放到数据集市中，如果某些业务数据的使用频率较低，且超过了存储周期，则存储到外部介质上，供将来使用。

2．数据集市逻辑模型的设计过程

数据集市逻辑模型的设计过程是通过调研的结果和对业务规则的了解，逐步划分主题域的过程。通过对实体和实体关系的定义描述业务之间的关系，同时拆分主题，划分成不同的指标和维度，最后形成事实表和维表。在需求的分析过程中，需要确定数据集市逻辑模型的设计范围、分析的主题，更要明确数据集市逻辑模型的数据粒度和汇总的程度。

3．数据集市逻辑模型的实例

如图 9-25 所示，客户实体作为数据集市的事实表，客户编码、地址编码、行业类型编码、客户信用编码、时间编码作为维表。它们应该隶属于客户主题。客户事实表通过关联 5 张维表，可以从客户等级、不同地址、不同行业、客户的信用、不同的时间（年、月、日）等多角度去分析客户购买商品的数量，实现了从多角度查询数据的功能。

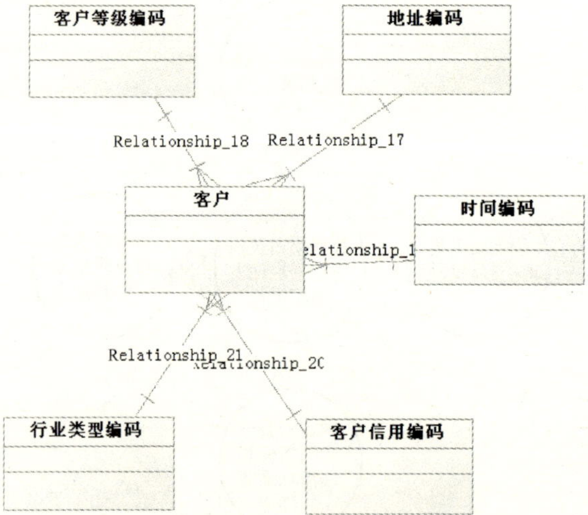

图 9-25　数据集市逻辑模型的实例

模型描述见表 9-14～表 9-19。

表 9-14　时间编码

序　号	中文属性名	英文属性名	数据类型	是否主键	非　空
1	编码	ID	Number	Y	Y
2	年	YEAR	Varchar2	N	N
3	月	MON	Varchar2	N	N
4	日	DAY	Varchar2	N	N

表 9-15　客户信用编码

序　号	中文属性名	英文属性名	数据类型	是否主键	非　空
1	编码	ID	Number	Y	Y
2	信用等级名称	XY_NAME	Varchar2	N	N

表 9-16　行业类型编码

序　号	中文属性名	英文属性名	数据类型	是否主键	非　空
1	编码	ID	Number	Y	Y
2	行业类型名称	HYLX_NAME	Varchar2	N	N

表 9-17　地址编码

序　号	中文属性名	英文属性名	数据类型	是否主键	非　空
1	编码	ID	Number	Y	Y
2	地址名称	ADD_NAME	Varchar2	N	N

表 9-18　客户等级编码

序　号	中文属性名	英文属性名	数据类型	是否主键	非　空
1	编码	ID	Number	Y	Y
2	客户等级名称	LEVEL_NAME	Varchar2	N	N

表 9-19　客户

序　号	中文属性名	英文属性名	数据类型	是否主键	非　空
1	客户编号	ID	Varchar2	Y	Y
2	客户姓名	NAME	Varchar2	N	N
3	时间编码	TIME_ID	Number	N	N
4	客户等级编号	LEVEL_ID	Number	N	N
5	客户地址编号	ADD_ID	Number	N	N
6	客户信用等级编号	XY_ID	Number	N	N
7	行业编码	HYLX_ID	Number	N	N
8	购买商品数量	BUY_NUM	Number	N	N

9.5 物理模型的设计

9.5.1 ODS 物理模型的设计

1. ODS 物理模型的设计原则

1）ODS 用户应该至少有两个不同的表空间：一个用于存放数据；另一个用于存放索引数据。

2）ODS 用户如果存在大数据量的表，可以考虑为该表建立分区以改善性能。建立分区有哈希分区、按时间范围进行分区等方法。

3）ODS 用户中如果存在需要经常查询的字段，应该考虑是否可以建立索引，同时应该周期性地重建索引。

4）对于一些大表，应该定期搜集统计信息给 Oracle 优化器，以提高系统的性能。

2. ODS 物理模型的作用

1）能够从各个系统抽取企业的业务数据，通过 ETL 完成数据的整合，为企业提供全局统一的数据视图。

2）为企业提供数据共享的功能，消除数据不一致的可能。

3. ODS 物理模型的实例

用户基本信息物理表主要存储用户编号、用户名称、地址、行业类别、联系方式等字段，地区编码物理表主要存储地区编码、地区名称字段，如图 9-26 所示。其中用户基本信息物理表中的用户编号、用户名称、联系方式都是从源系统中直接抽取，地址、行业类别根据编码表转换得到。

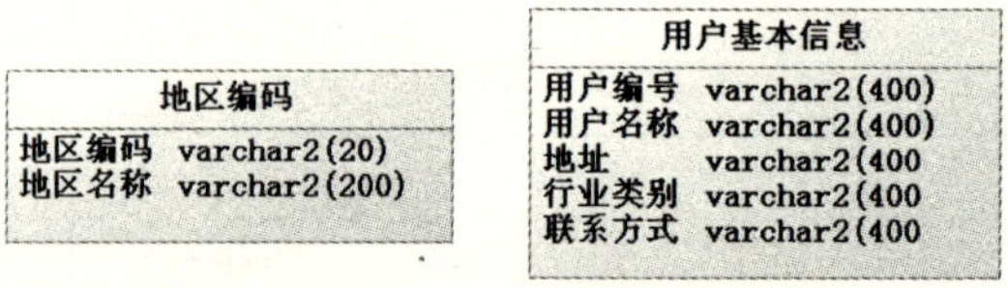

图 9-26　ODS 物理模型实例

部分地区的编码表及用户基本信息见表 9-20 和表 9-21。

表 9-20　部分地区的编码表

地 区 编 码	名　　称
00001	朝阳区
00002	海淀区
00003	昌平区
00004	顺义区
00005	房山区
00006	西城区
00007	东城区

表 9-21　用户基本信息

名　称	编　码	数 据 类 型	是 否 主 键	ETL 转换规则
用户编号	CustCode	Varchar2(14)	Y	从源系统中直接抽取
用户名称	CustName	Varchar2(60)	N	从源系统中直接抽取
地址	AddrCode	Varchar2(48)	N	根据地址编码表转换
行业类别	IndustType	Varchar2(8)	N	根据行业类别代码表转换
联系方式	Contact	Varchar2(48)	N	从源系统中直接抽取

总结：ODS 物理模型的设计主要是从数据存储结构、字段的索引策略等物理层面进行设计。该物理模型不仅整合了 ETL 数据抽取的基础业务数据，同时也是业务系统数据的一个规范。ODS 数据库中一般存储的都是实时性的数据，同时设计人员需要考虑数据库的环境，包括数据量、数据的访问频率以及如何优化数据的存储、访问效率等内容。

9.5.2　数据仓库物理模型的设计

1．数据仓库物理模型设计原则

1）数据仓库物理模型设计以逻辑模型为基础，不仅需要考虑数据仓库的数据存储问题，还需要考虑数据仓库的关系模式、资源的合理应用等情况。物理模型的设计是数据仓库实施的基础架构。

2）数据仓库需要考虑细节数据、汇总型的数据。除了设计符合要求的数据存储结构外，从性能的角度来说，物理模型的设计也尽量减少表之间的关联，并且将表和索引存放到不同的表空间中。

3）数据仓库物理模型除了满足现有的业务框架外，还应该考虑未来的业务扩展等需求。

2．数据仓库物理模型的作用

1）数据仓库物理模型支持企业的决策分析，并且能够根据业务的需求对不同的查询频率采取不同的设计方法。

2）数据仓库存储了大量的历史数据，这些历史数据能够根据物理模型组织成统一的存储模型，包括对数据的汇总、转换和计算，以支持企业的决策分析。

3）数据仓库物理模型是数据仓库逻辑模型在数据库系统中的实现方式。

4）数据仓库物理模型为企业各级业务人员、分析人员提供统一的数据视图。

3．数据仓库物理模型的实例

数据仓库物理模型的实例如图 9-27 所示。

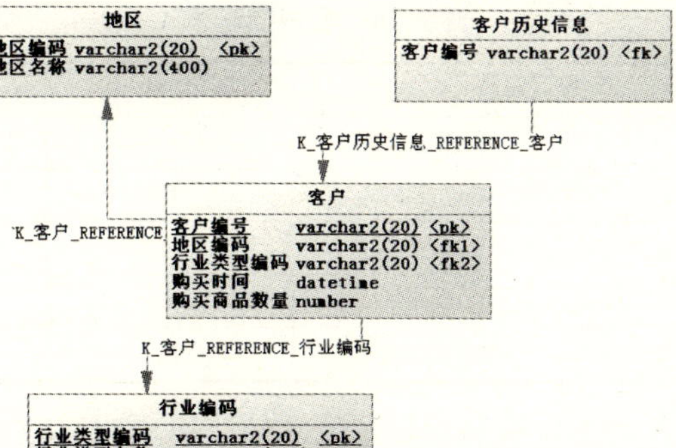

图 9-27　数据仓库物理模型的实例

地区编码表中主要存储地区编码、地区名称字段，行业编码表中主要存储行业类型编码、行业类型名称、父行业类型编码等字段，客户历史信息物理表可以根据客户编号字段与客户物理表中的客户编号字段关联，计算出客户从不同视角（例如按照不同行业、不同地区）购买商品的信息。

其中地区编码表的示例见表 9-22。

表 9-22　地区编码表

地 区 编 码	地 区 名 称
100001	北京市
100002	吉林省
100003	辽宁省
100004	黑龙江省
100005	甘肃省
100006	陕西省
100007	山东省
100008	四川省

行业编码表的示例见表 9-23。

表 9-23　行业编码表

行业类型编码	行业类型名称	父行业类别编码
9001	互联网信息服务业	010
9002	计算机维修业	011
9003	房屋建筑业	012
9004	客户运输业	013
9005	人寿保险业	014
9006	法律服务业	015
9007	家居服务业	016
9008	婚姻服务业	017

客户物理表的示例见表 9-24。

表 9-24　客户物理表

名　称	编　码	数 据 类 型	是 否 主 键	ETL 转换规则
客户编号	CustCode	Varchar2(14)	Y	从源系统中直接抽取
行业类型编码	HyCode	Varchar2(60)	N	根据行业类型编码表转换
地区编码	AddrCode	Varchar2(60)	N	根据地区编码表转换
购买时间	BuyTime	Date	N	从源系统中直接抽取
购买商品数量	BuyGoodsNum	Varchar2(80)	N	从源系统中直接抽取

总结：数据仓库物理模型是决策分析系统的基础架构。它是从 ODS 系统中抽取实时数据，按照时间点进行的数据累积，并且有可能会对数据进行轻度的汇总和相应的计算和转换。同时在进行数据仓库物理模型设计时，应该按照主题的方式对物理表进行组织划分，可以先选

择小部分很重要的业务主题，最后逐步扩展到所有的业务主题中。由于数据仓库存储的历史数据量巨大，所以应优先考虑数据库的存储优化。为了保证数据仓库系统的高效性，物理表多采用分区和使用索引的方式进行设计，同时也要适当地调整数据库参数，增加内存的分配和 CPU 的个数。

9.5.3 数据集市物理模型的设计

1. 数据集市的定义和结构

数据集市是面向特定部门的，是数据仓库的子集，其数据结构一般包括星型结构、雪花型结构。

星型结构主要包含两个部分：事实表和维表。事实表主要由业务相关的度量值和与维表相关联的字段组成，例如人员信息事实表，该表包含了单位编码、单位类型编码、部门编码、性别编码、人员 ID、年龄、工龄等信息。其中单位编码、单位类型编码、部门编码、性别编码都是与维表相关联的字段，工龄是业务相关的度量值。维表用于存放维度的具体信息，例如单位信息维表、单位类型维表、部门维表、性别维表等。星型结构数据集市如图 9-28 所示。

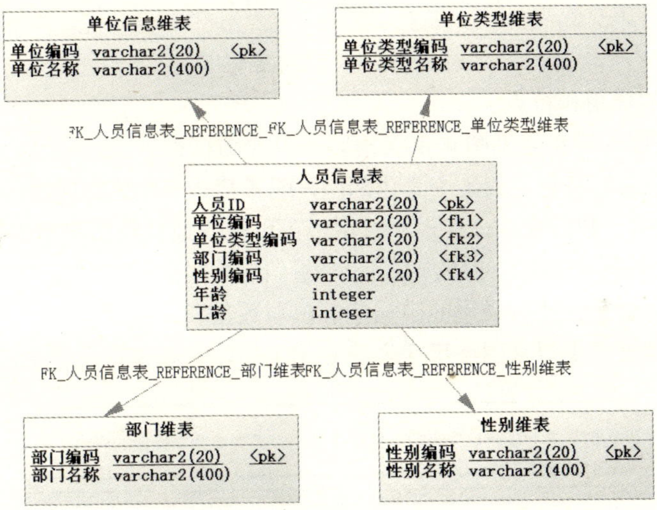

图 9-28 星型结构数据集市

由图 9-28，可以将事实表理解成为通过某些字段进行分组（例如对部门、单位编码、单位类型、性别进行分组），然后对某些度量值（例如针对年龄求平均值）进行汇总计算的数据集合。雪花型模式是在星型模式的基础上，对星型结构的一种拓展。通过对星型结构维表的规范化和细化，逐步建立起规范的第三范式数据结构，这种结构在形式上很像雪花的形状，所以被称为雪花型结构。如图 9-29 所示，单位类型维表又被分解为事业单位维表、国有企业维表、私有企业单位维表、外资企业单位维表。该模型完全符合第三范式的要求，规范化的处理使得系统更容易维护和更新，但是会增加查询关联的条件，牺牲一定的系统性能。总之，数据集市的结构是采用星型结构还是雪花型结构应由业务需求决定。

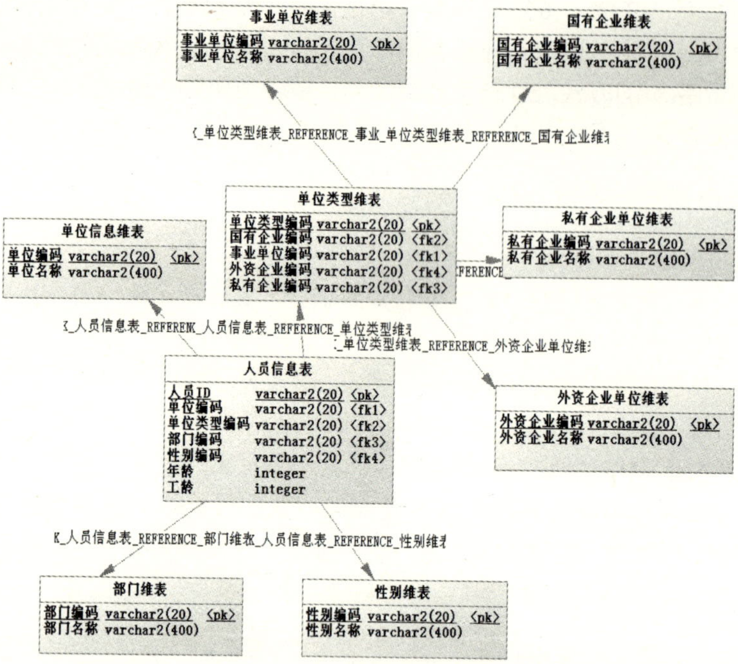

图 9-29　雪花型数据集市

2. 数据集市的作用和特点

数据集市的作用和特点（见图 9-30）有以下几个方面：

1）数据集市主要针对企业的某个具体部门，或者某些个性化的应用。数据集市设计开发的复杂度和周期相对于数据仓库来说较小，用户可以很快地从数据集市中获得需要的信息。

2）数据集市是数据仓库的缩小版，也可以被看做是数据仓库的子集，主要面向特定的应用。

3）数据集市主要包含两种类型的数据：汇总型数据和详细数据。

4）数据集市的维表主要是围绕事实表建立起来的，它和事实表是主键与外键的关系。

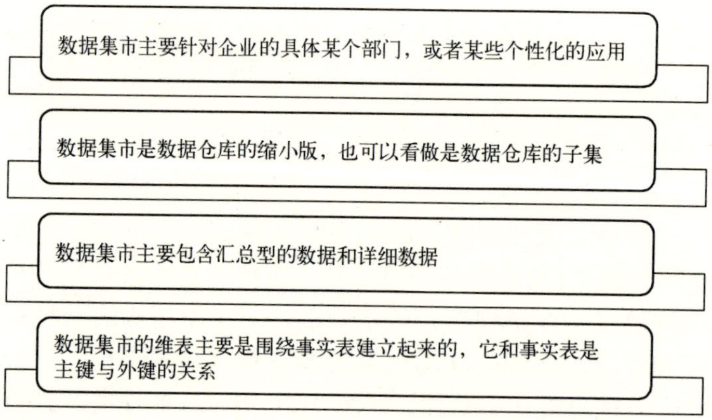

图 9-30　数据集市的作用和特点

3. 数据集市的构建方法

（1）构建数据集市的一般方法

构建数据集市的一般方法是：通过 ETL 工具将业务系统中的源数据抽取到数据仓库中，

再经过多次数据抽取、清洗、转换、加载，最后汇总到数据集市中，从而保证数据的一致性，有利于构建各部门级别的决策分析系统。但是这种普通的构建方法一般来说开发的周期相对较长，开发成本也较高，不易于针对用户的意见及时进行修改，灵活性相对较差，但是它的数据质量较高，并且能够保证数据的一致性和稳定性。图 9-31 所示为构建数据集市的一般方法。

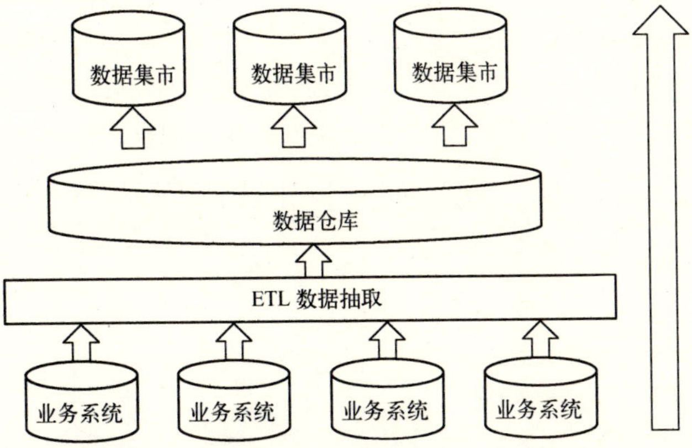

图 9-31　构建数据集市的一般方法

（2）构建数据集市的特殊方法

构建数据集市的特殊方法是：先设计和开发小部门级别的数据集市，然后再通过逐渐递增的方式慢慢扩大数据集市的规模，最后将各个数据集市集成到数据仓库中。这种方法开发周期较短，开发成本较低，能针对用户意见及时进行修改和调整，不仅增加了开发的灵活性，也弥补了从业务源数据抽取到数据仓库中，再经过数据的抽取、清洗、转换、加载，最后汇总到数据集市中的缺陷。但是这种方法有一定的局限性，首先从数据集市集成到数据仓库中，因为业务规则的不同和数据格式的不一致性，增大了集成的困难，同时由于数据集市的逐渐增多，用户进行必要的关联查询和交叉查询，会增大数据集市之间关联的复杂度，降低系统的性能，同时也会影响数据集市集成到数据仓库中的效率。图 9-32 所示为构建数据集市的特殊方法。

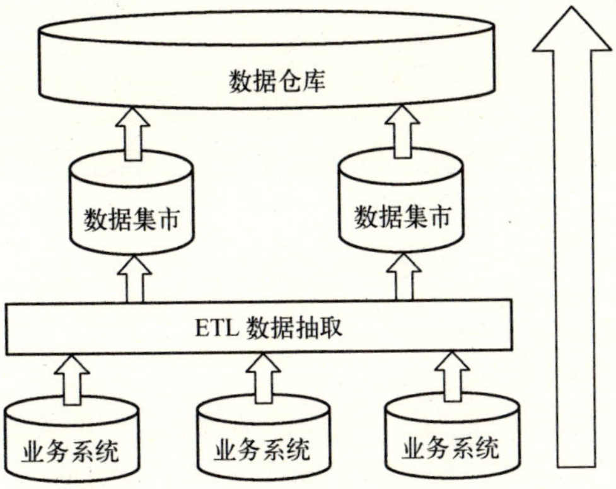

图 9-32　构建数据集市的特殊方法

（3）构建数据集市的混合型方法

结合上面两种方法的优缺点，人们通常希望既能缩短开发周期，减少成本，增大开发的灵活性，同时又能及时地根据用户的需求和意见进行相应的调整和修改，保证数据的一致性和数据的质量，所以出现了构建数据集市的混合型方法，如图 9-33 所示。首先根据业务需求，业务源数据经过 ETL 过程将数据抽取到企业的数据仓库中，数据仓库存储了大量的历史数据、汇总的数据和共享的数据，同时部门级别的数据集市经过 ETL 过程直接从源数据中抽取数据，并且加载到数据集市中。各部门的决策分析者可以直接从数据集市中获得决策信息，并能迅速地作出决断。数据集市中有一部分数据经过汇总或者计算，直接将历史数据或者共享数据加载到数据仓库中，这样既减少了开发的成本，同时又保证了数据的一致性，并且满足了决策分析的需求。

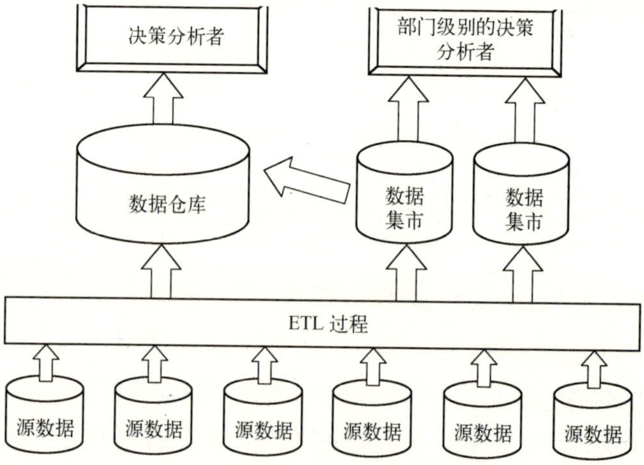

图 9-33 构建数据集市的混合型方法

总结：不论选择哪种构建数据集市的方法，都是由数据集市所属部门的需求决定的。只有通过对现有应用系统的分析和对业务需求的理解，才能制定出合适的构建数据集市的方法。

4. 数据集市物理表的命名规则和创建过程

数据集市的事实表结构命名规则一般是 FACT_所在主题域的英文简写_表的名称，例如 FACT_ORGAN_PERSONINFO。

数据集市的维表结构命名规则一般是 DIM_所在主题域的英文简写_表的名称，例如 DIM_ORGAN_GENDER。

创建事实表的过程如下：

1）为事实表中的每个维建立外键，与维度表中的主键进行关联。

2）为事实表至少建立一个度量字段。

3）为事实表建立适当的索引，以提高查询效率。

创建维表的过程如下：

1）为每个维表建立关键字段。

2）为每个维表建立各自的属性字段，例如性别维表，它的关键字段是 GENDER_ID，它的属性字段就是 GENDER_NAME，用以描述每个关键字段对应一个名称值。

3）为维表建立必要的约束条件。

9.6 本章小结

1）ODS 是各个业务系统之间共享的数据存储区，是业务系统数据流动到数据仓库系统之间的缓冲区。

2）数据仓库是一个面向主题的、集成的、不易丢失的，并且随时间变化的帮助企业管理人员决策分析的数据集合。

3）数据集市是在数据仓库的基础上创建起来的，根据各个业务部门的不同需要，对数据仓库中的数据进行高度汇总、计算。数据集市的作用是创建一组特定的、针对某个主题域或者部门的特殊数据集合。一般来说，数据集市的模型都采用星型模式或雪花型模式。

4）企业数据模型转换到数据仓库数据模型的步骤：①在企业模型中有条件地选择数据仓库需要的数据。②为企业模型的每个实体都增加时间键。③确定数据仓库的粒度。④汇总企业模型中的数据。⑤根据数据仓库的特点合并企业模型中的一些实体。

5）概念模型是最高层次的数据模型，它定义了核心的业务概念及其关系。概念模型的分析通常是以企业模型为基础的，而企业模型主要描述企业内部的组织结构和企业经营活动状况等信息。

6）ODS 逻辑模型设计是通过 ODS 统一信息视图区集成各类业务系统的源数据，以数据主题域作为设计的基础。ODS 统一信息视图区有选择性地集成各类业务系统的数据，通过 ETL 数据抽取、转换、加载与业务系统进行交互，它主要保存与主题相关的、实时性的信息，因此 ODS 统一信息视图区具有准实时性的特点；而业务系统的数据通过一定的时间间隔，最终以主题的形式反映到 ODS 统一信息视图区中。

7）数据仓库逻辑模型是对概念模型的进一步细化和分解，主要描述了实体、属性以及实体之间的关系。

8）数据集市是针对特定的某个主题域，或者按照部门进行划分的数据集合。

9）ODS 物理模型的作用。①能够从各个系统抽取企业的业务数据，通过 ETL 完成数据的整合，为企业提供全局统一的数据视图。②为企业提供数据共享的功能，消除数据不一致的可能。

10）数据仓库物理模型的作用。①数据仓库物理模型支持企业的决策分析，并且能够根据业务的需求对不同的查询频率采取不同的设计方法。②数据仓库存储了大量的历史数据，这此历史数据能够根据物理模型组织成统一的存储模型，包括对数据的汇总、转换和计算，以支持企业的决策分析。③数据仓库物理模型是数据仓库逻辑模型在数据库系统中的实现方式。④数据仓库物理模型为企业各级业务人员、分析人员提供统一的数据视图。

11）数据集市是面向特定部门的，是数据仓库的子集，其数据结构一般包括星型结构、雪花型结构。星型结构主要包含两个部分：事实表和维表。事实表主要由业务相关的度量值和与维表相关联的字段组成。雪花型模式是在星型模式的基础上，对星型结构的一种拓展。通过对星型结构维表的规范化和细化，逐步建立起规范的三范式数据结构，这种结构在形式上很像雪花的形状，所以被称为雪花型结构。

12）数据集市的作用和特点。①数据集市主要针对企业的具体某个部门，或者某些个性化的应用。数据集市设计开发的复杂度和周期相对数据仓库来说较小，用户可以很快地从数据集市中获得需要的信息。②数据集市是数据仓库的缩小版，也可以被看做是数据仓库的子集，主要面向特定的应用。③数据集市主要包含两种类型的数据：汇总型数据和详细数据。④数据集市的维表主要是围绕事实表建立起来的，它和事实表是主键与外键的关系。

13）数据集市的构建方法。①构建数据集市的一般方法是：通过 ETL 工具将业务系统中的源数据抽取到数据仓库中，再经过多次数据抽取、清洗、转换、加载，最后汇总到数据集市中。②构建数据集市的特殊方法是：先设计和开发小部门级别的数据集市，然后再通过逐渐递增的方式，慢慢扩大数据集市的规模，最后将各个数据集市集成到数据仓库中。③构建数据集市的混合型方法是：首先根据业务需求，业务源数据经过 ETL 过程将数据抽取到企业的数据仓库中，数据仓库存储了大量的历史数据、汇总的数据和共享的数据，同时部门级别的数据集市经过 ETL 过程直接从源数据中抽取数据，并且加载到数据集市中，数据集市中有一部分数据经过汇总或者计算，直接将历史数据或者共享数据加载到数据仓库中。

第 10 章　商业智能数据仓库系统应用实例

本章目标

通过本章的学习，读者会熟悉商业智能决策分析系统部署的一般步骤和方法，包括如何定义数据仓库项目的生命周期，数据仓库粒度划分，企业辅助决策分析系统构建的过程，系统软件的体系结构、数据流向的体系结构、业务库环境的部署、ODS 环境的部署、数据仓库和数据集市环境的部署、ETL 和报表展示环境的部署等内容。

学习本章后，您将掌握：

- 如何定义数据仓库项目的生命周期。
- 数据仓库粒度的划分。
- 企业辅助决策分析系统的构建。
- 商业智能决策分析系统一般的部署方案和步骤。

10.1　定义数据仓库项目的生命周期

为了达到数据仓库项目质量管理的要求，可以选择合适的模型建立数据仓库项目的生命周期。例如，用瀑布模型或者原型模型定义生命周期。

（1）使用瀑布模型的条件

从用户的角度来说，他们已经完全理解项目的需求，并且有现成的文档作为支持，同时用户希望用新系统替代旧的系统，并且项目工期相对紧迫。

从项目开发人员的角度来说，项目分工明确，资源充足，系统可以被划分成相对独立的模块，比较适合工作任务的分配。

（2）使用原型模型的条件

没有完整的需求定义，系统开发的规模过于庞大，没有现成的文档支持，用户对项目需求的理解比较模糊。

项目的生命周期主要包含以下几个部分：需求分析、构建数据模型、应用功能的开发和测试、系统实施和部署、系统运行并验收，如图 10-1 所示。其中，需求分析包括：需求调研，需求得到用户确认，建立一套验收标准。应用功能的开发和测试包括：系统总体的设计、ETL 的设计、报表展现的设计，对应用系统的单元测试、集成测试、用户测试。系统实施和部署包括：数据仓库系统的部署，数据的初始化工作，对用户的系统培训，整体功能测试等工作。系统运行并验收包括：用户的集中使用，系统是否达到预期目标，系统的调优等内容。

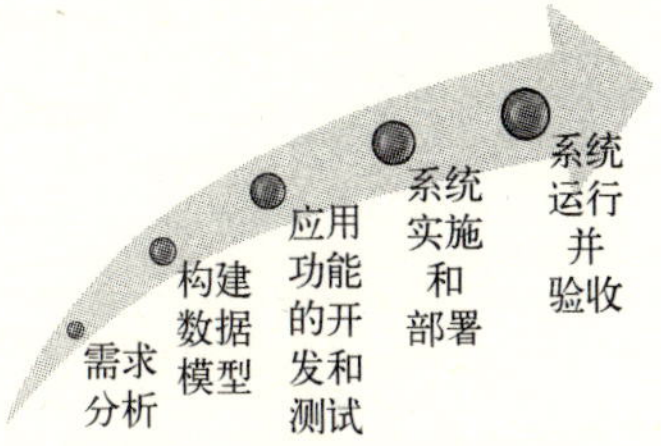

图 10-1　项目的生命周期

10.2　数据仓库粒度的划分

数据仓库粒度的划分是设计的重要内容，因为它直接影响了数据仓库查询的效率、查询的灵活性和数据仓库数据量的大小。所谓粒度，是指数据仓库中单位数据细化程度的高低，如果单位数据的细化程度越高，说明数据仓库粒度的级别越低；反之，则相反。

图 10-2 所示为我国 3 个月之内各个地区地震活动的细节和 3 个月之内各个地区地震活动的综合情况。

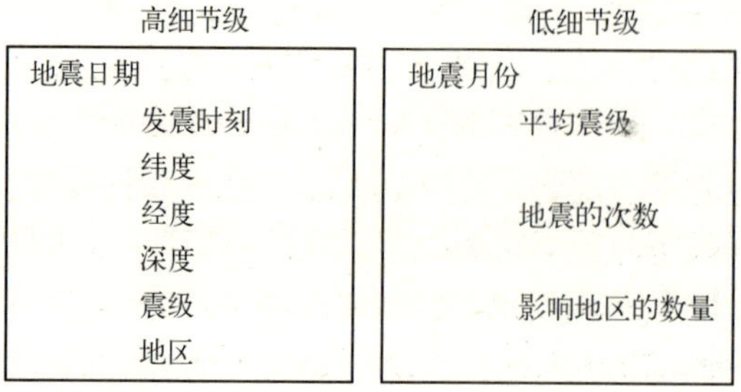

图 10-2　高细节级和低细节级举例

图 10-2 是粒度问题的一个例子，左图是一个细节化程度高，粒度级别低的例子，每次地震活动的日期、地震时刻都被详细记录下来。粒度级别低，可以问答大量的问题，例如在不同的日期时段内，不同的纬度、经度、深度、震级等地震情况的详细信息，但是数据存储量巨大，占用的空间多。右图是一个细节化程度低，但是粒度级别高的例子，记录了 3 个月之内，总的地震次数，影响地区的数量等综合信息，这样可以大大节省存储空间，查询的效率也随之提高，但是查询的灵活性却降低了，其问题处理能力也相应减弱了。所以在数据仓库设计过程中，应该慎重考虑粒度的问题，既要满足所有的查询需求，也需要考虑查询的效率、存储的空间等情况。

10.3　企业辅助决策分析系统的构建

企业辅助决策分析系统侧重于决策分析，实现从不同地区、不同时间、不同行业等多种角度对具体指标的分析，从而支持业务的各种分析需求。在企业辅助决策分析系统中，报表展示、应用分析和数据集市的构建多采用专业的商业智能工具，数据仓库、ODS 统一信息视图区多采用数据仓库的技术进行构建，最下层的信息系统是基于大量的业务明细数据，如图 10-3 所示。

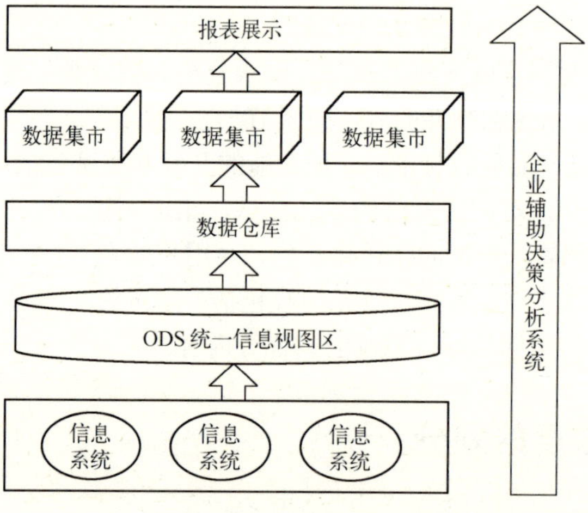

图 10-3　企业辅助决策分析系统的构建

10.4 决策分析系统一般的部署方案和步骤

10.4.1 提供系统安装软件的体系结构

1. 软件部署的体系结构

在图 10-4 中设定 ETL 工具为 Informatica，报表展示工具为 Cognos，Web 应用服务器是 WebLogic，数据库服务器为 Oracle 10g。其中 Cognos 部署的资料库必须是 UTF-8 字符集类型。Cognos 服务器又包含了 Server、Framework、Transformer，具体内容将在工具篇中详细介绍，在此不再赘述。

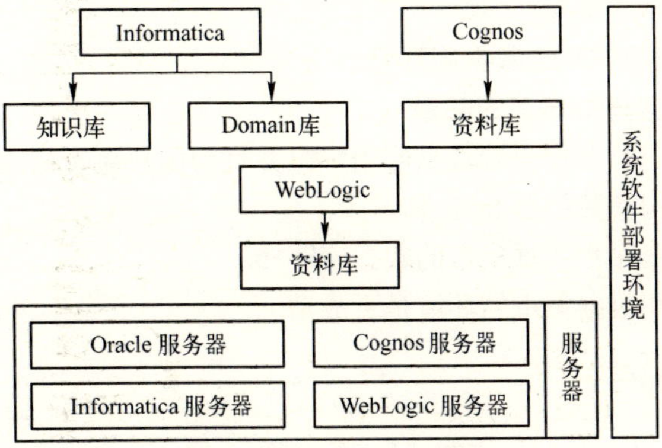

图 10-4　系统软件部署环境

2. 数据流向的体系结构

在图 10-5 中可以看出：数据从业务库流向 ODS 统一信息视图区，再从 ODS 统一信息视图区流向数据仓库，最后从数据仓库流向数据集市，报表展示是从数据集市中获取数据。

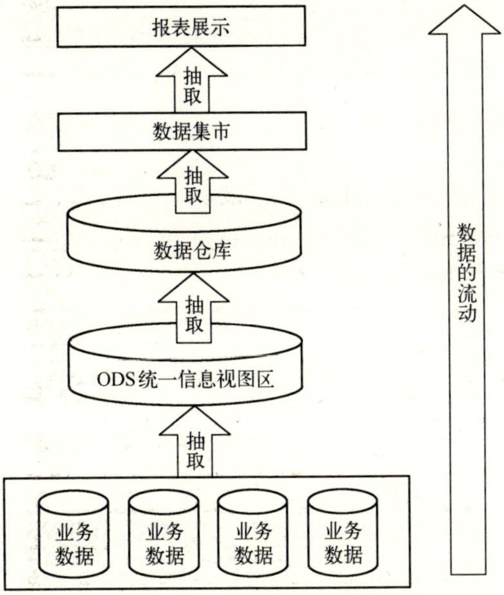

图 10-5　数据流向的体系结构

10.4.2 部署系统的数据库环境

1. 业务库环境的部署

1）建立业务数据库的表空间，创建业务数据库用户，同时为业务用户赋予相应的权限。

2）导入业务数据。

3）测试是否成功建立业务数据库环境。

2. ODS 数据库环境的部署

1）为 ODS 数据库环境建立独立的表空间。

2）创建 ODS 数据库用户，并且为用户赋予相应的权限。

3）导入 ODS 数据。

4）更新相应的数据库链接。

5）测试是否成功建立 ODS 数据库环境。

3. 数据仓库和数据集市环境的部署

1）建立数据仓库和数据集市的数据库用户，并且为用户赋予相应的权限。

2）执行导入表结构和数据的 SQL 脚本。

3）建立连接数据仓库和数据集市的数据库链接。

4）测试数据仓库和数据集市的环境是否成功。

10.4.3 ETL 环境的部署

下面以 Informatica 为例描述对 ETL 环境的部署。

1）对资料库的备份。进入 ETL 后台，选定资料库，配置相关信息，将资料库备份到硬盘某个目录下。

2）对资料库的部署。进入 ETL 后台，选中需要部署的目标知识库，将备份的知识库复制到 ETL 安装目录下，最后开始导入。

3）测试 ETL 服务器是否运转正常。在浏览器中输入 http://+IP 地址：端口号，进入到控制台主页面，检查页面的主参数状态是否正常。

10.4.4 报表展示环境的部署

下面以 Cognos 为例描述报表展示环境的部署。

1）首先把.zip 包放到 Cognos 安装目录 deployment 下。

2）通过浏览器选择要部署的.zip 包。

3）修改配置信息，进入到 Cognos 门户页面，修改数据库的配置信息。

4）测试报表环境是否正常。

10.5 本章小结

1）数据仓库项目的生命周期包括需求分析、构建数据模型、应用功能的开发和测试、系统实施和部署、系统运行并验收。

2）数据仓库粒度的划分是设计的重要内容，因为它将直接影响数据仓库查询的效率、查询的灵活性和数据仓库数据量的大小。

3）粒度是指数据仓库中单位数据细化程度的高低，如果数据单位的细化程度越高，说明数据仓库粒度的级别越低；反之，则相反。

4）企业辅助决策分析系统侧重于面向分析决策，实现从不同地区、不同时间、不同行业等多种角度对具体指标的分析，从而支持业务的分析需求。

5）决策分析系统一般的部署方案和步骤：提供系统安装软件的体系结构，提供系统的数据库环境，对 ETL 和报表展示环境进行部署。

第 11 章　商业智能项目规划和管理

本章目标

本章内容主要包括商业智能项目团队的组织结构，项目角色的划分及技能要求，如何定义领导组的职责和主要任务、商业智能项目的进度，以及如何定义商业智能项目的过程等内容。在本章中，您可以充当项目领导者的角色，学会如何实施商业智能项目和如何对项目进行细致的规划和管理。

学习本章后，您将掌握：

- 商业智能项目团队的组织结构。
- 项目角色划分及技能要求。
- 领导组的职责和主要任务。
- 如何定义商业智能项目的进度。
- 如何定义商业智能项目的过程。

11.1　项目团队的组织结构

商业智能项目团队通常分成以下角色：项目经理、业务顾问、数据模型架构师、ETL 工程师、报表展示工程师、DBA、最终用户。

商业智能项目团队的组织结构如图 11-1 所示。

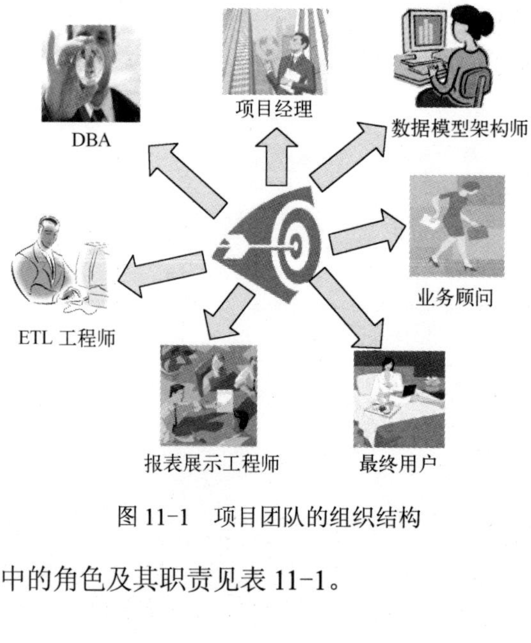

图 11-1　项目团队的组织结构

商业智能项目团队中的角色及其职责见表 11-1。

表 11-1　商业智能项目团队中的角色及其职责

角　色	职　责
项目经理	主要负责项目评审和需求分析的工作，适时参与概念模型、逻辑模型的设计。负责监督项目的整体流程和工作进度，包括后期维护工作的安排等内容
业务顾问	负责需求分析工作、概念模型和逻辑模型的设计工作
数据模型架构师	负责概念模型、逻辑模型和物理模型的设计工作
ETL 工程师	负责数据的抽取、清洗、转换和加载
报表展示工程师	负责报表的设计和开发
DBA	负责数据库存储和管理
最终用户	参与项目的评审，需求分析等工作

商业智能项目的流程如图 11-2 所示，主要包括以下步骤：项目的启动、需求定义、系统设计、系统的开发和实现、项目的实施和部署、系统的测试和上线试运行，最后是系统的优化和正式上线。

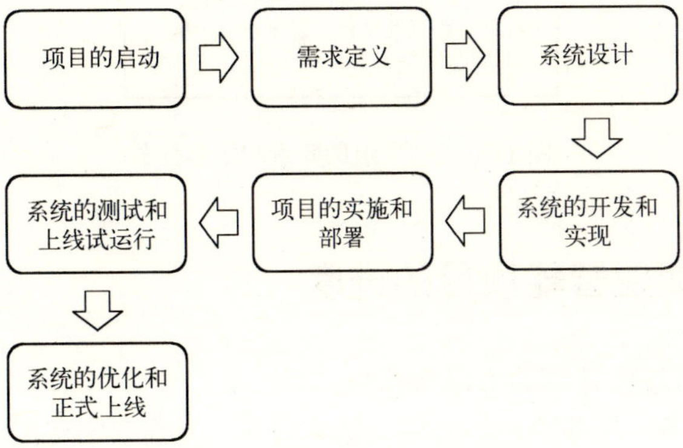

图 11-2　商业智能项目的流程

11.2　项目角色划分及技能要求

项目角色划分及技能要求见表 11-2。

表 11-2　项目角色划分及技能要求

项 目 角 色	技 能 要 求
项目经理	具备一年以上的项目经理工作经验、一定的项目实施和开发经验，掌握该项目的业务知识，具有软件工程的思想，熟悉项目管理和商业智能理论方面的知识
需求分析人员	了解该项目的业务知识，具备良好的沟通和表达能力，有相应的技术能力，具备需求分析和需求管理的经验，对商业智能的整体架构思想有一定的认识
架构设计人员	具备一定的架构和设计经验，了解该项目的业务知识，精通软件架构理论和设计工具的使用，掌握建模知识和数据库设计，熟悉数据仓库理论和商业智能的整体架构思想
开发人员	具备一定的软件编程经验，掌握完整的数据仓库理论知识和数据仓库开发经验，具备商业智能的整体架构思想，有 ETL 设计开发和报表设计开发经验，掌握数据库方面的知识
测试人员	具备该项目的业务知识，熟悉软件的测试方法，具备一定的质量管理方面的理论知识，熟悉商业智能的整体架构思想
实施维护人员	了解该项目的业务知识，熟悉商业智能的整体架构思想，具备一定的问题解决能力和判断能力

11.3 定义领导组的职责和主要任务

领导组成员的主要职责就是确定工作的目标、评审工作的结果和确定不同岗位的主要负责人。项目领导组的主要任务包括：确定公司对项目的进度安排、工作的主要方法，验收审核项目各个阶段的不同成果等内容。在商业智能项目开发过程中，需要制定项目的各种管理规范和规章制度，确定项目组人员的岗位和职责，规范各种开发文档，监督项目的执行情况。具体如图 11-3 所示。

领导组的职责和主要任务
• 确定工作的目标、评审工作的结果 • 确定不同岗位的主要负责人 • 确定公司对项目的进度安排、工作的主要方法 • 验收审核项目各个阶段的不同成果 • 制定项目的管理规范和规章制度 • 规范各种开发文档，监督项目的执行情况

图 11-3　领导组的职责和主要任务

11.4 如何定义商业智能项目的进度

制订商业智能项目进度计划的方法有两种。

1）定义项目的任务，任务的开始时间、结束时间、所需要的资源等信息。例如，将商业智能项目分成以下几个阶段：对现有系统的分析、调研，概念模型的设计、提交，逻辑模型的设计、提交，物理模型的设计、提交，ETL 的设计与开发，报表展示的设计与开发，见表 11-3。

表 11-3　商业智能项目的进度计划

阶　段	任务的开始时间	任务的结束时间	所需要的资源	其　他
对现有系统的分析、调研	2011.6.1	2011.7.1	项目的调研人员	
概念模型的设计、提交	2011.7.1	2011.8.1	项目组的模型设计人员和调研人员	
逻辑模型的设计、提交	2011.8.1	2011.9.1	项目组的模型设计人员和调研人员	
物理模型的设计、提交	2011.9.1	2011.10.1	项目组的模型设计人员	
ETL 的设计与开发	2011.10.1	2011.12.1	ETL 设计人员和开发人员	
报表展示的设计与开发	2011.12.1	2012.1.1	报表展示设计人员和开发人员	

2）根据项目的不同阶段可以分成：需求定义阶段、设计阶段、实现阶段、测试阶段、发布阶段、实施部署阶段、项目验收阶段，见表 11-4。

表 11-4　商业智能项目的不同阶段

阶　段	任　务	任务的开始时间	任务的结束时间	负　责　人	工 作 成 果
需求定义阶段	需求分析整理	2011.6.1	2011.8.1		提交用户需求说明书
设计阶段	商业智能项目的概要设计、详细设计、ETL 设计、报表设计	2011.8.1	2011.10.1		提交设计说明书
实现阶段	ETL 开发，报表开发	2011.10.1	2012.3.1		提交源代码
测试阶段	单元测试、集成测试、用户测试	2012.3.1	2012.5.1		提交集成测试报告
发布阶段	系统发布	2012.5.1	2012.6.1		
实施部署阶段	系统部署、优化	2012.6.1	2012.7.1		
项目验收阶段	系统正式提交给用户，用户根据合同进行验收	2012.7.1	2012.8.1		用户确认签字

11.5　如何定义商业智能项目的过程

商业智能项目的过程一般包括以下几个部分：需求开发、商业智能项目的开发计划、商业智能项目的设计、商业智能项目的实现过程、商业智能项目的测试、商业智能项目的实施和发布、商业智能项目的验收，如图 11-4 所示。

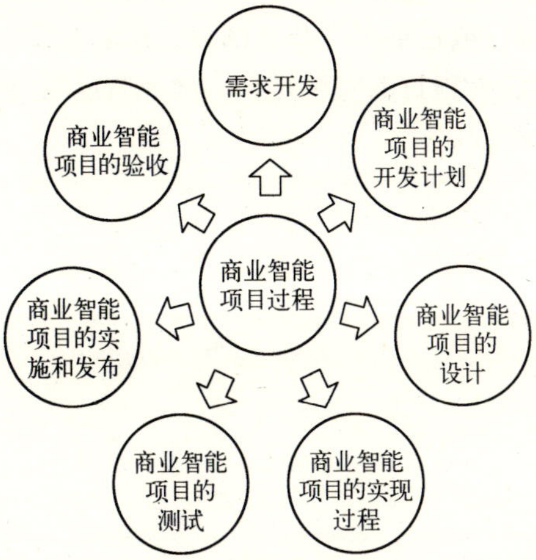

图 11-4　商业智能项目的过程

1）需求开发：包括制订需求开发计划、根据调研结果进行需求整理。成果包括需求计划说明书、用户需求说明书、软件需求说明书等。

2）商业智能项目的开发计划：包括对商业智能项目的估算、制订商业智能项目的计划、项目的需求计划变更等内容。成果包括商业智能项目的计划书、项目计划评审书、项目配置管理说明书、项目风险管理计划说明书等。

3）商业智能项目的设计：包括商业智能项目概要设计、商业智能项目详细设计、ETL 设计、报表设计等内容。成果包括商业智能项目概要设计说明书，详细设计说明书、ETL 设计说明书、报表设计说明书、数据库设计说明书等。

4）商业智能项目的实现过程：包括代码的编写、ETL 的开发、报表的开发、单元测试等内容。成果包括项目的源代码、代码抽查记录、程序的清单、用户的手册、单元测试记录等。

5）商业智能项目的测试：包括项目的集成测试、用户测试等内容。成果包括商业智能项目集成测试计划说明书、集成测试的用例、集成测试的结果报告等。

6）商业智能项目的实施和发布：包括系统的发布、产品的实施、用户的培训、日常问题的处理等内容。成果包括项目实施计划说明书、实施评审结果记录、系统安装的配置说明书、系统日常维护说明书、系统生产环境说明书、用户培训说明书等。

7）商业智能项目的验收：主要成果包括项目验收报告等。

11.6 本章小结

1）商业智能项目团队通常分成以下角色：项目经理、业务顾问、数据模型架构师、ETL工程师、报表展示工程师、DBA、最终用户。

2）项目领导组的主要任务包括：确定公司对项目的进度安排、工作的主要方法，验收审核项目各个阶段的不同成果等内容。

3）制订商业智能项目的进度计划有两种方法：①定义项目的任务，任务的开始时间、结束时间、所需要的资源等信息。②根据项目的不同阶段可以分成：需求定义阶段、设计阶段、实现阶段、测试阶段、发布阶段、实施部署阶段、项目验收阶段。

4）商业智能项目的过程一般包括以下几个部分：需求开发、商业智能项目的开发计划、商业智能项目的设计、商业智能项目的实现过程、商业智能项目的测试、商业智能项目的实施和发布、商业智能项目的验收。

第12章　数据抽取、转换和加载

本章目标

本章主要介绍ETL的定义和总体架构、ETL的流程、ETL的加载策略、利用ETL构建企业级数据仓库、ETL的设计过程、ETL的备份与恢复等内容。

学习本章后，您将掌握：

- ETL的体系结构。
- ETL的一般设计流程。
- ETL的一般加载方法。
- ETL的备份与恢复。

12.1　ETL的定义和总体架构

ETL是数据抽取(Extract)、转换(Transform)、加载(Load)的简写，它贯穿了整个商业智能项目，是构建数据仓库最重要的一步。系统通过ETL过程将数据源中的数据经过转换和整合加载到数据仓库中。下面对ETL功能架构中的抽取、清洗、转换、加载等内容进行详细的介绍。

（1）抽取

抽取是源数据进入到数据仓库中的第一步。因为每个业务系统数据的质量各不相同，所以需要对每个数据源建立不同的抽取程序，而抽取的目的就是将这些数据源中的数据抽取出来，传递给下一阶段中的清洗步骤。

抽取的主要功能如图12-1所示。

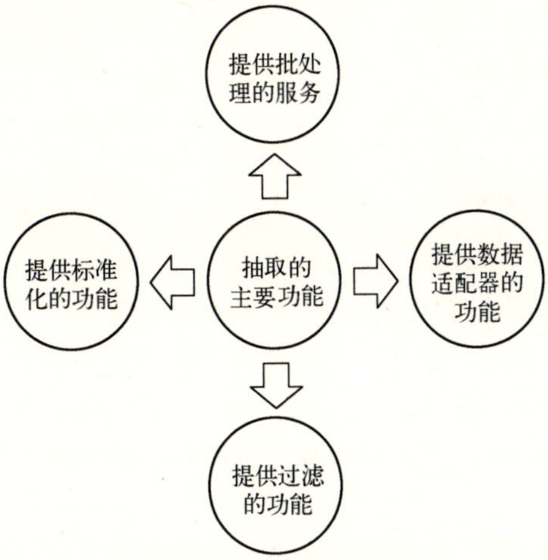

图12-1　抽取的主要功能

1）提供数据适配器的功能：数据抽取的功能应该包含对数据适配器的支持，使得抽取程序可以与多种业务数据源相连接。一般来说，源数据适配器包含对JDBC、ODBC、XML等方式的支持，为两端的数据交换提供最基本的条件。

2）提供标准化的功能：抽取最重要的一个功能就是对数据类型的标准化，将业务数据源和数据仓库中的数据类型统一。

3）提供批处理的服务：主要负责抽取流程的启动、监控任务的执行、对批处理任务的重启恢复、自动调度抽取程序等。一般使用成熟的 ETL 工具去完成复杂的监控处理。

4）提供过滤的功能：抽取程序可以根据实际的需要，为业务数据源提供过滤的功能，以保证数据的质量。

（2）清洗

清洗是源数据进入到数据仓库中的第二步。清洗的目的是保证源数据的数据质量符合数据仓库的要求，同时保证数据的一致性。清洗程序可以分成两类，如图 12-2 所示。当业务系统源数据的清洗规则和处理流程各不相同时，为了保证数据的一致性，可以对不同的业务源数据编写各自专用的清洗程序；当所有业务系统源数据的清洗规则和处理流程都相同时，可以编写通用的清洗程序，从而保证数据的质量和数据的一致性。当然，在编写通用清洗程序的时候，为了满足业务的需求，减少代码的重复，可以通过编写通用函数的方式去处理相同的清洗规则和处理流程，以达到提高系统效率、减少代码编写量的目的。

清洗的主要功能如图 12-3 所示。

1）数据修正功能：使用固定算法或者相应的数据源检查程序去验证信息是否准确。

2）数据标准化功能：将业务数据源的数据标准化，以满足数据仓库中的数据一致的要求。

3）匹配与合并功能：对抽取出来的数据进行重复验证，然后对重复数据进行单独合并。

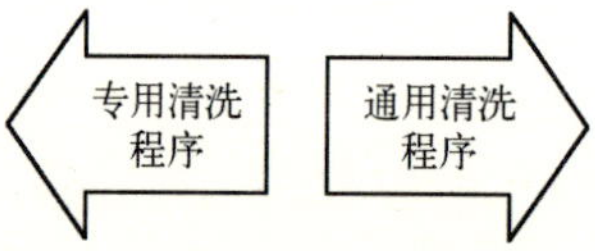

图 12-2　清洗程序的分类

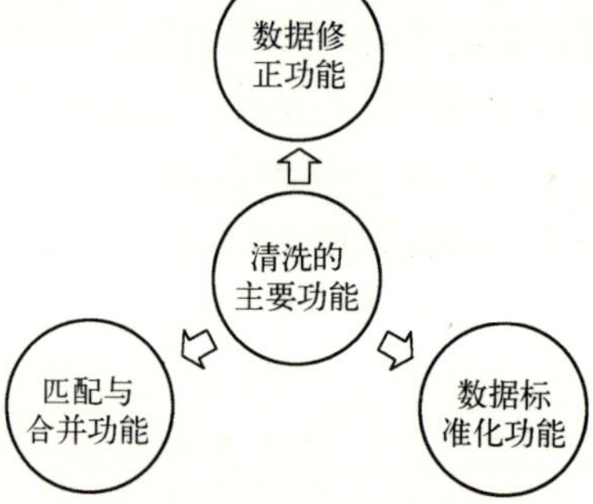

图 12-3　清洗的主要功能

（3）转换

转换是源数据进入到数据仓库中的第三步，也是最重要的一个步骤。转换在抽取和清洗的基础上对源系统所抽出的数据进行操作，是业务系统数据进入到数据仓库中的最后一次修改。

转换的主要功能如图 12-4 所示。

1）对数据进行计算：根据业务需求的特点对业务源数据进行相关的计算，以满足数据仓库的要求。

2）对数据进行放大：根据实际的业务需求，为数据添加额外的信息，从而保证数据仓库的一致性和正确性。

（4）加载

加载是 ETL 过程中的最后一步。它主要负责将数据加载到目标表中，这些目标表可能是事实表，也可能是维度表。加载最重要的作用就是按照数据模型中各个实体之间的关系将抽取的数据加载到目标表中，使用代理键替换原来的主键或者外键（代理键一般是用在 OLAP 的星型模型中，通过添加一个序列作为该表的主键值，目的是防止修改源表信息后同时修改历史数据信息，加入代理键的作用就是当源表的某条记录被修改时，将修改记录加入到目标表中，它的主键永远不会重复，而是作为一条完整的、新的历史记录加载到目标表中），同时加载过程中也应该具有容错的能力，能够在出现错误的时候不影响其他程序的执行。生成代理键的过程如图 12-5 所示。

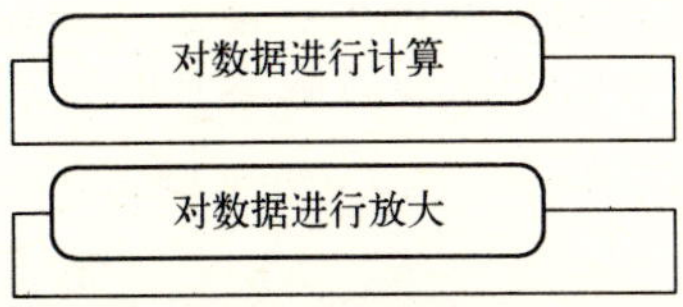

图 12-4　转换的主要功能

部门 ID	部门名称
10001	销售部门
10002	人力资源部门
10003	生产部门
10004	IT 部门

生成代理键 ⇒

代理键 ID	部门 ID	部门名称
1	10001	销售部门
2	10002	人力资源部门
3	10003	生产部门
4	10004	IT 部门

图 12-5　生成代理键的过程

（5）元数据管理

元数据管理用于定义 ETL 流程中所涉及的所有环节，如图 12-6 所示。元数据按照用途可以分为技术元数据和业务元数据。技术元数据是存储数据仓库技术细节性的数据，是数据仓库开发和管理所使用的数据，主要包括数据仓库的模式、维度、层次的定义。业务元数据从业务角度去描述数据仓库的信息，是数据仓库开发人员和业务人员沟通的桥梁，主要包括企业概念模型和多维数据模型的结构和定义。元数据管理也是数据质量管理的关键。

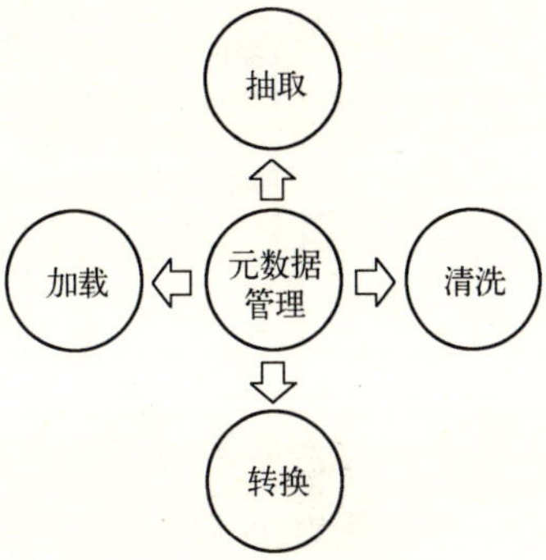

图 12-6　元数据管理

ETL 的框架结构包含了业务数据源、ODS 数据缓冲区、ODS 统一信息视图区、数据仓库（DW）、数据集市（DM）等内容，如图 12-7 所示。

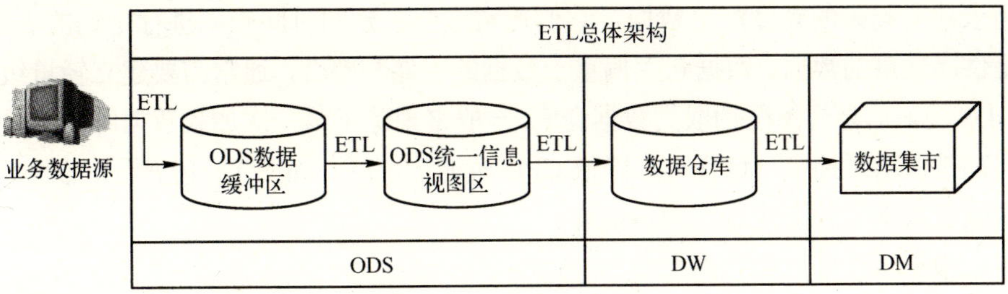

图 12-7　ETL 的框架结构

12.2　定义 ETL 的流程

（1）从源数据抽取到 ODS 数据缓冲区

ODS 按功能可以划分成 ODS 数据缓冲区和 ODS 统一信息视图区。ODS 数据缓冲区是指数据临时存储区域，它基本上与源系统的数据结构保持一致。ODS 统一信息视图区是为用户提供统一的企业数据视图，它的数据大多来自 ODS 数据缓冲区。从源数据抽取到 ODS 数据缓冲区可以分成全量抽取和增量抽取，如图 12-8 所示。全量抽取是将源数据中的所有业务数据经过 ETL 过程直接抽取到 ODS 数据缓冲区中，在数据传输过程中不加任何的过滤条件。全量抽取一般发生在第一次对 ODS 数据缓冲区进行 ETL 抽取加载的时候。增量抽取一般是根据某些抽取条件将源数据中的数据抽取到 ODS 数据缓冲区中，抽取条件可以是按着时间进行过滤，增量抽取一般效率较高，不占用过多的 CPU 资源。

（2）从 ODS 数据缓冲区抽取到 ODS 统一信息视图区

数据从 ODS 数据缓冲区抽取到 ODS 统一信息视图区，一般来说都是定时抽取的，例如按照每日或者每月进行抽取，除了第一次做全量抽取外，其余时间都是做增量抽取，可以按照某种更新策略进行抽取，如图 12-9 所示。例如，按照时间戳或者版本号的方式进行增量抽取。

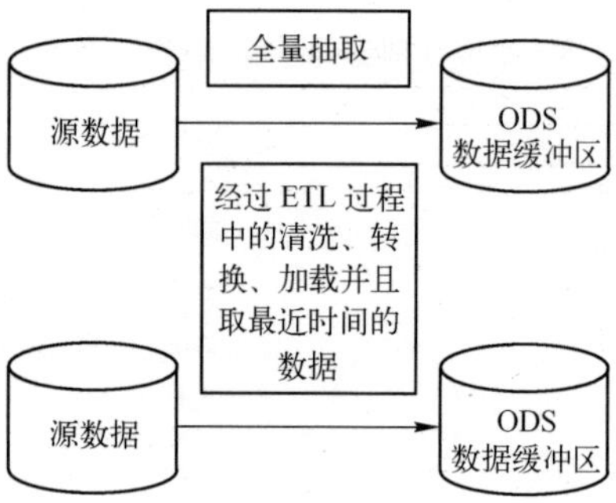

图 12-8　从源数据抽取到 ODS 数据缓冲区

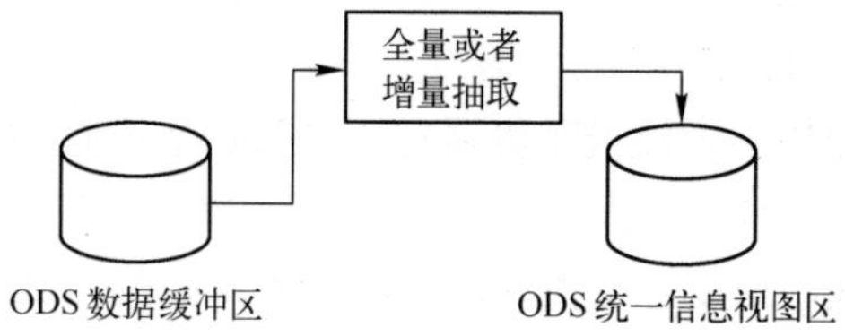

图 12-9　从 ODS 数据缓冲区抽取到 ODS 统一信息视图区

（3）从 ODS 统一信息视图区抽取到数据仓库

数据仓库是根据业务的需求，对企业数据进行整合，同时又是存储历史数据的地方。它覆盖了多个主题域的组成，这些信息有可能是粒度级别低、高细节的数据，也可能是按照某种业务需求建立起来的轻度汇总数据，它们通常按照一定的时间频率进行定期的刷新，为数据集市提供高质量的数据。数据仓库偏重于数据的存储与整合，通常需要建立轻量级的索引。数据从 ODS 统一信息视图区抽取到数据仓库，一般来说除了第一次加载数据时用全量抽取外，其余时间都是做增量抽取，这样可以降低 CPU 资源的消耗，如图 12-10 所示。例如，可以按照时间戳或者版本号的方式进行增量抽取。

（4）从数据仓库抽取到数据集市

数据集市是针对某个主题域、部门或者特定用户的数据集合。数据集市中的数据是商业智能报表展现的数据来源，它需要对用户的快速访问进行优化，优化的方式可以是汇总和建立索引。数据集市的作用是保障数据仓库的高性能、可扩展性和可用性。从数据仓库抽取到数据集市是根据业务需求来判断是否通过增量或者全量的方式进行抽取，然后通过计算或者汇总的方式加载到数据集市中，如图 12-11 所示。

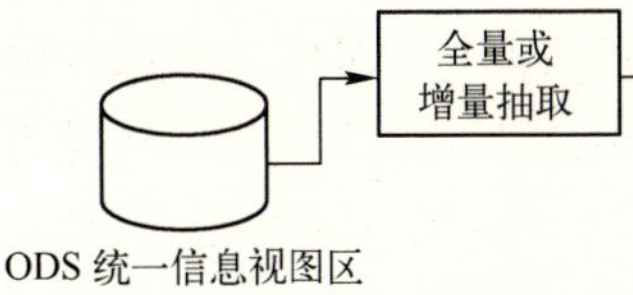

图 12-10　从 ODS 统一信息视图区抽取到数据仓库

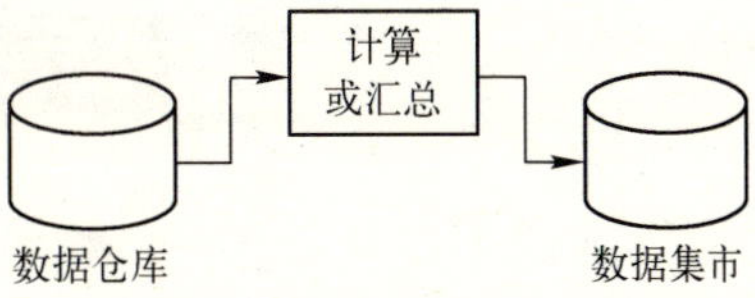

图 12-11　从数据仓库抽取到数据集市

总结：ETL 的流程包含了从源数据抽取到 ODS 数据缓冲区、从 ODS 数据缓冲区抽取到 ODS 统一信息视图区、从 ODS 统一信息视图区抽取到数据仓库、从数据仓库抽取到数据集市的过程，如图 12-12 所示。这些过程涉及数据的映射、ETL 逻辑的设计、ETL 调度的设计、模块的整合和流程的测试、ETL 程序的编写等内容。

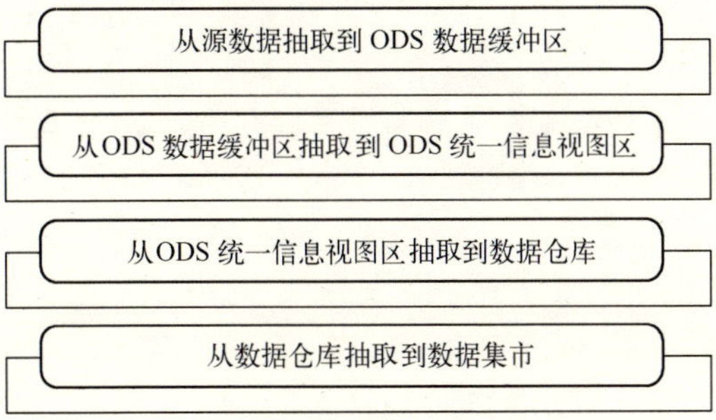

图 12-12　ETL 的流程

12.3　ETL 的加载方法

12.3.1　以时间戳作为加载条件

利用时间戳的方式对目标表进行数据加载是相对简单的一种方法。可以利用业务源数据表已有的时间字段，或者添加一个时间字段作为时间戳，当业务数据表里的数据修改或者添加时，同时也会修改或者添加时间字段里的值，可以通过系统时间与源数据表中的时间字段进行比较，来判断该记录是否应该加载到目标表中。这种以时间戳作为数据加载条件的优点是使 ETL 设计简单清晰，抽取的效率相对较高，并且可以实现 ETL 数据加载的需求；缺点是需要对业务源数据的时间戳进行维护。

下面使用 Informatica 工具，用时间戳的方式进行数据加载。

（1）设计源表和目标表

源表如图 12-13 所示。其中 ID 是主键，YEAR、MON 是时间戳。

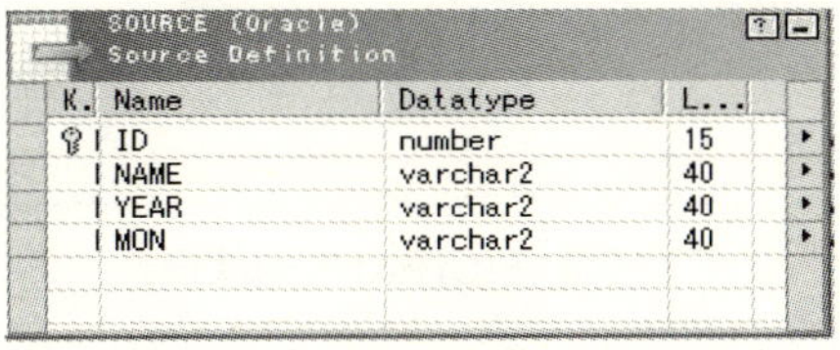
SOURCE (Oracle)
Source Definition

K.	Name	Datatype	L...
	ID	number	15
	NAME	varchar2	40
	YEAR	varchar2	40
	MON	varchar2	40

图 12-13　源表

目标表如图 12-14 所示。其中 ID 是主键。

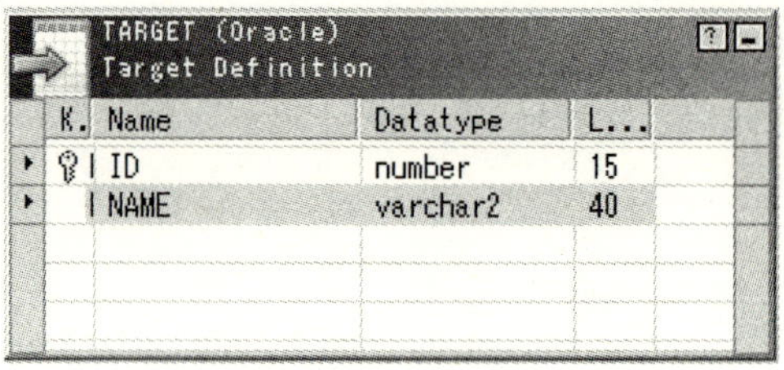

图 12-14　目标表

（2）设计 Mapping

Mapping 的设计如图 12-15 所示：它的抽取频率被设置成每月抽取一次。

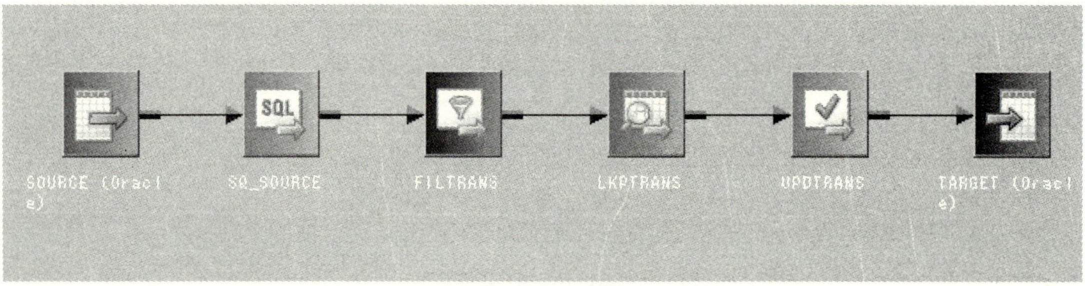

图 12-15　Mapping 设计（一）

Mapping 展开后如图 12-16 所示。

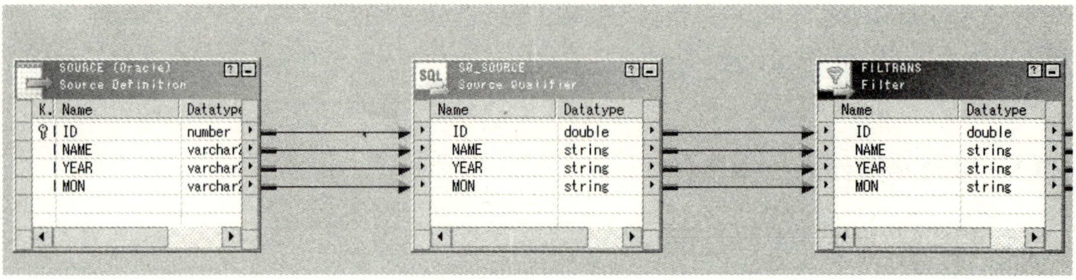

图 12-16　Mapping 设计（二）

（3）组件的设计

FILTRANS(过滤器)组件设计如图 12-17 所示。

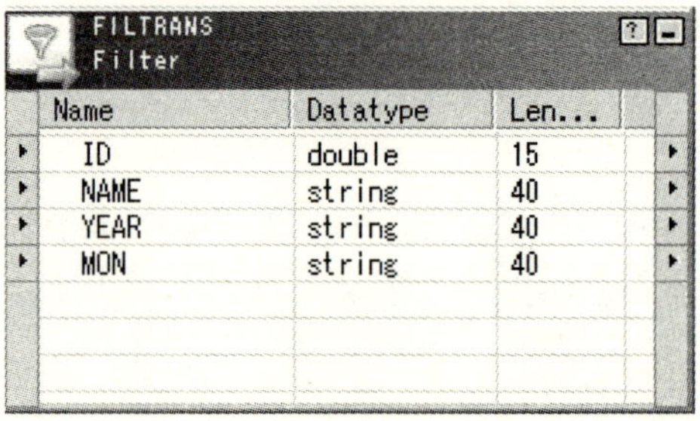

图 12-17　FILTRANS 组件设计

FILTRANS 过滤方法是判断源表的时间戳 YEAR、MON 字段是否等于 ETL 服务器的系统时间，或者时间戳 YEAR、MON 字段等于固定的数值。

FILTRANS 的代码如图 12-18 所示。

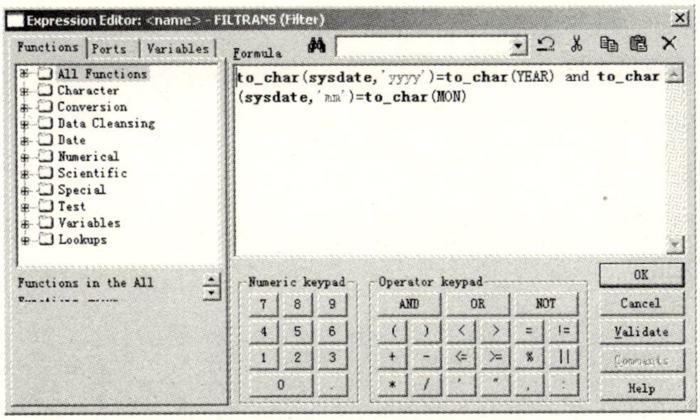

图 12-18　FILTRANS（过滤器）代码

Lookup 组件设计如图 12-19 所示。

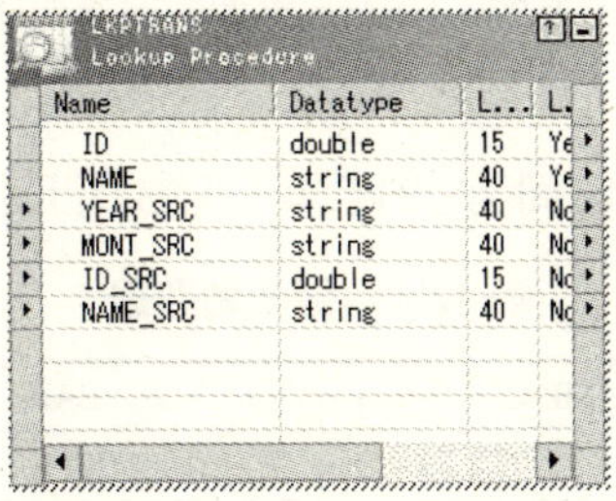

图 12-19　Lookup 组件设计

Lookup 组件的查询条件如图 12-20 所示。

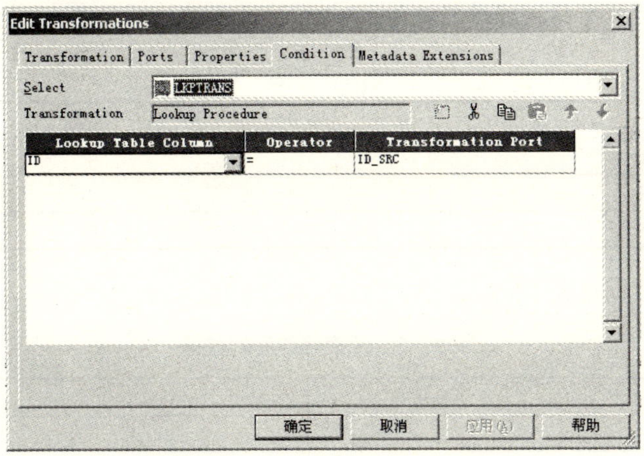

图 12-20　Lookup 组件的查询条件

Update 组件设计如图 12-21 所示。

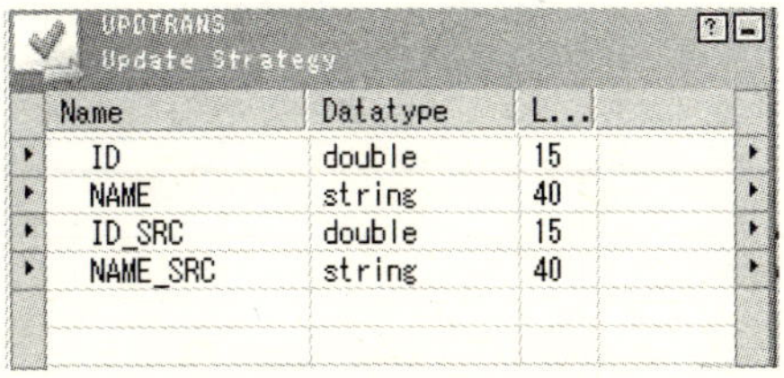

图 12-21　Update 组件设计

Update 组件的过滤代码如图 12-22 所示。

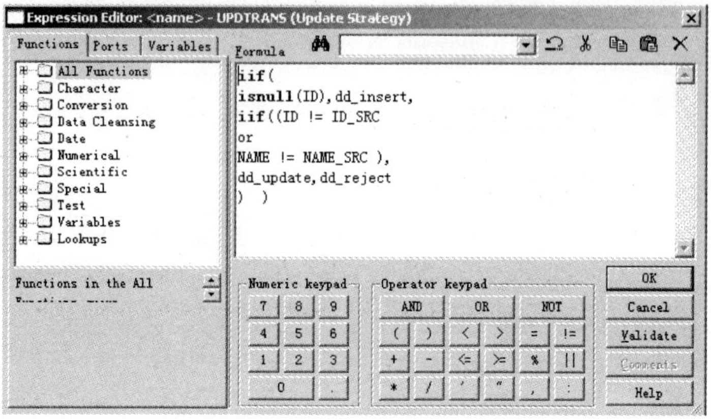

图 12-22　Update 组件的过滤代码

（4）源表到目标表的映射

假设当前 ETL 服务器的系统时间为 2011 年 1 月 31 日，源表的数据见表 12-1。

表 12-1　源表的数据

ID	NAME	YEAR	MON
1	甲	2011	1
2	乙	2011	1
3	丙	2011	1

以时间戳作为加载条件，经过 ETL 抽取之后目标表的数据见表 12-2。

表 12-2　目标表的数据

ID	NAME
1	甲
2	乙
3	丙

源表修改后的数据见表 12-3。

表 12-3　源表修改后的数据

ID	NAME	YEAR	MON
1	甲	2011	1
2	乙	2011	1
3	丁	2011	1

再经过 ETL 数据抽取之后，目标表的数据见表 12-4。

表 12-4　目标表的新数据

ID	NAME
1	甲
2	乙
3	丁

12.3.2 利用源表的日志信息对目标表进行数据加载

在业务系统中为源表添加日志表，当源表中的数据增加、删除、修改时，及时更新该源表的日志表。在进行 ETL 数据加载时，通过读取源表的日志信息决定为目标表加载哪些源表的数据。优点是不需要更改数据源表的表结构和数据，降低了数据加载的风险。缺点是需要维护日志表的数据，增加了系统的开销。更新日志表的方式可以通过触发器对日志表的信息进行修改，如图 12-23 所示。

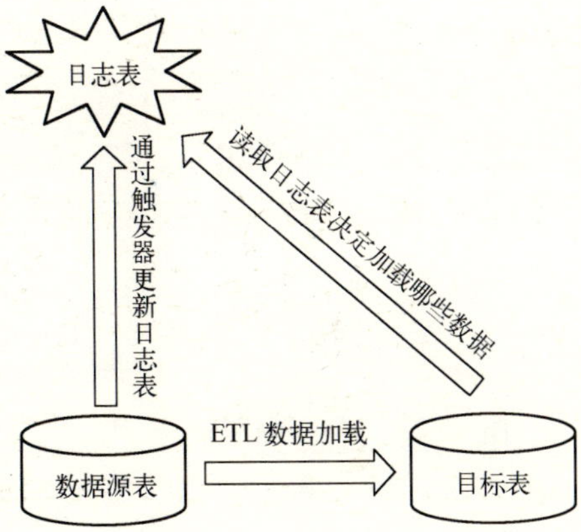

图 12-23　利用源表的日志信息对目标表进行数据加载

12.3.3 通过全表对比的方式进行数据加载

通过全表对比的方式进行数据加载，是对目标表的每条数据进行比较，当目标表不存在该主键值时，进行插入操作，如果该主键值已经存在，则需要对其余字段进行比较，如果有不相同的数值，则需要进行更新操作。全表对比的方式不需要对业务源数据表进行任何修改，安全性较高，但是由于流程较为复杂，一般抽取的效率较低。

下面利用 Informatica 工具，通过全表对比的方式进行数据加载。

（1）设计源表和目标表

源表如图 12-24 所示。其中 ID 是主键，YEAR、MON 是时间戳。

目标表如图 12-25 所示。其中 ID 是主键。

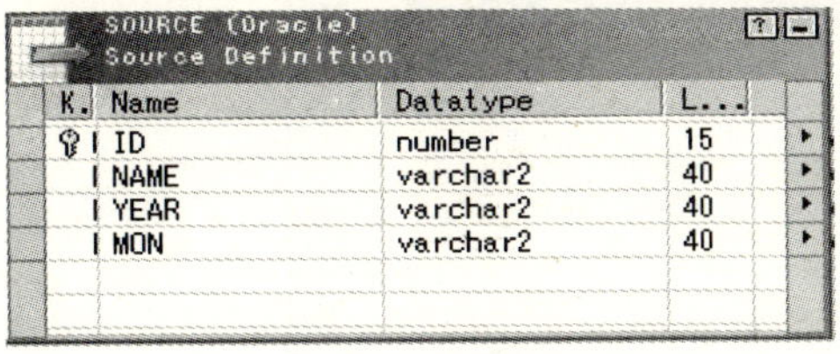

图 12-24　源表

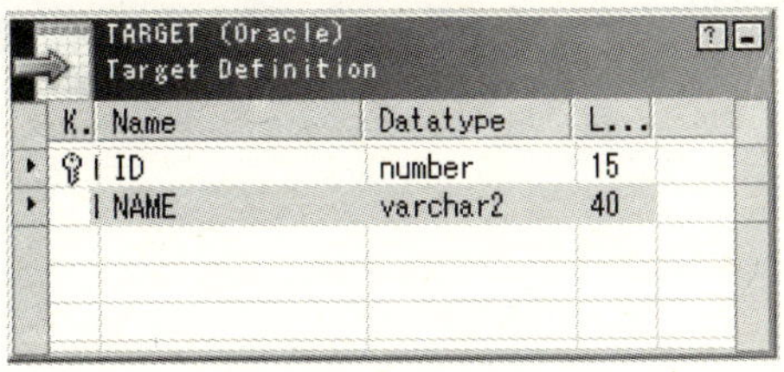

图 12-25　目标表

（2）设计 Mapping

Mapping 的设计如图 12-26 所示：它的抽取频率被设置成每月抽取一次。

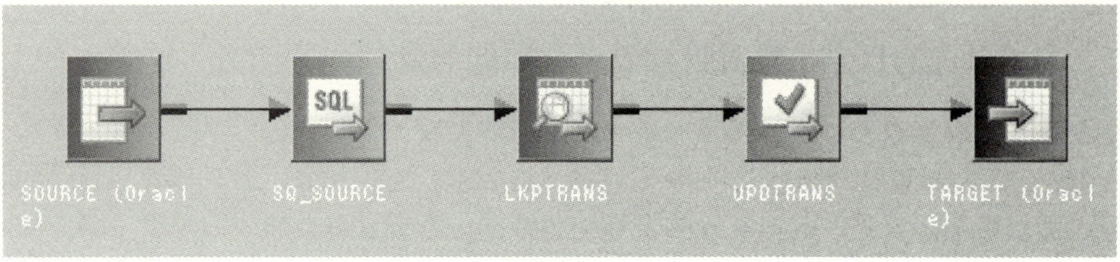

图 12-26　Mapping 设计（一）

Mapping 展开后如图 12-27 所示。

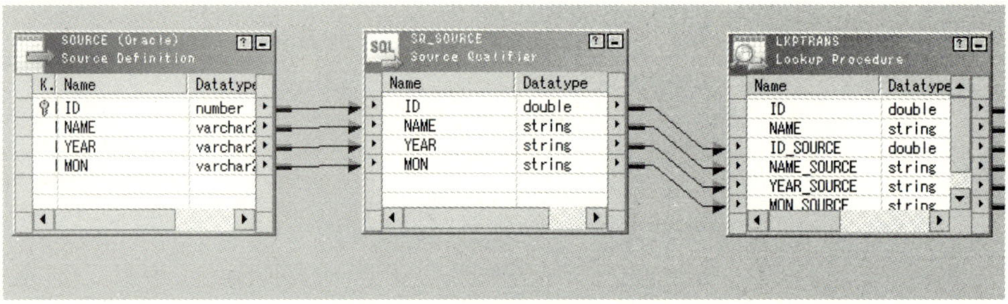

图 12-27　Mapping 设计（二）

（3）组件的设计

Lookup 组件设计如图 12-28 所示。

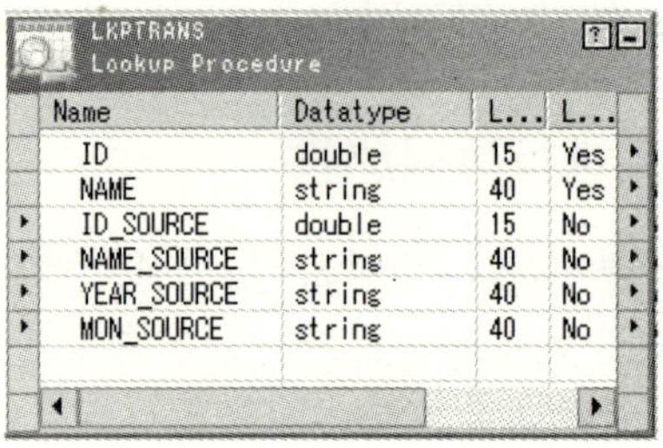

图 12-28　Lookup 组件设计

Lookup 组件的查询条件如图 12-29 所示。

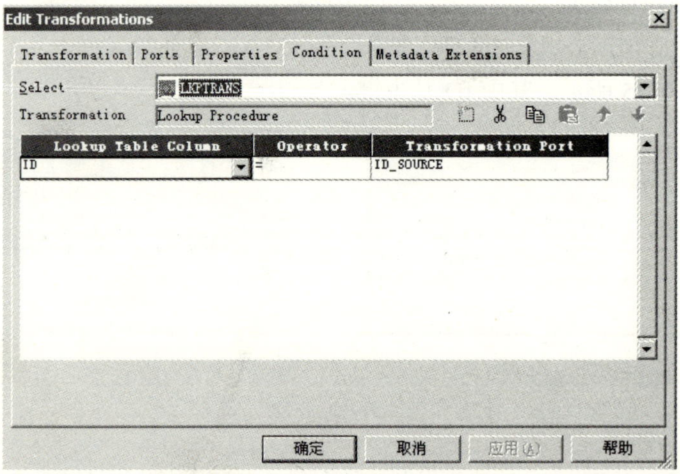

图 12-29　Lookup 组件的查询条件

Update 组件设计如图 12-30 所示。

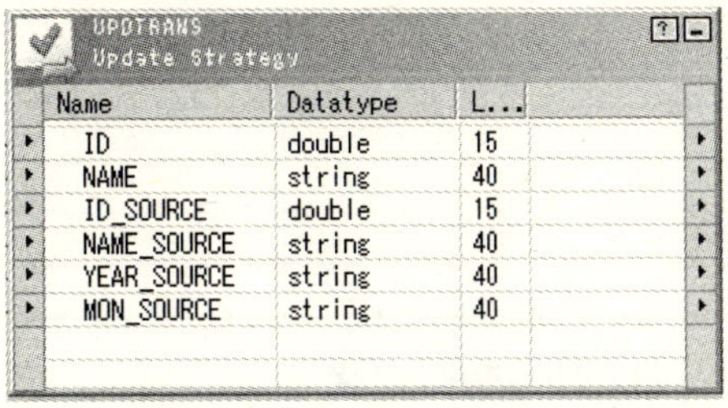

图 12-30　Update 组件设计

Update 组件的过滤代码如图 12-31 所示。

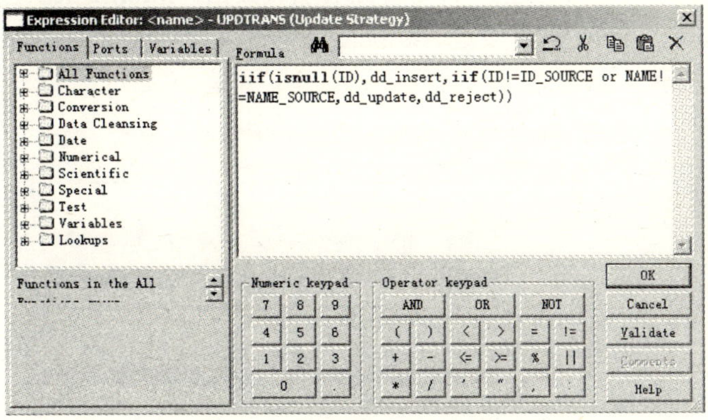

图 12-31　Update 组件的过滤代码

（4）源表到目标表的映射

假设当前 ETL 服务器的系统时间为 2011 年 1 月 31 日，源表的数据见表 12-5。

表 12-5　源表的数据

ID	NAME	YEAR	MON
1	张三	2011	1
2	李四	2011	1
3	王五	2011	1

通过全表对比的方式进行数据加载，经过 ETL 抽取之后目标表的数据见表 12-6。

表 12-6　目标表的数据

ID	NAME
1	张三
2	李四
3	王五

修改源表的数据，见表 12-7。

表 12-7　源表修改后的数据

ID	NAME	YEAR	MON
1	刘七	2011	1
2	李四	2011	1
3	王五	2011	1

再经过 ETL 数据抽取之后，目标表的数据见表 12-8。

表 12-8　目标表的新数据

ID	NAME
1	刘七
2	李四
3	王五

12.3.4　全表删除后再进行数据加载的方式

全表删除后再进行数据加载的方式的实现相对简单。但是不能实现数据的递增加载，只能删除目标表的数据之后，再经过 ETL 为目标表加载数据，Informatica 工具提供了这样的一种功能，在 WorkFlow 的 Session 中设定 Attribute(属性定义)，再选择 Truncate target table option 即可，如图 12-32 所示。

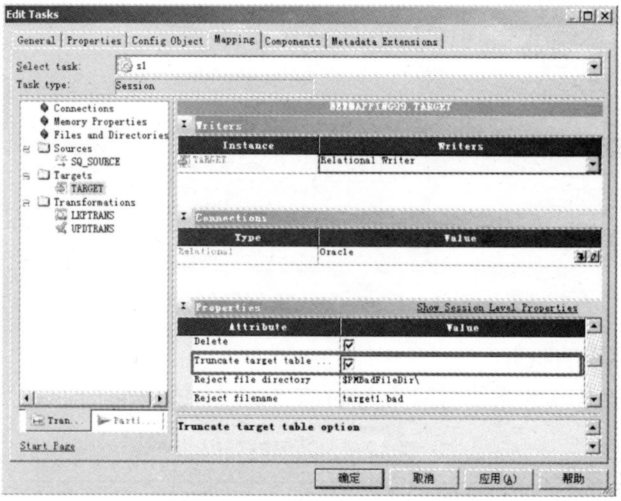

图 12-32　设定 Attribute

总结：ETL 的加载方法包括全量加载和增量加载，如图 12-33 所示。从技术角度上说，全量加载的方式比增量加载要简单很多，使用增量加载的方法，难度在于必须设计正确有效的方法从数据源中抽取变化的数据，同时将这些变化的数据更新到数据仓库中，如果每次抽取都有超过 1/4 的业务源数据需要更新，就应该考虑更改 ETL 的加载方法，由增量抽取改为全量抽取。全量抽取对于数据量较小，更新频率较低的系统比较适用。

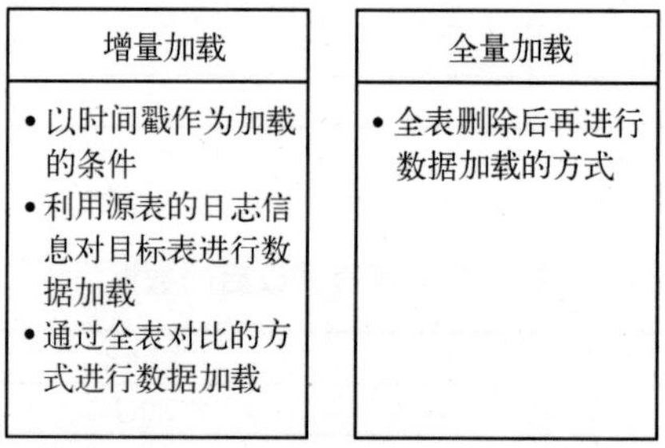

图 12-33　ETL 的加载方法

12.4 利用 ETL 构建企业级数据仓库

1）在构建数据仓库系统的时候，通常的做法是将业务系统部署在一台服务器中，而数据仓库系统部署在另外一台服务器中，如图 12-34 所示。考虑到数据仓库系统需要从业务系统中不断访问数据，而且数据量较大，所以需要在数据仓库系统和业务系统之间建立一个数据缓存区，如图 12-35 所示。通过 ETL 先将业务系统中的数据抽取到数据缓存区中，然后再对数据缓存区的数据进行处理，这样就可以避免数据仓库系统频繁地访问业务系统，防止在业务系统中进行大量的整合、计算等工作，降低了对业务系统性能的影响。数据抽取的频率可以是每天或者每月，因为数据缓存区域只保存当前的实时数据，数据量相对较小，在数据缓存区中进行转换、清洗、整合的操作，效率相对较高，这样不仅提高了数据仓库系统的整体性能，同时也保证了数据的一致性。

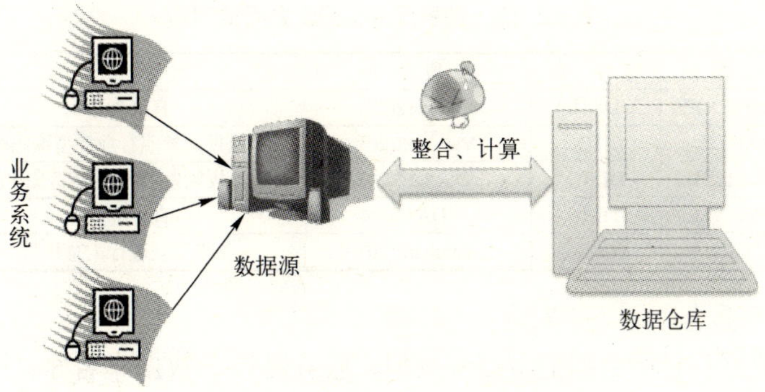

图 12-34　数据仓库直接访问数据源

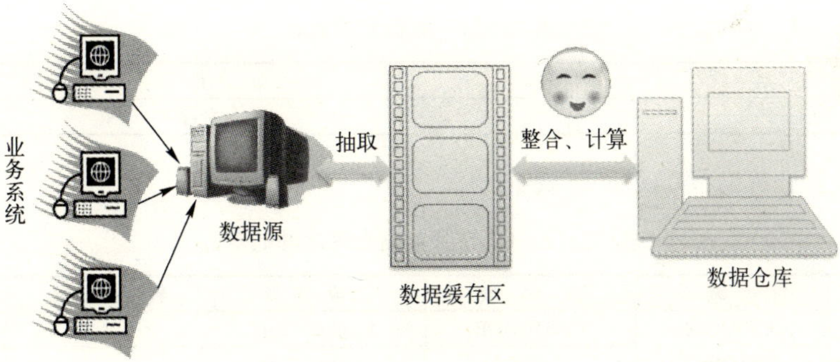

图 12-35　建立数据缓存区

2）构建企业数据仓库需要充分发挥时间戳的作用。在 ETL 过程中，通常把时间戳作为抽取的标识，例如从业务系统中抽取每天的数据，就可以使用时间戳作为抽取的条件。

3）在构建企业数据仓库时，可以使用 ETL 过程中产生的日志信息去查看数据处理的情况，日志一般记录了 ETL 过程中产生的详细信息，包括数据抽取成功的次数和记录数，数据抽取失败的次数和记录数等内容。可以根据日志信息对构建企业数据仓库过程中产生的问题进行修改和调整。

12.5 ETL 的设计过程

（1）数据源和 ODS 之间的对应

需要记录源数据和目标数据的数据库类型、服务器 IP、数据库名称、用户名和密码。

在进行 ETL 设计时，需要设定抽取的周期、抽取的字段和抽取的条件等。

ODS 设计见表 12-9。

表 12-9 ODS 设计

抽取周期	月
抽取条件	第一次做全量抽取，后面只抽取前一月的数据

数据源和 ODS 之间的对应见表 12-10。

表 12-10 数据源和 ODS 之间的对应

目标字段	目标编码	源字段	字段类型	转换规则	备注
客户编号	CUSTCODE	CUSTID	Varchar2(20)	直接抽取	
行业类型编码	TRADEID	TID	Varchar2(20)	转换规则参照行业类型编码表	
地区编码	DISTRICT	DISID	Varchar2(20)	转换规则参照地区类型编码表	
购买时间	BUYDATE	TIME	DATE	直接抽取	
购买商品数量	BUYSUM	需要计算	Varchar2(20)	参照源表进行汇总相加	

（2）ODS 和数据仓库之间的对应

需要记录源数据和目标数据的数据库类型、服务器 IP、数据库名称、用户名和密码。

在进行 ETL 设计时，需要设定抽取的周期、抽取的字段和抽取的条件等。

数据仓库设计见表 12-11。

表 12-11 数据仓库设计

抽取周期	月
抽取条件	全部

ODS 和数据仓库之间的对应见表 12-12。

表 12-12 ODS 和数据仓库之间的对应

目标字段	目标编码	源字段	字段类型	转换规则	备注
客户编号	CUSTCODE	CUSTCODE	Varchar2(20)		
行业类型编码	TRADEID	TRADEID	Varchar2(20)		
地区编码	DISTRICT	DISTRICT	Varchar2(20)		
购买时间	BUYDATE	BUYDATE	DATE		
月份	MONTH		Varchar2(20)	当前月份时间戳	
年份	YEAR		Varchar2(20)	当前年份时间戳	
购买商品数量	BUYSUM	需要计算	Varchar2(20)		

（3）数据仓库和数据集市之间的对应

需要记录源数据和目标数据的数据库类型、服务器 IP、数据库名称、用户名和密码。

在进行 ETL 设计时，需要设定抽取的周期、抽取的字段和抽取的条件等。

其中事实表的设计见表 12-13。

主题描述：按时间、地区、行业、统计客户购买商品的信息进行描述，并且进行同期比较（例如对 2011 年 1 月和 2010 年 1 月进行对比）。

表 12-13　事实表的设计

目标字段	目标编码	源字段	字段类型	转换规则	备注
客户编号	CUSTCODE	CUSTCODE	Varchar2(20)		
行业类型编码	TRADEID	TRADEID	Varchar2(20)		
地区类型编码	DISTRICT	DISTRICT	Varchar2(20)		
购买时间	BUYDATE	BUYDATE	DATE		
年份	YEAR	YEAR	Varchar2(20)	来自数据仓库源表中的年份	
月份	MONTH	MONTH	Varchar2(20)	来自数据仓库源表中的月份	
购买商品数量	BUYSUM	需要计算	Varchar2(20)		

地区维表见表 12-14。

表 12-14　地区维表

抽取周期	月
抽取条件	全部

地区维表的设计见表 12-15。

表 12-15　地区维表的设计

字段名称	字段编码	字段类型	备注
地区编码	DISTRICTCODE	Varchar2(40)	
地区名称	DISTRICTNAME	Varchar2(40)	
父地区编码	PTDISTCODE	Varchar2(40)	

行业类别维表见表 12-16。

表 12-16　行业类别维表

抽取周期	月
抽取条件	全部

行业维表的设计见表 12-17。

表 12-17　行业维表的设计

字段名称	编码名称	字段类型	备注
行业名称	TRADENAME	Varchar2(40)	
行业编码	TRADECODE	Varchar2(40)	
父行业编码	PTTRADECODE	Varchar2(40)	

12.6　ETL 的备份与恢复

12.6.1　数据的备份

1. ODS 数据的备份

默认 ODS 采用的是 Oracle 数据库，它的备份设计如下：

1）可以采用全量备份的形式，使用 Oracle 的导出工具，全库导出数据进行备份。备份的周期可以根据需要灵活变动，一般是每周进行一次备份，保留一个月左右的备份数据。

2）可以采用增量备份的形式，导出 Oracle 的日志增量文件进行备份。通常需要保留近两个月的备份数据。

2．数据仓库的数据备份

默认数据仓库采用的是 Oracle 数据库，它的备份设计如下：

1）可以采用全量备份的形式，使用 Oracle 的导出工具，全库导出数据进行备份。由于数据仓库数据量巨大，可以 2～3 周进行一次全量备份，通常保存一个月左右的备份数据。

2）可以采用增量备份的形式，导出 Oracle 的日志增量文件进行备份。通常保存近两个月的备份数据。

3．数据集市的数据备份

默认数据集市的数据存放到 Oracle 数据库中，多维数据采用 Cognos OLAP 技术。

1）对于数据集市数据可以采用全量备份的形式，使用 Oracle 的导出工具，全库导出数据进行备份。通常保存一个月左右的备份数据。如果采用增量备份的形式，导出 Oracle 的日志增量文件进行备份，通常保存近两个月的备份数据。

2）因为 Cognos OLAP 模型存放在固定路径文件夹下，并没有太多的数据量，每天进行全量备份即可。

12.6.2 数据备份存放的介质以及目录结构

1）ODS 数据全量可以备份到磁带库或者是 RAID 阵列介质上，然后在介质上建立两个文件夹，例如/back/ods/beifen1、/back/ods/beifen2，保留两次最近的全量备份。

2）ODS 数据增量可以备份到 RAID 阵列介质上，然后在介质上建立文件夹，例如/back/ods/ increment，将增量文件保存到该目录下。

3）数据仓库数据全量可以备份到磁带库或者是 RAID 阵列介质上，然后在介质上建立两个文件夹，例如/back/dw/beifen1、/back/dw/beifen2，保留两次最近的全量备份。

4）数据仓库数据增量可以备份到 RAID 阵列介质上，然后在介质上建立文件夹，例如/back/dw/ increment，将增量文件保存到该目录下。

5）数据集市数据全量可以备份到磁带库或者是 RAID 阵列介质上，然后在介质上建立两个文件夹，例如/back/dm/beifen1、/back/dm/beifen2，保留两次最近的全量备份。

6）数据集市数据增量可以备份到 RAID 阵列介质上，然后在介质上建立文件夹，例如/back/dm/ increment，将增量文件保存到该目录下。

7）多维 OLAP 模型可以存储到 RAID 阵列介质上，建立多个文件夹以保存最近的备份。

8）知识库（含 Cognos 知识库、ETL 知识库、应用程序知识库）可以备份到 RAID 阵列介质上。一般采取的方式是全量备份，将不同的知识库保存到不同的目录下。

12.6.3 ETL 程序的备份

默认 ETL 工具是 PowerCenter，ETL 程序的备份包括开发人员编写的程序代码（包括从业务系统到 ODS 数据缓冲区的 ETL 程序，从 ODS 数据缓冲区到 ODS 统一信息视图区的 ETL 程序，从 ODS 统一信息视图区到数据仓库的 ETL 程序，从数据仓库到数据集市的 ETL 程序），各种参数的配置，ETL 工具的软件等。

12.6.4 数据的恢复方案

（1）操作系统的恢复（见图 12-36）

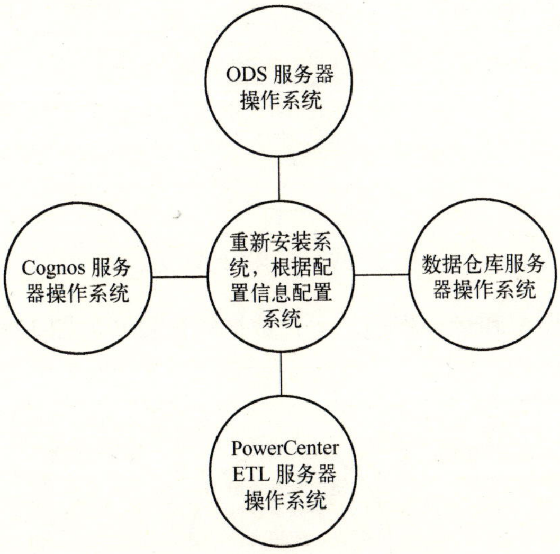

图 12-36　操作系统的恢复

（2）ODS 数据的恢复（见图 12-37）

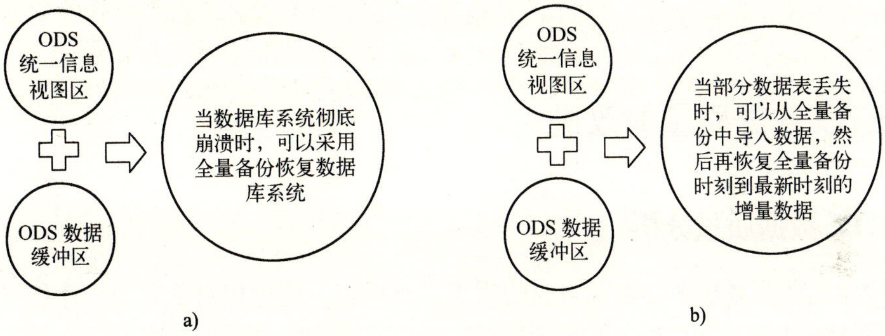

图 12-37　ODS 数据的恢复

a) ODS 数据的恢复方法（一）　b) ODS 数据的恢复方法（二）

（3）数据仓库和数据集市的恢复（见图 12-38）

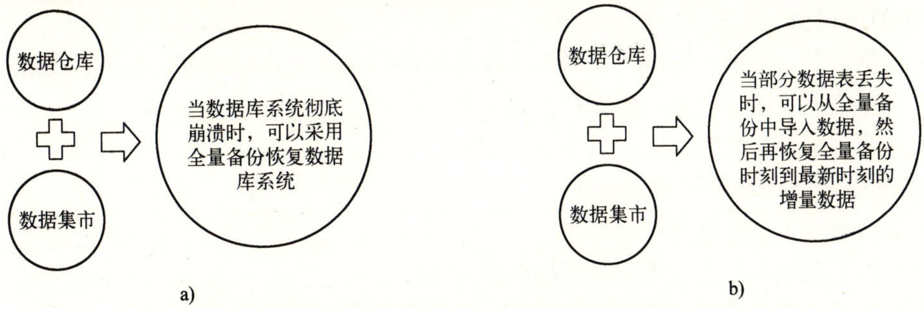

图 12-38　数据仓库和数据集市的恢复

a) 数据仓库和数据集市的恢复方法一　b) 数据仓库和数据集市的恢复方法二

（4）知识库的恢复（见图 12-39）

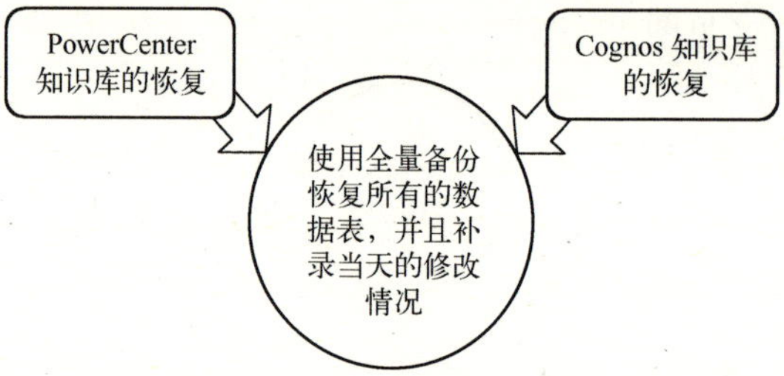

图 12-39　知识库的恢复

（5）Cognos OLAP 模型和运行程序、运行数据的恢复（见图 12-40）

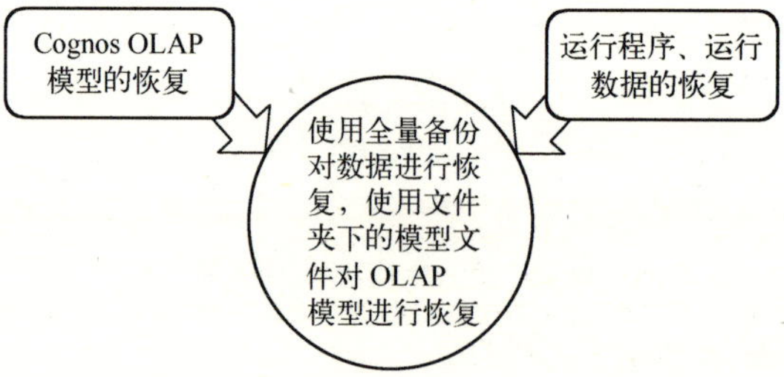

图 12-40　Cognos OLAP 模型和运行程序、运行数据的恢复

12.7　ETL 数据质量的改进

12.7.1　ETL 数据质量分析

因为传统的业务系统多以内部自身的需求为支撑点，进行相对独立的设计和开发，而缺少对企业整体情况的考虑，在企业内部信息中形成了许多信息孤岛。所谓信息孤岛，是指信息之间不共享，信息与业务流程之间相互脱离，好像海洋当中的一个个的孤岛，不能满足信息之间共享的需求，主要体现在：

1）不同的业务系统中存在数据不一致的现象，例如人力资源系统中的公司员工信息和财务系统中的公司员工信息不一致。

2）数据杂乱、分散，在同一系统中出现系统数据和人工处理的数据并存的现象。

3）数据格式不统一，相同数据存在多样性的特点。

4）数据信息存在严重缺失、不完整的现象。

ETL 数据质量改进的困难体现在：

1）数据量较大，数据类型不统一。

2）数据质量没有一个清晰明确的标准和定义。

3）系统的改造和升级或者是人为因素，都可能导致数据的混乱。

综合以上几种情况，在进行 ETL 数据质量分析时，需要不断进行修正，尽量使该系统的编码满足编码规范和要求。可以采取使用代理键的方法去维护编码的可追溯性和唯一性，除此以外，还需要过滤系统的垃圾数据，建立人工映射表去统一和匹配编码不一致的部分数据。

12.7.2　ETL 数据质量改进的方法和目标

ETL 数据质量主要从技术层面、管理层面、业务层面等角度去分析和改进。

1）从技术层面来说，需要对源数据进行清洗，以过滤掉垃圾数据和存在不一致性的数据，同时需要对源数据的质量进行评估，然后根据业务实际情况设计出完整的数据质量改进方案。

2）从管理层面来说，应该切实保证从业务系统源数据到数据集市中各个环节的数据的正确性、一致性和完整性。

3）从业务层面来说，对源数据的抽取需要遵循相应的业务规则，将 ETL 的过程流程化、规范化。

ETL 数据质量的目标分为以下几个部分：

1）完善企业各个部门之间信息数据的共享，消除信息孤岛的现象。

2）对现有的数据进行标准化和规范化。

3）规范 ETL 设计和开发的流程，实现对每个流程的监督。

4）制定相应的数据质量标准。

12.7.3　推动 ETL 数据质量改进的方法

推动 ETL 数据质量的改进，关键是管理层、领导层的重视，能够保证有效的资源投入，让企业各个级别的部门都重视数据质量的问题。同时配有相应的监督措施，通过分步骤实施、不断完善的原则查找每个分析主题中数据质量的缺陷，检查从业务生产系统到数据仓库、数据集市中各个环节的计算方法和转换步骤，检查每一个环节和流程是否正确，层层推进，从而保证 ETL 数据质量的提高和改进。

12.8　ETL 应用举例

12.8.1　ETL 分析需求

ETL 分析需求见表 12-18。

需求目的：按照时间、地区、商品类别、客户类别等维度对客户数、销售数量进行同比、环比分析。

维度层次结构：包括时间、地区、商品类别和客户类别。

- 时间：年-季-月。
- 地区：北京、上海、广州、深圳。
- 商品类别：家电类、电子类、服装类、食品类。
- 客户类别：VIP 客户、注册客户、普通客户。

数据源：客户购买商品基本信息表。

粒度：按月统计细节数据。

表 12-18　分析需求

主 题 分 析	客户购买商品情况		
需求目的	按照时间、地区、商品类别、客户类别等维度对客户数、销售数量进行同比、环比分析		
维度	时间、地区、商品类别、客户类别		
维度层次结构	时间：年-季度-月		
	地区：北京、上海、广州、深圳		
	商品类别：家电类、电子类、服装类、食品类		
	客户类别：VIP 客户、注册客户、普通客户		
分析指标	客户数、销售数量进行同比、环比分析		
数据来源	企业销售系统		
关注人员	公司决策领导人员	中层管理人员	商品销售人员
	关注	关注	关注
粒度级别	月	月	月

12.8.2　ETL 数据源说明

客户购买商品基本信息表（数据源表）见表 12-19。

表 12-19　客户购买商品基本信息表

名　　称	字 段 类 型	Null(是否为空)	描　　述
Cust_no	Varchar2(20)	N	唯一标识客户编号
Cust_name	Varchar2(64)	Y	客户名
Add_Code	Varchar2(64)	Y	地址编码
Phone_number	Varchar2(64)	Y	电话号码
USER_ID_NO	Varchar2(64)	Y	身份证号码
E_MAIL	Varchar2(64)	Y	电子邮箱
Cust_Type_Code	Varchar2(20)	Y	客户类别编码
Goods_Code	Varchar2(20)	Y	购买商品类别编码
Goods_Num	Number	Y	购买商品的数量

12.8.3　ODS 设计与抽取

1．ODS 编码说明

地区编码表见表 12-20。

表 12-20　地区编码表

编　　码	名　　称	ETL 转换说明(源系统的编码)
101	北京	001
102	上海	002
103	广州	003
104	深圳	004

商品类别编码表见表 12-21。

表 12-21 商品类别编码表

商品类别编码	商品类别名称	ETL 转换说明(源系统的编码)
010	家电类	19
011	电子类	20
012	服装类	21
013	食品类	22

客户类别编码表见表 12-22。

表 12-22 客户类别编码表

客户类别编码	客户类别名称	ETL 转换说明(源系统的编码)
1101	VIP 客户	12
1102	注册客户	13
1103	普通客户	14

2. ODS 表结构说明

ODS 表结构说明见表 12-23。

表 12-23 ODS 表结构说明

名 称	字 段 类 型	Null(是否为空)	描 述
Cust_Code	Varchar2(20)	N	客户编码
Name	Varchar2(64)	Y	客户名称
Add_Code	Varchar2(64)	Y	地址编码
Cust_Type_Code	Varchar2(20)	Y	客户类别编码
GoodsType	Varchar2(20)	Y	购买商品类别编码
GoodsNum	Number	Y	购买商品的数量

3. ODS 程序设计

ODS 程序设计见表 12-24。

表 12-24 ODS 程序设计

名 称	编 码	数 据 类 型	是 否 主 键	ETL 转换规则
客户编码	Cust_Code	Varchar2(20)	Y	地区编码+数据源表.Cust_no
客户名称	Name	Varchar2(64)	N	数据源表.Cust_Name
地址编码	Add_Code	Varchar2(64)	N	数据源表.Add_Code
客户类别编码	Cust_Type_Code	Varchar2(20)	N	数据源表. Cust_Type_Code
购买商品类别编码	GoodsType	Varchar2(20)	N	数据源表.Goods_Code
购买商品数量	GoodsNum	Number	N	数据源表.Goods_Num

设计 Mapping 如图 12-41 所示：采用的是全表删除后再进行数据加载的方式。

图 12-41 Mapping 设计（一）

Mapping 展开后如图 12-42 所示。

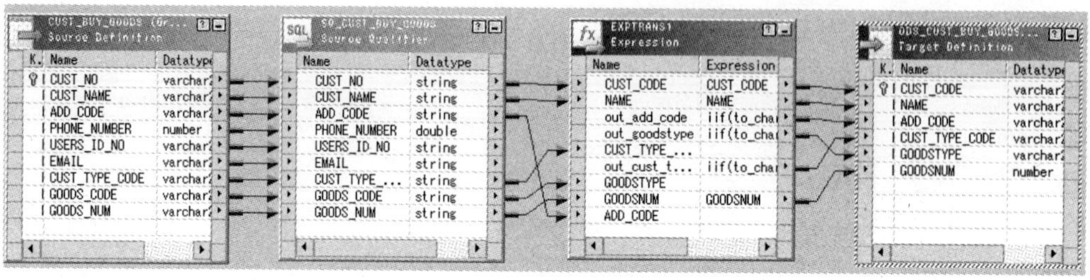

图 12-42　Mapping 设计（二）

组件的设计如图 12-43 所示。

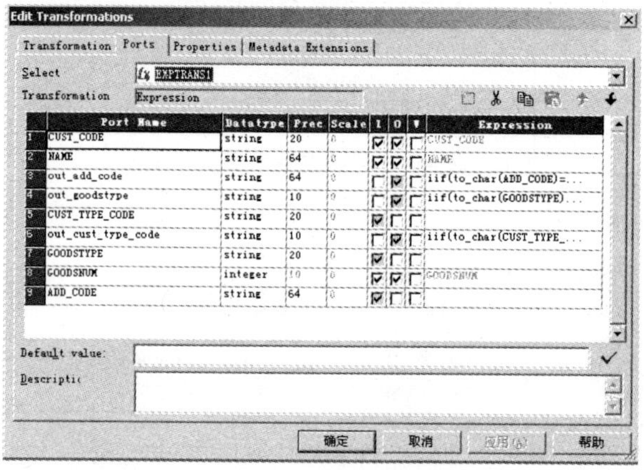

图 12-43　组件的设计

其中地址编码转换如图 12-44 所示。

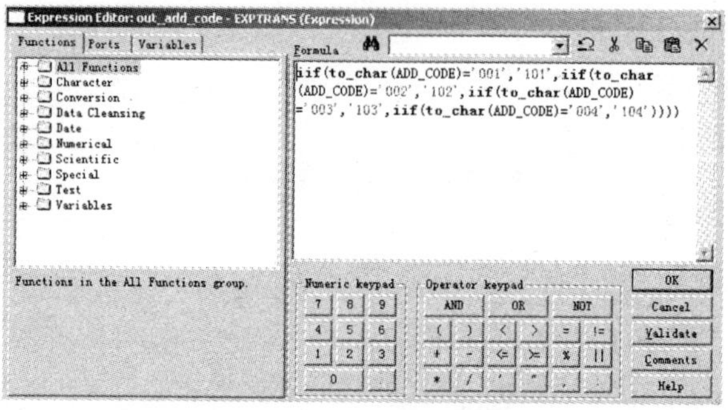

图 12-44　地址编码转换

客户类别编码转换如图 12-45 所示。

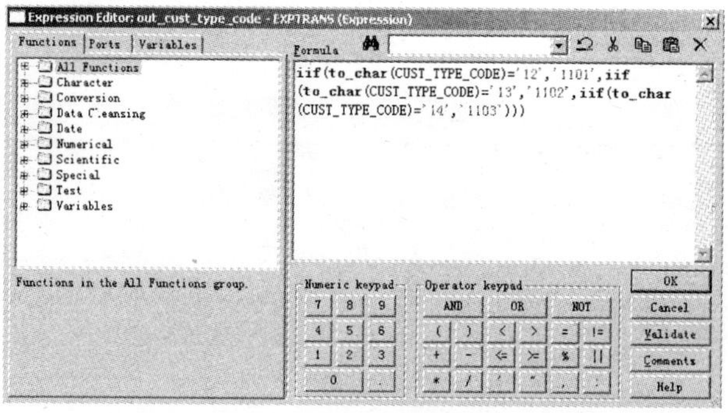

图 12-45　客户类别编码转换

购买商品类别编码转换如图 12-46 所示。

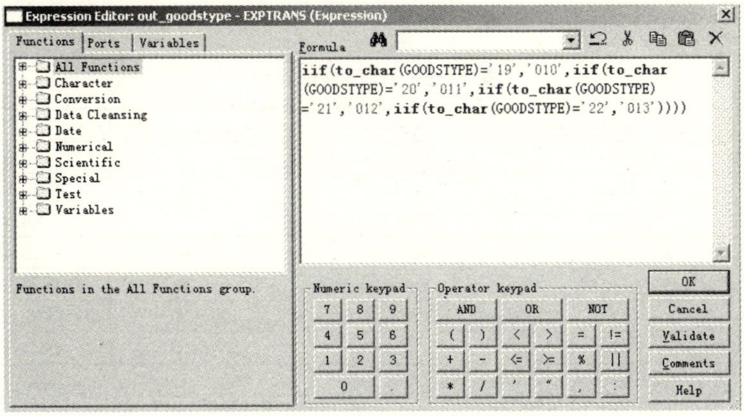

图 12-46　购买商品类别编码转换

抽取完成之后，数据源表(CUST_BUY_GOODS)如图 12-47 所示。

CUST_NO	CUST_NAME	ADD_CODE	PHONE_NUMBER	USERS_ID_NO	EMAIL	CUST_TYPE_CODE	GOODS_CODE	GOODS_NUM
1	张三	001	1	1	111	12	19	10
2	李四	001	2	2	222	13	20	15
3	王五	003				14	21	12
4	刘七	002				14	22	10

图 12-47　数据源表

目标表(ODS_CUST_BUY_GOODS)如图 12-48 所示。

CUST_CODE	NAME	ADD_CODE	CUST_TYPE_CODE	GOODSTYPE	GOODSNUM
0011	张三	101	1101	010	10
0012	李四	101	1102	011	15
0033	王五	103	1103	012	12
0024	刘七	102	1103	013	10

图 12-48　目标表

12.8.4　DW 设计与抽取

1．DW 表结构说明

DW 表结构说明见表 12-25。

表 12-25　DW 表结构说明

名　称	字 段 类 型	Null(是否为空)	描　述
Cust_Code	Varchar2(20)	N	客户编码
Name	Varchar2(64)	Y	客户名称
Mon	Varchar2(20)	N	月份
Add_Code	Varchar2(64)	Y	地址编码
Cust_Type_Code	Varchar2(20)	Y	客户类型编码
GoodsType	Varchar2(20)	Y	购买商品类别编码
GoodsNum	Number	Y	购买商品的数量

2. DW 程序设计

DW 程序设计见表 12-26。

表 12-26 DW 程序设计

名　称	编　码	数 据 类 型	是 否 主 键	ETL 转换规则
月份	Mon	Varchar2(20)	Y	当前月份时间戳
客户编码	Cust_Code	Varchar2(20)	Y	ODS 源表. Cust_Code
客户名称	Name	Varchar2(64)	N	ODS 源表. Name
地址编码	Add_Code	Varchar2(64)	N	ODS 源表. Add_Code
客户类别编码	Cust_Type_Code	Varchar2(20)	N	ODS 源表.Cust_Type_Code
购买商品类别	GoodsType	Varchar2(20)	N	ODS 源表. GoodsType
购买商品数量	GoodsNum	Number	N	ODS 源表. GoodsNum

设计 Mapping 如图 12-49 所示：抽取频率为一个月一次，使用的方式是全量抽取。

图 12-49 Mapping 设计（一）

Mapping 展开后如图 12-50 所示。

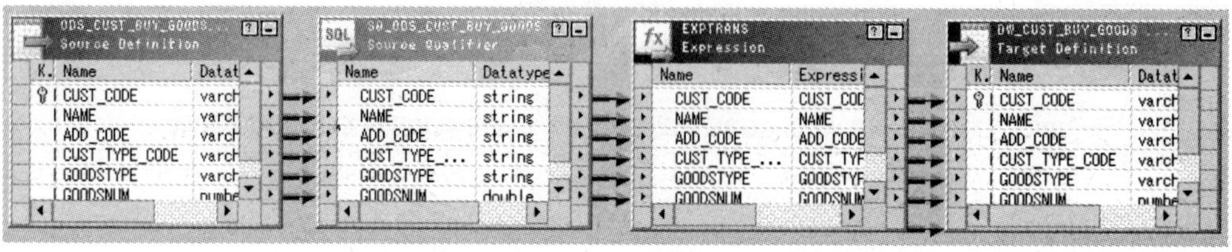

图 12-50 Mapping 设计（二）

组件的设计如图 12-51 所示。

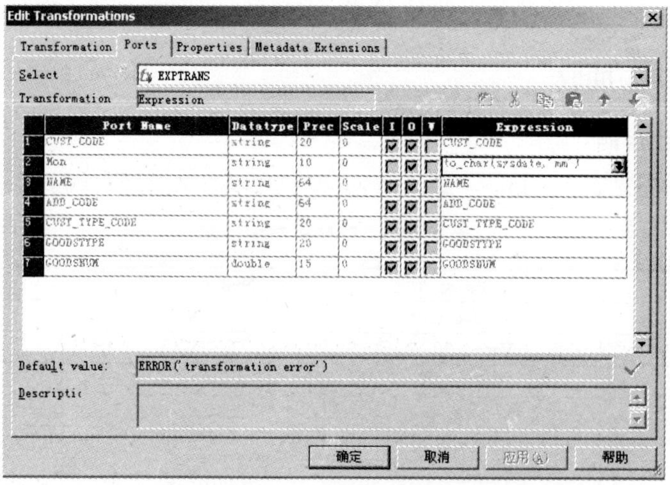

图 12-51 组件的设计

抽取完成之后，数据源表(ODS_CUST_BUY_GOODS)如图 12-52 所示。

CUST_CODE	NAME	ADD_CODE	CUST_TYPE_CODE	GOODSTYPE	GOODSNUM
0011	张三	101	1101	010	10
0012	李四	101	1102	011	15
0033	王五	103	1103	012	12
0024	刘七	102	1103	013	10

图 12-52　数据源表

目标表(DW_CUST_BUY_GOODS)如图 12-53 所示。

CUST_CODE	NAME	ADD_CODE	CUST_TYPE_CODE	GOODSTYPE	GOODSNUM	MON
0011	张三	101	1101	010	10	01
0012	李四	101	1102	011	15	01
0033	王五	103	1103	012	12	01
0024	刘七	102	1103	013	10	01

图 12-53　目标表

12.8.5　DM 设计与抽取

1．DM 事实表结构说明

主题描述：按照时间、地区、商品类别、客户类别统计客户购买商品的数量，并且进行环比比较（例如 1 月和 2 月的比较）。

维：时间、地区、商品类别、客户类别。

度：客户购买商品的数量。

数据源：DW_CUST_BUY_GOODS。

主题名称：按月统计客户购买商品情况分析。

DM 事实表结构说明见表 12-27。

表 12-27　DM 事实表结构说明

名　称	字 段 类 型	Null(是否为空)	描　述
CustCode	Varchar2(20)	N	客户编码
Mon	Varchar2(20)	N	月份
DistrictCode	Varchar2(64)	Y	地区编码
CustTypeCode	Varchar2(20)	Y	客户类别编码
GoodsCode	Varchar2(20)	Y	购买商品类别编码
GoodsNum	Number	Y	购买商品的数量

2．DM 维表结构说明

维表的数据直接从 ODS 编码表采用增量的方式进行抽取。

地区维表如图 12-54 所示。

Name	Code	Data Type	Primary	ETL转换规则
地区编码	DistrictCode	Varchar2(20)	yes	ODS地区编码表的编码字段
地区名称	DistrictName	Varchar2(400)	no	ODS地区编码表的名称字段

图 12-54　地区维表

商品类别维表如图 12-55 所示。

Name	Code	Data Type	Primary	ETL转换规则
商品类别编码	GoodsCode	Varchar2(20)	yes	ODS商品类别编码表的编码字段
商品类别名称	GoodsName	Varchar2(400)	no	ODS商品类别编码表的名称字段

图 12-55　商品类别维表

客户类别维表如图 12-56 所示。

Name	Code	Data Type	Primary	ETL转换规则
客户类别编码	CustTypeCode	Varchar2(20)	yes	ODS客户类别编码表的编码字段
客户类别名称	CustTypeName	Varchar2(400)	no	ODS客户类别编码表的名称字段

图 12-56　客户类别维表

3. DM 程序设计

DW 的物理模型如图 12-57 所示。

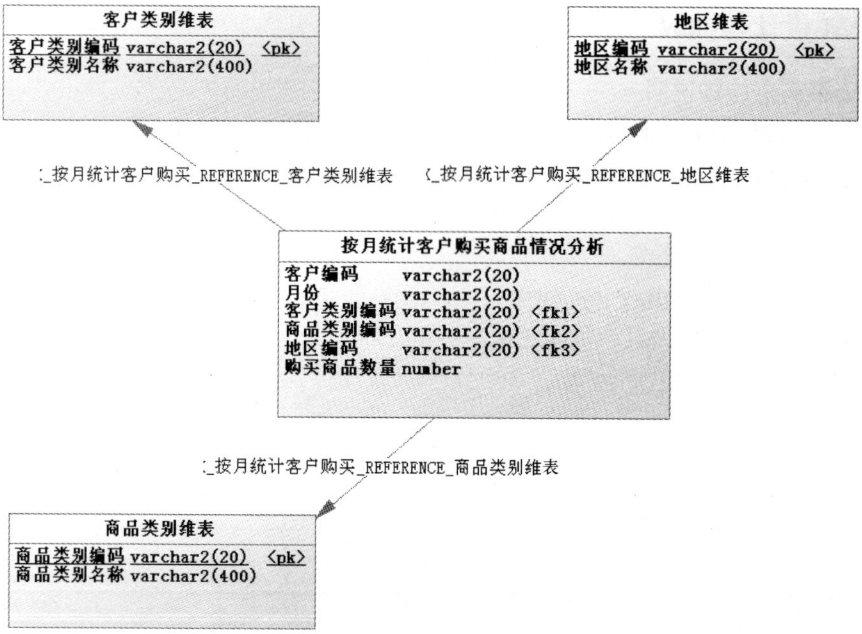

图 12-57　DM 的物理模型

设计 Mapping 如图 12-58 所示：抽取频率为一个月一次，使用的方式是全量抽取。

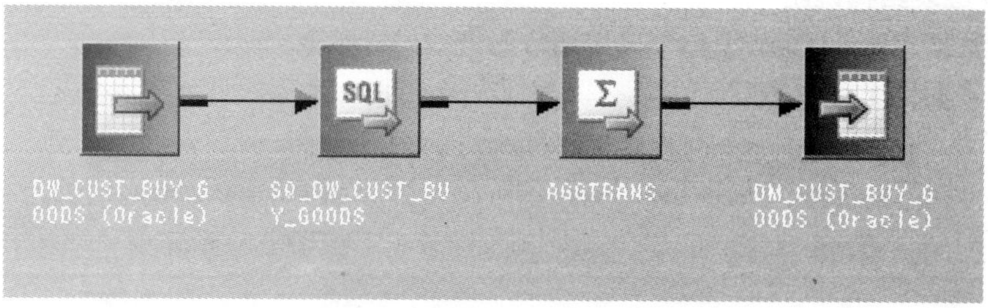

图 12-58　Mapping 设计（一）

Mapping 展开后如图 12-59 所示。

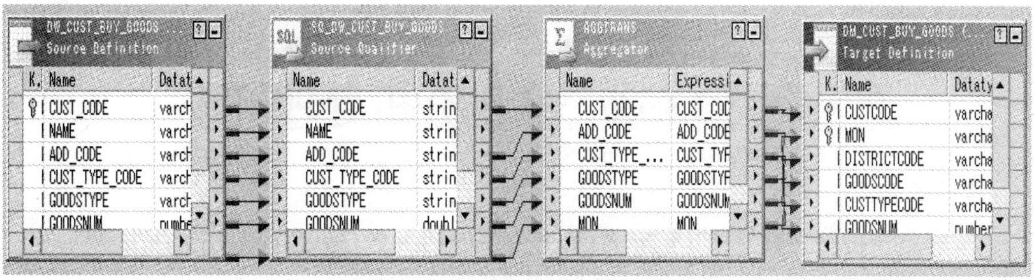

图 12-59 Mapping 设计（二）

12.9 本章小结

1）ETL 是数据抽取(Extract)、转换(Transform)、加载(Load)的简写，它贯穿了整个商业智能项目，是构建数据仓库最重要的一步。系统通过 ETL 过程将数据源中的数据经过转换和整合加载到数据仓库中。

2）ETL 的框架结构包含了业务数据源、ODS 数据缓冲区、ODS 统一信息视图区、数据仓库、数据集市等内容。

3）ETL 的流程包含了从源数据抽取到 ODS 数据缓冲区、从 ODS 数据缓冲区抽取到 ODS 统一信息视图区、从 ODS 统一信息视图区抽取到数据仓库、从数据仓库抽取到数据集市的过程。

4）ETL 的加载方法有 4 种。

- 以时间戳作为加载数据的条件。
- 利用源表的日志信息对目标表进行数据加载。
- 通过全表对比的方式进行数据加载。
- 全表删除后再进行数据加载。

5）ETL 的设计过程：数据源和 ODS 之间的对应，ODS 和数据仓库之间的对应，数据仓库和数据集市之间的对应。

6）ETL 数据质量改进的困难体现在：数据量较大，数据类型不统一；数据质量没有一个清晰明确的标准和定义。系统的改造和升级或者是人为因素，都可能导致数据的混乱。

7）在进行 ETL 数据质量分析时，需要不断进行修正，尽量使该系统的编码满足编码规范和要求。可以采取使用代理键的方法去维护编码的可追溯性和唯一性，除此以外，还需要过滤系统的垃圾数据，建立人工映射表去统一和匹配编码不一致的部分数据。

8）ETL 数据质量主要从技术层面、管理层面、业务层面等角度去分析和改进。① 从技术层面来说，需要对源数据进行清洗，以过滤掉垃圾数据和存在不一致性的数据，同时需要对源数据的质量进行评估，然后根据业务实际情况设计出完整的数据质量改进方案。② 从管理层面来说，我们应该切实保证从业务系统源数据到数据集市中各个环节的数据的正确性、一致性和完整性。③ 从业务层面来说，对源数据的抽取需要遵循相应的业务规则，将 ETL 的过程流程化、规范化。

第 13 章　联机分析处理

本章目标

1）通过本章的学习，理解 OLAP 的基本概念。

2）通过 OLAP 实施的一般过程，掌握 OLAP 的实施方法。

3）通过 OLAP 系统设计的一般步骤，掌握 OLAP 系统设计的方法。

学习本章后，您将掌握：

- OLAP 的基本概念。
- OLAP 的实施过程。
- 什么是多维分析。
- OLAP 系统设计的一般步骤。

13.1　OLAP 的概念

OLAP（联机分析处理）是根据用户特殊的需求而进行的联机数据分析，包括对数据仓库的分析，是业务分析人员、中层管理人员、企业领导者从多角度对企业数据进行深入理解的一类技术。

13.2　OLAP 的实施

13.2.1　建立“维”的概念

理论篇已经大致介绍了 OLAP 的理论知识，下面将从项目的角度介绍 OLAP 的实施过程，首先用维度去思考周围的现实世界。举一个军火商销售的例子，军火商销售一般考虑的是销售额、销售的成本和利润。表 13-1 是一张典型的二维数据表，其中月份就是一个关键的维度。

表 13-1　二维数据表

月　份	销售额	成　本	利　润
1	2000	1200	800
2	2400	1350	1050
3	1500	800	700
4	1900	1000	900
5	2100	1200	900
6	2300	1300	1000
7	2500	1300	1200

如果要在这张二维表的基础上增加军火的类别，可引入立方体的概念。

所谓立方体，就是多维度和度量值组成的逻辑结构，如图 13-1 所示。

在图 13-1 中，可知该立方体的维度是月份和销售军火的类别，度量值是销售额、成本、利润。引入了以下概念：维度、维度的层次、类别、度量。

维度：用来对数据进行分类的结构和人们观察业务情况的角度。

维度的层次：根据维度细节程度的不同，划分出来的一类属性，是维度中预先定义的不同级别。例如，日期维度的层次包括年、月、日。

类别：是维度上各层次的数据项取值。例如，日期维度中层次月的类别有：1 月、2 月、3 月等，如图 13-2 所示。

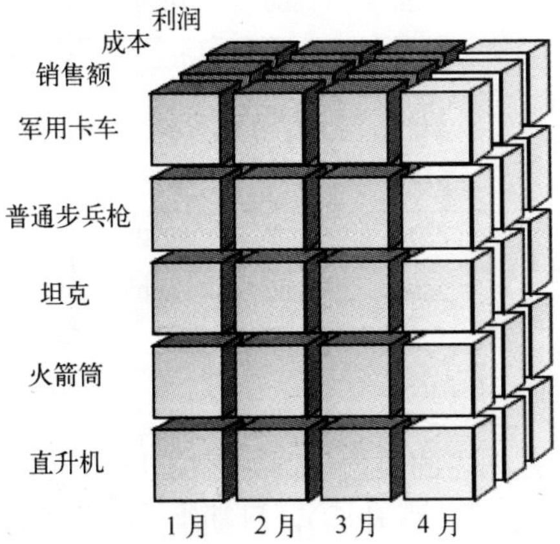

图 13-1　立方体

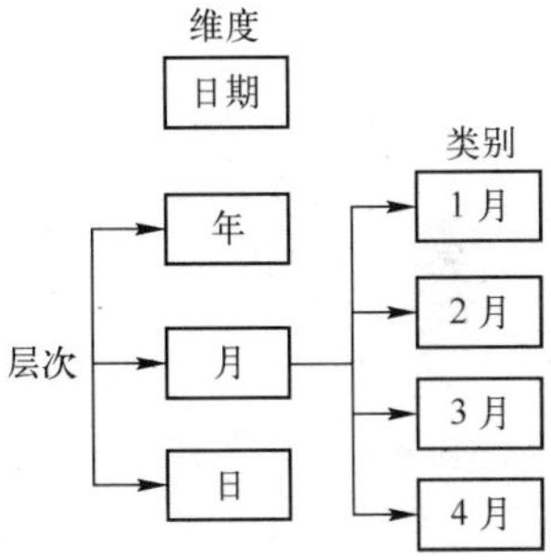

图 13-2　类别

度量：用来描述业务情况的数值型数据，存储的是多维数据。例如，销售额、销售的成本和利润都是度量值，度量值之间都是相互独立的。

13.2.2　多维分析技术

多维分析是以多维的形式组织数据，并且采用切片、切块、钻取、旋转等多种分析方式探查数据，使分析人员或者管理人员能够从多方面、多角度去查询数据，从而得到有价值的信息。读者需要理解以下几个概念：

穿透（Drill Through）：是对详细信息的钻取。例如，可以通过单击军火的名称进入到它的详细信息页面，如图 13-3 所示。

序号	军火名称
1	直升机

→

直升机种类	直升机型号	直升机身长	机宽	机高
运输直升机	CH－47	15.54米	3.78米	5.68米

图 13-3　穿透例子

上钻（Drill-Up）：在维度中从细到粗展示数据，从而变换分析的粒度。例如在“月”维中可以上钻到它的上级“年”，如图 13-4 所示。

下钻（Drill-Down）：在维度中从粗到细展示数据，从而变换分析的维度。例如在“年”

维中可以下钻到它的下级“月”，如图 13-5 所示。

月份	销售额	成本	利润
1	2000	1200	800

年	销售额	成本	利润
2011	24000	20000	9800

图 13-4　上钻例子

年	销售额	成本	利润
2011	24000	20000	9800

月份	销售额	成本	利润
1	2000	1200	800
2	2400	1350	1050
3	1500	800	700
4	1900	1000	900
5	2100	1200	900
6	2300	1300	1000
7	2500	1300	1200

图 13-5　下钻例子

切片（Slice）：在维上选定值后，列出这个范围内的数据。例如在图 13-6 中，可以得到军火类别维（军用卡车、普通步兵枪、坦克、火箭筒、直升机），日期维（1 月）的销售额、成本、利润情况。

切块（Dice）：切块是在切片的基础上，在维上选择的值是一个区间，然后列出这个范围内的所有值，这个区间的值多于两个。

例如在图 13-7 中，可以得到军火类别维（军用卡车、普通步兵枪、坦克、火箭筒、直升机），日期维（1 月、2 月、3 月）的销售额、成本、利润情况。

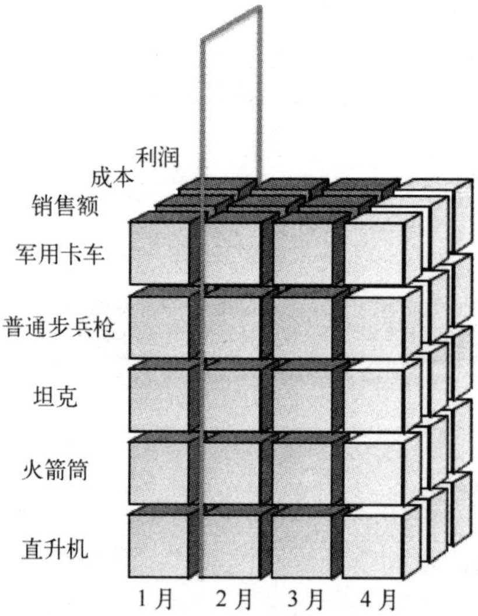

图 13-6　切片

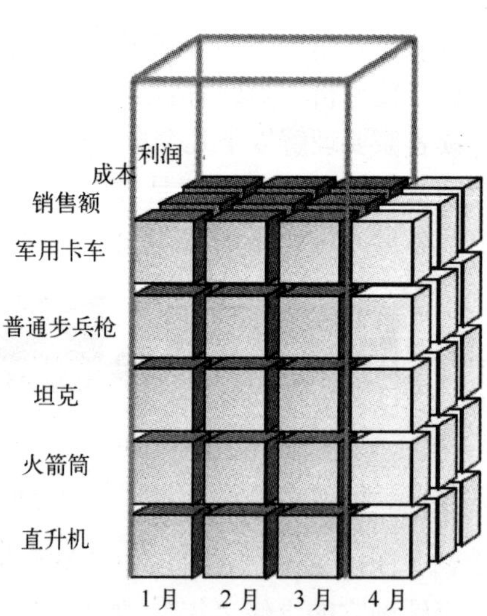

图 13-7　切块

旋转（Pivot）：类似于行列互换，通过改变维度的方向重新安排表格的摆放形式。例如，表 13-2 经过旋转变为表 13-3 形式。

表 13-2　表格一

时　间	2010 年				2011 年			
	1 月	2 月	3 月	4 月	1 月	2 月	3 月	4 月
销售额	1100	1300	900	1500	1300	1400	1500	1500
成本	900	1100	600	1250	900	1000	1000	900
利润	200	200	300	250	400	400	500	600

表 13-3　表格二

时　间		销 售 额	成　本	利　润
2010 年	1 月	1100	900	200
	2 月	1300	1100	200
	3 月	900	600	300
	4 月	1500	1250	250
2011 年	1 月	1300	900	400
	2 月	1400	1000	400
	3 月	1500	1000	500
	4 月	1500	9000	600

13.2.3　OLAP 实施的一般过程

（1）需求阶段

需求分析包括通过调研得出的业务需求（从维度、各业务的分析主题等方面进行描述）、性能需求（系统响应时间的要求）、技术需求（例如系统建立在 Cognos 平台基础上，Informatica 作为 ETL 的工具）、安全性需求和需求的优先级等内容。在需求阶段，我们应该积极主动地与客户联系，明确 OLAP 系统的实现内容。在通常情况下，客户也会逐渐熟悉数据仓库系统、OLAP 系统的功能，了解相关的数据仓库产品知识，同时也是我们熟悉相关业务知识的过程。

（2）规划阶段

在需求分析的基础上，需要对项目的整体结构有一定的了解，按照软件工程的一般规则和方法规划整个项目的过程。同时需要确定整个项目需要的资源，包括多少人力，做哪些相关的培训等内容。

（3）设计阶段

设计阶段是整个 OLAP 项目最重要的阶段，包括对模型的分析、OLAP 维度的分析和设计、事实表的设计等内容。模型的分析包括定义问题和确定分析的目标和内容，OLAP 可以解决哪些重要的问题，例如军火商全年销售的直升机利润总额是多少，销售火箭筒在 1 月、2 月、3 月消耗的成本是多少等内容。OLAP 维度的分析包括分析问题中所涉及的维度是哪些，每个主题中维度和度量值是多少。例如，军火商销售军火情况主题就涉及军火类别、日期两个维度，如图 13-8 所示。军火类别维度包括军用卡车、普通步兵枪、坦克、火箭筒、直升机，而日期维度包含一年当中的 12 个月。

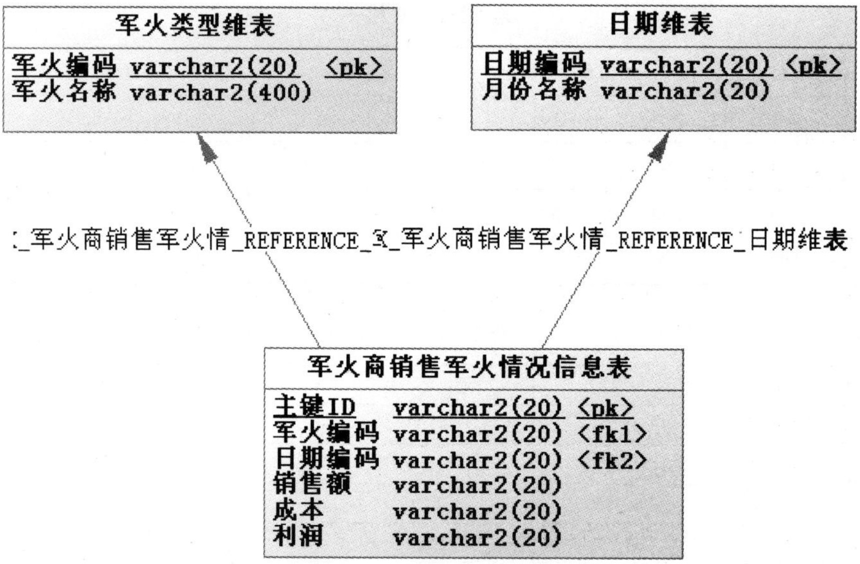

图 13-8　物理模型设计

（4）构建模型阶段

根据业务的需求确定需要分析的主题，根据分析的主题确定分析的粒度和度量值，包括分析的维度。例如，军火商销售军火情况信息主题主要从军火类型、日期维度两方面进行分析。最后测试和验证模型的正确性。

（5）报表展现阶段

在报表展现阶段，可以利用成熟的报表展示工具（例如 Cognos），在模型的基础上对主题进行多角度的分析，最后进入到报表的测试阶段和运行验收阶段。

OLAP 实施的一般过程如图 13-9 所示。

图 13-9　OLAP 实施的一般过程

13.3 OLAP 的应用实例

13.3.1 案例背景

对军火商的销售情况进行数据分析。在数据库中存在 3 张表：军火商销售军火情况信息表、日期维表、军火类型维表。

13.3.2 需求

作为军火销售的决策者，最关注的信息就是 2010 年和 2011 年军火销售的情况，包括军火销售额、销售成本、利润。为了考察军火销售的趋势，决策者希望看到销售额、销售成本、利润按照日期或者军火类型划分的分布情况。决策者通过日期、军火类型等几个方面分析销售情况，为以后的决策提供辅助支持。

1．分析的主题

军火商销售军火情况信息主题。

2．分析的事实

销售额、销售成本、利润。

3．分析的角度

日期、军火类型。

4．分析的粒度

日期：月。

5．数据的分析

1）不同类型军火的销售情况。

2）军火销售按照时间的分布情况。

3）通过不同的军火类型、日期两个方面分析军火销售的情况。

13.3.3 数据准备

（1）维表的数据

军火类型维表见表 13-4。

表 13-4 军火类型维表

军火编码	军火名称	军火编码	军火名称
01	军用卡车	04	火箭筒
02	普通步兵枪	05	直升机
03	坦克		

日期维表见表 13-5。

表 13-5　日期维表

日期编码	月份名称	日期编码	月份名称
1001	01	1007	07
1002	02	1008	08
1003	03	1009	09
1004	04	1010	10
1005	05	1011	11
1006	06	1012	12

（2）事实表的数据

军火商销售军火情况信息表见表 13-6。

表 13-6　军火商销售军火情况信息表

主键 ID	日期编码	军火编码	销售额	成本	利润
1	1001	01	2000	1200	800
2	1002	01	2400	1350	1050
3	1003	03	1500	800	700
4	1004	04	1900	1000	900
5	1005	05	2100	1200	900
6	1006	02	2300	1300	1000
7	1007	03	2500	1300	1200
8	1001	02	900	400	500
9	1002	03	750	500	250
10	1003	01	600	300	300
11	1004	02	1000	750	250
12	1004	03	2100	1500	600
13	1007	02	1900	1500	400
14	1005	01	500	300	200

13.3.4　浏览分析数据

在完成需求分析和数据装载之后，进行多维数据集的分析。下面以 Cognos 作为 BI（商业智能）展示工具举例如下：

（1）构建数据模型

使用 Framework Manager 工具构建数据模型并且发布，如图 13-10 所示。

（2）数据分析展示

军火商销售军火情况信息如图 13-11 所示。

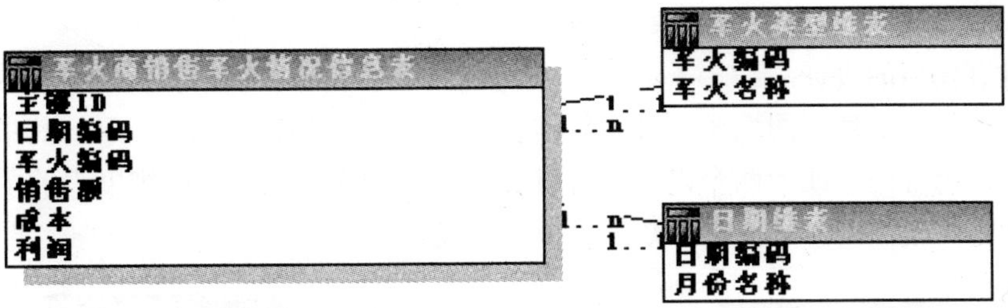

图 13-10　构建数据模型

月份名称	军火名称	销售额	成本	利润
01	军用卡车	2000	1200	800
	普通步兵枪	900	400	500
01		**2900**	**1600**	**1300**
02	军用卡车	2400	1350	1050
	坦克	750	500	250
02		**3150**	**1850**	**1300**
03	军用卡车	600	300	300
	坦克	1500	800	700
03		**2100**	**1100**	**1000**
04	火箭筒	1900	1000	900
	普通步兵枪	1000	750	250
	坦克	2100	1500	600
04		**5000**	**3250**	**1750**
05	军用卡车	500	300	200
	直升机	2100	1200	900
05		**2600**	**1500**	**1100**
06	普通步兵枪	2300	1300	1000
06		**2300**	**1300**	**1000**
07	普通步兵枪	1900	1500	400
	坦克	2500	1300	1200
07		**4400**	**2800**	**1600**
Summary		**22450**	**13400**	**9050**

图 13-11　军火商销售军火情况信息

13.4　OLAP 系统设计的一般步骤

（1）对 OLAP 系统环境的描述

包括 OLAP 系统的数据库环境（例如 Oracle 10g），OLAP 系统使用的应用服务器平台（例如 Cognos 8.3），运行环境（例如 Java JDK 1.4 以上），操作系统（例如 Microsoft Windows XP Service Pack 3），应用系统开发环境（例如 Eclipse 3.2），开发语言（例如 Java）等内容。

（2）维度和度量的设计

维度设计包括维度名称、层次、成员和属性等要素，一般需要描述维度各自的特性，例如维度的变化情况（固定维度、维度缓慢变化和维度快速变化 3 种情况）、生成新的维度代理键，新维度的生成情况（将不同的分析角度进行合并，形成新的维度）等内容。度量的设计一般包括度量的名称、属性、粒度等内容。

（3）维度模型的设计

维度模型包含两种不同性质的表：事实表和维度表，如图 13-12 所示。其中事实表是模型的核心表，包含两个或者两个以上的外键关键字，它连接到相应的维度表的主键上。维度表包含关键字、属性列，它提供了数据分析的角度。

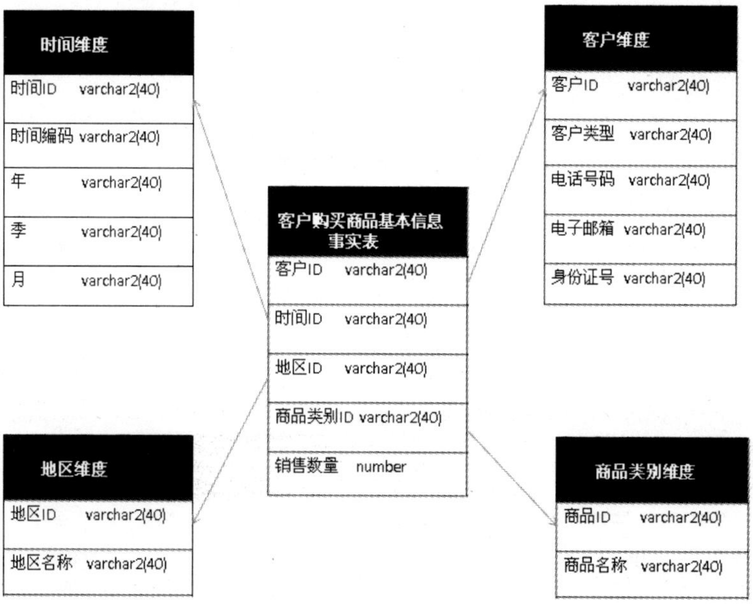

图 13-12 维度模型的设计

其中维度表采用代理关键字时间 ID、地区 ID、客户 ID、商品 ID 替代源系统的关键字。

为了使数据仓库中的维度信息与源系统的信息对应起来，也会将源系统的关键字存储在维度表中。例如，时间维度表中的时间编码就是从源系统中直接抽取出来的，该时间编码包含了年、季、月的信息，将这些信息从源系统中抽取出来，经过转换变成年、季、月 3 个时间属性提供给时间维度表。维度表可以进行层次化的处理，例如时间维度包含了年、季、月 3 个层次。同时，维度表又对该属性值进行了处理，例如在源系统中对客户类型会采用编码的形式进行存储，而在维度表中用本来的含义去替代编码，例如客户类型：VIP 客户、注册客户、普通客户分别替换原来的编码 V、Z、P。

OLAP 系统设计的一般步骤如图 13-13 所示。

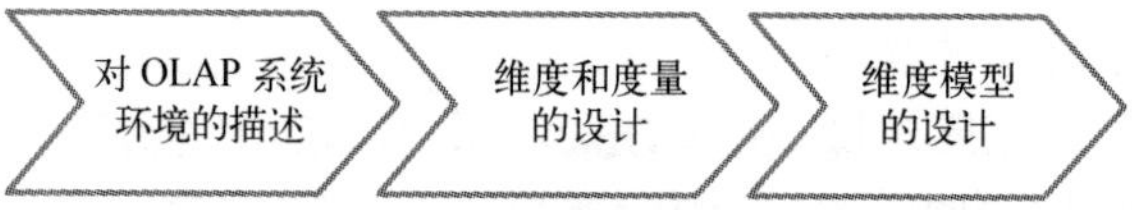

图 13-13 OLAP 系统设计的一般步骤

13.5 本章小结

1）OLAP（联机分析处理）是根据用户特殊的需求而进行的联机数据分析，包括对数据仓库的分析，是业务分析人员、中层管理人员、企业领导者从多角度对企业数据进行深入理解的一类技术。

2）维度：用来对数据进行分类的结构和人们观察业务情况的角度。

3）多维分析是以多维的形式组织数据，并且采用切片、切块、钻取、旋转等多种分析方式探查数据，使分析人员或者管理人员能够从多方面、多角度去查询数据，从而得到有价值的信息。

4）穿透（Drill Through）：是对详细信息的钻取。

5）上钻（Drill-Up）：在维度中从细到粗展示数据，从而变换分析的粒度。

6）下钻（Drill-Down）：在维度中从粗到细展示数据，从而变换分析的维度。

7）切片（Slice）：在维上选定值后，列出这个范围内的数据。

8）切块（Dice）：切块是在切片的基础上，在维上选择的值是一个区间，然后列出这个范围内的所有值，这个区间的值多于两个。

9）旋转（Pivot）：类似于行列互换，通过改变维度的方向重新安排表格的摆放形式。

10）OLAP 的实施过程包括：需求阶段、规划阶段、设计阶段、构建模型阶段、报表展现阶段。

11）设计阶段是整个 OLAP 项目最重要的阶段，包括对模型的分析、OLAP 维度的分析和设计、事实表的设计等内容。

12）根据业务的需求确定需要分析的主题，根据分析的主题确定分析的粒度和度量值，包括分析的维度。

13）OLAP 系统设计的一般步骤包括：对 OLAP 系统环境的描述、维度和度量的设计、维度模型的设计。

第14章 应 用 举 例

本章目标

本章通过一个简单的营销系统案例，描述了商业智能项目开发的整体流程，包括项目计划的制订、需求分析、营销系统设计、ETL 数据抽取、报表展示等内容。这也是对理论篇和项目篇内容的一个总结。

学习本章后，您将掌握：

- 如何制订项目工作计划。
- 如何进行需求分析。
- 如何进行企业数据概念模型建设。
- 如何进行企业数据逻辑模型建设。
- 如何进行数据仓库物理模型建设。

14.1 项目工作计划的制订

14.1.1 对项目背景与目的的描述

项目背景主要包括现有的信息系统，每个信息系统的业务需求，各个信息系统建立的时期，每个信息系统建立时采用的数据模型。例如，营销系统是不同的省、市地区建立的相对独立的信息系统，采用的数据模型也大多是系统供应商根据不同的业务需求而设计出来的。因为相对独立的信息系统缺乏统一的设计和规划，它们有各自的标准和业务需求，这就造成了企业数据存在不统一性和分散性，每个业务系统之间不能实现信息的共享和交互，对企业有效利用数据资源造成了极大的困难。为了实现数据资源的有效利用，企业需要建立统一的数据模型，实现企业信息资源的共享，为企业的业务分析和决策支持带来方便，这就是项目建设的根本目的。

对项目背景和目的的描述有利于项目成员和项目干系人达成共识，使项目成员了解项目的相关情况和各项任务，明确项目的服务对象和系统使用后应该达到的效果等内容，如图 14-1 所示。

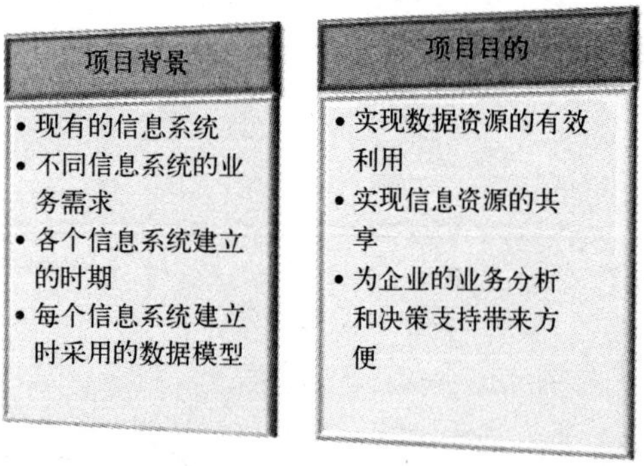

图 14-1 项目背景与目的的描述

14.1.2 确定项目需要交付的成果

数据仓库项目需要交付的成果主要包括以下几个部分，如图 14-2 所示。

1）在对现有应用系统分析的基础上，提交描述数据现状分析的文档。文档内容主要包括主要业务现状（例如，营销系统的主要业务现状包括它的管理模式和业务描述），主要业务数据现状，（例如，关键实体、关键指标是什么），决策分析现状。

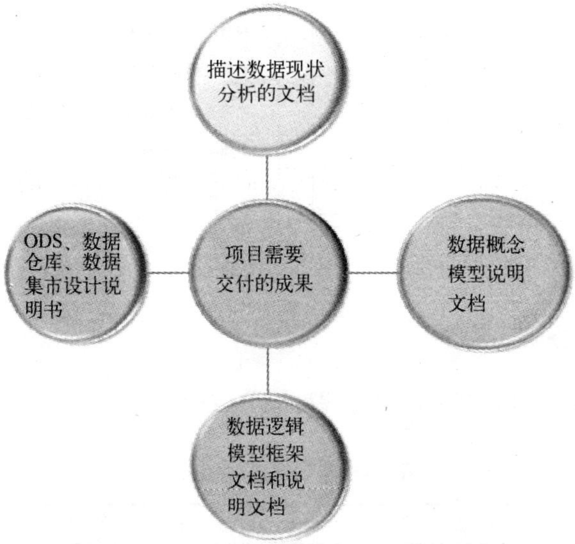

图 14-2　数据仓库项目需要交付的成果

2）数据概念模型说明文档。

3）数据逻辑模型框架文档和有关主题的数据逻辑模型的说明文档。

4）ODS、数据仓库模型设计说明书和数据集市设计说明书。

14.1.3　制定项目管理文档

项目管理文档如图 14-3 所示。

（1）项目计划书

项目计划书是项目成员和项目干系人了解项目的桥梁，项目开发团队就是通过项目计划书开展项目设计、开发等工作，项目管理者也是通过项目计划书开展对项目的监督和管理方面的工作。项目计划书包含的内容可以是项目团队的组织结构、项目各成员的工作任务和职责、项目工作的任务分解、项目的经费预算等。

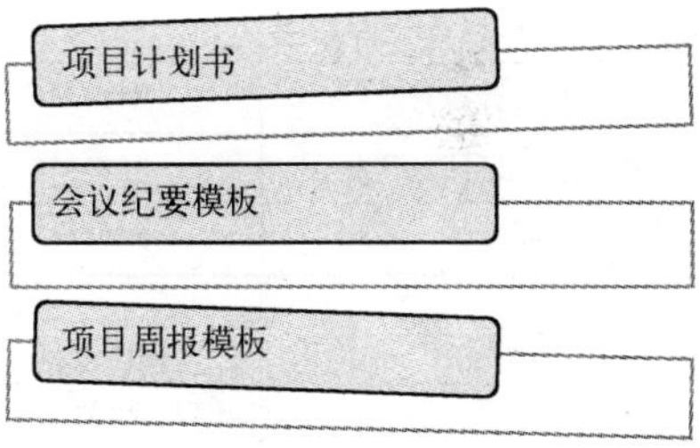

图 14-3　项目管理文档

（2）会议纪要模板

会议纪要的内容主要包括会议主题、会议时间、会议地点、会议主持人、参会人员、会议纪要等，如图 14-4 所示。

（3）项目周报模板

项目周报的主要内容包含项目总体的进展情况，例如项目的当前进度和成果，本周主要完成了哪些工作、完成的情况如何，在项目设计开发过程中出现了哪些问题、问题的解决方案是什么，下周的主要工作有哪些，如图 14-5 所示。这些内容都可以反映到项目周报中，从而使项目管理者及时了解项目的进展情况和人员的工作情况等信息。

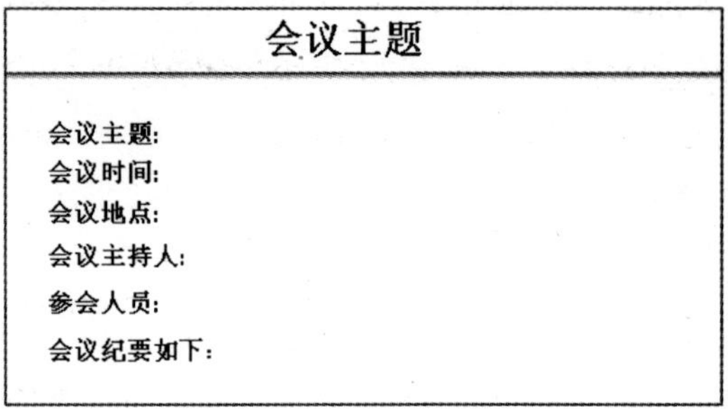
会议主题

会议主题:
会议时间:
会议地点:
会议主持人:
参会人员:
会议纪要如下:

图 14-4 会议纪要模板

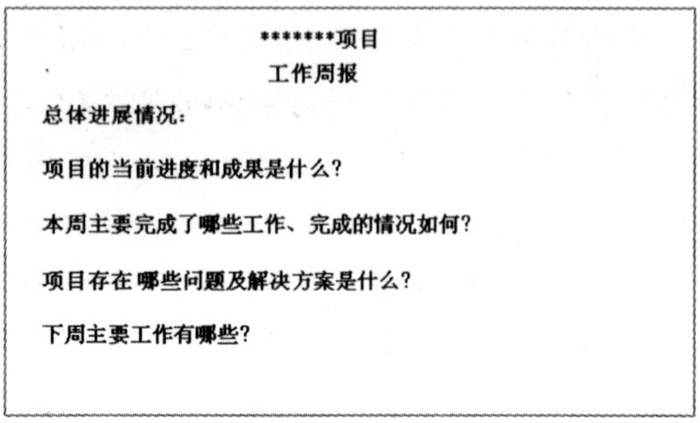
*******项目
工作周报
总体进展情况:
项目的当前进度和成果是什么?
本周主要完成了哪些工作、完成的情况如何?
项目存在哪些问题及解决方案是什么?
下周主要工作有哪些?

图 14-5 项目周报模板

14.1.4 项目进度划分

项目进度划分见表 14-1。其中调研过程可以分成以下几个步骤，如图 14-6 所示。

表 14-1 项目进度划分

工 作 任 务	项目开始时间	项目结束时间	所需要的资源	备 注 信 息
业务需求分析调研	*******	*******	项目组需求调研人员	调研需要与业务人员配合、沟通
现有系统业务现状报告提交	*******	*******	项目组需求调研人员	
概念模型设计、汇报	*******	*******	模型设计人员	
概念模型评审	*******	*******	业务系统专家	
逻辑模型设计、汇报	*******	*******	模型设计人员	
逻辑模型评审	*******	*******	业务系统专家、技术开发人员	
ODS、数据仓库、数据集市设计及文档报告的编写	*******	*******	项目组设计开发人员	
ETL 设计、开发	*******	*******	ETL 设计开发人员	
报表展示设计、开发	*******	*******	报表展示设计、开发人员	
前台页面设计、开发	*******	*******	前台开发人员	

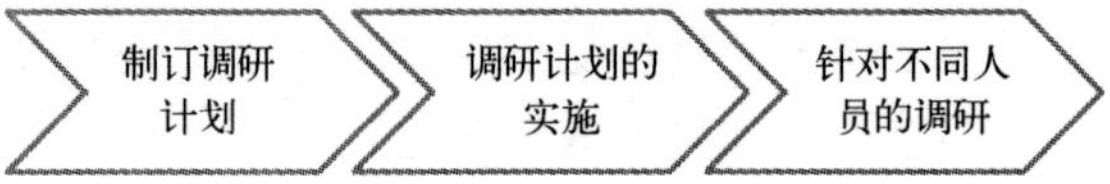

图 14-6 调研过程

（1）制订调研计划

确定调研目标、调研人员和组织。

（2）对调研计划的实施

主要包括会议访谈和问卷调查两种方式。

（3）针对企业高层领导的调研

了解现阶段企业工作的重点，领导高层最关心哪些指标、对数据仓库的期望，分析领导关心的领域与哪些主题域相关。

（4）针对企业管理人员的调研

了解企业管理人员最关心的指标有哪些，管理人员、考核下属职工的指标与哪些主题域相关，管理人员希望数据仓库能够提供哪些有价值的分析功能。

（5）针对业务人员的调研

了解业务人员最关心的指标有哪些，业务人员希望数据仓库能够提供哪些分析功能。

（6）针对 IT 技术人员的调研

了解 IT 技术人员最关心的指标有哪些，IT 技术人员希望数据仓库能够提供哪些分析功能，业务系统的数据刷新频率是多少。

14.2 需求分析

14.2.1 业务需求

下面以营销系统为例，介绍如何进行业务需求分析。

1）将营销系统整体上划分成几个部分：例如，可以划分成报表系统、辅助决策系统。

2）分别对营销系统的报表系统、辅助决策系统进行说明。例如，报表系统可以分成管理类、营销监控类、客服类、客户关系类、缴费类等几个部分。同时需要说明报表系统的数据存储方式，数据展示的层次关系，报表的管理流程，报表的功能需求等内容。而辅助决策系统需要说明的是按照业务主题划分，可以将需求分成几个部分。例如，营销辅助决策系统可以分成以下几个业务主题：营销绩效主题、客户服务主题等。其中营销绩效主题可以查询公司的主要经营绩效情况，查询项可以是销售量、销售均价、市场占有率等，同时需要对每个指标项进行说明。

3）对系统运行环境的说明。系统运行环境包括系统的架构、系统的硬件设备及其软件等内容。例如，营销辅助决策系统的架构如图 14-7 所示。

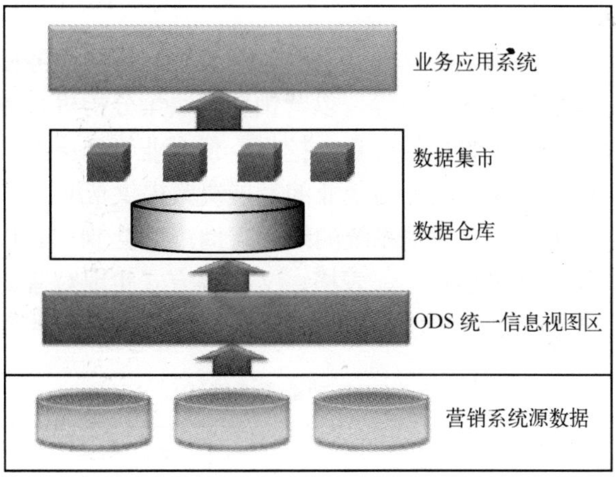

图 14-7　营销辅助决策系统的架构

其中 ODS 统一信息视图区是营销辅助决策系统支持决策分析，并且保证数据正确性的存储缓冲区。该缓冲区面向的是营销系统源数据第一次 ETL 的过程，并且按照某种统一的规范为该应用系统提供数据支持。

数据仓库是根据主题域的划分，对历史数据的集中整合和存储，同时数据仓库也会按照某种频率进行定期的数据更新，为数据展示提供支持。数据集市是在数据仓库的基础上按照星型结构或者雪花型结构进行数据建模，是报表展示的基础，为营销辅助决策系统提供各种角度的数据分析。

系统的硬件设备说明见图表 14-2。

表 14-2　系统的硬件设备说明

硬件设备名称	说　明
营销系统 ODS 服务器	数据库可以使用 Oracle 10g，同时为了实现高可用性，并且达到负载均衡的标准，可以采用两台机器集群的形式
营销系统 ETL 服务器、数据仓库服务器	数据仓库和 ETL 工具运行在不同的服务器中，同时为了保证系统的正常运行，需要采用两台服务器互相进行热备份的机制
报表展示服务器和应用系统服务器	BI 展示和应用系统运行在不同的服务器中，同时为了保证系统的正常运行，需要采用两台服务器互相进行热备份的机制。如果一台服务器发生故障不能正常运行，则需要切换到另外一台服务器中运行

软件列表见表 14-3。

表 14-3　软件列表

软 件 名 称	说　明
ODS 统一信息视图区	使用 Oracle 10g 作为 ODS 统一信息视图区的数据库管理系统
数据仓库、数据集市	使用 Oracle 10g 作为数据仓库、数据集市的数据库管理系统
ETL 工具	使用 Informatica PowerCenter 作为 ETL 的工具
BI 软件	使用 Cognos 8 作为 BI 展现工具
Web 应用服务器	采用 BEA WebLogic Server 作为 Web 应用服务器

14.2.2　功能需求

营销系统以销售管理模块为核心，包括营销管理模块、客户服务模块、市场管理模块、客户关系模块、营销辅助决策分析模块等。以营销辅助决策分析模块为例，该模块是营销系统最高层次的应用，通过对营销数据的分析、挖掘，使企业管理层人员及时了解营销业务的发展情况，包括各种指标的完成情况，为企业的发展决策提供帮助。

营销辅助决策的功能需求包括营销系统的绩效查询，见表 14-4。该系统可以通过各种图形（饼形图、柱形图、仪表盘等形式）、表格、文字等方式实现对营销业务的分析与预测，促进管理层人员对其经营状况的了解，为其相关经营政策的制定提供帮助。

表 14-4　功能需求概述

需 求 名 称	各需求子项	各 查 询 项
营销系统的绩效查询	经营绩效	1．销售额
		2．利润
		3．费用
		4．市场占有率
营销系统的绩效查询	销售完成情况	5．营业户数
		6．累计销售量

（续）

需求名称	各需求子项	各查询项
营销系统的绩效查询	销售市场管理	7．销售收入
		8．解决客户投诉率
		9．销售合同率

用柱形图和饼形图的形式实现对绩效指标的分析，如图 14-8 和图 14-9 所示。

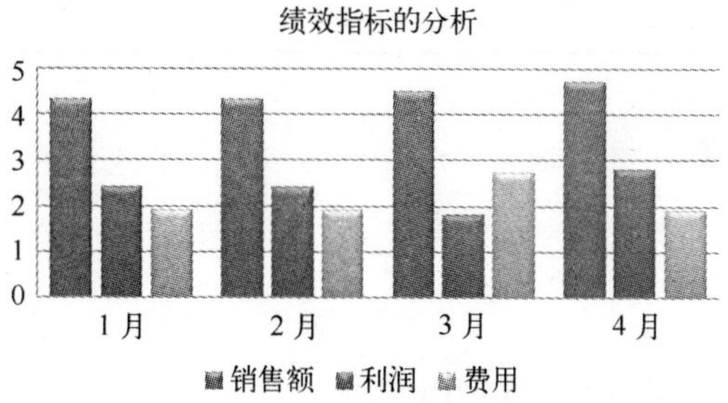

图 14-8　柱形图

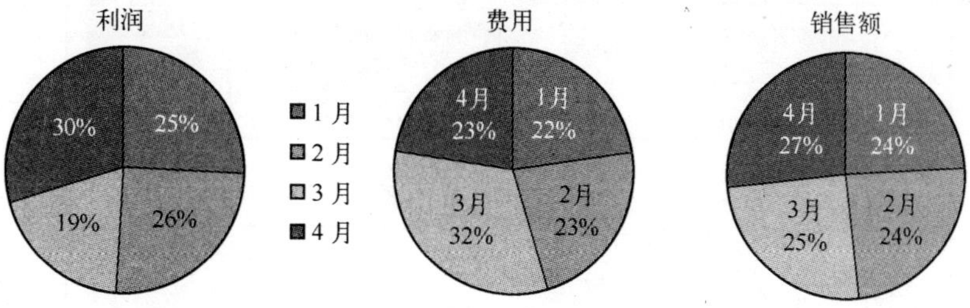

图 14-9　饼形图

（1）经营绩效的分析

按照时间月份分析经营绩效明细情况，包括销售额、利润、费用、市场占有率等指标。

（2）销售完成情况的分析

按照时间月份分析销售完成明细情况，包括营业户数、累计销售量等指标。

（3）销售市场管理的分析

按照时间月份分析销售市场管理情况明细，包括销售收入、解决客户投诉率、销售合同率。各项指标说明见表 14-5。

表 14-5　指标说明

指标 / 名称	指标说明
销售额	销售额=销售量×平均销售价格
利润	利润=收入−费用
费用	企业在日常活动中所消耗的经济利益支出
市场占有率	指一个企业的销售量在市场同类产品中的比重

（续）

名称 \ 指标	指标说明
营业户数	统计期内按某种分类统计的户数
累计销售量	本年统计期内销售量的合计
销售收入	销售收入＝产品销售数量×产品单价
客户投诉率	客户投诉率=客户投诉次数/企业服务客户的总次数
销售合同率	销售合同率=签订合同的数量/总的销售合同数量

14.3 营销系统设计

14.3.1 总体架构设计

营销辅助决策系统架构设计如图 14-10 所示。

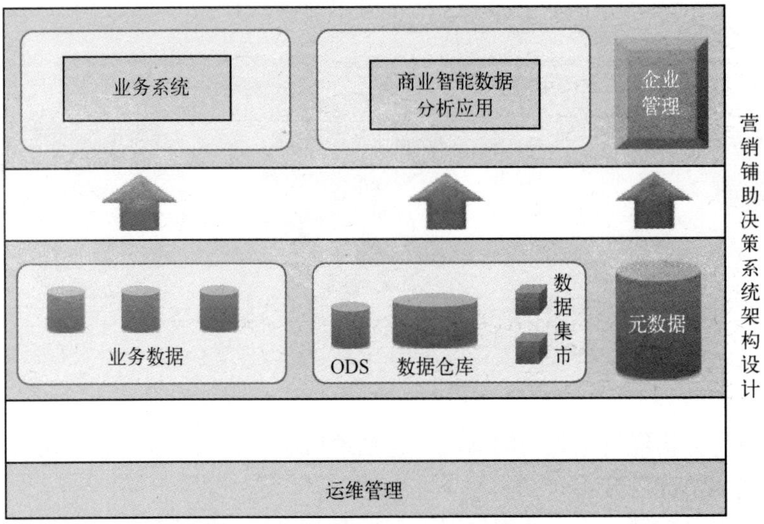

图 14-10　营销辅助决策系统架构设计

（1）应用架构

应用架构是指业务数据和业务系统之间的关系。本书重点描述的是数据仓库的应用，所以业务应用系统的设计不属于本书范围。

（2）数据仓库-数据访问架构

数据仓库-数据访问架构是指数据仓库在运行时的各个流程和状态，主要包括 ODS、数据仓库、数据集市、商业智能数据分析应用，如图 14-11 所示。

（3）运维管理

运维管理主要包括数据的备份与恢复、系统的监控、性能的管理等内容。

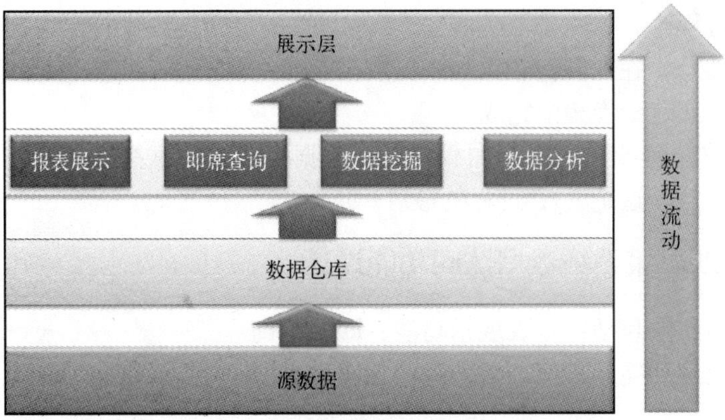

图 14-11　数据仓库-数据访问架构图

14.3.2　营销辅助决策系统的 ETL 架构设计

ETL 架构设计主要包括抽取、清洗、转换、加载 4 个部分，如图 14-12 所示。

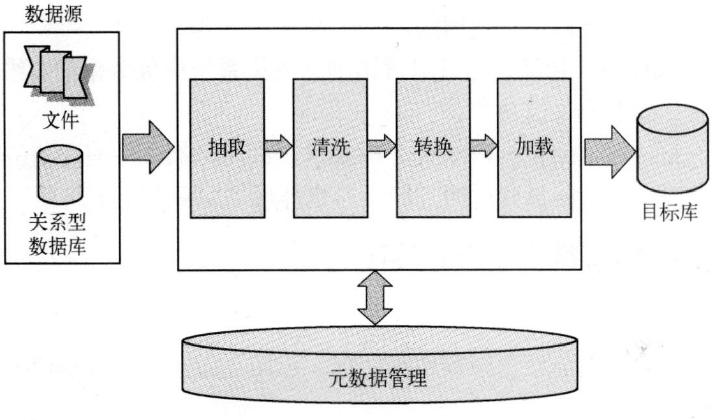

图 14-12　ETL 架构设计图

其中抽取主要负责将营销辅助决策系统的业务源数据提取到数据仓库中，业务源数据可以是关系型数据库，也可以是各种文件，例如 xml 文件、Excel 文件、文本文件等。因为不同业务源数据的数据质量可能各不相同，所以每个数据源的抽取方式也有所不同，它们都需要建立各自独立的抽取程序，然后通过通用的接口将源数据抽取到清洗步骤中去。

抽取步骤主要包括对数据适配器的支持，使得抽取程序可以与多种业务数据源相连接。一般来说，源数据适配器包含对 JDBC、ODBC、XML 等方式的支持，为两端的数据交换提供最基本的条件。

清洗步骤主要是针对数据仓库要求的数据质量标准，对营销数据进行清洗的过程。对营销数据清洗的方法可以有两类。

1）专用的清洗程序，目的是针对不同的业务系统有不同的清洗程序。

2）通用的清洗程序，如果每个业务源系统的清洗规则相同，可以使用自定义的通用函数来满足各个业务源系统的清洗程序。清洗工作的主要任务是对业务源数据的解析、数据标准化和数据合并的过程。

转换步骤主要负责在业务源数据加载到数据仓库之前的最后一次修改。许多聚合的操作和对指标的计算都在这一步骤中完成。

加载步骤是将营销业务源数据加载到目标数据结构中。这些目标数据结构可以是事实表，也可以是维度表，这是 ETL 过程的最后一步。

14.3.3 营销辅助决策系统数据访问功能设计

数据访问功能主要包括：报表展示功能、即席查询功能、联机分析处理功能、预测分析功能，如图 14-13 所示。

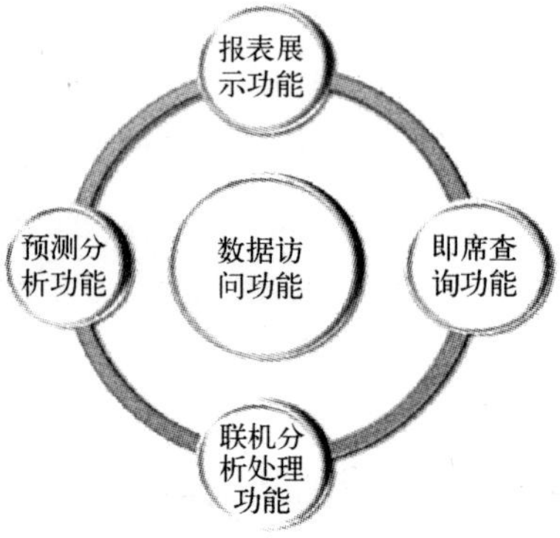

图 14-13 数据访问功能

报表展示功能一般从数据仓库或者数据集市中读取数据，用以实现自定义或者预定义的展示功能。使用报表展示功能的用户一般都是企业的高层领导人员、数据分析人员、业务人员等。

即席查询功能是对相关业务准实时性的查询。一般此功能是提供给高级数据分析人员使用的。

联机分析处理（OLAP）功能是通过对营销辅助决策系统业务数据的多维分析和各种图表的展示，以实现业务数据的分析功能。

预测分析功能是通过数据挖掘等统计分析技术，利用数据源中有价值的数据建立起来的信息系统，为用户提供了预测与分析的功能，这也体现了商业智能的价值。

14.3.4 营销辅助决策系统展示方式设计

（1）雷达图

雷达图主要用于表示当前经营绩效明细情况。该图显示了各组数据值偏离数据原点的距离，如图 14-14 所示。

（2）柱形图

柱形图主要用于表示当前经营绩效明细情况。该图显示了不同月份、不同数据项之间的比较，如图 14-15 所示。

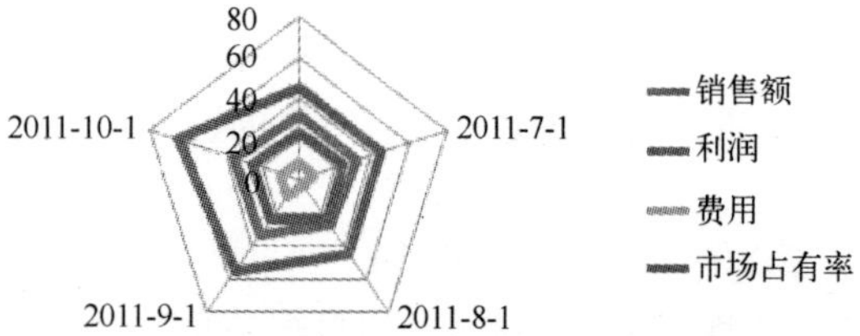

图 14-14 雷达图

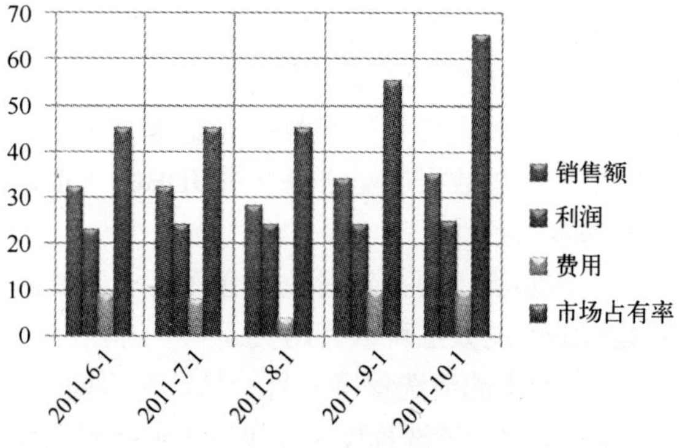

图 14-15 柱形图

（3）折线图

折线图主要用于表示当前经营绩效明细情况的数据变化趋势，如图 14-16 所示。

（4）饼形图

饼形图主要用于显示当前经营绩效明细情况的数据相对于总数值的大小和所占比重，如图 14-17 所示。

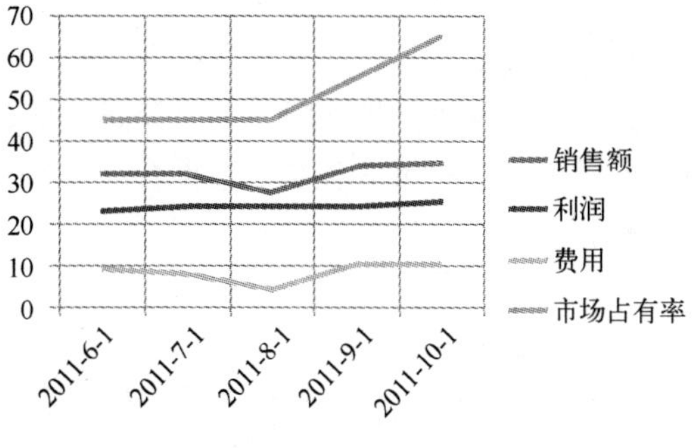

图 14-16　折线图

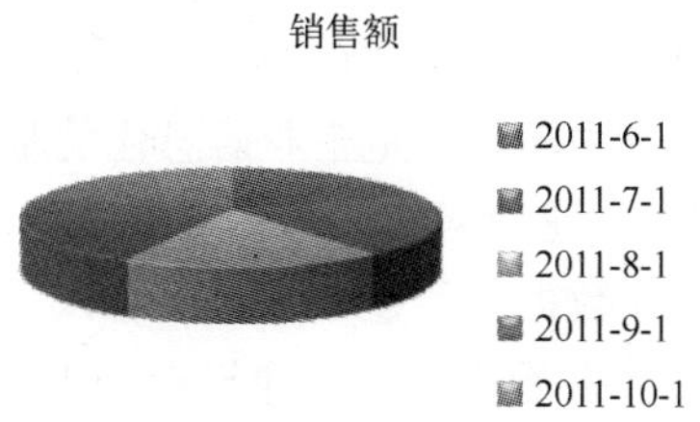

图 14-17　饼形图

（5）面积图

面积图主要用于显示当前经营绩效明细情况的每一数值所占大小，随时间或者其他类别而变化的曲线，如图 14-18 所示。

（6）条形图

条形图主要用于显示当前经营绩效明细情况数据间的比较，数据平行的演示，如图 14-19 所示。

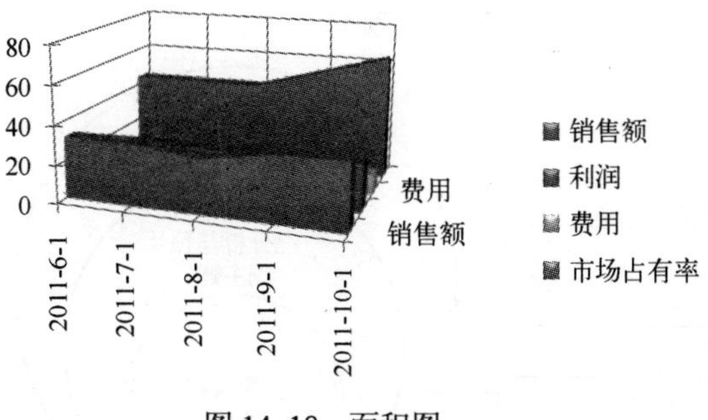

图 14-18　面积图

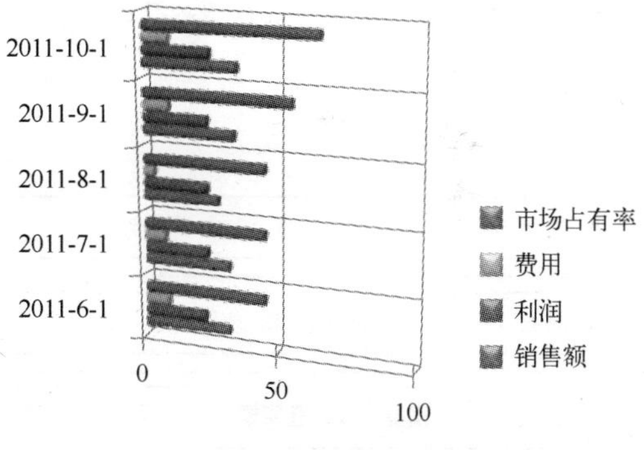

图 14-19　条形图

14.3.5　营销辅助决策系统主题分析功能设计

下面举例如下：

销售分析是指在指定时间范围内，分析市场占有率、费用、利润、销售额等指标，其主要分析内容如下：

（1）不同地区销售情况分析与预测

按照相同时间范围内、不同的地区范围去分析市场占有率、费用、利润、销售额的统计分析和同期对比分析。

（2）不同产品类型销售情况分析与预测

按照相同时间范围内、不同的产品类型去分析市场占有率、费用、利润、销售额的统计分析和同期对比分析。

14.3.6 数据模型设计

1．企业模型和企业数据模型的定义和关系

企业模型主要描述的是企业结构和企业业务活动；而企业数据模型是对企业业务活动的抽象，通过数据建模的方法描述企业业务的主要活动和各种经营过程。企业数据模型是在企业模型的基础上建立起来的，主要用于支持辅助决策系统中 ODS 模型、数据仓库模型、数据集市模型的建设，是企业信息化的基础。

2．企业数据模型建设的意义和内容

企业数据模型建设的意义有以下几个方面，如图 14-20 所示。

1）企业数据模型的建设有利于定义企业业务活动和经营过程中遇到的基本概念和主要内容，是企业信息化建设的第一步。

2）企业数据模型的建设有利于将业务数据转化成有价值的信息和知识。

3）企业数据模型的建设是构建 ODS 模型、数据仓库模型、数据集市模型的基础。

4）企业数据模型的建设是企业管理者、业务人员和设计开发人员沟通的基础，有利于提高辅助决策系统开发的效率。

企业数据模型的内容主要分为：概念模型设计、逻辑模型设计、物理模型设计。

（1）概念模型设计

1）企业数据概念模型设计主要包括主题域的设计、主题与实体的设计。一般情况下，主题域包含一个或者多个主题，每个主题的最小单位就是实体。例如在图 14-21 中，销售分析主题域包含地区销售情况分析与预测主题，该主题又包含销售人员实体。

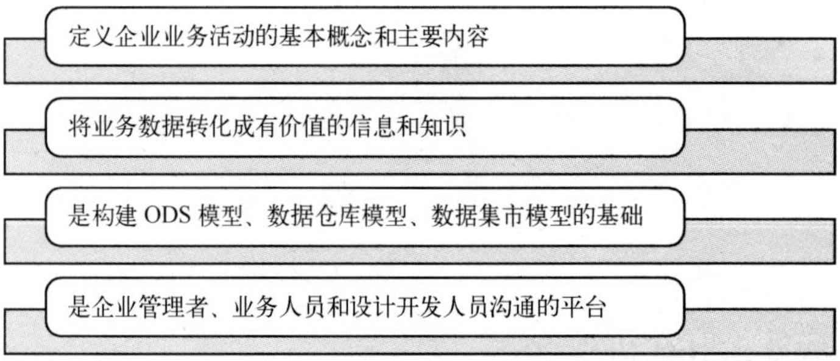

图 14-20　企业数据模型建设的意义

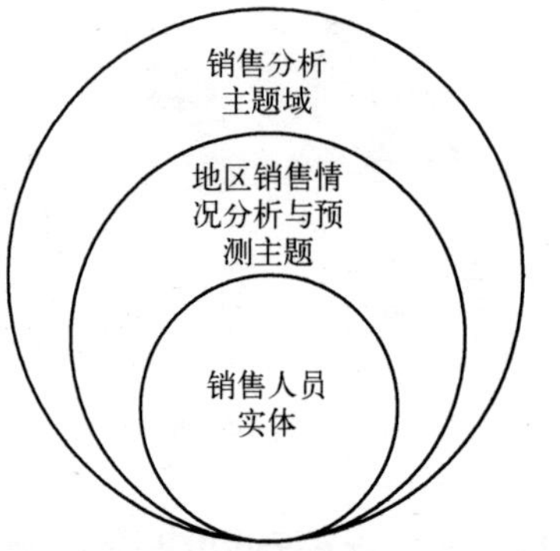

图 14-21　企业数据概念模型设计举例

2）概念模型建设的依据：包含企业模型、现有的应用系统和其他领域的经验，如图 14-22 所示。

3）概念模型建设的步骤：通过分析业务系统的主要数据，结合业务之间的关系列出详细的数据主题，在此基础上，根据数据主题之间的逻辑关系，将其划分到各自所属的数据主题域中，最后形成企业级主题域概念模型。概念模型建设的步骤如图 14-23 所示。

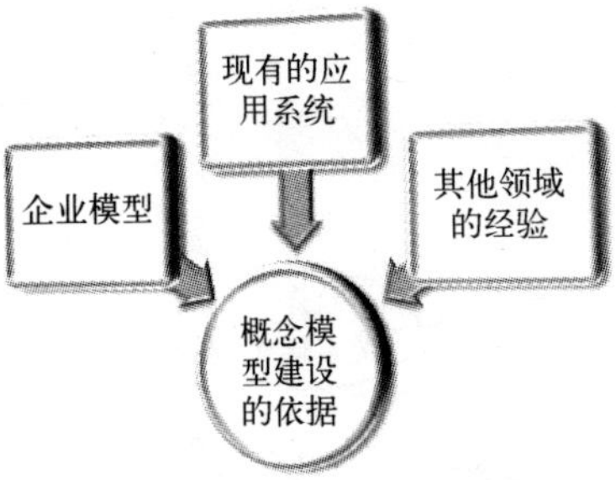

图 14-22 概念模型建设的依据

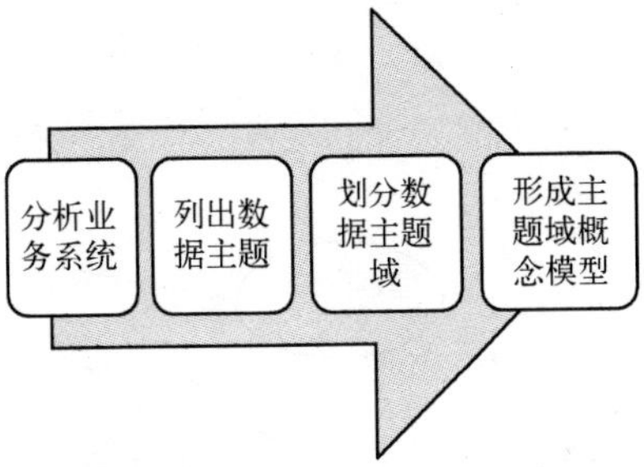

图 14-23 概念模型建设的步骤

下面以营销系统为例进行介绍。根据营销系统业务和经营活动的特点，列出下面的部分数据主题，见表 14-6。

表 14-6 营销系统的数据主题

数 据 主 题	数据主题说明
产品基本信息	主要描述企业提供产品的基本情况信息和各种服务信息
产品价格	对产品价格的描述
教育背景	对企业员工教育背景的描述
职位信息	对企业员工工作职位的描述
人员基本信息	主要描述人员的基本信息，包括人员的教育背景、性别、姓名、家庭收入等
社会保险信息	对各种社会保险的定义
产品质量信息	对各种产品质量的描述
业绩信息	对工作业绩的描述
社会关系信息	对企业员工基本社会关系的描述

根据数据主题之间的逻辑关系，可以划分成以下几个数据主题域：人员主题域、产品主题域和市场主题域，见表 14-7。

表 14-7 营销系统的数据主题域

主 题 域	描 述
人员主题域	主要描述企业经营活动中产生的人员基本信息，包括企业的内部人员信息和与企业相关的其他人员的信息
产品主题域	主要描述企业提供的产品信息和各种服务信息
市场主题域	主要描述企业与外部组织进行商品交易时所产生的市场信息

下面以人员主题域为例进行介绍。人员主题域包含教育背景信息、人员职务信息、人员工作业绩信息、人员社会保险信息、人员社会关系信息，如图 14-24 所示。

（2）逻辑模型设计

逻辑数据模型是对概念模型的分解和细化，主要描述了实体、属性、实体和实体之间的关系等内容。实体通常是企业经营活动中的一个事件、一个概念、一个日常的业务活动或者是一个参与者。属性是描述实体相关特性和定义的信息。关系是描述实体和实体之间的业务规则或者关联关系。下面以部分营销系统逻辑模型为例，描述逻辑数据模型的特点。例如在图 14-25 中，用户基本信息包含购买商品价格信息、用户地址信息、用户应收费用和用户账单信息。

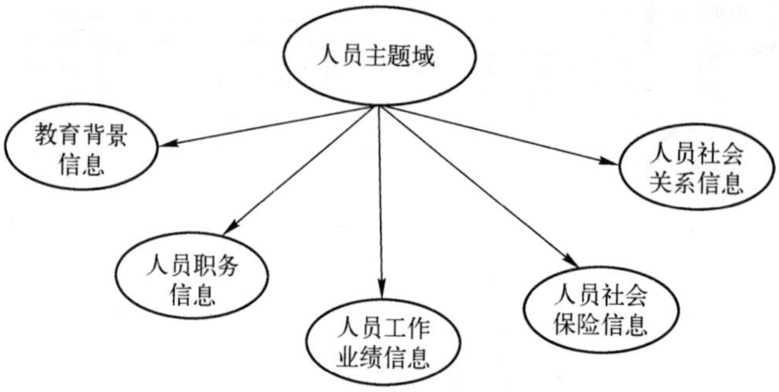

图 14-24 人员主题域

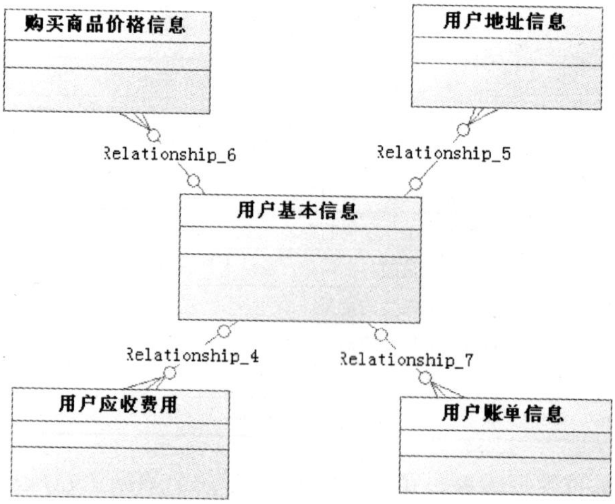

图 14-25 逻辑模型设计

（3）物理模型设计

物理数据模型主要描述了模型实体数据存储方面的内容。在设计的时候，需要考虑数据的类型、长度和索引结构。除此之外，还需要考虑数据存储的性能问题和数据库产品的特点。下面以部分营销系统物理模型为例，描述物理模型的特点。例如在图 14-26 中，营销系统包含用户信息表、职务类型编码表、商品类型编码表、用户地址编码表。

3．企业数据模型与其他模型的关系

企业数据模型是从企业的整体角度来描述企业的信息化建设，是构建 ODS 数据模型、数据仓库数据模型、数据集市数据模型的基础。

企业数据模型与其他模型的关系如图 14-27 所示。

4．ODS 数据模型建设

ODS 统一信息视图区的概念模型是依据企业数据模型构建的，它是按照主题进行规划组织的，一般来说，都是最近时间的或者实时的数据存储，使用户能够快速查询数据。ODS 统一信息视图区需要满足两个条件：一是满足各个部门和组织对数据共享的要求，二是满足实时性获取数据的要求。

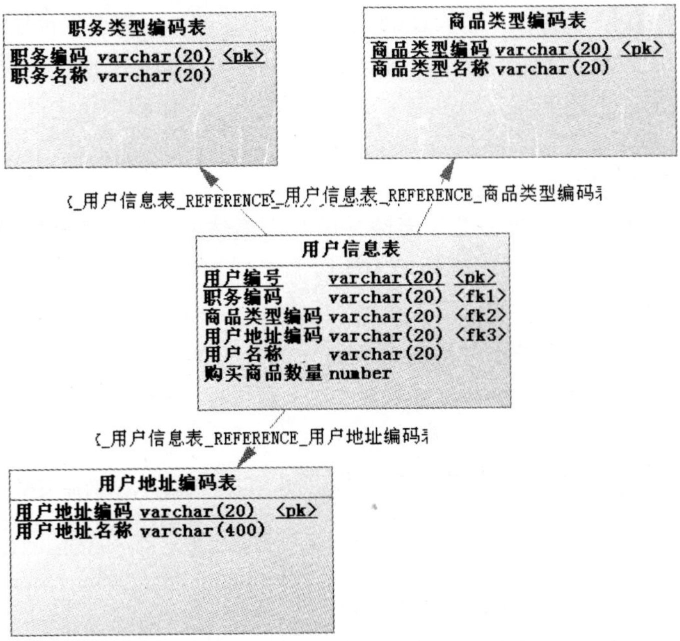

图 14-26　物理模型设计

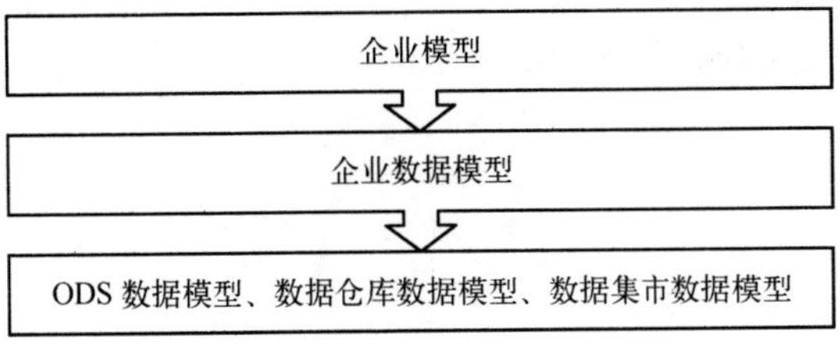

图 14-27　企业数据模型与其他模型的关系

ODS 逻辑模型设计是针对逻辑层进行设计，主要包括逻辑结构的设计、存储周期的设计和存储粒度的设计。

1）ODS 逻辑结构设计主要包括：实体和实体属性的定义、实体和实体之间关系的定义。

2）存储周期的设计主要是针对数据存储期限的定义。一般来说，在 ODS 存储区中只保存最新的数据，并且不断删除旧数据。

3）存储粒度的设计主要是对数据细节程度大小的定义，粒度的大小直接决定了数据量的大小和查询的灵活性，是逻辑设计中重点要解决的一个问题。

图 14-28　ODS 逻辑模型设计的一般步骤

ODS 逻辑模型设计的一般步骤如图 14-28 所示。

1）根据业务系统的调研结果，划分 ODS 的主题。设计人员需要参考业务系统的原模型，根据需求调研的结果划定主要的数据主题范围，在数据主题的基础上进行各个主题的定义。

2）在主题定义完成之后，开始进行实体、实体属性、实体和实体之间关系、数据的存储粒度和存储周期的定义。在此基础上，需要保证所有实体的唯一性。

3）形成 ODS 逻辑结构说明书。根据以上的步骤，在 ODS 逻辑结构说明书中对业务需求、数据主题的范围、主题的定义、实体、实体的属性、实体和实体之间的关系进行详细的说明和解释。

ODS 逻辑模型设计的原则如下：

1）以营销系统为例，凡是涉及营销系统使用其他系统的数据，都应该将该系统的实体放入 ODS 逻辑模型中。例如，营销系统使用人力资源系统和商品交易系统作为稳定的数据源，则将人力资源和商品交易系统的实体放入到营销辅助决策系统的 ODS 逻辑模型中。反之，如果人力资源系统和商品交易系统都使用营销系统作为稳定的数据源，则不需要将人力资源和商品交易系统的实体放入营销辅助决策系统的 ODS 逻辑模型中。

2）外部业务系统的基础数据一般不放入 ODS 逻辑模型中。例如，其他商品的生产信息作为生产系统的基础数据，但是不放入营销系统的 ODS 逻辑模型中。

3）营销辅助决策系统涉及的各个主题域中共享的编码实体，一般都放入 ODS 逻辑模型中。例如，营销辅助决策系统中的商品类型编码实体放入 ODS 逻辑模型中，如图 14-29 所示。

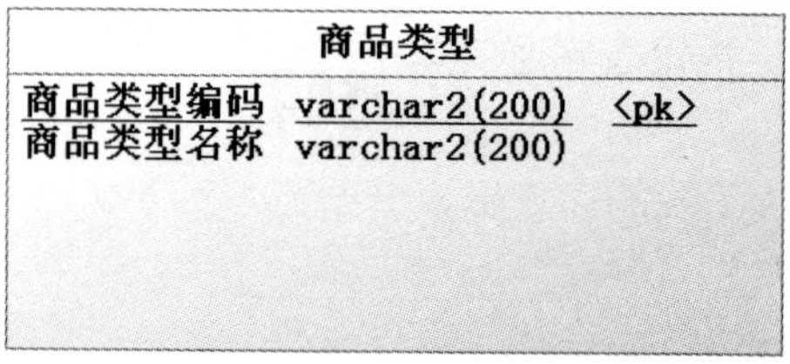

图 14-29　放入 ODS 逻辑模型中的编码实体

ODS 逻辑模型设计的原则如图 14-30 所示。

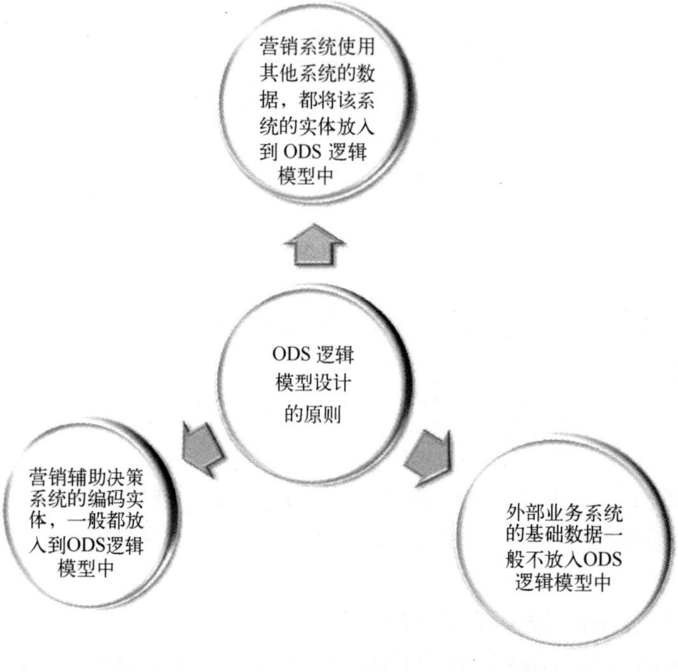

图 14-30　ODS 逻辑模型设计的原则

ODS 物理模型设计主要是针对 ODS 数据模型的物理实现进行设计，主要包括数据的存储结构、索引方式等内容。

ODS 物理模型设计的步骤如下：

1）确定数据的存储结构。

2）确定数据的抽取频率，数据量的大小和响应时间，这些信息是优化的重要依据。

3）确定数据优化的方式：例如索引策略、分区。

5．数据仓库数据模型建设

数据仓库概念模型的主要功能就是确定用户决策分析涉及的所有问题和信息。例如，在进行销售情况分析时，可以根据销售的时间、地区范围、产品类型等分析各个指标。数据仓库模型可以分成企业的核心历史数据区域和轻度汇总数据区域两个部分。其中，企业的核心历史数据区域主要包括主题域、主题、实体，以及实体与实体之间的关系，同时为了实现历史数据的保存，每个实体需要有一个时间戳。轻度汇总数据区域是根据决策分析的需求，制定相应的汇总策略，以满足用户的需要。

数据仓库逻辑模型主要是针对逻辑层进行设计，主要包括主题域设计、主题设计等内容。

数据仓库逻辑模型设计的主要工作有：

1）确定主题域和每个主题域有哪些主题。

2）确定粒度的层次划分。

3）确定数据的存储周期。

部分营销系统数据仓库逻辑模型实例如图 14-31 所示。

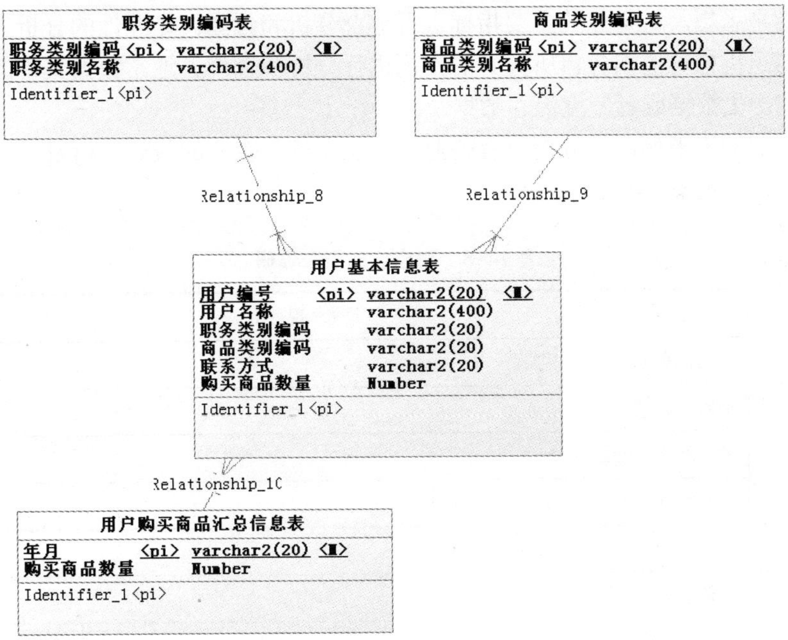

图 14-31　数据仓库逻辑模型实例

数据仓库物理模型设计主要是针对数据仓库的物理层进行设计，主要包括数据的存储结构、索引方式等内容。数据仓库物理模型设计的步骤与 ODS 物理模型的设计步骤是完全相同的，在此不再赘述。但是需要强调的是，因为数据仓库的数据量一般是巨大的，并且数据仓库中的数据一般是不更新的，所以可以采用复杂的索引策略，以获得最优的数据存储和查询效率，并且降低了维护索引的难度。部分营销系统数据仓库物理模型实例如图 14-32 所示。

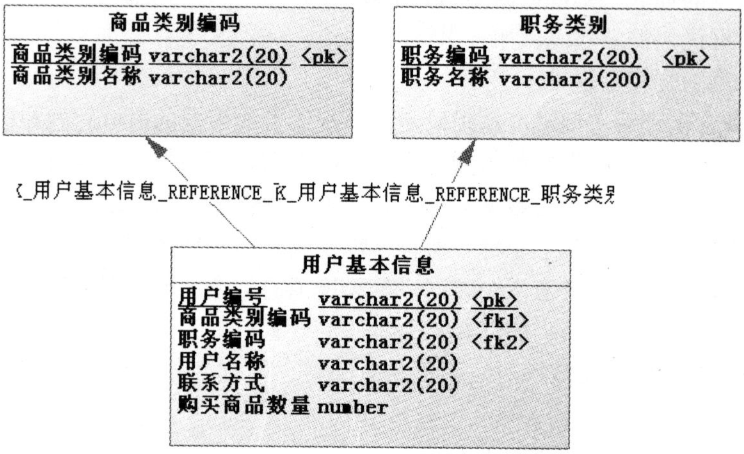

图 14-32　数据仓库物理模型实例

6. 数据集市数据模型建设

数据集市概念模型是根据业务需求建立起来的，它可以包含两部分内容：综合类的分析查询和专业性的分析查询。其中综合类的分析查询是根据企业的整体环境，包括企业的总体战略方针和指导思想，对企业的主要指标进行综合分析和预测。专业性的分析查询是根据不同的部门和组织机构对他们各自所关心的指标进行分析和查询。通常数据集市的数据来源是数据仓库中的历史数据或者轻度汇总数据。

通过对企业的需求调研，分析已有的业务报表系统和企业的战略分析目标，设计出相应的数据集市模型，见表 14-8。

表 14-8　对企业的需求调研

<table>
<tr><th>分 析 主 题</th><th colspan="3">销售情况分析</th></tr>
<tr><td>维度</td><td colspan="3">时间、地区范围、产品类型</td></tr>
<tr><td rowspan="3">维度层次</td><td colspan="3">时间：年-月-日</td></tr>
<tr><td colspan="3">地区范围：省-地市</td></tr>
<tr><td colspan="3">产品类型：食品、服装、玩具、家电</td></tr>
<tr><td>分析指标</td><td colspan="3">市场占有率、费用、利润、销售额</td></tr>
<tr><td>数据来源</td><td colspan="3">营销系统</td></tr>
<tr><td>关注对象</td><td>公司高层管理人员</td><td>部门管理人员</td><td>所有业务人员</td></tr>
<tr><td>备注信息</td><td colspan="3"></td></tr>
</table>

数据集市模型如图 14-33 所示。

数据集市逻辑模型主要是针对逻辑层进行设计，主要包括维表的设计、事实表的设计等内容。

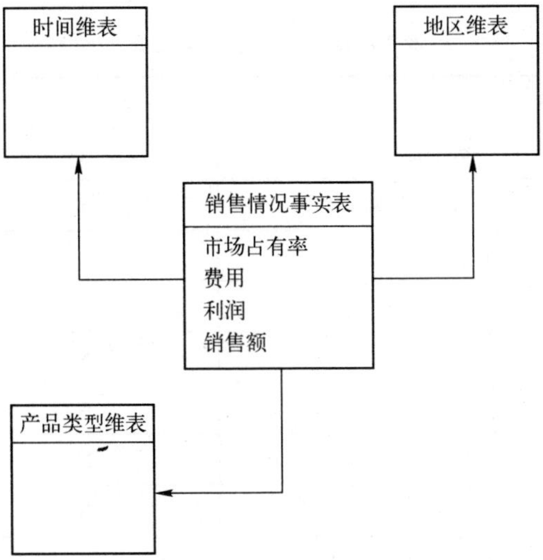

图 14-33　数据集市模型

数据集市的主要工作有：

1）分析当前的主题域，确定主题域下面有哪些主题。

2）确定粒度的层次。

3）确定事实表中有哪些指标。

4）确定事实表中关联哪些维度。

5）确定数据集市的关系模式，例如是雪花型模式还是星型模式。

维表设计见表 14-9～表 14-12。

表 14-9　时间维表

代　码	数据类型	是否主键	注　释
TIME_CODE	Varchar（8）	Y	时间编码
TIME_NAME	Varchar（64）	N	时间描述

表 14-10　产品类型维表

代　码	数据类型	是否主键	注　释
CP_TYPE_CODE	Varchar（8）	Y	产品类型编码
CP_TYPE_NAME	Varchar（64）	N	产品类型名称

表 14-11　地区维表

代　码	数据类型	是否主键	注　释
DQ_TYPE_CODE	Varchar（8）	Y	地区编码
DQ_TYPE_NAME	Varchar（64）	N	地区名称

表 14-12　销售情况事实表

代　码	数 据 类 型	是 否 主 键	注　释
CODE	Varchar（8）	Y	编号
TIME_CODE	Varchar（8）	Y	时间编码
CP_TYPE_CODE	Varchar（8）	Y	产品类型编码
DQ_TYPE_CODE	Varchar（8）	Y	地区编码
MARKET_ RATE	Varchar（8）	N	市场占有率
CHARGE	Number	N	费用
PROFIT	Number	N	利润
SALES	Number	N	销售额

数据集市物理模型设计主要是针对数据集市的物理层进行设计，主要包括数据的存储结构、索引方式等内容。数据集市的物理模型设计步骤与数据仓库物理模型的设计步骤是完全相同的，在此不再赘述。但是需要强调的是，数据集市的数据量相对较大，并且数据集市中的数据一般是不更新的，所以可以采用复杂的索引策略，以获得最优的数据存储和查询效率，并且降低了维护索引的难度。

数据集市物理模型实例如图 14-34 所示。

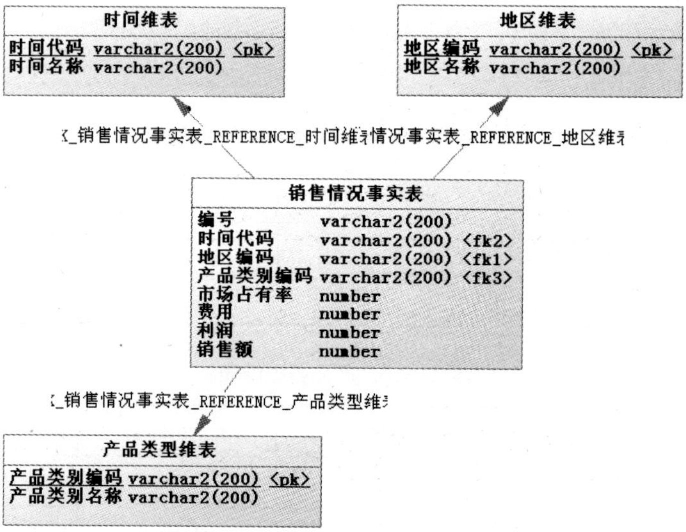

图 14-34　数据集市物理模型实例

14.4　ETL 数据抽取

14.4.1　ETL 物理设计

PowerCenter Folder 的划分见表 14-13 和图 14-35。

表 14-13 PowerCenter Folder 的划分

序 号	Folder 名称	备 注
1	MARKET _BUFFER	从源数据库抽取到 ODS 数据缓冲区
2	MARKET _VIEW	从 ODS 数据缓冲区抽取到 ODS 统一信息视图区
3	MARKET _DW	从 ODS 统一信息视图区抽取到数据仓库
4	MARKET _DM	从数据仓库抽取到数据集市

图 14-35 PowerCenter Folder 的划分

14.4.2 从源数据库抽取到 ODS 数据缓冲区

下面以用户基本信息表（见表 14-14）为例进行介绍。

表 14-14 用户基本信息表

源 字 段	目标字段名称	目 标 字 段	数 据 类 型	转 换 规 则	备 注
USER_ID	用户编号	USER_NO	Varchar（50）		
ZW_ID	职务编号	ZW_NO	Varchar（50）		
PRO_ID	购买商品类型编号	PRO_NO	Varchar（50）		
USER_NAME	用户名称	USER_NAME	Varchar（50）		
CONTACT	联系方式	CONTACT	Varchar（50）		
PRO_NUM	购买商品数量	PRO_NUM	Varchar（50）		
	生效时间	M_Time	Varchar（50）	Sysdate	

更新策略：采用全量抽取的方式，只保留最新的数据。

14.4.3 从 ODS 数据缓冲区抽取到 ODS 统一信息视图区

从 ODS 数据缓冲区抽取到 ODS 统一信息视图区见表 14-15。

表 14-15 从 ODS 数据缓冲区抽取到 ODS 统一信息视图区

源 字 段	目标字段名称	目 标 字 段	数 据 类 型	转 换 规 则	备 注
USER_NO	用户编号	USER_NO	Varchar（50）		
ZW_NO	职务编号	ZW_NO	Varchar（50）		
PRO_NO	购买商品类型编号	PRO_NO	Varchar（50）		
USER_NAME	用户名称	USER_NAME	Varchar（50）		
CONTACT	联系方式	CONTACT	Varchar（50）		
PRO_NUM	购买商品数量	PRO_NUM	Varchar（50）		
M_Time	生效时间	M_Time	Varchar（50）		

（1）抽取策略

每月定时抽取。

（2）更新策略

第一次全部抽取，以后抽取的都是最近一个月的数据。

（3）抽取的方法

1）全量抽取：Select * from　ODS 数据缓冲区的表。

2）增量抽取：where TO_DATE（M_Time,'YYYYMM'）>=TRUNC（ADD_MONTHS（SYSDATE, -1），'MM'）。

14.4.4 从 ODS 统一信息视图区抽取到数据仓库

从 ODS 统一信息视图区抽取到数据仓库见表 14-16。

表 14-16 从 ODS 统一信息视图区抽取到数据仓库

源 字 段	目标字段名称	目 标 字 段	数 据 类 型	转 换 规 则	备 注
USER_NO	用户编号	USER_NO	Varchar（50）		
ZW_NO	职务编号	ZW_NO	Varchar（50）		
PRO_NO	购买商品类型编号	PRO_NO	Varchar（50）		
USER_NAME	用户名称	USER_NAME	Varchar（50）		
CONTACT	联系方式	CONTACT	Varchar（50）		
PRO_NUM	购买商品数量	PRO_NUM	Varchar（50）		
M_Time	生效时间	M_Time	Varchar（50）		

（1）抽取策略

每月定时抽取。

（2）更新策略

第一次全部抽取，以后抽取的都是最近一个月的数据。

（3）抽取的方法

1）全量抽取：Select * from　ODS 统一信息视图区的表。

2）增量抽取：where TO_DATE(M_Time,'YYYYMM')>=TRUNC(ADD_MONTHS(SYSDATE, -1),'MM')。

14.4.5 从数据仓库抽取到数据集市

从数据仓库抽取到数据集市见表 14-17。

表 14-17 从数据仓库抽取到数据集市

源 字 段	目标字段名称	目 标 字 段	数 据 类 型	转 换 规 则	备 注
USER_NO	用户编号	USER_NO	Varchar（50）		
ZW_NO	职务编号	ZW_NO	Varchar（50）		
PRO_NO	购买商品类型编号	PRO_NO	Varchar（50）		
USER_NAME	用户名称	USER_NAME	Varchar（50）		

（续）

源 字 段	目标字段名称	目 标 字 段	数 据 类 型	转 换 规 则	备 注
CONTACT	联系方式	CONTACT	Varchar（50）		
PRO_NUM	购买商品数量	PRO_NUM	Varchar（50）		
M_Time	时间戳	M_Time	Varchar（50）		

（1）抽取策略

每月定时抽取。

（2）更新策略

第一次全部抽取，以后抽取的都是最近一个月的数据。

（3）抽取的方法

1）全量抽取：Select * from 数据仓库的表。

2）增量抽取：where TO_DATE(M_Time,'YYYYMM')>=TRUNC(ADD_MONTHS (SYSDATE, −1), 'MM')。

14.5 报表展示

1. 报表—饼形图

商品类型-商品数量饼形图如图 14-36 所示。

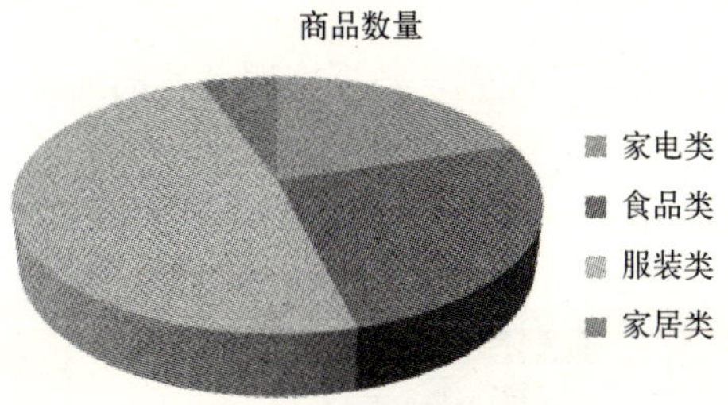

图 14-36 商品类型-商品数量饼形图

2. 报表—柱形图

商品类型-商品数量柱形图如图 14-37 所示。

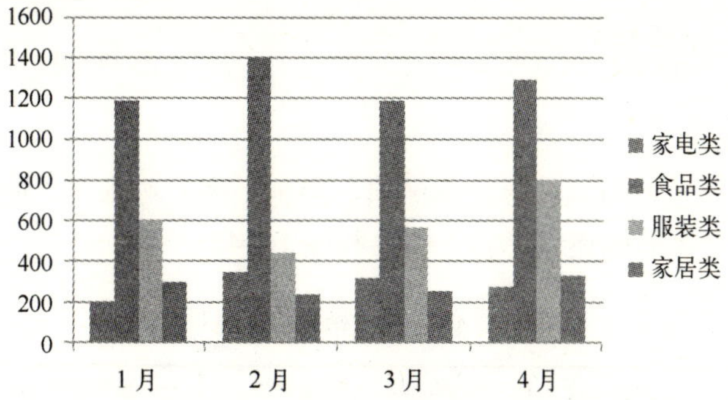

图 14-37 商品类型-商品数量柱形图

3．报表—折线图

商品类型-商品数量折线图如图 14-38 所示。

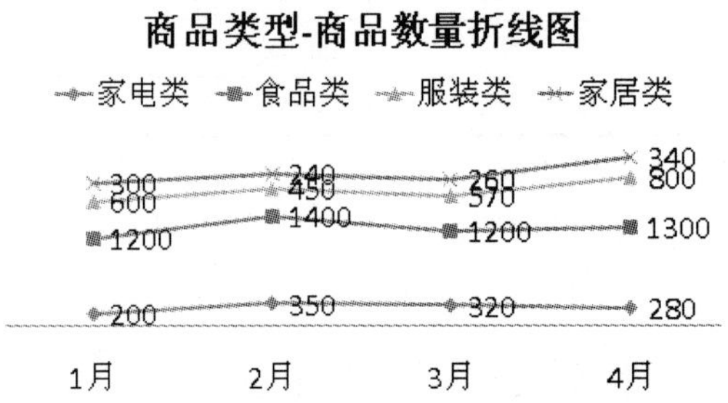

图 14-38　商品类型-商品数量折线图

14.6　编写测试报告

测试报告主要包括以下几个部分。

1．编写测试概要

根据测试计划对全部功能进行测试，包括测试的结果，是否如期完成。

2．测试的环境

（1）硬件环境

硬件环境主要描述应用服务器的配置，数据库服务器的配置，如图 14-39 所示。

（2）系统软件环境

系统软件环境主要描述应用服务器和数据库服务器所在的系统环境，如图 14-40 所示。

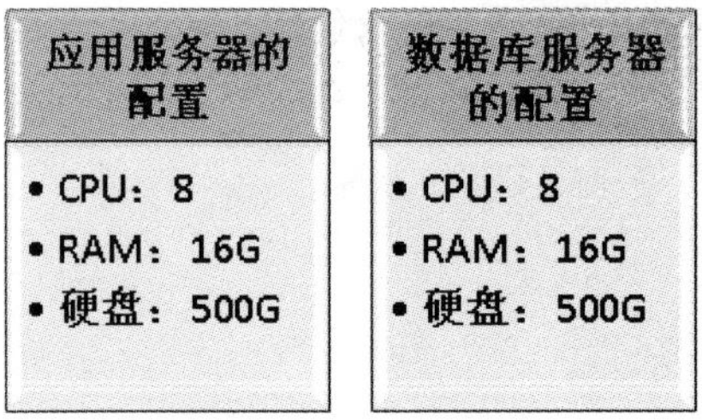

图 14-39　硬件环境

图 14-40　系统软件环境

3．测试结果分析

测试结果分析主要包括用例编号、测试项、测试子项、功能点、输入数据、预计输出的信息、测试结果和对问题的描述，见表 14-18 和图 14-41。

表 14-18　测试结果分析举例

用例编号	测试项	测试子项	功能点	输入数据	预计输出的信息	测试结果	问题描述
01	首页	首页月报	页面显示	查看页面显示是否正常	显示全部的信息	通过	

（续）

用例编号	测试项	测试子项	功能点	输入数据	预计输出的信息	测试结果	问题描述
02	首页	首页月报	查询	选择各个过滤条件及其组合进行查询	显示全部的信息，信息显示正确	通过	
03	首页	首页月报	人员信息分析	查看仪表盘显示是否正常	显示全部的信息，信息显示正确	通过	
04	首页	首页月报	企业信息分析	查看柱形图显示是否正常	显示全部的信息，信息显示正确	通过	

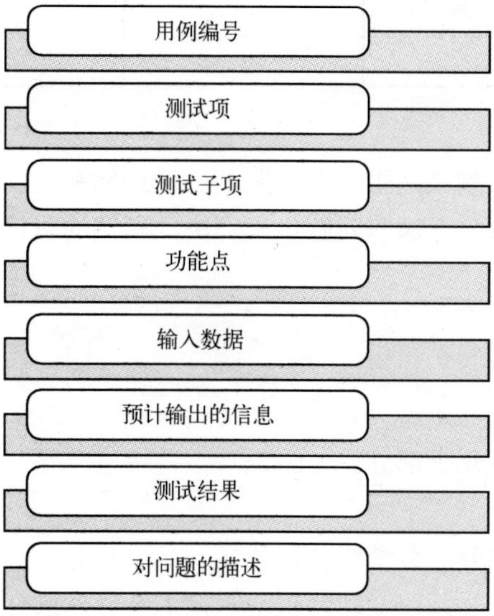

图 14-41　测试结果分析

4．对问题的统计

对问题的统计包括问题的分类（严重、一般、建议）、问题状态、分类的统计、小计、总计等内容，见表 14-19。

表 14-19　对问题的统计

问题的分类	问 题 状 态	分类的统计	小　　计	总　　计
严重	未修改	1	9	21
	已修改	8		
一般	未修改	2	8	
	已修改	6		
建议	未修改	2	4	
	已修改	2		

5．测试内容

测试内容包括功能模块的分类（首页、指标监控、高级查询）、问题状态、分类的统计、小计、总计等内容，见表 14-20。

表 14-20　测试内容

功能模块的分类	问 题 状 态	分类的统计	小　计	总　计
首页	未修改	2	9	19
	已修改	7		
指标监控	未修改	2	7	
	已修改	5		
高级查询	未修改	2	3	
	已修改	1		

6. 测试结论

测试结论主要描述本次测试是否完全按照测试计划和测试用例进行，主要测出了哪些问题，问题主要集中在哪个部分，哪些问题仍未解决，测试的总体情况是什么，是否已经达到了测试的目的等内容。

14.7　编写用户手册

用户手册主要包括以下几个部分。

（1）对系统的概述

首页：主要包括哪些部分，有哪些分析功能。

指标监控：包括哪些指标监控专题分析，例如工作目标执行情况分析。

业务专题分析：包括哪些业务领域的专题分析，例如人力资源分析。

高层领导查询：主要包括企业高层领导关注的查询内容有哪些，例如企业单位职工情况分析。

高级分析：主要包括系统多维分析主题的内容，例如人员信息主题分析等。

报表查询：主要包括根据某些条件进行查询的报表。

对系统的概述如图 14-42 所示。

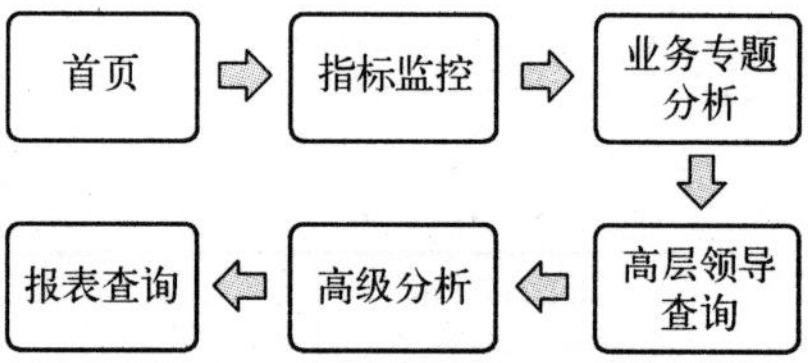

图 14-42　对系统的概述

（2）用户使用说明

用户使用说明描述用户如何登录到系统当中，输入的网址是什么；进入到系统之后，如何进行具体的操作，例如对首页、指标监控、业务专题分析、高层领导查询、高级分析、报表查询等内容进行操作。

14.8　软件发布

软件发布的内容主要包括：填写系统软件的名称，版本的具体信息，对发布的说明（系统实现了哪些主要功能），发布的内容（主要是源代码或者升级包）。

软件发布还包括一些配置项和非配置项的管理，见表 14-21 和表 14-22。

表 14-21　配置管理

配置项版本号	配　置　项	配置项版本号	配　置　项
01	用户需求说明书	05	集成测试计划
02	BI 详细设计	06	源代码
03	数据库设计	07	ETL 详细设计
04	用户手册	08	软件发布说明书

表 14-22　非配置项管理

非配置项版本号	非 配 置 项	非配置项版本号	非 配 置 项
01	代码程序清单	04	单元测试说明报告
02	代码抽查记录说明	05	测试产品缺陷清单
03	集成测试说明报告		

14.9　系统运行维护

（1）数据库管理系统

数据库系统维护内容主要包括对数据库参数的维护、数据库表空间的维护、数据库文件的维护、数据库用户的维护等内容。

（2）系统故障处理

当数据库文件损坏时，应该首先删除数据库的用户和表空间，然后建立新的用户和对应的表空间，最后根据数据库的日志文件将数据库文件恢复。

当数据库服务器中的硬件出现故障时，应该在别的服务器中建立新的数据库，分别建立数据库用户及表空间，将数据库备份文件恢复到新的服务器中，以保证系统正常运行。

14.10　本章小结

1）项目工作计划的制订包括：对项目背景与目的的描述、确定项目需要交付的成果、制定项目管理文档、项目进度划分。

2）需求分析包括：业务需求概述、功能需求概述。

3）数据访问功能主要包括：报表展示功能、即席查询功能、联机分析处理功能、预测分析功能。

4）报表展示功能一般从数据仓库或者数据集市中读取数据，用以实现自定义或者预定义的展示功能。使用报表展示功能的用户一般都是企业的高层领导人员、数据分析人员、业务人员等。

5）即席查询功能是对业务准实时性的查询。一般此功能是提供给高级数据分析人员所使用的。

6）联机分析处理（OLAP）功能是通过对营销辅助决策系统业务数据进行多维分析和各

种图表展示，以实现业务人员对数据的分析功能。

7）预测分析功能是通过数据挖掘等统计分析技术，利用数据源中有价值的数据建立起来的信息系统，为用户提供了预测与分析的功能，这也体现了商业智能的价值。

8）企业模型主要描述的是企业结构和企业业务活动，而企业数据模型是对企业业务活动的抽象，通过数据建模的方法描述企业业务的主要活动和各种经营过程。企业数据模型是在企业模型的基础上建立起来的，主要用于支持辅助决策系统中 ODS 模型、数据仓库模型、数据集市模型的建设，是企业信息化的基础。

9）企业数据模型的内容主要分为：概念模型设计、逻辑模型设计、物理模型设计。

10）数据仓库模型可以分成企业的核心历史数据区域和轻度汇总数据区域两个部分。企业的核心历史数据区域主要包括主题域、主题、实体，以及实体与实体之间的关系，同时为了实现历史数据的保存，每个实体需要有一个时间戳。轻度汇总数据区域是根据决策分析的需求，制定相应的汇总策略，以满足用户的需要。

11）数据集市概念模型是根据业务需求建立起来的，它可以包含两部分内容：综合类的分析查询和专业性的分析查询。

12）数据集市的主要工作有：

- 分析当前的主题域，确定主题域下面有哪些主题。
- 确定粒度的层次。
- 确定事实表中有哪些指标。
- 确定事实表中关联哪些维度。
- 确定数据集市的关系模式，例如是雪花型模式还是星型模式。

工 具 篇

第 15 章 Informatica PowerCenter 工具简介

本章目标

本章将详细介绍 Informatica PowerCenter 工具的使用方法，包括 PowerCenter Designer、Repository Manager、Workflow Manager、Workflow Monitor 等工具的菜单、组件、工作区及其各种功能的详细说明。在学习完本章后，您将了解 Informatica PowerCenter 各个组件的功能、使用方法等，为下一篇的深入学习做好充分的准备。

学习本章后，您将掌握：

- Informatica PowerCenter 的历史。
- Informatica PowerCenter 的特点。
- Informatica PowerCenter 的优势。
- Informatica PowerCenter 的工具介绍。

15.1 Informatica PowerCenter 介绍

1993 年，Informatica 公司在美国加利福尼亚州成立，一年后在美国纳斯达克成功上市，2005 年进入中国，开辟亚洲最大的营销市场。截止到 2010 年其市值大约为 6.5 亿美元，目前约有 1600 名雇员。Informatica 公司的总部大楼如图 15-1 所示。

图 15-1 Informatica 公司的总部大楼（位于美国加利福尼亚州红木市）

15.1.1 Informatica 的特点

1．强大的多种数据类型访问能力

Informatica PowerCenter 允许访问多种数据类型，包括：

- 结构化、非结构化以及半结构化的数据类型。
- 关系、大型主机、文件和基于标准的数据。
- 消息队列数据。

Informatica PowerCenter 可以根据企业的针对性需求，对多种数据类型进行操作。该软件可以实时、批量和通过变更数据捕获的方式来操作数据，以满足企业的业务需要。

2．企业级的数据集成解决方案

Informatica PowerCenter 不仅能通过提供强大的 ETL（抽取-转换-装载）功能，应对部门级的数据仓库和数据集市的各种需求，还能提供高效的、高可用性的企业级数据集成解决方案，满足企业对安全、性能、扩展性及其他方面的多种需求。

- 组件的可重用性、故障转移、可随时进行恢复。
- 支持网格计算。
- 动态分区功能。
- 基于元数据的管理。
- 开放的、高扩展性的。

Informatica 不只是一个单一的 ETL 工具，目前它已经发展成为一个面向企业级的、成熟的数据集成方案供应商。

3．强大的 ETL（抽取-转换-装载）功能

- 支持元数据驱动的灵活组件架构。
- 支持跨平台的大数据量的数据抽取。
- 进行复杂的数据转换，通过对复杂数据关系的深入剖析，达到对业务决策数据的精确掌握。
- 高速装载机制。
- 及时的、可用的、高效的信息共享。

15.1.2 Informatica 的优势

（1）在合适的时间提供正确的信息

- 实现统一、实时的数据访问，即批量、接近实时或者实时的数据访问。
- 在整个企业内提供及时可靠的数据以满足分析和运营要求。
- 为数据定义、数据继承和关系提供企业范围内的可见性，并且提高数据的准确性和一致性，以增强对数据的信心。
- 回答企业关于数据的问题并随时为它提供所需的高质量数据，以便企业能够更好、更及时地作出决策。

（2）满足企业级的任务关键型部署要求

- 满足企业对安全性、可扩展性和性能的要求，并且为企业的数据集成方案打下基础。
- 满足不断增长的数据需求、节省硬件成本并降低与数据停用期有关的成本和各种风险。

- 借助 PowerCenter 的 ICC 级安全功能来降低安全漏洞和隐私漏洞的风险。

（3）提高跨团队的工作效率并加强跨职能协作

- 有效协调设计人员，让开发人员和管理者进行高效的团队工作。
- 可重用的组件功能。
- 可以轻松处理和管理复杂团队（其中的成员具有不同的角色和责任）的 BI（商业智能）项目。
- 通过鼓励协作、最大程度地降低开发复杂性、管理变更影响、提高工作效率以及缩短交付时间的方式，降低 IT 项目成本。

（4）成熟的市场、丰富的经验以及众多的客户群

Informatica 公司在全球拥有 4200 多位客户，包括：

- 84 家“财富 100 强”公司。
- 道琼斯中 87%的公司。
- 20 个国家和地区的政府机构。

Informatica 公司在各行业的成绩：

- 电信业：全球 23 家顶尖电信运营商中的 18 家。
- 金融服务：全球 60 家顶尖金融服务商中的 44 家。
- 医疗保健：全球 11 家顶尖医疗保健机构中的 9 家。
- 能源与公用事业：全球 34 家顶尖机构中的 25 家。
- 保险：全球 22 家顶尖保险公司中的 18 家。
- 生命科学：全球最大的 11 家机构。

15.2 Informatica PowerCenter 工具概况

Informatica PowerCenter 工具由以下部分组成。

- Administration Console（管理控制台）：主要负责管理 Informatica 服务、目录、域、节点、日志、账户等信息，基于 B/S 结构。
- PowerCenter：用来进行设计 ETL 开发的工具，包括数据源、目标数据库、映射方法等的定义及使用。
- Repository Manager：主要用来进行资源库的管理、安全性的管理等。
- Workflow Manager：主要用来进行工作流程的设计。
- Workflow Monitor：用来监控、管理工作流程及任务，记录会话、工作流程日志等信息。

15.3 Informatica Servers 引擎

Informatica PowerCenter 的服务引擎的启动方式如下：

“开始”→“控制面板”→“管理工具”→“服务”→“Informatica PowerCenter 8.1.1”，进行启动即可，如图 15-2 所示。

服务启动之后，即可进行其他客户端管理工具的连接使用，如 Workflow Manager（工作流管理器）工具的打开。

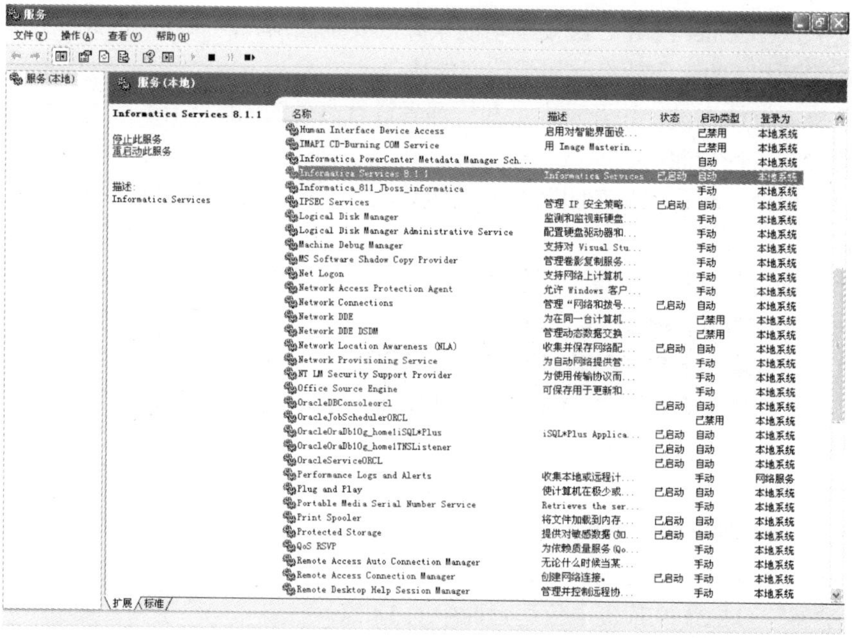

图 15-2　Informatica PowerCenter 服务

15.4　Administration Console

Informatica PowerCenter Administration Console 是一个对域进行管理的工具。通过浏览器可以登录到该控制台，然后可以针对日志、资料库备份、用户账号安全权限以及域对象进行管理，如图 15-3 所示。

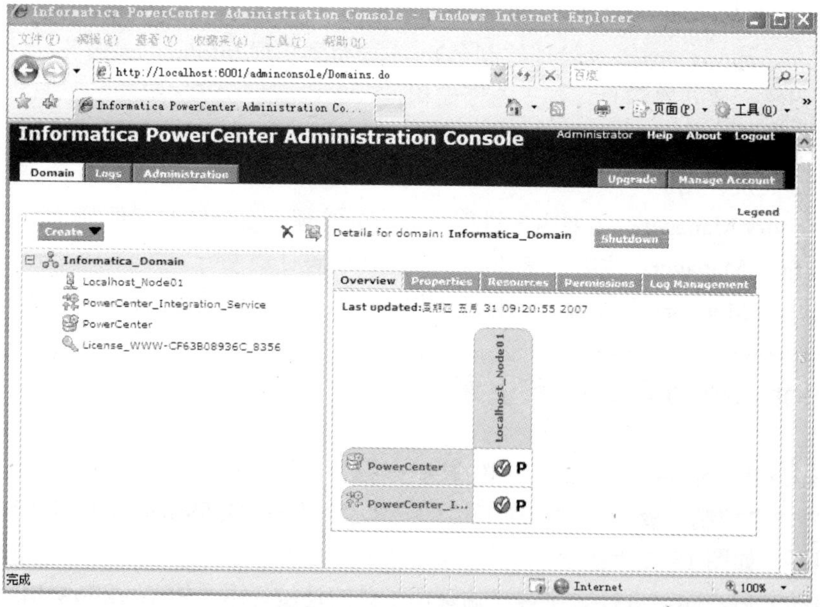

图 15-3　Informatica PowerCenter Administration Console

15.4.1 登录方式

首先介绍控制台服务的登录方式。

打开浏览器，在地址栏里输入：http://localhost:6001/；进入到如图 15-4 所示的页面中。

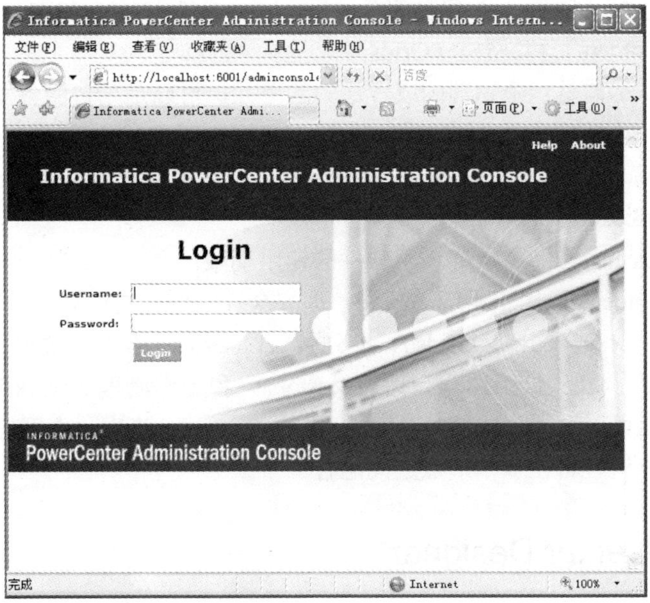

图 15-4　Informatica PowerCenter Administration Console 登录页面

登录之后，即可进入到 Informatica PowerCenter Administration Console，如图 15-5 所示。

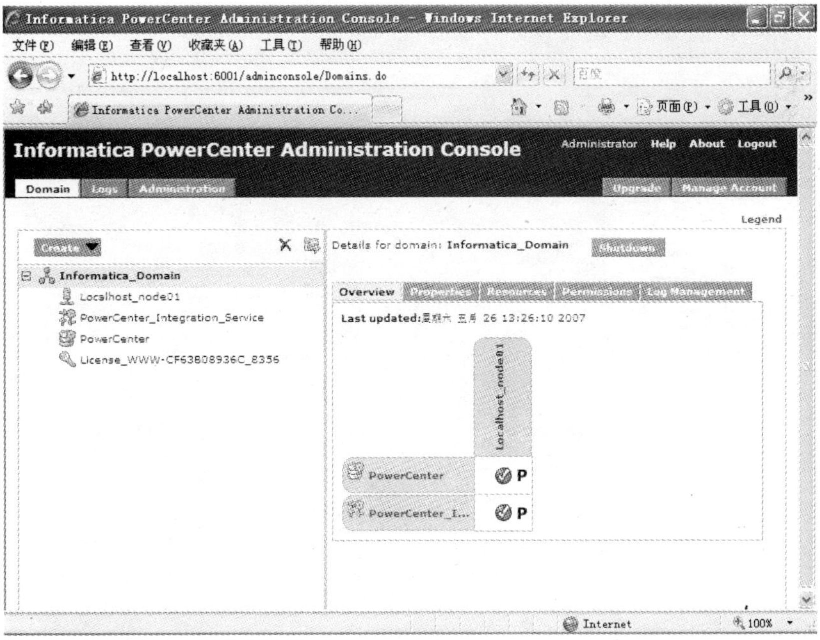

图 15-5　Informatica PowerCenter Administration Console 登录首页

15.4.2 相关术语

下面介绍涉及的术语。

- 域（Domain）：是节点（Node）和服务（Service）集合在一起的管理单元，可支持分布式架构。域（Domain）包括服务（Services）、节点（Nodes）、序列号（Licenses）、文件夹（Folders）和 网格（Grids）。
- 节点（Nodes）：是一个物理的或者逻辑的单元，可以是一台服务器，也可以是一个虚拟机。
- 服务（Services）：在域中的服务（Services）包括服务管理（Service Manager）和应用服务（Application Services）。
- 序列号（Licenses）：主要描述了软件的使用期限。
- 文件夹（Folders）：用来组织对象和管理安全性操作。文件夹可以包括节点（Nodes）、服务（Services）、网格（Grids）、序列号（Licenses）和其他文件夹（Folders）。
- 网格（Grid）：在集群上运行会话（Sessions）和工作流程（Workflows）。在多个节点（Nodes）上可以运行集成服务（Integration Service）。当在一个网格上运行工作流程或者会话时，进程将在多个节点之间运行。

15.5 PowerCenter Designer

PowerCenter Designer（设计管理器），为 ETL（抽取-转换-装载）过程提供源数据的定义、目标数据的定义、Mapping 映射规则的定义功能，帮助设计人员及开发人员进行数据业务的设计及开发工作，如图 15-6 所示。

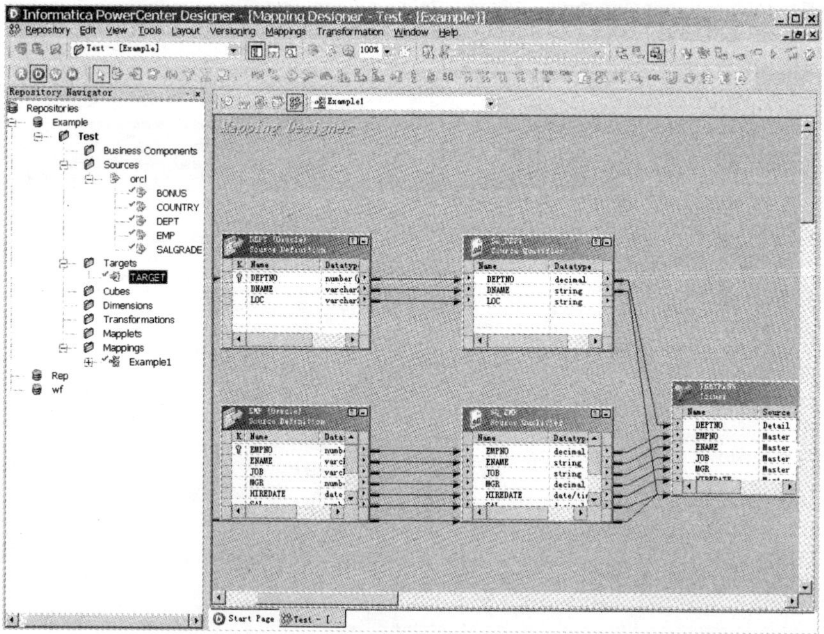

图 15-6 PowerCenter Designer 界面

PowerCenter Designer 工具可以分为菜单、工具栏、导航、工作区和输出窗口。

15.5.1 菜单

1）Repository：主要实现资源库的连接、断开，导入、导出对象，打印、保存等功能，如图 15-7 所示。

2）Edit：主要实现开发过程中的复制、粘贴、删除、查找、替换等操作，如图 15-8 所示。

图 15-7 PowerCenter Designer Repository 菜单

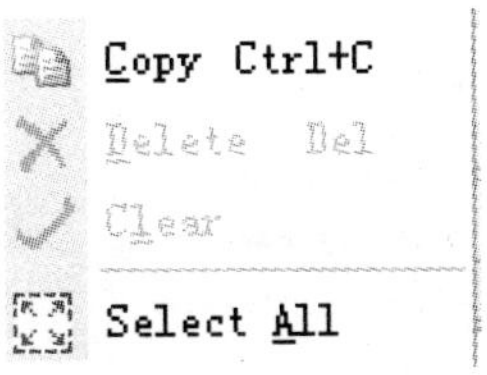

图 15-8 PowerCenter Designer Edit 菜单

3）View：主要进行可视图的切换，例如状态栏的显示和隐藏、全屏等，如图 15-9 所示。

4）Tools：主要有以下功能：ETL 过程中不同时期工作区的切换；打开其他 Informatica 客户端工具，比如 Workflow Manager 等；客户自定义视图设置；用户自定义函数等，如图 15-10 所示。

图 15-9 PowerCenter Designer View 菜单

图 15-10 PowerCenter Designer Tools 菜单

5）Layout：主要进行放大、缩小，排列等布局的设置，如图 15-11 所示。

6）Versioning：是版本控制菜单，主要实现检入、检出，版本对比等功能，如图 15-12

所示。

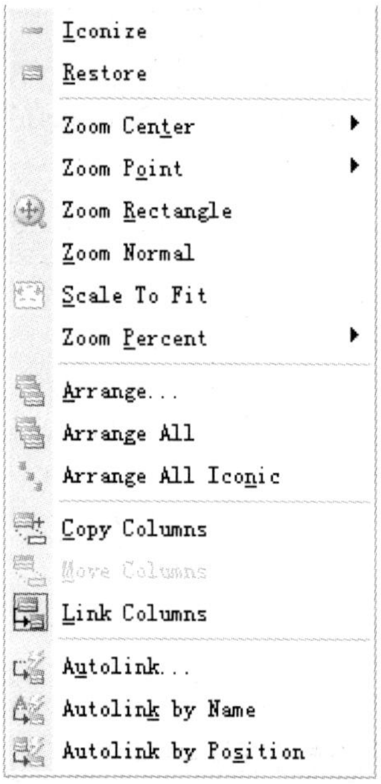

图 15-11 PowerCenter Designer Layout 菜单

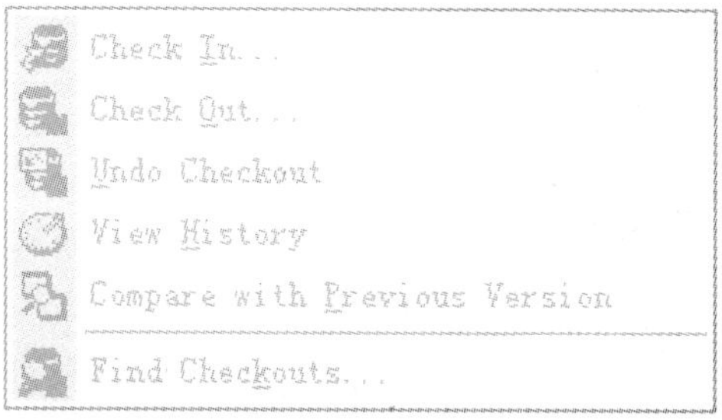

图 15-12 PowerCenter Designer Versioning 菜单

注：以下菜单不会同时显示，分别对应 ETL 过程的不同时期。

1）Sources：用于导入源数据，比如关系型数据库、文件类型、XML、SAP、WSDL 等类型数据，如图 15-13 所示。

2）Targets：用于导入目标数据（可以从关系型数据库、文件、XML、SAP、Tibco、WSDL 等类型数据导入），创建、编辑维度，创建、编辑立方体等，如图 15-14 所示。

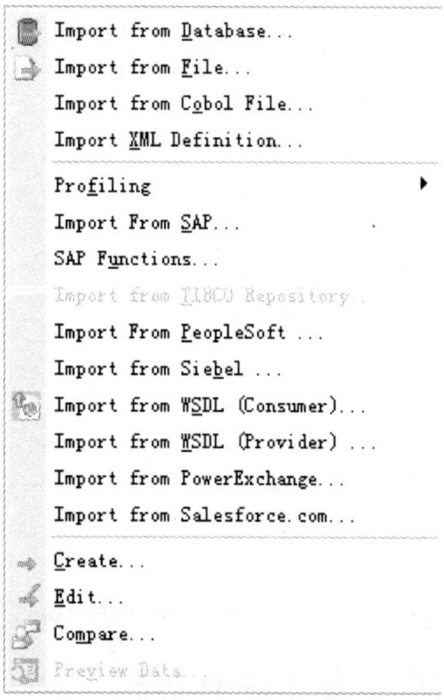

图 15-13 PowerCenter Designer Sources 菜单

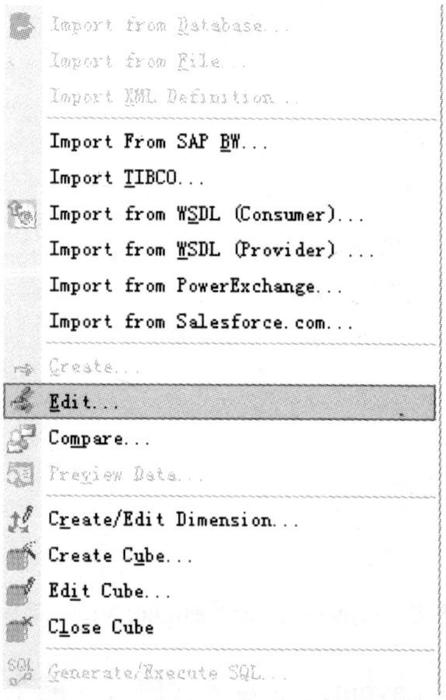

图 15-14 PowerCenter Designer Targets 菜单

3）Transformation：主要实现导入存储过程、创建转换定义等功能，如图 15-15 所示。

4）Mapplets：主要实现可重用组件操作功能，例如创建、编辑、删除、验证、依赖、比较等操作，如图 15-16 所示。

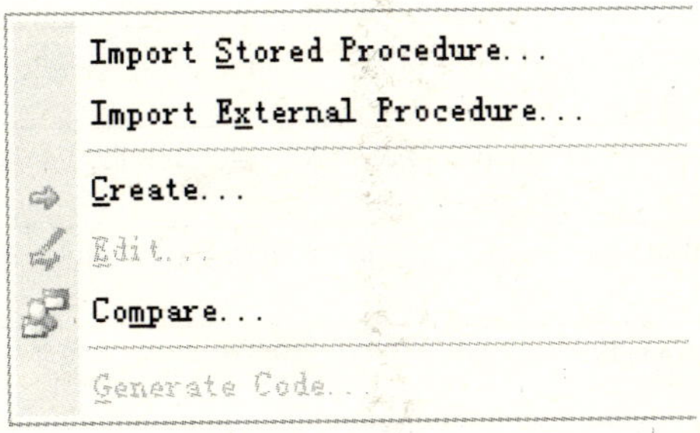

图 15-15　PowerCenter Designer Transformation 菜单

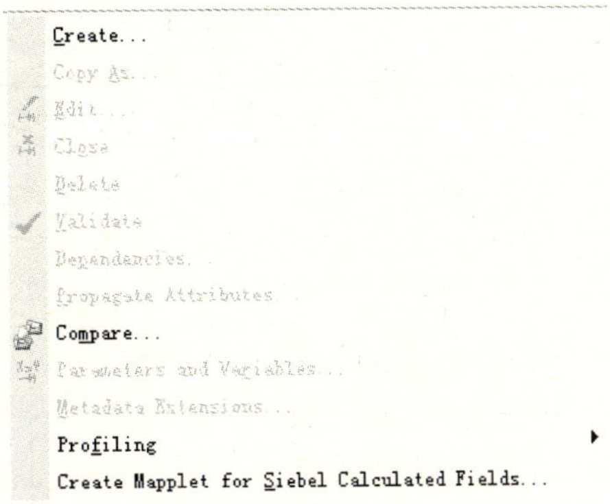

图 15-16　PowerCenter Designer Mapplets 菜单

5）Mappings：是映射规则的定义、编辑、删除、验证等操作菜单，如图 15-17 所示。

6）Window：主要实现新建窗口，级联层叠等窗口切换显示功能，如图 15-18 所示。

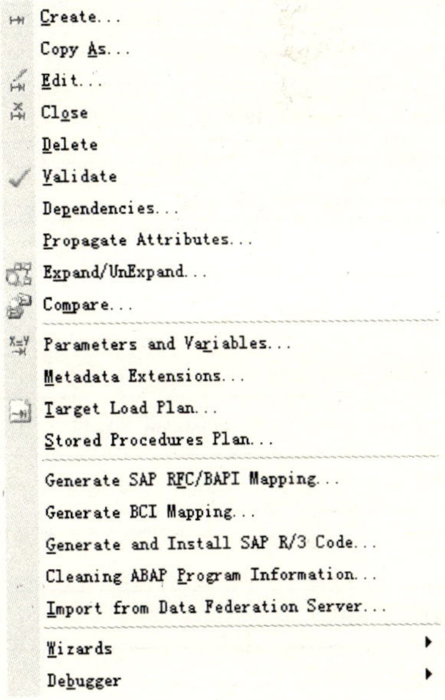

图 15-17　PowerCenter Designer Mappings 菜单

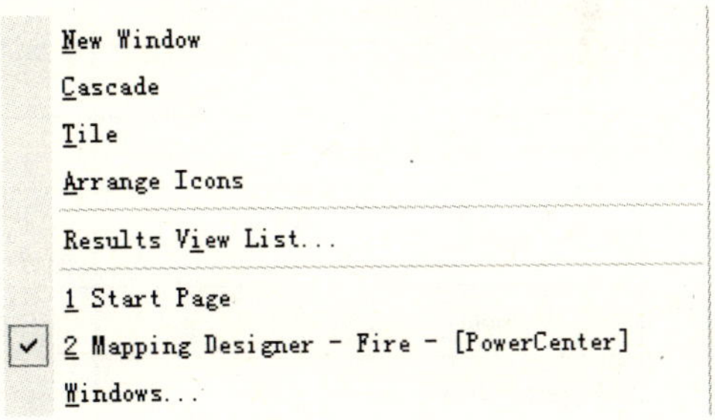

图 15-18　PowerCenter Designer Window 菜单

7）Help：主要实现显示 Informatica 的文档、版本信息等功能，如图 15-19 所示。

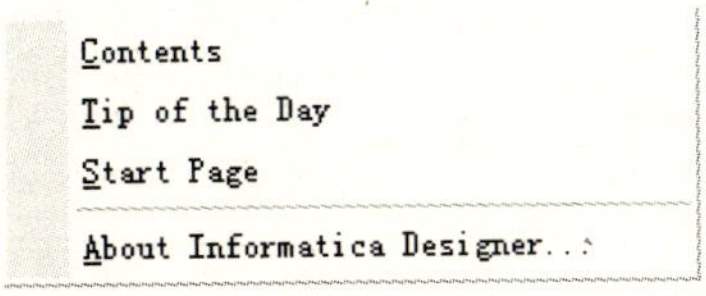

图 15-19　PowerCenter Designer Help 菜单

15.5.2 工具栏

有关 PowerCenter Designer 工具栏的介绍见表 15-1。

表 15-1 PowerCenter Designer 工具栏

按　钮	名　称	描　述
	Repository Manager	打开 Repository Manager 工具操作，如当前工具用户已登录，则以当前用户登录
	PowerCenter Designer	如当前工具不是 PowerCenter Designer，则将其打开。若当前工具用户已登录，则以当前用户登录
	WorkFlow Manager	打开 WorkFlow Manager，如当前工具用户已登录，则以当前用户登录
	WorkFlow Monitor	打开 WorkFlow Monitor，如当前工具用户已登录，则以当前用户登录
	Update Strategy Transformation	更新策略转换组件（Update Strategy Transformation），主要实现插入（Insert）、更新（Update）、删除（Delete）和拒绝（Reject）等更新策略
	Expression Transformation	用表达式方式来实现源数据的转换业务，主要功能为基于单行记录的表达式计算
	Filter Transformation	主要实现条件的过滤功能
	Aggregator Transformation	实现源数据在转换为结果过程中的聚合功能，比如汇总、平均值等
	Lookup Transformation	主要功能为查找相关的值，然后传递给其他的对象
	Sequence Generator Transformation	当目标表中有自动增值键时，使用该组件在插入目标表数据时会自动对 key 增加，即产生一组唯一的序列号值
	Stored Procedure Transformation	导入存储过程
	External Procedure Transformation	调用一个或多个外部定义的过程
	Custom Transformation	该组件主要操作外部建立的过程
	Joiner Transformation	类似于数据库脚本语言 SQL 语句中的 join on 关键字
	Normalizer Transformation	主要功能为对源数据进行格式化，例如将一行数据分多行显示
	Rank Transformation	主要输出位于最底层或最顶层的多个数据的集合，起到排序记录的作用
	Mapplet Input	传输数据到可重用组件中
	Mapplet Output	从可重用组件传输数据到映射
	Router Transformation	主要功能为按照条件分组来过滤数据
	Sorter Transformation	基于键字段进行顺序或倒序的排序操作
	Transaction Control Transformation	主要进行控制事务的一系列操作，例如提交、回滚
	Source Qualifier Transformation	功能为从源表中查询出所有的数据
	XML Source Qualifier Transformation	该组件定义了在一个会话期间读取的数据元素
	Application Source Qualifier Transformation	当运行一个工作流时，该组件展示抽取的行集

（续）

按　钮	名　称	描　述
	MQ Source Qualifier Transformation	该组件可以确定 Integration Service 如何从 MQSeries 消息队列源数据中读取数据
	Application Multi-Group Transformation	该组件可以确定 Integration Service 如何读取 TIBCO 源数据
	SAP/ALE IDoc Interpreter Transformation	该组件处理从 SAP 系统接收来的 IDoc 数据
	SAP/ALE IDoc Prepare Transformation	该组件只能为特定的 IDoc 类型解释数据。在单个映射中，可能包括多个该组件来展示多种 IDoc 类型
	SAP DMI Prepare Transformation	该组件从映射和分段数据的上游组件中接收数据
	Flexible Target Key Transformation	该组件用于开发类似于邮件系统的案例，比如邮件已经发出但是收件人的地址已经更新的情况
	HTTP Transformation	该组件允许连接到一个 HTTP 的服务器并使用它的服务和应用。当使用该组件允许一个会话时，Integration Service 连接到 HTTP 服务并发出一个请求，具体操作是获取数据还是更新数据，取决于在该组件的配置中选择了 Read Data on the HTTP Server 还是 Update Data on the HTTP Server
	Web Services Consumer Transformation	该组件提供了创建 Web Services 客户端的 3 种方式：从远程的基于 URL 的 WSDL 文件导入、从本地的 WSDL 文件导入以及从远程的基于 UDDI 目录的 WSDL 文件导入
	SQL Transformation	该组件处理外部的 SQL 脚本或者 SQL 查询。有两种模式：脚本模式（Script Mode）和查询模式（Query Mode）
	Union Transformation	进行从多数据源中合并数据到目标数据的操作，类似于 SQL 语言中的 Union all 关键字
	Java Transformation	与 Java 程序开发语言的功能定义提供了一个简单的本地接口。使用该组件，可以在不具备 Java 开发语言的知识或者没有额外的 Java 开发环境的情况下，实现一个简单的、适度复杂的 Java 程序转换功能
	XML Parser Transformation	一个简单的 XML 源数据抽取功能。该组件允许从消息系统（例如 TIBCO 或者 MQ Series）和其他数据源（例如文件或者数据库）中抽取 XML 数据，并逐行读入，进行剖析、传递数据。例如，可以从 TIBCO 源数据中抽取 XML 数据，然后传递给关系型目标数据
	XML Generator Transformation	该组件的功能与 XML 剖析器转换组件（XML Parser Transformation）相反。例如，可以从关系型目标数据中抽取 XML 数据并传递给目标数据
	Unstructured Data Transformation	该组件允许从非结构化源数据中抽取数据并进行转换。例如，可以使用该组件从 Microsoft Word、Microsoft Excel、Microsoft PowerPoint、Adobe PDF 等，以及特殊的工业标准的格式（如 ACORD、FIXML 等）抽取数据

PowerCenter Designer 的组件（Transformation）是 Informatica 的重要组成部分，所有的数据抽取操作都是由以上组件构成的，读者需要熟练掌握。

15.5.3 导航

PowerCenter Designer 导航如图 15-20 所示。

每个目录都由以下几部分组成。

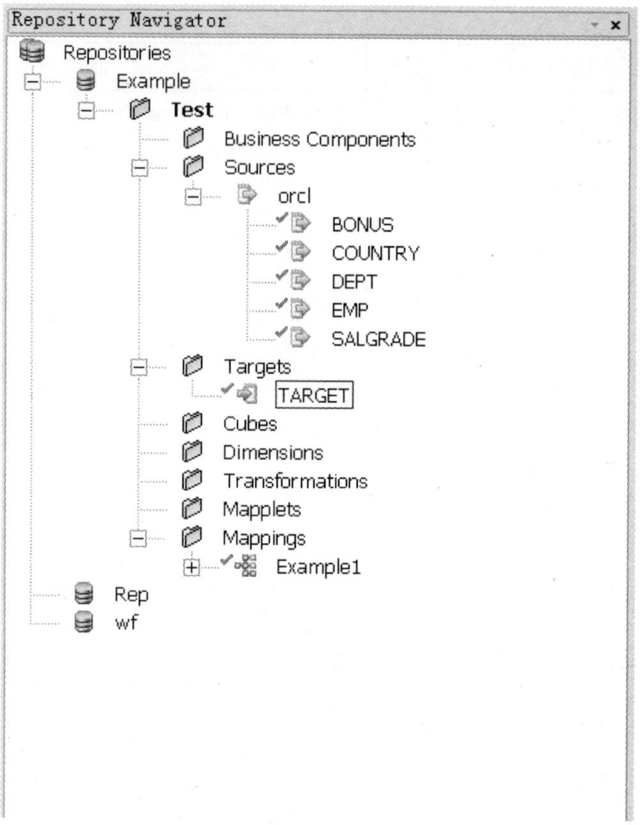

图 15-20 PowerCenter Designer 导航

- Business Components（业务组件）。
- Sources（源数据）。
- Targets（目标数据）。
- Cubes（立方体）。
- Dimensions（维度）。
- Transformations（转换组件）。
- Mapplets（可重用组件）。
- Mappings（映射规则）。

15.5.4 工作区

PowerCenter Designer 工作区如图 15-21 所示。

工作区分以下 5 个设计窗口。

- Source Analyzer：进行源数据的设计、显示等操作。
- Targets Designer：进行目标数据的设计、显示等操作。
- Transformation Designer：进行组件的设计操作。
- Mapplets Designer：进行可重用组件的设计操作。
- Mapping Designer：映射规则的处理，源数据到目标数据的转换过程中的规则定义。

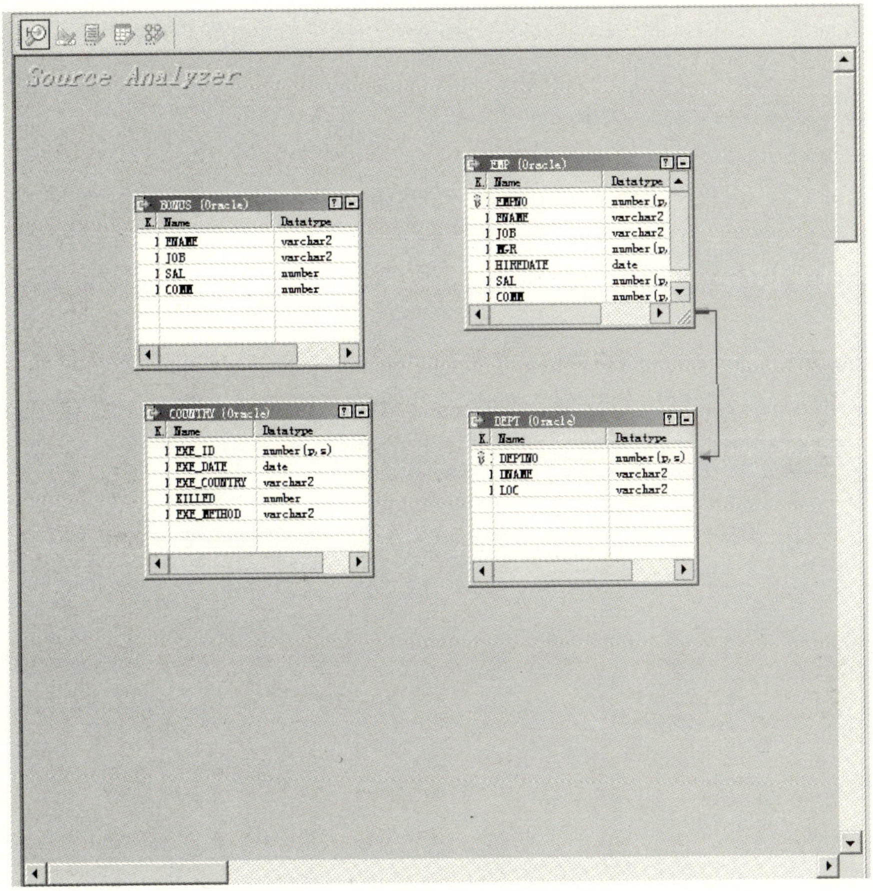

图 15-21 PowerCenter Designer 工作区

15.5.5 输出窗口

PowerCenter Designer 输出窗口如图 15-22 所示。

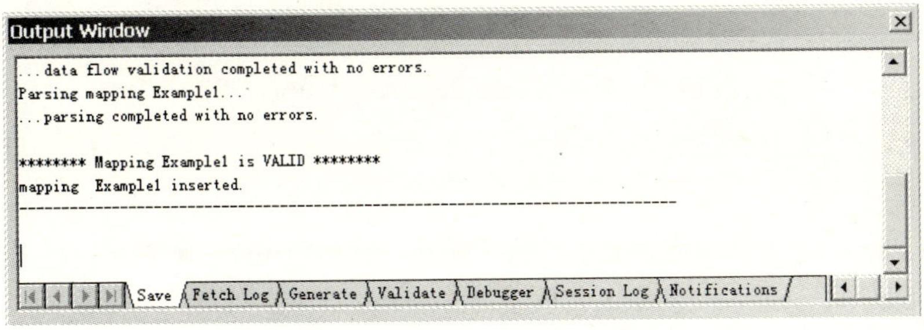

图 15-22 PowerCenter Designer 输出窗口

输出窗口包括以下 7 个选项卡。

- Save：当进行保存操作时，该输出将显示已保存的具体操作信息。
- Fetch Log：获取日志输出信息。
- Generate：输出创建对象的日志信息。

- Validate：验证信息的输出。如果在验证过程中出错，请仔细查看该错误输出信息，便于快速地查找出问题的根源所在。
- Debugger：调试信息的输出。
- Session Log：Session 日志的输出显示。
- Notifications：该输出将显示连接资源库的相关信息，比如成功、失败等。

15.6 Repository Manager

Repository Manager（资源管理器）主要对 Repository 库进行管理，包括安全性管理。例如，文件夹的创建、用户访问权限、安全以及密码的管理等内容，如图 15-23 所示。

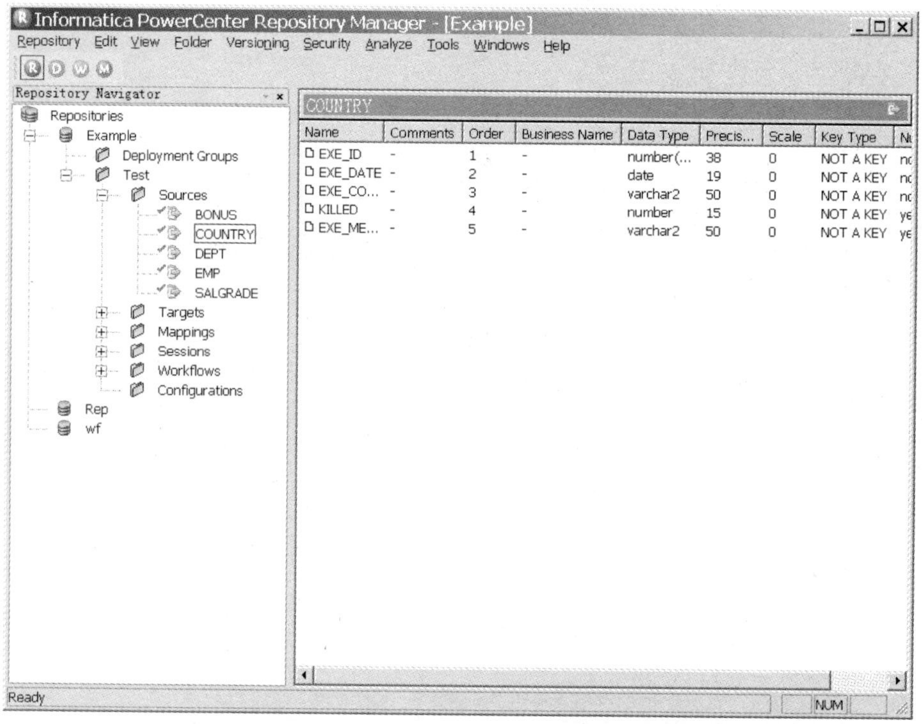

图 15-23 PowerCenter Repository Manager 界面

15.6.1 菜单

1）Repository：主要实现资源库的连接、断开，添加知识库、配置域，导入、导出对象，导入、导出元数据等功能，如图 15-24 所示。

2）Edit：主要完成开发过程中的复制、粘贴、删除，显示锁、用户连接信息，元数据信息日志等操作，如图 15-25 所示。

3）View：主要进行视图的显示，例如状态栏、导航条、输出的显示或隐藏等，如图 15-26 所示。

4）Security：主要进行资源库的安全管理，比如修改当前密码、管理用户和授权等，如图 15-27 所示。

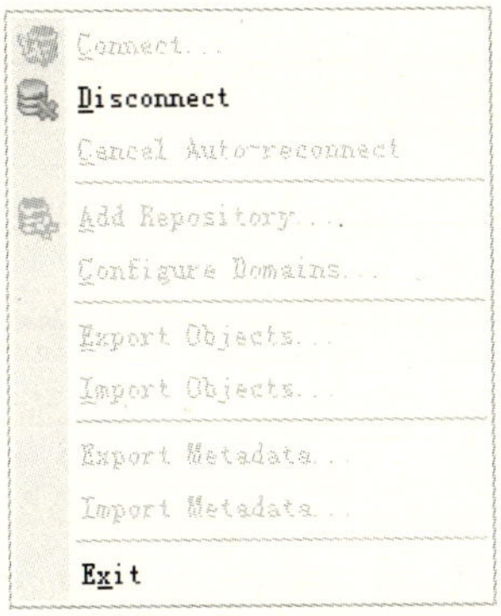

图 15-24 PowerCenter Repository Manager Repository 菜单

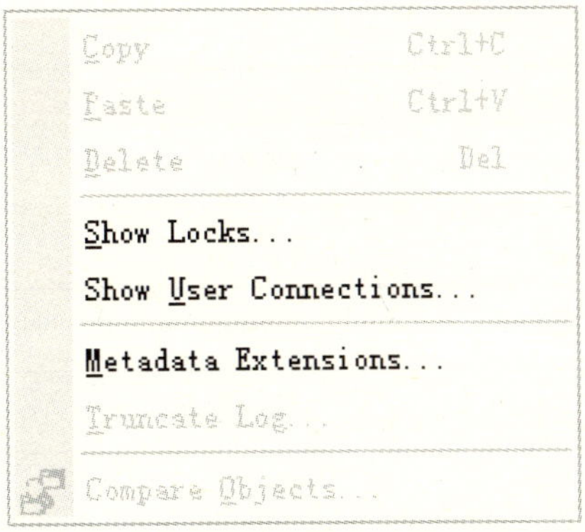

图 15-25 PowerCenter Repository Manager Edit 菜单

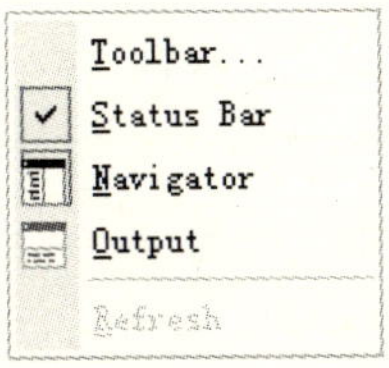

图 15-26 PowerCenter Repository Manager View 菜单

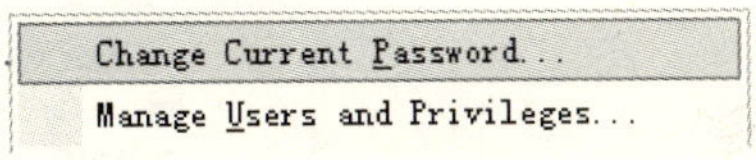

图 15-27 PowerCenter Repository Manager Security 菜单

5）Analyze：主要实现源、目标数据以及映射等的依赖关系查询功能，如图 15-28 所示。

6）Tools：主要完成工具的切换、导入、导出知识库等操作，如图 15-29 所示。

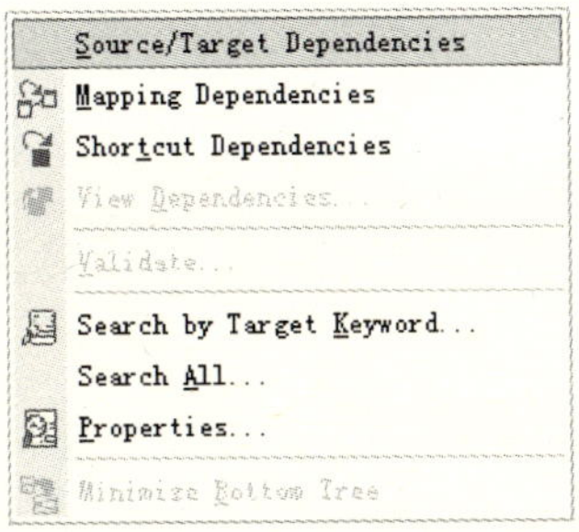

图 15-28 PowerCenter Repository Manager Analyze 菜单

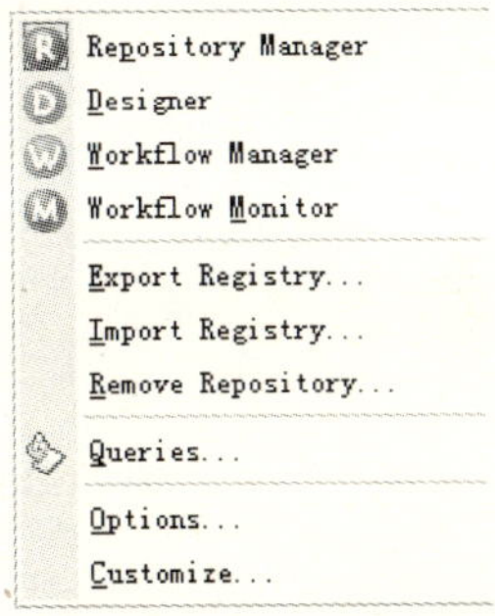

图 15-29 PowerCenter Repository Manager Tools 菜单

15.6.2 工具栏

有关 PowerCenter Repository Manager 工具栏的介绍见表 15-2。

表 15-2 PowerCenter Repository Manager 工具栏

按 钮	描 述
	连接资源库服务器
	断开资源库服务器

（续）

按　钮	描　述
	查看依赖
	查看映射关系
	查看快捷依赖关系
	以关键字查询
	属性
	底端依赖视图最小化

15.6.3　导航

PowerCenter Repository Manager 导航如图 15-30 所示。

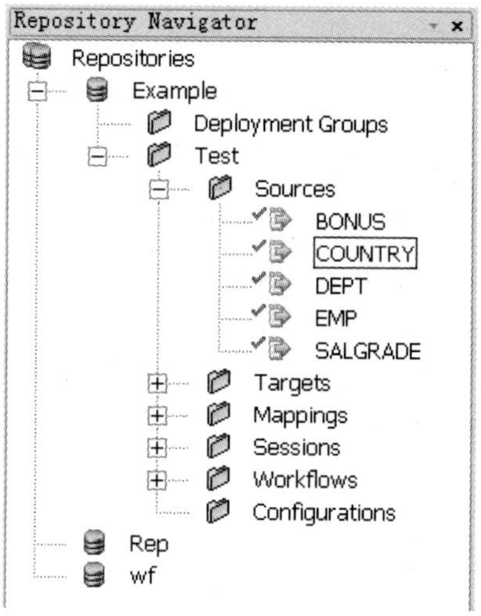

图 15-30　PowerCenter Repository Manager 导航

15.6.4　工作区

PowerCenter Repository Manager 工作区如图 15-31 所示。

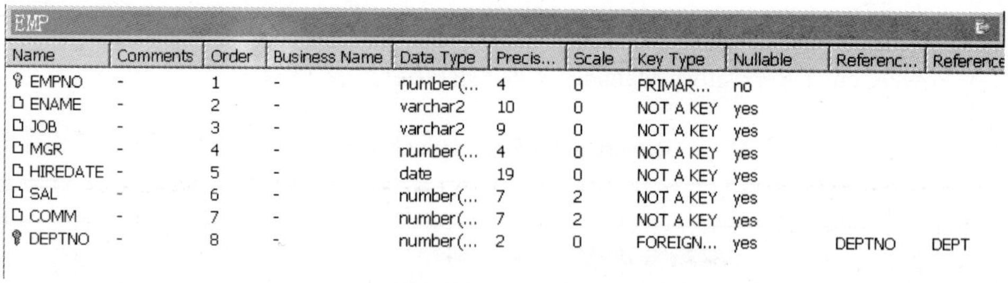

Name	Comments	Order	Business Name	Data Type	Precis...	Scale	Key Type	Nullable	Referenc...	Reference
EMPNO	-	1	-	number(...	4	0	PRIMAR...	no		
ENAME	-	2	-	varchar2	10	0	NOT A KEY	yes		
JOB	-	3	-	varchar2	9	0	NOT A KEY	yes		
MGR	-	4	-	number(...	4	0	NOT A KEY	yes		
HIREDATE	-	5	-	date	19	0	NOT A KEY	yes		
SAL	-	6	-	number(...	7	2	NOT A KEY	yes		
COMM	-	7	-	number(...	7	2	NOT A KEY	yes		
DEPTNO	-	8	-	number(...	2	0	FOREIGN...	yes	DEPTNO	DEPT

图 15-31　PowerCenter Repository Manager 工作区

15.7 Workflow Manager

Workflow Manager（工作流管理器）工具主要完成任务、流程的设计管理，基于时间、事件的合理调度等内容，如图 15-32 所示。

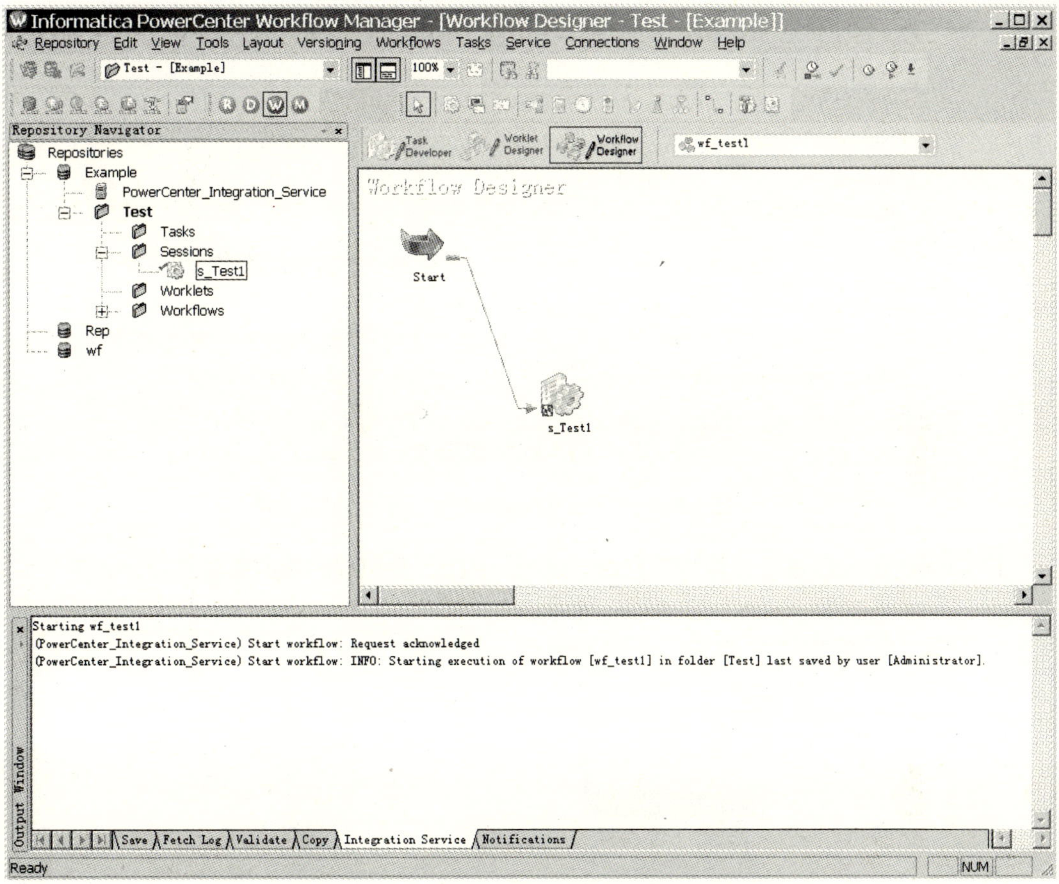

图 15-32　PowerCenter Workflow Manager 界面

Workflow Manager 工具主要由菜单、工具栏、导航、工作区和输出窗口组成。

15.7.1　菜单

1）Workflows：主要完成工作流相关的配置功能，比如创建、编辑、删除、启动等，如图 15-33 所示。

2）Tasks：主要完成任务的创建、编辑、打开、连接、启动、Session 设置等功能，如图 15-34 所示。

3）Service：用于选择在 Integration Service 上运行的工作流，如图 15-35 所示。

注意：该菜单需要将所有的文件夹目录（Folders）关闭才能执行。若要关闭某个文件夹目录（Folder），用鼠标右键单击该 Folder，在弹出的快捷菜单中选择 Disconnect 命令即可，如图 15-36 所示。

图 15-33　PowerCenter Workflow Manager Workflows 菜单

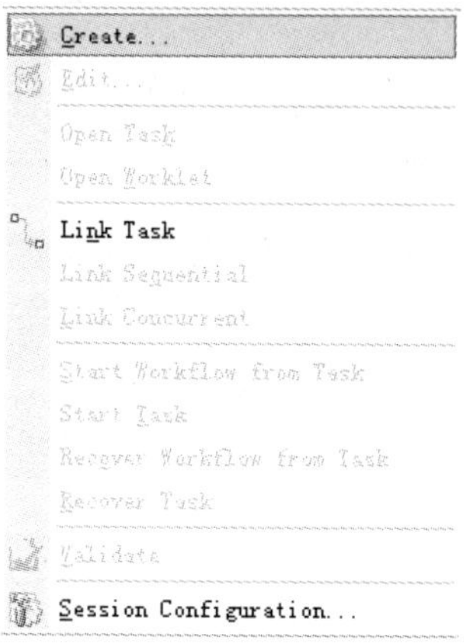

图 15-34　PowerCenter Workflow Manager Tasks 菜单

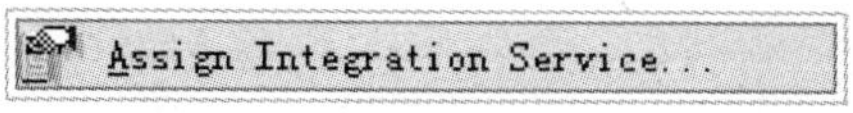

图 15-35　PowerCenter Workflow Manager Service 菜单

4）Connections：进行关系型数据库、队列、FTP、应用程序等的连接操作，如图 15-37 所示。

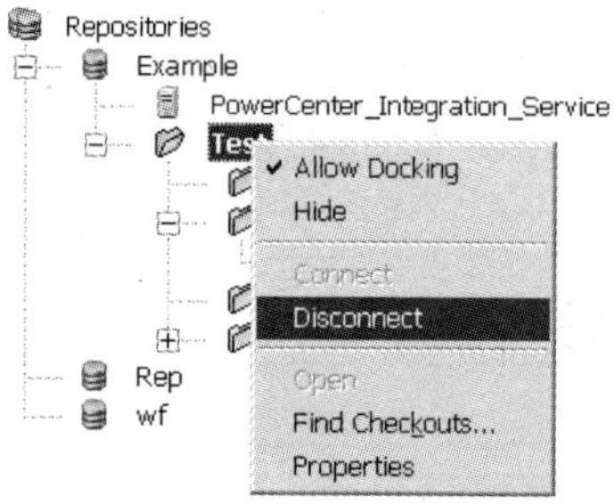

图 15-36　选择 Disconnect 命令

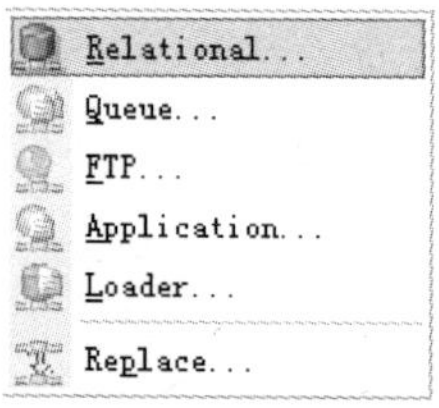

图 15-37　PowerCenter Workflow Manager Connections 菜单

15.7.2　工具栏

有关 PowerCenter Workflow Manager 工具栏的介绍见表 15-3。

表 15-3　PowerCenter Workflow Manager 工具栏

按　钮	描　　述
	编辑工作流或可重用组件
	编辑调度

（续）

按　钮	描　述
	验证完整性
	调度工作流
	启动 Integration Service
	创建、编辑关系型数据库连接
	创建、编辑关系队列连接
	创建、编辑 FTP 连接
	创建、编辑应用连接
	创建、编辑装载器连接
	替换连接
	选择在 Integration Service 上运行的工作流
	创建一个会话
	创建一个命令
	创建一个邮件
	创建一个决议
	创建一个任务
	创建一个计时器
	创建一个控制器
	创建一个事件等待
	创建一个事件挂起
	创建一个可重用组件
	建立连接线
	会话控制操作
	创建一个调度

15.7.3 导航

PowerCenter Workflow Manager 导航如图 15-38 所示。

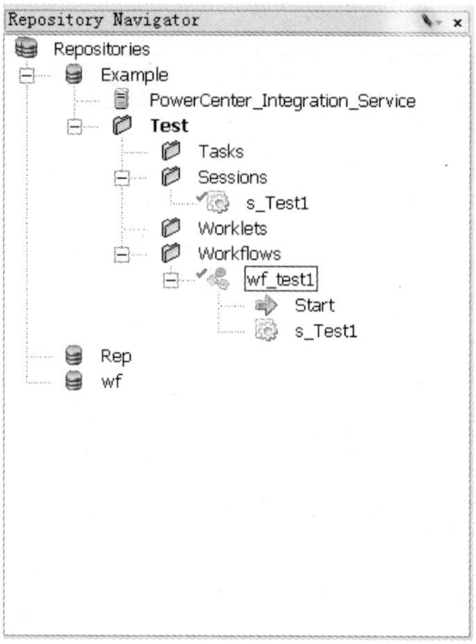

图 15-38　PowerCenter Workflow Manager 导航

15.7.4　工作区

PowerCenter Workflow Manager 工作区如图 15-39 所示。

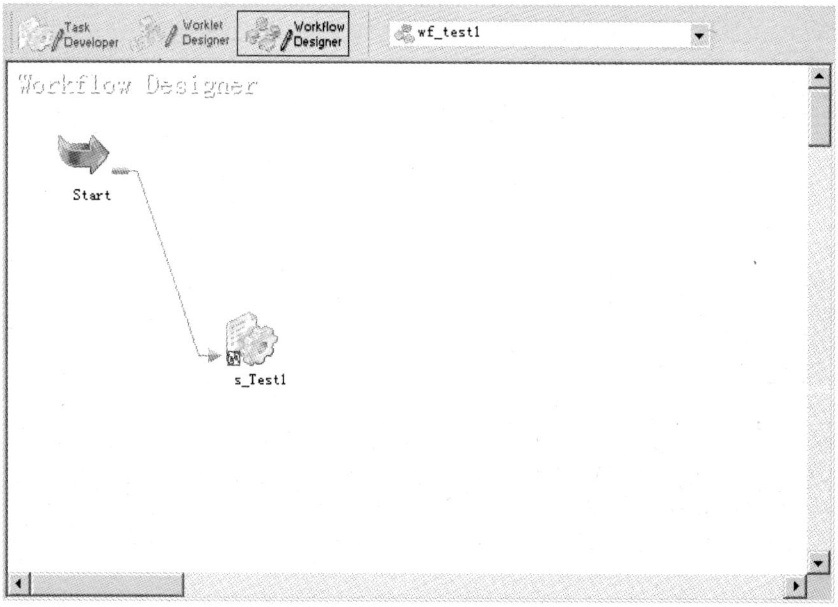

图 15-39　PowerCenter Workflow Manager 工作区

- Task Developer：任务开发设计窗口。
- Worklet Designer：Worklet 开发设计窗口。
- Workflow Designer：工作流编辑器。

15.7.5 输出窗口

PowerCenter Workflow Manager 输出窗口如图 15-40 所示。

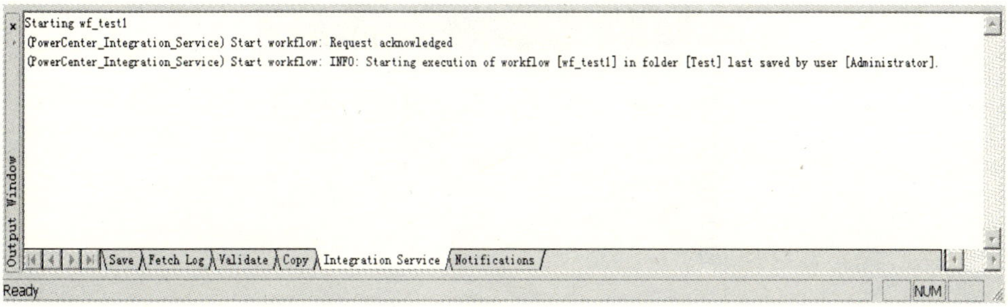

图 15-40 PowerCenter Workflow Manager 输出窗口

15.8 Workflow Monitor

Workflow Monitor（工作流监控器）是针对任务、工作流程运行时的一个全方位监控和跟踪的管理机制，如图 15-41 所示。Workflow Monitor 用于记录服务运行中的日志信息，包括会话（Session）日志和工作流程（Workflow）日志，通过记录、收集、分析这些日志信息，可以对整个 ETL 过程进行全面的掌控。

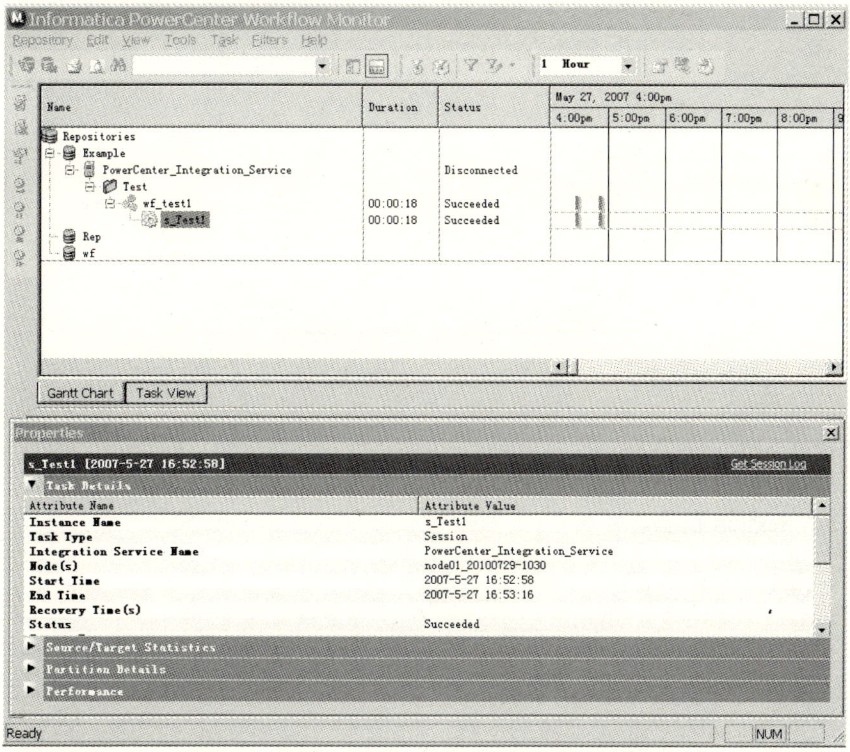

图 15-41 PowerCenter Workflow Monitor 界面

15.8.1 工具栏

：任务过滤器设置。单击该按钮会弹出如图 15-42 所示的对话框。

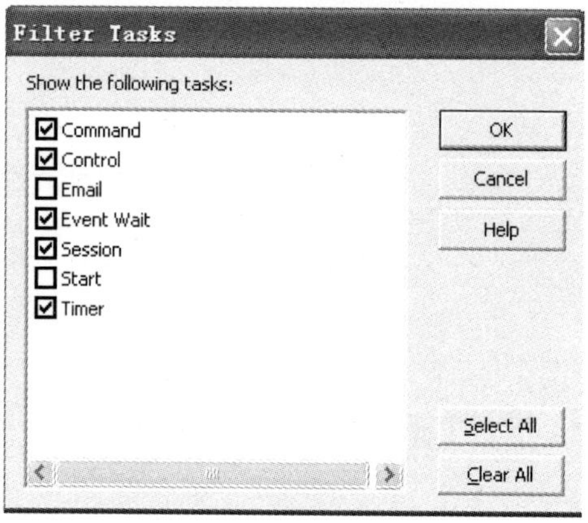

图 15-42　PowerCenter Workflow Monitor Filter Tasks 对话框

：Integration Services 过滤器设置。单击该按钮会弹出如图 15-43 所示的对话框。

：在 Task View 视图下，增加显示列的过滤条件。

：在 Task View 视图下，显示最近运行的任务。

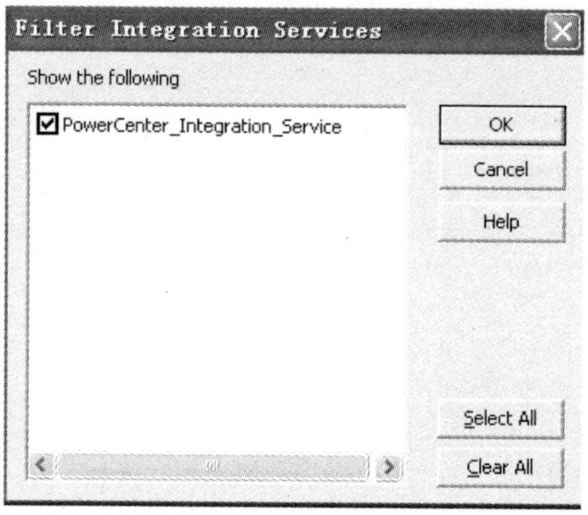

图 15-43　PowerCenter Workflow Monitor Integration Services 对话框

：显示属性。

：显示工作流日志。

：显示 Session 日志。

15.8.2 监控区

监控区分为甘特图（Gantt Chart）和任务视图（Task View）两种显示方式。

（1）甘特图

甘特图直观地显示了各个工作流的运行情况，便于用户通过有效的调度避开系统运行的瓶颈，为系统调优提供了依据，如图 15-44 所示。

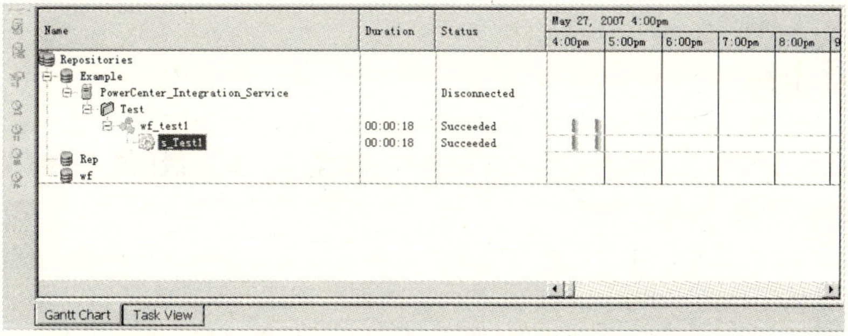

图 15-44　PowerCenter Workflow Monitor Gantt Chart 监控区

（2）任务视图

任务视图显示了工作流运行的开始时间、结束时间及运行状态等信息，如图 15-45 所示。

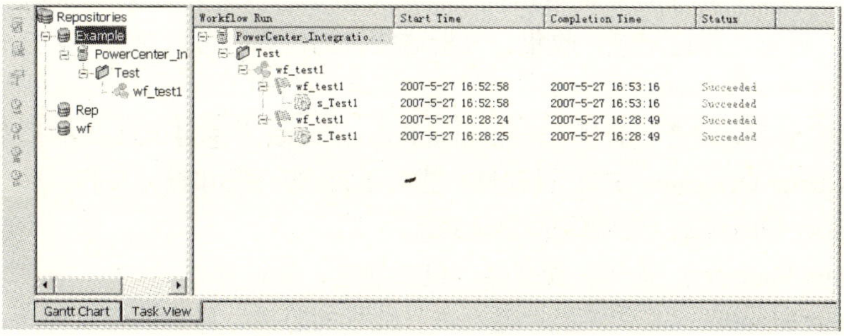

图 15-45　PowerCenter Workflow Monitor Task View 监控区

15.8.3 属性

PowerCenter Workflow Monitor 属性如图 15-46 所示。

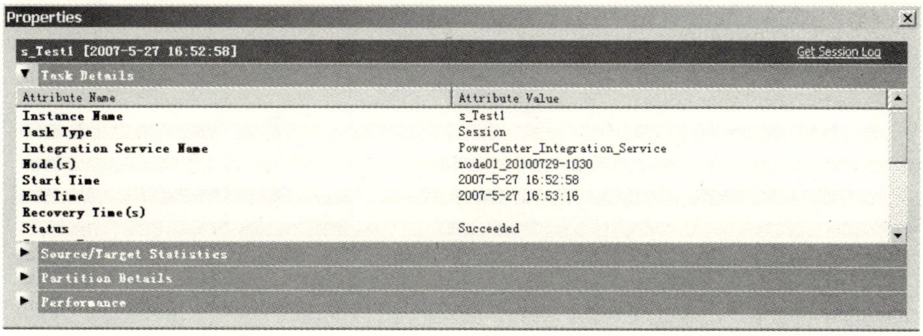

图 15-46　PowerCenter Workflow Monitor 属性

- Workflow Details：显示工作流的详细信息，包括开始时间、结束时间、运行状态、对结果数据的影响等信息。
- Task Progress Details：显示任务进程的详细信息。
- Session Statistics：显示会话的统计信息，包括源数据、目标数据所涉及的成功和失败的行数等信息。

15.9 本章小结

1）Informatica 的特点：强大的多种数据类型访问能力、企业级的数据集成解决方案、强大的 ETL（抽取-转换-装载）功能。

2）Informatica 的优势：在合适的时间提供正确的信息，满足企业级的任务关键型部署要求，提高跨团队的工作效率并加强跨职能协作，成熟的市场、丰富的经验以及众多的客户群。

3）PowerCenter Designer（设计管理器），为 ETL（抽取-转换-装载）过程提供源数据的定义、目标数据的定义、Mapping 映射规则的定义功能，帮助设计人员及开发人员进行数据业务的设计及开发工作。

4）Workflow Monitor 是针对任务、工作流程运行时的一个全方位监控和跟踪的管理机制。Workflow Monitor 用于记录服务运行中的日志信息，包括会话（Session）日志和工作流程（Workflow）日志，通过记录、收集、分析这些日志信息，可以对整个 ETL 过程进行全面的掌控。

5）通过本章学习，读者了解了 Informatica PowerCenter 体系 4 大工具的基本使用与作用。

- PowerCenter Designer：ETL 设计器，进行 ETL 的开发和设计工作。
- Repository Manager：资源库的管理工具。
- Workflow Manager：工作流管理器，包括创建、运行等。
- Workflow Monitor：工作流监控器，进行流程的监控、日志的记录等。

第 16 章 Cognos 工具简介

本章目标

Cognos 能帮助客户提取公司的业务数据，然后通过后台计算分析，制作出可以为公司的管理层提供决策的分析报表。

Cognos 通过报表展示的数据，是基于统一的元数据模型。Cognos 强大的报表制作功能可以制作出满足任何需求的报表，其基于 B/S 的使用方式在提供方便的同时，还将部署成本和管理成本降到最低。Cognos 还可以同数据挖掘工具及统计分析工具搭配使用，以增强决策分析的功能。

学习本章后，您将掌握：

- Cognos 的历史。
- Cognos 的特点。
- Cognos 的安装。
- Cognos 工具概览。
- Cognos 架构简介。
- Cogno 快速入门。

16.1 Cognos 介绍

16.1.1 Cognos 的历史

1969 年，Cognos 公司在加拿大首都渥太华正式成立。

成立之初，Cognos 公司的主要业务并非是商业智能，而是像大多数科技公司一样，将公司业务定义为信息咨询与管理方向。几年后，Cognos 公司的高层人员，才将公司业务定义为商业智能方向，这也为它最终成为商业智能巨头指明了正确的方向。

2008 年，国际商业机器公司 IBM 以 50 亿美元的高价将 Cognos 购入旗下。从此，Cognos 凭借 IBM 的全球影响力，加速了其国际化市场的发展。

16.1.2 Cognos 的特点

（1）方便的基于 B/S 架构的报表开发工具

Cognos Connection 是基于 B/S 架构的 Cognos 门户，一切操作都可以在浏览器里进行，极大地方便了设计及开发人员。

（2）强大的报表制作、部署、发布、管理功能

报表的制作、部署、发布和管理功能可以在 Connection 里一站式操作。用户可以使用 Cognos 报表的 Web 页面的发布功能、强大的部署能力及负载均衡配置，发布大量的报表。报

表系统的使用者可以快速地进入到公司日常的统计分析中，报表的数据可以为公司的重大决策提供重要的数据参考。

（3）快速的数据访问、分析能力

Cognos 的解决方案是为大企业、集团公司的企业决策分析系统提供迅速的、准确的处理数据的能力和决策分析能力，从而在变幻莫测的市场中抓住转瞬即逝的机会。

（4）强大的安全性保障

Cognos 采用集中方式、LDAP 的安全管理机制。用户可以在任何环境中使用 Cognos 的安全模型。该模型可以灵活地与现有系统的安全基础框架集成或者整合。

（5）更多的用户群体

对于精通业务或者具有财务背景的用户来说，可以使用 Report Studio 的快速创建模式来创建一些简单的报表，还可以使用 Report Studio 扩展的动态数据功能来满足业务的报表需求。

对于业务分析师来说，可以使用 Analysis Studio 提供的多维分析功能，从多个角度查看数据信息。

对于专业的开发人员来说，Report Studio 的增强功能将满足所有需求。

16.1.3 Cognos 的现状

2008 年 Cognos 公司被 IBM 公司收购后，IBM 重新整合了 Cognos 的业务，于 2010 年推出了 Cognos 10 版本。在本书中，不对 Cognos 10 进行讲解，只针对 Cognos 8 的安装与使用进行简单的介绍。

目前，Cognos 已经成为 IBM 信息管理软件部门的一个事业部，主要负责商业智能以及绩效管理方面的业务处理，成为 IBM“信息随需而变”战略的重要组成部分。

16.2 Cognos 工具浏览

1. Cognos Connection

Cognos Connection 是 Cognos 集设计和管理于一体的报表工具。

Cognos 安装成功以后，用户就可以登录到 Cognos Connection 界面进行报表的开发和管理工作。

2. Query Studio

用户使用 Query Studio 可以自定义生成一些简单的报表。在用 Framework Manager 发布元数据模型之后，Query Studio 就可以使用该元数据进行一些简单的运算，以实现动态的业务需求。

3. Report Studio

Report Studio 是为用户设计开发复杂报表的专业开发工具。其编辑和展示功能要比 Query Studio 强大得多。

4. Analysis Studio

Analysis Studio 可以开发比较复杂的报表。其分析功能要强于 Report Studio，但是样式稍微欠缺。用户在使用 Analysis Studio 的过程中，可以对立方体模型中的数据进行切片、钻取等专业操作。

5. Event Studio

Event Studio 可以对事件发生改变的条件以及事件的变化结果进行相关设置。比如，在每天凌晨 0 点时分发送一封邮件，每月星期一早上 6 点自动生成一份报表等。

6. Framework Manager

Framework Manager 是元数据模型的制作工具。在制作完元数据模型后，Framework Manager 还将这些模型发布到 Cognos 的设计环境中，这样 Query Studio 和 Report Studio 才能正常地设计和开发报表。

7. Transformer

用户通过 Transformer 分析数据源，然后建立维度和度量，最后生成立方体模型。立方体模型是 OLAP 分析数据的基础。

8. PowerPlay

PowerPlay 用于制作基于立方体数据模型的多维分析报表。

以上简单介绍了 Cognos 的工具，下面几节将详细介绍这些工具的使用。

16.3 Cognos Configuration

Cognos Configuration 工具如图 16-1 所示。

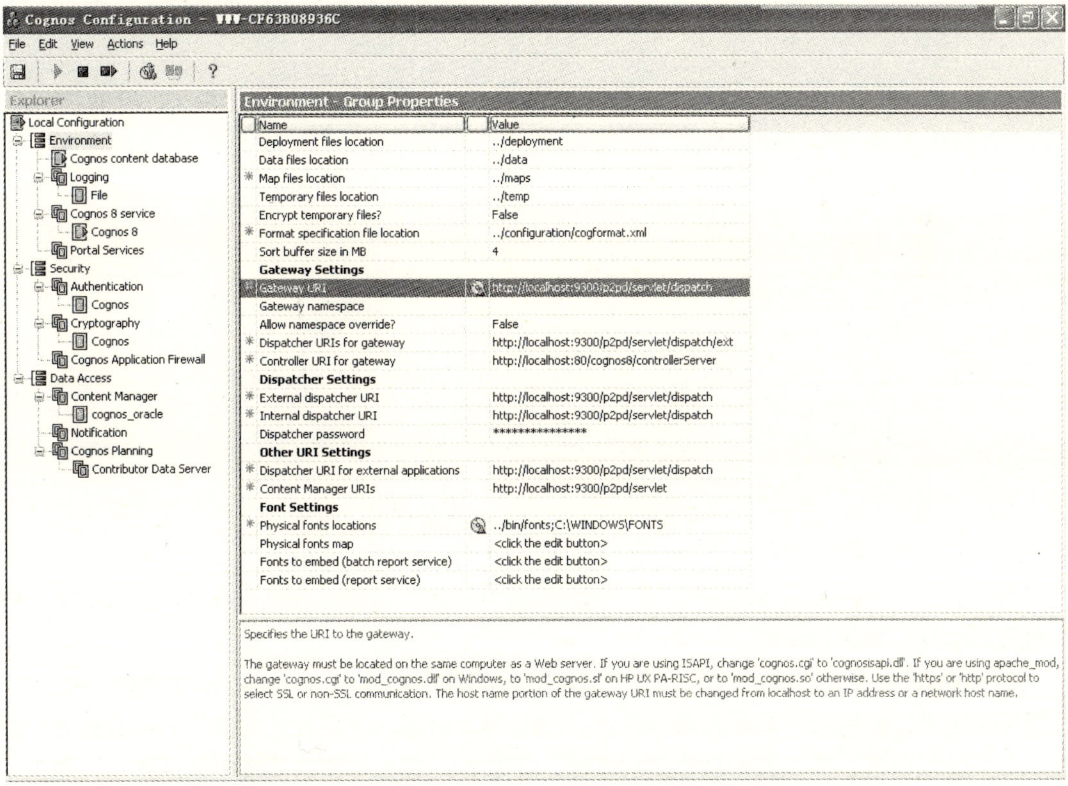

图 16-1 Cognos Configuration 工具

Cognos Configuration 工具的功能如下：

- 初始化 Cognos 组件，包括端口号、本地 URL、文件大小、日志存放路径等。
- 配置 Cognos 组件或者新增组件。
- 在本地计算机中可以启动、停止、重启 Cognos 服务。

16.4 Cognos Connection

Cognos Connection 是 Cognos 8 产品的特色之一，如图 16-2 所示。与传统报表工具不同，Cognos Connection 提供了一套完整的基于 B/S 架构的报表展示解决方案。

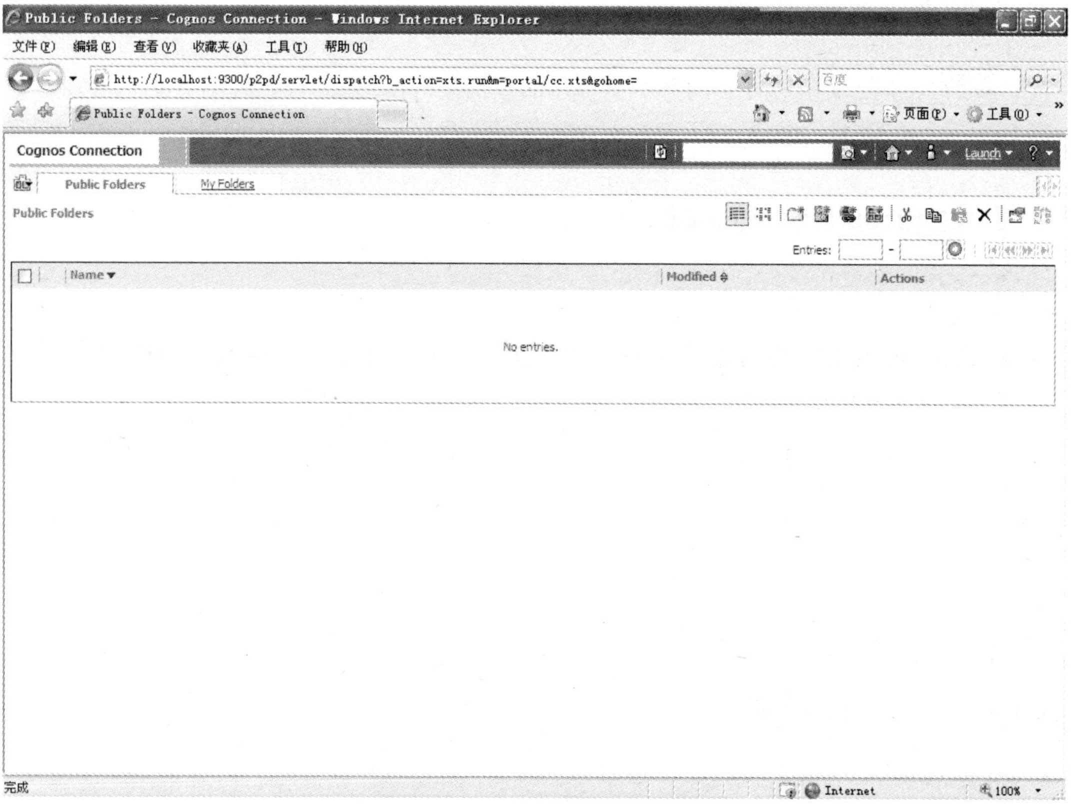

图 16-2 Cognos Connection 界面

在 Cognos Connection 的控制台中，用户可以对报表、查询、分析、代理、度量标准及数据包等功能进行设计和操作。

在 Cognos 报表的开发过程中，绝大多数工作都要在 Cognos Connection 控制台中完成，包括报表的设计和展示，Web 页面的位置、URL 等。以前，开发人员与使用人员的显著区别在于：开发人员在 C/S 工具中做系统的开发，使用者在 B/S 结构的系统中使用系统。现在，开发人员的开发工作也将转移到 B/S 架构的 Cognos Connection 控制台中完成。

16.4.1 菜单功能

有关 Cognos Connection 菜单的介绍见表 16-1。

表 16-1 Cognos Connection 菜单

图　标	说　明
	主题查询功能
	主页显示与设置当前页为主页功能
	我的自定义区域设置
	加载工作区，单击下三角按钮，在弹出的下拉框中显示了 Cognos Connection 整合的工具
	帮助文档

Launch 展开的工具包括：

- Query Studio：简单报表制作工具。
- Analysis Studio：报表分析设计工具。
- Report Studio：复杂报表制作工具。
- Event Studio：事件触发工具。
- Drill-through Definition：穿透钻取定义工具。
- Cognos Administration：Cognos 管理工具。

16.4.2 选项卡介绍

默认情况下，Cognos 分 Public Folders 和 My Folders 两个选项卡，用来存放 Cognos 制作好的报表，如图 16-3 所示。当然，也可以根据项目的实际需要来添加或者删除一些选项卡来方便使用。

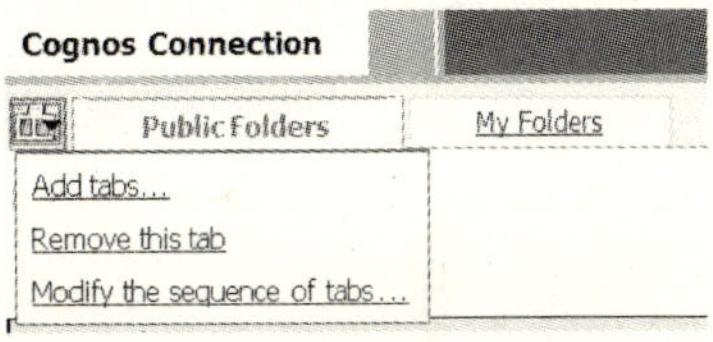

图 16-3 Cognos Connection 选项卡

16.4.3 工具栏的使用

有关 Cognos Connection 工具栏的介绍见表 16-2。

表 16-2 Cognos Connection 工具栏

按　钮	说　明
	以“列表”形式显示
	以“详细信息”形式显示
	新建文件夹
	新建 Job
	新建 URL 连接

（续）

按　钮	说　明
	新建页面
	全部选择
	全部取消
	剪切
	复制
	粘贴
	删除
	设置选项卡属性
	排序

16.5 Query Studio

Query Studio 用于创建简单的查询报表，如图 16-4 所示。其经常使用的功能如下：

- 查询业务表中的数据。
- 创建简单报表。
- 完善简单报表的视觉展示功能。
- 使用过滤、汇总、聚合等功能来处理分析业务数据。

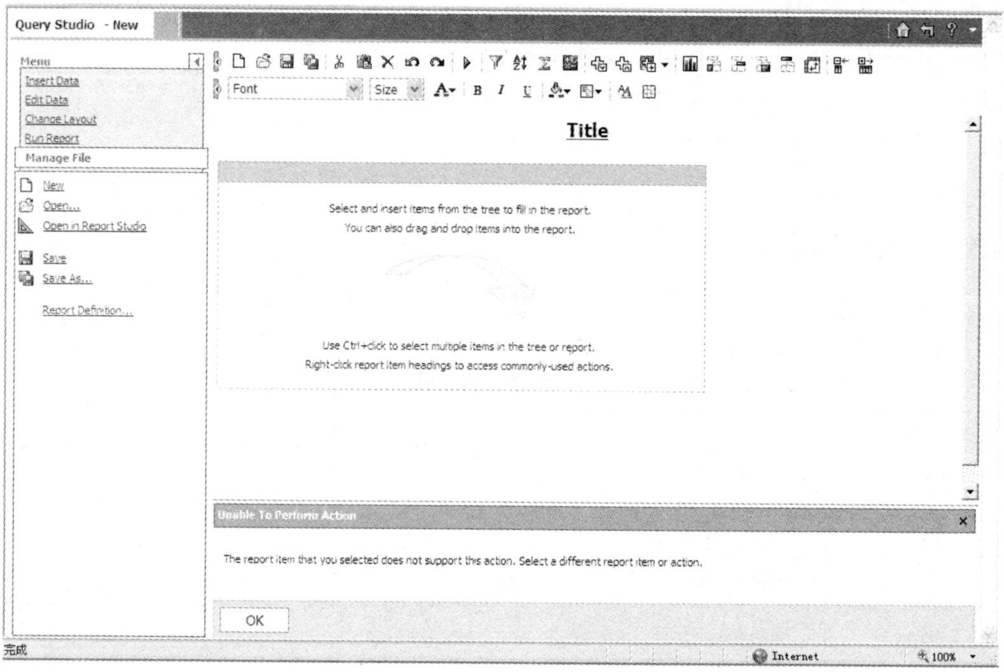

图 16-4　Cognos Query Studio 界面

有关 Cognos Query Studio 菜单的介绍见表 16-3。

表 16-3 Cognos Query Studio 菜单

菜　单	子　菜　单	说　明
Insert Data	动态显示模型	在下方动态显示已有的业务模型
Edit Data	Filter...	过滤
	Combine Filters...	编译过滤
	Sort...	排序
	Summarize...	汇总
	Format Data...	格式化数据
	Calculate...	计算
	Define Custom Groups...	自定义客户分组
	Drill Down	向下钻取
	Drill Up	向上钻取
	Go To...	跳转
	Rename Column Heading...	重命名列头
	Cut	剪切
	Paste	粘贴
	Delete	删除
	Undo	撤销
	Redo	重做（与撤销相反）
Change Layout	Chart...	图表
	Define Conditional Styles...	定义条件样式
	Change Border Styles...	改变边框样式
	Reset Font and Border Styles	重设字体和边框样式
	Apply Template...	申请模板
	Edit Title Area...	编辑标题区域
	Set Web Page Size...	设置页面大小
	Set Page Breaks	设置页面断点
	Group	分组
	Pivot	创建交叉列表
	Ungroup	取消分组
	Create Sections	创建段
	Swap Rows and Columns	行列互换
	Collapse Group	组缩进
	Expand Group	组展开
	Run with All Data	以所有数据运行
Run Report	Preview with Limited Data	以有限数据预览
	Preview with No Data	无数据预览
	View in PDF Format	以 PDF 格式浏览
	Specify PDF Options...	制定 PDF 选项

（续）

菜 单	子 菜 单	说 明
Run Report	View in Excel 2007 Format	在 Excel 2007 中浏览
	View in Excel 2002 Format	在 Excel 2002 中浏览
	View in Excel 2000 Single Sheet Format	在 Excel 2000 中以单个 Sheet 格式浏览
	View in CSV Format	以 CSV 格式浏览
	View in XML Format	以 XML 格式浏览
	Advanced Options...	高级选项
Manage File	New	新建
	Open...	打开
	Open in Report Studio	在 Report Studio 中打开
	Save	保存
	Save As...	另存为
	Report Definition...	自定义报表

计算（Calculate）在报表中经常会用到，所以单独讲解计算的使用。计算有 3 种操作方式：

1）算术（Arithmetic）运算：包括加、减、乘、除、幂次方（又称乘方）、绝对值、平方根等，见表 16-4 和图 16-5。

表 16-4　Cognos Query Studio Arithmetic 菜单

操 作	描 述
+ (sum)	为选定的报表项做加法运算
− (difference)	为选定的报表项做减法运算
* (multiplication)	为选定的报表项做乘法运算
/ (division)	为选定的报表项做除法运算
^ (power)	为选定的报表项做幂次方（又称乘方）运算
Absolute value	为选定的报表项做求绝对值运算
Round	为选定的报表项做四舍五入运算
Round down	为选定的报表项做取整运算
Square Root	为选定的报表项做平方根运算

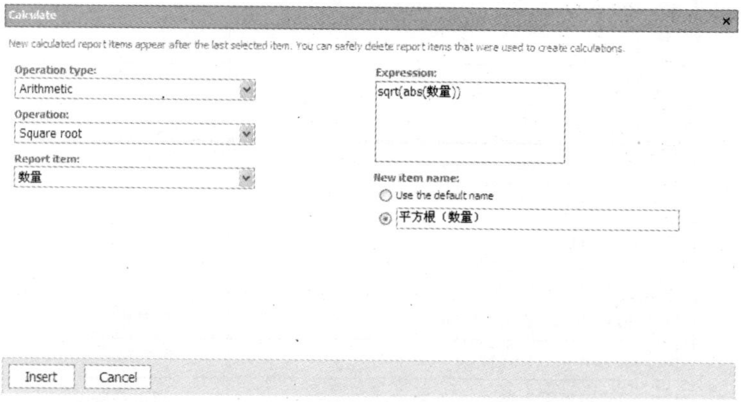

图 16-5　Cognos Query Studio Arithmetic 操作

2）百分比（Percentage）计算：包括求百分比（%）、所占总数的百分比（% of total）、向脚注添加百分比（% of footer）、差额（增长率）（% difference（growth）），见表 16-5 和图 16-6。

表 16-5　Cognos Query Studio Percentage 菜单

操　作	描　述
%	计算选定项目的值，以占其他项目的百分比表示
% of total	计算选定项目的值，以占合计的百分比表示
% of footer	计算选定项目的值，以占脚注的百分比表示
% difference（growth）	计算两个项目之间的差额（以百分比表示）

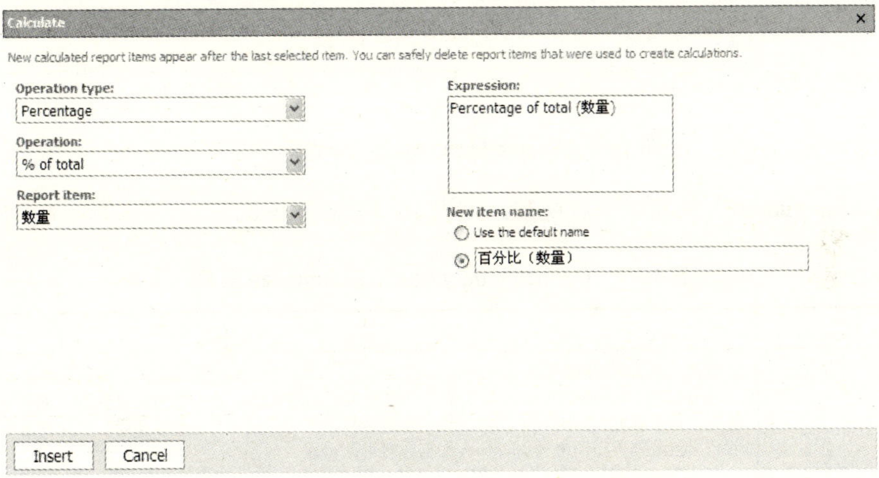

图 16-6　Cognos Query Studio Percentage 操作

3）分析（Analytic）运算：包括平均值（Average）、最大值（Maximum）、最小值（Minimum）、排序（Rank）、所占总数的百分比（% of total）、百分数（Percentile）、四分位数（Quartile）、分位数（Quantile）等，见表 16-6 和图 16-7。

表 16-6　Cognos Query Studio Analytic 菜单

操　作	描　述
Average	为选定的报表项做平均值运算
Maximum	为选定的报表项求最大值运算
Minimum	为选定的报表项求最小值运算
Rank	返回选定的报表项目中每个值的排名。对于已分组的报表，将返回一个组或所有值中每个值的排名
% of total	计算选定的报表项目的每个值占总额的百分比。对于已分组的报表，将返回每个值所占分组总额或总计的百分比
Percentile	返回值的百分数。对于已分组的报表，将返回一个组或所有值中每个值的百分数
Quartile	返回值的四分位数。对于已分组的报表，将返回一个组或所有值中每个值的四分位数
Quantile	返回值的分位数。对于已分组的报表，将返回一个分组或所有值中每个值的分位数

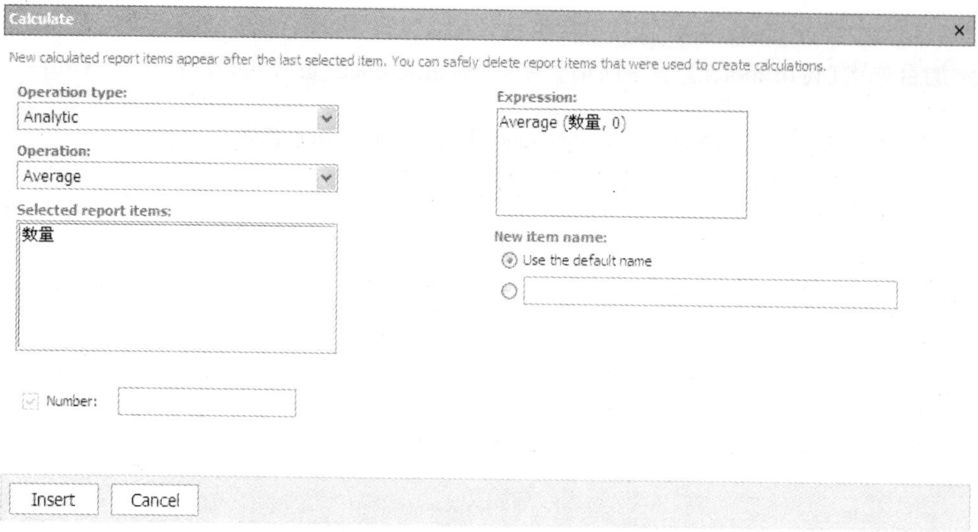

图 16-7　Cognos Query Studio Analytic 操作

汇总（Summarize）汇集了多种函数，见表 16-7 和图 16-8。

表 16-7　Cognos Query Studio Summarize 菜单

函　　数	描　　述
Total	针对一系列值的求和 注释："求和"可以返回的最大值是列数据类型的最大值。该函数将反复执行"求和"函数。先从第一行中获取值，再将第二行的值添加到函数，然后是第三行，依次类推。如果任意点处的中间值超出该数据类型的最大值，那么数据源将返回错误
Count	返回记录的总数
Maximum	返回最大值。当申请的类型为日期或者时间数据时，返回最近的值
Minimum	返回最小值。当申请的类型为日期或者时间数据时，返回最早的值
Average	返回一系列值的平均值
Calculated	指定在用于填充列的表达式内定义汇总 注释：一般认为表达式本身是一个聚合函数，并且不需要修改就能提供汇总值
Automatic	基于数据类型汇总值
Median	返回选定数据项的中间值
Standard Deviation	返回选定数据项的标准偏差
Count distinct	返回唯一的非空记录的总数
None	删除脚注。只适用于脚注值，不适用于明细

图 16-8　Cognos Query Studio Summarize 操作

16.6 Analysis Studio 介绍

Analysis Studio 是 Cognos 8 的 OLAP 分析解决方案工具。它通过使用向下钻取（Drill）、切片（Slice）与旋转（Dice）等多维分析功能，以高效率访问、快速响应的优势进行多维分析工作，如图 16-9 所示。

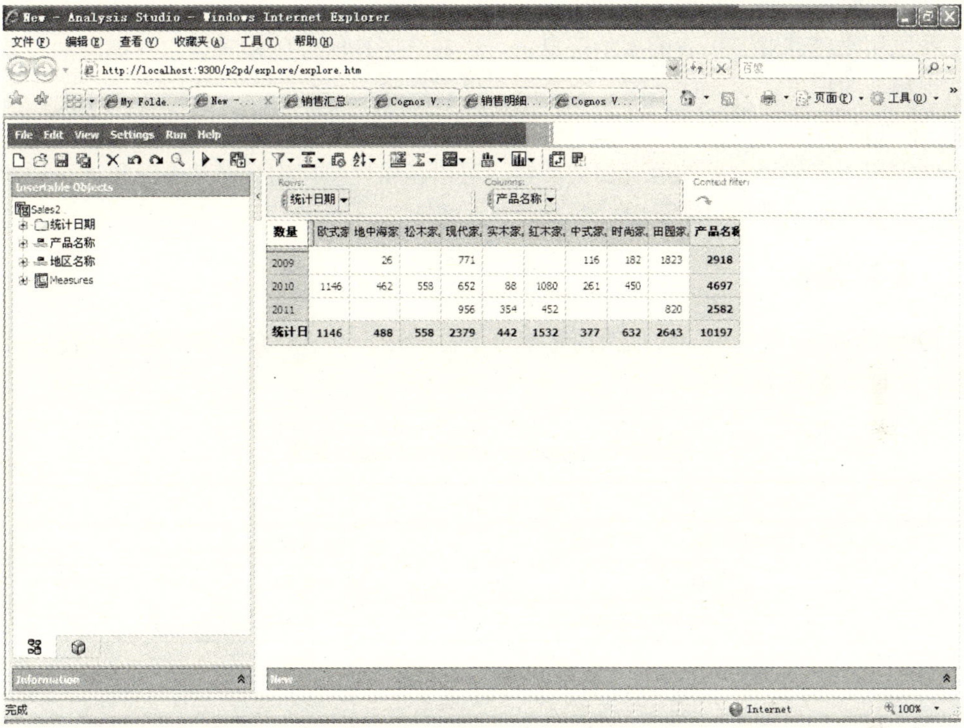

图 16-9 Cognos Analysis Studio 界面

Analysis Studio 提供了交互式的开发环境分析业务数据，帮助用户以最快的速度找到解决问题的方法。通过 Analysis Studio 可以做到：

- 查找并定位用户所关注的业务中的重要信息。
- 了解业务的走势及反常的现象。
- 通过对比数据发现实际数值与预测数值的差距。
- 绩效评估（通过最佳和最差结果来衡量）。
- 通过一系列的计算来展示管理人员需要的重要信息。
- 共享结果。

16.6.1 Analysis Studio 的组成

Analysis Studio 由以下几部分组成。

1．源目录结构树

源目录树状结构显示了纬度、分类、层、度量等数据源信息。

2. 分析项目的选项卡

分析项目的选项卡包含了所创建项目的列表信息。

3. 信息窗口

信息窗口显示了名称、类型、级别、聚合、属性等相关信息。

4. 浏览区

浏览区显示了所有应用的过滤器和排序信息。

5. 工作区

工作区用来创建业务报表的展示信息。可以在该工作区中创建符合客户需求的一系列与业务紧密相连的报表，例如柱形图、交叉图、仪表盘等。

6. 属性窗口

属性窗口用来显示对象的所有相关属性。可以在属性窗口中针对某个对象进行详细的配置更改，以达到用户最高的满意度。

16.6.2 菜单功能

在 Query Studio 菜单中介绍过的内容本节不再赘述。本节只介绍增量菜单见表 16-8。如有需要，请读者参考 16.5 节。

表 16-8 Cognos Analysis Studio 菜单

菜　单	子　菜　单	说　明
File	New	新建
	Open	打开
	Open with Report Studio	使用 Report Studio 打开
	Save	保存
	Save As...	另存为
	Exit	退出
Edit	Undo	撤销
	Redo	重做
	Delete	删除
	Hide	隐藏
	Exclude	排除
	Search(Last Selected Item)...	查找（最后选中的项）
View	Crosstab	交叉表
	Chart	图表
	Crosstab and Chart	交叉表和图表
	Select Chart Type(Column Chart)	选择图表类型（列表）
	Select Chart Type(Bar Chart)	选择图表类型（柱形图表）
	Select Chart Type(Pio Chart)	选择图表类型（饼形图表）
	Select Chart Type(Line Chart)	选择图表类型（线形图表）
	Select Chart Type(Pareto Chart)	选择图表类型（帕累托图表）
	Select Chart Type(Area Chart)	选择图表类型（地形图表）

（续）

菜　单	子　菜　单	说　明
View	Select Chart Type(Radar Chart)	选择图表类型（雷达图表）
	Select Chart Type(Point Chart)	选择图表类型（点状图表）
	Select Chart Type(Show Values On Chart)	是否在图表中显示值
	Swap Rows and Columns	行列互换
	Objects and Information	对象和信息
	Properties Pane	显示属性面板
Settings	Suppress	缩放
	Set Number of Visible Items	设置可视项的显示数据数
	Data Format...	格式化数据
	Totals and SubTotals...	总计和小计
	Insertion Options	插入选项
	Show Welcome Dialog	显示欢迎对话框
	Get Data Later	后来获取数据

16.7 Report Studio 介绍

Report Studio 是 Cognos 8 的专业报表制作工具，以 Framework 提供的发布包为基础进行报表的开发，如图 16-10 所示。使用 Report Studio 可以制作出任何复杂的报表，比如财务报表、销售报表、发票报表等。

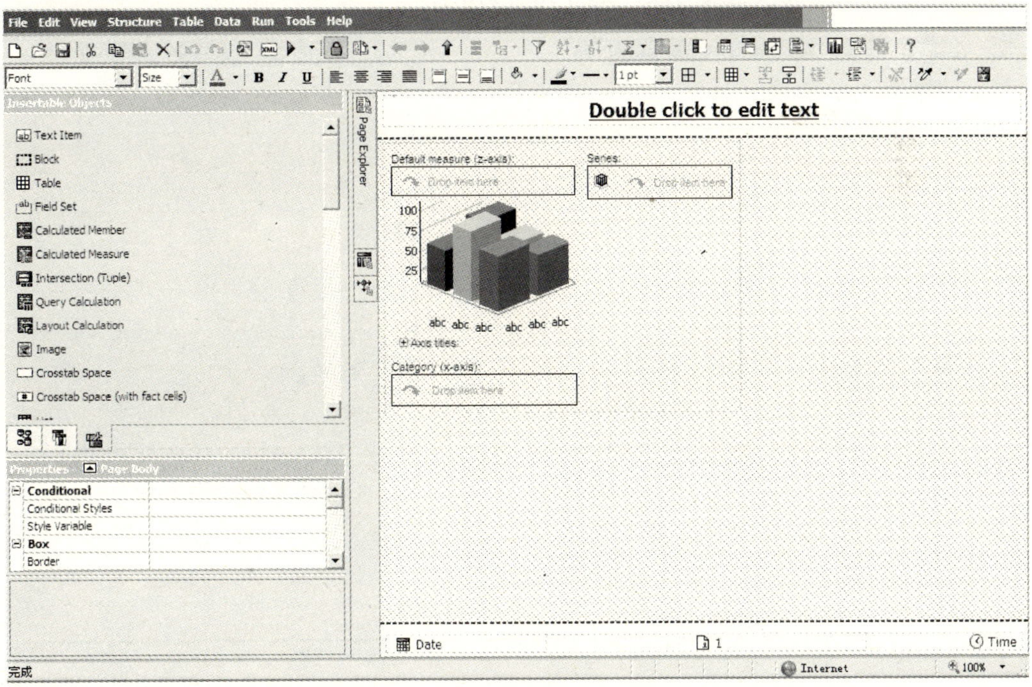

图 16-10　Cognos Report Studio 界面

Report Studio 提供了两种创建模式。

1．专业创建模式

专业创建模式为用户提供了最大功能的访问权限。用户可以使用多种数据源，进行任何复杂的报表制作，比如地图、多表头报表等。在该模式中，不能查看动态数据信息。

2．快速创建模式

快速创建模式为用户提供了简单而集中的 Report Studio 界面。即使开发人员不太了解业务，也可以创建传统的财务和管理报表。该模式的权限仅限于访问按维度建模的数据和使用面向成员的数据树结构。

这两种模式在实际开发中可以进行切换，前提是用户有足够的权限访问这两种模式。一般情况下，使用快速创建模式创建报表，然后切换到专业创建模式进行更多信息的设置。

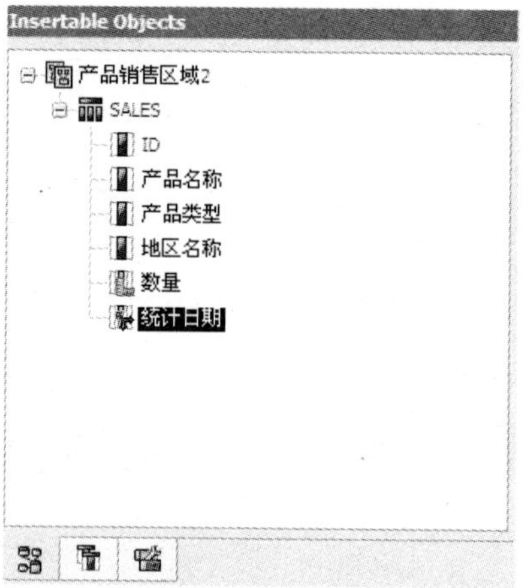

图 16-11 Cognos Report Studio Insertable Objects Source 工作区

16.7.1 Report Studio 的组成

Report Studio 工作区由以下几个部分组成。

1）Insertable Objects（可插入对象工作区）包括以下 3 个部分。

Source：业务源信息显示，如图 16-11 所示。

Data Items：显示工作区中的查询主题，如图 16-12 所示。

Toolbox：页面布局按钮及对象，如图 16-13 所示。

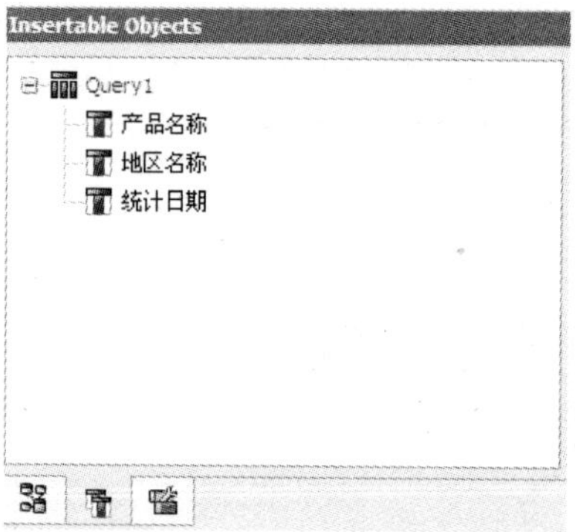

图 16-12 Cognos Report Studio Insertable Objects Data Items 工作区

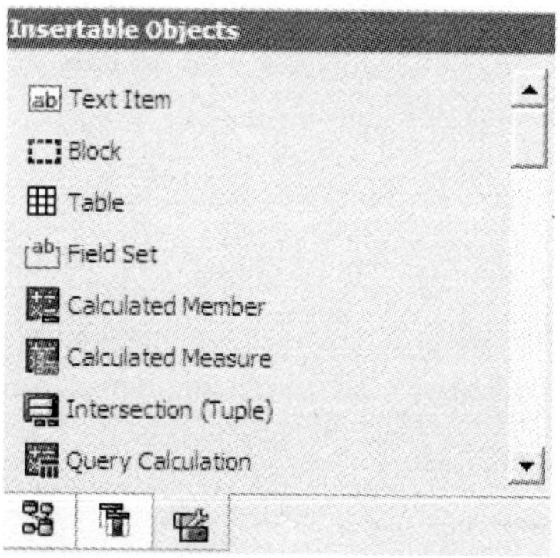

图 16-13 Cognos Report Studio Insertable Objects Toolbox 工作区

可插入对象说明见表 16-9。

表 16-9 可插入对象说明

可插入对象	描　述
Text Item	报表中的一个条目。内容可以是静态的文字，也可以来自一个查询条目或报表的表达式
Block	添加空块，该块是可以插入其他对象的容器。这对控制对象的显示位置非常有用

（续）

可插入对象	描　　述
Block	提示：用户可以使用块在对象之间添加空格。但是，空块不会显示出来，必须插入对象或指定高度和宽度
Table	添加表格，该表格是可以插入其他对象的容器。这对控制对象的显示位置非常有用
Field Set	添加具有标题的空块。这与“块”对象类似，但是具有标题
Calculated Member	添加已计算的成员
Calculated Measure	添加已计算的度量
Intersection(Tuple)	添加交集（数组）
Query Calculation	添加已计算的列
Layout Calculation	在包含运行时信息（例如当前日期、当前时间和用户名）的布局中添加计算
Image	添加图像对象 一个指向图像文件的链接。该链接可以是一个静态值，也可以来自一个报表表达式或查询项目。使用图像的对象来定义链接的 URL 源属性
Crosstab Space	在交叉表边缘上插入空单元格。允许在边缘上插入非数据单元格。报表运行时会显示边缘的空单元格 如果交叉表边缘没有有用的数据，而用户希望改为在单元格中显示空白，则插入该对象
Crosstab Space(with fact cells)	在交叉表边缘上插入空单元格。允许在边缘上插入非数据单元格。在添加度量或指定默认度量后，将在边缘上生成资料单元格 如果已嵌套交叉表空间，则资料单元格的范围为位于空间前的级别上的项目的范围 如果未嵌套交叉表空间，并且其下不存在任何嵌套项目，则资料单元格的范围为默认度量
List	一个布局对象，目的是加入下一个列表
Crosstab	一个交叉表格布局对象，用于提供一个查询、汇总数据，然后排列在一个二维网格中
Chart	添加一个图表对象
Map	添加一个使用地图展示数据的图表对象
Repeater Table	添加重复器表格对象 查询表中的数据呈现
Repeater	添加重复器对象
Singleton	插入单一数据项对象
Conditional Blocks	添加可用于条件格式化的空块对象
HTML Item	添加可以插入 HTML 代码的容器。HTML 项目可以是浏览器将执行的任意项目，包括链接、图像、多媒体、工具提示或 JavaScript。仅当以 HTML 格式运行报表时才显示 HTML 项目 注：HTML 项目中不能包括<form> 标签
Rich Text Item	插入用于在布局中显示 HTML 的对象。该对象与“HTML 项目”类似，但是富文本项目也可以在 PDF 输出中显示。将在数据源中定义的注解添加到报表时，使用富文本项目非常有用 注：富文本项目仅支持受限的格式正确的 XHTML 集合
Hyperlink	添加超级链接以便用户跳至其他位置（例如网站）
Hyperlink Button	以按钮的形式添加超级链接
Date	添加报表运行的日期对象
Time	添加报表运行的时间对象
As of Time Expression	添加一个可以产生日期-时间值的表达式 该表达式产生一个日期-时间值。这个表达式可以用来显示一个特定时期内，由创建的表达式定义的报表结果
Page Number	插入可以自定义的页码对象
Row Number	报表运行时，每行数据返回的编号对象 注：可以仅将行号添加到列表和重复器
Layout Component Reference	将引用添加到其他对象。当重复使用对象时非常有用
Metric Studio Diagram	添加 Metric Studio 历史记录图表作为图像

（续）

可插入对象	描　　述
Table of Contents	创建在报表输出中生成的目录对象
Table of Contents Entry	添加目录标记
Bookmark	插入书签，以便用户从报表的一个部分移至另一部分
Text Box Prompt	一个控制器，允许用户在值中定义类型
Value Prompt	允许用户从列表中选择一个或者多个值的提示控制
Select & Search Prompt	一个控制器，按照需要的搜索规则确定一个选择范围。用户不能使用此 SAP BW 的数据源提示控制器
Date & Time Prompt	一个控制器，用户可以选择一个日期和时间值
Date Prompt	一个控制器，用户可以选择一个日期值
Time Prompt	一个高级的控制，允许用户选择一个时间值
Interval Prompt	一个高级的控制，用于间隔时间的提示
Tree Prompt	一个控制器，显示分层信息，并允许选择一个或多个成员
Generated Prompt	一个控制器，作为一个占位符的行为
Prompt Button	使用预先定义的按钮提示页面。它的用法的变化，根据其类型属性，可以设置为取消、上一步、下一步、完成或重新提示

2）Page Explorer（页面资源管理器）工作区如图 16-14 所示。

3）Query Explorer（查询资源管理器）工作区如图 16-15 所示。

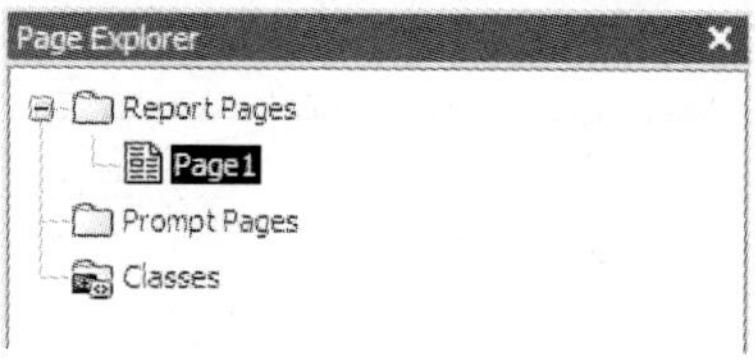

图 16-14　Cognos Report Studio Page Explorer 工作区

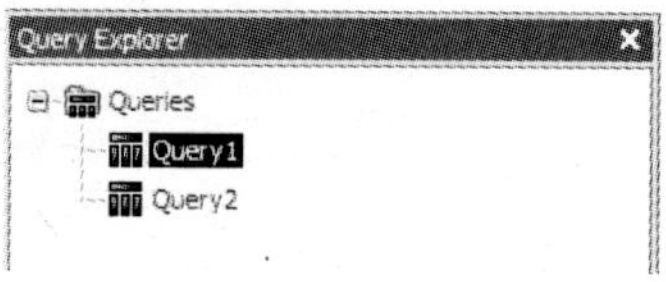

图 16-15　Cognos Report Studio Query Explorer 工作区

选择某个查询主题，系统会自动切换工作区，如图 16-16 所示。

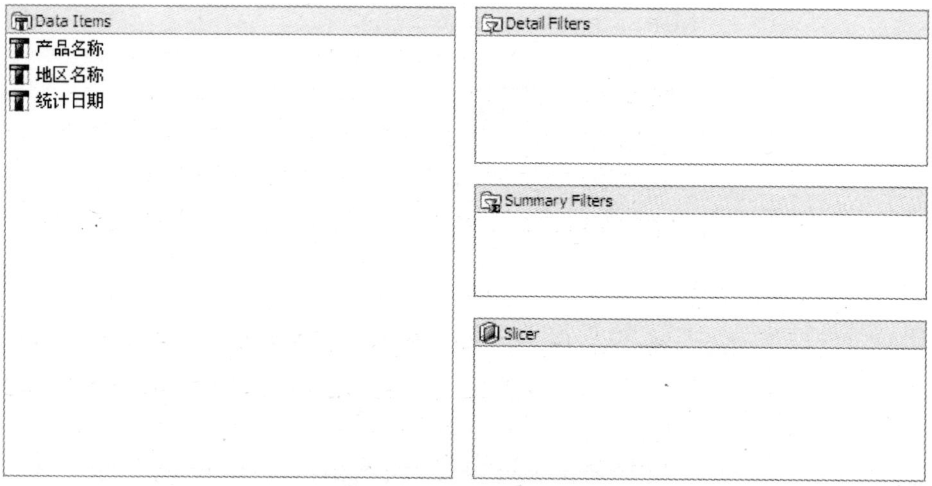

图 16-16　系统自动切换工作区

4）Condition Explorer（条件资源管理器）如图 16-17 所示。

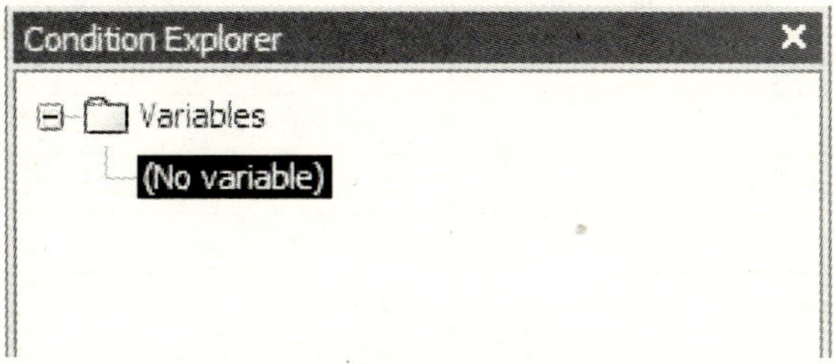

图 16-17　Cognos Report Studio Condition Explorer 工作区

16.7.2　菜单功能

Report Studio 是专业的报表开发工具。有关 Cognos Report Studio 菜单的介绍见表 16-10。

表 16-10　Cognos Report Studio 菜单

菜　　单	子　菜　单	说　　明
File	New	新建
	Open	打开
	Sava	保存
	Sava as	另存为
	Covert to template	转换成模板
	PDF page setup...	PDF 页面设置
	Condition Layouts...	条件布局
	Burst Options...	突发选项
	Report Packets...	报表包
	Report Properties...	报表属性
	Clear Parameter Values	清除参数值
	Upgrade Information	更新信息
	Log On...	登录
	Log Off...	注销
	Exit	退出
Edit	Undo	撤销
	Redo	重做
	Cut	剪切
	Copy	复制
	Paste	粘贴
	Paste To...	粘贴到
	Find...	查找
	Delete	删除
View	Authoring Mode	Professional 和 Express 两种模式
	Report Pages	显示报表页面

（续）

菜　单	子 菜 单	说　明
View	Prompt Pages	显示提示页面
	Queries	显示查询主题
	Variables	显示变量
	Classes	显示类
	Page Design	页面设计
	Page Structure	页面结构
	Toolbars	显示工具栏
	Panes	显示面板
	Visual Aids	可视区域设置
Structure	Group/UnGroup	分组/取消分组
	Swap Rows and Columns	行列互换
	Set Page Break	设置页面断点
	Set Page Break Using Master/Detail	使用主/明细设置页面断点
	Section	分段
	Section Using Master/Detail	使用主/明细分段
	Headers & Footers	在分组时插入表头/表尾
	Pivot List to CrossTab	将列表转换成交叉表
	Covert List to Repeater Table	将列表转换成 Repeater 表
	Convert Chart...	转换成图表
	Insert Table of Contents Entry	插入目录项
	Lock Page Objects	锁定页面对象
	Create CrossTab Nodes	创建交叉表节点
Table	Insert	插入
	Delete	删除
	Select	选择
	Merge Cells	合并单元格
	Split Cell	拆分单元格
	Apply Table Styles...	应用表格样式
Data	Calculate	计算
	Filters...	过滤
	Sort	排序
	Aggregate	聚合
	Insert Children	插入子集
	Master Detail Ralationships	主要明细关系
	Drill Behavior	钻取行为
	Default Data Formats...	默认数据格式
Tools	Validate Report	验证报表
	Validate Options...	验证选项
	Auto Correct...	自动校验正确性

（续）

菜　单	子 菜 单	说　明
Tools	Show Generated SQL/MDX	显示生成的 SQL/MDX
	Show Specification	显示明细
	Show Specification (Selection)	显示（可供选择的）明细
	Open Report form Clipboard	从剪贴板中打开报表
	Copy Report to Clipboard	复制报表到剪贴板
	Manage Conditional Styles...	条件样式管理
	Layout Component Cache...	布局组件缓存
	Build Prompt Page	创建提示页
	Options	选项

16.8 Event Studio 介绍

当业务中的某个事件发生时，需要触发一个事件来响应该事件，这时候就需要用 Event Studio（见图 16-18）通知事件中的决策者，以便系统使用者快速准确地做出决策。

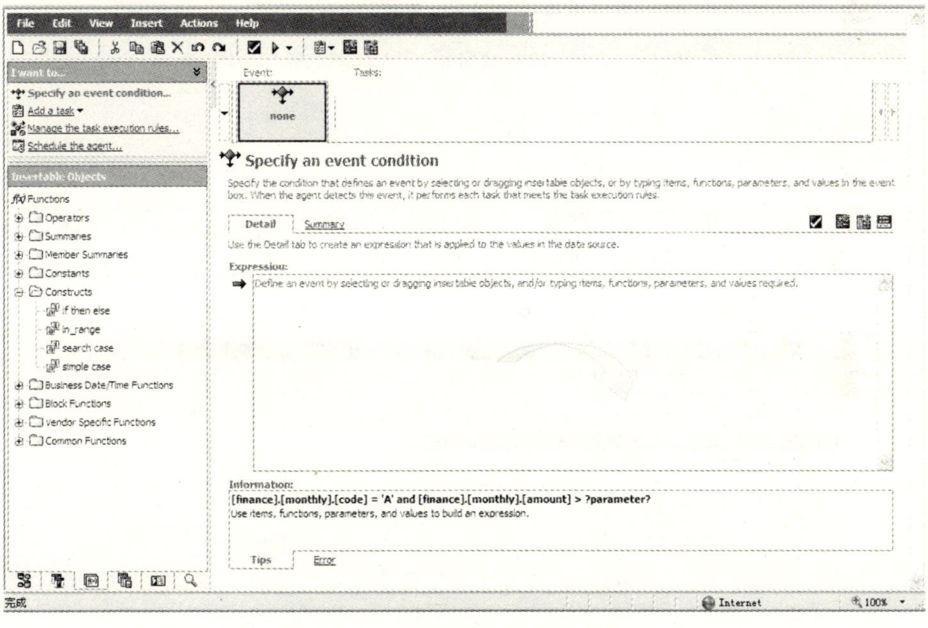

图 16-18　Cognos Event Studio 界面

用户可通过创建监控代理的方式来检测业务事件的发生。当代理检测到事件发生时，将触发一系列动作，比如发送短信提示给负责人、将信息记录发送邮件、运行某个事先开发好的报表等。

16.8.1 Event 介绍

在处理事件的时候，首先需要为该事件添加一个 Event 的触发条件，比如转账金额大于 10 万元人民币、单笔交易金额超过 100 万元人民币、当天在线人数累计达 30 万人次等。本例中，将销售案例中的“数量”>100 作为事件触发条件添加到表达式中，如图 16-19 所示。

只有添加了该事件的触发条件，系统才会执行下面介绍的几种触发类型的任务。

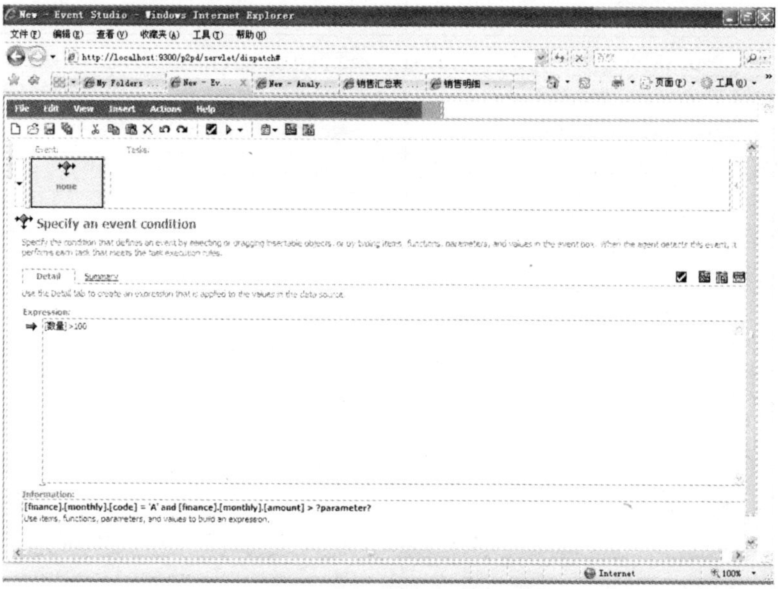

图 16-19　Cognos Event Studio Event 触发条件举例

16.8.2　Task 介绍

1. Email

顾名思义，Email 就是发送邮件任务。当该事件被触发时，系统会自动发送该 Email 给自定义的用户，同时抄送一份该邮件给抄送者。例如，发送邮件给 chinalgf@126.com，同时抄送一份给 wangfei5673@sina.com，如图 16-20 所示。

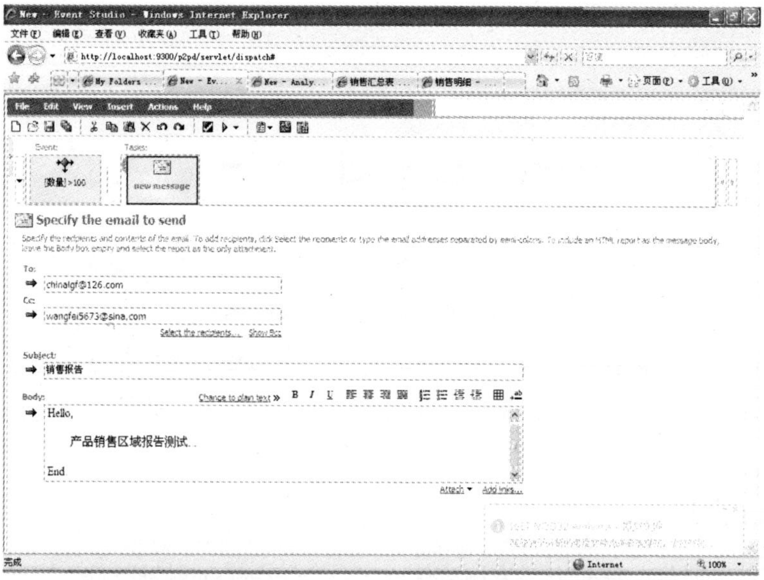

图 16-20　Cognos Event Studio Tasks 触发条件举例

2. News Item 介绍

有时，当一个事件发生时，需要在 Web 页面发布一些消息或者新闻。这时，就需要创建一个 News Item 来满足要求，如图 16-21 所示。

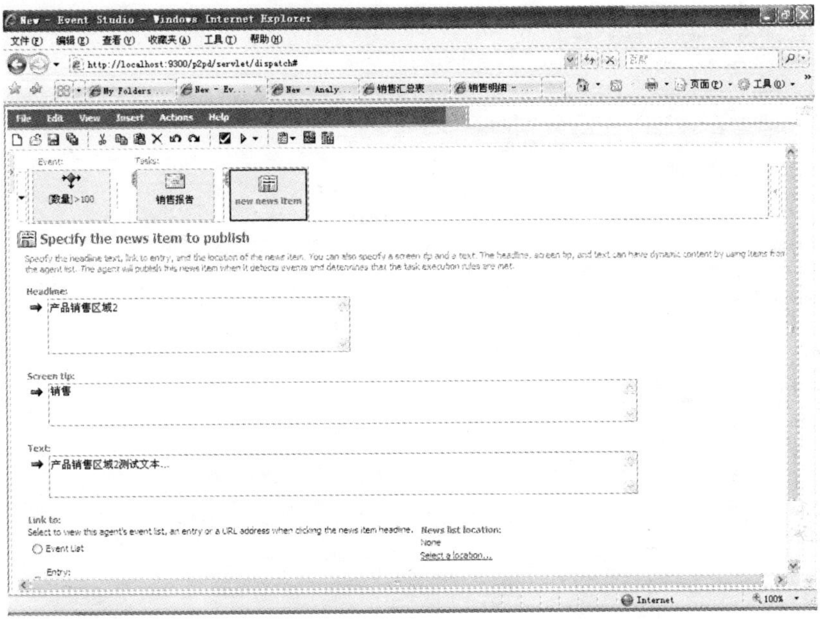

图 16-21　Cognos Event Studio New Item 创建

3. Report 介绍

创建 Report 如图 16-22 所示。

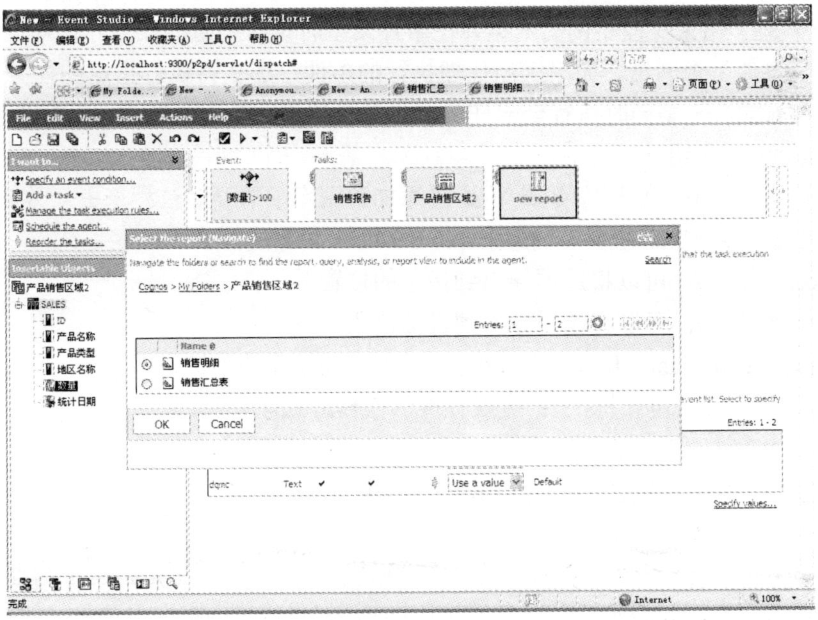

图 16-22　Cognos Event Studio Report 创建

4. Job

一个作业可以包括多个报表、报表视图或者其他作业，它的创建如图 16-23 所示。可以在实际使用过程中将一系列的行为打包成一个作业来作为任务。

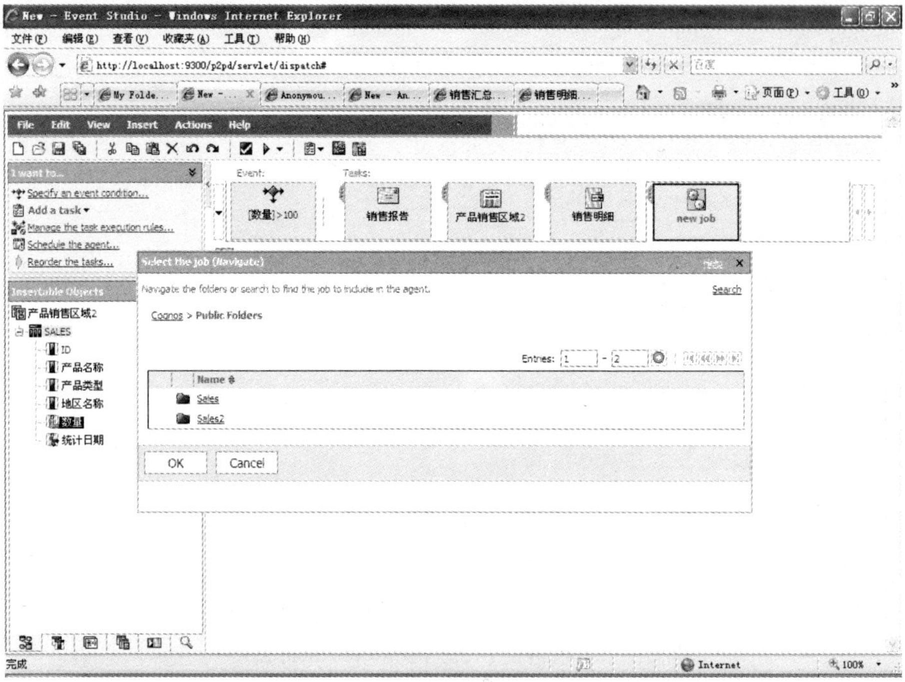

图 16-23 Cognos Event Studio Job 创建

5. Agent 介绍

Agent（代理）用来监控实例的数据并在事件发生时执行指定的任务。代理运行时，会检查事件的发生条件是否满足。如果满足代理执行的条件，那么将执行指定的任务。代理的运行任务有两种方式：一是同时执行全部任务，二是按照指定的方式顺序执行任务。

6. Advanced 介绍

- Database Update（数据库更新）：通过添加数据库中的存储过程来更新数据库的方式。
- Web Services（Web 服务）：使用 Web Services 服务的方式。
- Export（导出）：可以将选项导出到指定的位置。
- Import（导入）：可以将选项导入到目标位置。
- Content Maintenance Task（内容维护）：内容存储库的维护方式。
- Migration Task（度量标准）：度量标准的操作方式。

16.9 Framework Manager 建模工具

Framework Manager 是用来组织和发布元数据模型的工具，模型是包含了物理信息和业务信息的一个或多个数据源的元数据集合，为报表应用提供维度、查询主题和其他相关的信息，如图 16-24 所示。

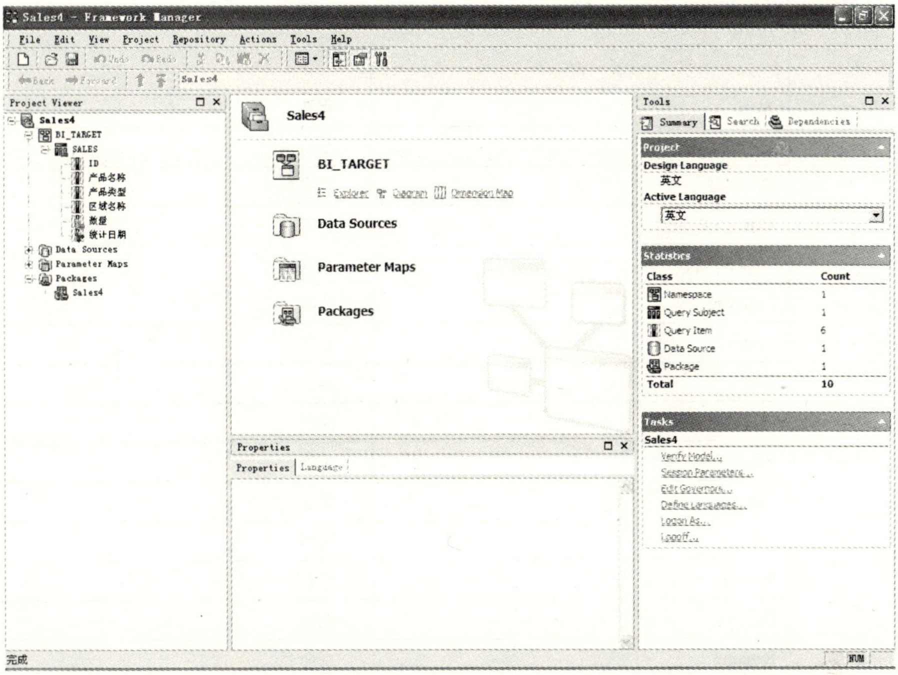

图 16-24　Cognos Framework Manager 界面

模型提供了一种与源数据的信息相关的业务视图，用来创建、分析和查询报表。该业务视图可以：

- 组织条目。
- 使用数字、货币、日期、时间等进行条目的格式化。
- 多语言的配置，比如条目名称、描述、数据等选项。
- 将自动生成的 SQL 查询发给关系型数据源。
- 默认提示设置。

特别地：

- 可以修改 Framework 中的模型来确保查询能及时、安全、多形式、有效地发给数据源。
- 还可以指定查询的规则，限制用户访问数据中特定的行或列。
- 另外，数据关系模型还可以为用户隐藏复杂的数据。

16.9.1　菜单介绍

有关 Cognos Framework Manager 菜单的介绍见表 16-11。

表 16-11　Cognos Framework Manager 菜单

菜　单	子 菜 单	说　明
File	New	新建
	Open	打开
	Close	关闭
	Close All	关闭所有

（续）

菜　单	子　菜　单	说　　明
File	Save	保存
	Save As	另存为
	Save All	保存所有
	Manage Project	管理工程
	Page Setup...	页面设置
	Print Preview	打印预览
	Print	打印
	Exit	退出
Edit	Undo	撤销
	Redo	重做
	Cut	剪切
	Copy	复制
	Paste	粘贴
	Delete	删除
	Rename	重命名
	Select All Simple Objects	选择所有简单的对象
View	Go To	跳转（返回、前进、向上一级、模型根元素）
	Project Viewer	显示工程视图
	Properties	显示属性窗口
	Tools	显示工具窗口
	Status Bar	显示状态栏
	Refresh	刷新
Project	Verify Model...	模型验证
	Language	选择语言
	Project Function List...	工程函数列表
	Edit Governors...	编辑
	Evaluate Automatically	自动评估
	Branch to...	拆分
	Merger from...	合并
	Sessions Parameters...	会话参数
	Logon As...	登录
	Logoff...	注销
	View Transaction History...	查看事务历史
	Run Script...	运行脚本
	Synchronize...	同步
	Create Segment...	创建段
	Link Segment...	链接段
Repository	Get Latest Version	获取最新版本

（续）

菜　单	子　菜　单	说　明
Repository	Check Out	检出
	Check In...	检入
	Undo Check Out	撤销检出
	View History	查看历史
	Add Project To Repository...	添加工程到知识库
	Connection Manager...	连接管理
Actions	Create	创建
	New Parent	新建父集
	Edit Definition...	编辑定义
	Merge in New Query Subject	在新查询主题中合并
	Merge in New Regular Dimension	在新规则的维度里合并
	Define Query Set...	定义查询集
	Format...	格式化
	Convert To Query Subject	转换成查询主题
	Convert To Data Source QuerySubject	转换成数据源查询主题
	Convert To Regular Dimension	转换成规则的维度
	Convert To Measure Dimension	转换成度量的维度
	Remap To New Source	重新映射到新源
	Edit Package Inclusion...	重新编辑包
	Specify object Security...	指定对象安全性
	Run Metadata Wizard...	运行元数据向导
	Export Model...	导出模型
	Package	包
Tools	Test	测试
	Verify Selected Objects...	验证选择的对象
	Run Model Advisor...	运行模型顾问
	Show Object Dependencies...	展示对象依赖
	Create Star Schema Grouping...	创建星型结构分组计划
	Detect Relationships...	查询对象之间的关系
	Determine Aggregation Rules	确定聚合规则
	Determine Object	确定对象
	Find Report Dependencies	查询报表依赖关系
	Find All Secured Object	查询所有安全的对象
	Model Report...	模型报表
Help	Content	上下文环境
	About Framework Manager	关于 Framework 管理器
	Cognos on the Web	Web 上的 Cognos

16.9.2　工作区

1. Project Viewer

Project Viewer（项目查看器）如图 16-25 所示。

Project Viewer 中的模型（元数据集）包括以下各主题。

- 命名空间：对象的容器集。
- 数据源：定义数据源。
- 参数映射：在报表运行时，使用参数创建可替换的查询主题。
- 包：定义、修改、发布包等操作。

2. Project Info

Project Info（项目信息）是 Framework 的建模工作区，可以创建查询主题、定义模型关系、设计维度及度量等，包括以下内容。

1）Explorer：显示查询主题定义，如图 16-26 所示。

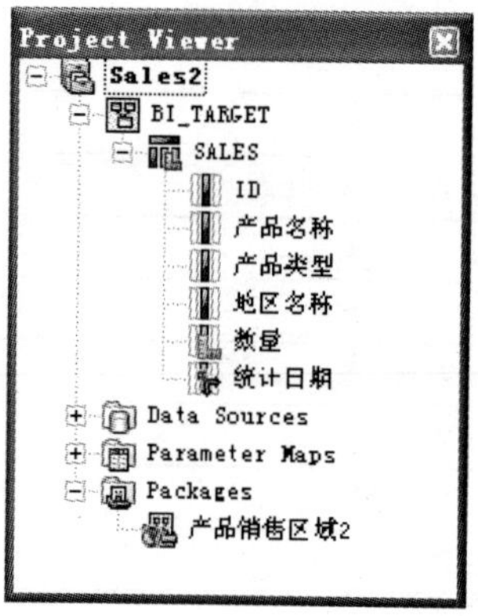

图 16-25　Cognos Framework Manager Project Viewer 工作区

图 16-26　Cognos Framework Manager Project Info Explorer 工作区

2）Diagram：模型关系定义，如图 16-27 所示。

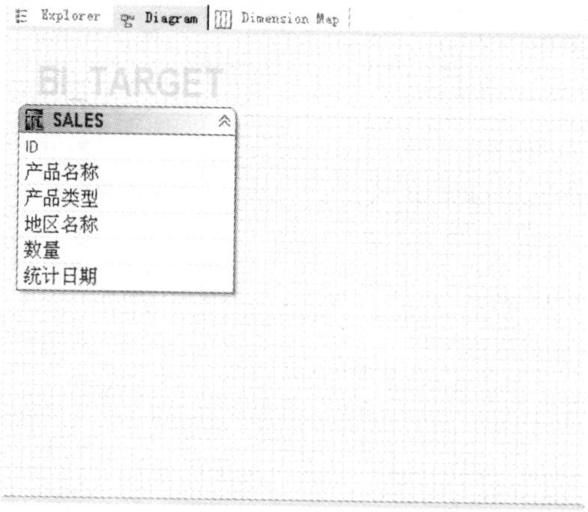

图 16-27　Cognos Framework Manager Project Info Diagram 工作区

3）Dimension Map：维度和度量的定义，如图 16-28 所示。

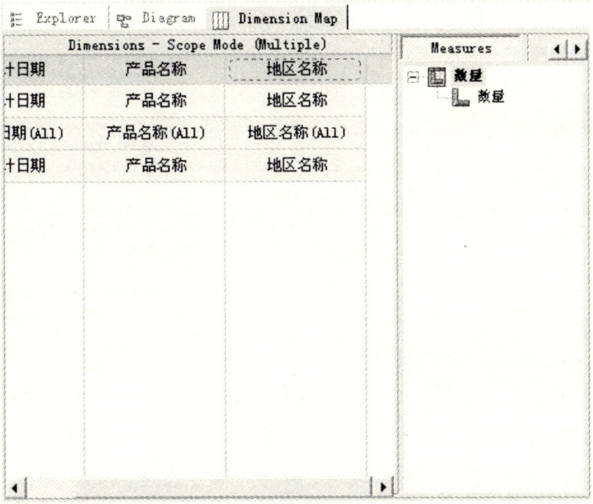

图 16-28　Cognos Framework Manager Project Info Dimension Map 工作区

3. Properties

Properties（属性）用于定义各查询主题的属性，如图 16-29 所示。

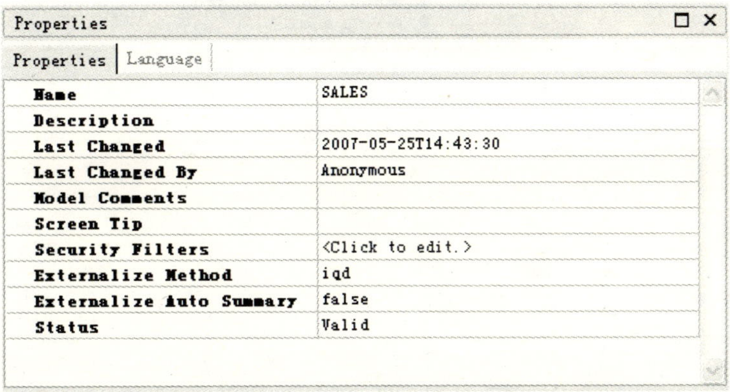

图 16-29　Cognos Framework Manager Properties 工作区

4. Tools

Tools（工具）包括以下 3 个选项卡。

1）Summary（总结）：分 Project、Statistics、Tasks 三个标签，如图 16-30 所示。其中，Project 显示活动的语言信息，Statistics 统计对象的数量信息，Tasks 可进行一系列任务的操作。

2）Search（查询）：依据条件查询对象等，如图 16-31 所示。

3）Dependencies（依赖）：查询显示某对象的依赖关系，如图 16-32 所示。

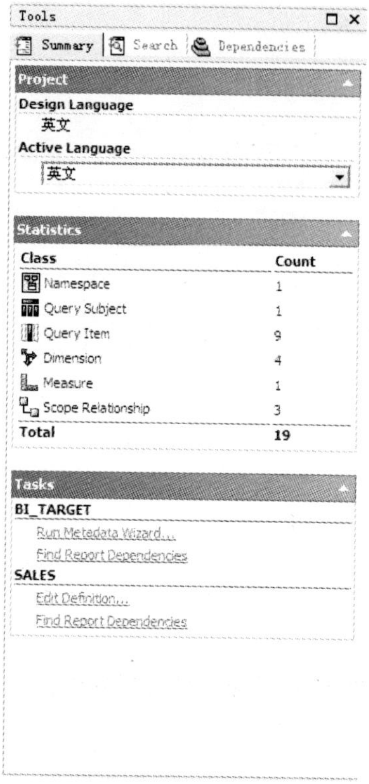

图 16-30　Cognos Framework Manager Summary 工作区

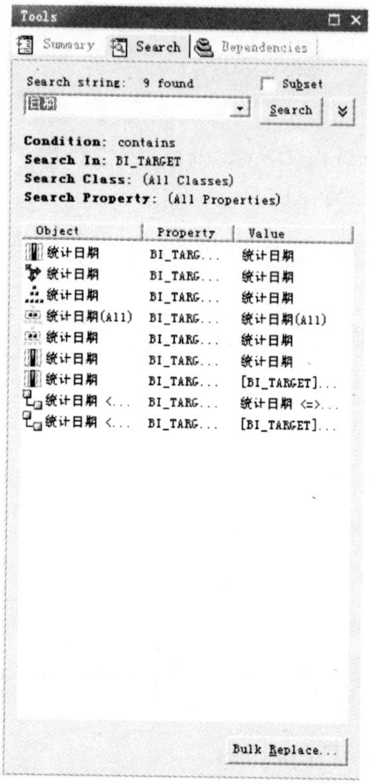

图 16-31　Cognos Framework Manager Search 工作区

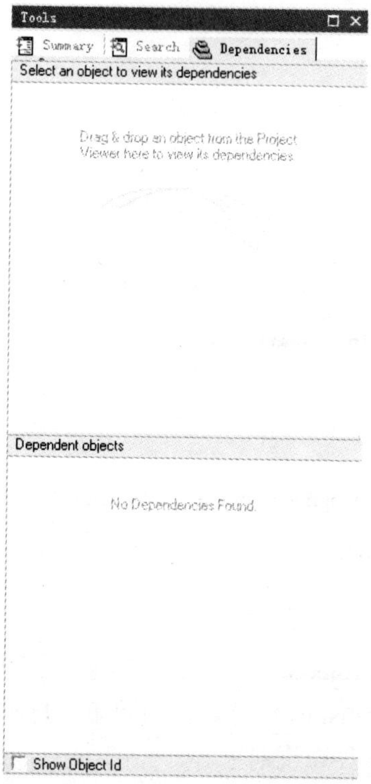

图 16-32　Cognos Framework Manager Dependencies 工作区

16.10 Transformer 介绍

Cognos Transformer 以多维模型的设计理念方式将多种数据源（Source）转化为立方体（Cube），如图 16-33 所示。

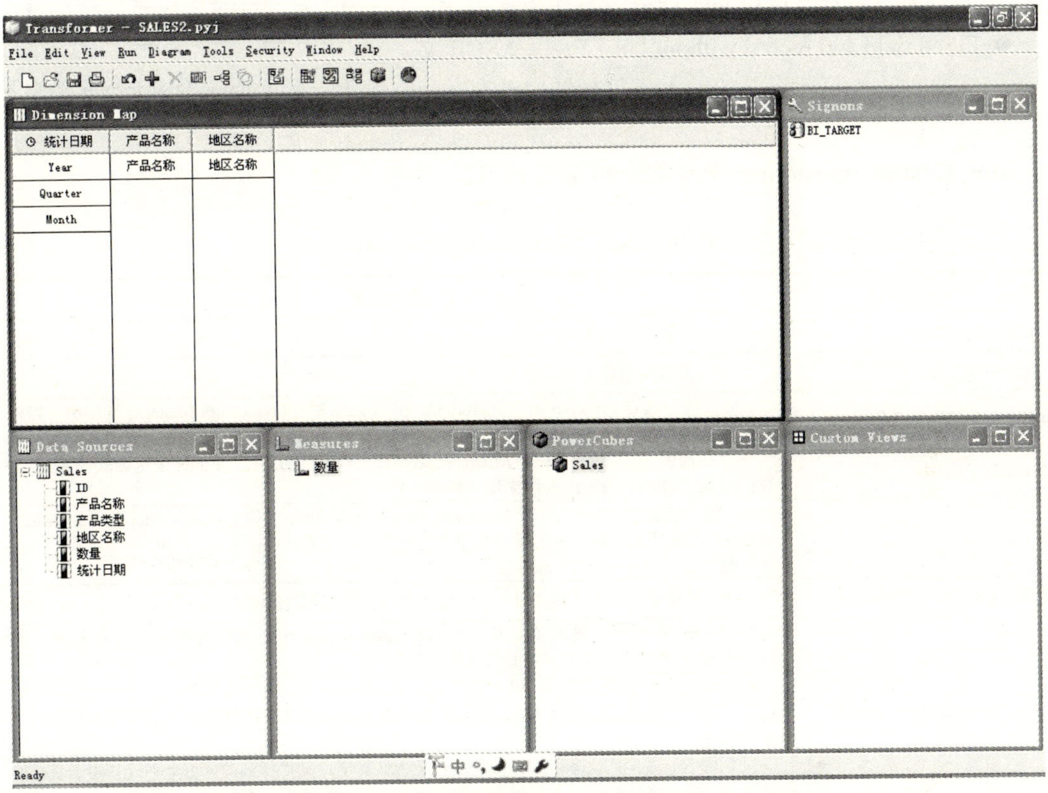

图 16-33 Cognos Transformer 界面

Cognos Transformer 将业务分成若干维度，每个维度下包括分类和多个层结构，用度量值来衡量业务的成效。

16.10.1 Data Sources

Data Sources（数据源）窗口用于模型的数据源设置，如图 16-34 所示。数据源类型包括以下几种：

- Cognos Report：使用 Cognos 报表作为数据源。
- Cognos Package：使用 Cognos 包作为数据源。
- Impromptu Query Definition（.iqd 文件）：使用 .iqd 文件作为数据源。
- Delimited-field text：以 ASCII 文本文件作为每条记录的输入。
- Access table：使用微软的 Access 表作为数据源。
- Access query：使用微软的 Access 的 .mdb 文件作为数据源。
- Excel crosstab：使用微软的 Excel 的 crosstab 文件作为数据源。

● Excel database：使用微软的 Excel 数据库作为数据源。

● PowerHouse portable subfile：使用 Cognos 的 PowerHouse 子文件作为数据源。

● Fixed-field text：以 ASCII 文本文件作为每条记录的输入，每行结尾以 text 行分隔符作为标识。

● Fixed field and record without CR LF：以 ASCII 文本文件作为每条记录的输入，每行结尾没有 text 行分隔符。

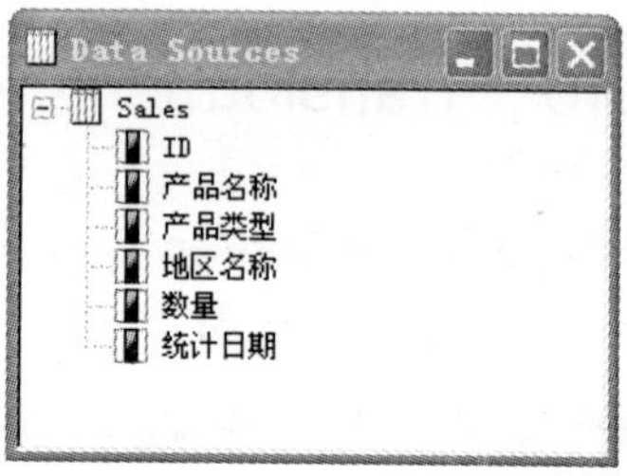

图 16-34　Cognos Transformer 数据源

有关 Cognos Transformer 菜单的介绍见表 16-12。

表 16-12　Cognos Transformer 菜单

数据源类型	描　述
Cognos Report	可以从报表中导入条目
Cognos Package	可以从多维模型包中导入条目
Impromptu Query Definition	.iqd 文件是从 Cognos Series 7 Impromptu 和 Cognos 8 的 Framework Manager 框架中（如外部化查询文件）生成的
Access table	一个访问表，输入值是从一个 Microsoft Access 文件得到的。Transformer 采用微软的 ActiveX 数据对象（ADO）的驱动程序来访问数据
Access query	访问查询，源表中描述的一个 Microsoft Access 查询(.mdb 文件)。Transformer 使用 Microsoft ActiveX 数据对象（ADO）的驱动程序来访问数据。或者从可以支持 ODBC 的数据库服务器中的源列运行 SQL 去查询.mdb 文件
Excel crosstab	与 Excel 交叉表，输入值是从一个 Excel 交叉表文件得到的
Excel database	与 Excel 资料库，输入值是从一个 Microsoft Excel 电子表格数据库文件得到的。在 Transformer 中，从表或区域中的选择区域名称
PowerHouse portable subfile	随着数据仓库便携子文件，输入值是从一个 Cognos 公司数据仓库便携子文件得到的。特别是子文件的便携式字典（.psd）的文件或数据（.ps）文件。接受默认的字符集或指定一个替代值
Fixed-field text	采用固定字段中的文本，输入值是从一个 ASCII 文本文件得到的。每个字段开始于紧接前场字节，每个字段的宽度占据了指定的字节数。每一行使用文本行结束符结束
Fixed field and record without	输入值是从一个 ASCII 文本文件得到的。每个字段开始于紧接前场字节，每个字段的宽度占据了指定的字节数。记录不以一个文本行分隔符来结束

16.10.2　Dimension Map

Dimension Map 是维度设计的窗口，如图 16-35 所示。根据数据源的表或者视图信息，可以进行业务报表维度的设计工作，包括维度、层、分类等内容。

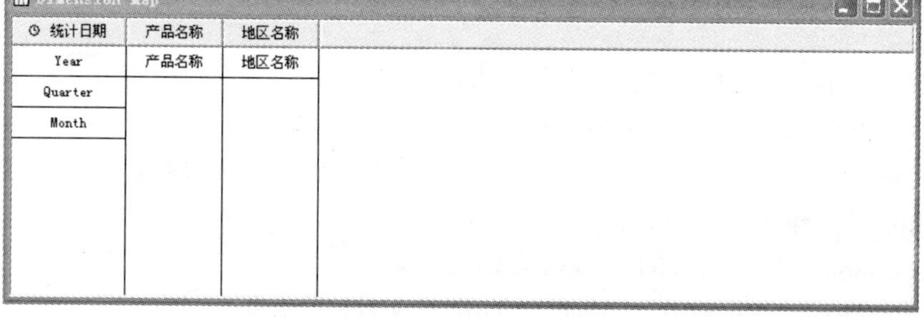

图 16-35　Dimension Map

16.10.3 Measures

Measures 是度量窗口，用于创建度量标准，如图 16-36 所示。可以从 Data Sources 窗口中直接拖动列到该窗口进行度量的自动创建；也可以在该窗口中单击鼠标右键，在弹出的快捷菜单中选择 Insert Measures 命令来自定义一个度量。自定义的度量需要在“类型”选项卡中指定“列”操作。

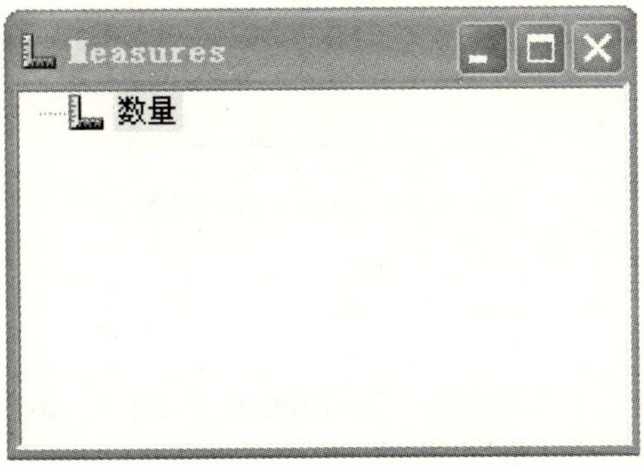

图 16-36 Measures 窗口

16.10.4 PowerCubes

PowerCubes 是立方体窗口，如图 16-37 所示。维度和度量创建完成之后，就可以使用 Transformer 的自动生成立方体功能来创建一个立方体多维模型。立方体创建无误后，在该窗口中用鼠标右键单击立方体名，在弹出的快捷菜单中选择 Publish PowerCube as a Data Source and Package 命令来发布立方体。发布成功的立方体，在 Cognos Connection 中可以使用 Analysis Studio 来进行分析和制作多维报表的操作。

图 16-37 PowerCubes 窗口

16.10.5 Customer Views

Customer Views 是自定义客户视图窗口，如图 16-38 所示。

图 16-38　自定义客户视图

16.10.6　Signon

当创建立方体的时候，可以创建一个 Signon 以便 Transformer 安全访问数据源。Transformer 包含两种类型的 Signon。

- Data Source Signon：可以从.iqd 文件导入，当 Cognos 8 数据源定义了一个没有密码联系的内容管理时，同样也可以在 Transformer 中被创建。
- Cognos 8 Signon：可以在命名空间外配置用户身份验证。

16.11　Cognos PowerPlay

PowerPlay 是数据探察分析功能，如图 16-39 所示。

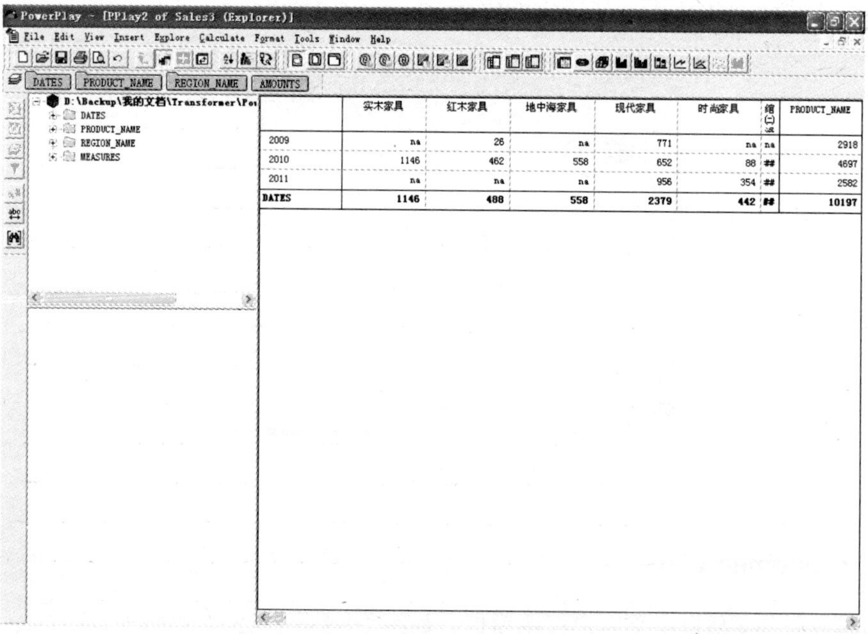

图 16-39　Cognos PowerPlay 界面

16.11.1 菜单介绍

有关 Cognos PowerPlay 菜单的介绍见表 16-13。

表 16-13 Cognos PowerPlay 菜单

菜 单	子 菜 单	说 明
File	New	新建
	Open	打开
	Close	关闭
	Close All	关闭所有
	Save	保存
	Save As...	另存为
	Publish to Upfront...	发布到前期
	Publish as HTML...	当成 HTML 发布
	Duplicate As	复制
	Page Setup	页面设置
	Print Preview	打印预览
	Print	打印
	Deployment Options...	部署选项
	Shared Dimensions	共享维度
	Preferences	参数
	Exit	退出
Edit	Undo	撤销
	Redo	重做
	Copy	复制
	Paste Special...	粘贴
	Delete	删除
	Find	查找
	Select	选择
	Rename Label	重命名
View	Normal	常规
	Page Layout	页面布局
	Page Width	页面宽度
	ToolBars	工具栏
	Dimension Viewer	维度视图
	Dimension Line	维度线性
	Title	标题
	Status Bar	状态栏
	Legend	图例
	HighLight Subset	高亮显示子集
	Calculated Categories	计算类型
	Explain	解释

（续）

菜　单	子　菜　单	说　明
Insert	Display	图表显示
	Blank(s)	空白
	Object...	插入对象
Explore	Swap	互换操作，有 3 种模式：行列互换、行层互换和列层互换
	Change Display	改变报表显示模式，包括交叉列表、柱形图、饼形图、线性图等
	Suppress	缩放功能
	Automatic Exceptions	自动异常
	Custom Exceptions...	自定义异常
	Reset Dimensions	重设维度
	Nested Charts	嵌套图表
	Rank...	排名
	Sort	排序
	Re-Sort	重新排序
	Show Values As	显示值，有 7 种方式
	Convert Currency...	货币转换
	Drill Through	穿透钻取
	Get Data	获取数据
	Change To Repeater	转换成 Repeater
Calculate	Add...	添加
	Subtract...	减去
	Divide...	分割
	Multiply...	乘法
	Percent...	百分比
	Percent To Base...	基于……百分比
	Cumulative Percent To Base...	累计百分比到
	Accumulate...	累加
	Exponentiate...	指数
	Rollup...	汇总
	Percent Growth...	增长百分比
	Forecast...	预测
Format	Display Options...	显示选项
	Crosstab Layout	交叉表布局
	Categories	分类
	Title,Header and Footer	标题、页头、页尾设置
	Display Background	背景色
	Palette	调色板
	Legend Font	字体设置
	Hide	隐藏
	Unhide	显示
	Styles	样式

（续）

菜　单	子 菜 单	说　明
Tools	Macro	宏
	Customize	客户自定义

16.11.2　工具栏

有关 Cognos PowerPlay 工具栏的介绍见表 16-14。

表 16-14　Cognos PowerPlay 工具栏

按　钮	说　明	按　钮	说　明
	重设维度		排序
	维度视图显示与否		排列
	穿透钻取		在 Explorer 与 Reporter 模式之间转换
	行列互换		显示值不为 0 的行
	显示值不为 0 的列		以简单的柱形图形式展示
	显示值不为 0 的行和列		以柱形图集形式展示
	标准交叉表		以单条线性图形式展示
	以交叉表形式展示		以多条线性图形式展示
	以饼形图形式展示		两种度量值对比图
	以 3D 柱形图形式展示		

16.11.3　维度视图

Cognos PowerPlay 维度视图见表 16-15。

表 16-15　Cognos PowerPlay 维度视图

按　钮	说　明	按　钮	说　明
	替换行		格式化度量
	替换列		简写/全称命名
	替换布局		创建 find-in-cube 定义
	过滤		

16.12　本章小结

1）在本章，首先介绍了 Cognos 的历史、现状。接下来，又分别介绍了 Cognos 的开发工具的使用，比如 Query Studio、Report Studio、Analysis Studio、Event Studio、Framework Manager、Transformer 等工具。

2）Cognos 通过报表展示的数据，是基于统一的元数据模型。Cognos 强大的报表制作功能可以制作出满足任何需求的报表，其基于 B/S 的使用方式在提供方便的同时，还将部署成本和管理成本降到最低。Cognos 还可以同数据挖掘工具及统计分析工具搭配使用，以增强决策分析的功能。

3）Cognos 的特点：方便的基于 B/S 架构的报表开发工具，强大的报表制作、部署、发布、管理功能，快速的数据访问、分析能力，强大的安全性保障，更多的用户群体。

4）Cognos Connection 是 Cognos 集设计和管理于一体的报表工具。

Cognos 安装成功以后，用户就可以登录到 Cognos Connection 界面进行报表的开发和管理工作。

5）用户使用 Query Studio 可以自定义生成一些简单的报表。在用 Framework Manager 发布元数据模型之后，Query Studio 就可以使用该元数据进行一些简单的运算，以实现动态的业务需求。

6）Report Studio 是为用户设计开发复杂报表的专业开发工具。其编辑和展示功能要比 Query Studio 强大得多。

7）Analysis Studio 可以开发比较复杂的报表。其分析功能要强于 Report Studio，但是样式稍微欠缺。用户在使用 Analysis Studio 的过程中，可以对立方体模型中的数据进行切片、钻取等专业操作。

8）Event Studio 可以对事件发生改变的条件以及事件的变化结果进行相关设置。比如，在每天凌晨 0 点时分发送一封邮件，每月星期一早上 6 点自动生成一份报表等。

9）Framework Manager 是元数据模型的制作工具。在制作完元数据模型后，Framework Manager 还将这些模型发布到 Cognos 的设计环境中，这样 Query Studio 和 Report Studio 才能正常设计和开发报表。

10）用户通过 Transformer 分析数据源，然后建立维度和度量，最后生成立方体模型。立方体模型是 OLAP 分析数据的基础。

11）PowerPlay 用于制作基于立方体数据模型的多维分析报表。

实 践 篇

第 17 章　Informatica 的安装与快速入门

本章目标

工具篇介绍了 Informatica 软件的详细使用说明，本章将接着工具篇继续深入讲解 Informatica 的安装与快速开发。其中 Informatica 的安装分服务器安装和客户端安装两部分。在 Informatica 快速入门中，本章将以一个实例来介绍 Informatica 的开发过程，使用户在学习 Informatica 的功能以后，能快速地进行企业级项目的开发工作。

学习本章后，您将掌握：

- Informatica PowerCenter 的服务器和客户端安装步骤。
- Informatica PowerCenter 工具的使用流程。
- Informatica PowerCenter 快速入门。

17.1　Informatica PowerCenter 的安装方案

Informatica PowerCenter 安装分为服务器端安装和客户端安装。初次接触 Informatica PowerCenter 的用户不妨将其想象为 Oracle 的安装，因为 Oracle 的安装也是分为服务器端和客户端的。

17.1.1　安装前的准备

在安装 Informatica PowerCenter 前需要创建一系列数据库执行脚本，具体如下：

1．创建表空间，用于存放数据库的数据

```
CREATE TABLESPACE BI_ETL DATAFILE 'D:\oracle\product\10.2.0\oradata\BI\ BI_ETL.dbf'
SIZE 1000M REUSE AUTOEXTEND ON NEXT 100M;
```

这里，保存位置、空间大小需要按照实际情况灵活改变。

2．创建域用户并分配权限，用来管理域

```
CREATE USER "BI_DOMAIN" IDENTIFIED BY "BI_DOMAIN" DEFAULT TABLESPACE
"BI_ETL" TEMPORARY TABLESPACE "TEMP" PROFILE DEFAULT ACCOUNT UNLOCK;
GRANT "CONNECT" TO "BI_DOMAIN";
GRANT "DBA" TO "BI_DOMAIN";
GRANT "RESOURCE" TO "BI_DOMAIN";
```

```
GRANT UNLIMITED TABLESPACE TO "BI_DOMAIN";
GRANT SELECT ANY TABLE TO "BI_DOMAIN";
ALTER USER "BI_DOMAIN" DEFAULT ROLE ALL;
```

3．创建资源库用户并分配权限

```
CREATE USER "BI_RESOURCE" IDENTIFIED BY "BI_RESOURCE" DEFAULT TABLESPACE "BI_ETL" TEMPORARY TABLESPACE "TEMP" PROFILE DEFAULT ACCOUNT UNLOCK;
GRANT "CONNECT" TO "BI_RESOURCE";
GRANT "DBA" TO "BI_RESOURCE";
GRANT "RESOURCE" TO "BI_RESOURCE";
GRANT UNLIMITED TABLESPACE TO "BI_RESOURCE";
GRANT SELECT ANY TABLE TO "BI_RESOURCE";
GRANT CREATE ANY VIEW TO "BI_RESOURCE";
ALTER USER "BI_RESOURCE" DEFAULT ROLE ALL;
```

4．创建数据分析用户并分配权限

```
CREATE USER "BI_DATAANALYZER" IDENTIFIED BY "BI_DATAANALYZER" DEFAULT TABLESPACE "BI_ETL" TEMPORARY TABLESPACE "TEMP" PROFILE DEFAULT ACCOUNT UNLOCK;
GRANT "CONNECT" TO "BI_DATAANALYZER";
GRANT "DBA" TO "BI_DATAANALYZER";
GRANT "RESOURCE" TO "BI_DATAANALYZER";
GRANT UNLIMITED TABLESPACE TO "BI_DATAANALYZER";
GRANT SELECT ANY TABLE TO "BI_DATAANALYZER";
GRANT CREATE ANY VIEW TO "BI_DATAANALYZER";
ALTER USER "BI_DATAANALYZER" DEFAULT ROLE ALL;
```

5．创建元数据用户并分配权限

```
CREATE USER "BI_METADATA" IDENTIFIED BY "BI_METADATA" DEFAULT TABLESPACE
"BI_ETL" TEMPORARY TABLESPACE "TEMP" PROFILE DEFAULT ACCOUNT UNLOCK;
GRANT "CONNECT" TO "BI_METADATA";
GRANT "DBA" TO "BI_METADATA";
GRANT "RESOURCE" TO "BI_METADATA";
GRANT UNLIMITED TABLESPACE TO "BI_METADATA";
GRANT SELECT ANY TABLE TO "BI_METADATA";
GRANT CREATE ANY VIEW TO "BI_METADATA";
ALTER USER "BI_METADATA" DEFAULT ROLE ALL;
```

17.1.2 服务器端安装

在做完准备工作之后，开始安装 Informatica PowerCenter 服务器。首先进入 Informatica PowerCenter 的安装目录，双击“install.exe”安装文件，弹出安装界面，如图 17-1 所示。

选择 Server 选项，系统开始 Informatica PowerCenter 服务器端的安装，如图 17-2 所示。

随后进入 Informatica PowerCenter 服务器的安装欢迎界面，如图 17-3 所示。

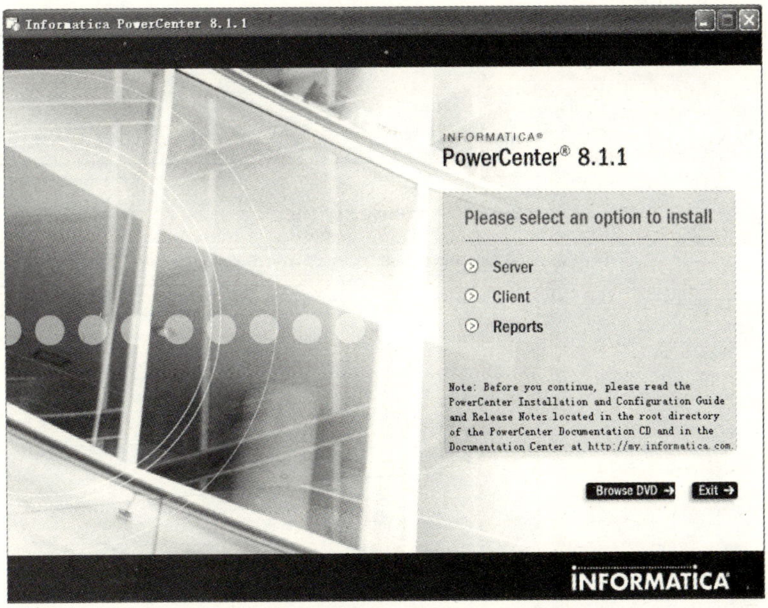

图 17-1　Informatica PowerCenter 的安装界面

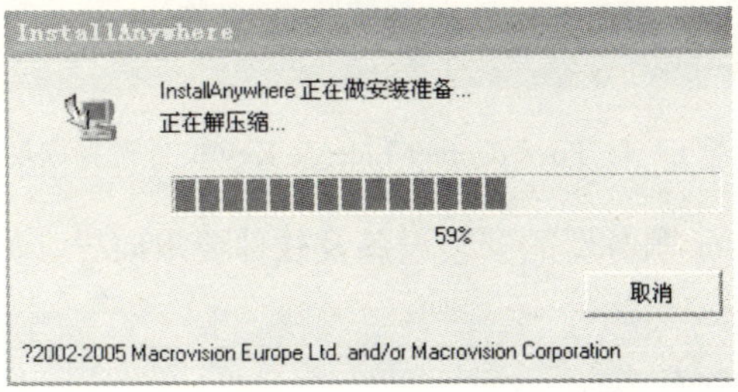

图 17-2　Informatica PowerCenter 的准备安装界面

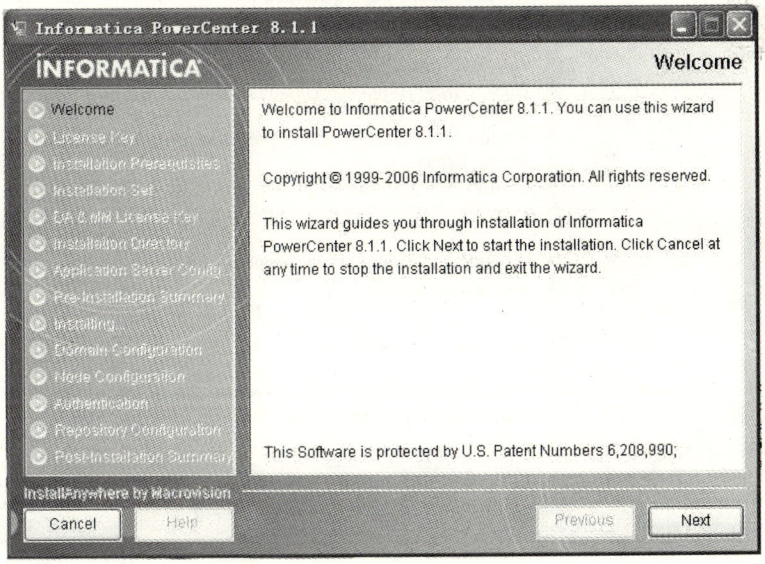

图 17-3　Informatica PowerCenter 服务器的安装欢迎界面

选择正确的 License Key 文件，如图 17-4 所示。

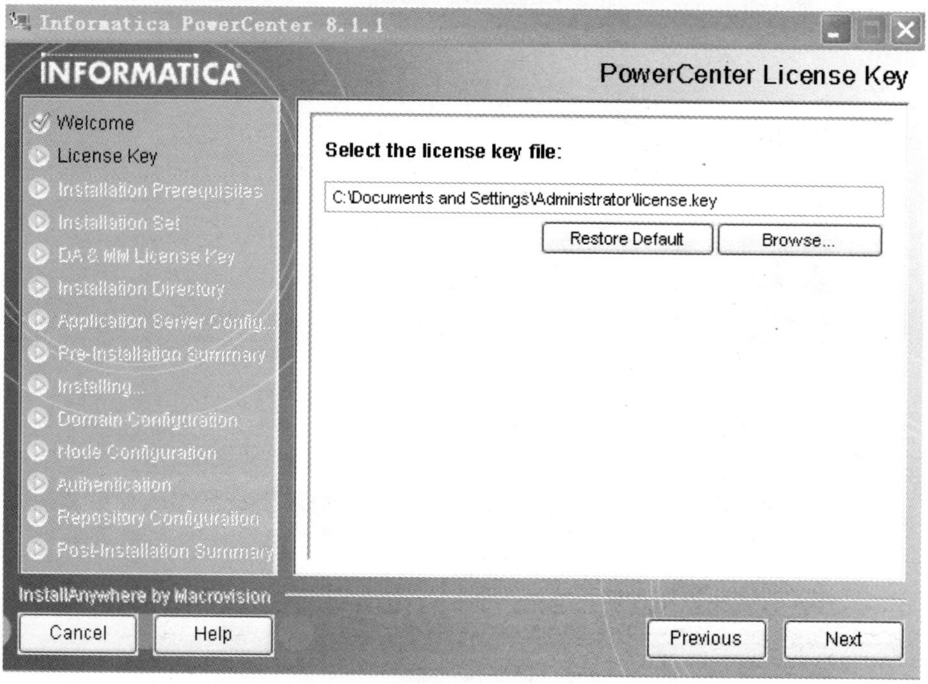

图 17-4　PowerCenter License Key 文件选择向导

Informatica PowerCenter 服务器的安装设备及软件要求向导，如图 17-5 所示。

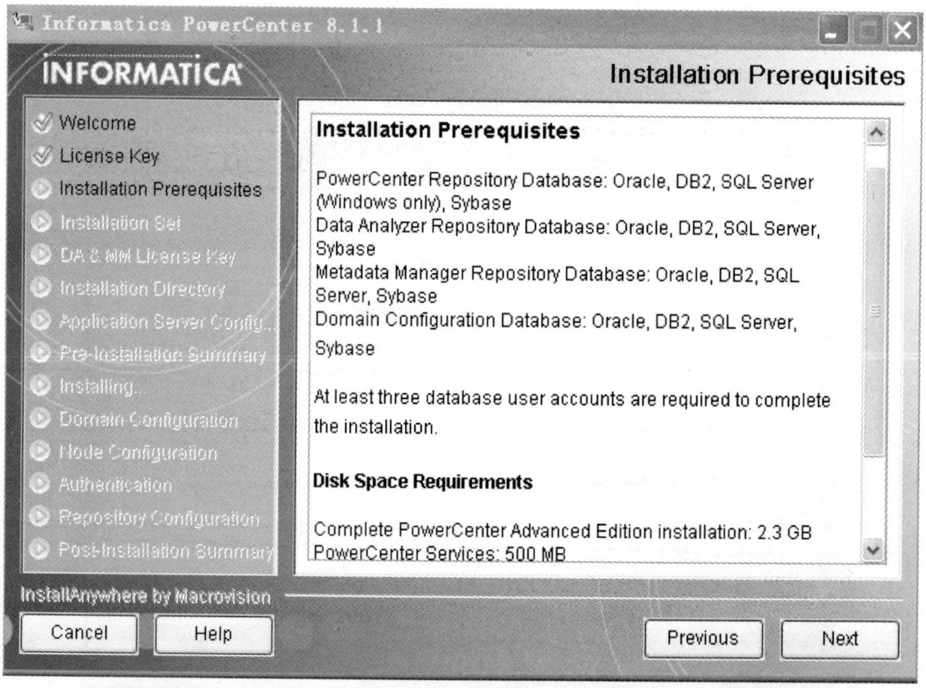

图 17-5　Informatica PowerCenter 服务器的安装设备及软件要求向导

在 Informatica PowerCenter 服务器安装过程中，需要提前创建以下 4 个数据库。

- 资源库：存储所有的元数据信息。
- 数据分析库：存储在数据分析过程中产生的数据参数指标。
- 元数据管理库：在设计过程中产生的一系列数据及参数指标均保存在该数据库中。
- 域配置数据库：存储域配置过程中的参数指标。

Informatica PowerCenter 服务器安装模式向导如图 17-6 所示。

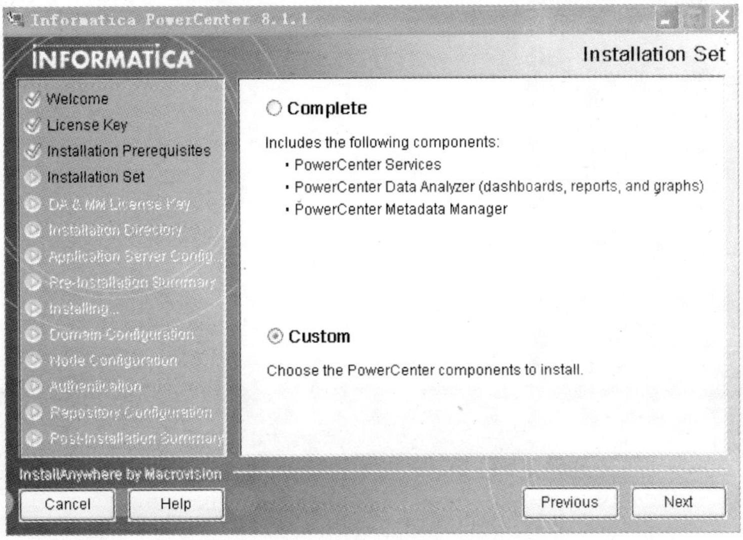

图 17-6 Informatica PowerCenter 服务器安装模式向导

建议初学者和初级开发人员全部选择安装，这样可以全面地了解 Informatica PowerCenter 服务器的工具，如图 17-7 所示。

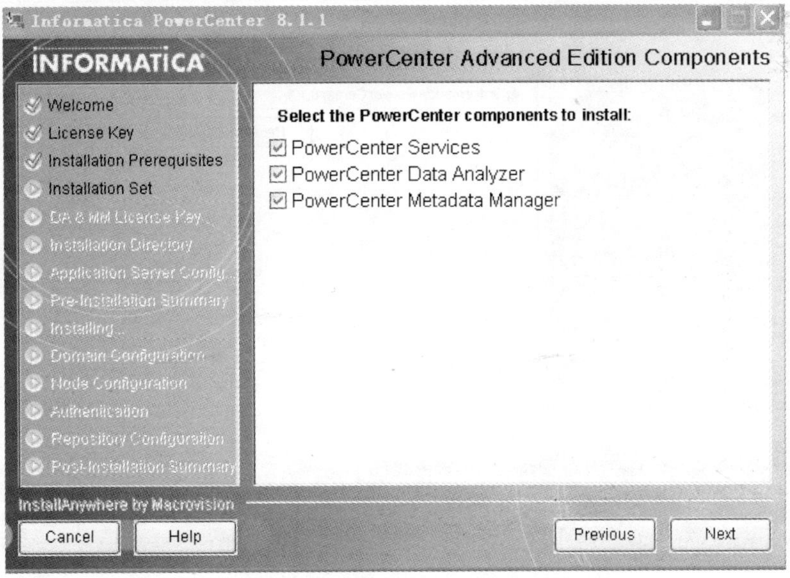

图 17-7 Informatica PowerCenter 服务器组件向导

选择 Data Analyzer/Metadata Manager License Key（数据分析器和元数据管理器的 License Key 文件），如图 17-8 所示。

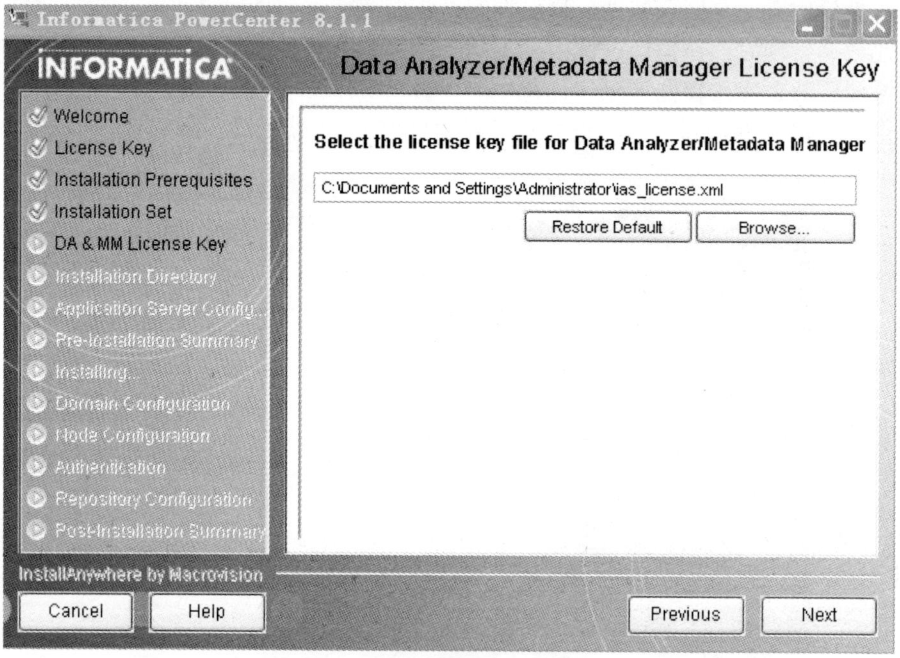

图 17-8　DA&MM License Key 文件向导

接下来选择安装路径，注意对磁盘空间的大小要求，如图 17-9 所示。

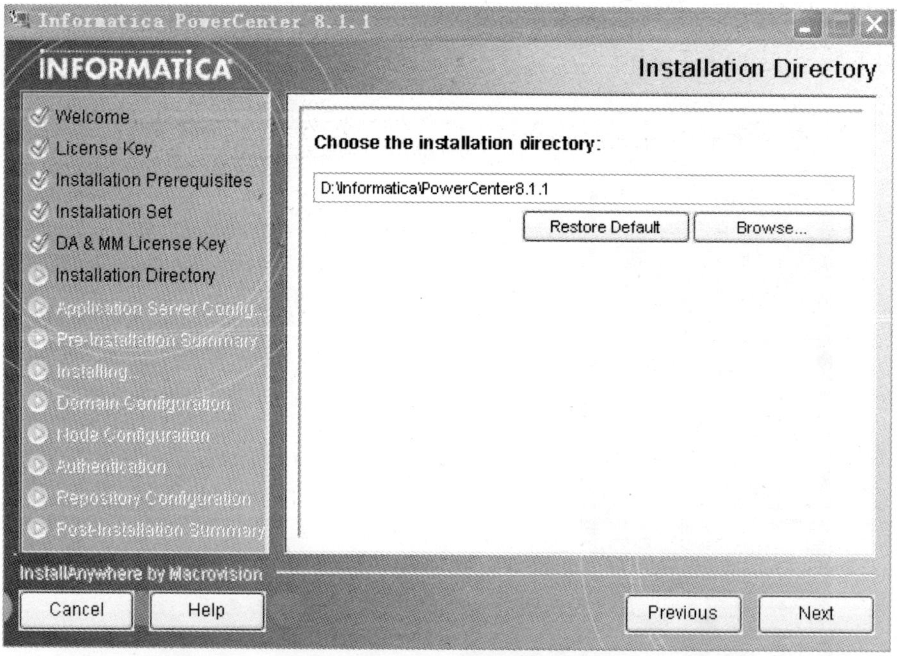

图 17-9　Informatica PowerCenter 服务器安装目录向导

为数据分析器和元数据管理器选择 Application Server（应用程序服务器）中间件，Informatica 默认集成了 JBoss Application Server，如图 17-10 所示。

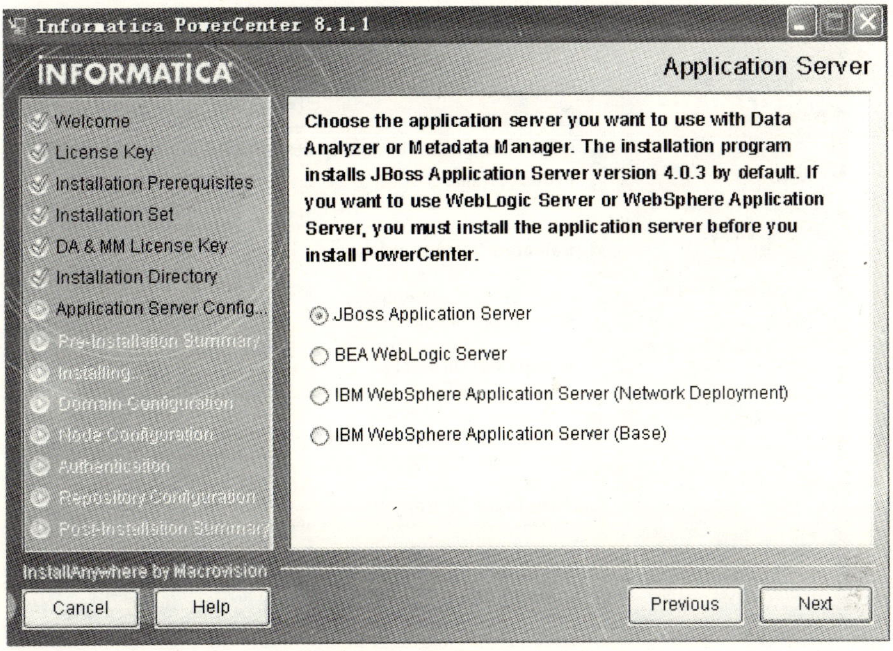

图 17-10　Informatica PowerCenter 服务器选择向导

选择默认应用服务器，单击 Next 按钮，进入下一流程，如图 17-11 所示。

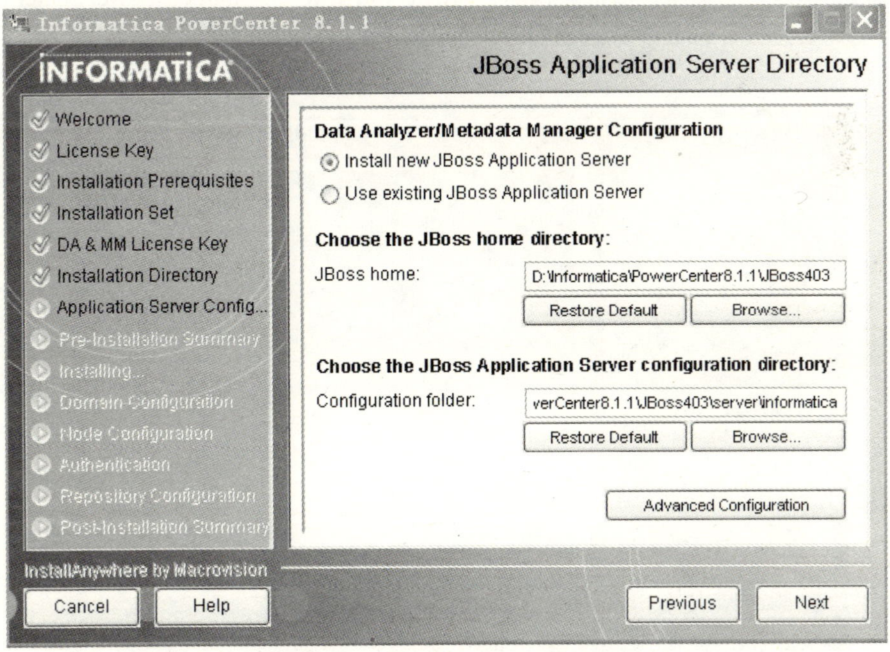

图 17-11　Informatica PowerCenter 服务器安装向导

系统提示创建一个新的 JBoss 应用服务还是使用已有的应用服务，然后需要给出 JBoss 的安装目录和 JBoss 应用服务的配置目录。选择完之后单击 Next 按钮，进入下一流程，如图 17-12 所示。

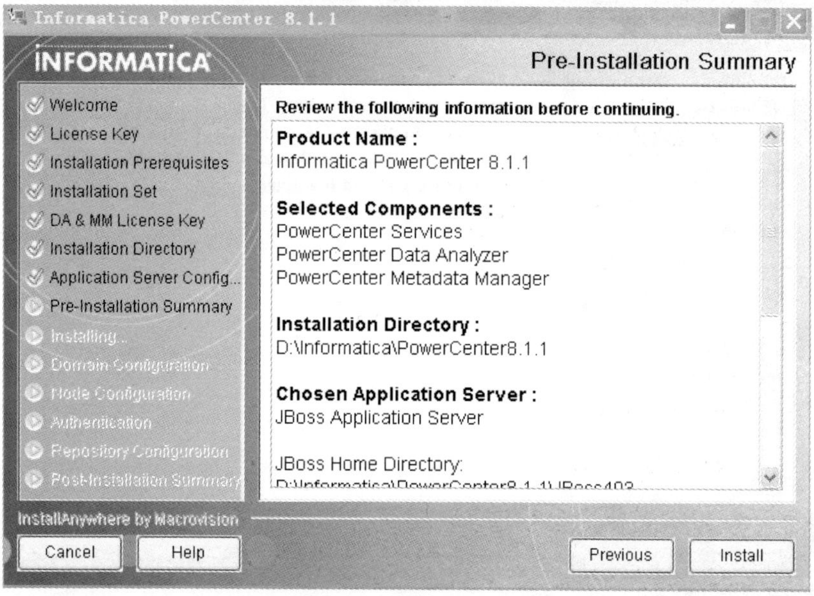

图 17-12　Informatica PowerCenter 服务器安装预览界面

在安装预览界面，显示出前面所做的配置信息，如果需要修改请单击 Previous 按钮返回前面界面进行修改，确认无误后，单击 Next 按钮开始安装 Informatica PowerCenter 服务器。该过程可能需要几分钟，请读者耐心等待，如图 17-13 所示。

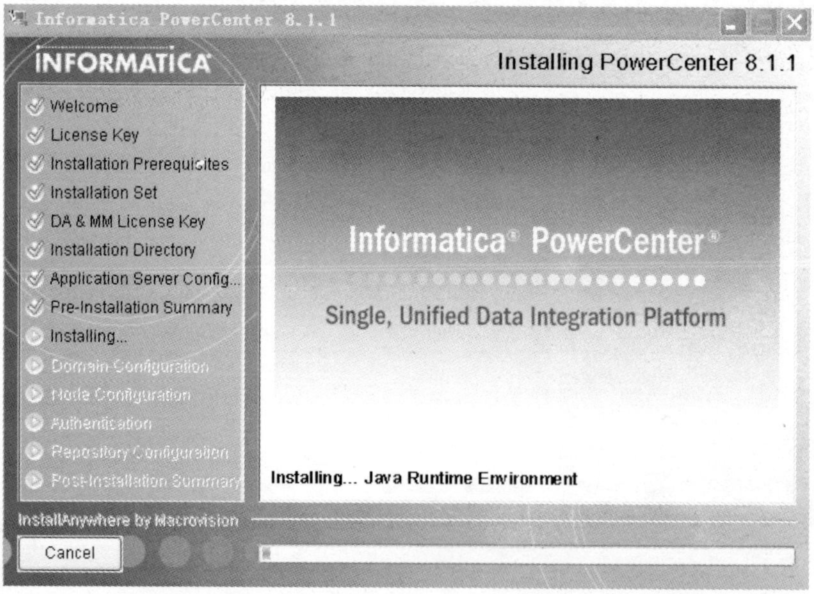

图 17-13　Informatica PowerCenter 服务器安装向导

安装完成之后，系统提示需要创建一个新域或者选择连接一个已经存在的域，因为是首次安装，所以选择创建一个新域，如图 17-14 所示。

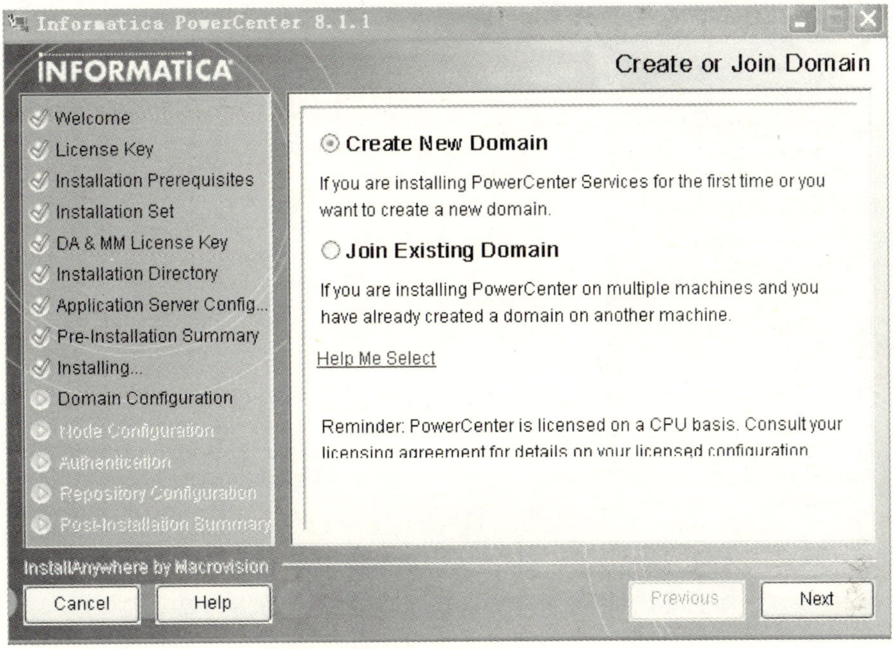

图 17-14　Informatica PowerCenter 服务器的域安装向导

接下来需要输入连接数据库服务器的配置信息，用来保存 PowerCenter 域配置元数据，如图 17-15 所示。

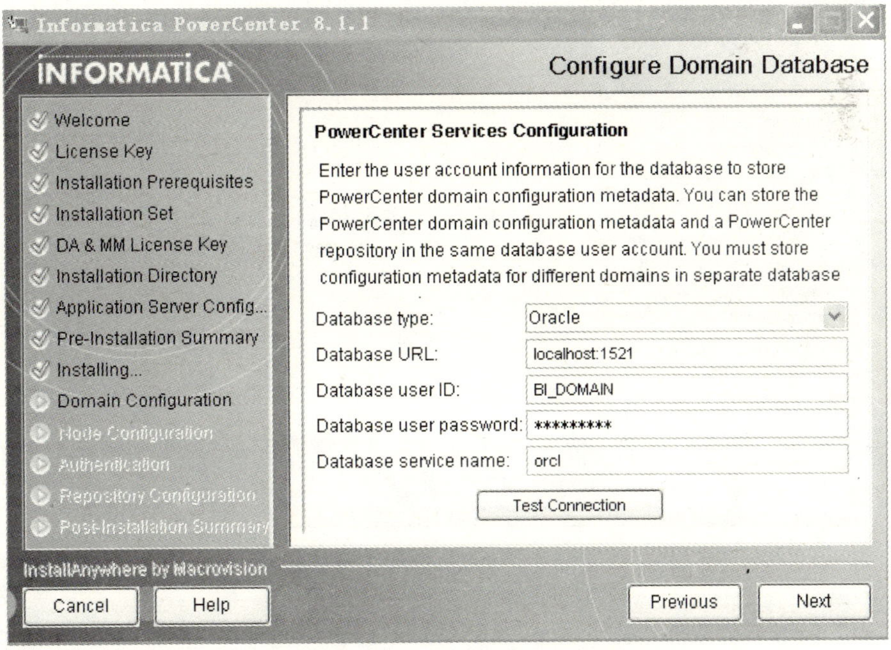

图 17-15　Informatica PowerCenter 服务器的域数据库配置向导

然后需要输入 PowerCenter Services 配置参数，如图 17-16 所示。

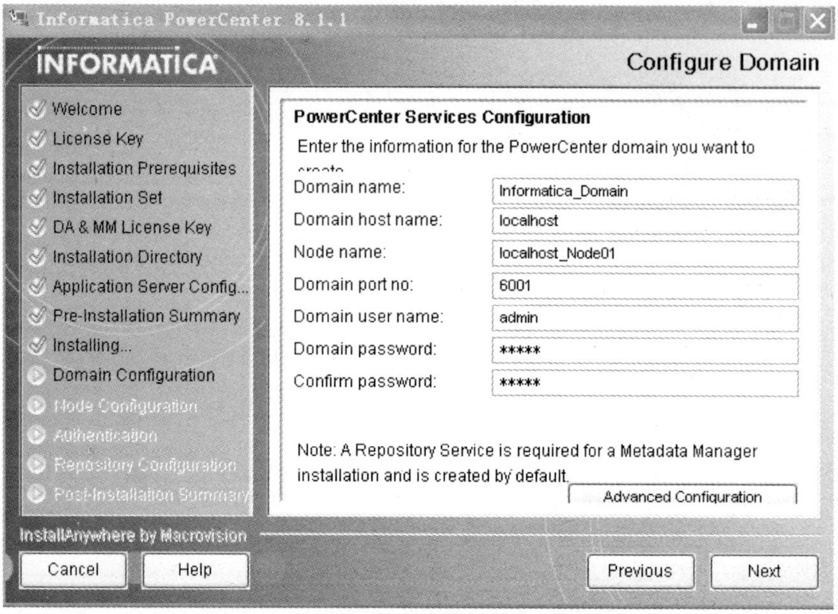

图 17-16　Informatica PowerCenter 服务器的配置域向导

在输入信息并确认无误后，单击 Next 按钮开始安装 Informatica PowerCenter 服务器。该过程可能需要几分钟，请读者耐心等待，如图 17-17 所示。

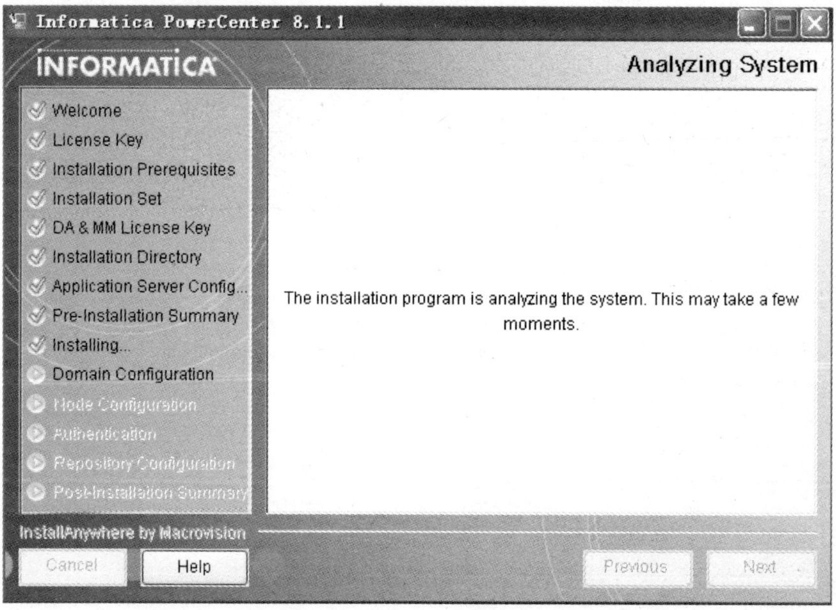

图 17-17　Informatica PowerCenter 服务器开始安装

随后 Informatica 为服务选择一个计算机账号进行登录，如果不选择该项，Informatica 的服务 log 将创建在本机系统当前账号下，如图 17-18 所示。

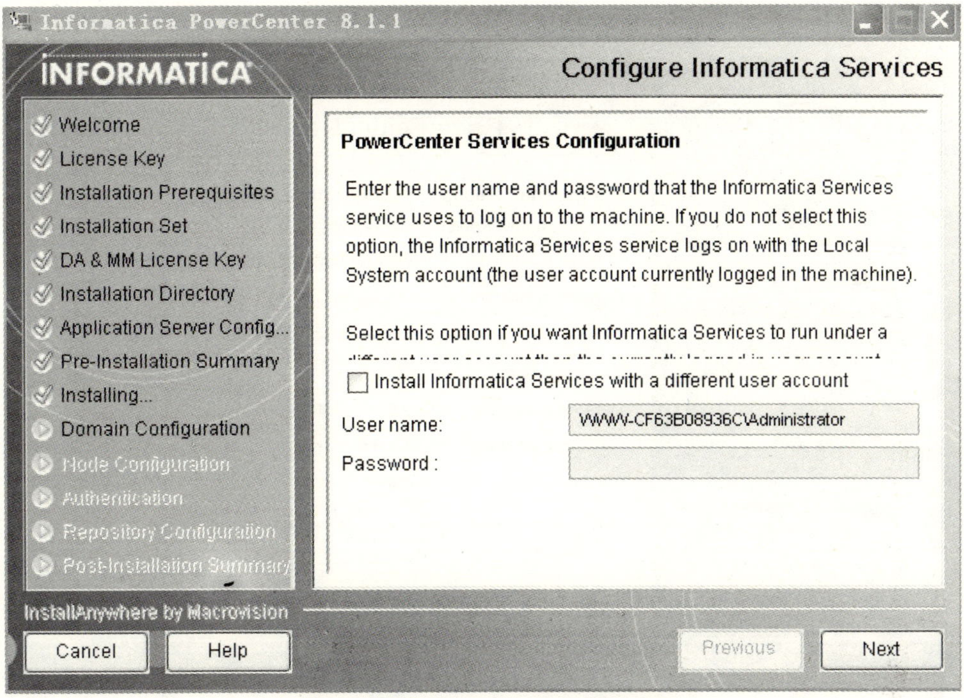

图 17-18　Informatica PowerCenter 服务配置向导

该过程可能需要几分钟，请读者耐心等待，如图 17-19 所示。

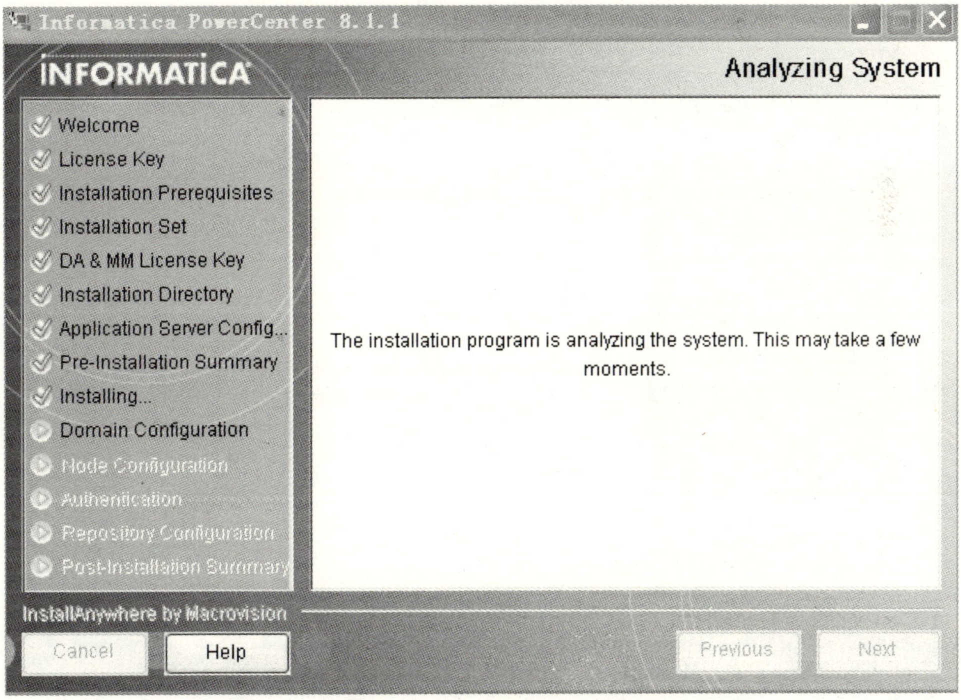

图 17-19　Informatica PowerCenter 服务安装向导

接着需要为 PowerCenter 元数据知识库配置 Repository 资源，如图 17-20 所示。

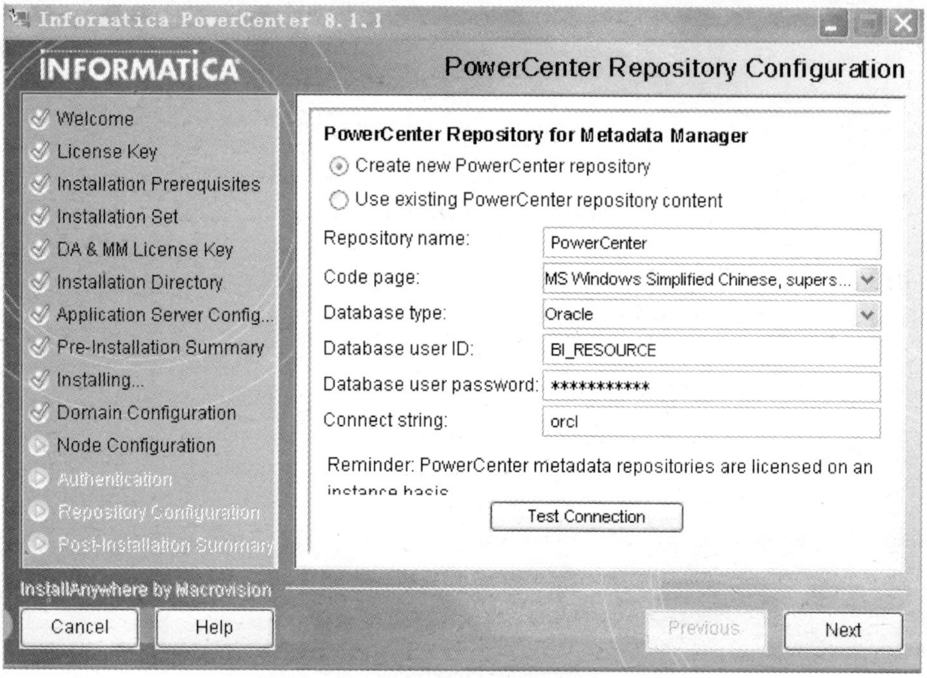

图 17-20　PowerCenter 元数据知识库配置向导

该过程可能需要几分钟，请读者耐心等待，如图 17-21 所示。

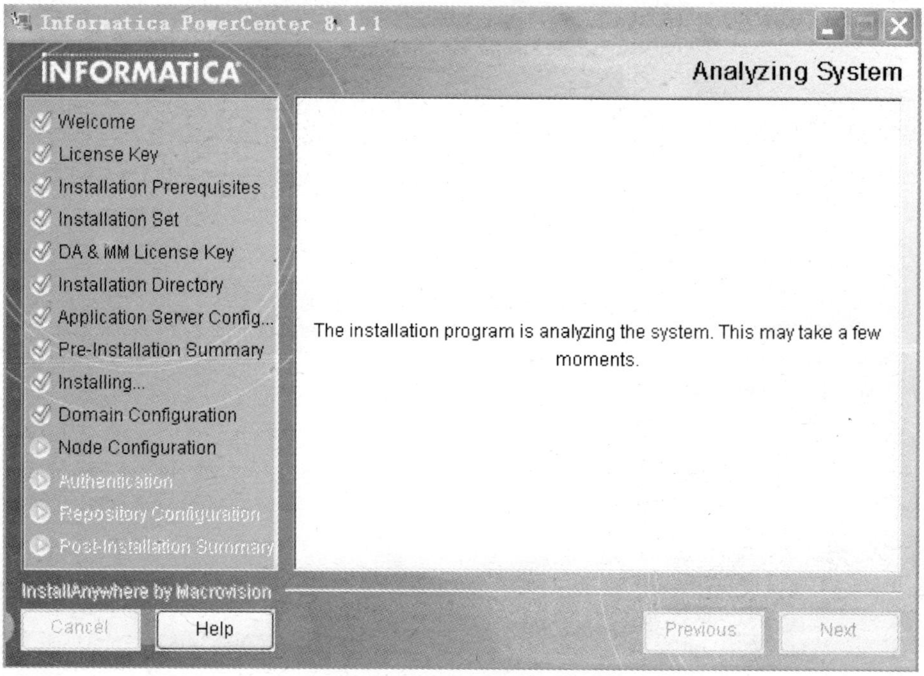

图 17-21　PowerCenter 元数据知识库安装向导

接下来需要创建 PowerCenter 集成服务，并选择编码格式，如图 17-22 所示。

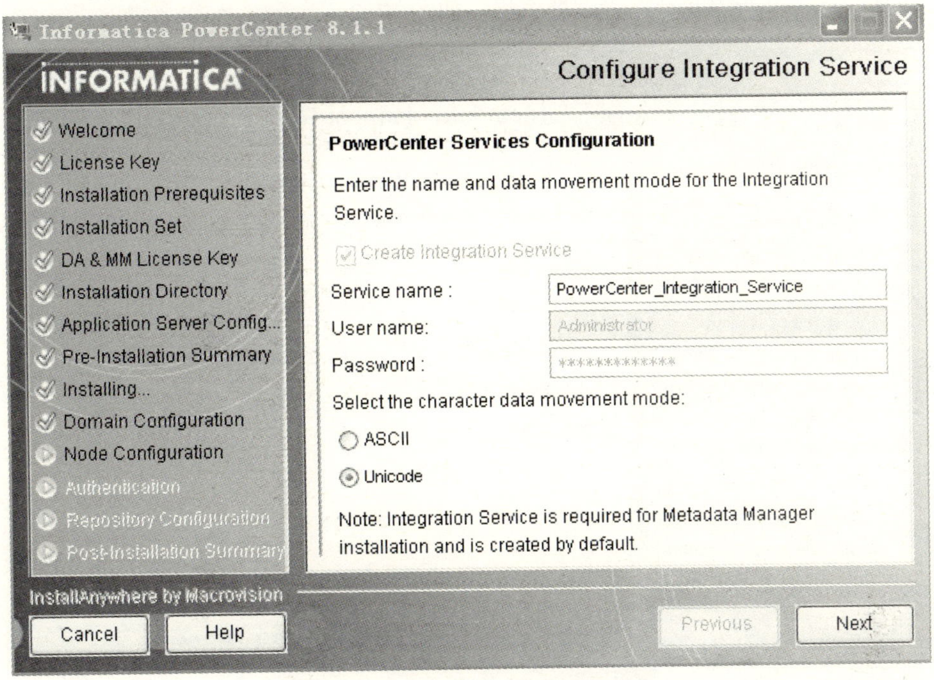

图 17-22　PowerCenter 集成服务配置向导

紧接着，系统提示需要创建一个新的数据分析器资源或者选择使用已经存在的数据分析器资源环境。选择创建一个新的数据分析器资源，如图 17-23 所示。

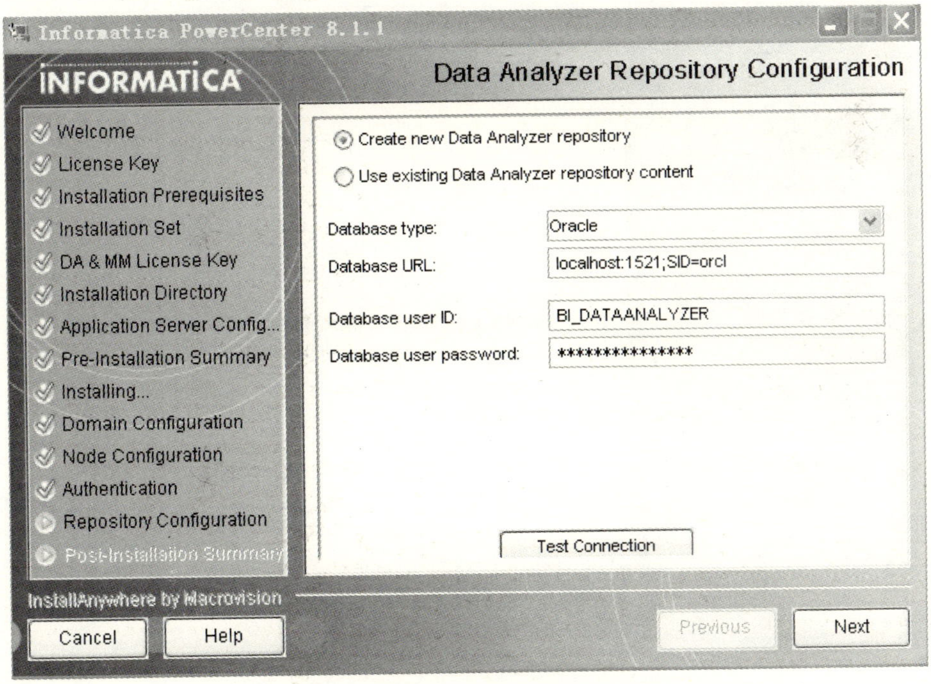

图 17-23　PowerCenter 数据分析器配置向导

最后，系统提示需要创建一个新的元数据管理器资源或者使用已经存在的元数据管理器环境。选择创建一个新的元数据管理器资源，如图 17-24 所示。

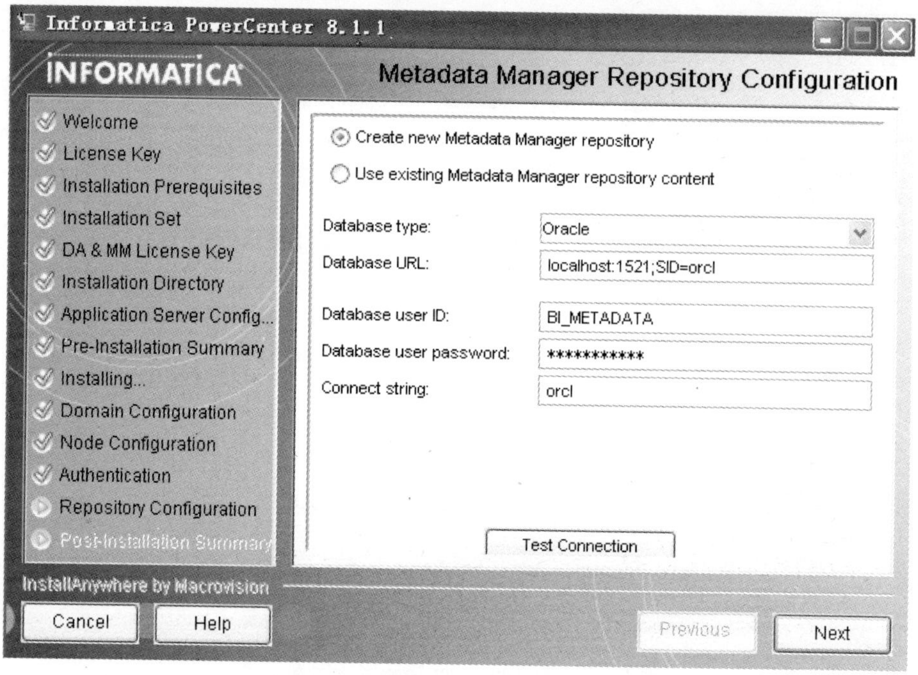

图 17-24　PowerCenter 元数据管理器配置向导

该过程可能需要几分钟，请读者耐心等待，如图 17-25 所示。

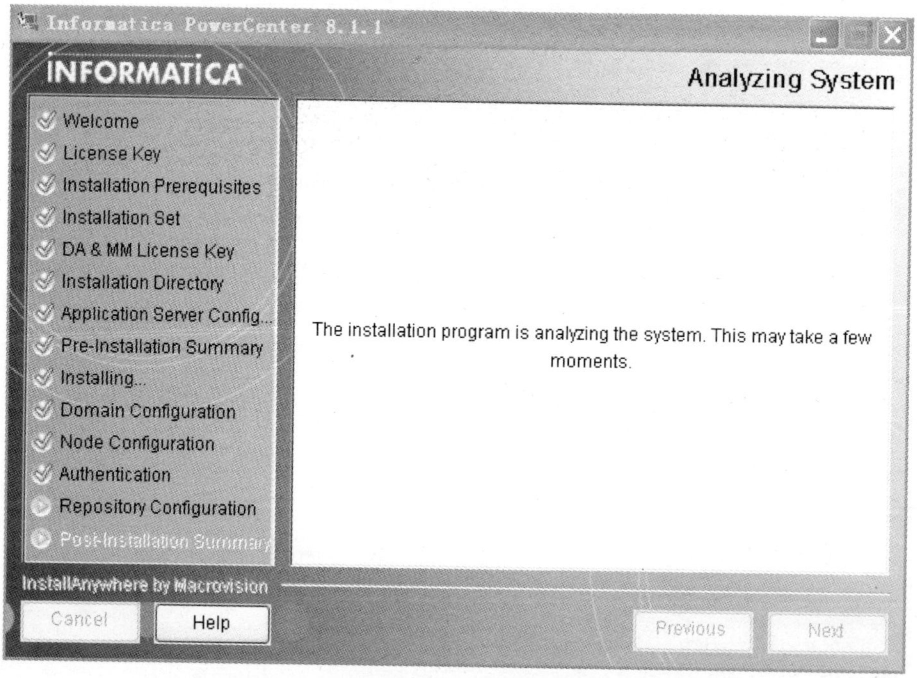

图 17-25　PowerCenter 元数据管理器安装向导

最后，出现如图 17-26 所示的界面，说明 Informatica PowerCenter 服务端已经安装成功。该界面显示了安装服务的综合信息。

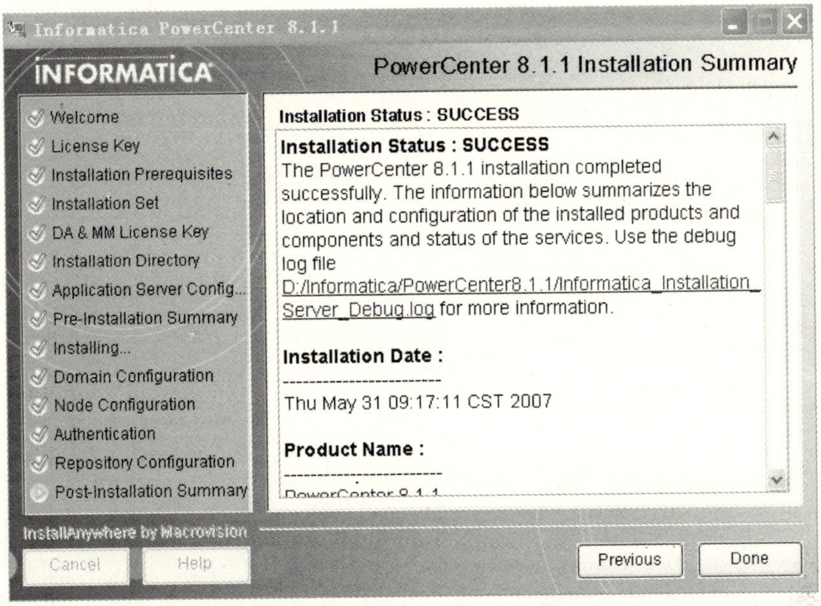

图 17-26　PowerCenter 服务端安装完成界面

单击 Done 按钮完成安装。

登录 http://localhost:6001/adminconsole/Login.do，如图 17-27 所示。

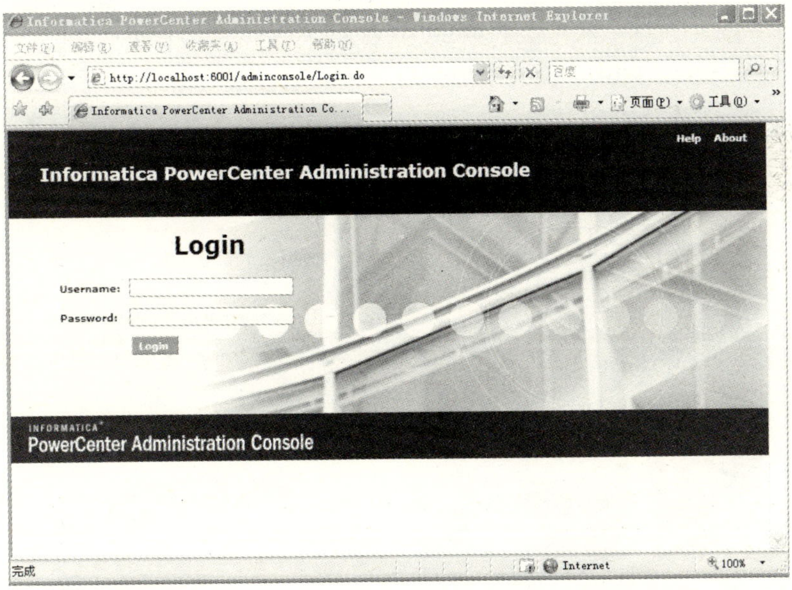

图 17-27　Informatica PowerCenter 服务端登录测试界面

以 admin/admin 登录后，进入 Informatica PowerCenter 服务器管理员控制台界面，如图 17-28 所示。

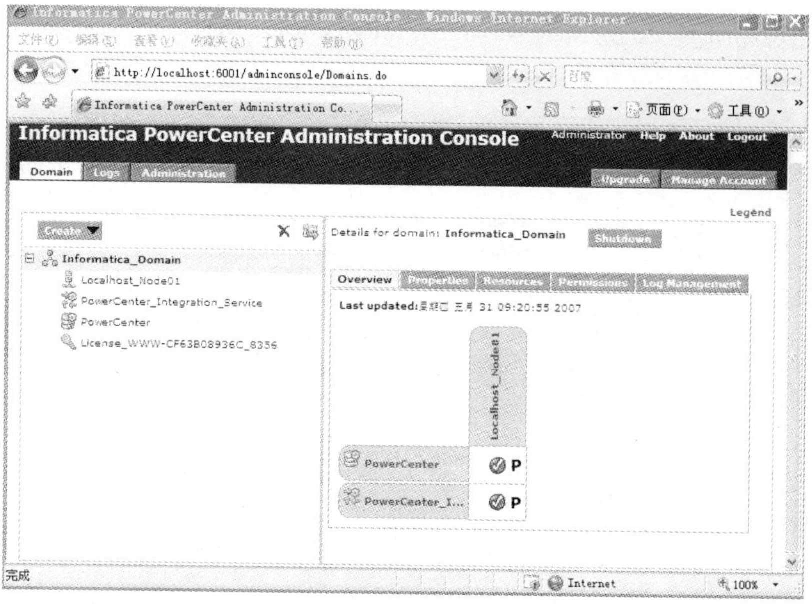

图 17-28　Informatica PowerCenter 服务器管理员控制台界面

在域控制台，可以对域对象进行管理，例如服务（Services）、节点（Nodes）、序列号（Licenses）和网格（Grids）。

17.1.3　客户端安装

17.1.2 节讲解了 Informatica PowerCenter 服务器的安装，本节将介绍 Informatica PowerCenter 客户端的安装。首先进入 Informatica PowerCenter 的目录，双击“install.exe”安装文件，弹出安装界面，如图 17-29 所示。

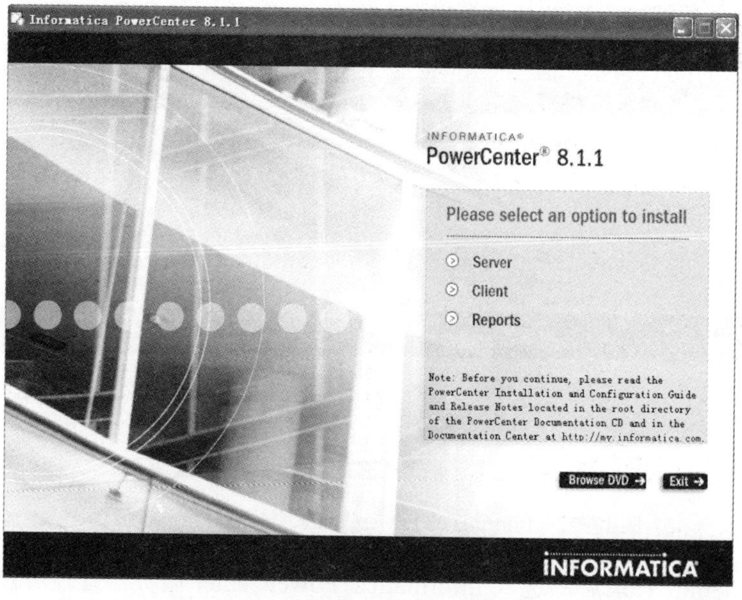

图 17-29　PowerCenter 安装界面

在该界面中，选择 Client 选项，系统将开始 Informatica PowerCenter 客户端的安装，如图 17-30 所示。

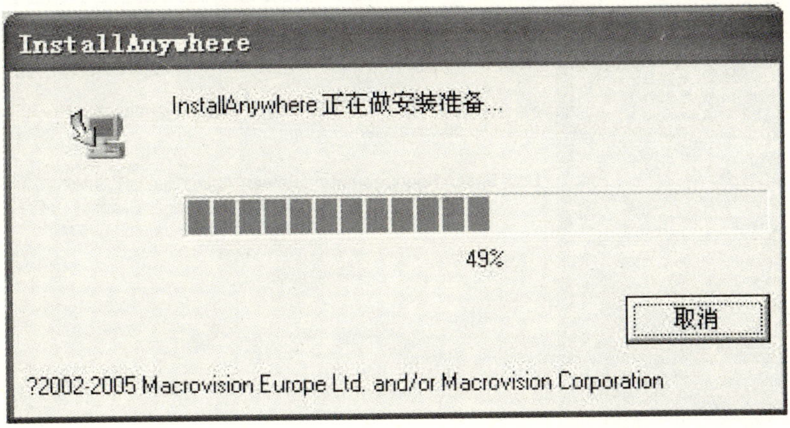

图 17-30　Informatica PowerCenter 的准备安装界面

随后进入 Informatica PowerCenter 客户端的安装欢迎界面，如图 17-31 所示。

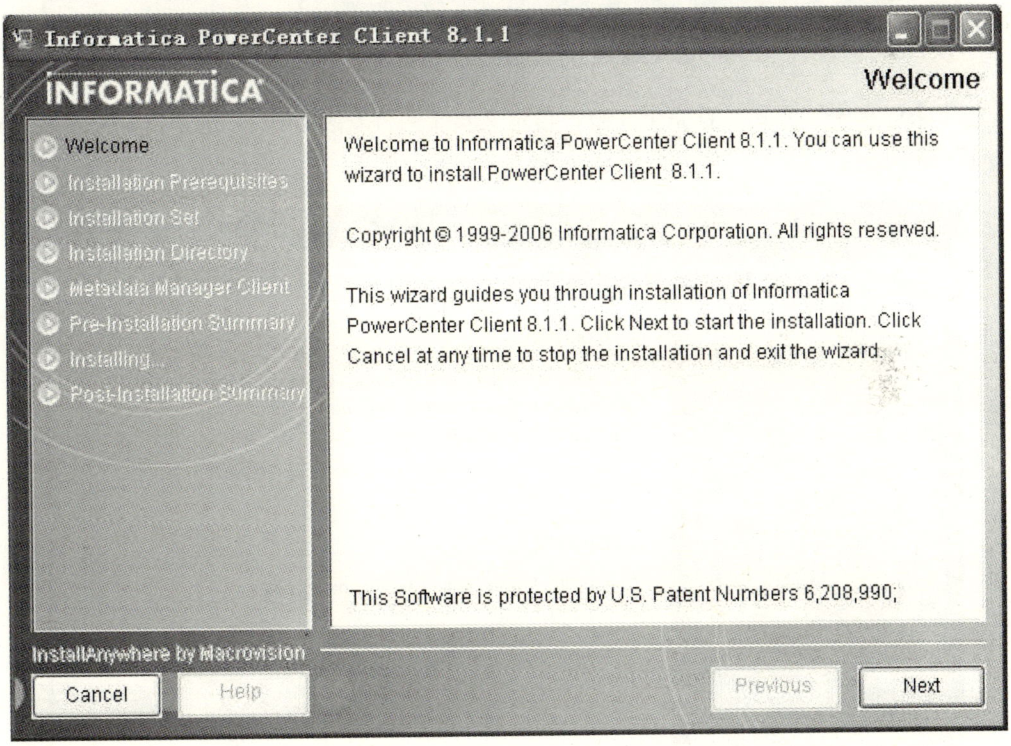

图 17-31　Informatica PowerCenter 客户端的安装欢迎界面

接下来进入 Informatica PowerCenter 客户端安装的系统配置要求界面：PowerCenter 客户端需要至少 125MB 的磁盘空间、元数据管理器客户端需要 710MB 的磁盘空间，那么完成客户端的安装就需要至少 835MB 的磁盘空间，如图 17-32 所示。

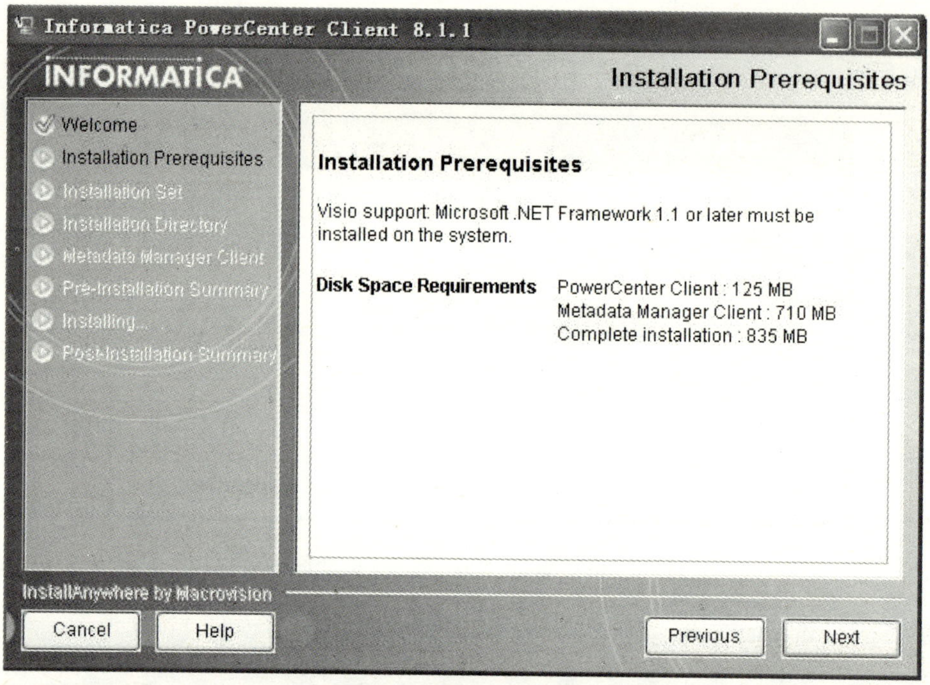

图 17-32　Informatica PowerCenter 客户端安装的系统配置要求界面

接下来选择安装方式（有完全安装、自定义安装两种安装方式），选择自定义安装方式，如图 17-33 所示。

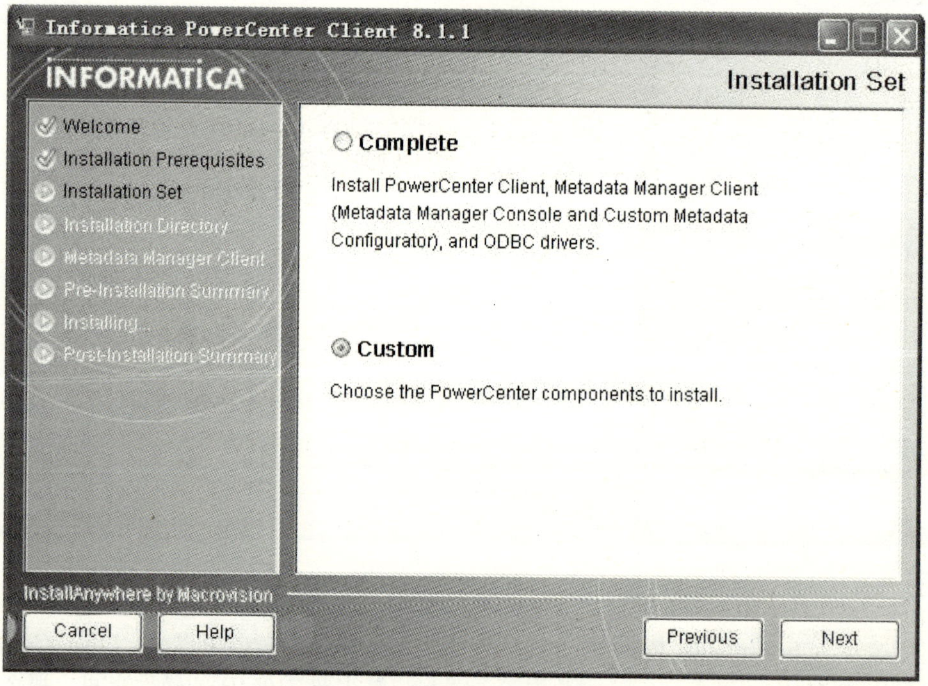

图 17-33　PowerCenter 安装模式界面

然后选择要安装的组件，建议初学者都选择，如图 17-34 所示。

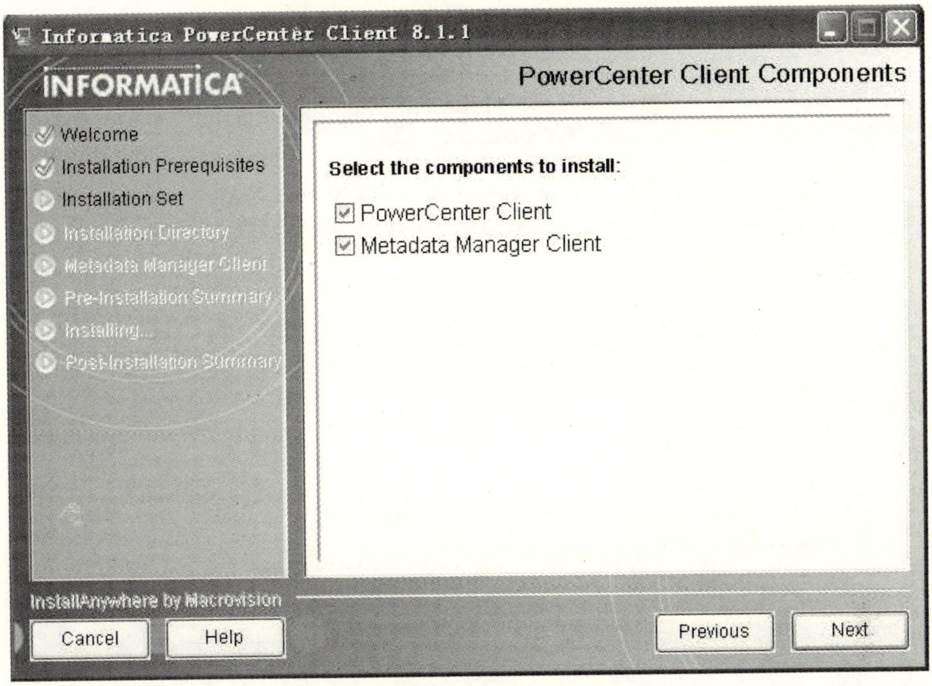

图 17-34　PowerCenter 安装组件向导

系统显示 Informatica PowerCenter 客户端的安装路径，如图 17-35 所示。

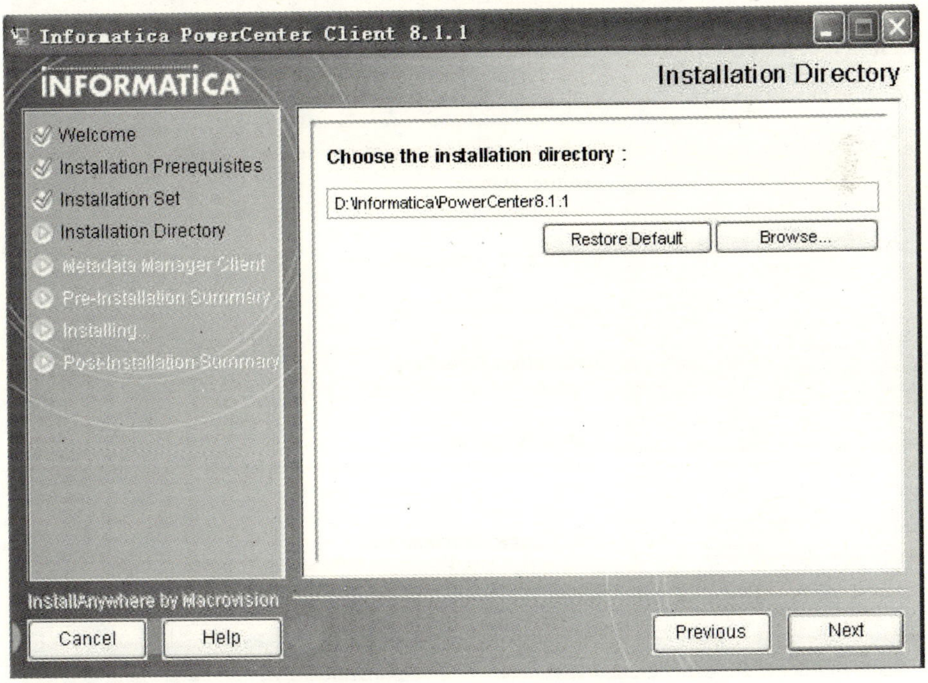

图 17-35　PowerCenter 安装目录向导

为 Metadata Manager 输入集成资源库的名称以及 Code Page 的配置参数，如图 17-36 所示。

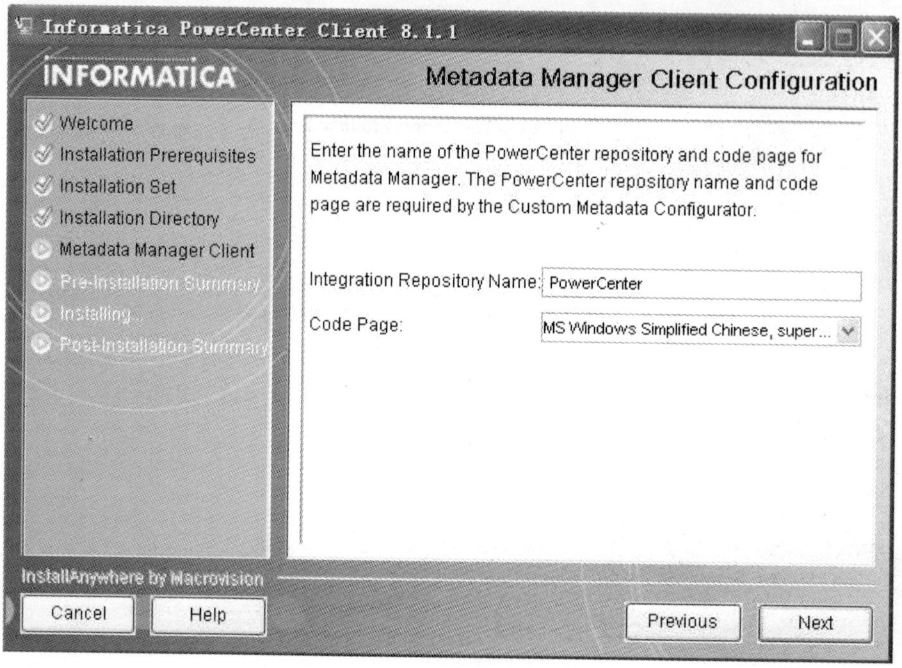

图 17-36　PowerCenter 元数据管理器配置向导

接着系统显示安装配置信息，如图 17-37 所示。

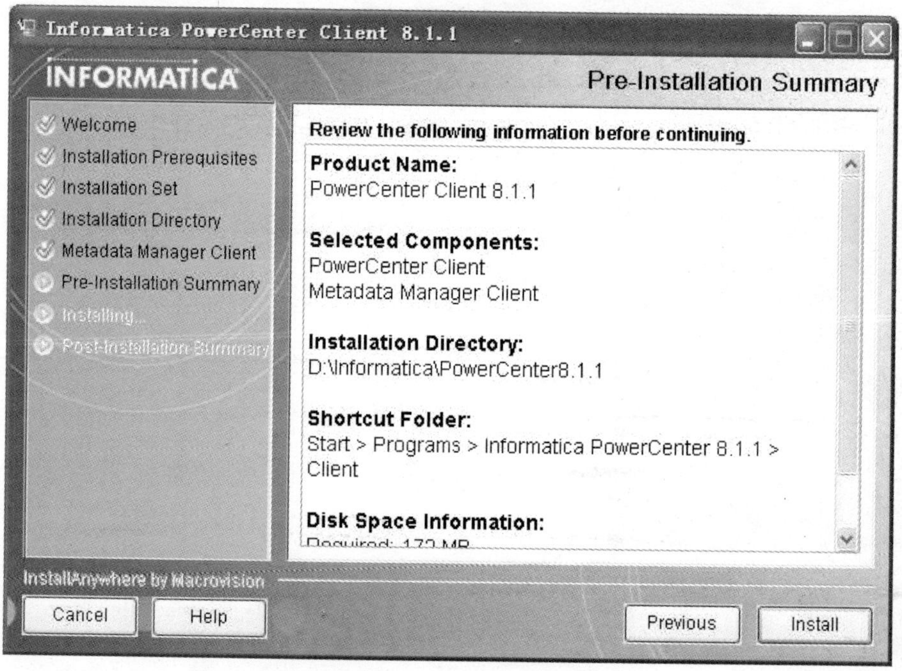

图 17-37　PowerCenter 安装设备及软件要求向导

如果以上安装配置信息需要改动，可单击 Previous 按钮返回前面界面进行修改。如果没有问题，则单击 Install 按钮开始安装，如图 17-38 所示。

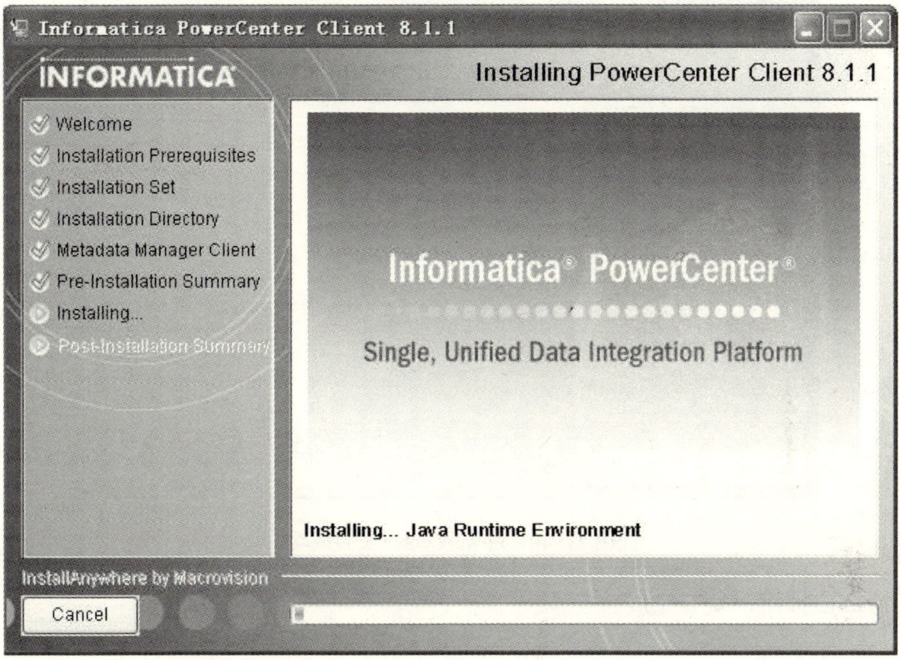

图 17-38 PowerCenter 开始安装

安装成功之后，系统将显示所有安装信息，如图 17-39 所示。

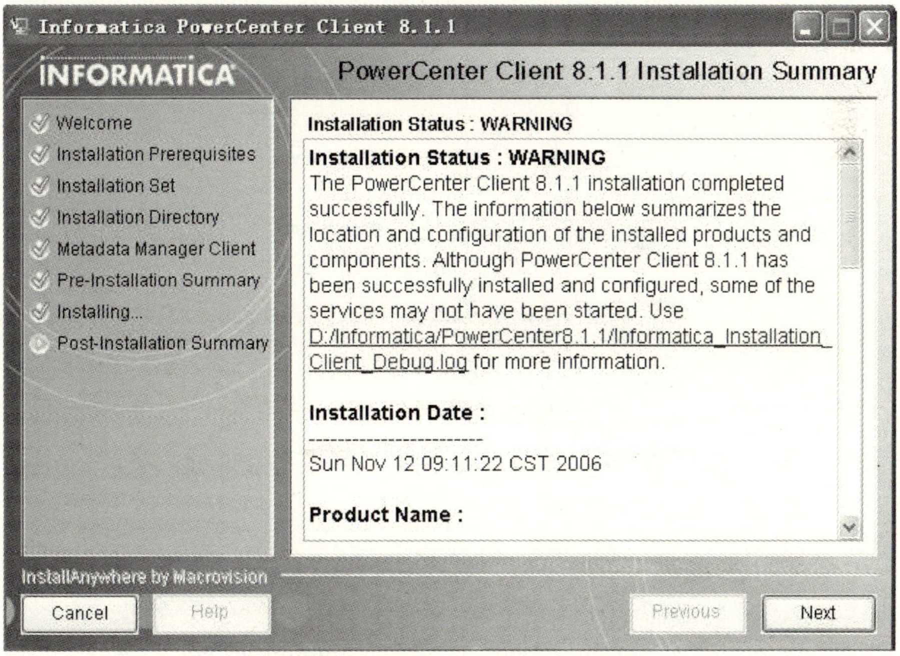

图 17-39 PowerCenter 安装完成状态显示

随后可选择要启动的客户端工具，如图 17-40 所示。

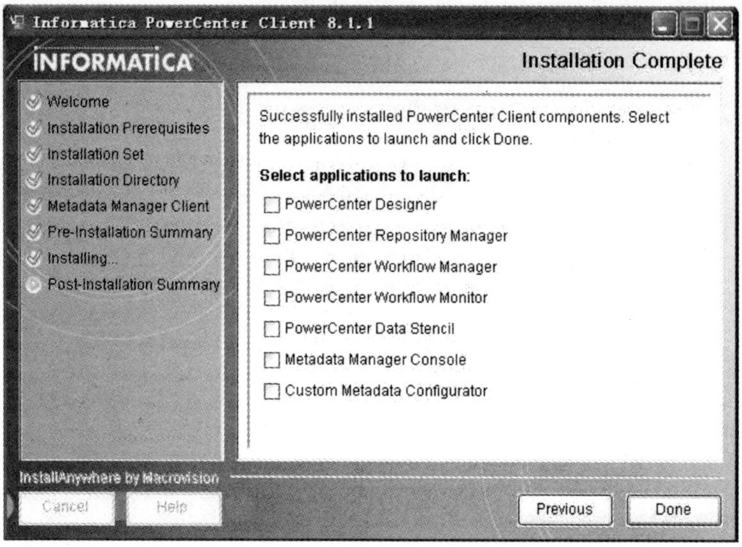

图 17-40 PowerCenter 安装成功

单击 Done 按钮，安装完成。

17.2 Informatica PowerCenter 工具的一般使用流程

对于初学者来说，Informatica PowerCenter 的工具组件有点复杂，比较容易混淆，接下来进行简单的工具使用流程说明，如图 17-41 所示。

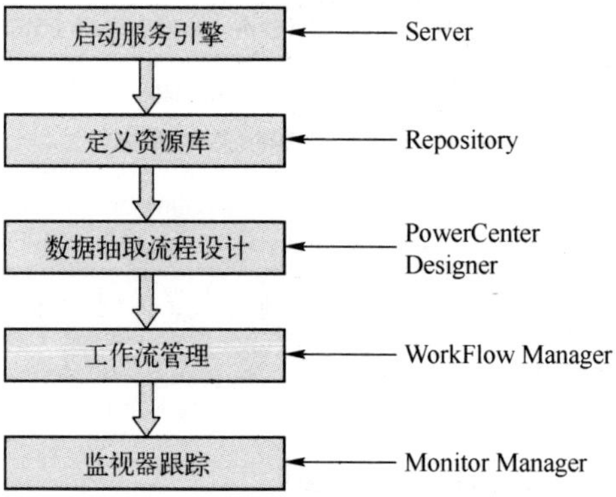

图 17-41 Informatica PowerCenter 工具的一般使用流程

17.3 Informatica PowerCenter 快速入门

通过学习 Informatica PowerCenter 的安装，读者对 Informatica PowerCenter 工具有了简单的认识。接下来通过一个快速入门的实例来加深读者对 Informatica PowerCenter 的理解。

17.3.1 前期准备

1）创建源和目标数据库。以 DBA 身份登录数据库，执行以下脚本。

```
create user BI_SOURCE
  identified by "BI_SOURCE"
  default tablespace BI_ETL
  temporary tablespace TEMP
  profile DEFAULT;
grant dba to BI_SOURCE;
grant unlimited tablespace to BI_SOURCE;
create user BI_TARGET
  identified by "BI_TARGET"
  default tablespace BI_ETL
  temporary tablespace TEMP
  profile DEFAULT;
grant dba to BI_TARGET;
grant unlimited tablespace to BI_TARGET;
```

2）创建源数据库表结构。连接到数据库 BI_SOURCE，执行以下脚本。

```
create table DEPT
(
  DEPTNO NUMBER(2) not null,
  DNAME    VARCHAR2(14),
  LOC       VARCHAR2(13)
);
create table EMP
(
  EMPNO       NUMBER(4) not null,
  ENAME       VARCHAR2(10),
  JOB         VARCHAR2(9),
  MGR         NUMBER(4),
  HIREDATE DATE,
  SAL         NUMBER(7,2),
  COMM        NUMBER(7,2),
  DEPTNO      NUMBER(2)
);
```

插入以下数据：

```
insert into dept (deptno, dname, loc) values (10, 'ACCOUNTING', 'NEWYORK');
insert into dept (deptno, dname, loc) values (20, 'RESEARCH', 'DALLAS');
insert into dept (deptno, dname, loc) values (30, 'SALES', 'CHICAGO');
insert into dept (deptno, dname, loc) values (40, 'OPERATIONS', 'BOSTON');
insert into emp(empno, ename, job, mgr, hiredate, sal, comm, deptno) values
 (7369,
   'SMITH',
```

```
        'CLERK',
        7902,
        to_date('1980-12-17', 'yyyy-mm-dd'),
        800,
        '',
        20);
insert into emp(empno, ename, job, mgr, hiredate, sal, comm, deptno) values
    (7499,
        'ALLEN',
        'SALESMAN',
        7698,
        to_date('1981-2-20', 'yyyy-mm-dd'),
        1600,
        300,
        30);
insert into emp (empno, ename, job, mgr, hiredate, sal, comm, deptno) values
    (7521,
        'WARD',
        'SALESMAN',
        7698,
        to_date('1981-2-22', 'yyyy-mm-dd'),
        1250,
        500,
        30);
insert into emp(empno, ename, job, mgr, hiredate, sal, comm, deptno) values
    (7782,
        'CLARK',
        'MANAGER',
        7839,
        to_date('1981-6-9', 'yyyy-mm-dd'),
        2450,
        '',
        10);
commit;
```

插入源数据后显示如图 17-42 所示。

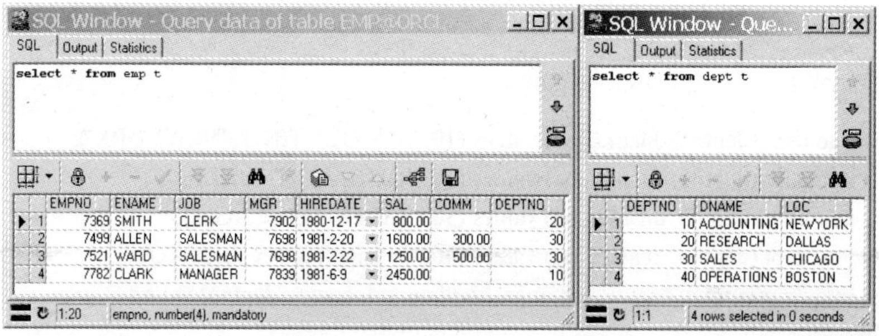

图 17-42　定义源数据

3）创建目标数据库表结构。连接到数据库 BI_TARGET，执行以下脚本。

```
create table TARGET
(
  EMPNO    NUMBER(4) not null,
  ENAME    VARCHAR2(10),
  JOB      VARCHAR2(9),
  MGR      NUMBER(4),
  DEPTNO NUMBER(2),
  DNAME    VARCHAR2(14)
);
```

4）在 Informatica PowerCenter Repository Manager 中新建一个文件夹。

首先登录 Informatica PowerCenter Repository Manager，如图 17-43 所示。

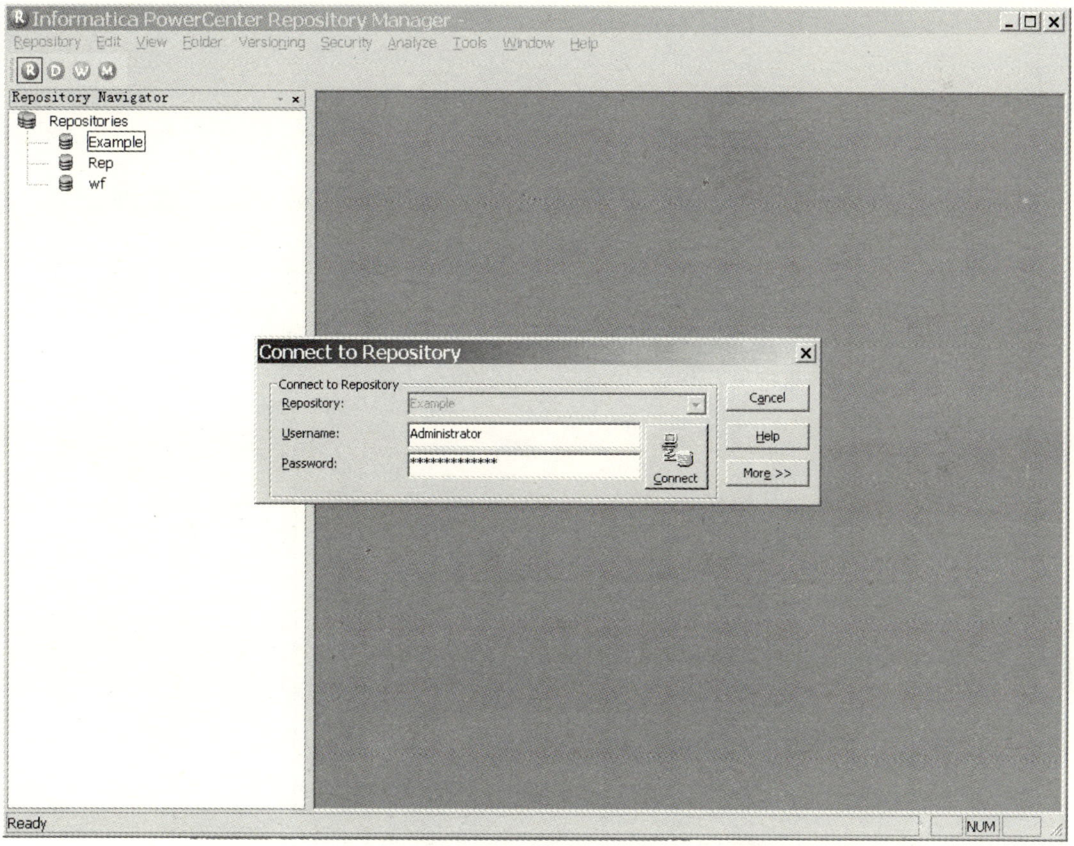

图 17-43　Informatica PowerCenter Repository Manager 登录界面

选择菜单 Folder→Create，如图 17-44 所示。

在弹出的界面中创建 Folder 窗口，填入要创建的目录名，如图 17-45 所示。

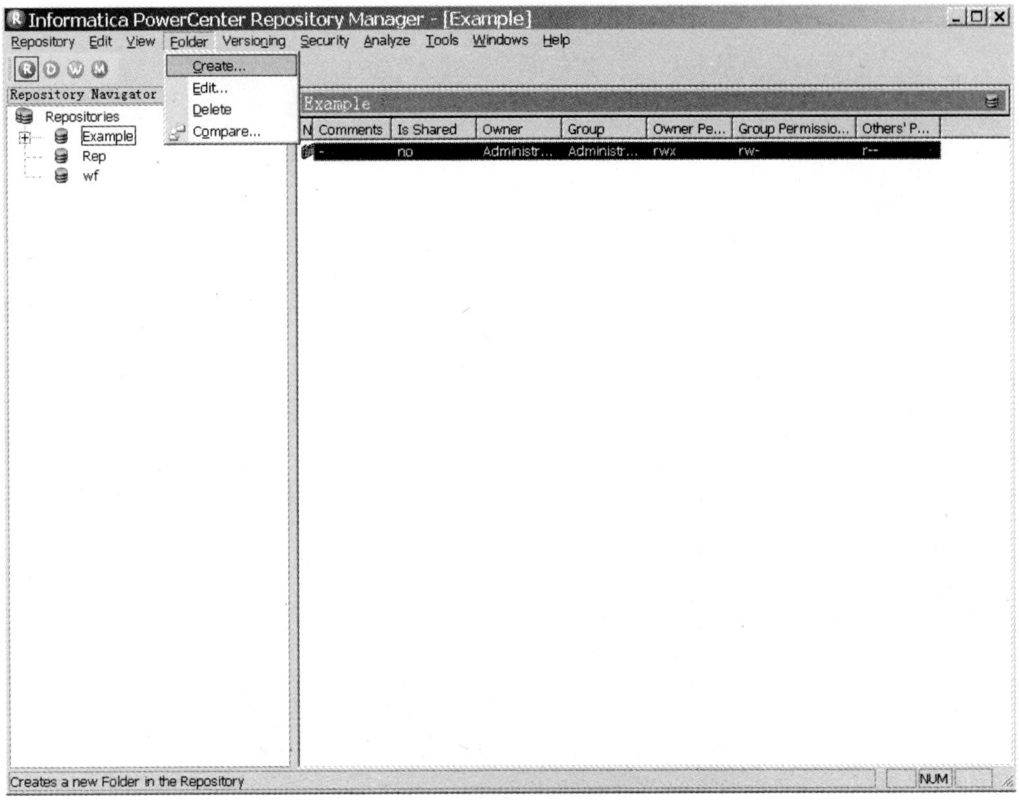

图 17-44　创建 Folder

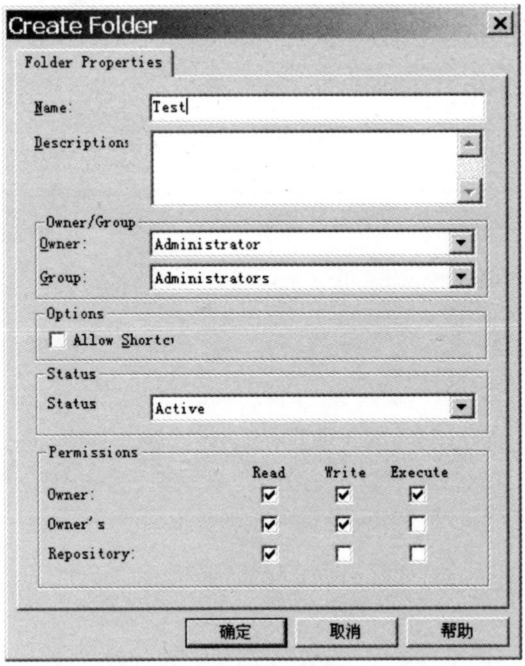

图 17-45　创建 Folder 窗口

创建 Folder 成功的提示信息框如图 17-46 所示。

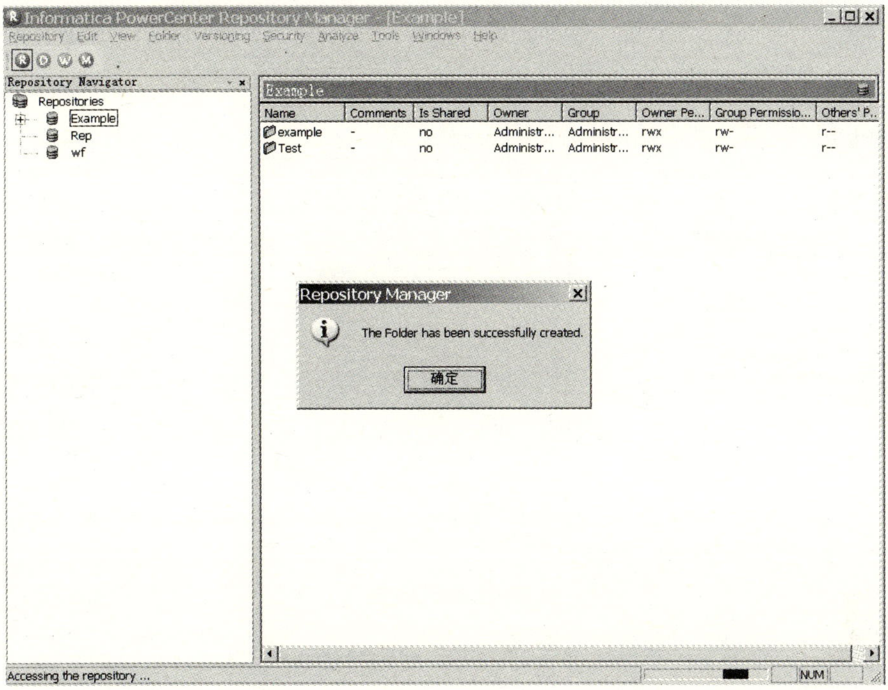

图 17-46　创建 Folder 成功的提示信息框

打开 Informatica PowerCenter Designer 设计器并登录，如图 17-47 所示。

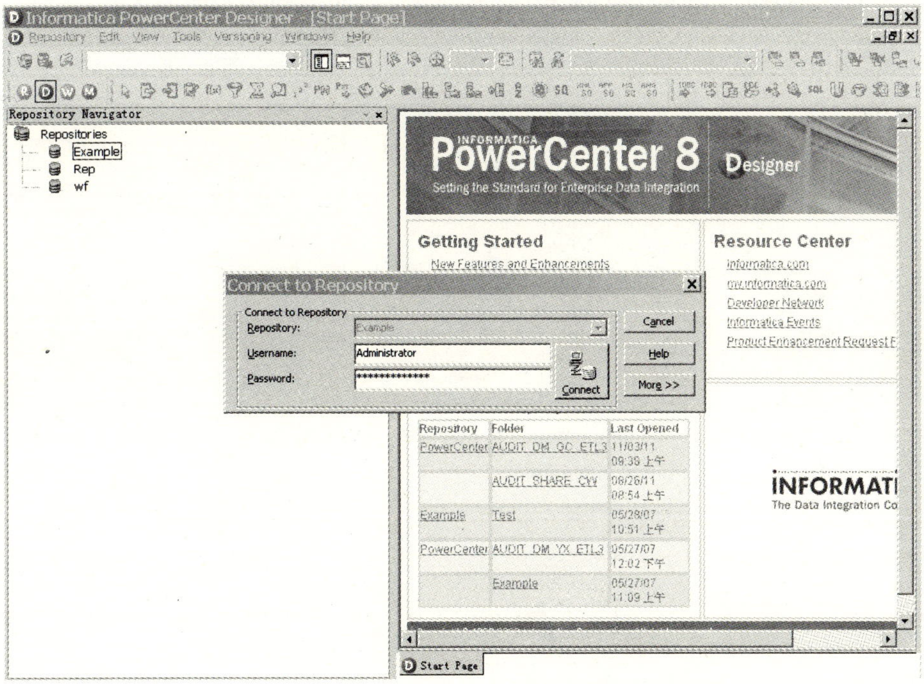

图 17-47　登录 Designer 界面

进入后双击刚才新建的目录 Test，如图 17-48 所示。

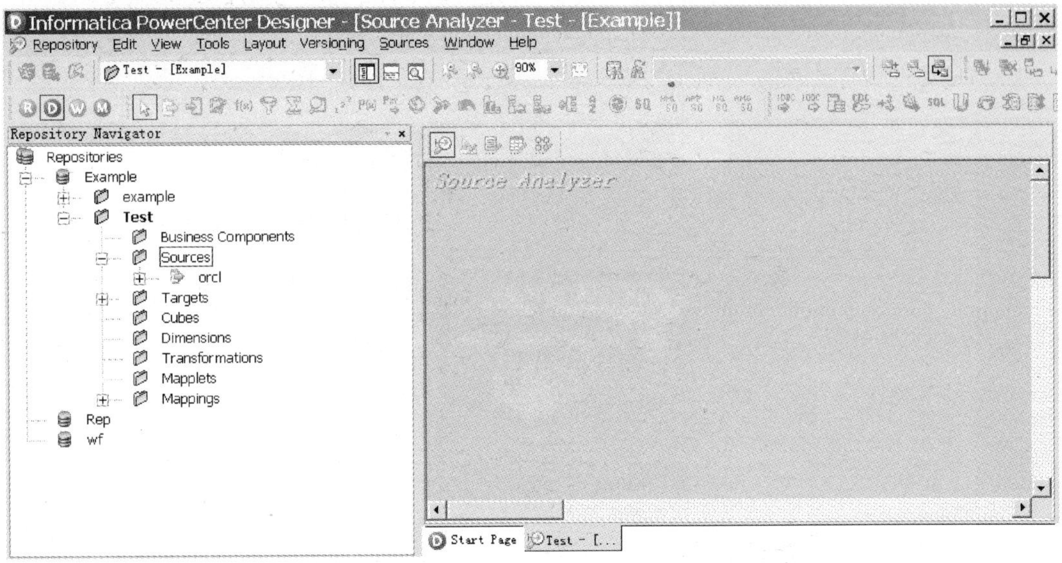

图 17-48　Folder 展开

到目前为止，前期工作都已经准备好，下面开始快速入门过程。

17.3.2　定义源数据

在 Informatica PowerCenter Designer 设计器中单击按钮，切换到 Source Analyzer 视图，单击菜单 Sources→Import from Database，导入源数据，如图 17-49 所示。

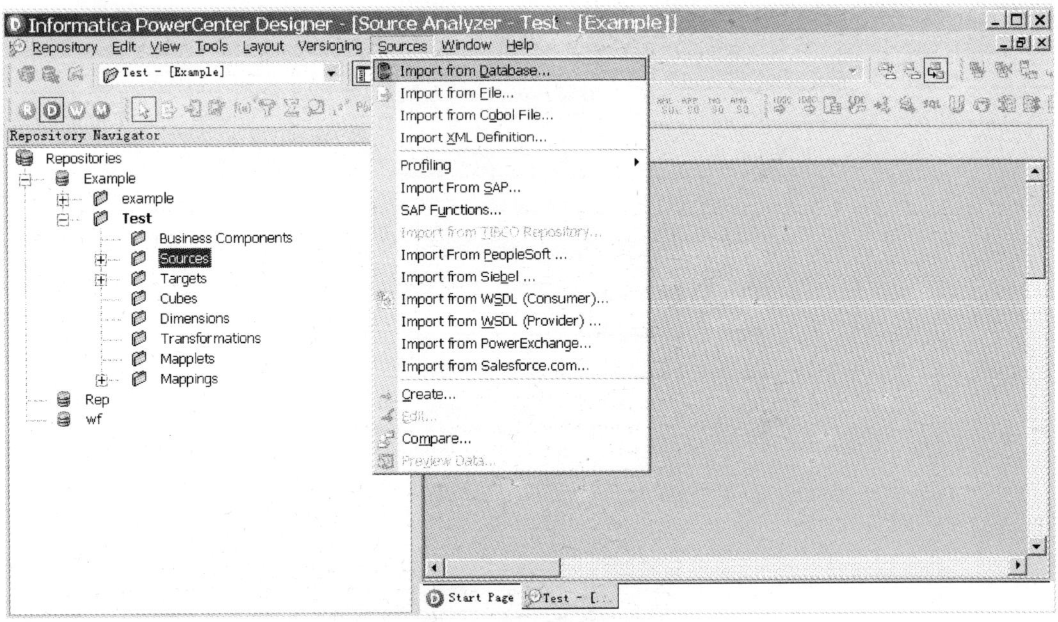

图 17-49　导入源数据

弹出 Import Tables 对话框，如图 17-50 所示。

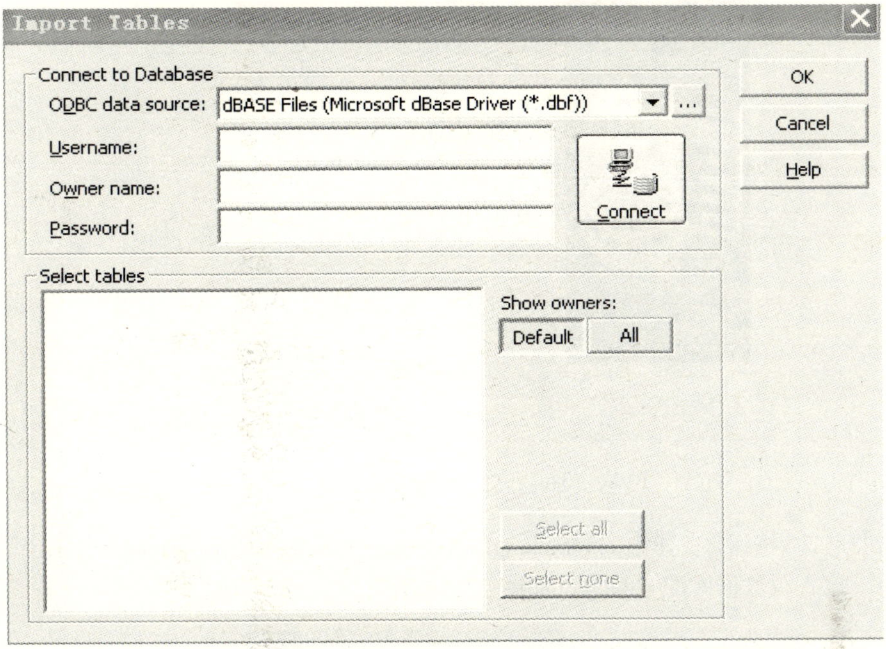

图 17-50　Import Tables 对话框

单击…按钮，弹出 ODBC 数据源管理器，如图 17-51 所示。

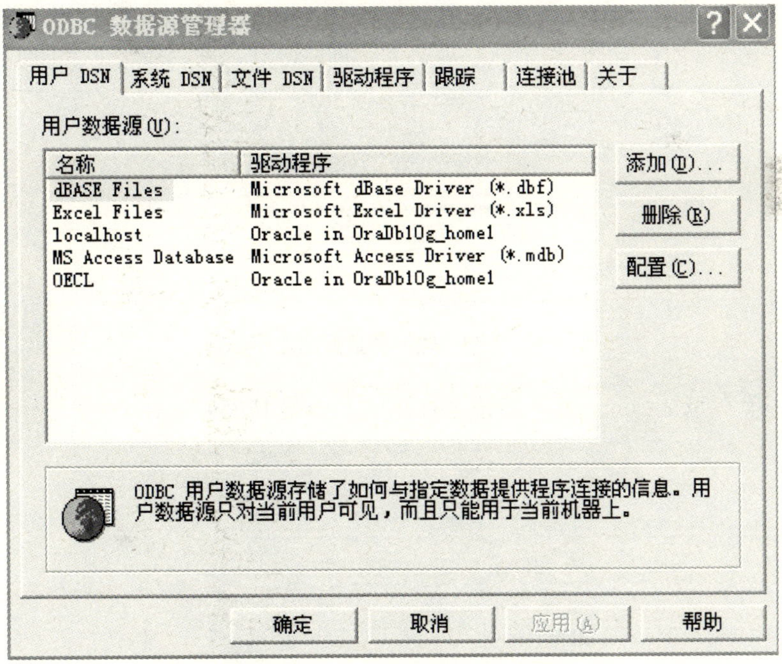

图 17-51　ODBC 数据源管理器

创建一个数据源，单击“添加”按钮，选择要添加的数据源驱动，如图 17-52 所示。

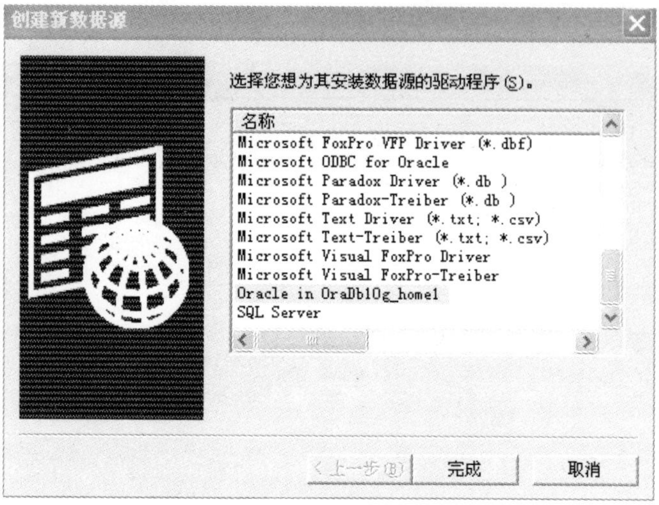

图 17-52　创建新数据源

单击“完成”按钮，在弹出的 Oracle ODBC Driver Configuration（Oracle ODBC 驱动配置）对话框中，输入源数据库配置参数，如图 17-53 所示。

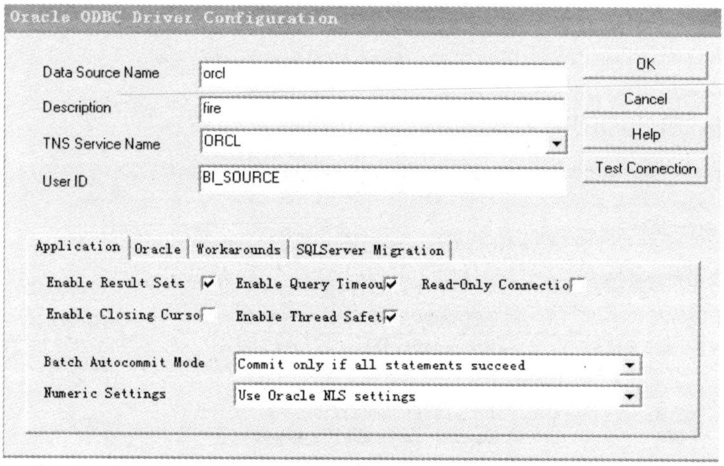

图 17-53　输入源数据配置参数

填好后，单击 Test Connection 按钮进行测试，如图 17-54 所示。

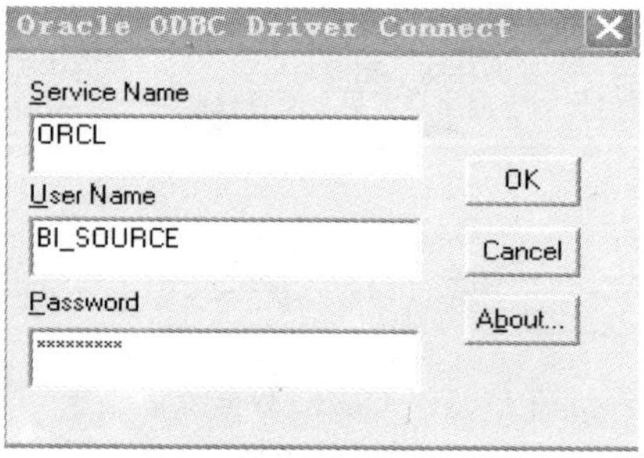

图 17-54　建立连接

单击 OK 按钮，弹出测试成功提示框，如图 17-55 所示。

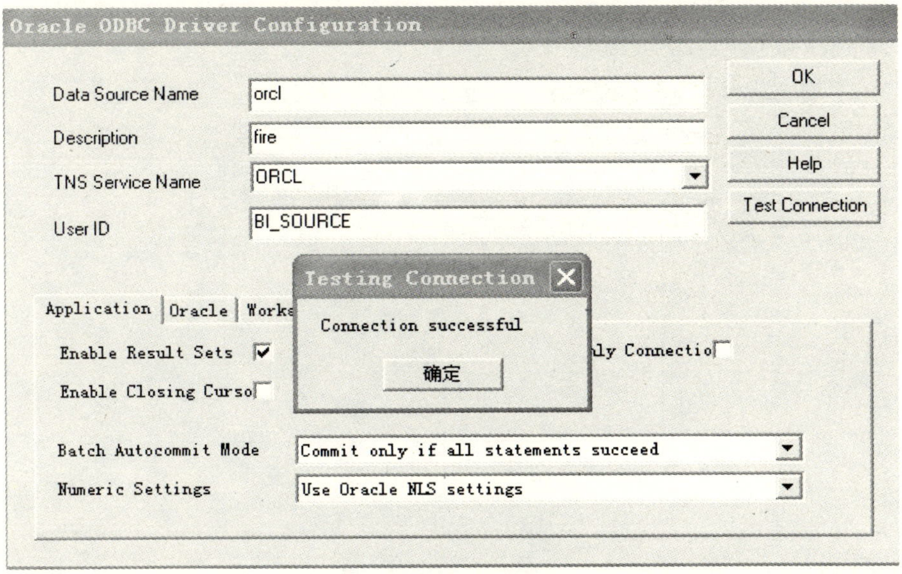

图 17-55　测试成功提示框

查看 ODBC 数据源管理器会看到 orcl 一项，如图 17-56 所示。

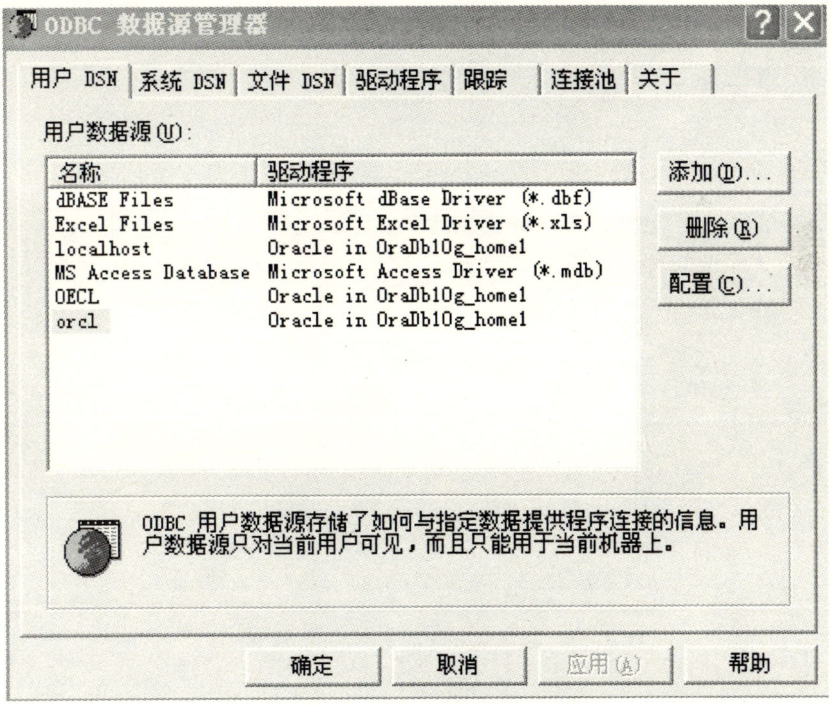

图 17-56　ODBC 数据源管理器

确定后，返回 Import Tables 对话框，在 ODBC data source 下拉列表中选中刚刚创建好的数据源，如图 17-57 所示。

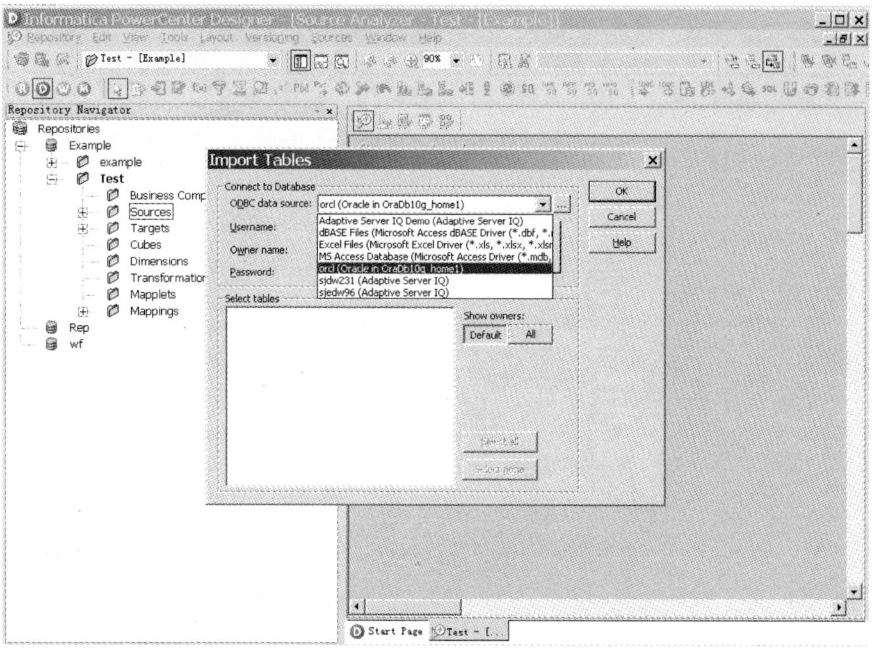

图 17-57　导入数据源

输入用户及密码，单击 Re-connect 按钮，在下方选中要导入的源数据表，再单击 OK 按钮，如图 17-58 所示。

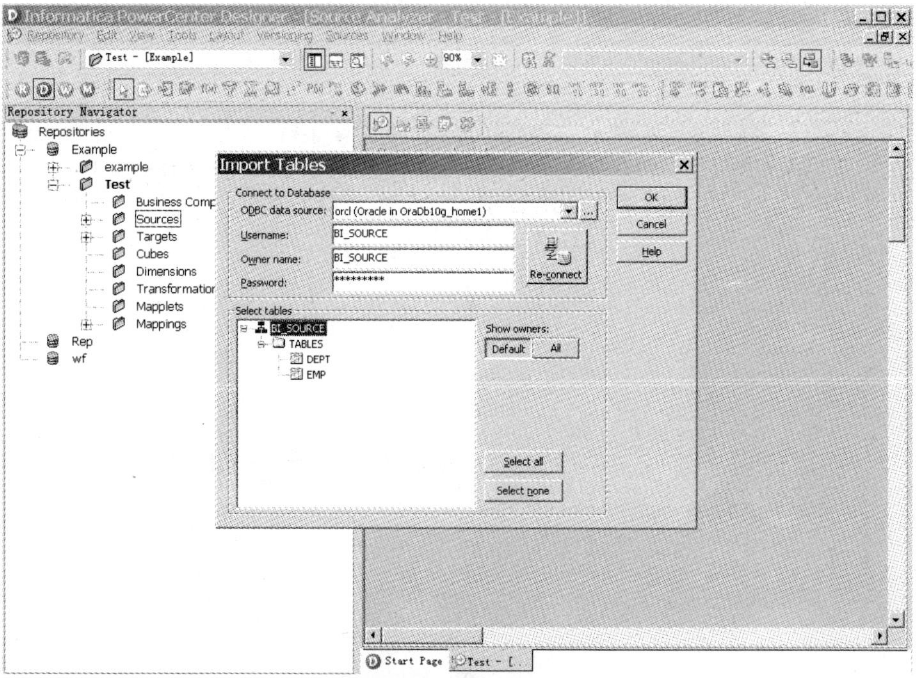

图 17-58　导入源数据表

最终定义好的数据源如图 17-59 所示。

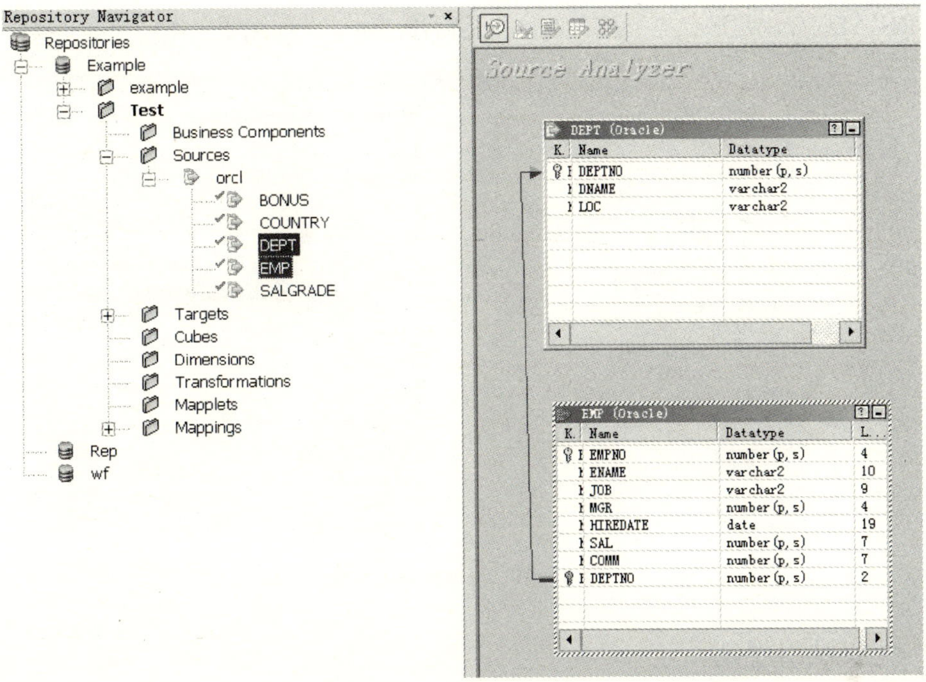

图 17-59　定义好的数据源

17.3.3　定义目标数据

在 Informatica PowerCenter Designer 设计器中单击按钮，切换到 Targets Analyzer 视图，单击菜单 Targets→Import from Database，导入目标数据，如图 17-60 所示。

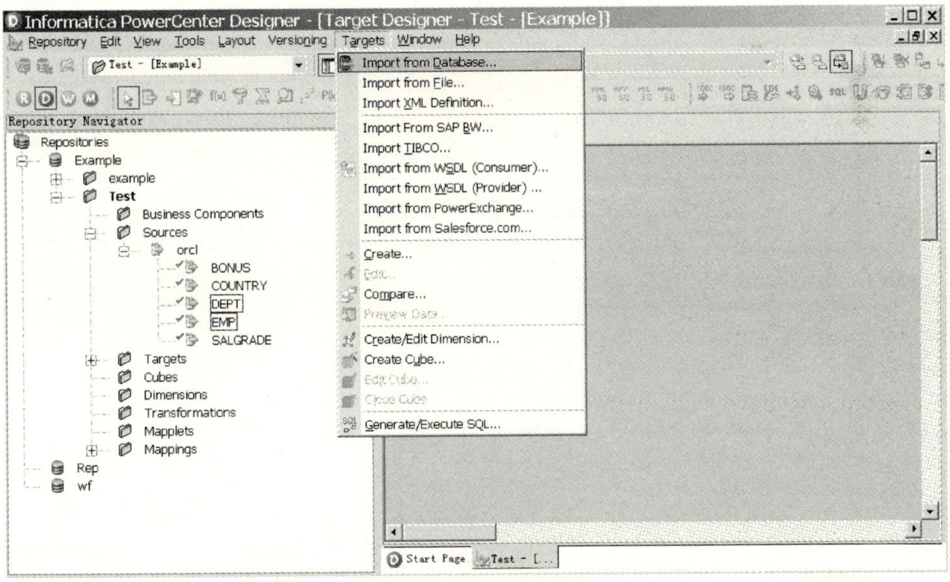

图 17-60　导入目标数据

其创建过程与创建源数据一致，在这里不再详细讲解，如图 17-61 所示。

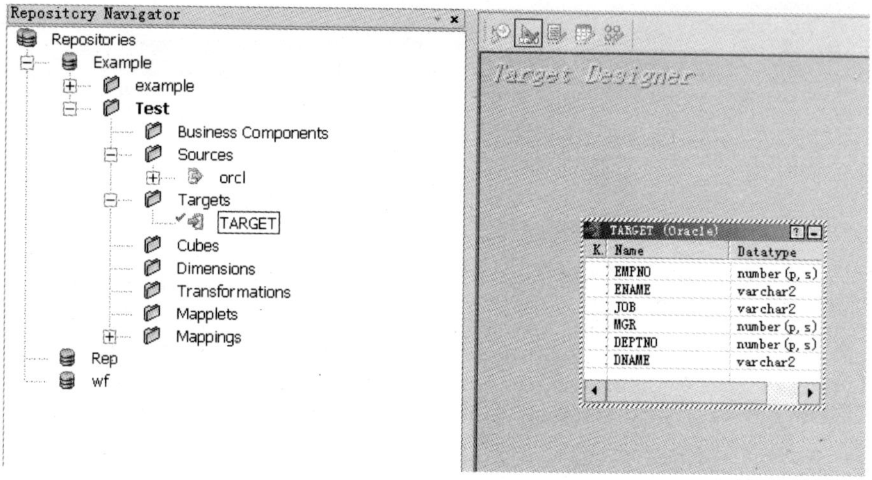

图 17-61　目标数据工作区

17.3.4　定义映射规则

在 Informatica PowerCenter Designer 设计器中单击按钮，切换到 Mapping Designer 视图，在 Repository Navigator 中，拖动源数据表 DEPT 和 EMP 到右侧的 Mapping Designer 视图，弹出 Mapping Name 对话框，如图 17-62 所示。

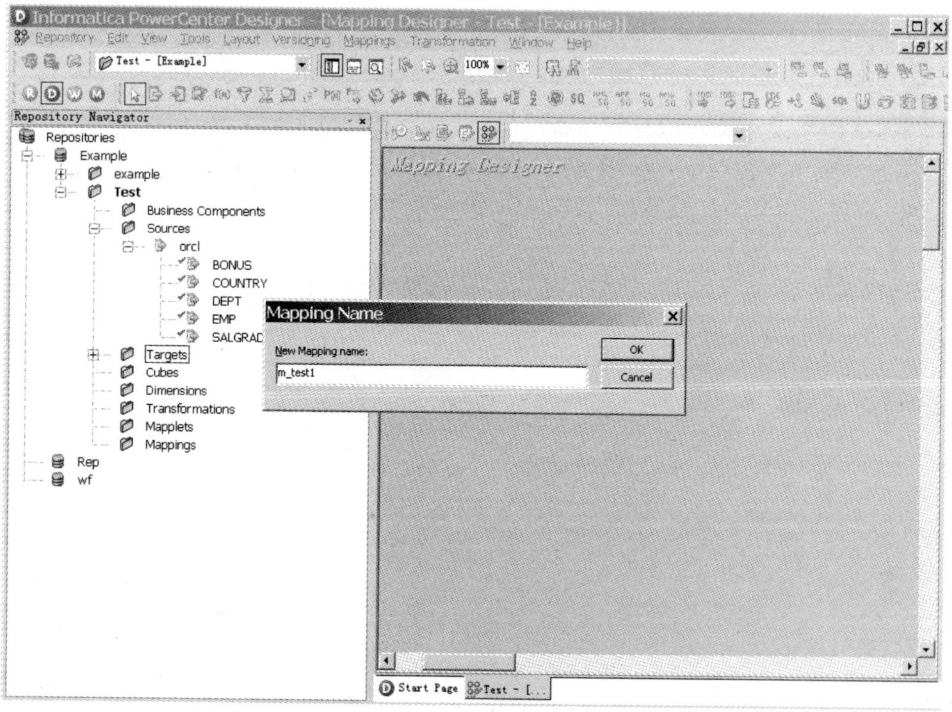

图 17-62　创建映射规则

输入映射名后单击 OK 按钮，这样源数据表 DEPT 和 EMP 就显示在右侧了，接着把源数据表 DEPT 和 EMP 以及目标表 TARGET 拖入右侧，右侧视图最终如图 17-63 所示。

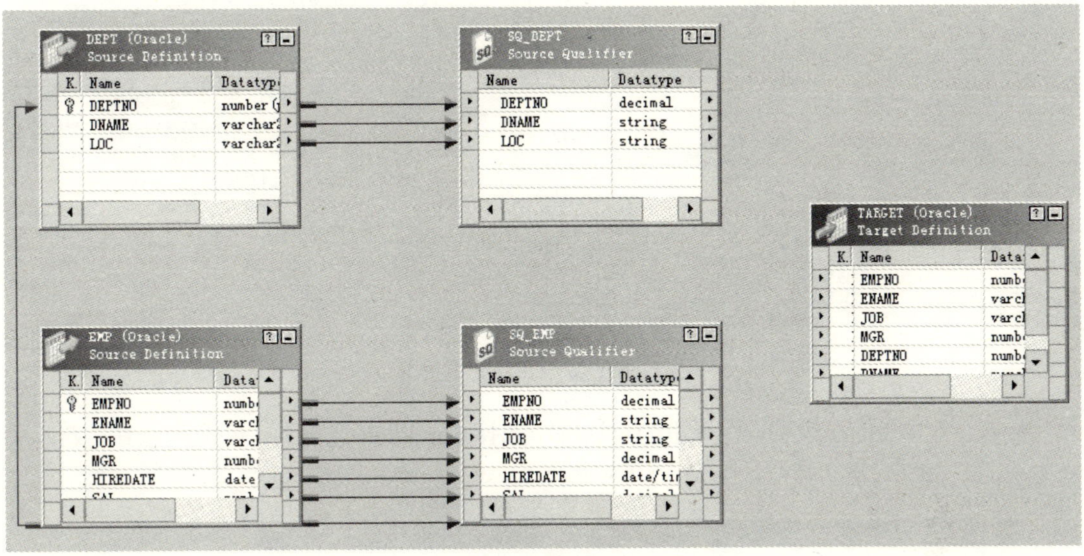

图 17-63 映射工作区

单击按钮，然后在 Mapping Designer 视图中单击鼠标左键，创建一个 Joiner 的 Transformation，如图 17-64 所示。

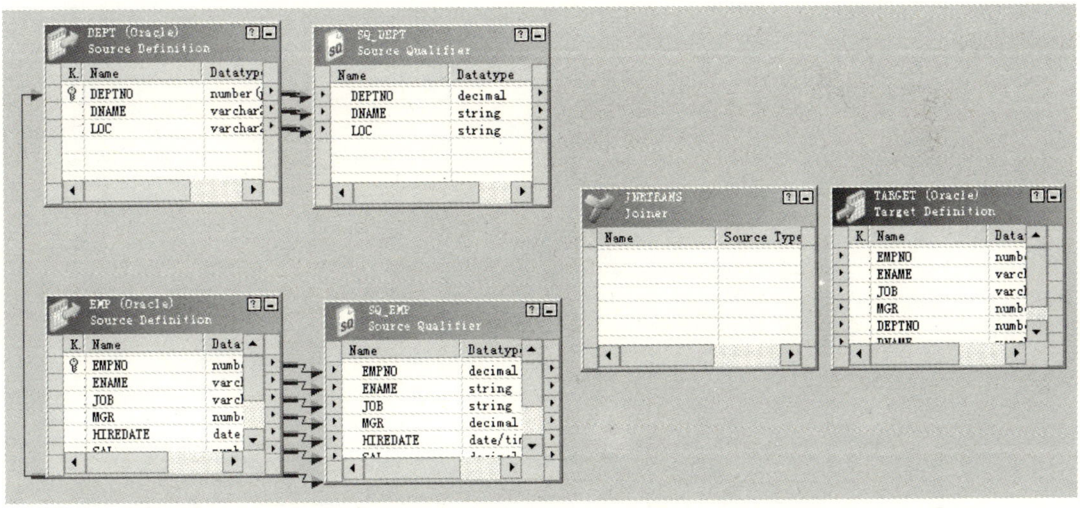

图 17-64 创建 Joiner 的 Transformation

将图 17-64 中左边两个表中的字段均拖入到刚创建的 Joiner 中，然后将 Joiner 中的 DEPTNO1 和 DEPTNO 用鼠标选中并与右侧的 Target 建立连接，最终效果如图 17-65 所示。

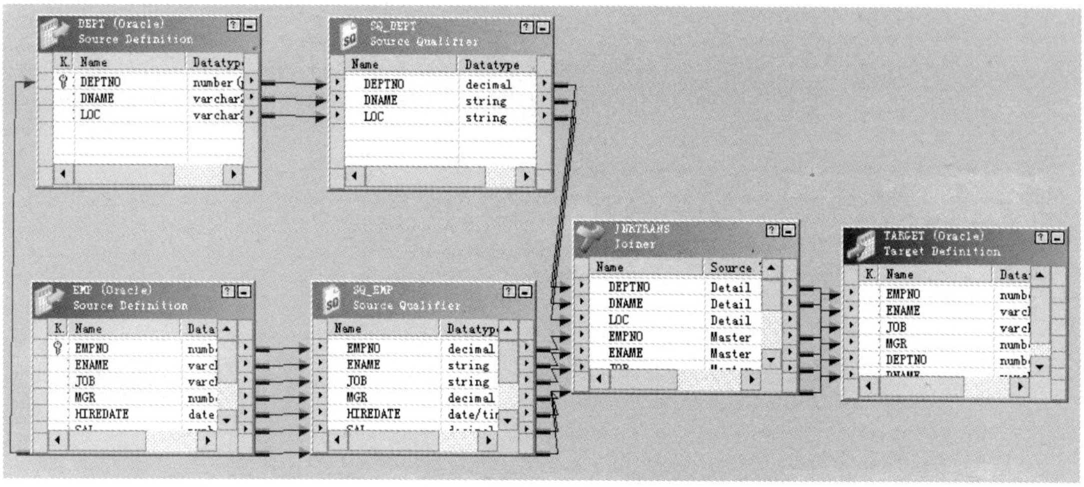

图 17-65　映射工作区效果图

接着，双击 Joiner 表头，在弹出的对话框中选择 Condition 选项卡，单击按钮，新建关联关系，单击“确定”按钮，如图 17-66 所示。

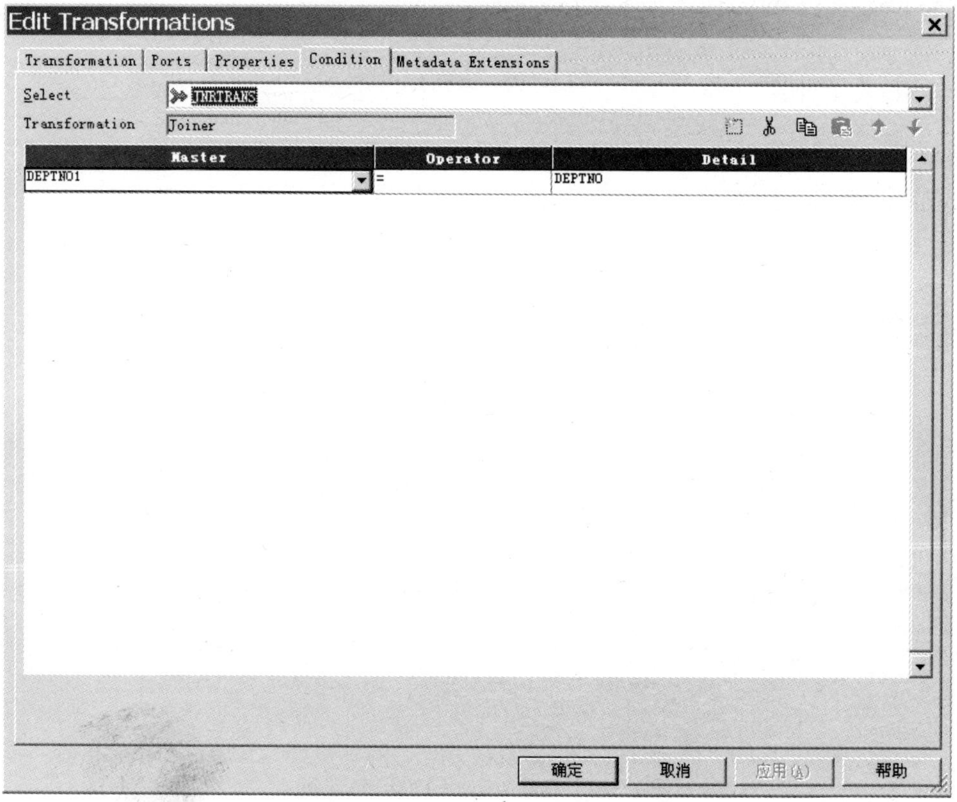

图 17-66　Transformations 编辑器

至此，映射规则定义完成。最终效果如图 17-67 所示。

请千万不要忘记保存我们的劳动成果！

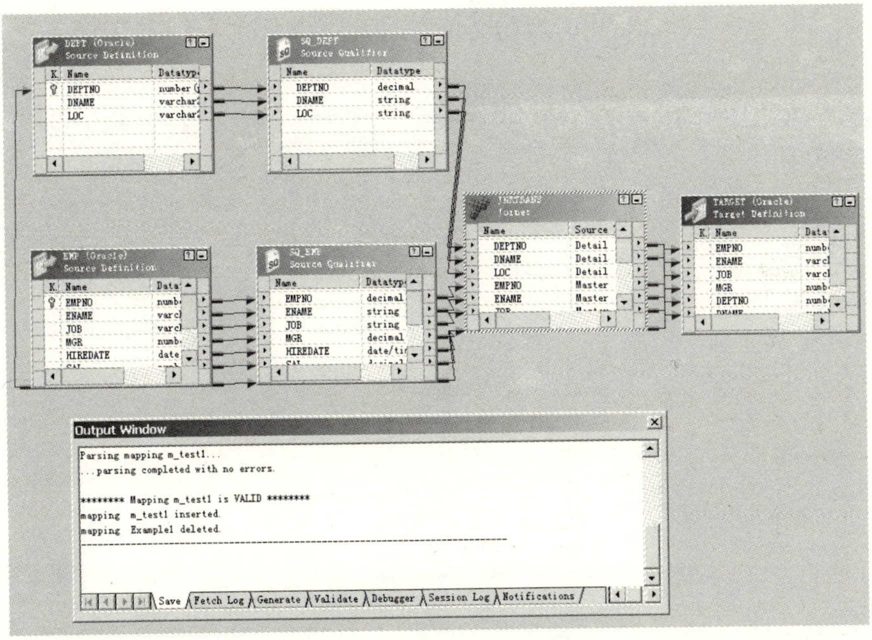

图 17-67 Designer 效果图

17.3.5 定义工作流

单击面板中的按钮，打开 Informatica PowerCenter WorkFlow Manager 流程设计器，如图 17-68 所示。

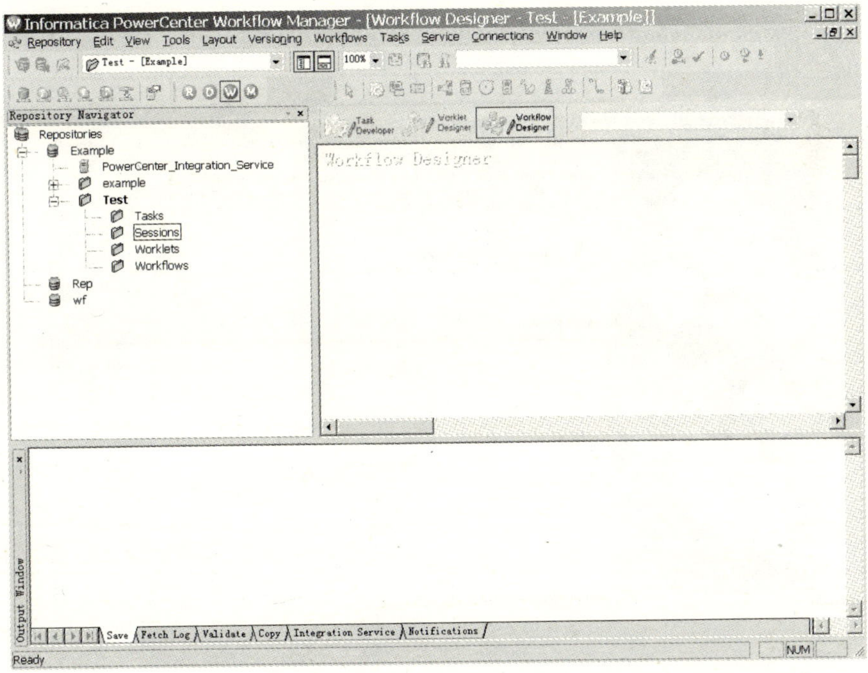

图 17-68 Informatica PowerCenter Workflow Manager 界面

单击面板中的按钮，在工作流设计视图中单击菜单 Workflows →Wizard，如图 17-69 所示。

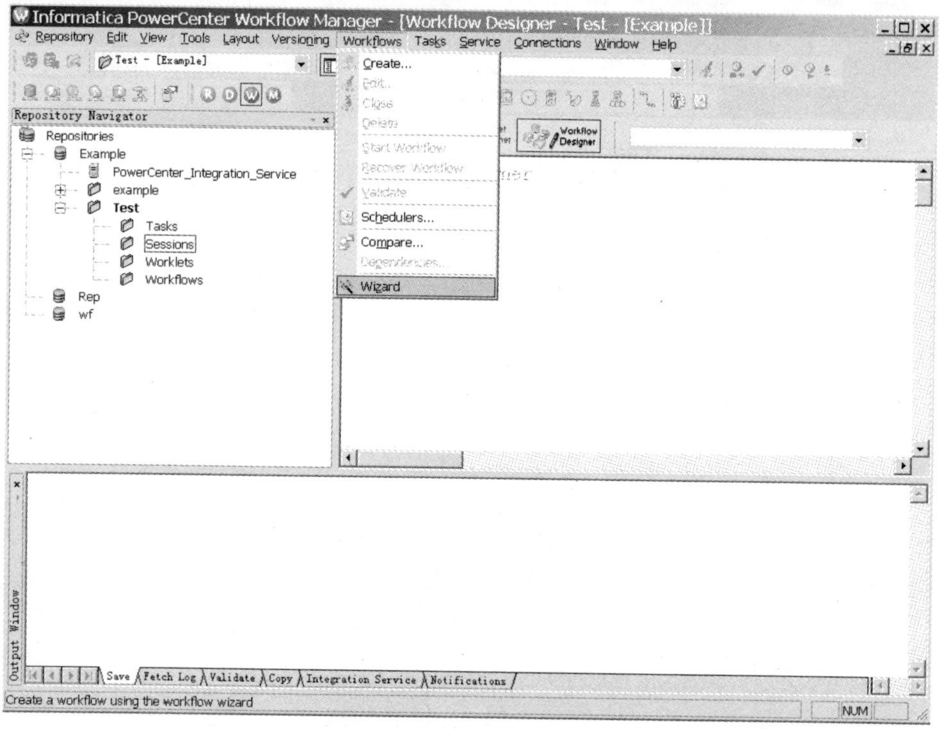

图 17-69　Workflow 向导

首先，在弹出的工作流创建导航对话框中输入要创建的名称，然后单击“下一步”按钮，如图 17-70 所示。

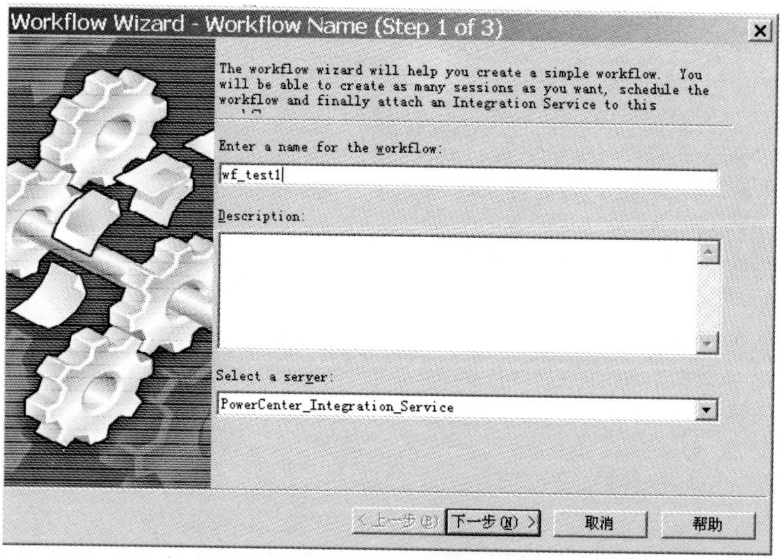

图 17-70　输入 Workflow 名称

其次，将左侧的 m_test1 映射选项，选中到右侧的 Sessions to be 列表中，单击“下一步”按钮，如图 17-71 所示。

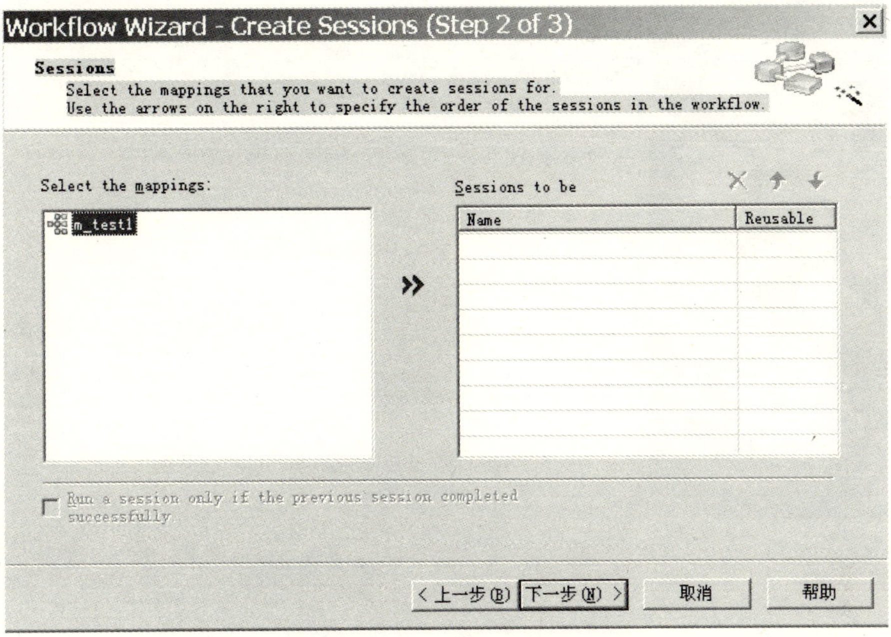

图 17-71　创建会话

然后，在该对话框中可以进行抽取周期设置。比如，当前执行、某天某时执行一次、每天晚上执行一次、每个月某日执行一次等。在这里选择默认方式，即立即执行方式，然后单击“下一步”按钮，如图 17-72 所示。

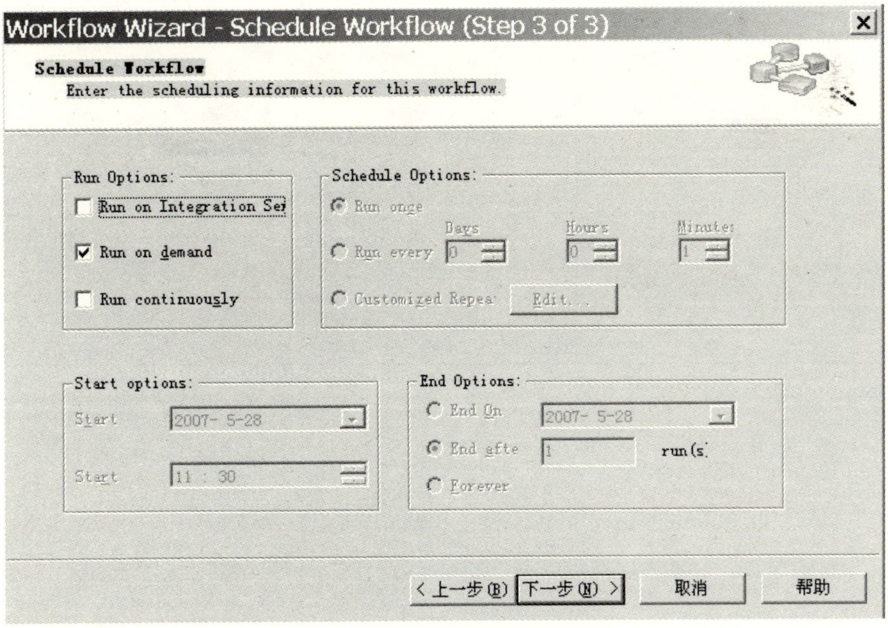

图 17-72　抽取周期设置

最后，单击“完成”按钮，如图 17-73 所示。

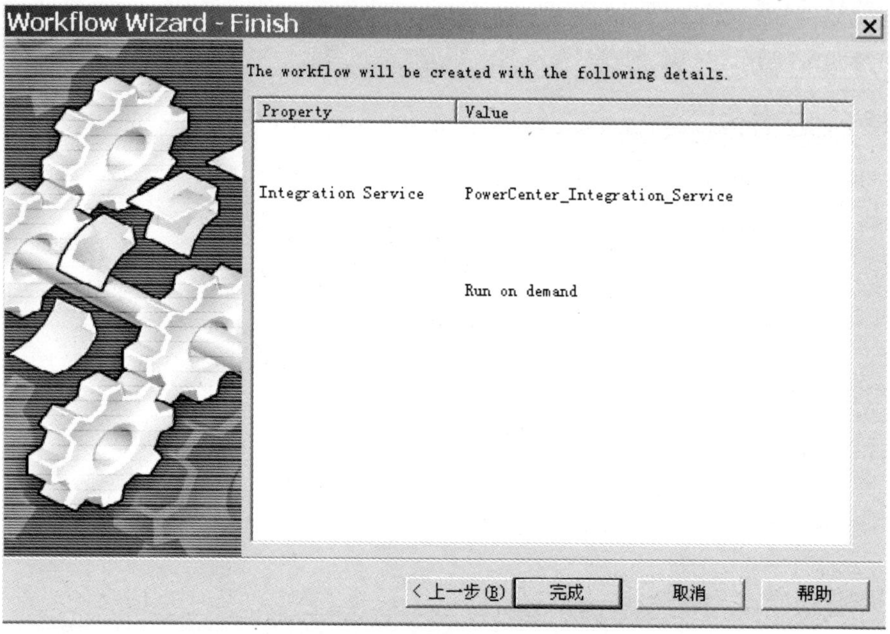

图 17-73　Workflow 创建完成界面

完成后，Workflow Manager 管理器显示如图 17-74 所示。

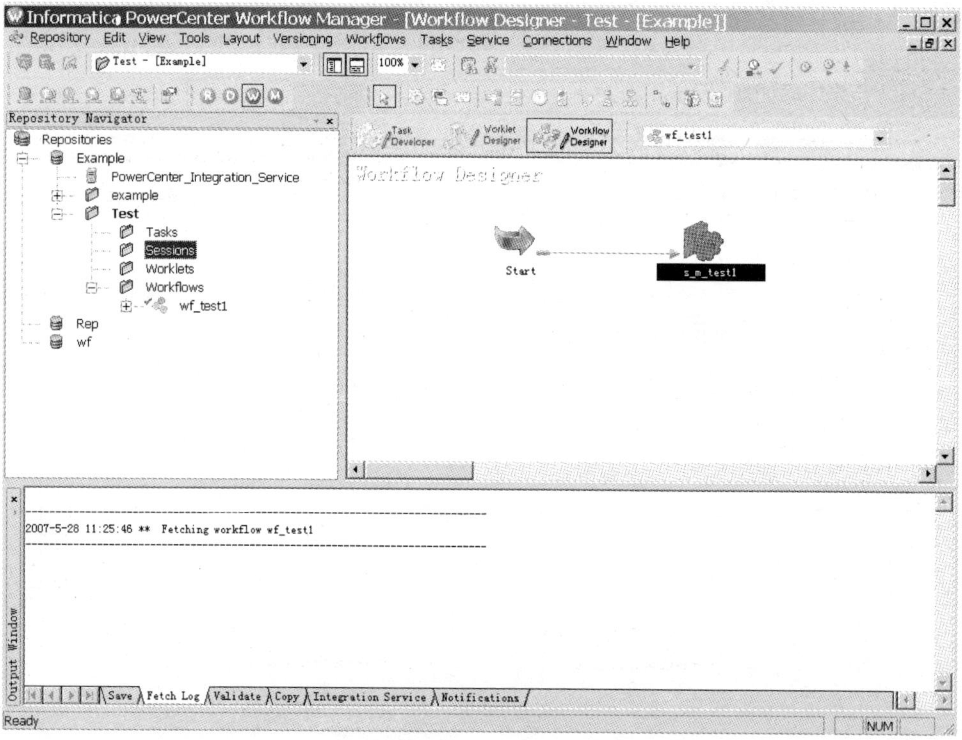

图 17-74　Workflow Manager 管理器界面

接下来，编辑关系型数据库连接。单击 面板中的 按钮，在弹出的对话框中单击 New 按钮，如图 17-75 所示。

选择数据库类型，如图 17-76 所示。

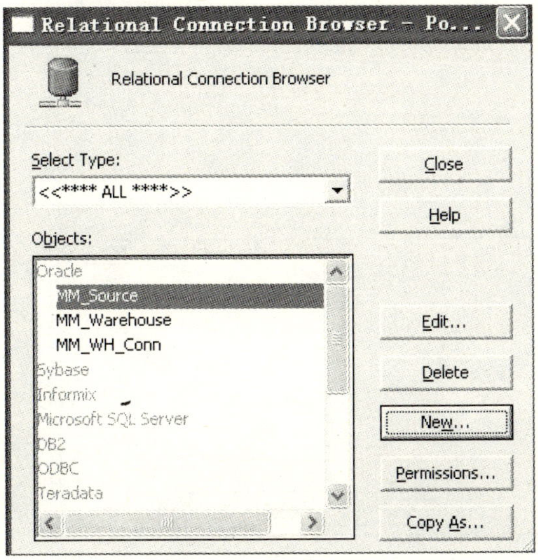

图 17-75　关系型数据库设置

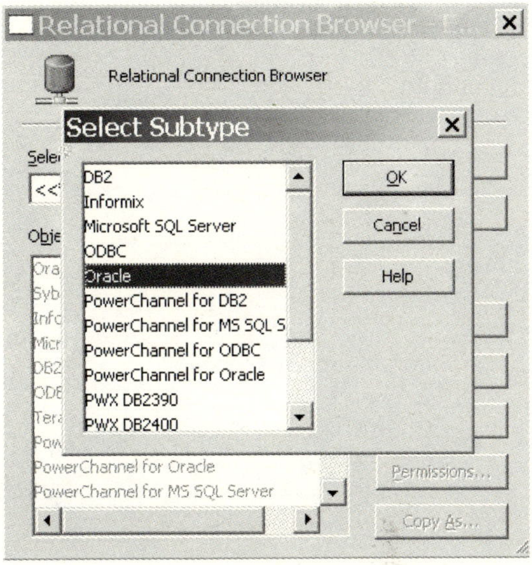

图 17-76　选择数据库类型

输入数据库连接源信息，如图 17-77 所示。

同样，创建目标数据库，最终效果如图 17-78 所示。然后关闭对话框。

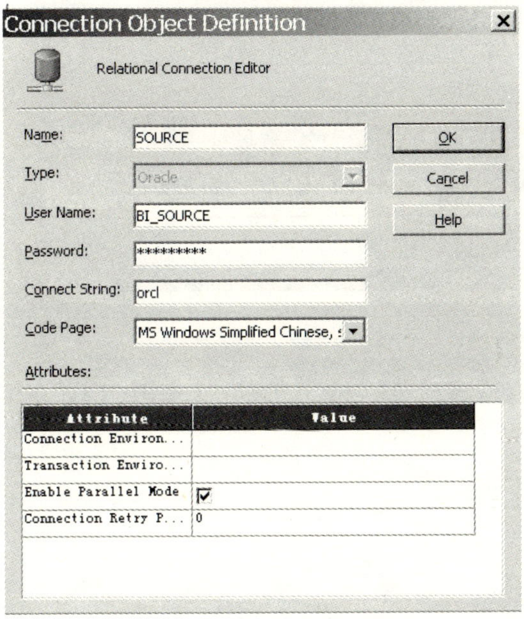

图 17-77　输入数据库连接源信息

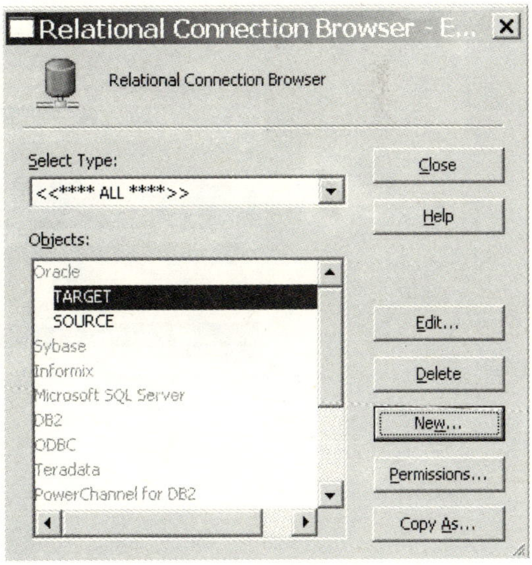

图 17-78　创建目标数据库

接着在 Workflow Designer 视图中双击 Session 按钮，弹出 Edit Tasks 窗口，如图 17-79

所示。

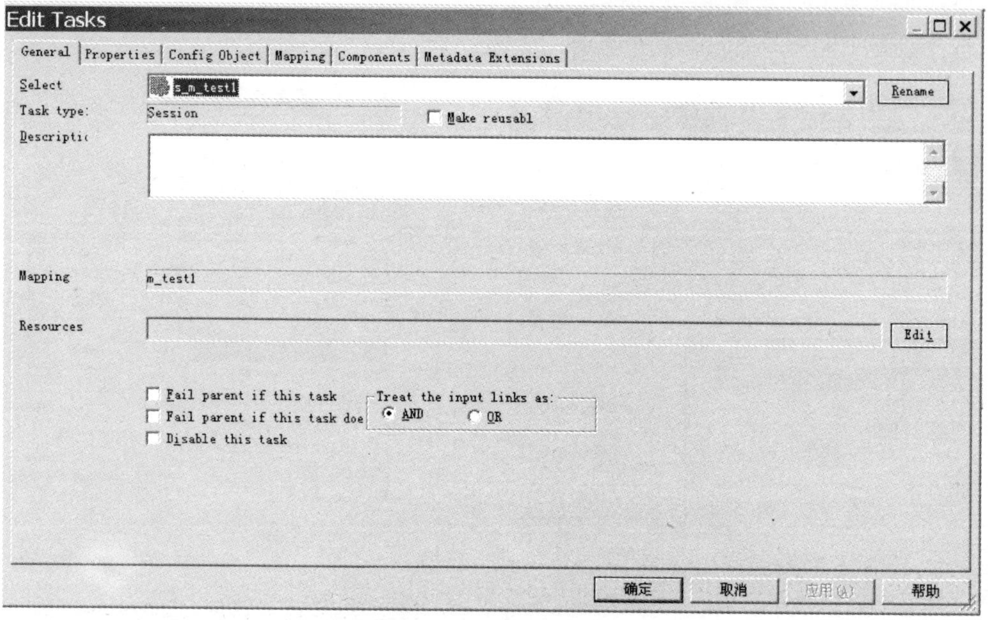

图 17-79 Edit Tasks 窗口

选择 Mapping 选项卡，单击左侧 Sources 选项组下面的源数据表，然后在右侧的 Connections 下单击按钮，如图 17-80 所示。

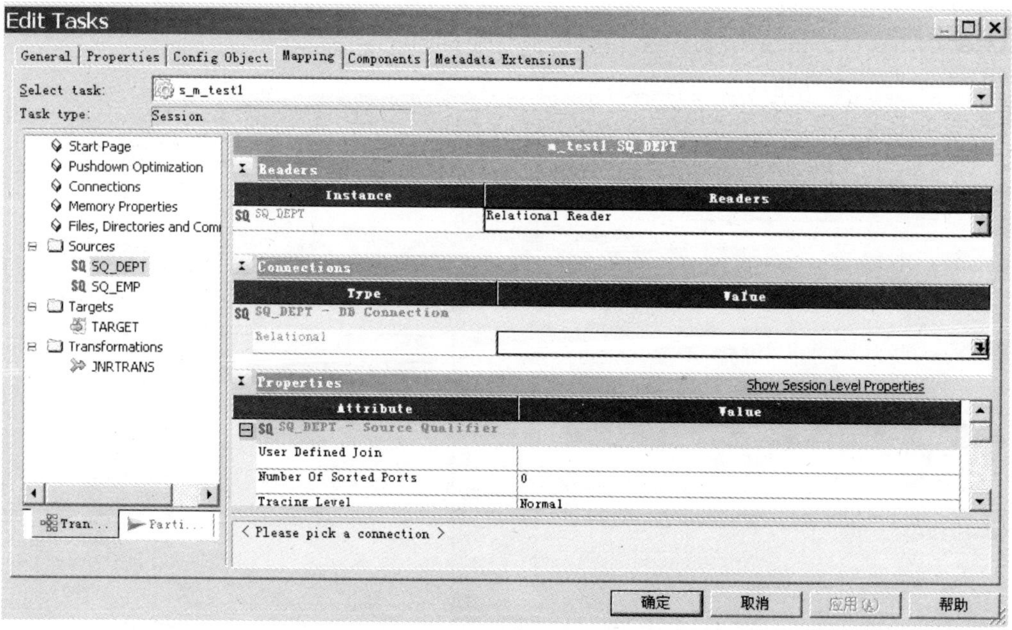

图 17-80 Connections 设置

在弹出的对话框中选择数据源，如图 17-81 所示。

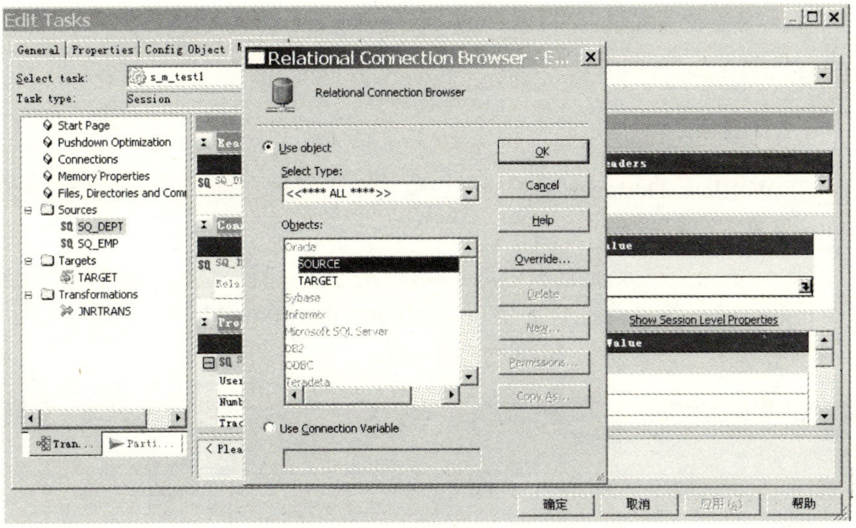

图 17-81　关系型数据库设置

单击“确定”按钮后显示如图 17-82 所示。

图 17-82　数据库连接

同样，在 Targets 选项组中将其选为目标数据库，并且在 Properties 属性中设置参数，如图 17-83 所示。

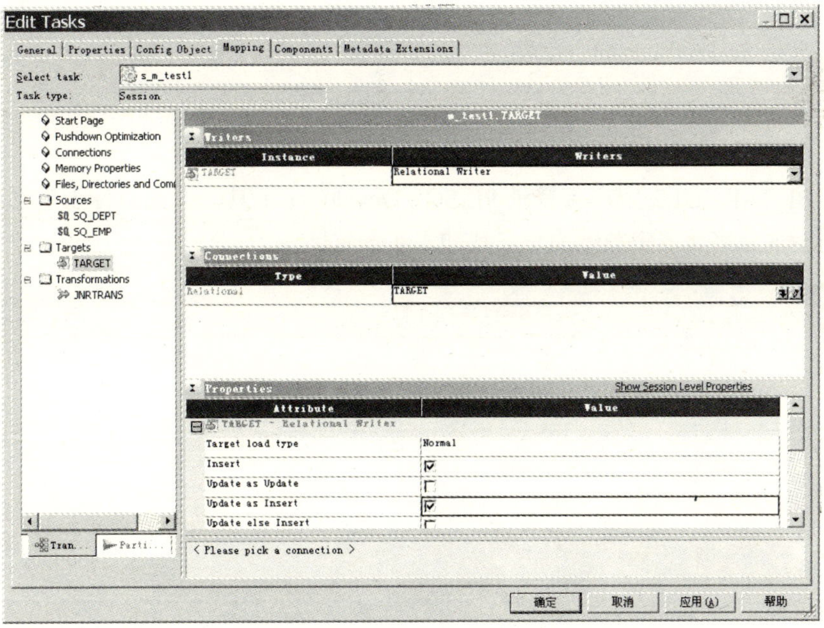

图 17-83　Properties 设置

至此，工作流部分设置完成。在 Informatica PowerCenter Workflow Manager 设置器中单击菜单 Repository→Save。

17.3.6 启动工作流程

方法一：在 Worflow Designer 视图的空白位置单击鼠标右键，在弹出的快捷菜单中选择 Start Workflow 命令。

方法二：在 面板中单击 按钮。

启动后，Informatica 将自动打开工具 PowerCenter Workflow Monitor，如果看到 Succeeded 字样，则说明工作流程启动成功，如图 17-84 所示。

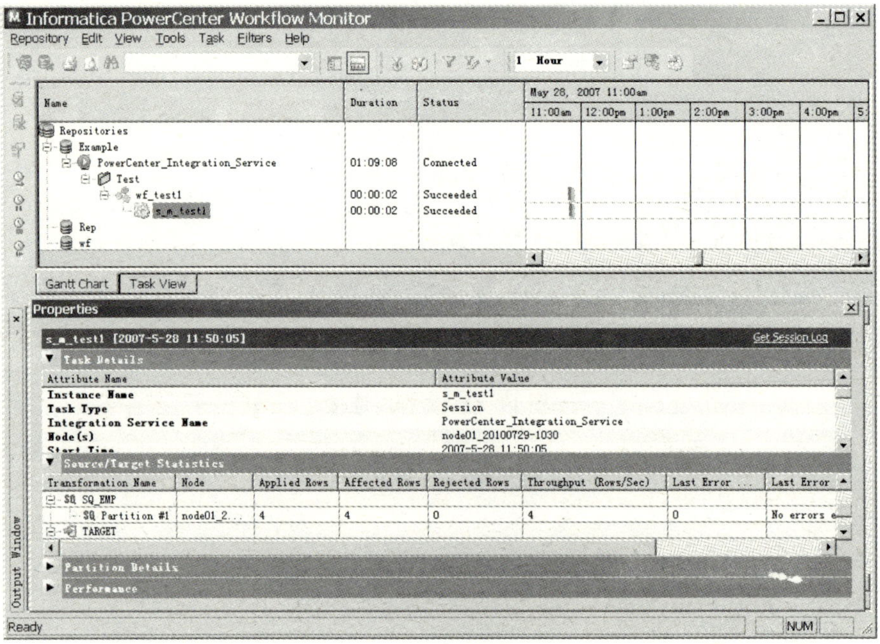

图 17-84　PowerCenter Workflow Monitor 界面

使用“BI_TARGET”用户各登录 PL/SQL Developer 工具，查询目标表数据后，显示如图 17-85 所示（原来该表中数据为空，现插入 4 条数据）。

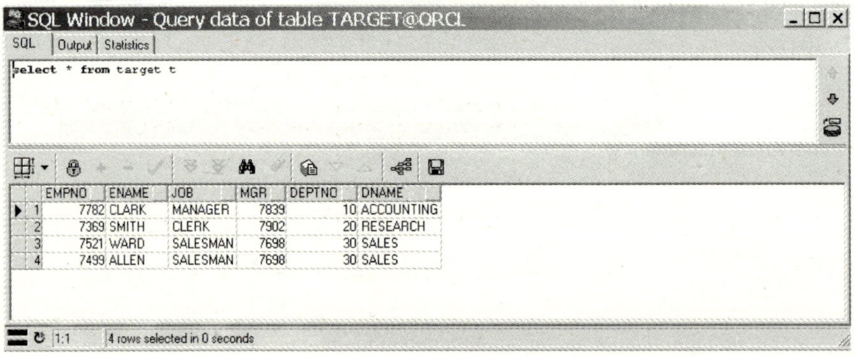

图 17-85　目标数据

下面给出一个直观的数据图，以便大家学习。其中，图中上半部分两个表为 BI_SOURCE 源数据库中表，下半部分为经过 ETL 处理之后，BI_TARGET 目标数据库中表中的记录，如图 17-86 所示。

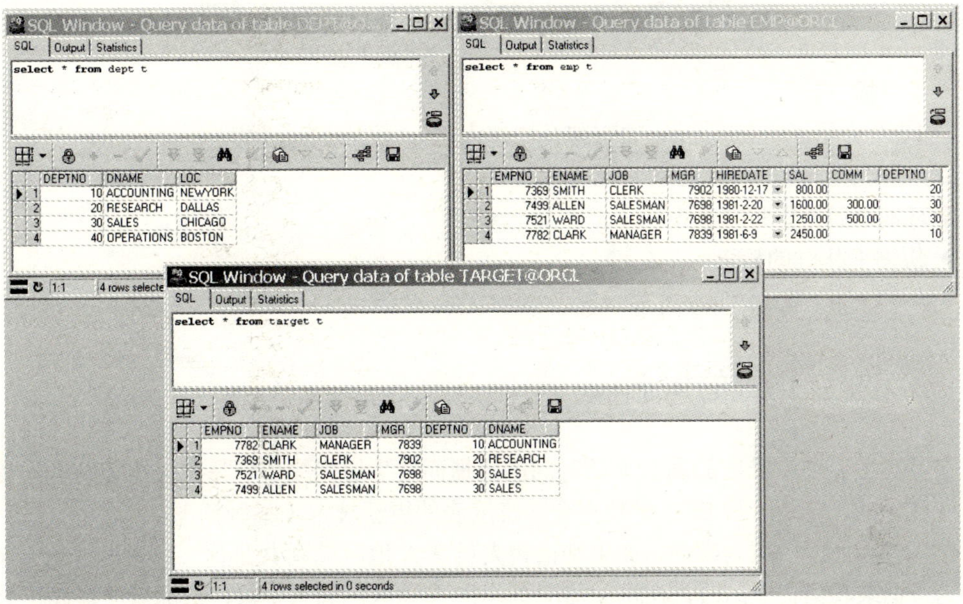

图 17-86　经过 ETL 处理的源数据和目标数据

17.4　本章小结

1）Informatica PowerCenter 的安装分为：服务器安装、客户端安装。

2）在 Informatica PowerCenter 服务器的安装过程中，需要提前创建以下 4 个数据库：

- 资源库。
- 数据分析库：存储在数据分析过程中产生的数据参数指标。
- 元数据管理库：在设计过程中产生的一系列数据及参数指标均保存在该数据库中。
- 域配置数据库：存储域配置过程中的参数指标。

3）在域控制台，可以对域对象进行管理，例如服务（Services）、节点（Nodes）、序列号（Licenses）和网格（Grids）。

4）Informatica PowerCenter 的一般开发流程为：启动服务引擎→定义资源库→数据抽取流程设计→工作流管理→监视跟踪。

5）启动工作流程。

方法一：在 Worflow Designer 视图的空白位置单击鼠标右键，在弹出的快捷菜单中选择 Start Workflow 命令。

方法二：在 面板中单击 按钮。

启动后，Informatica 将自动打开工具 PowerCenter Workflow Monitor，如果看到 Succeeded 字样，则说明工作流程启动成功。

第 18 章 Informatica 实例

本章目标

第 17 章介绍了 Informatica 的安装及快速入门，本章将通过缓慢变化维的几种解决方式来进一步介绍 Informatica 工具。

学习本章后，您将掌握：

- 缓慢变化维的概念。
- 缓慢变化维的实现方式。

18.1 缓慢变化维的概念

在现实世界中，维度的属性会随时间的流逝而发生缓慢的变化。将发生变化的维度称作“缓慢变化维”，它是一种 ETL 对数据仓库维度表的更新技术。举例如下：

在销售行业的数据仓库中，如果某销售人员从 A 地区调到 B 地区，那在统计这名销售人员的销售记录和销售业绩时，在调离前应该算在 A 地区的销售记录，调离后应该算在 B 地区的销售记录。如何处理这名销售人员所属区域的变化？这就是研究缓慢变化维的原因。

在数据仓库中，事实表的设计通常包含多个代理主键，周围环绕着多个维表，当维表的数据发生变化时，数据仓库需要立刻发现这种维度的变化。下面用 Informatica PowerCenter 工具去实现缓慢变化维的多种解决方案。

18.2 缓慢变化维的实现方式

18.2.1 覆盖方式

源表：src_dxpcode。

表结构如图 18-1 所示。

Name	Type	Nullable	Default	Comments
CODE	VARCHAR2(32)			
NAME	VARCHAR2(50)	Y		
TBNAME	VARCHAR2(50)	Y		
PKNAME	VARCHAR2(50)	Y		
ADDID	NUMBER(1)	Y		
ADDBLOB	NUMBER(1)	Y		
TYPE	NUMBER(1)	Y		
CODELVL	NUMBER(1)	Y		

图 18-1 src_dxpcode 表结构

数据如图 18-2 所示。

CODE	NAME	TBNAME	PKNAME	ADDID	ADDBLOB	TYPE	CODELVL
33046	期刊素材	SC	SC	0	0	1	1
33047	期刊	QK	QK	0	0	2	1
33048	期刊素材	SC	SC	0	0	1	1
33049	期刊	QK	QK	0	0	2	1
33050	期刊	QK	QK	0	0	2	1
33051	计划与总结	YZJ	YZJ	0	0	1	1
33001	实施情况	SQK	SQK	0	2	1	1
33008	方案	J_PLAN	J_PLAN	1	0	2	2
33009	过程	HPJ	HPJ	0	0	2	1
33002	情况统计	QKTJ	QKTJ	0	1	1	1
33003	统计	FTJ	FTJ	0	0	1	1
33004	统计明细	DETAIL	DETAIL	0	0	1	2
33005	月报	BZYB	BZYB	0	1	1	1
33006	统计、汇总	NJCQKTJ	NJCQKTJ	0	1	1	1
33007	通讯录	GBTXL	GBTXL	1	0	3	1
33010	设置	SET	SET	1	0	2	1
33011	索引	INDEX	INDEX	1	0	3	1
33014	计划	JH	JH	0	2	2	2
33015	情况	QK	QK	0	2	2	1
33016	意见	ZG	ZG	0	2	1	1
33017	追究	ZJ	ZJ	0	2	1	1
33018	活动	HD	HD	0	0	1	2
33019	反馈	HDFK	HDFK	0	0	1	1
33020	进展情况	ZYAJ	ZYAJ	0	0	1	1
33021	情况报告	TSQKBGB	TSQKBGB	0	0	1	1

图 18-2　src_dxpcode 表数据

目标表：newtarget0。

表结构如图 18-3 所示。

Name	Type	Nullable	Default	Comments
PM_PRIMARYKEY	NUMBER(10)			
CODE	VARCHAR2(32)			
NAME	VARCHAR2(50)	Y		
TBNAME	VARCHAR2(50)	Y		
PKNAME	VARCHAR2(50)	Y		
ADDID	NUMBER(1)	Y		
ADDBLOB	NUMBER(1)	Y		
TYPE	NUMBER(1)	Y		
CODELVL	NUMBER(1)	Y		

图 18-3　newtarget0 表结构

步骤 1：在缓慢变化维向导中选择 Slowly Changing Dimensions（缓慢变化维）命令，如图 18-4 所示。

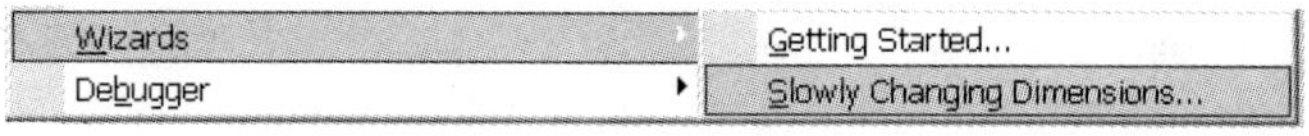

图 18-4　缓慢变化维向导

步骤 2：选择 Type 1 Dimension 单选按钮，如图 18-5 所示。

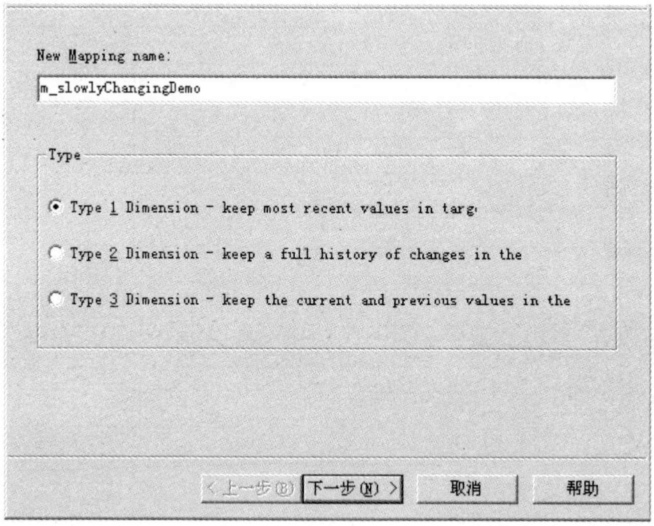

图 18-5　“模式”对话框

步骤 3：选择源表和目标表，如图 18-6 所示。

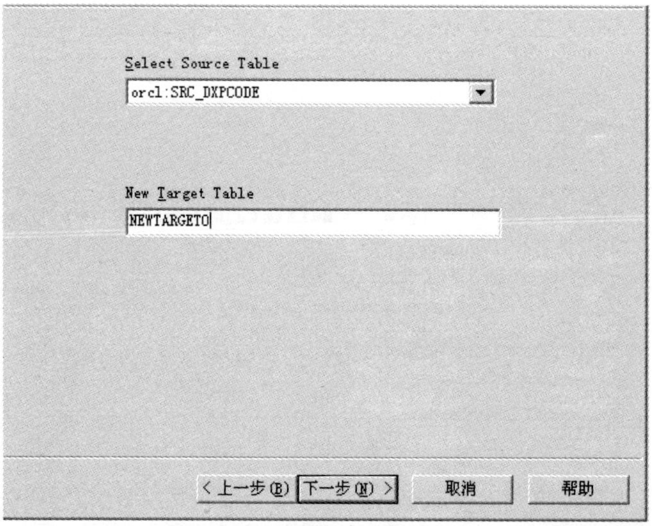

图 18-6　选择源表和目标表

步骤 4：Logical Key Fields 是选择唯一确定数据的关键字段，Fields to compare for 是选择

需要对比的字段，如图 18-7 所示。

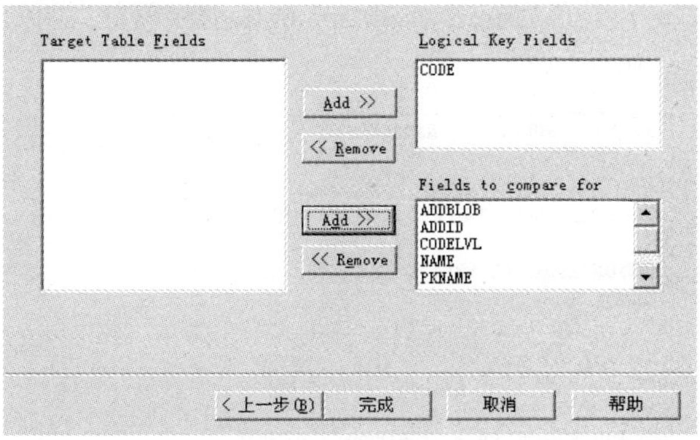

图 18-7　选择器

步骤 5：生成标准的覆盖型的缓慢变化维 Mapping，如图 18-8 所示。

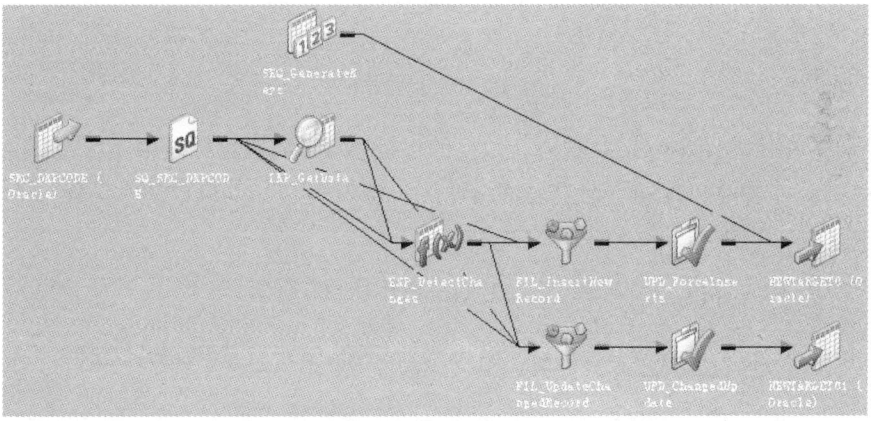

图 18-8　映射工作区

整个 Mapping 分成两个部分：新数据的插入和更新数据，如图 18-9 所示。

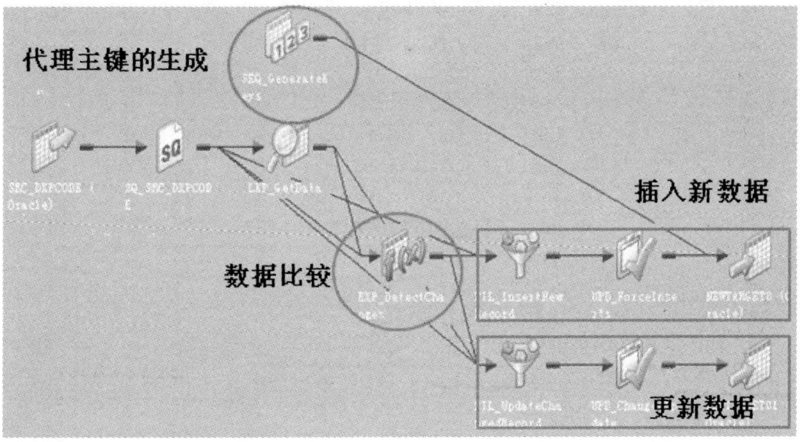

图 18-9　映射工作区的数据区

ChangedFlag：用于判断数据发生改变的标识字段。将所有的比对字段进行对比和比较，当存在有差异的字段值时，其值为 true，该 Mapping 执行更新数据的操作；否则为 false，不执行更新操作，如图 18-10 所示。

```
IIF(NOT ISNULL(PM_PRIMARYKEY)
AND
(
DECODE(ADDBLOB,PM_PREV_ADDBLOB,1,0) = 0
OR
DECODE(ADDID,PM_PREV_ADDID,1,0) = 0
OR
DECODE(CODELVL,PM_PREV_CODELVL,1,0) = 0
OR
DECODE(NAME,PM_PREV_NAME,1,0) = 0
OR
DECODE(PKNAME,PM_PREV_PKNAME,1,0) = 0
OR
DECODE(TBNAME,PM_PREV_TBNAME,1,0) = 0
OR
DECODE(TYPE,PM_PREV_TYPE,1,0) = 0
),TRUE,FALSE)
```

图 18-10 代码片段

NewFlag：用于判断该数据是否为新数据的标识字段。如果目标表中不存在该数据，则其值为 true，该 Mapping 执行插入新数据的操作；否则为 false，不执行插入操作。

```
IIF(ISNULL(PM_PRIMARYKEY),TRUE,FALSE)
```

第一次执行该 Mapping 时，目标表的数据如图 18-11 所示。

PM_PRIMARYKEY	CODE	NAME	TBNAME	PKNAME	ADDID	ADDBLOB	TYPE	CODELVL
50	33046	期刊素材	SC	SC	0	0	1	1
51	33047	期刊	QK	QK	0	0	2	1
52	33048	期刊素材	SC	SC	0	0	1	1
53	33049	期刊	QK	QK	0	0	2	1
54	33050	期刊	QK	QK	0	0	2	1
55	33051	计划与总结	YZJ	YZJ	0	0	1	1
56	33001	实施情况	SQK	SQK	0	2	1	1
57	33008	方案	J_PLAN	J_PLAN	1	0	2	2
58	33009	过程	HPJ	HPJ	0	0	2	1
59	33002	情况统计	QKTJ	QKTJ	0	1	1	1
60	33003	统计	FTJ	FTJ	0	0	1	1
61	33004	统计明细	DETAIL	DETAIL	0	0	1	2
62	33005	月报	BZYB	BZYB	0	1	1	1
63	33006	统计、汇总	NJCQKTJ	NJCQKTJ	0	1	1	1
64	33007	通讯录	GBTXL	GBTXL	1	0	3	1
65	33010	设置	SET	SET	1	0	2	1
66	33011	索引	INDEX	INDEX	1	0	3	1
67	33014	计划	JH	JH	0	2	2	2
68	33015	情况	QK	QK	0	2	2	1
69	33016	意见	ZG	ZG	0	2	1	1

图 18-11 目标表的数据

70	33017	追究	ZJ	ZJ	0	2	1	1
71	33018	活动	HD	HD	0	0	1	2
72	33019	反馈	HDFK	HDFK	0	0	1	1
73	33020	进展情况	ZYAJ	ZYAJ	0	0	1	1
74	33021	情况报告	TSQKBGB	TSQKBGB	0	0	1	1

图 18-11　目标表的数据（续）

总结：覆盖方式是缓慢变化维中相对简单的一种方法。其特点是保证数据仓库中的数据始终是最新的，不保留历史数据。如果发现新数据，则将新数据加载到目标表中。如果数据发生改变，则执行更新操作。

18.2.2　全历史记录

源表：src_dxpcode。

表结构如图 18-12 所示。

Name	Type	Nullable	Default	Comments
CODE	VARCHAR2(32)			
NAME	VARCHAR2(50)	Y		
TBNAME	VARCHAR2(50)	Y		
PKNAME	VARCHAR2(50)	Y		
ADDID	NUMBER(1)	Y		
ADDBLOB	NUMBER(1)	Y		
TYPE	NUMBER(1)	Y		
CODELVL	NUMBER(1)	Y		

图 18-12　src_dxpcode 表结构

数据如图 18-13 所示。

CODE	NAME	TBNAME	PKNAME	ADDID	ADDBLOB	TYPE	CODELVL
33046	期刊素材	SC	SC	0	0	1	1
33047	期刊	QK	QK	0	0	2	1
33048	期刊素材	SC	SC	0	0	1	1
33049	期刊	QK	QK	0	0	2	1
33050	期刊	QK	QK	0	0	2	1
33051	计划与总结	YZJ	YZJ	0	0	1	1
33001	实施情况	SQK	SQK	0	2	1	1
33008	方案	J_PLAN	J_PLAN	1	0	2	2
33009	过程	HPJ	HPJ	0	0	2	1
33002	情况统计	QKTJ	QKTJ	0	1	1	1
33003	统计	FTJ	FTJ	0	0	1	1

图 18-13　src_dxpcode 表数据

33004	统计明细	DETAIL	DETAIL	0	0	1	2
33005	月报	BZYB	BZYB	0	1	1	1
33006	统计、汇总	NJCQKTJ	NJCQKTJ	0	1	1	1
33007	通讯录	GBTXL	GBTXL	1	0	3	1
33010	设置	SET	SET	1	0	2	1
33011	索引	INDEX	INDEX	1	0	3	1
33014	计划	JH	JH	0	2	2	2
33015	情况	QK	QK	0	2	2	1
33016	意见	ZG	ZG	0	2	1	1
33017	追究	ZJ	ZJ	0	2	1	1
33018	活动	HD	HD	0	0	1	2
33019	反馈	HDFK	HDFK	0	0	1	1
33020	进展情况	ZYAJ	ZYAJ	0	0	1	1
33021	情况报告	TSQKBGB	TSQKBGB	0	0	1	1

图 18-13　src_dxpcode 表数据（续）

目标表：newtarget1。

表结构如图 18-14 所示。

Name	Type	Nullable	Default	Storage	Comments
PM_PRIMARYKEY	NUMBER(10)	N			
CODE	VARCHAR2(32)	N			
NAME	VARCHAR2(50)	Y			
TBNAME	VARCHAR2(50)	Y			
PKNAME	VARCHAR2(50)	Y			
ADDID	NUMBER(1)	Y			
ADDBLOB	NUMBER(1)	Y			
TYPE	NUMBER(1)	Y			
CODELVL	NUMBER(1)	Y			
PM_VERSION_NUMBER	NUMBER(10)	Y			

图 18-14　newtarget1 表结构

步骤 1：在缓慢变化维向导中，选择 Slowly Changing Dimensions（缓慢变化维）命令，如图 18-15 所示。

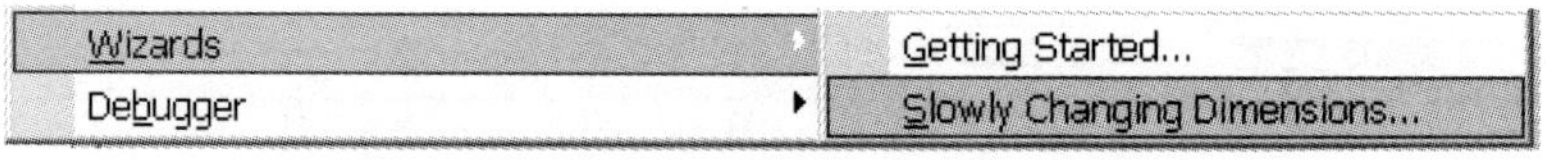

图 18-15　缓慢变化维向导

步骤 2：选择 Type 2 Dimension 单选按钮，如图 18-16 所示。

步骤 3：选择源表和目标表，如图 18-17 所示。

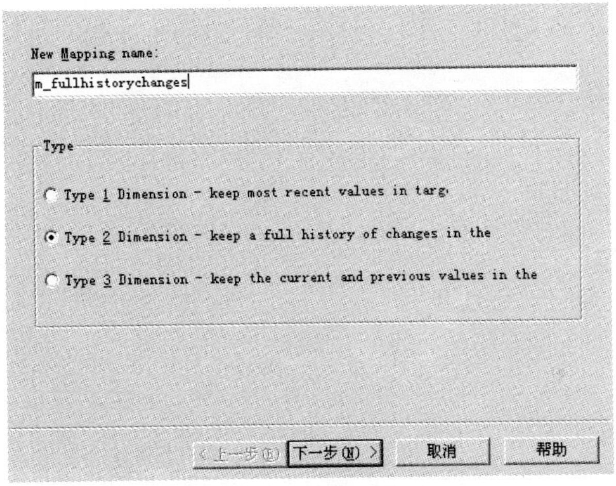

图 18-16　模式向导

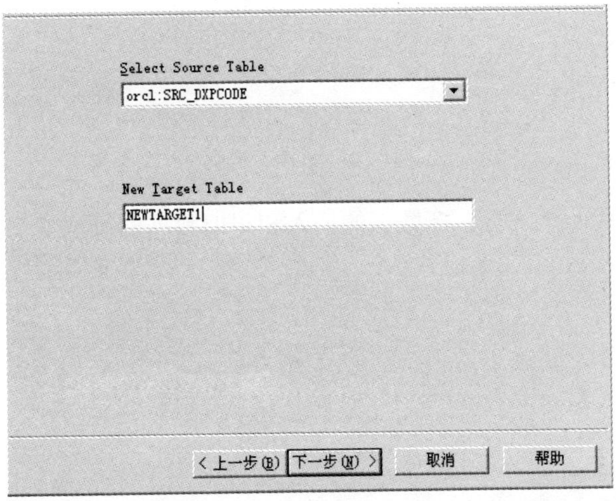

图 18-17　源表和目标表

步骤 4：Logical Key Fields 是选择唯一确定数据的关键字段，Fields to compare for 是选择需要对比的字段，如图 18-18 所示。

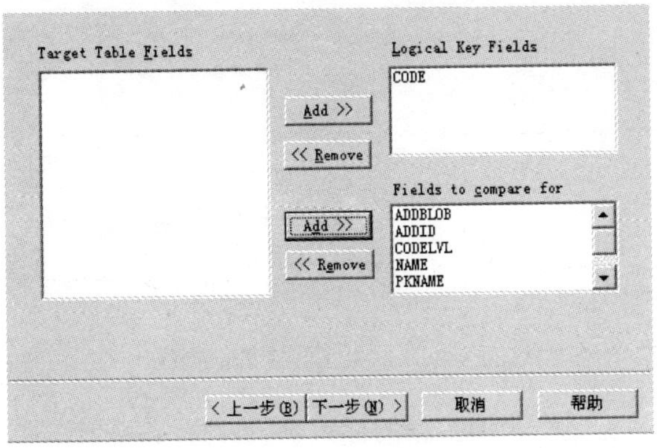

图 18-18　选择器

步骤 5：生成标准的全历史记录型版本号缓慢变化维 Mapping，如图 18-19 所示。

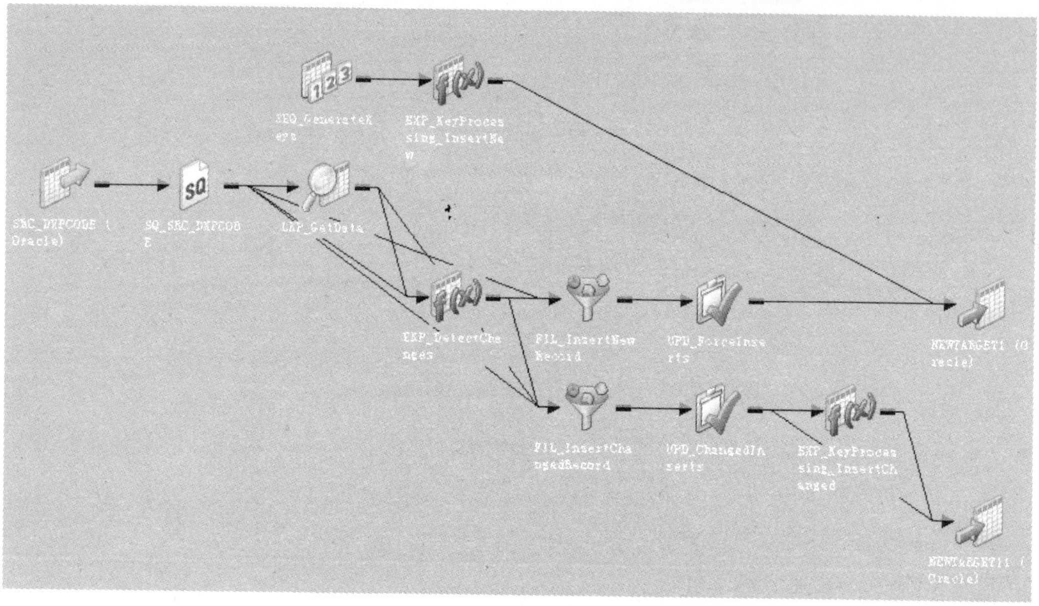

图 18-19　映射工作区

整个 Mapping 分成两个部分：新数据的插入和将旧数据的每次变化插入到目标表中，如图 18-20 所示。

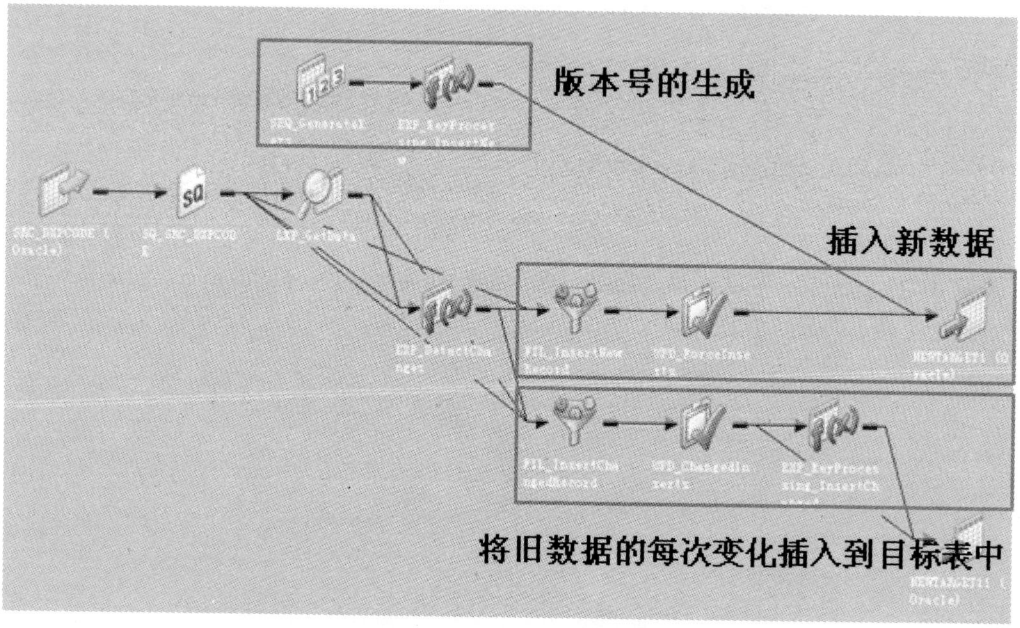

图 18-20　映射工作区的数据区

ChangeFlag：判断数据是否为旧数据的标识字段。将所有的比对字段进行对比和比较，当存在有差异的字段值时，则其值为 true，该 Mapping 执行将旧数据的每次变化插入到目标表中的操作，如图 18-21 所示。

```
IIF(NOT ISNULL(PM_PRIMARYKEY)
AND
(
DECODE(ADDBLOB,PM_PREV_ADDBLOB,1,0) = 0
OR
DECODE(ADDID,PM_PREV_ADDID,1,0) = 0
OR
DECODE(CODELVL,PM_PREV_CODELVL,1,0) = 0
OR
DECODE(NAME,PM_PREV_NAME,1,0) = 0
OR
DECODE(PKNAME,PM_PREV_PKNAME,1,0) = 0
OR
DECODE(TBNAME,PM_PREV_TBNAME,1,0) = 0
OR
DECODE(TYPE,PM_PREV_TYPE,1,0) = 0
),TRUE,FALSE)
```

图 18-21　代码片段

NewFlag：判断该数据是否为新数据的标识字段。如果目标表中不存在该数据，则其值为 true，该 Mapping 执行插入新数据的操作；否则为 false，不做插入操作。

```
IIF(ISNULL(PM_PRIMARYKEY),TRUE,FALSE)
```

当第一次执行该 Mapping 时，目标表的数据如图 18-22 所示。

PM_PRIMARYKEY	CODE	NAME	TBNAME	PKNAME	ADDID	ADDBLOB	TYPE	CODELVL	PM_VERSION_NUMBER
50000	33046	期刊素材	SC	SC	0	0	1	1	0
51000	33047	期刊	QK	QK	0	0	2	1	0
52000	33048	期刊素材	SC	SC	0	0	1	1	0
53000	33049	期刊	QK	QK	0	0	2	1	0
54000	33050	期刊	QK	QK	0	0	2	1	0
55000	33051	计划与总结	YZJ	YZJ	0	0	1	1	0
56000	33001	实施情况	SQK	SQK	0	2	1	1	0
57000	33008	方案	J_PLAN	J_PLAN	1	0	2	2	0
58000	33009	过程	HPJ	HPJ	0	0	2	1	0
59000	33002	情况统计	QKTJ	QKTJ	0	1	1	1	0
60000	33003	统计	FTJ	FTJ	0	0	1	1	0
61000	33004	统计明细	DETAIL	DETAIL	0	0	1	2	0
62000	33005	月报	BZYB	BZYB	0	1	1	1	0
63000	33006	统计、汇总	NJCQKTJ	NJCQKTJ	0	1	1	1	0
64000	33007	通讯录	GBTXL	GBTXL	1	0	3	1	0
65000	33010	设置	SET	SET	1	0	2	1	0
66000	33011	索引	INDEX	INDEX	1	0	3	1	0
67000	33014	计划	JH	JH	0	2	2	2	0
68000	33015	情况	QK	QK	0	2	2	1	0
69000	33016	意见	ZG	ZG	0	2	1	1	0
70000	33017	追究	ZJ	ZJ	0	2	1	1	0
71000	33018	活动	HD	HD	0	0	1	2	0
72000	33019	反馈	HDFK	HDFK	0	0	1	1	0
73000	33020	进展情况	ZYAJ	ZYAJ	0	0	1	1	0
74000	33021	情况报告	TSQKBGB	TSQKBGB	0	0	1	1	0

图 18-22　目标表数据

总结：全历史记录方式是缓慢变化维中功能较为强大的一种方式。它可以发现源表中的旧数据所发生的变化，将变化的旧数据作为新的一条数据插入到目标表中，该主键值不变，并赋予新的代理主键值。如果源表中发现新数据，则直接插入到目标表中。其中版本号是递增记录的标识，版本号最大的是最新的记录。

18.2.3 标记位方式

源表：src_dxpcode。

表结构如图 18-23 所示。

数据如图 18-24 所示。

Name	Type	Nullable	Default	Comments
CODE	VARCHAR2(32)			
NAME	VARCHAR2(50)	Y		
TBNAME	VARCHAR2(50)	Y		
PKNAME	VARCHAR2(50)	Y		
ADDID	NUMBER(1)	Y		
ADDBLOB	NUMBER(1)	Y		
TYPE	NUMBER(1)	Y		
CODELVL	NUMBER(1)	Y		

图 18-23 src_dxpcode 表结构

CODE	NAME	TBNAME	PKNAME	ADDID	ADDBLOB	TYPE	CODELVL
33046	期刊素材	SC	SC	0	0	1	1
33047	期刊	QK	QK	0	0	2	1
33048	期刊素材	SC	SC	0	0	1	1
33049	期刊	QK	QK	0	0	2	1
33050	期刊	QK	QK	0	0	2	1
33051	计划与总结	YZJ	YZJ	0	0	1	1
33001	实施情况	SQK	SQK	0	2	1	1
33008	方案	J_PLAN	J_PLAN	1	0	2	2
33009	过程	HPJ	HPJ	0	0	2	1
33002	情况统计	QKTJ	QKTJ	0	1	1	1
33003	统计	FTJ	FTJ	0	0	1	1
33004	统计明细	DETAIL	DETAIL	0	0	1	2
33005	月报	BZYB	BZYB	0	1	1	1
33006	统计、汇总	NJCQKTJ	NJCQKTJ	0	1	1	1
33007	通讯录	GBTXL	GBTXL	1	0	3	1
33010	设置	SET	SET	1	0	2	1
33011	索引	INDEX	INDEX	1	0	3	1
33014	计划	JH	JH	0	2	2	2
33015	情况	QK	QK	0	2	2	1
33016	意见	ZG	ZG	0	2	1	1
33017	追究	ZJ	ZJ	0	2	1	1
33018	活动	HD	HD	0	0	1	2
33019	反馈	HDFK	HDFK	0	0	1	1
33020	进展情况	ZYAJ	ZYAJ	0	0	1	1
33021	情况报告	TSQKBGB	TSQKBGB	0	0	1	1

图 18-24 src_dxpcode 表数据

目标表结构：newtarget2。

表结构如图 18-25 所示。

Name	Type	Nullable	Default	Storage	Comments
PM_PRIMARYKEY	NUMBER(10)	N			
CODE	VARCHAR2(32)	N			
NAME	VARCHAR2(50)	Y			
TBNAME	VARCHAR2(50)	Y			
PKNAME	VARCHAR2(50)	Y			
ADDID	NUMBER(1)	Y			
ADDBLOB	NUMBER(1)	Y			
TYPE	NUMBER(1)	Y			
CODELVL	NUMBER(1)	Y			
PM_CURRENT_FLAG	NUMBER(10)	Y			

图 18-25　newtarget2 表结构

步骤 1：在缓慢变化维向导中，选择 Slowly Changing Dimensions（缓慢变化维）命令，如图 18-26 所示。

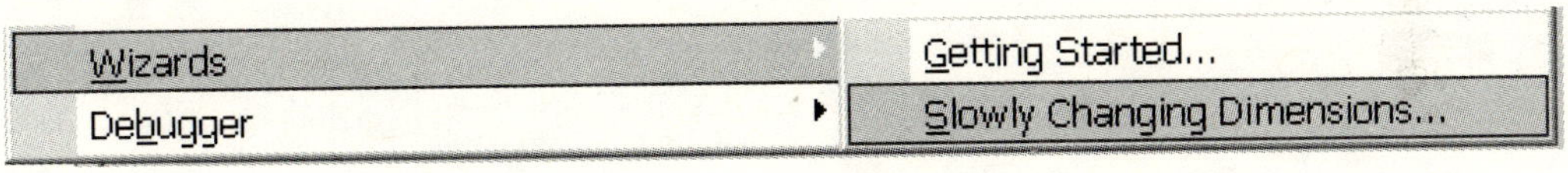

图 18-26　缓慢变化维向导

步骤 2：选择 Type 2 Dimension 单选按钮，如图 18-27 所示。

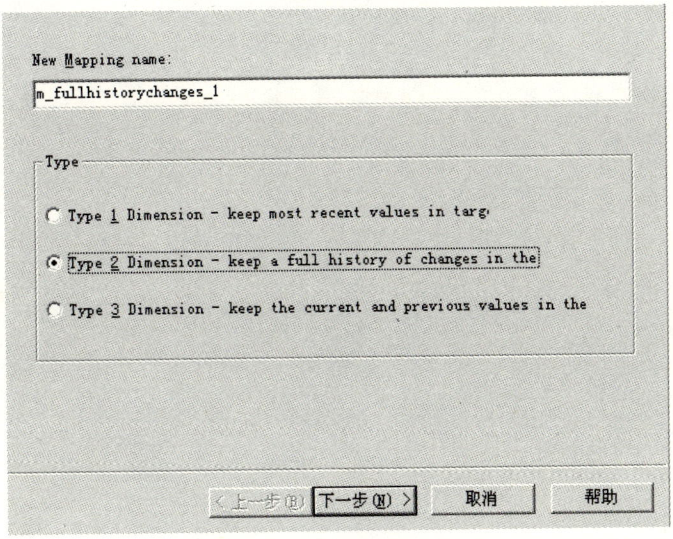

图 18-27　模式向导

步骤 3：选择源表和目标表，如图 18-28 所示。

步骤 4：Logical Key Fields 是选择唯一确定数据的关键字段，Fields to compare for 是选择需要对比的字段，如图 18-29 所示。

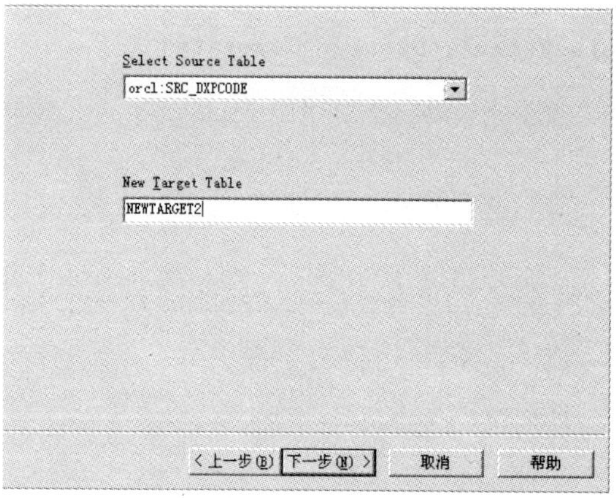

图 18-28　源表和目标表

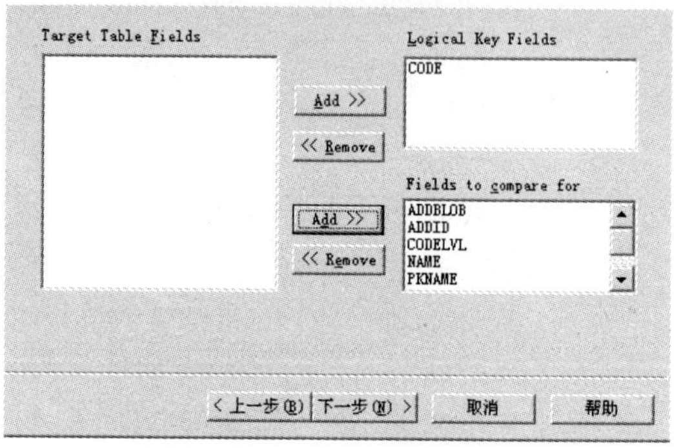

图 18-29　选择器

步骤 5：生成标准的全历史记录型标记位方式缓慢变化维 Mapping，如图 18-30 所示。

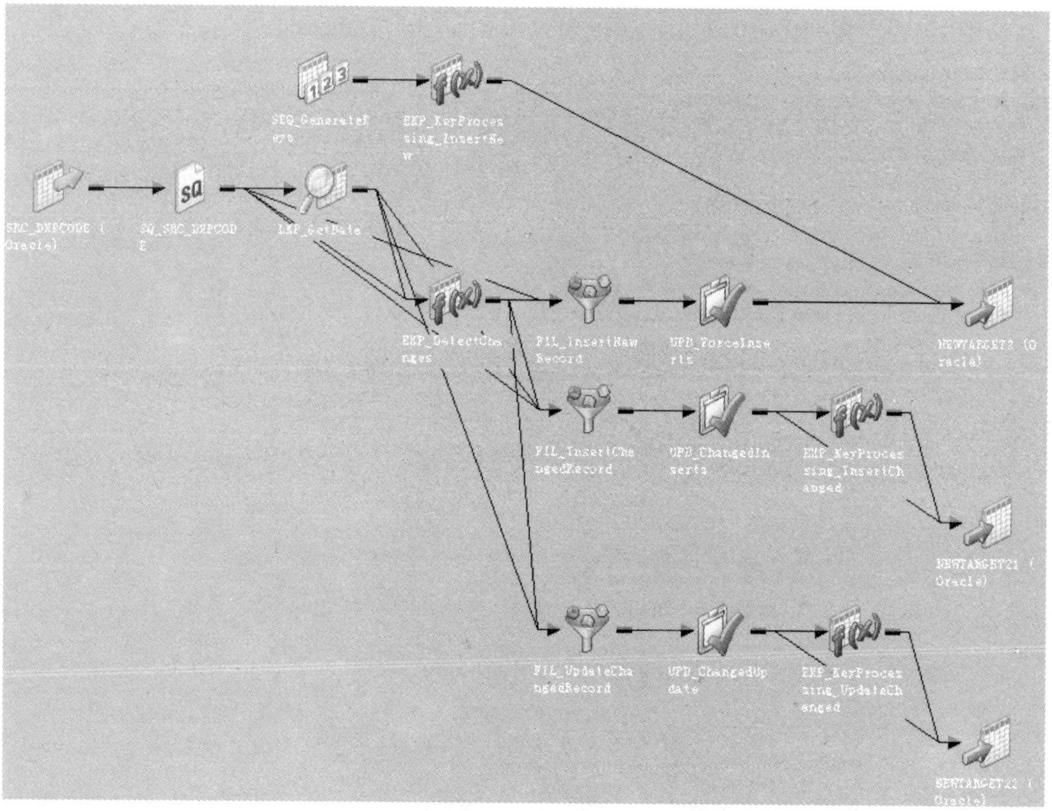

图 18-30　映射工作区

整个 Mapping 分成 3 个部分：新数据的插入、插入修改后的数据并且标志为 1、将旧数据标志为 0，如图 18-31 所示。

ChangeFlag：判断数据是否为旧数据的标识字段。将所有的比对字段进行对比和比较，当存在有差异的字段值时，则其值为 true，该 Mapping 执行将旧数据的每次变化插入到目标表中的操作，如图 18-32 所示。

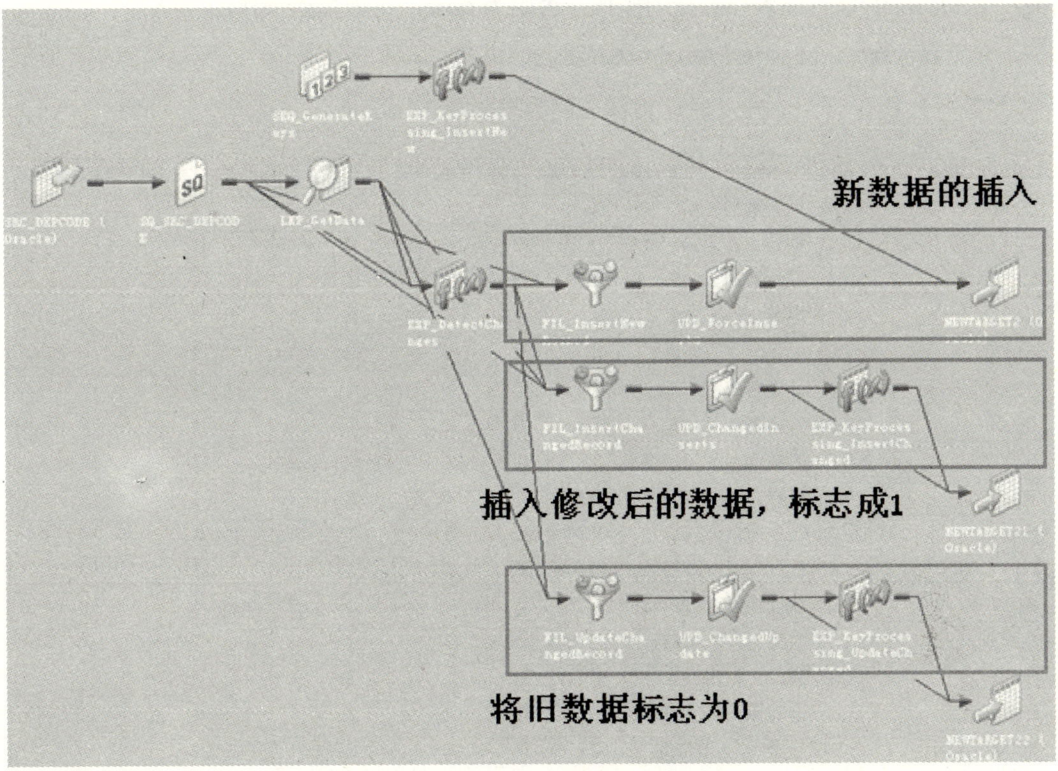

图 18-31　映射工作区的数据区

```
IIF(NOT ISNULL(PM_PRIMARYKEY)
AND
(PM_CURRENT_FLAG = 1)
AND
(
DECODE(ADDBLOB,PM_PREV_ADDBLOB,1,0) = 0
OR
DECODE(ADDID,PM_PREV_ADDID,1,0) = 0
OR
DECODE(CODELVL,PM_PREV_CODELVL,1,0) = 0
OR
DECODE(NAME,PM_PREV_NAME,1,0) = 0
OR
DECODE(PKNAME,PM_PREV_PKNAME,1,0) = 0
OR
DECODE(TBNAME,PM_PREV_TBNAME,1,0) = 0
OR
DECODE(TYPE,PM_PREV_TYPE,1,0) = 0
),TRUE,FALSE)
```

图 18-32　代码片段

NewFlag：判断该数据是否为新数据的标识字段。如果目标表中不存在该数据，则其值为 true，该 Mapping 执行插入新数据的操作；否则为 false，不做插入操作。

```
IIF(ISNULL(PM_PRIMARYKEY),TRUE,FALSE)
```

当第一次执行该 Mapping 时，目标表的数据如图 18-33 所示。

PM_PRIMARYKEY	CODE	NAME	TBNAME	PKNAME	ADDID	ADDBLOB	TYPE	CODELVL	PM_CURRENT_FLAG
50000	33046	期刊素材	SC	SC	0	0	1	1	1
51000	33047	期刊	QK	QK	0	0	2	1	1
52000	33048	期刊素材	SC	SC	0	0	1	1	1
53000	33049	期刊	QK	QK	0	0	2	1	1
54000	33050	期刊	QK	QK	0	0	2	1	1
55000	33051	计划与总结	YZJ	YZJ	0	0	1	1	1
56000	33001	实施情况	SQK	SQK	0	2	1	1	1
57000	33008	方案	J_PLAN	J_PLAN	1	0	2	2	1
58000	33009	过程	HPJ	HPJ	0	0	2	1	1
59000	33002	情况统计	QKTJ	QKTJ	0	1	1	1	1
60000	33003	统计	FTJ	FTJ	0	0	1	1	1
61000	33004	统计明细	DETAIL	DETAIL	0	0	1	2	1
62000	33005	月报	BZYB	BZYB	0	1	1	1	1
63000	33006	统计、汇总	NJCQKTJ	NJCQKTJ	0	1	1	1	1
64000	33007	通讯录	GBTXL	GBTXL	1	0	3	1	1
65000	33010	设置	SET	SET	1	0	2	1	1
66000	33011	索引	INDEX	INDEX	1	0	3	1	1
67000	33014	计划	JH	JH	0	2	2	2	1
68000	33015	情况	QK	QK	0	2	2	1	1
69000	33016	意见	ZG	ZG	0	2	1	1	1
70000	33017	追究	ZJ	ZJ	0	2	1	1	1
71000	33018	活动	HD	HD	0	0	1	2	1
72000	33019	反馈	HDFK	HDFK	0	0	1	1	1
73000	33020	进展情况	ZYAJ	ZYAJ	0	0	1	1	1
74000	33021	情况报告	TSQKBGB	TSQKBGB	0	0	1	1	1

图 18-33　目标表数据

总结：全历史记录方式是缓慢变化维中功能较为强大的一种方式。它可以发现源表中的旧数据所发生的变化，将变化的旧数据作为新的一条数据插入到目标表中，该主键值不变，并赋予新的代理主键值。如果源表中发现新数据，则直接插入到目标表中。标记位方式是其中的一种，主要包括 3 个部分：新数据的插入、插入修改后的数据并且标志为 1、将旧数据标志为 0。

18.2.4　时间戳方式

源表：src_dxpcode。

表结构如图 18-34 所示。

Name	Type	Nullable	Default	Comments
CODE	VARCHAR2(32)			
NAME	VARCHAR2(50)	Y		
TBNAME	VARCHAR2(50)	Y		
PKNAME	VARCHAR2(50)	Y		
ADDID	NUMBER(1)	Y		
ADDBLOB	NUMBER(1)	Y		
TYPE	NUMBER(1)	Y		
CODELVL	NUMBER(1)	Y		

图 18-34　src_dxpcode 表结构

数据如图 18-35 所示。

CODE	NAME	TBNAME	PKNAME	ADDID	ADDBLOB	TYPE	CODELVL
33046	期刊素材	SC	SC	0	0	1	1
33047	期刊	QK	QK	0	0	2	1
33048	期刊素材	SC	SC	0	0	1	1
33049	期刊	QK	QK	0	0	2	1
33050	期刊	QK	QK	0	0	2	1
33051	计划与总结	YZJ	YZJ	0	0	1	1
33001	实施情况	SQK	SQK	0	2	1	1
33008	方案	J_PLAN	J_PLAN	1	0	2	2
33009	过程	HPJ	HPJ	0	0	2	1
33002	情况统计	QKTJ	QKTJ	0	1	1	1
33003	统计	FTJ	FTJ	0	0	1	1
33004	统计明细	DETAIL	DETAIL	0	0	1	2
33005	月报	BZYB	BZYB	0	1	1	1
33006	统计、汇总	NJCQKTJ	NJCQKTJ	0	1	1	1
33007	通讯录	GBTXL	GBTXL	1	0	3	1
33010	设置	SET	SET	1	0	2	1
33011	索引	INDEX	INDEX	1	0	3	1
33014	计划	JH	JH	0	2	2	2
33015	情况	QK	QK	0	2	2	1
33016	意见	ZG	ZG	0	2	1	1
33017	追究	ZJ	ZJ	0	2	1	1
33018	活动	HD	HD	0	0	1	2
33019	反馈	HDFK	HDFK	0	0	1	1
33020	进展情况	ZYAJ	ZYAJ	0	0	1	1
33021	情况报告	TSQKBGB	TSQKBGB	0	0	1	1

图 18-35　src_dxpcode 表数据

目标表结构：newtarget4。

表结构如图 18-36 所示。

Name	Type	Nullable	Default	Storage	Comments
PM_PRIMARYKEY	NUMBER(10)	N			
CODE	VARCHAR2(32)	N			
NAME	VARCHAR2(50)	Y			
TBNAME	VARCHAR2(50)	Y			
PKNAME	VARCHAR2(50)	Y			
ADDID	NUMBER(1)	Y			
ADDBLOB	NUMBER(1)	Y			
TYPE	NUMBER(1)	Y			
CODELVL	NUMBER(1)	Y			
PM_BEGIN_DATE	DATE	Y			
PM_END_DATE	DATE	Y			

图 18-36　newtarget4 表结构

步骤 1：在缓慢变化维向导中，选择 Slowly Changing Dimensions（缓慢变化维）命令，如图 18-37 所示。

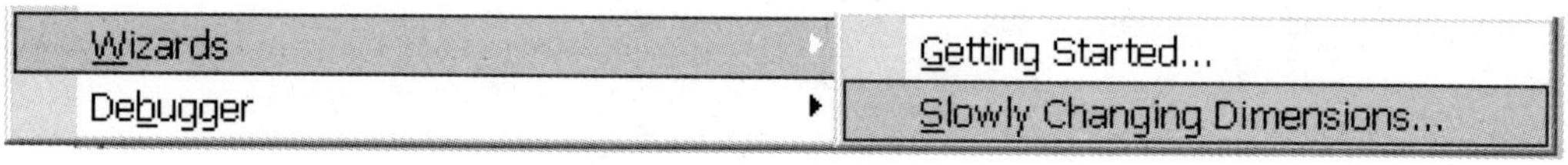

图 18-37　缓慢变化维向导

步骤 2：选择 Type 2 Dimension 单选按钮，如图 18-38 所示。

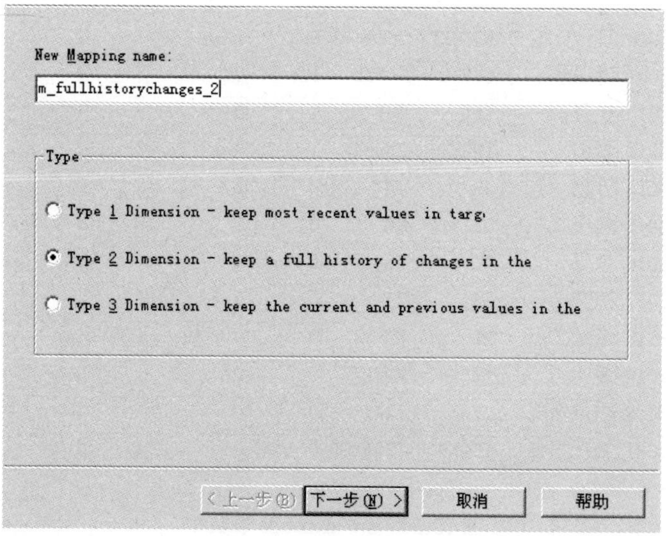

图 18-38　模式向导

步骤 3：选择源表和目标表，如图 18-39 所示。

步骤 4：Logical Key Fields 是选择唯一确定数据的关键字段，Fields to compare for 是选择需要对比的字段，如图 18-40 所示。

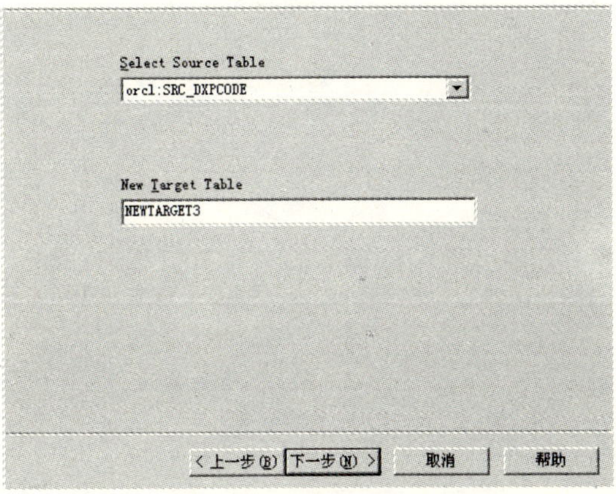

图 18-39　源表和目标表

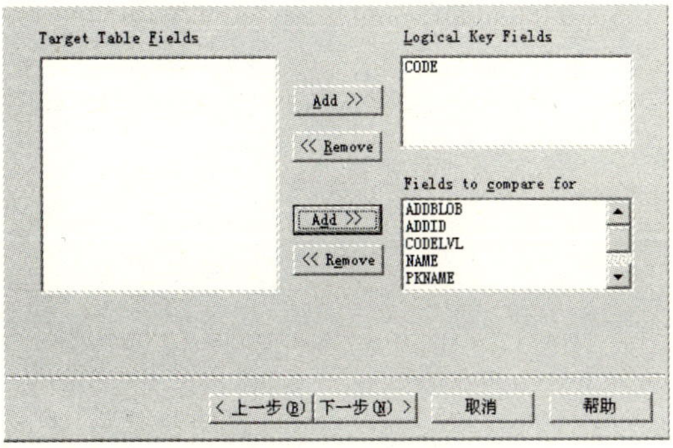

图 18-40　选择器

步骤 5：生成标准的全历史记录型时间戳方式缓慢变化维 Mapping，如图 18-41 所示。

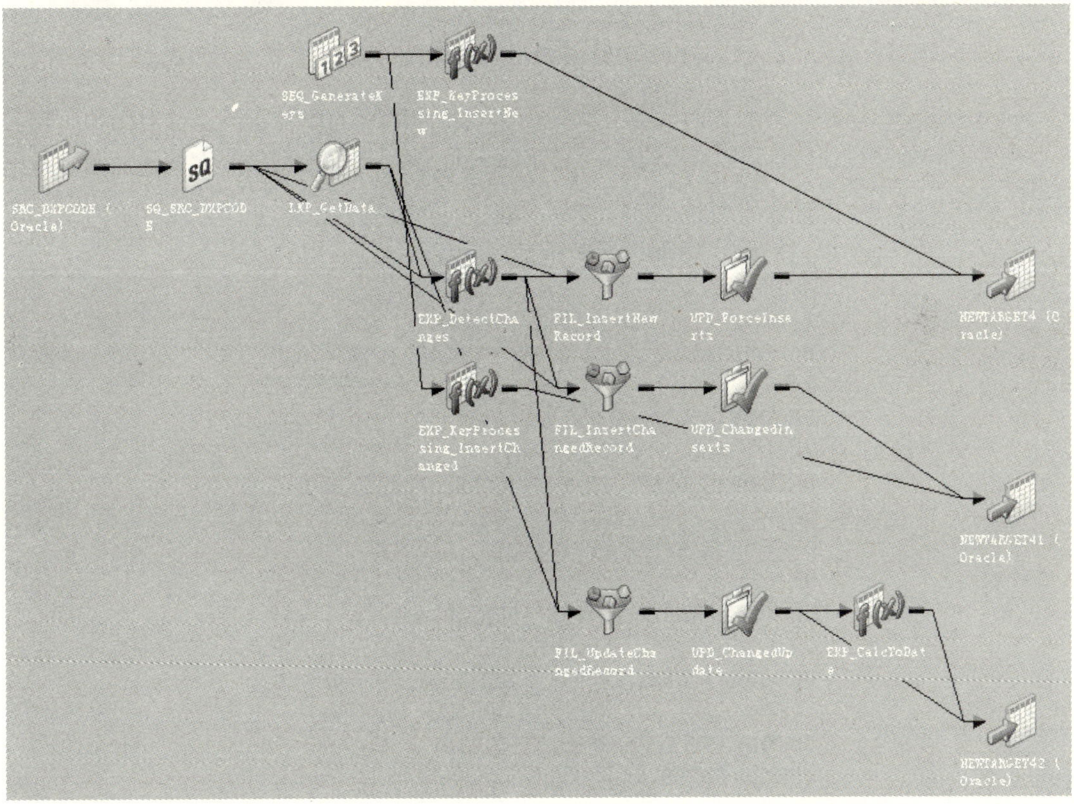

图 18-41　映射工作区

整个 Mapping 分成 3 个部分：新数据的插入、插入修改后的数据、将该历史记录的结束时间置成当前系统时间，如图 18-42 所示。

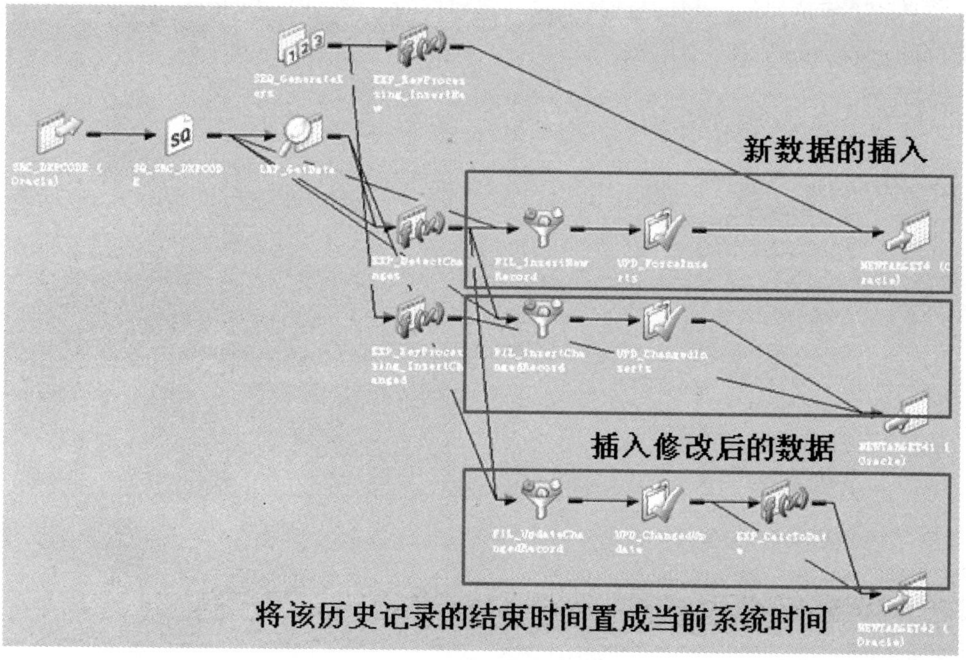

图 18-42　映射工作区数据区

ChangeFlag：判断数据是否为旧数据的标识字段。将所有的比对字段进行对比和比较，当存在有差异的字段值时，则其值为 true，该 Mapping 执行将旧数据的每次变化插入到目标表中的操作，如图 18-43 所示。

```
IIF(NOT ISNULL(PM_PRIMARYKEY)
AND
(
DECODE(ADDBLOB,PM_PREV_ADDBLOB,1,0) = 0
OR
DECODE(ADDID,PM_PREV_ADDID,1,0) = 0
OR
DECODE(CODELVL,PM_PREV_CODELVL,1,0) = 0
OR
DECODE(NAME,PM_PREV_NAME,1,0) = 0
OR
DECODE(PKNAME,PM_PREV_PKNAME,1,0) = 0
OR
DECODE(TBNAME,PM_PREV_TBNAME,1,0) = 0
OR
DECODE(TYPE,PM_PREV_TYPE,1,0) = 0
),TRUE,FALSE)
```

图 18-43　代码片段

NewFlag：判断该数据是否为新数据的标识字段。如果目标表中不存在该数据，则其值为 true，该 Mapping 执行插入新数据的操作；否则为 false，不做插入操作。

```
IIF(ISNULL(PM_PRIMARYKEY),TRUE,FALSE)
```

当第一次执行该 Mapping 时，目标表的数据如图 18-44 所示。

PM_PRIMARYKEY	CODE	NAME	TBNAME	PKNAME	ADDID	ADDBLOB	TYPE	CODELVL	PM_BEGIN_DATE	PM_END_DATE
1	33046	期刊素材	SC	SC	0	0	1	1	2007-5-31 14:55:11	
2	33047	期刊	QK	QK	0	0	2	1	2007-5-31 14:55:11	
3	33048	期刊素材	SC	SC	0	0	1	1	2007-5-31 14:55:11	
4	33049	期刊	QK	QK	0	0	2	1	2007-5-31 14:55:11	
5	33050	期刊	QK	QK	0	0	2	1	2007-5-31 14:55:11	
6	33051	计划与总结	YZJ	YZJ	0	0	1	1	2007-5-31 14:55:11	
7	33001	实施情况	SQK	SQK	0	2	1	1	2007-5-31 14:55:11	
8	33008	方案	J_PLAN	J_PLAN	1	0	2	2	2007-5-31 14:55:11	
9	33009	过程	HPJ	HPJ	0	0	2	1	2007-5-31 14:55:11	
10	33002	情况统计	QKTJ	QKTJ	0	1	1	1	2007-5-31 14:55:11	
11	33003	统计	FTJ	FTJ	0	0	1	1	2007-5-31 14:55:11	
12	33004	统计明细	DETAIL	DETAIL	0	0	1	2	2007-5-31 14:55:11	
13	33005	月报	BZYB	BZYB	0	1	1	1	2007-5-31 14:55:11	
14	33006	统计、汇总	NJCQKTJ	NJCQKTJ	0	1	1	1	2007-5-31 14:55:11	
15	33007	通讯录	GBTXL	GBTXL	1	0	3	1	2007-5-31 14:55:11	
16	33010	设置	SET	SET	1	0	2	1	2007-5-31 14:55:11	
17	33011	索引	INDEX	INDEX	1	0	3	1	2007-5-31 14:55:11	
18	33014	计划	JH	JH	0	2	2	2	2007-5-31 14:55:11	
19	33015	情况	QK	QK	0	2	2	1	2007-5-31 14:55:11	
20	33016	意见	ZG	ZG	0	2	1	1	2007-5-31 14:55:11	
21	33017	追究	ZJ	ZJ	0	2	1	1	2007-5-31 14:55:11	
22	33018	活动	HD	HD	0	0	1	2	2007-5-31 14:55:11	
23	33019	反馈	HDFK	HDFK	0	0	1	1	2007-5-31 14:55:11	
24	33020	进展情况	ZYAJ	ZYAJ	0	0	1	1	2007-5-31 14:55:11	
25	33021	情况报告	TSQKBGB	TSQKBGB	0	0	1	1	2007-5-31 14:55:11	

图 18-44　目标表数据

总结：全历史记录方式是缓慢变化维中功能较为强大的一种方式。它可以发现源表中的旧数据所发生的变化，将变化的旧数据作为新的一条数据插入到目标表中，该主键值不变，并赋予新的代理主键值。如果源表中发现新数据，则直接插入到目标表中。时间戳方式是其中的一种，主要包括 3 个部分：新数据的插入、插入修改后的数据、将该历史记录的结束时间置成当前系统时间。

18.2.5　记录最新记录和上一次历史

源表：src_dxpcode。

表结构如图 18-45 所示。

Name	Type	Nullable	Default	Comments
CODE	VARCHAR2(32)			
NAME	VARCHAR2(50)	Y		
TBNAME	VARCHAR2(50)	Y		
PKNAME	VARCHAR2(50)	Y		
ADDID	NUMBER(1)	Y		
ADDBLOB	NUMBER(1)	Y		
TYPE	NUMBER(1)	Y		
CODELVL	NUMBER(1)	Y		

图 18-45　src_dxpcode 表结构

数据如图 18-46 所示。

CODE	NAME	TBNAME	PKNAME	ADDID	ADDBLOB	TYPE	CODELVL
33046	期刊素材	SC	SC	0	0	1	1
33047	期刊	QK	QK	0	0	2	1
33048	期刊素材	SC	SC	0	0	1	1
33049	期刊	QK	QK	0	0	2	1
33050	期刊	QK	QK	0	0	2	1
33051	计划与总结	YZJ	YZJ	0	0	1	1
33001	实施情况	SQK	SQK	0	2	1	1
33008	方案	J_PLAN	J_PLAN	1	0	2	2
33009	过程	HPJ	HPJ	0	0	2	1
33002	情况统计	QKTJ	QKTJ	0	1	1	1
33003	统计	FTJ	FTJ	0	0	1	1
33004	统计明细	DETAIL	DETAIL	0	0	1	2
33005	月报	BZYB	BZYB	0	1	1	1
33006	统计、汇总	NJCQKTJ	NJCQKTJ	0	1	1	1
33007	通讯录	GBTXL	GBTXL	1	0	3	1
33010	设置	SET	SET	1	0	2	1
33011	索引	INDEX	INDEX	1	0	3	1
33014	计划	JH	JH	0	2	2	2
33015	情况	QK	QK	0	2	2	1
33016	意见	ZG	ZG	0	2	1	1
33017	追究	ZJ	ZJ	0	2	1	1
33018	活动	HD	HD	0	0	1	2
33019	反馈	HDFK	HDFK	0	0	1	1
33020	进展情况	ZYAJ	ZYAJ	0	0	1	1
33021	情况报告	TSQKBGB	TSQKBGB	0	0	1	1

图 18-46　src_dxpcode 表数据

目标表结构：newtarget6。

表结构如图 18-47 所示。

Name	Type	Nullable	Default	Storage	Comments
PM_PRIMARYKEY	NUMBER(10)	N			
CODE	VARCHAR2(32)	N			
NAME	VARCHAR2(50)	Y			
TBNAME	VARCHAR2(50)	Y			
PKNAME	VARCHAR2(50)	Y			
ADDID	NUMBER(1)	Y			
ADDBLOB	NUMBER(1)	Y			
TYPE	NUMBER(1)	Y			
CODELVL	NUMBER(1)	Y			
PM_PREV_ADDBLOB	NUMBER(1)	Y			
PM_PREV_ADDID	NUMBER(1)	Y			
PM_PREV_CODELVL	NUMBER(1)	Y			
PM_PREV_NAME	VARCHAR2(50)	Y			
PM_PREV_PKNAME	VARCHAR2(50)	Y			
PM_PREV_TBNAME	VARCHAR2(50)	Y			
PM_PREV_TYPE	NUMBER(1)	Y			
PM_EFFECT_DATE	DATE	Y			

图 18-47　newtarget6 表结构

步骤 1：在缓慢变化维向导中，选择 Slowly Changing Dimensions（缓慢变化维）命令，如图 18-48 所示。

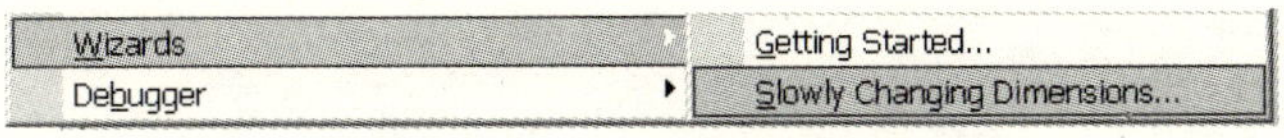

图 18-48　缓慢变化维向导

步骤 2：选择 Type 3 Dimension 单选按钮，如图 18-49 所示。

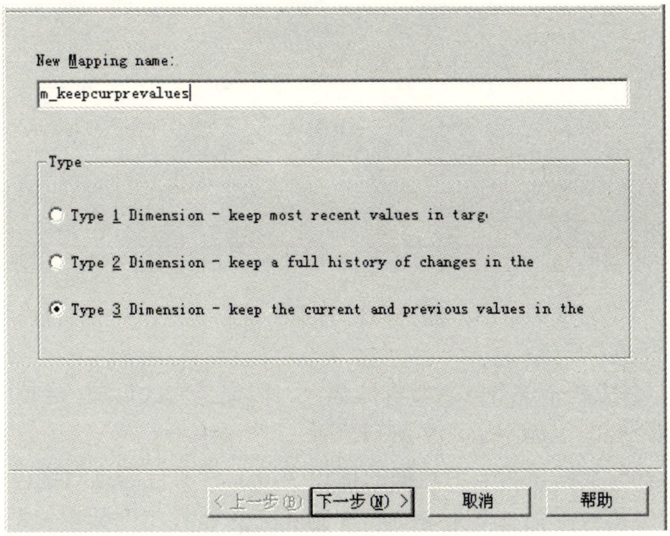

图 18-49　模式向导

步骤 3：选择源表和目标表，如图 18-50 所示。

步骤 4：Logical Key Fields 是选择唯一确定数据的关键字段，Fields to compare for 是选择需要对比的字段，如图 18-51 所示。

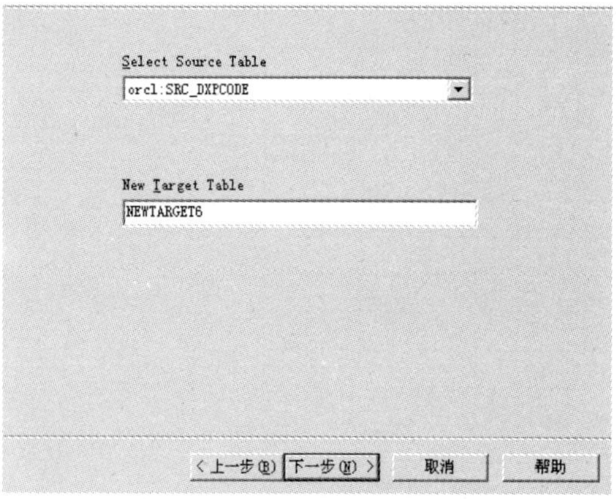

图 18-50 源表和目标表

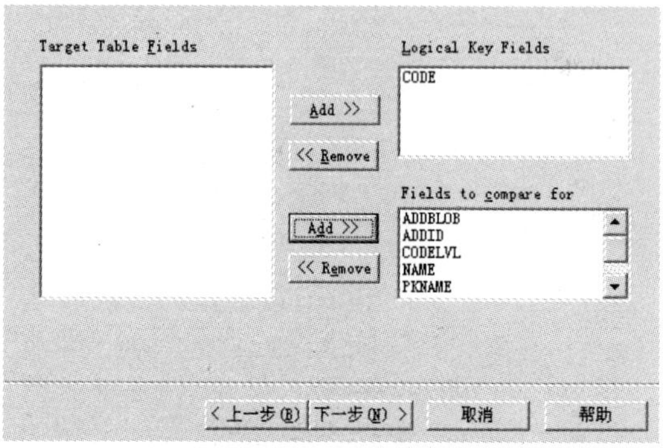

图 18-51 选择器

步骤 5：生成标准的最新记录和上一次历史记录的缓慢变化维 Mapping，如图 18-52 所示。

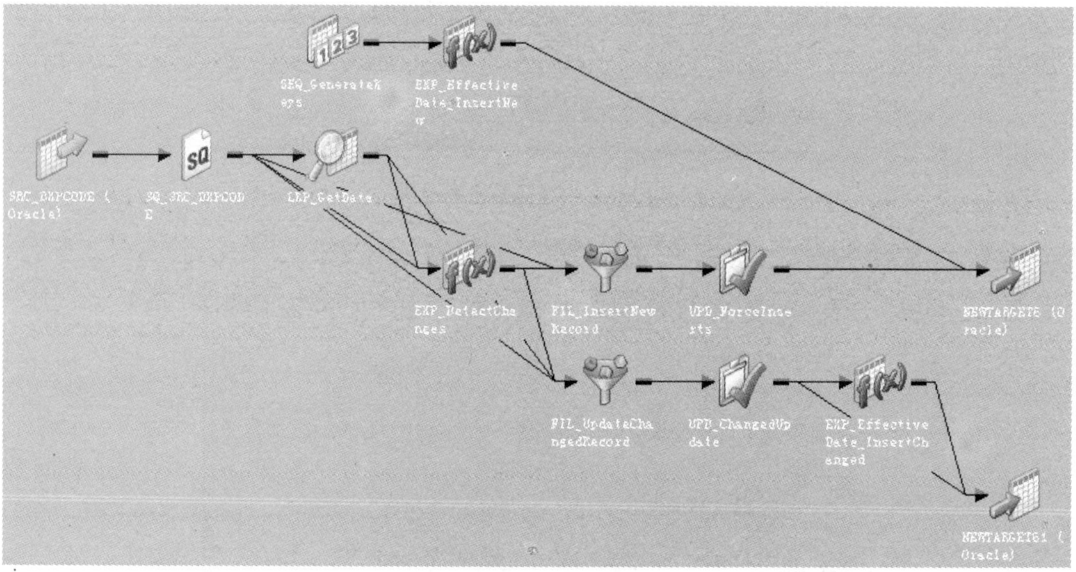

图 18-52 映射工作区

整个 Mapping 分成两个部分：新数据的插入、旧记录修改后放入到最新的位置上，同时将原记录移到旧的位置上，如图 18-53 所示。

ChangeFlag：判断数据是否为旧数据的标识字段。将所有的比对字段进行对比和比较，当存在有差异的字段值时，则其值为 true，该 Mapping 执行将旧数据的每次变化插入到目标表中的操作，如图 18-54 所示。

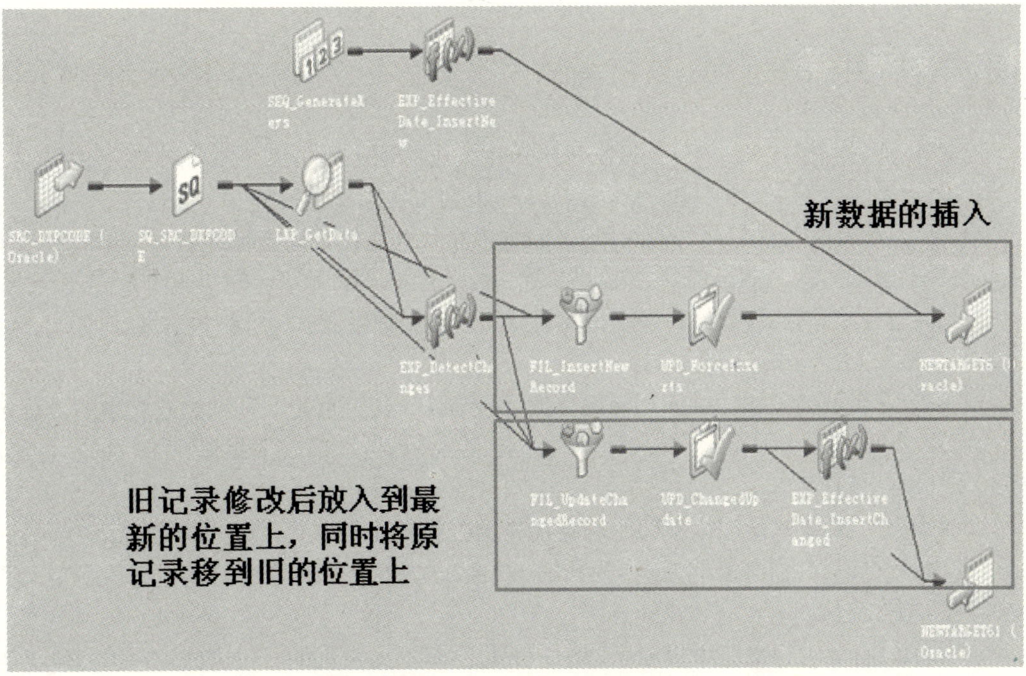

图 18-53 映射工作区的数据区

```
IIF(NOT ISNULL(PM_PRIMARYKEY)
AND
(
DECODE(ADDBLOB,PM_PREV_ADDBLOB,1,0) = 0
OR
DECODE(ADDID,PM_PREV_ADDID,1,0) = 0
OR
DECODE(CODELVL,PM_PREV_CODELVL,1,0) = 0
OR
DECODE(NAME,PM_PREV_NAME,1,0) = 0
OR
DECODE(PKNAME,PM_PREV_PKNAME,1,0) = 0
OR
DECODE(TBNAME,PM_PREV_TBNAME,1,0) = 0
OR
DECODE(TYPE,PM_PREV_TYPE,1,0) = 0
),TRUE,FALSE)
```

图 18-54 代码片段

NewFlag：判断该数据是否为新数据的标识字段。如果目标表中不存在该数据，则其值为 true，该 Mapping 执行插入新数据的操作；否则为 false，不做插入操作。

```
IIF(ISNULL(PM_PRIMARYKEY),TRUE,FALSE)
```

总结：记录最新记录和上次历史记录的缓慢变化维是不太常见的一种方式。它主要包括两个部分：新数据的插入和旧记录修改后放入到最新的位置上，同时将原记录移到旧的位置上。

18.3 本章小结

1）在现实世界中，维度的属性会随时间的流逝而发生缓慢的变化。将发生变化的维度称作“缓慢变化维”，它是一种 ETL 对数据仓库维度表的更新技术。

2）在数据仓库中，事实表的设计通常包含多个代理主键，周围环绕着多个维表，当维表的数据发生变化时，数据仓库需要立刻发现这种维度的变化。

3）缓慢变化维的实现方式：采用覆盖方式、全历史记录方式、标记位方式、时间戳方式、记录最新记录和上一次历史的方式。

4）覆盖方式是缓慢变化维中相对简单的一种方法。其特点是保证数据仓库中的数据始终是最新的，不保留历史数据。如果发现新数据，则将新数据加载到目标表中。如果数据发生改变，则执行更新操作。

5）全历史记录方式是缓慢变化维中功能较为强大的一种方式。它可以发现源表中的旧数据所发生的变化，将变化的旧数据作为新的一条数据插入到目标表中，该主键值不变，并赋予新的代理主键值。

6）记录最新记录和上次历史记录的缓慢变化维是不太常见的一种方式。它主要包括两个部分：新数据的插入和旧记录修改后放入到最新的位置上，同时将原记录移到旧的位置上。

第 19 章　Cognos 安装与快速入门

本章目标

在学习 Cognos 工具的使用之后，本章将讲解 Cognos 的安装与快速入门的实例。Cognos 的安装主要分为服务器安装、Framework 建模工具安装、Transformer 立方体安装 3 部分，扩展的安装有 PowerPlay 安装等。

学习本章后，您将掌握：

- Cognos 的安装过程。
- Framework 建模工具的使用。
- Transformer 立方体多维建模工具的使用。
- 使用 Report Studio 开发报表。
- 使用 Analysis Studio 开发多维报表。

19.1　Cognos 8 安装

Cognos 8 的安装分为 4 个部分。

- Cognos 服务器安装。
- Cognos Framework 的安装。
- Cognos Transformer 的安装。
- Cognos 语言包的安装。

19.1.1　Cognos 服务器安装

首先进入 Cognos 安装界面，选择安装语言，选择 English 版本，如图 19-1 所示。

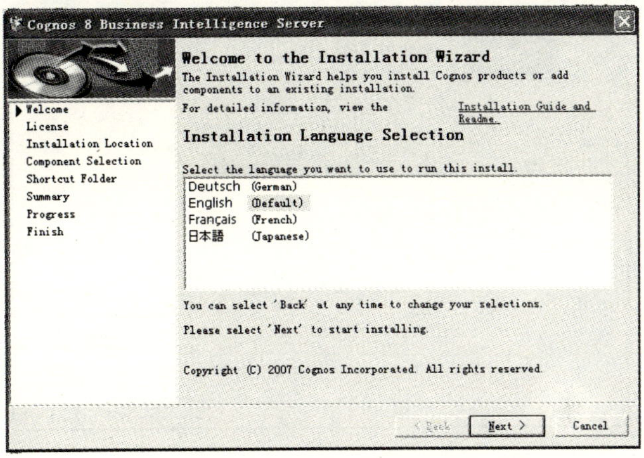

图 19-1　Cognos 安装界面

选择安装语言后，单击 Next 按钮，如图 19-2 所示。

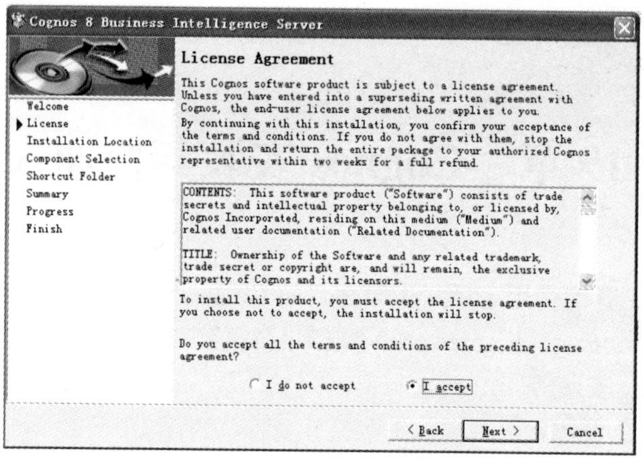

图 19-2　Cognos 安装协议向导

然后单击 Next 按钮，进入本地安装设置页面，选择要安装的路径，如图 19-3 所示。

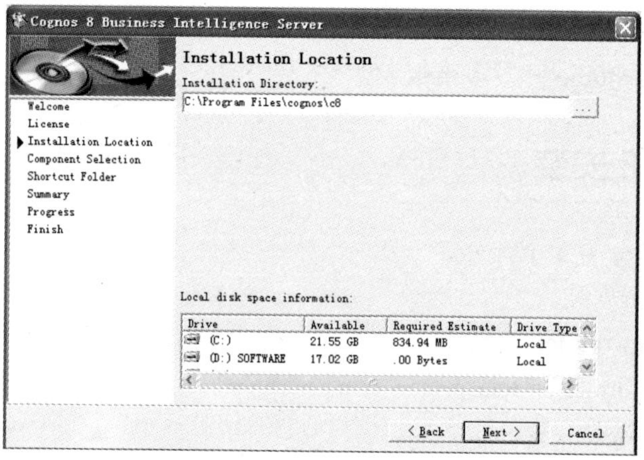

图 19-3　Cognos 安装路径向导

选择好安装路径后，单击 Next 按钮，进入 Cognos 组件安装选择向导页面，如图 19-4 所示。

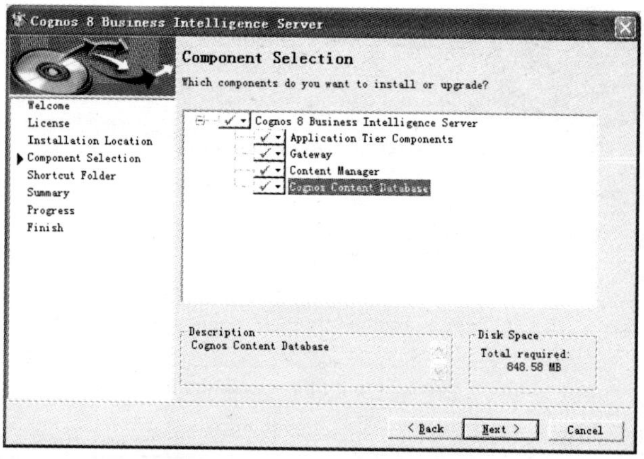

图 19-4　Cognos 安装组件向导

单击 Next 按钮，进入快捷方式选择页面，默认系统选择即可，如图 19-5 所示。

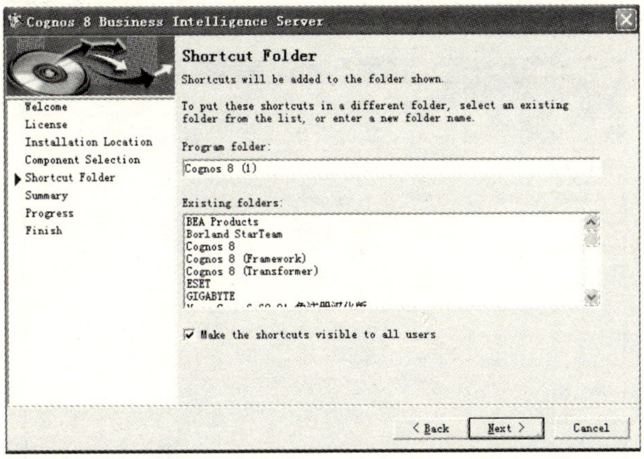

图 19-5　Cognos 安装快捷方式向导

单击 Next 按钮，系统显示安装的信息，如果需要修改，直接单击 Back 按钮返回操作，如图 19-6 所示。

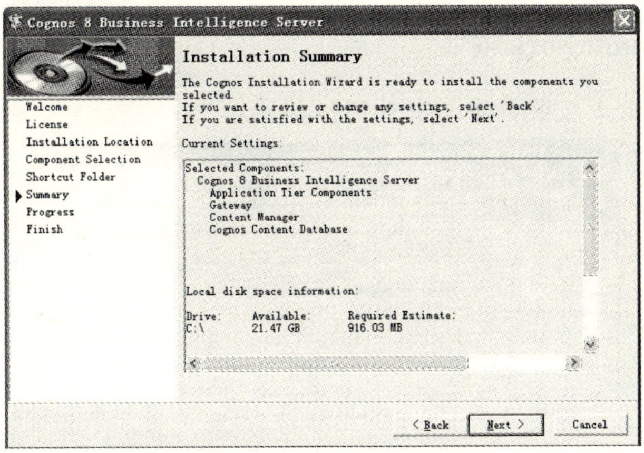

图 19-6　Cognos 安装信息提示

确认无误后，单击 Next 按钮，开始安装，如图 19-7 所示。

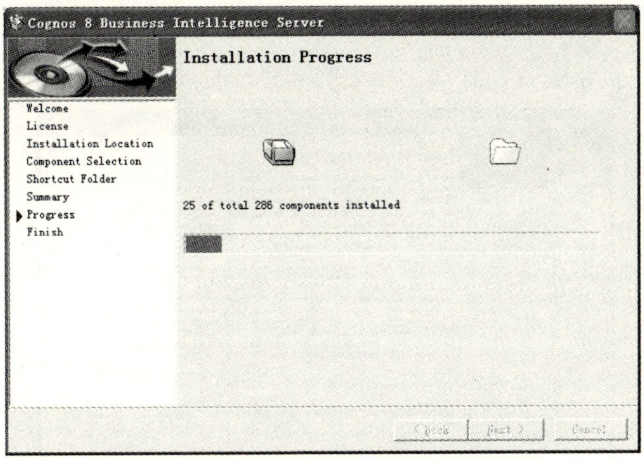

图 19-7　Cognos 安装进程界面

Cognos 服务器安装完成后，可以选择查看日志或者启动 Cognos 配置工具，如图 19-8

所示。

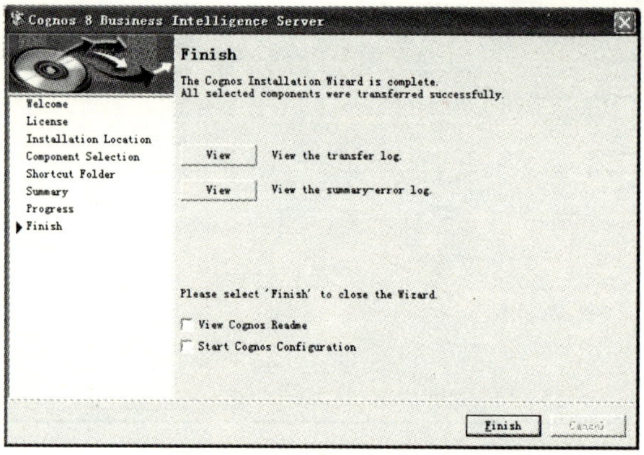

图 19-8　Cognos 安装成功界面

至此，Cognos 服务器安装完成。

19.1.2　Cognos Framework 安装

首先进入 Framework 安装界面，如图 19-9 所示。

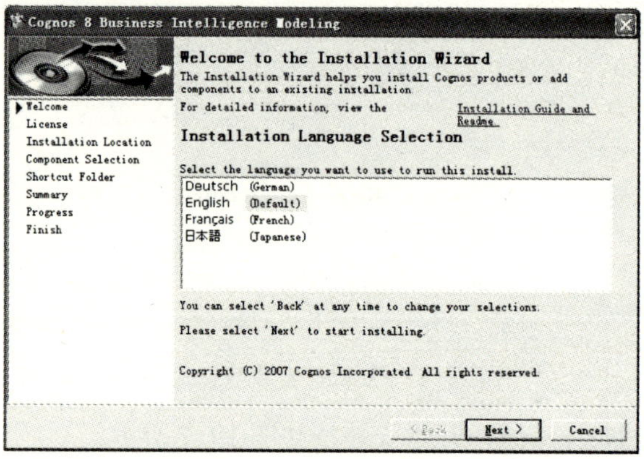

图 19-9　Framework 安装界面

选择安装语言，单击 Next 按钮后，进入到条款页面，如图 19-10 所示。

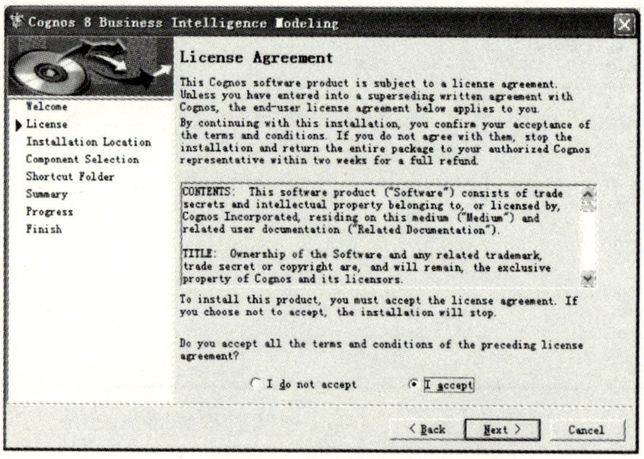

图 19-10　Framework 安装协议向导

选择 I accept 单选按钮，单击 Next 按钮，进入安装目录选择页面，如图 19-11 所示。

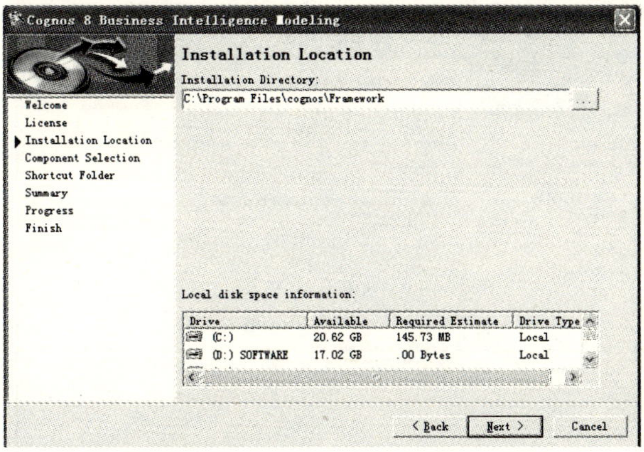

图 19-11　Framework 安装路径向导

选择要安装的目录后，单击 Next 按钮，进入安装组件选择页面，如图 19-12 所示。

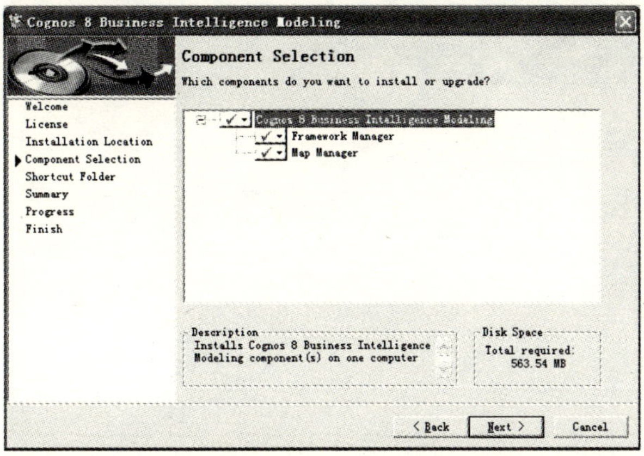

图 19-12　Framework 安装组件向导

默认都选择后，单击 Next 按钮，进入到快捷方式安装页面，如图 19-13 所示。

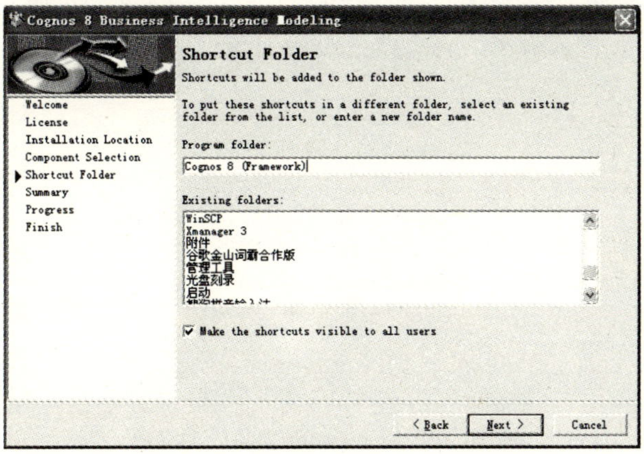

图 19-13　Framework 安装快捷方式向导

这里，最好不要和 Cognos 安装目录放在一起，填好后单击 Next 按钮，系统显示全部安装信息，如图 19-14 所示。

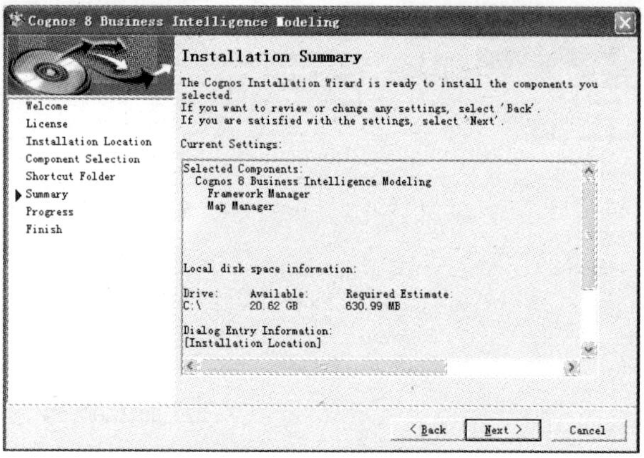

图 19-14 Framework 安装信息界面

确认无误后，单击 Next 按钮，开始安装，如图 19-15 所示。

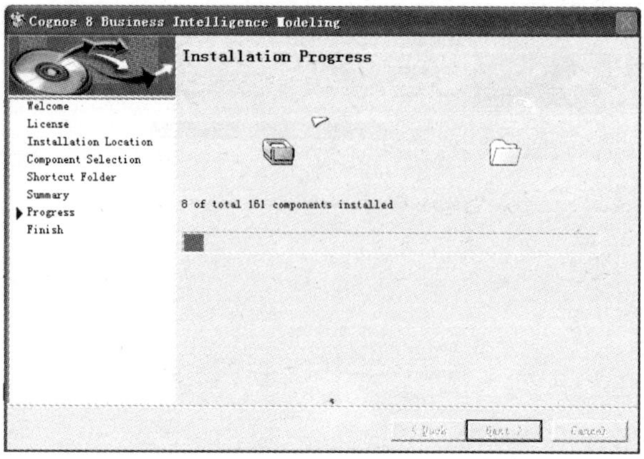

图 19-15 Framework 安装开始界面

该过程大概会持续几分钟，请耐心等待，结果如图 19-16 所示。

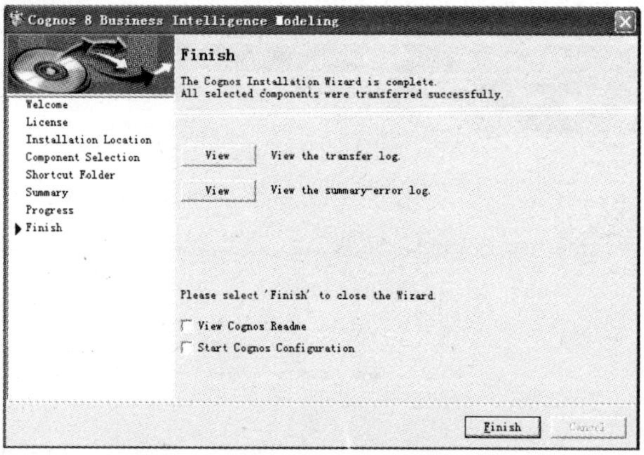

图 19-16 Framework 安装成功界面

出现这个界面，说明 Framework 已经成功安装，单击 Finish 按钮结束安装。

19.1.3 Cognos Transformer 安装

首先进入 Transformer 安装界面，如图 19-17 所示。

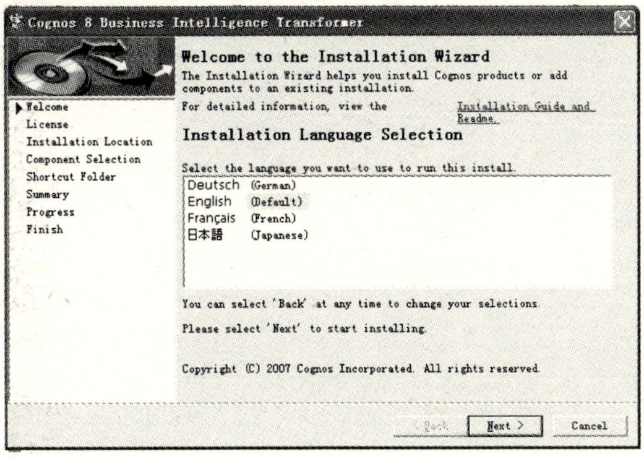

图 19-17 Transformer 安装界面

选择安装语言，单击 Next 按钮后，进入到条款页面，如图 19-18 所示。

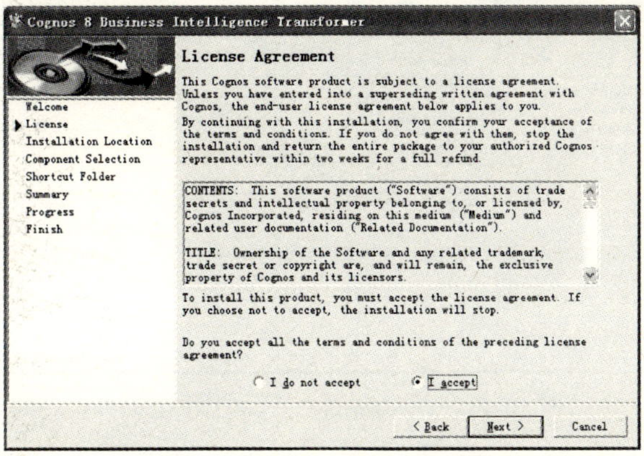

图 19-18 Transformer 安装协议向导

选择 I accept 单选按钮，单击 Next 按钮，进入安装目录选择页面，如图 19-19 所示。

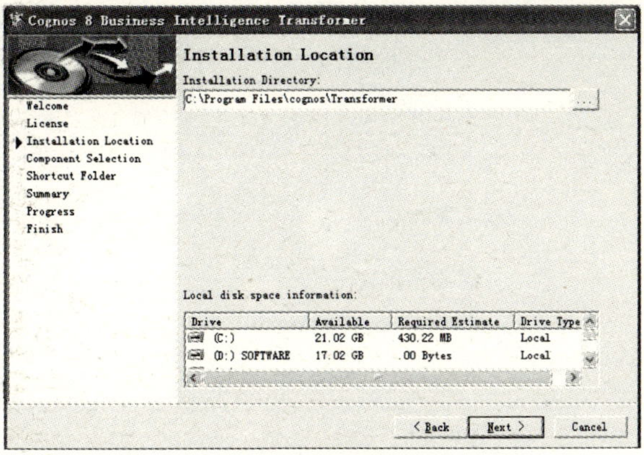

图 19-19 Transformer 安装路径向导

选择要安装的目录后，单击 Next 按钮，进入安装组件选择页面，如图 19-20 所示。

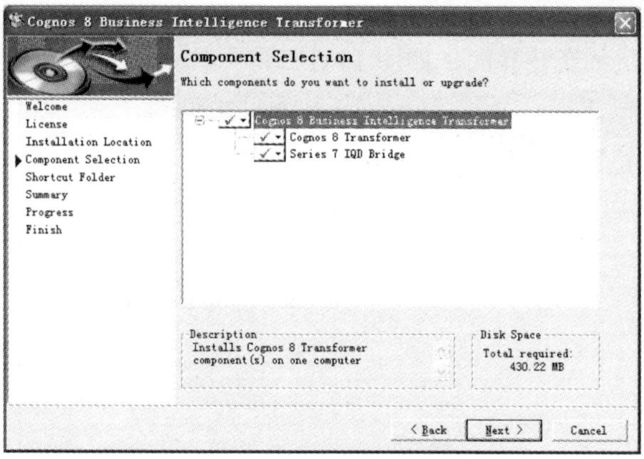

图 19-20　Transformer 安装组件向导

默认都选择后，单击 Next 按钮，进入到快捷方式安装页面，如图 19-21 所示。

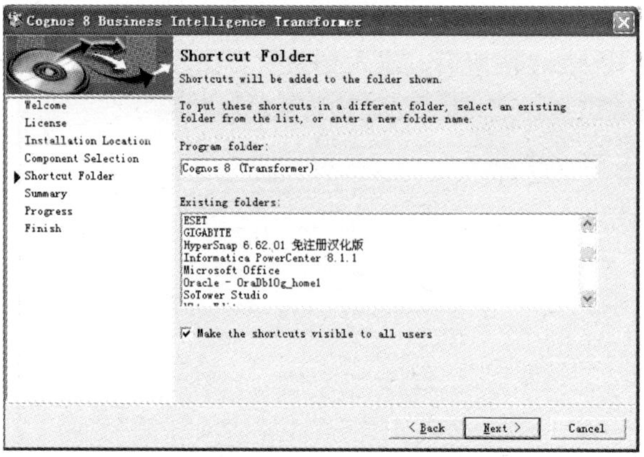

图 19-21　Transformer 安装快捷方式向导

这里，最好不要和 Cognos 安装目录放在一起，然后单击 Next 按钮，系统显示安装信息，如图 19-22 所示。

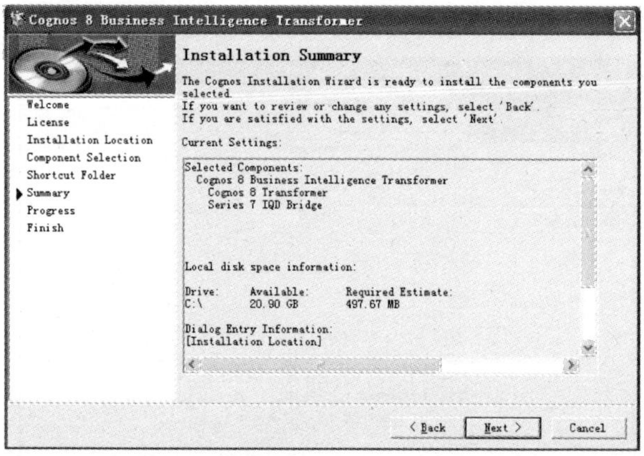

图 19-22　Transformer 安装信息界面

确认无误后，单击 Next 按钮，开始安装。

最后单击 Finish 按钮结束安装，如图 19-23 所示。

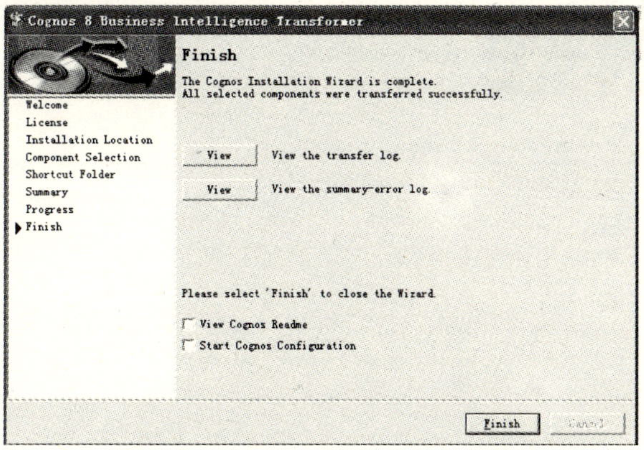

图 19-23　Transformer 安装成功界面

19.1.4　Cognos 语言包安装

首先选择安装语言，如图 19-24 所示。

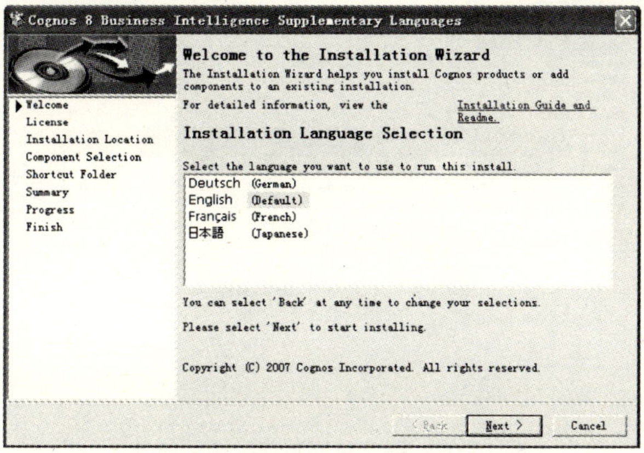

图 19-24　语言包安装界面

接受安装协议，如图 19-25 所示。

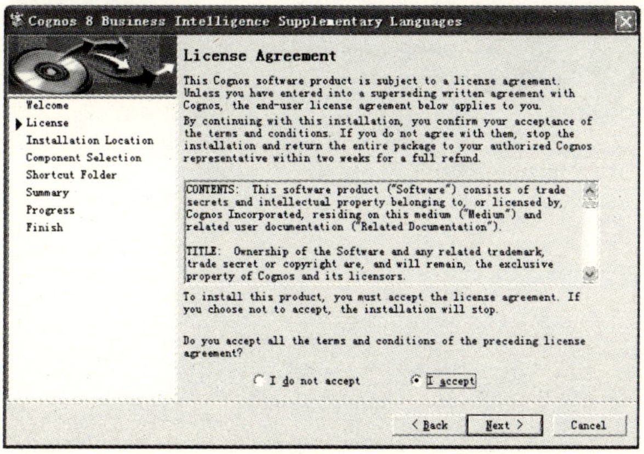

图 19-25　语言包安装协议向导

选择 Cognos 的安装目录，如图 19-26 所示。

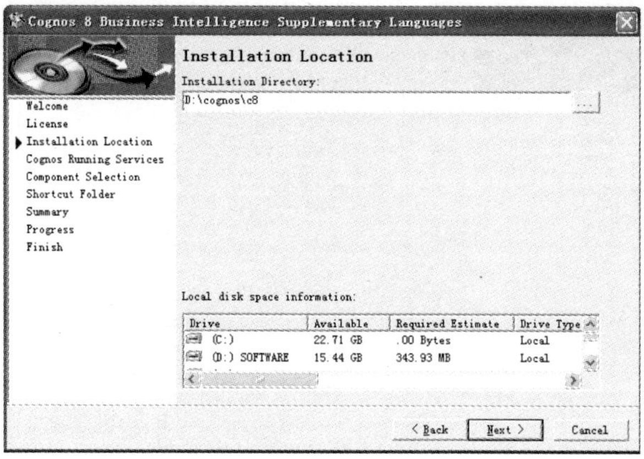

图 19-26　语言包安装路径向导

选择覆盖安装，如图 19-27 所示。

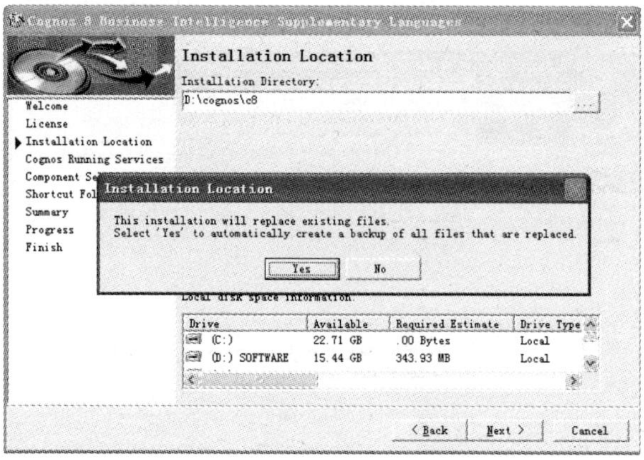

图 19-27　语言包安装路径提示向导

系统提示停止 Cognos 正在运行的服务，如图 19-28 所示。

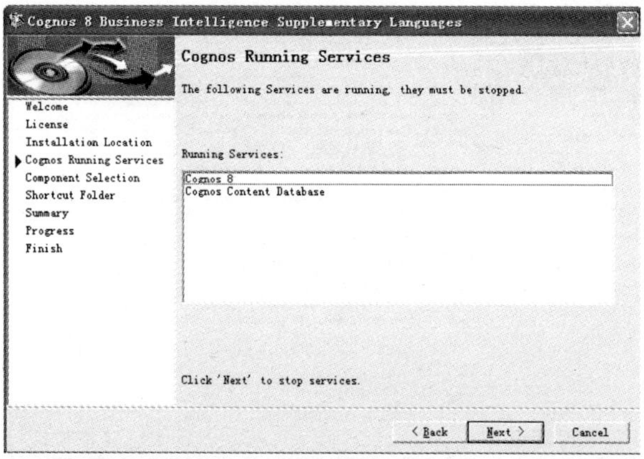

图 19-28　语言包安装关闭程序提示界面

选择安装组件，如图 19-29 所示。

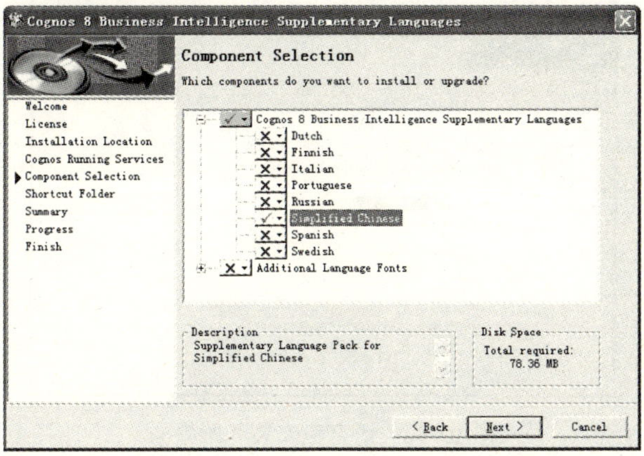

图 19-29　语言包安装组件向导

选择快捷键安装路径，如图 19-30 所示。

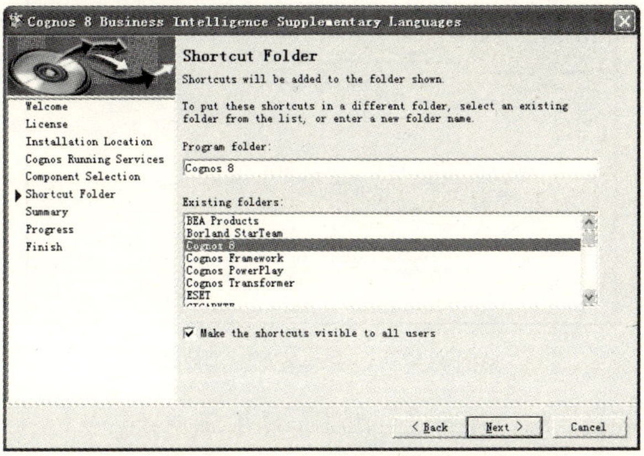

图 19-30　语言包安装快捷方式向导

系统显示安装信息，如图 19-31 所示。

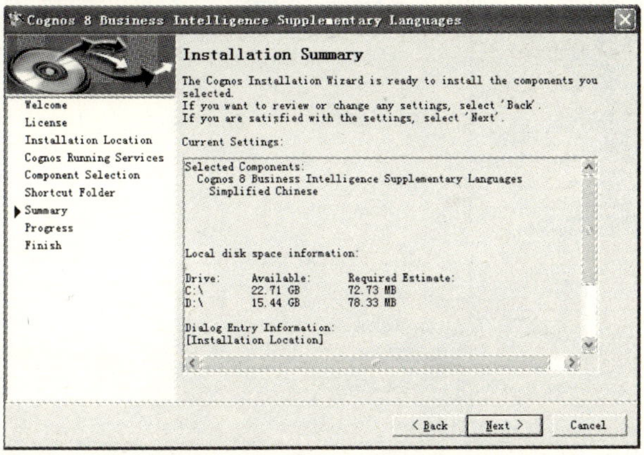

图 19-31　语言包安装信息界面

接下来系统开始安装，如图 19-32 所示。

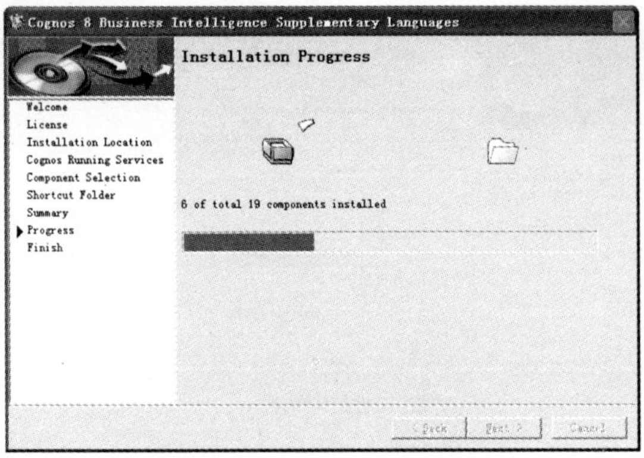

图 19-32　语言包安装开始界面

安装结束后，如图 19-33 所示。

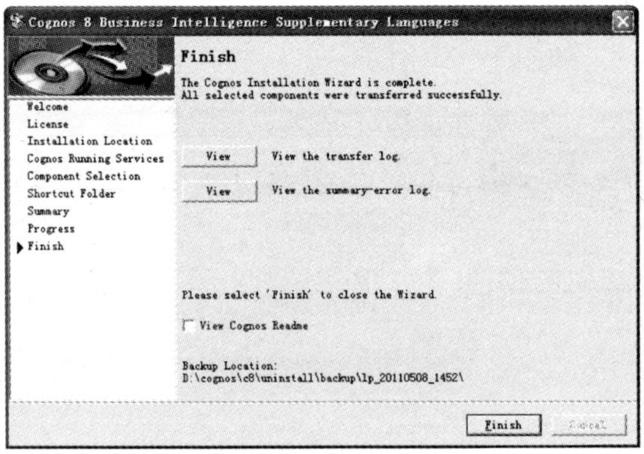

图 19-33　语言包安装成功界面

Cognos 语言包安装完之后，需要进行配置后才能生效。

接下来，介绍 Cognos 的语言包配置步骤。首先，打开 Cognos Configuration 工具，选择菜单 Action→Edit Global Configuration，如图 19-34 所示。

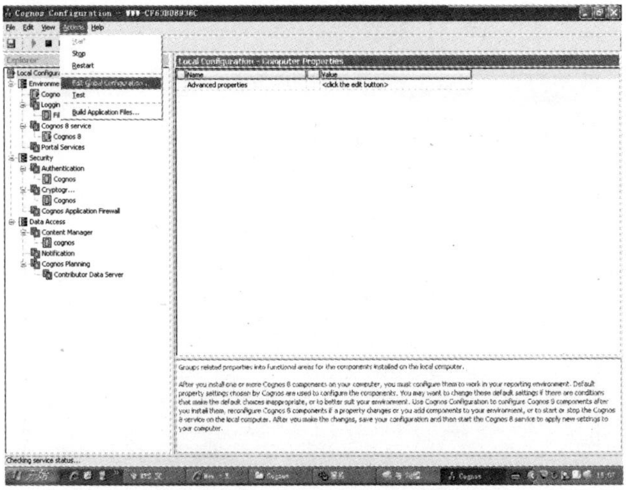

图 19-34　Cognos Configuration 配置界面

然后在 Product Locales 选项卡中添加 zh-cn 中文规则，如图 19-35 所示。

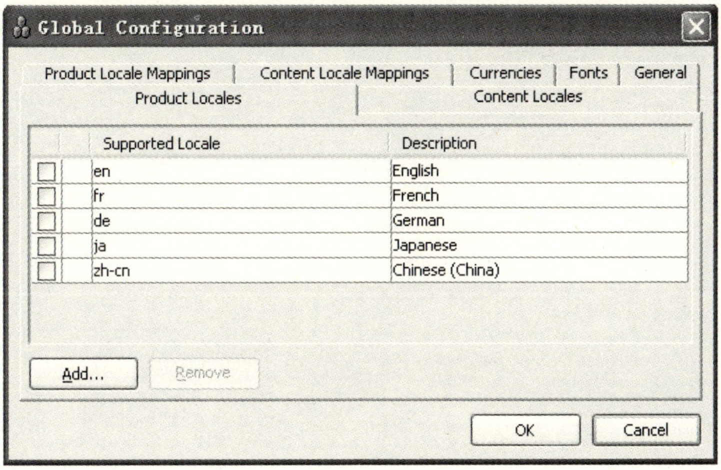

图 19-35　添加 zh-cn 中文规则

在 General 选项卡中，将 Server locale 的值设为 zh-cn，如图 19-36 所示。

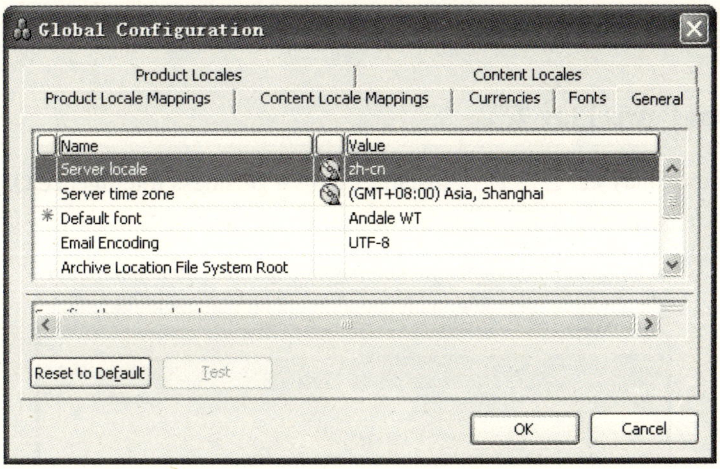

图 19-36　中文设置

设置完之后，重启 Cognos 服务。

然后进入 Cognos Connection，选择 My Preferences 选项，进入“首选项”设置界面，如图 19-37 所示。

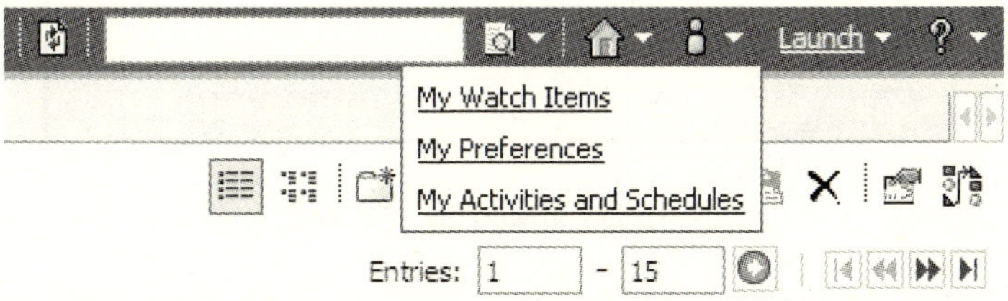

图 19-37　“首选项”设置界面

安装设置如下，进行语言的设置，然后保存即可，如图 19-38 所示。

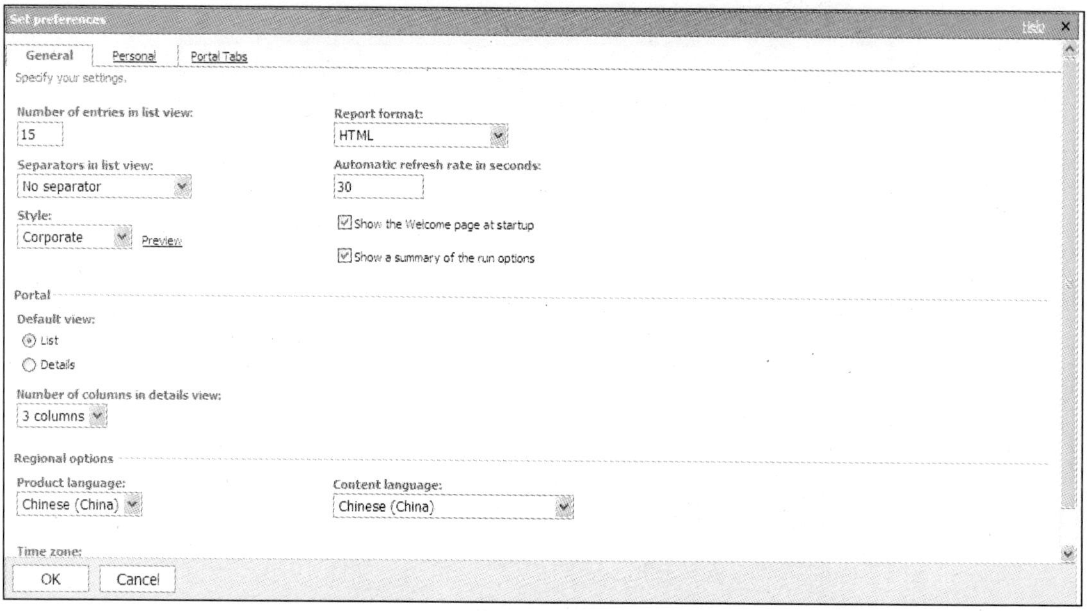

图 19-38 Context Language 设置界面

19.1.5 Cognos PowerPlay 安装

双击安装 PowerPlay 的程序，选择 Install Cognos 8 Business Intelligence OLAP Modeling 8.1 Windows 选项，如图 19-39 所示。

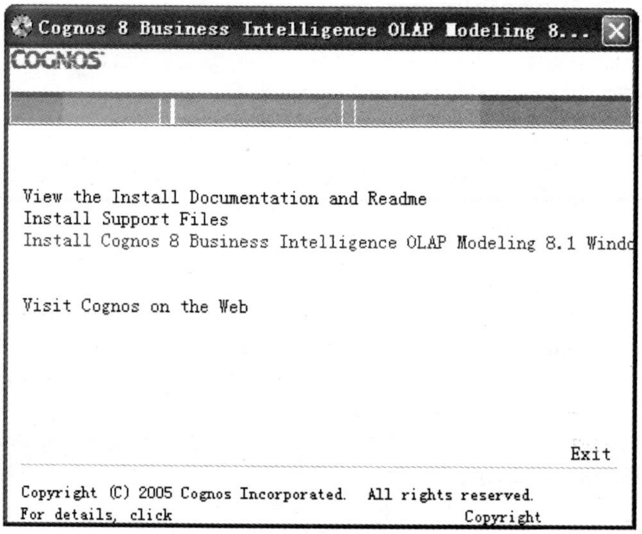

图 19-39 PowerPlay 安装界面

随后弹出欢迎界面，如图 19-40 所示。

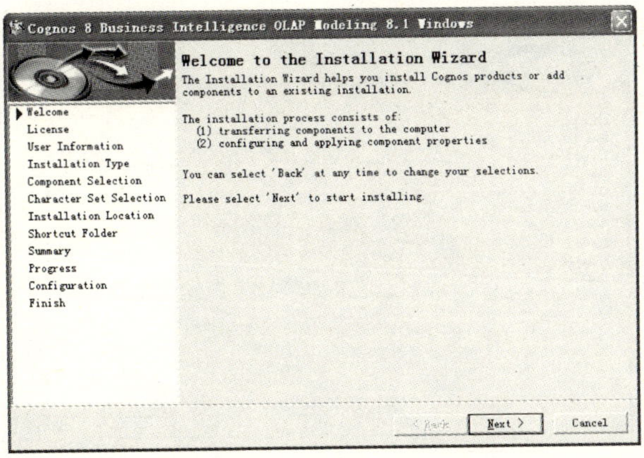

图 19-40　PowerPlay 欢迎界面

接受安装协议，如图 19-41 所示。

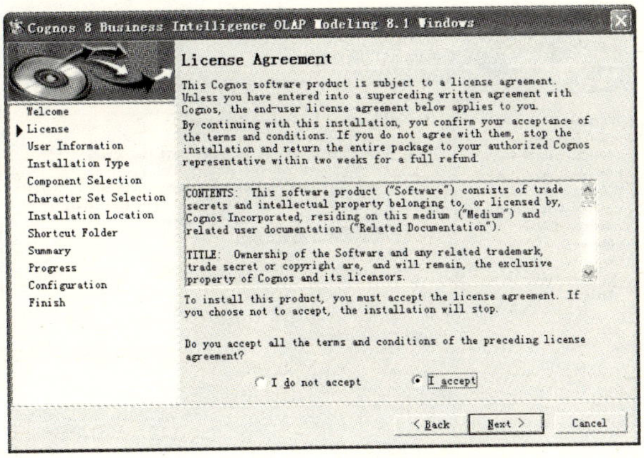

图 19-41　PowerPlay 安装协议向导

输入用户信息，如图 19-42 所示。

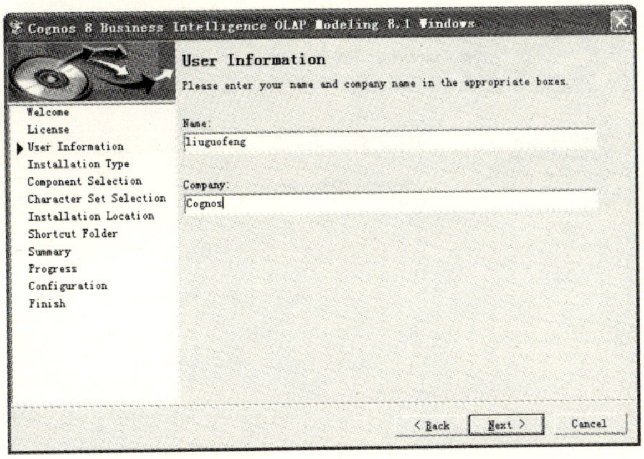

图 19-42　PowerPlay 用户信息向导

选择安装类型，这里选择自定义安装，如图 19-43 所示。

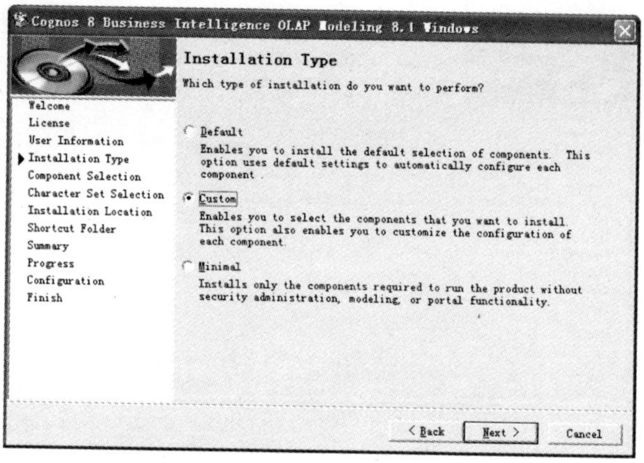

图 19-43 PowerPlay 安装模式向导

选择安装组件，如图 19-44 所示。

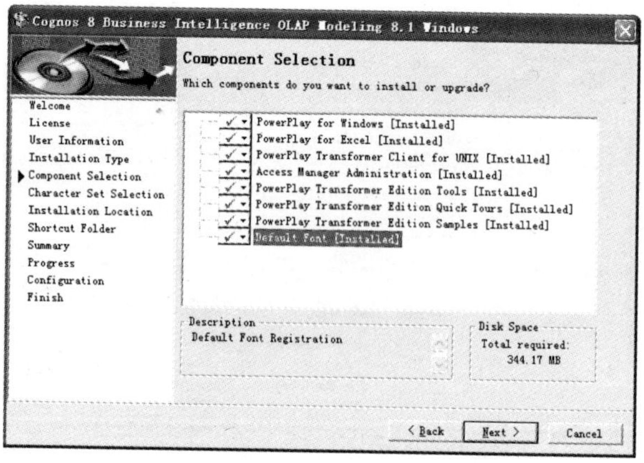

图 19-44 PowerPlay 安装组件向导

接下来选择安装语言，如图 19-45 所示。

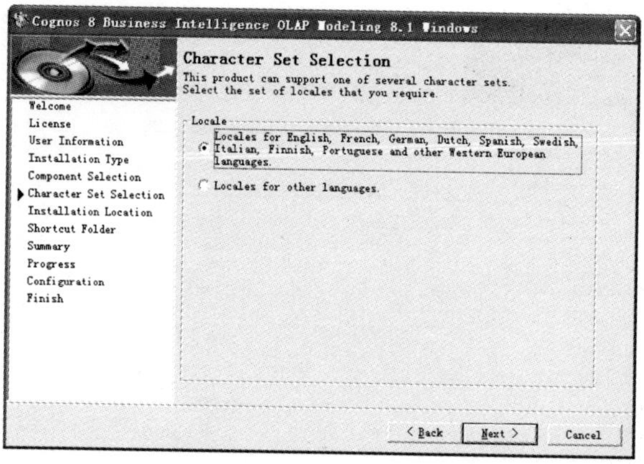

图 19-45 PowerPlay 本地化向导

接着选择安装路径，如图 19-46 所示。

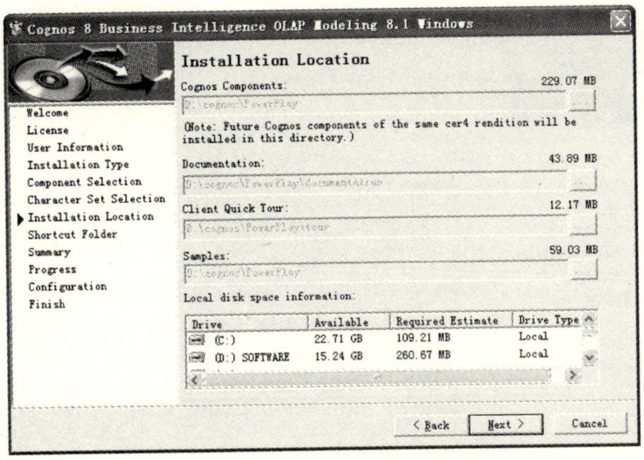

图 19-46　PowerPlay 安装路径向导

然后选择安装快捷键路径，如图 19-47 所示。

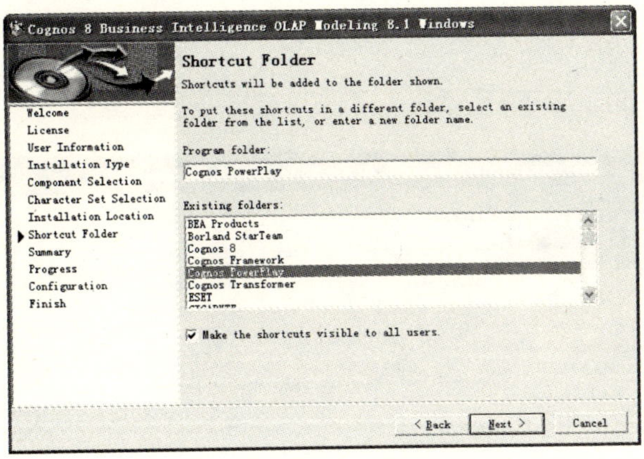

图 19-47　PowerPlay 安装快捷方式向导

随后系统提示安装信息，如图 19-48 所示。

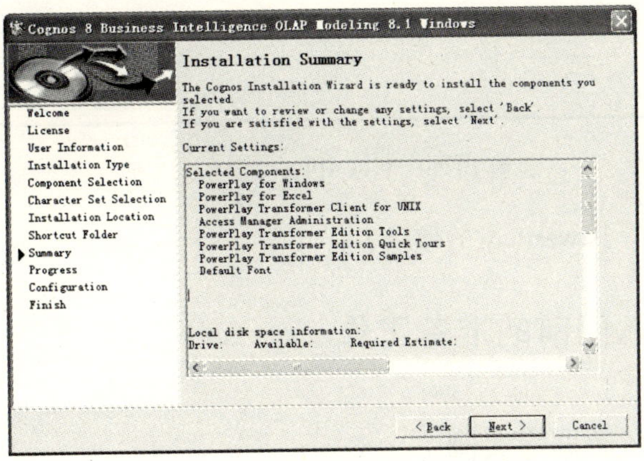

图 19-48　PowerPlay 安装信息界面

单击 Next 按钮后，开始安装，随后进入安装组件向导，如图 19-49 所示。

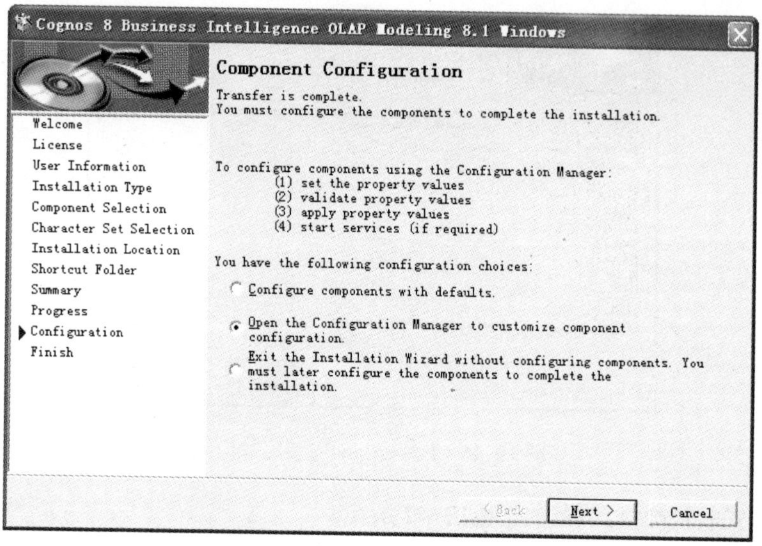

图 19-49　PowerPlay 安装组件向导

此时安装完成，如图 19-50 所示。

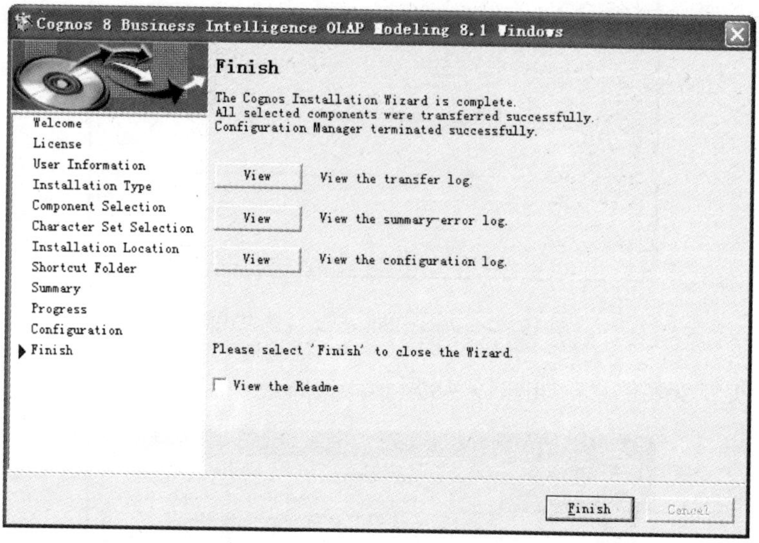

图 19-50　PowerPlay 安装成功界面

接下来就可以进行 PowerPlay 的使用了。

19.2　Cognos 入门前的准备工作

19.2.1　创建 Oracle 数据库实例

单击“开始”→“程序”→“Oracle - OraDb10g_home1”→“配置和移植工具”→“Database Configuration Assistant”命令，弹出如图 19-51 所示的窗口。

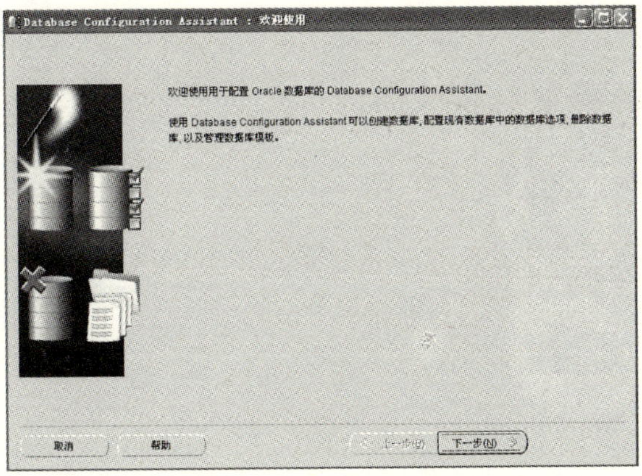

图 19-51　Oracle 安装界面

单击“下一步”按钮，选择“创建数据库”单选按钮，如图 19-52 所示。

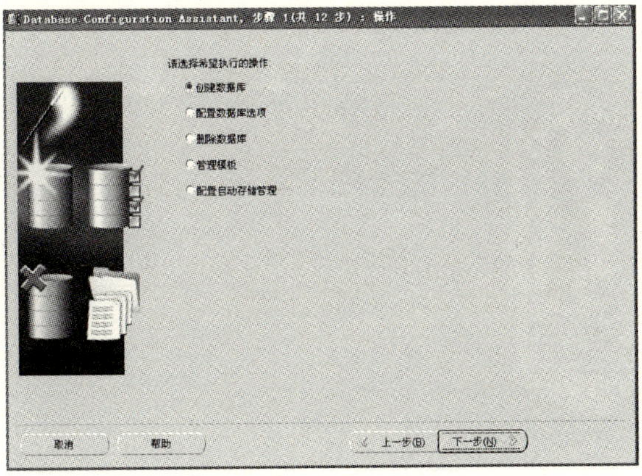

图 19-52　Oracle 安装向导

单击“下一步”按钮，选择创建数据库的模板，如图 19-53 所示。

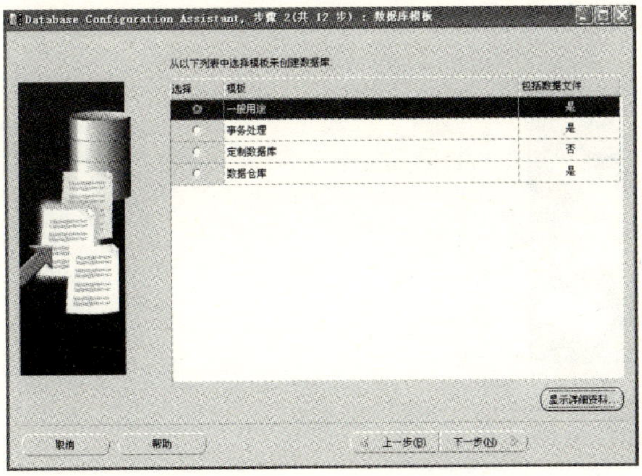

图 19-53　Oracle 安装模板向导

单击“下一步”按钮，输入要创建的数据库实例名，如图 19-54 所示。

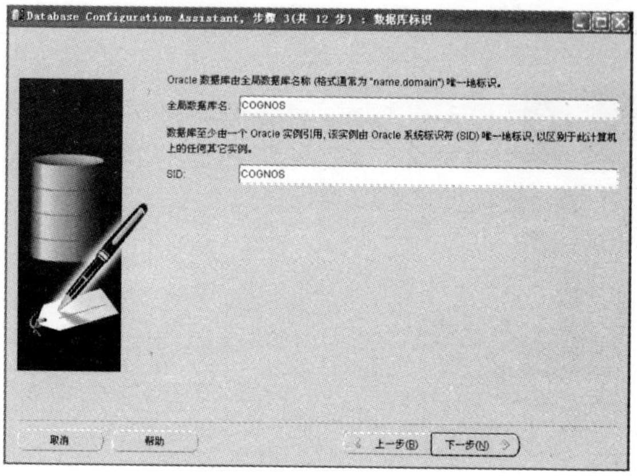

图 19-54　输入要创建的数据库实例名

单击“下一步”按钮，管理选项使用默认设置，如图 19-55 所示。

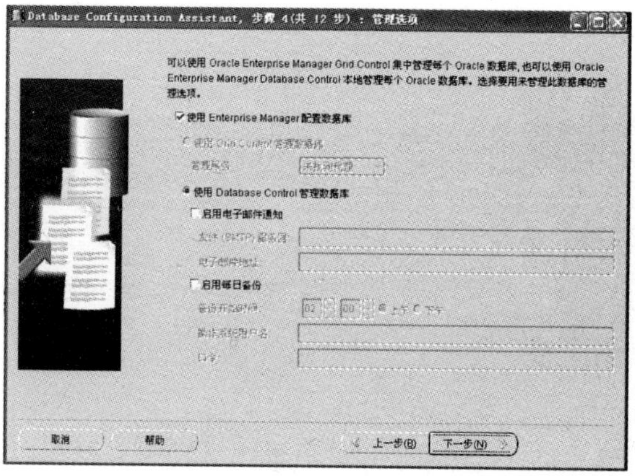

图 19-55　Oracle 管理选项设置

单击“下一步”按钮，设置创建的数据库实例账号的登录密码，如图 19-56 所示。

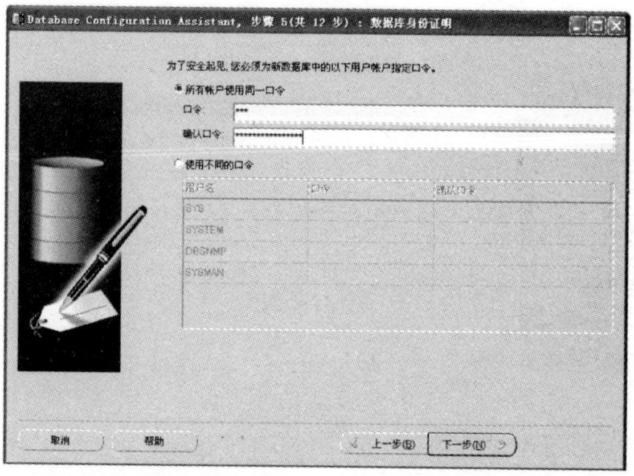

图 19-56　Oracle 身份验证设置

单击“下一步”按钮，选择数据库的存储机制，如图 19-57 所示。

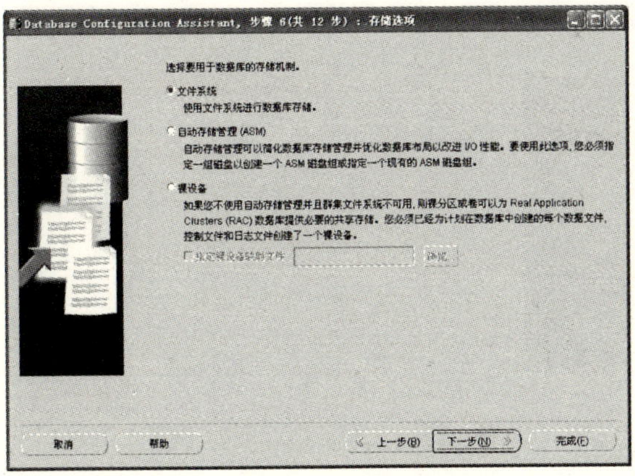

图 19-57　Oracle 存储设置

单击“下一步”按钮，指定数据库文件在磁盘的存储位置，如图 19-58 所示。

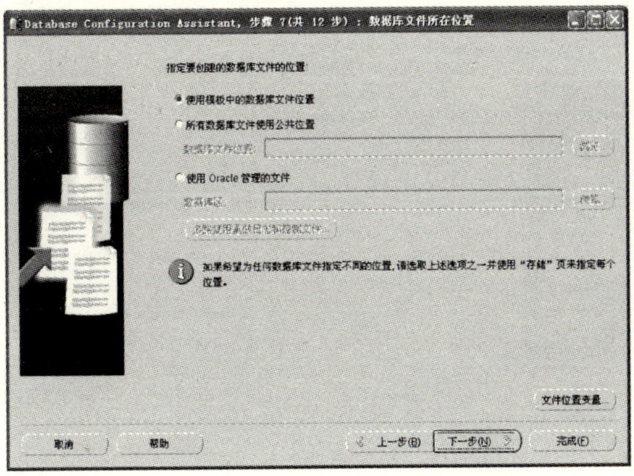

图 19-58　Oracle 文件存储位置设置

单击“下一步”按钮，进行数据库实例的恢复设置，如图 19-59 所示。

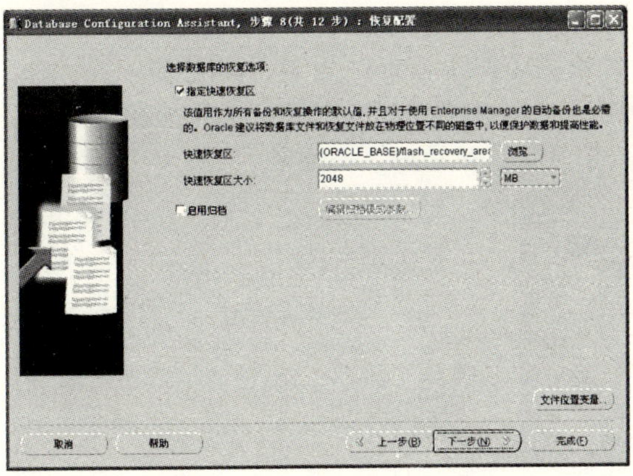

图 19-59　Oracle 恢复设置

单击“下一步”按钮，执行运行的脚本，暂时先不运行，选择默认设置，如图 19-60 所示。

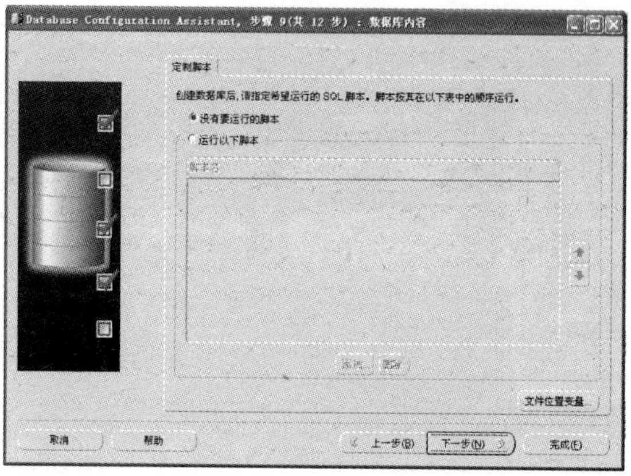

图 19-60　Oracle 内容设置

单击“下一步”按钮，数据库实例的初始化参数设置，包含“内存”、“调整大小”、“字符集”和“连接模式”4 个选项卡，如图 19-61 所示。

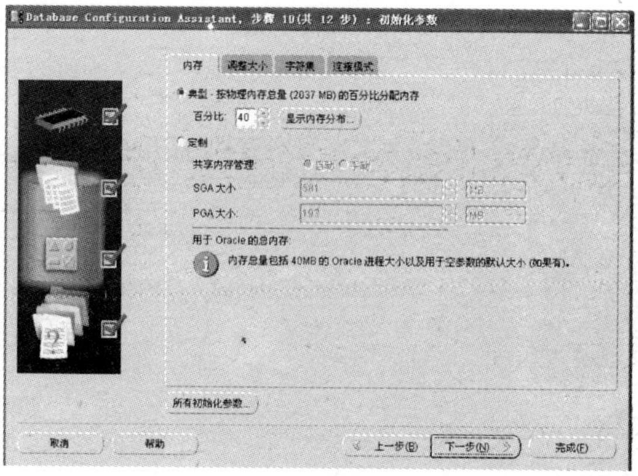

图 19-61　Oracle 初始化参数设置

选择“字符集”选项卡，选择“从字符集列表中选择”单选按钮，然后在“数据库字符集”下拉列表中选择“AL32UTF-8-Unicode UTF-8 通用字符集”，在“国家字符集”下拉列表中选择“UTF-8 – Unicode 3.0 UTF-8 通用字符集，兼容 CE8U-8”（此步骤相当重要，如果不设置字符集，Cognos 服务将无法启动成功），如图 19-62 所示。

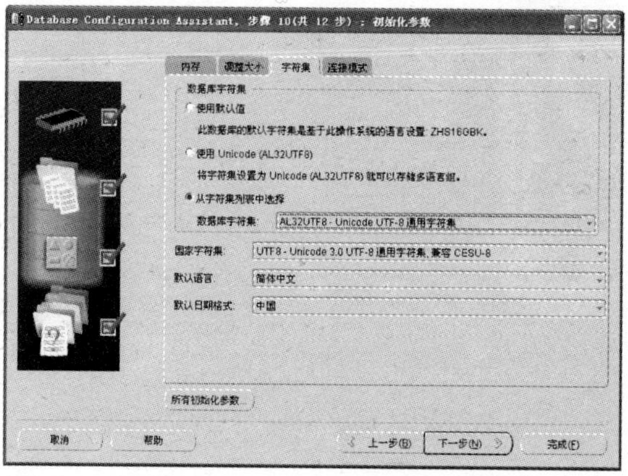

图 19-62　Oracle 字符集设置

单击“下一步”按钮，进入数据库实例的存储设置，如图 19-63 所示。

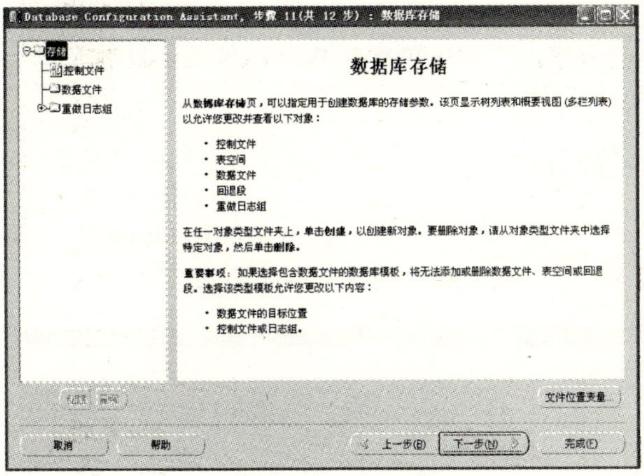

图 19-63　Oracle 存储设置

最后进行数据库实例的创建工作，如图 19-64 所示。

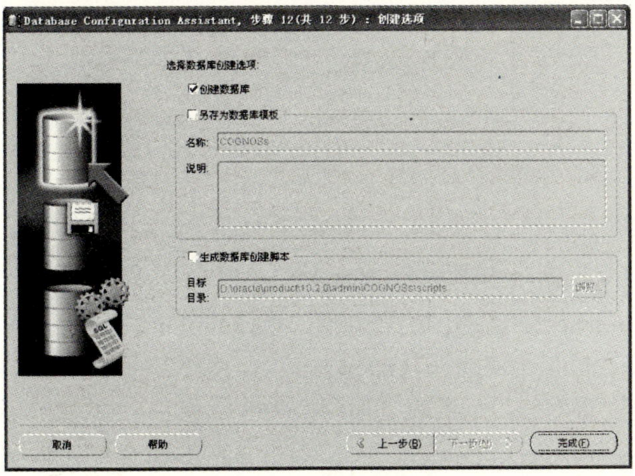

图 19-64　Oracle 创建设置

单击“完成”按钮，完成数据库实例的创建工作。

19.2.2　执行建表空间和创建数据库用户的脚本

```
/*创建表空间的脚本*/
CREATE SMALLFILE TABLESPACE "COGNOS" DATAFILE 'D:\ORACLE\PRODUCT\10.2.0\ORADATA\COGNOS\COGNOS' SIZE 200M LOGGING EXTENT MANAGEMENT LOCAL SEGMENT SPACE MANAGEMENT AUTO;
/*创建用户的脚本*/
CREATE USER "COGNOS" PROFILE "DEFAULT" IDENTIFIED BY "COGNOS" DEFAULT TABLESPACE "BI_ETL" TEMPORARY TABLESPACE "TEMP" ACCOUNT UNLOCK
GRANT "CONNECT" TO "COGNOS"
GRANT "DBA" TO "COGNOS";
```

19.2.3 Cognos 部署设置

将 Cognos 服务安装目录下“...\cognos\c8\webcontent\”的内容全部复制到“...\cognos\c8\webapps\p2pd\”下。

19.2.4 配置 Cognos 服务

“开始”→“程序”→“Cognos 8”→“Cognos Configuration”，启动 Cognos Configuration 工具，进行 Cognos 服务的配置和启动，如图 19-65 所示。

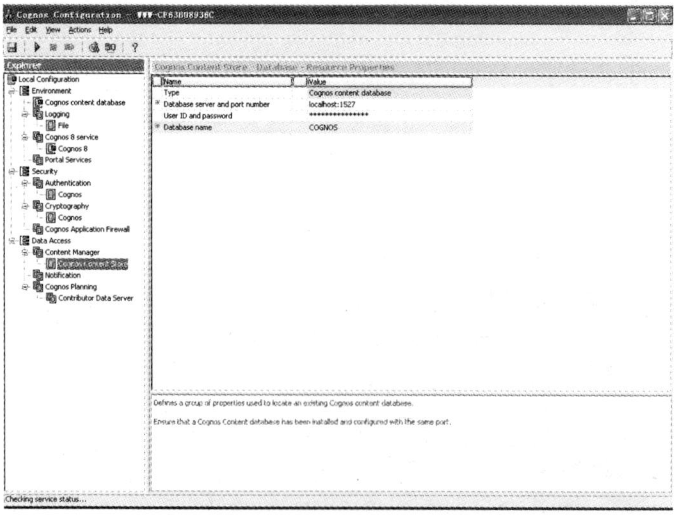

图 19-65 Cognos Configuration 工具

首先，选择 Environment，在右侧的属性里，选择 Sort buffer size in MB，在 Value 中输入一个恰当的值，比如“40”；然后选择 Gateway URI，在 Value 中输入“http://localhost:9300/p2pd/servlet/dispatch”。最终修改好的配置如图 19-66 所示。

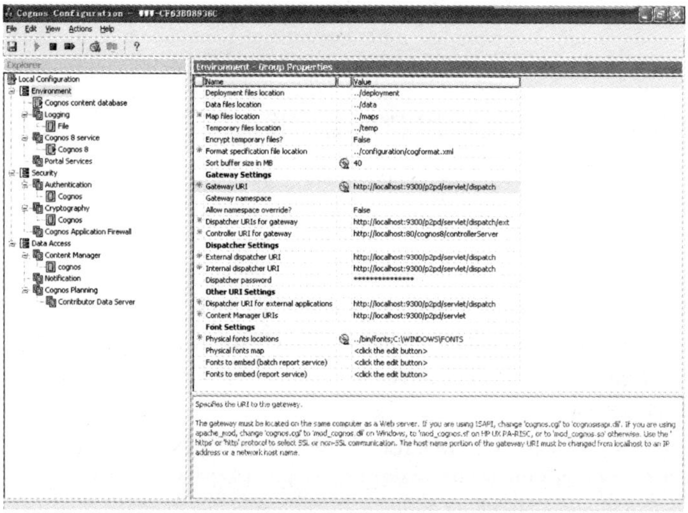

图 19-66 Cognos Configuration 配置

其次，找到 Data Access→Content Manager→Cognos Content Store，单击右键，将其删除，如图 19-67 所示。

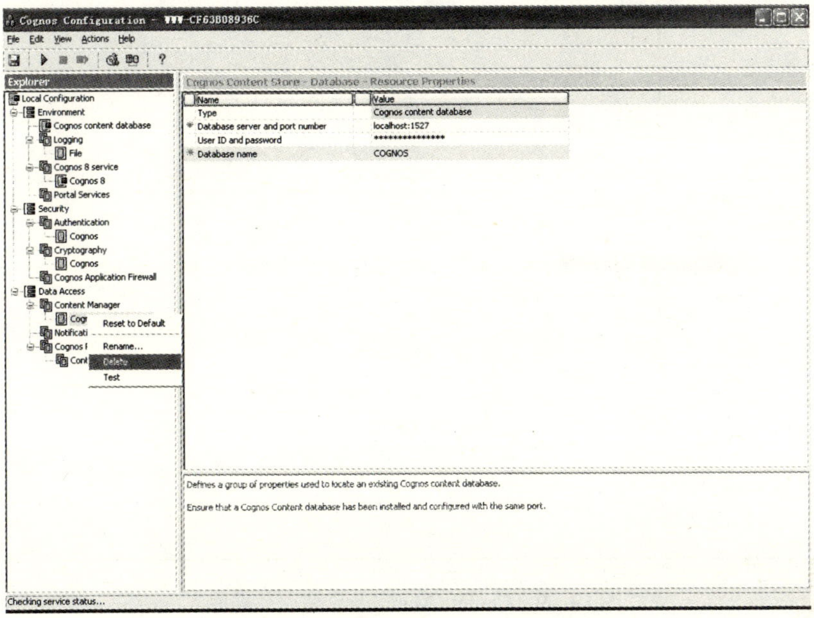

图 19-67　删除 Cognos Content Store

弹出删除提示框，单击 Yes 按钮，如图 19-68 所示。

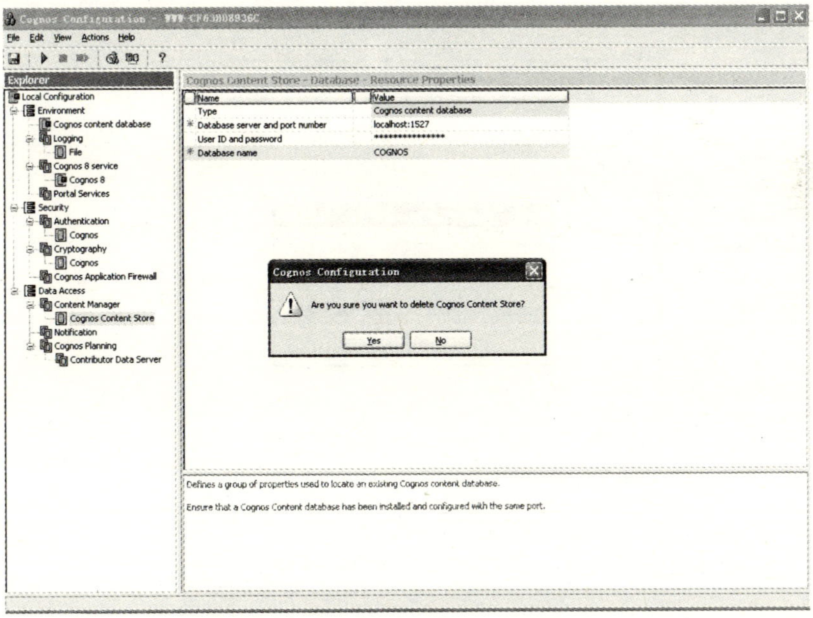

图 19-68　弹出删除提示框

删除后，右击 Content Manager，选择 New resource→Database 命令，新建一个数据库，如图 19-69 所示。

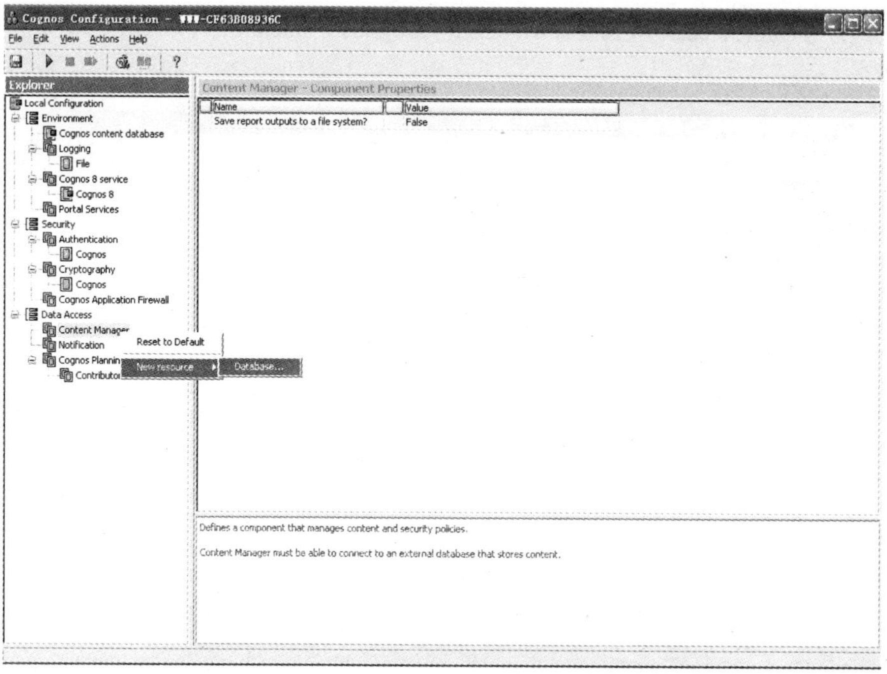

图 19-69　Content Manager 创建源数据库

在弹出的对话框中输入名称和类型，如图 19-70 所示。

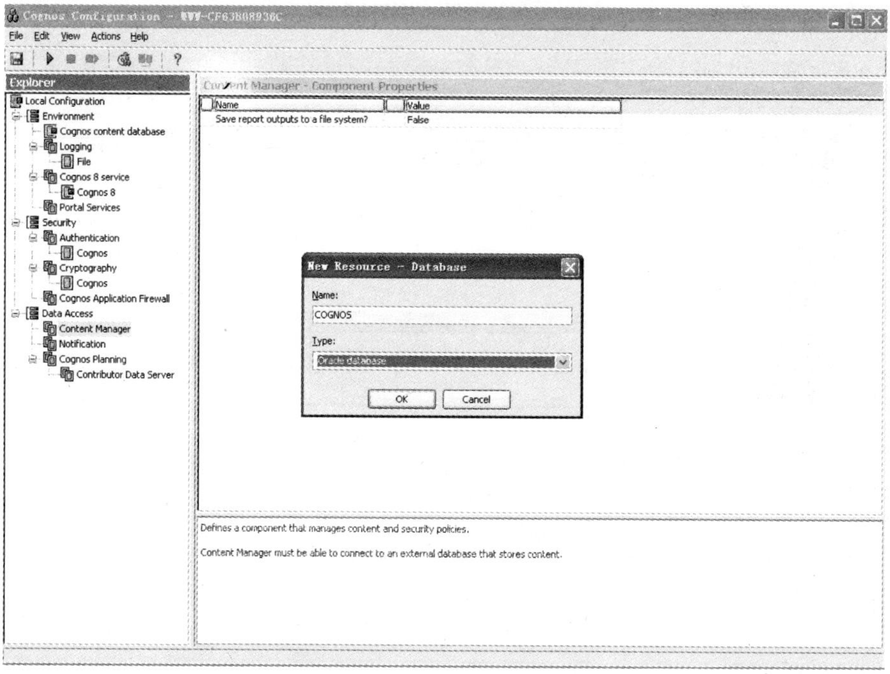

图 19-70　New Resource 设置

配置完之后，右击 Cognos，在弹出的快捷菜单中选择 Test 命令进行连接测试，如图 19-71 所示。

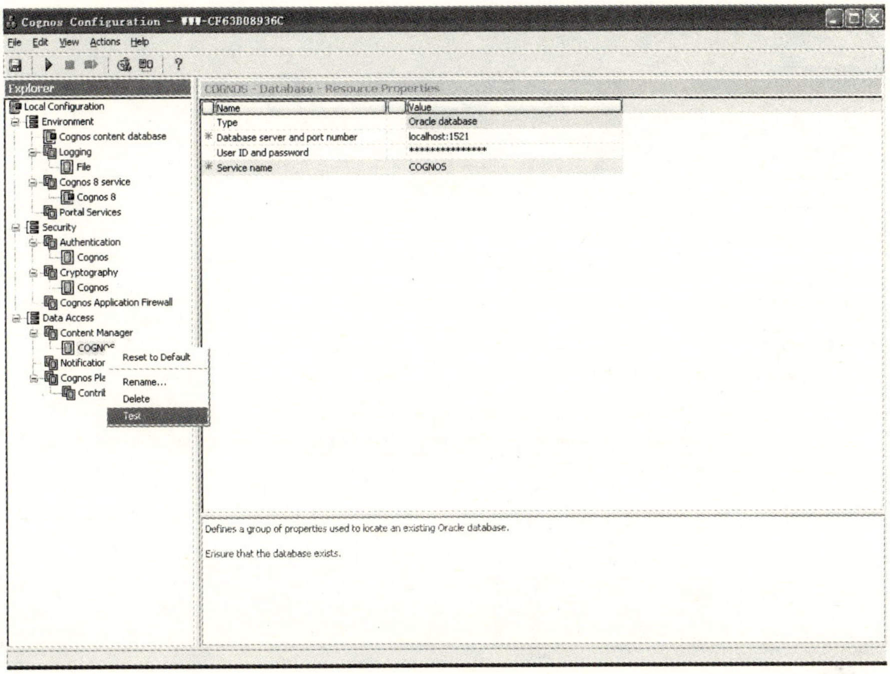

图 19-71　连接测试

如果测试成功，则弹出如图 19-72 所示的测试提示框。

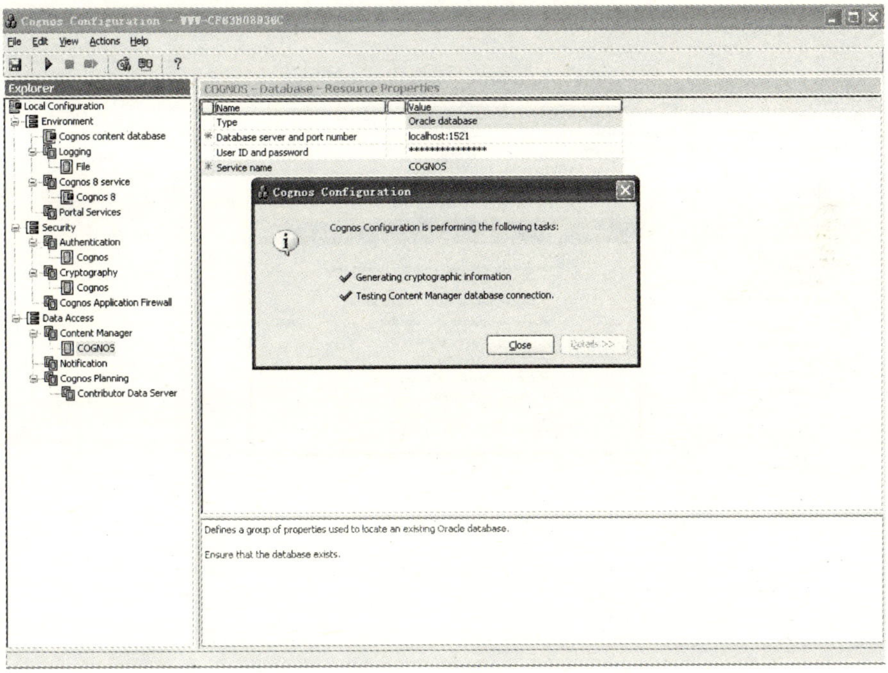

图 19-72　测试提示框

测试通过后，请保存劳动成果，如图 19-73 所示。

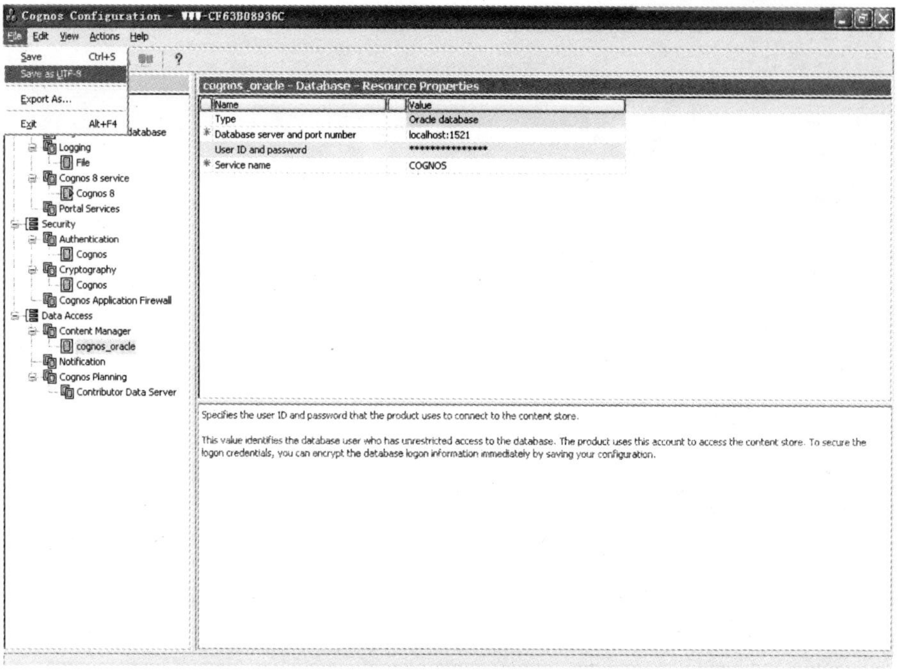

图 19-73　保存设置

保存成功后，Cognos 显示如图 19-74 所示的信息。

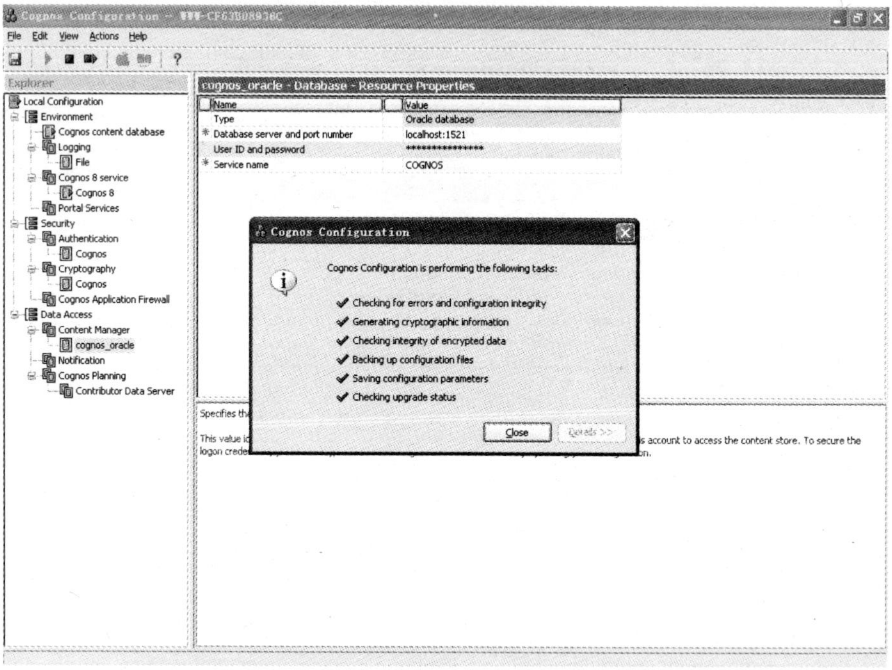

图 19-74　设置更改提示框

保存后，就可以进行 Cognos 服务的启动工作了。

19.2.5 启动 Cognos 服务

Cognos 服务的启动有两种方式。

1）在 Cognos Configuration 中，单击工具栏中的右三角按钮 ▶ 启动。

2）在 Windows 服务中，选择 Cognos 8 选项启动。

19.3 Cognos 入门实例一

本实例是 Cognos 的初级入门实例，使用 Framework 建模后，直接在 Cognos Connection 中使用 Report Studio 来开发一个简单报表。

创建数据库脚本：

```
create table PRODUCTS
(
  ID     VARCHAR2(32) not null,
  NAME VARCHAR2(100),
  TYPE VARCHAR2(2)
);
create table REGIONS
(
  ID     VARCHAR2(32) not null,
  NAME VARCHAR2(100),
  TYPE VARCHAR2(2)
);
insert into PRODUCTS (ID, NAME, TYPE)
values ('0001', '红木家具', '01');
insert into PRODUCTS (ID, NAME, TYPE)
values ('0002', '实木家具', '02');
insert into PRODUCTS (ID, NAME, TYPE)
values ('0003', '欧式家具', '03');
insert into PRODUCTS (ID, NAME, TYPE)
values ('0004', '中式家具', '04');
insert into PRODUCTS (ID, NAME, TYPE)
values ('0005', '田园家具', '05');
insert into PRODUCTS (ID, NAME, TYPE)
values ('0006', '地中海家具', '06');
insert into PRODUCTS (ID, NAME, TYPE)
values ('0007', '时尚家具', '07');
insert into PRODUCTS (ID, NAME, TYPE)
values ('0008', '现代家具', '08');
commit;
insert into REGIONS (ID, NAME, TYPE)
values ('0000A', '昌平', '02');
insert into REGIONS (ID, NAME, TYPE)
values ('0000B', '昌平', '05');
```

```
insert into REGIONS (ID, NAME, TYPE)
values ('0000I', '西城', '06');
insert into REGIONS (ID, NAME, TYPE)
values ('0000H', '西城', '03');
insert into REGIONS (ID, NAME, TYPE)
values ('0000G', '通州', '02');
insert into REGIONS (ID, NAME, TYPE)
values ('0000F', '通州', '01');
insert into REGIONS (ID, NAME, TYPE)
values ('0000E', '海淀', '07');
insert into REGIONS (ID, NAME, TYPE)
values ('0000D', '海淀', '05');
insert into REGIONS (ID, NAME, TYPE)
values ('0000C', '海淀', '04');
insert into REGIONS (ID, NAME, TYPE)
values ('0000M', '顺义', '06');
insert into REGIONS (ID, NAME, TYPE)
values ('0000L', '东城', '05');
insert into REGIONS (ID, NAME, TYPE)
values ('0000K', '东城', '03');
insert into REGIONS (ID, NAME, TYPE)
values ('0000J', '东城', '01');
insert into REGIONS (ID, NAME, TYPE)
values ('0000N', '顺义', '07');
insert into REGIONS (ID, NAME, TYPE)
values ('0000O', '朝阳', '01');
insert into REGIONS (ID, NAME, TYPE)
values ('0000P', '朝阳', '02');
insert into REGIONS (ID, NAME, TYPE)
values ('0000Q', '朝阳', '03');
insert into REGIONS (ID, NAME, TYPE)
values ('0000R', '朝阳', '04');
insert into REGIONS (ID, NAME, TYPE)
values ('0000S', '朝阳', '05');
insert into REGIONS (ID, NAME, TYPE)
values ('0000T', '朝阳', '06');
insert into REGIONS (ID, NAME, TYPE)
values ('0000U', '朝阳', '08');
insert into REGIONS (ID, NAME, TYPE)
values ('0000V', '大兴', '05');
insert into REGIONS (ID, NAME, TYPE)
values ('0000W', '大兴', '08');
insert into REGIONS (ID, NAME, TYPE)
values ('0000X', '平谷', '06');
insert into REGIONS (ID, NAME, TYPE)
values ('0000Y', '平谷', '07');
insert into REGIONS (ID, NAME, TYPE)
values ('0000Z', '延庆', '04');
commit;
```

```
insert into REGIONS (ID, NAME, TYPE)
values ('0000V', '大兴', '05');
insert into REGIONS (ID, NAME, TYPE)
values ('0000W', '大兴', '08');
insert into REGIONS (ID, NAME, TYPE)
values ('0000X', '平谷', '06');
insert into REGIONS (ID, NAME, TYPE)
values ('0000Y', '平谷', '07');
insert into REGIONS (ID, NAME, TYPE)
values ('0000Z', '延庆', '04');
commit;
```

19.3.1 使用 Framework 建模

1. 打开 Framework Manager

Framework Manager 界面如图 19-75 所示。

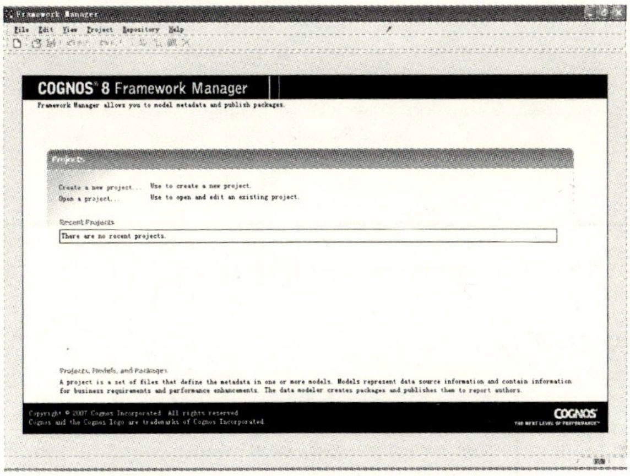

图 19-75 Framework Manager 界面

2. 创建一个新的工程

New Project 界面如图 19-76 所示。

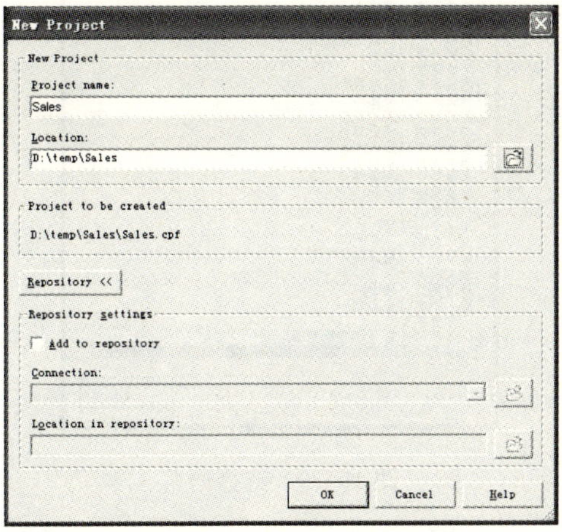

图 19-76 New Project 界面

单击 OK 按钮后，弹出创建新目录提示框，如图 19-77 所示。

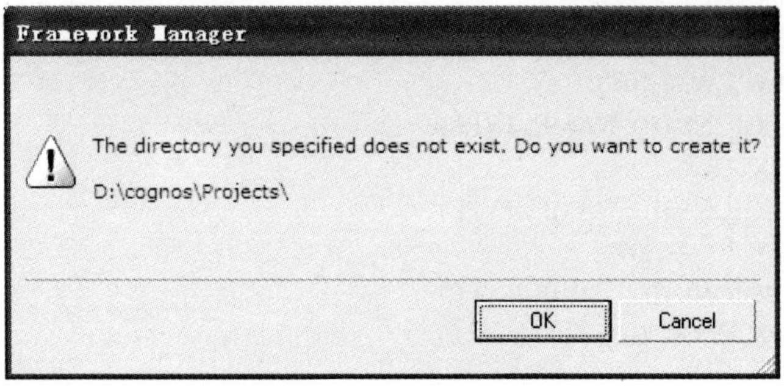

图 19-77　创建新目录提示框

系统开始创建，如图 19-78 所示。

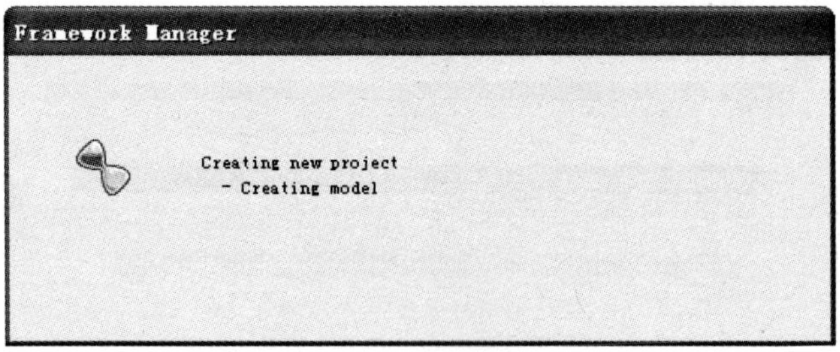

图 19-78　开始创建提示框

选择语言，如图 19-79 所示。

图 19-79　选择语言

选择数据源，如图 19-80 所示。

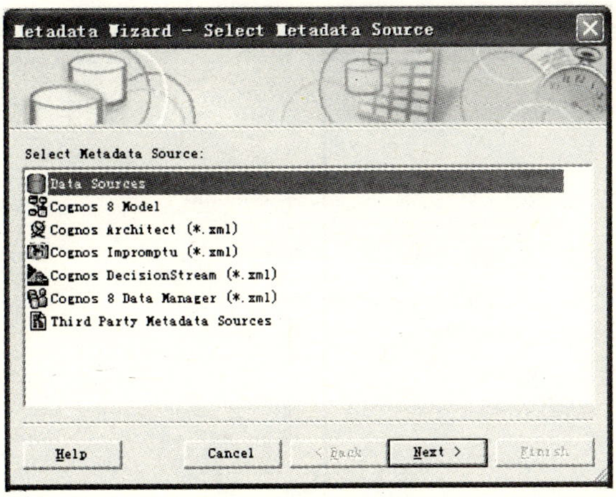

图 19-80　元数据向导

单击 Next 按钮，弹出如图 19-81 所示的对话框。

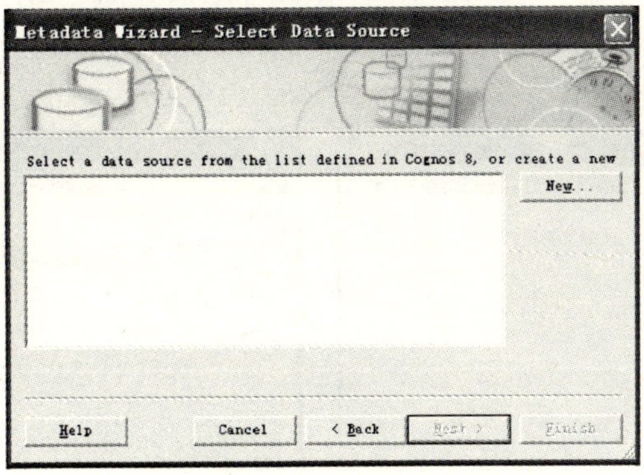

图 19-81　数据源向导

新建一个源，如图 19-82 所示。

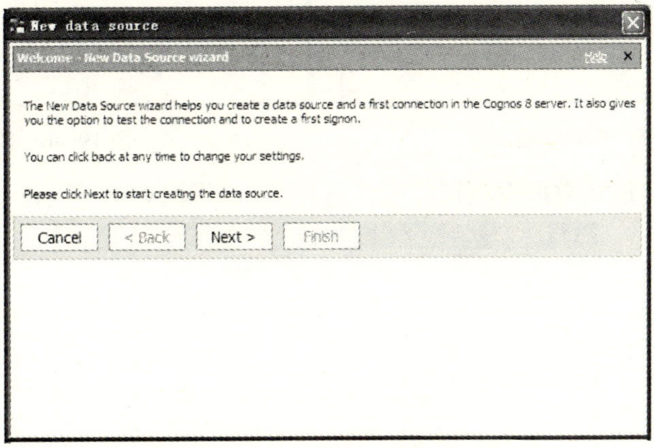

图 19-82　创建新数据源向导

单击 Next 按钮，开始创建数据源，如图 19-83 所示。

输入名称后，单击 Next 按钮，如图 19-84 所示。

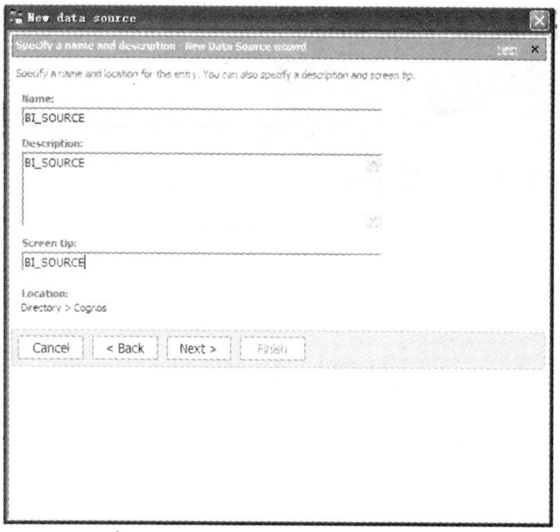

图 19-83　数据源名称及描述设置

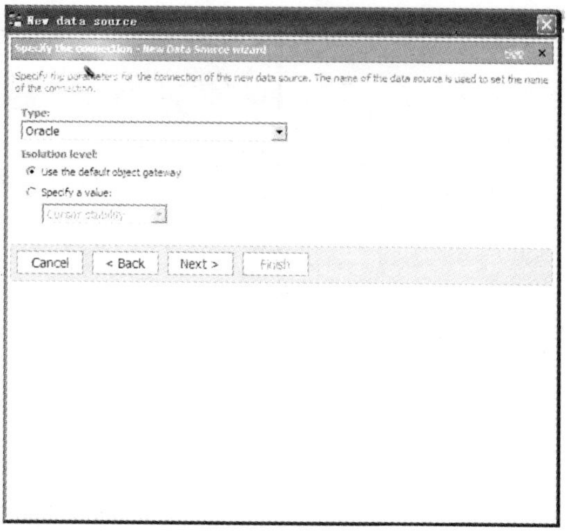

图 19-84　数据库设置

选择数据库类型，单击 Next 按钮，进入数据库连接界面，如图 19-85 所示。

在图 19-85 中输入数据库连接信息，单击 Test the connection 按钮，进入数据库测试界面，如图 19-86 所示。

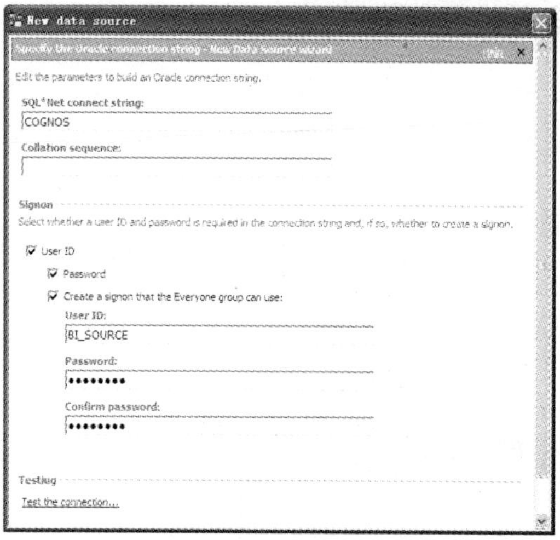

图 19-85　数据库连接

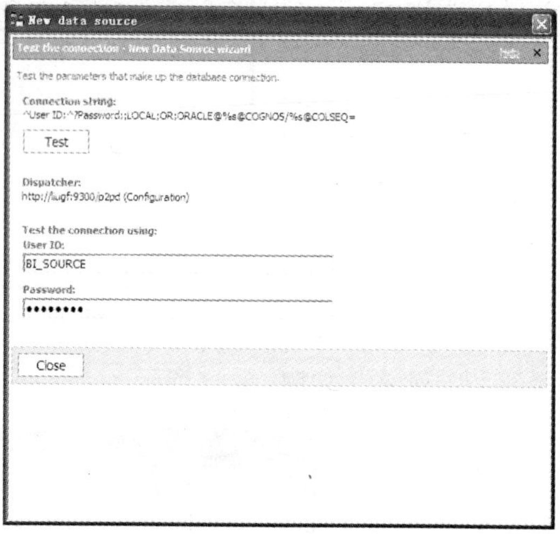

图 19-86　数据库测试

单击 Test 按钮，进入数据库测试提示信息界面，如图 19-87 所示。

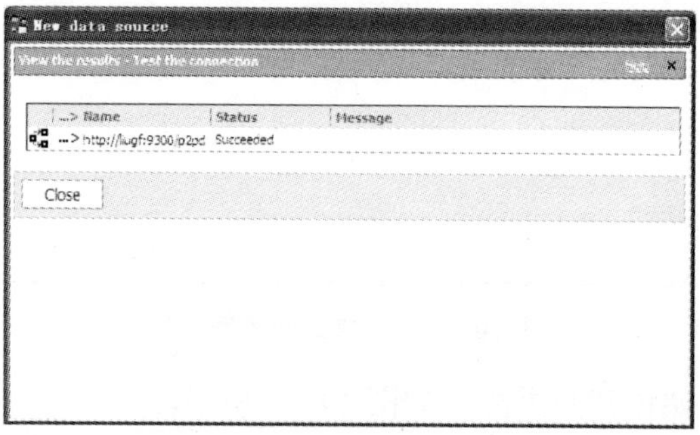

图 19-87　数据库测试提示信息

测试成功后，返回数据库连接信息界面，如图 19-88 所示。

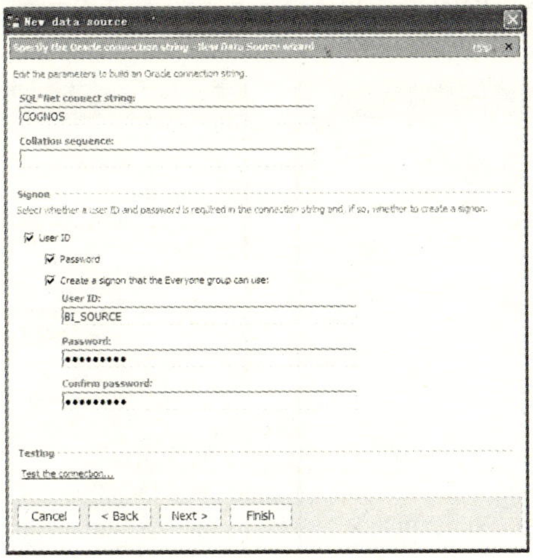

图 19-88　数据库连接信息

单击 Next 按钮，结果如图 19-89 所示。

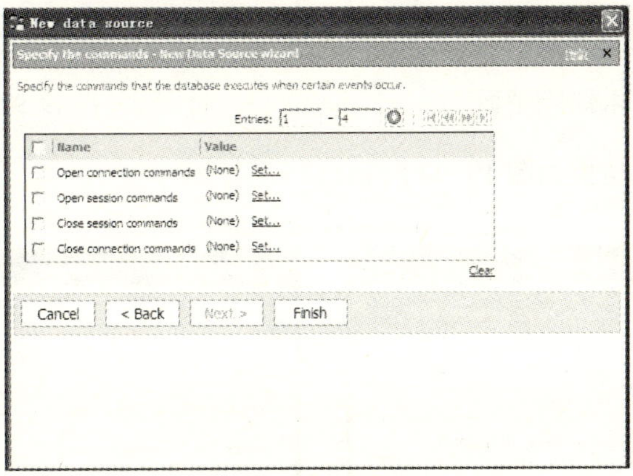

图 19-89　数据库执行设置

单击 Finish 按钮，结果如图 19-90 所示。

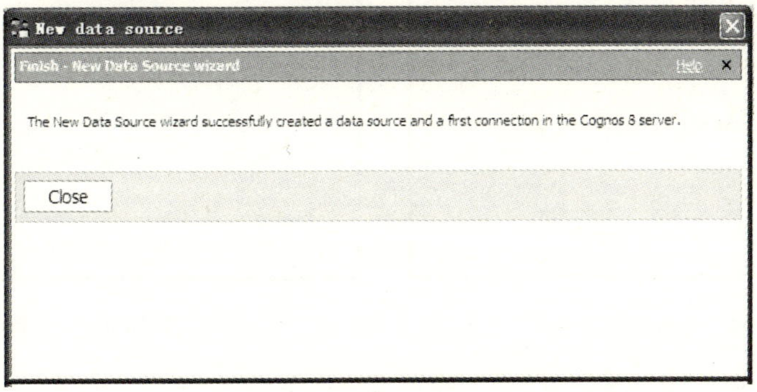

图 19-90　数据源完成向导

关闭对话框，弹出图 19-91。单击 Next 按钮。

在图 19-92 中，选择要建模的表，单击 Next 按钮，进入元数据向导，如图 19-93 所示。

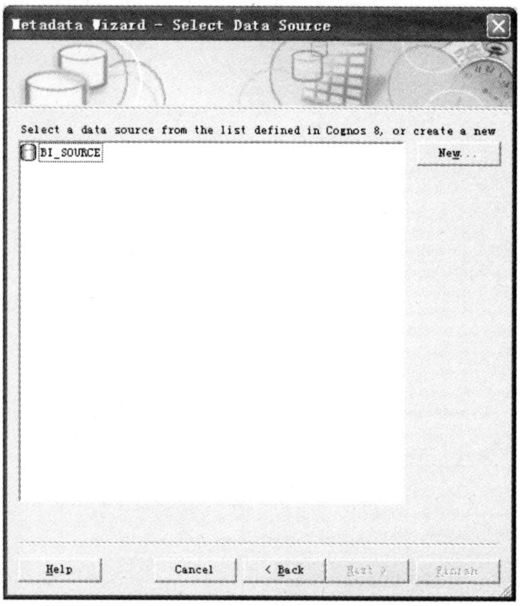

图 19-91　数据源向导界面

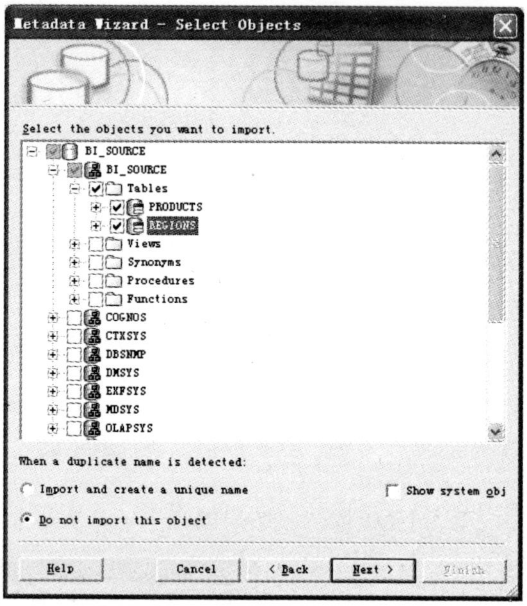

图 19-92　表对象

单击 Import 按钮，结果如图 19-94 所示。

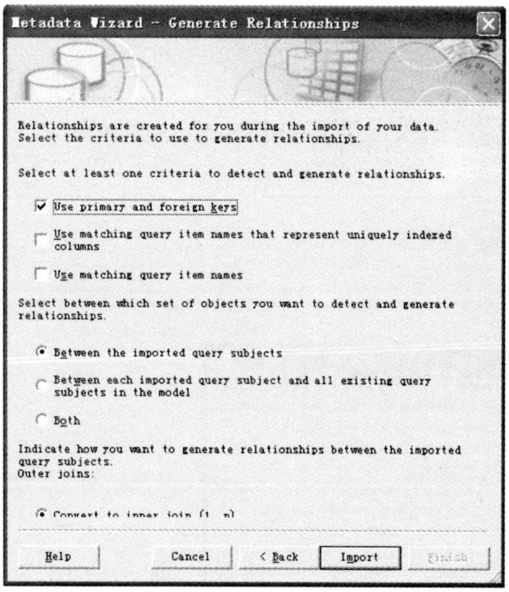

图 19-93　元数据向导

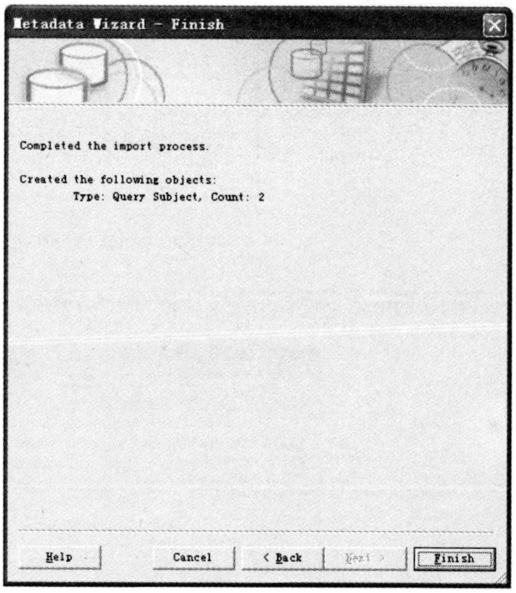

图 19-94　元数据成功导入

单击 Finish 按钮，就创建好了一个工程，如图 19-95 所示。

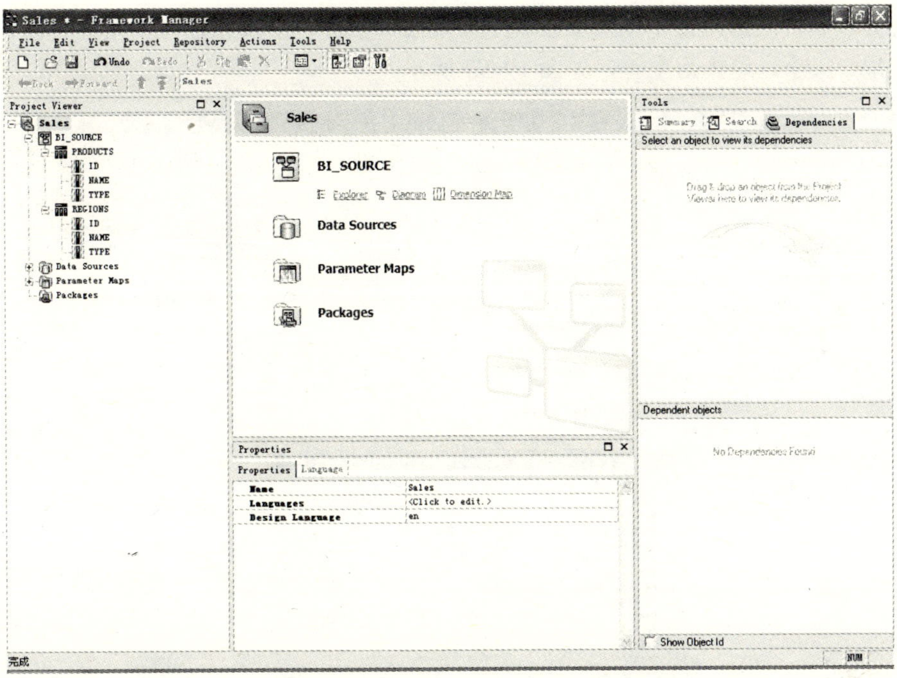

图 19-95 Framework Manager 界面

3. 建模过程

在导航视图中选择刚刚导入的数据库表，然后在属性窗口中设置一系列参数，比如名称、描述、外部方式、状态等，如图 19-96 所示。

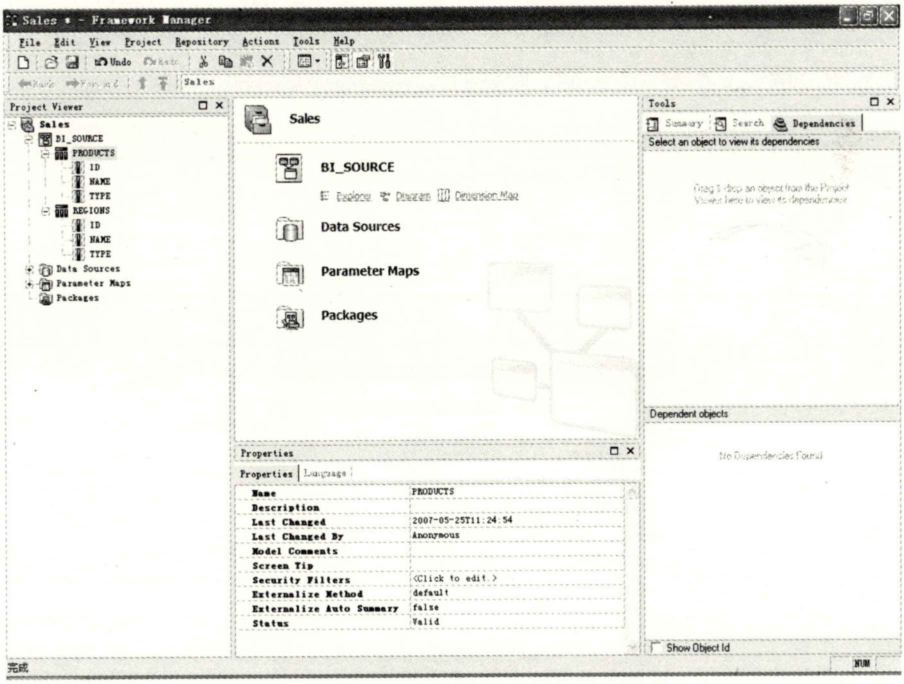

图 19-96 表属性设置

设置完表属性之后，接下来需要设置字段属性，同样，字段属性可以设置名称、描述、格式、类型、大小、是否为空等，如图 19-97 所示。

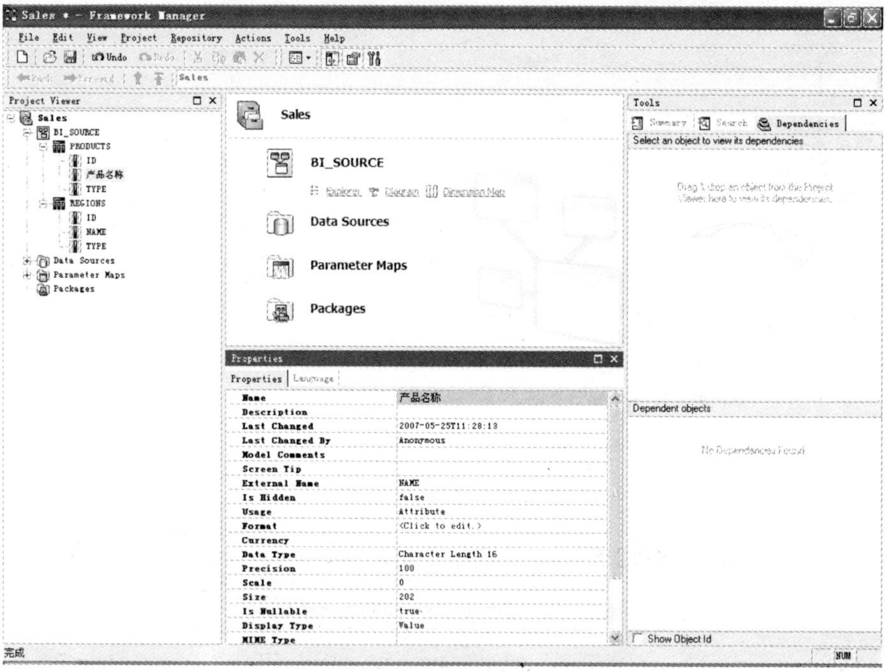

图 19-97　字段属性设置

设置完属性之后，导航视图中显示的信息如图 19-98 所示。

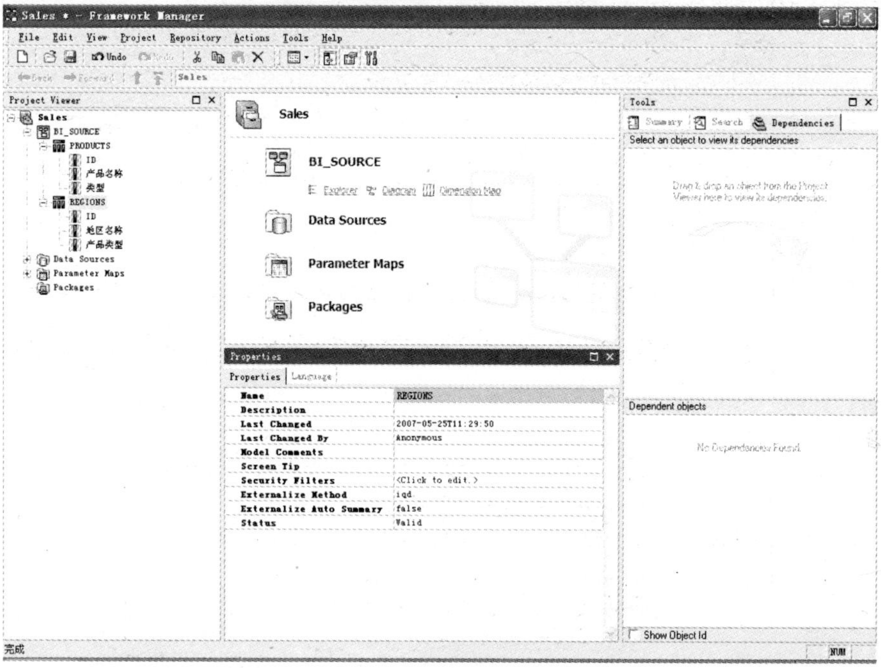

图 19-98　属性信息

然后开始设置关联关系，单击 Diagram 连接，在打开的窗口中显示刚刚建立的数据库业务模型结构，如图 19-99 所示。

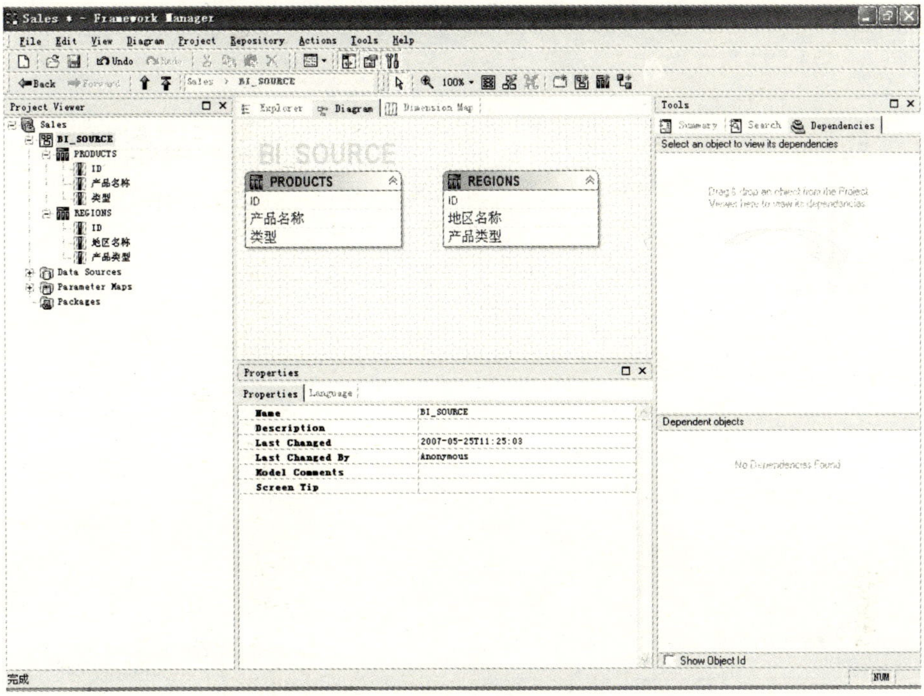

图 19-99　数据库业务模型结构

单击工具栏中的“连接”按钮，然后在 PRODUCTS 与 REGIONS 之间画一条连接线，弹出关联关系设置对话框，如图 19-100 所示。

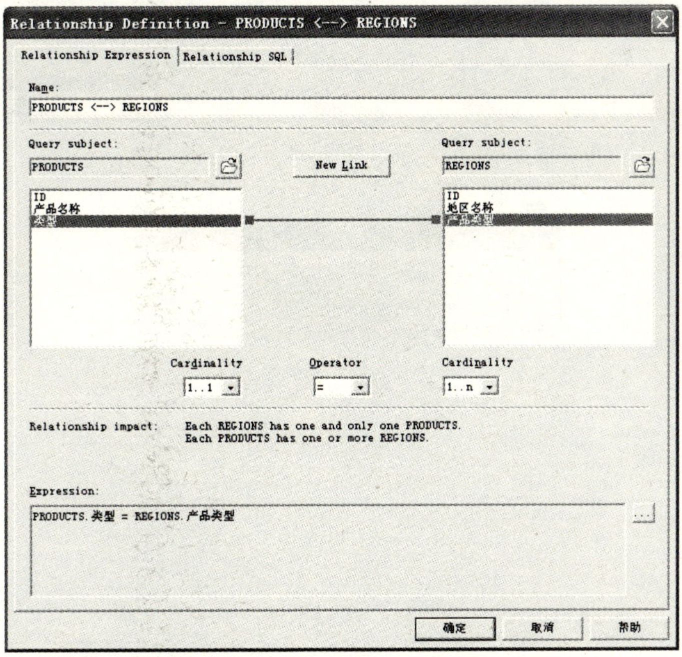

图 19-100　关联关系设置对话框

选择 PRODUCTS 的“类型”与 REGIONS 的“产品类型”关联，然后单击“确定”按钮。建立好的关联关系如图 19-101 所示。

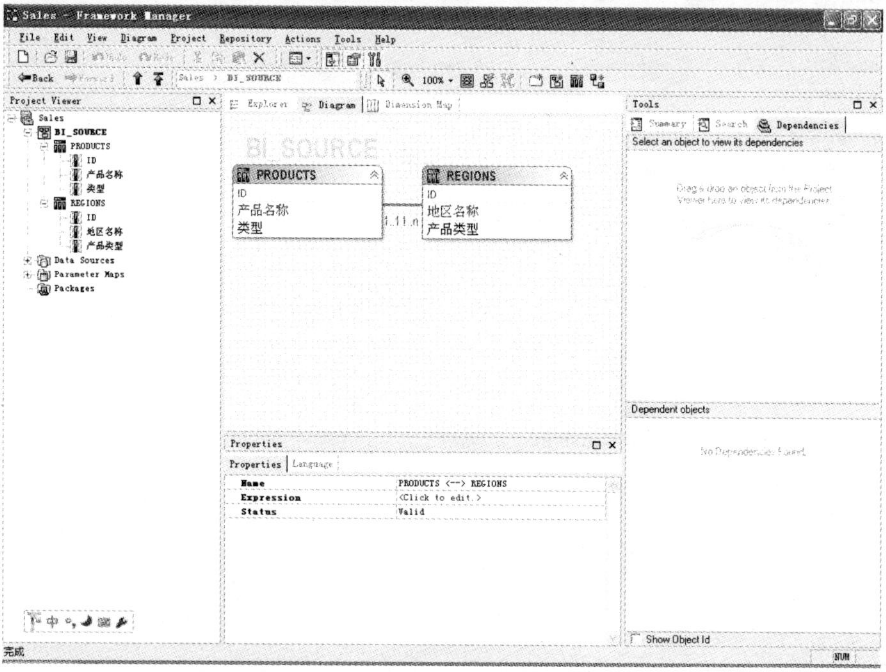

图 19-101　业务数据关联结构

然后单击“保存”按钮，如图 19-102 所示。

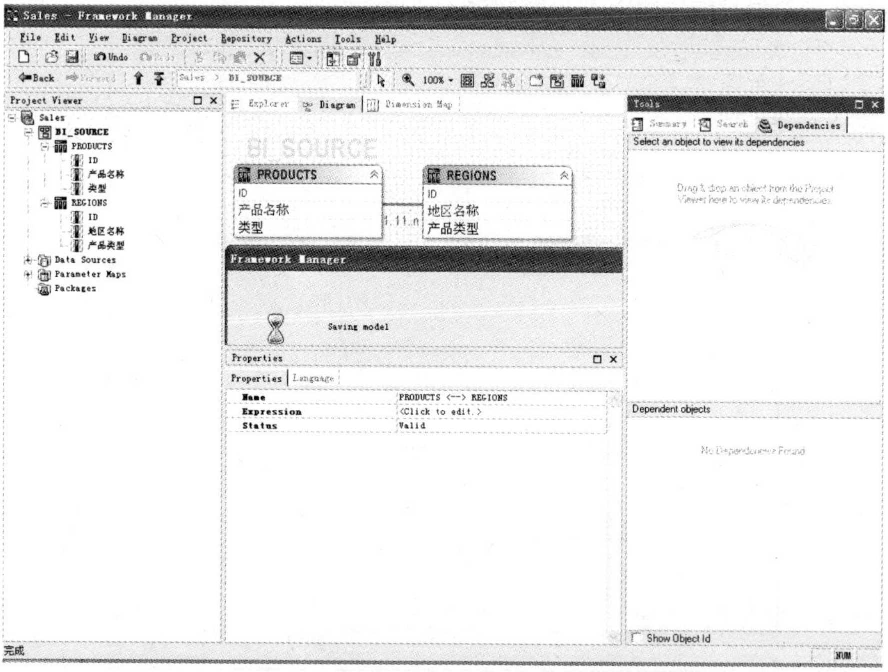

图 19-102　保存设置

至此，使用 Framework 建模的过程全部完成。

4. 创建包及发布模型

模型创建好之后，接下来就是发布模型的过程了。

在导航视图窗口中，右击 Package，在弹出的快捷菜单中选择 Create→Package 命令，如图 19-103 所示。

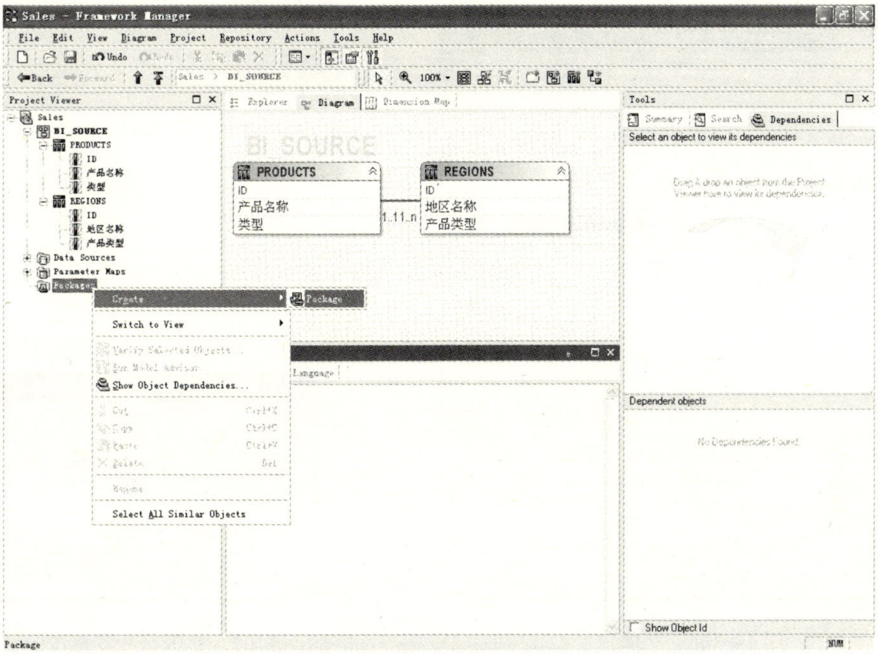

图 19-103　创建包

输入发布包的名称及相关描述，如图 19-104 所示。

输入完成后，单击 Next 按钮，弹出需要发布的模型，如图 19-105 所示。

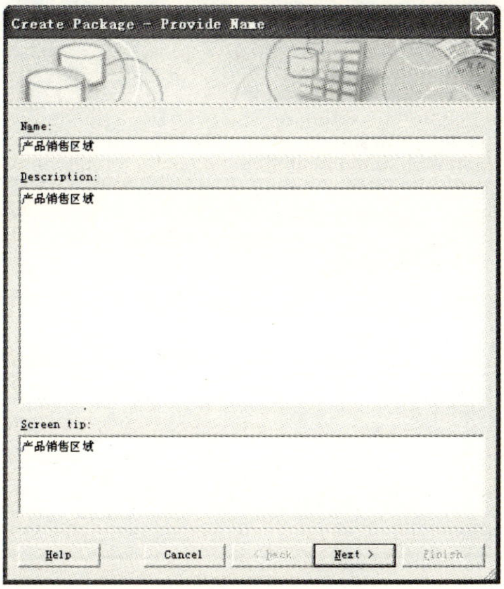

图 19-104　包名及描述设置

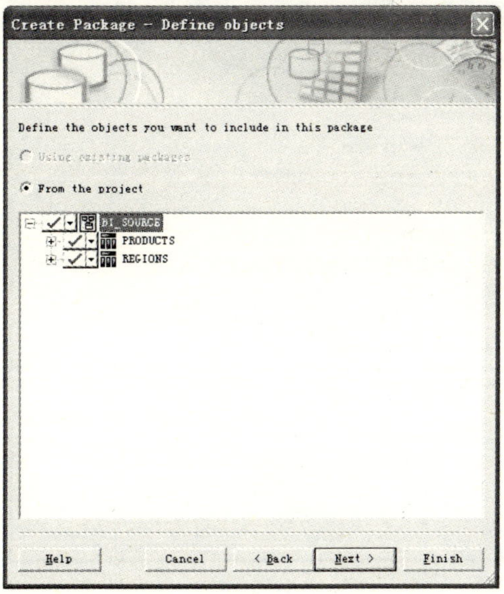

图 19-105　需要发布的模型

选择完之后，单击 Next 按钮，弹出可用的一系列功能集，这里选择 Oracle，双击右侧的 Oracle 添加到左侧区域，如图 19-106 所示。

单击 Finish 按钮，完成包的创建。

包创建完成之后，系统弹出是否打开发布包向导的提示框，如图 19-107 所示。单击 Yes 按钮，弹出发布包向导对话框，如图 19-108 所示。

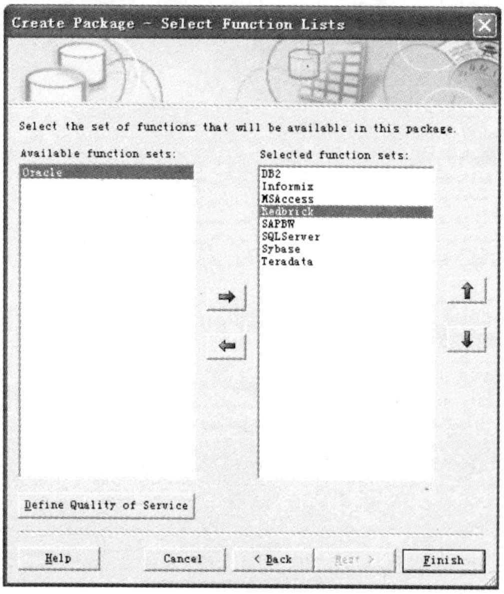

图 19-106　功能集

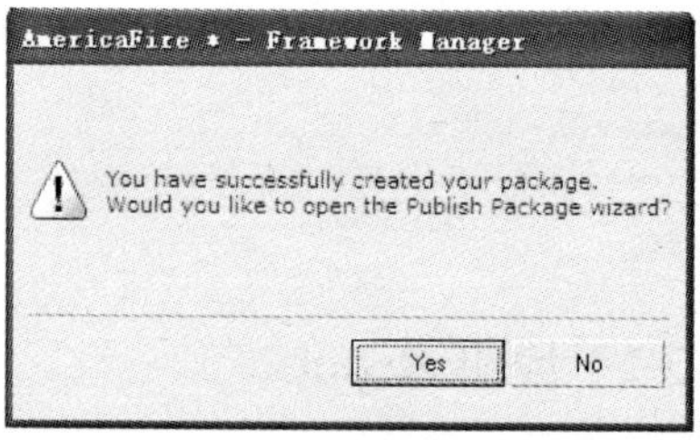

图 19-107　是否打开发布包向导提示框

在 Cognos 8 Content Store 下的列表中，选择要发布到的本地目录，以便在 Cognos Connection 中打开该模型制作报表。单击 Next 按钮，进入安全设置界面，如图 19-109 所示。

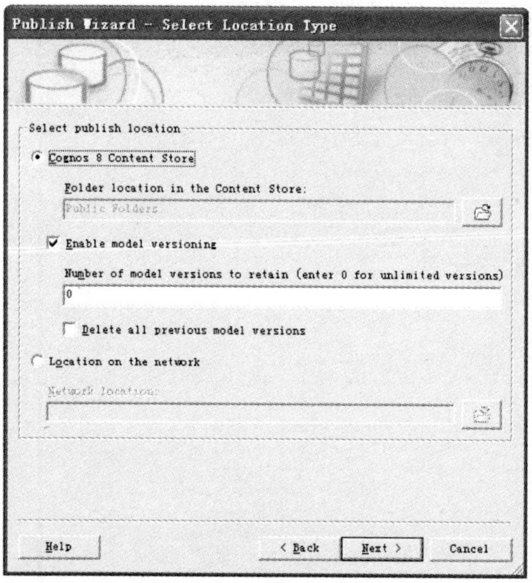

图 19-108　发布包向导

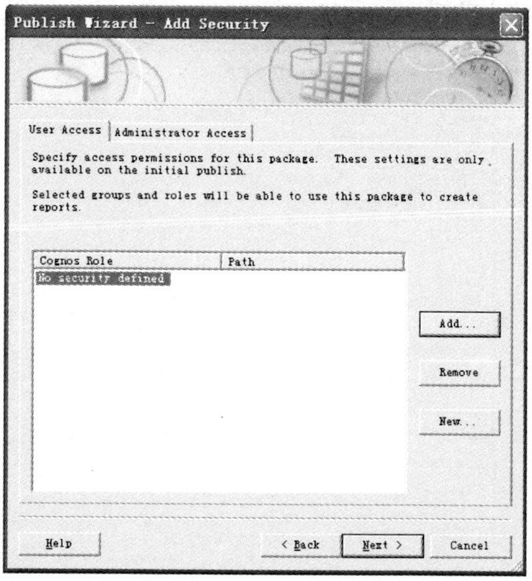

图 19-109　安全设置

暂时不做设置，直接单击 Next 按钮，进入发布前的验证设置，如图 19-110 所示。

设置完成后，单击 Publish 按钮完成发布，如图 19-111 所示。

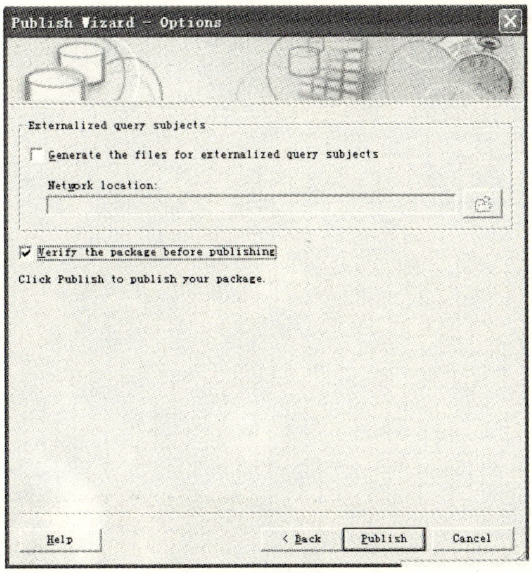

图 19-110　验证设置

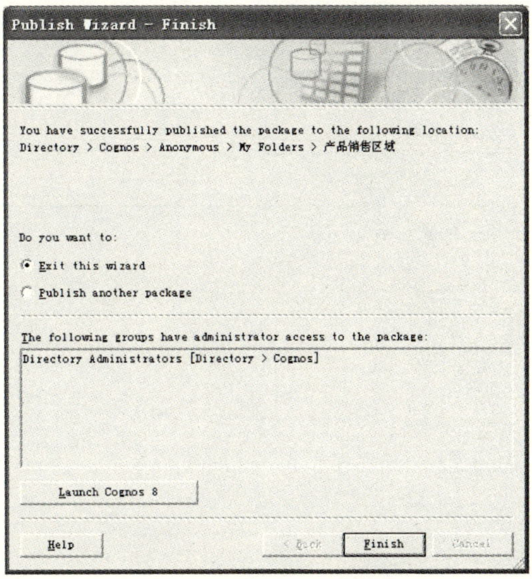

图 19-111　完成发布

19.3.2　使用 Report Studio 制作报表

登录 http://localhost:9300/p2pd/servlet/dispatch 网址，单击右上角的 Launch，在弹出的下拉列表中选择 Report Studio 选项，如图 19-112 所示。

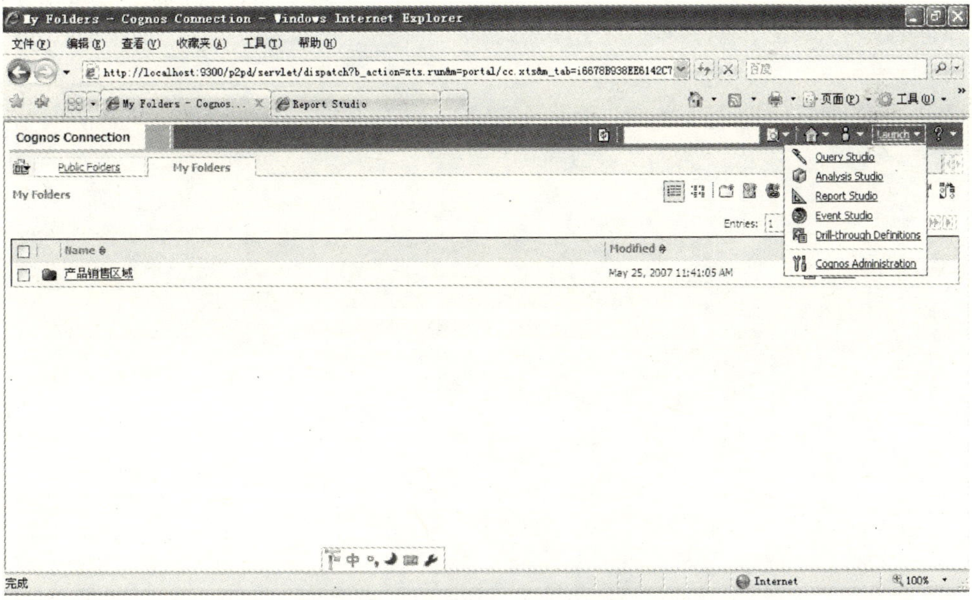

图 19-112　Cognos Connection 界面

在跳转的界面中选择刚才发布好的包“产品销售区域”，如图 19-113 所示。

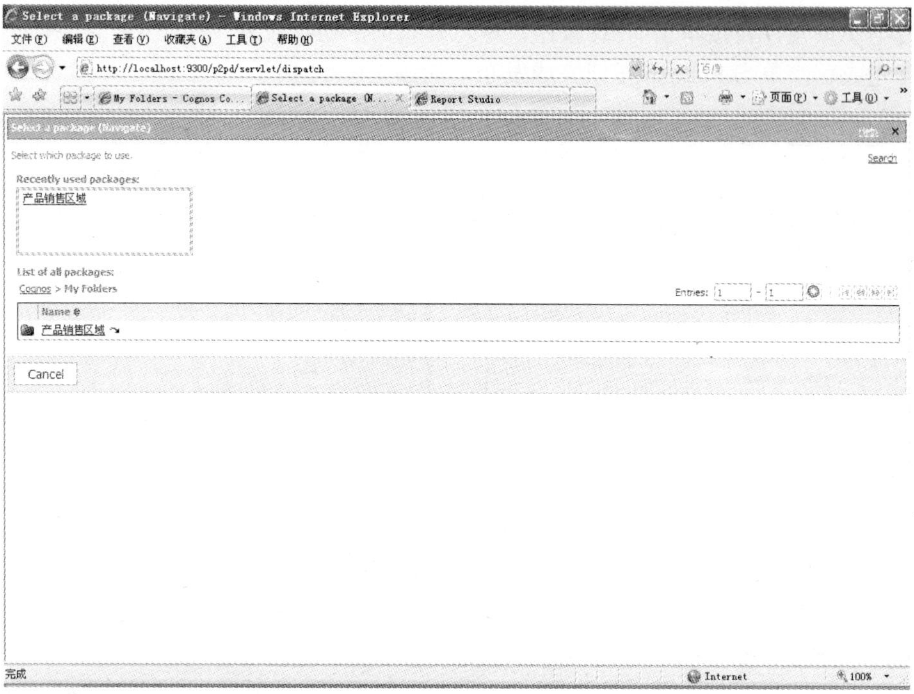

图 19-113　包向导

直接单击链接，首先加载，如图 19-114 所示。

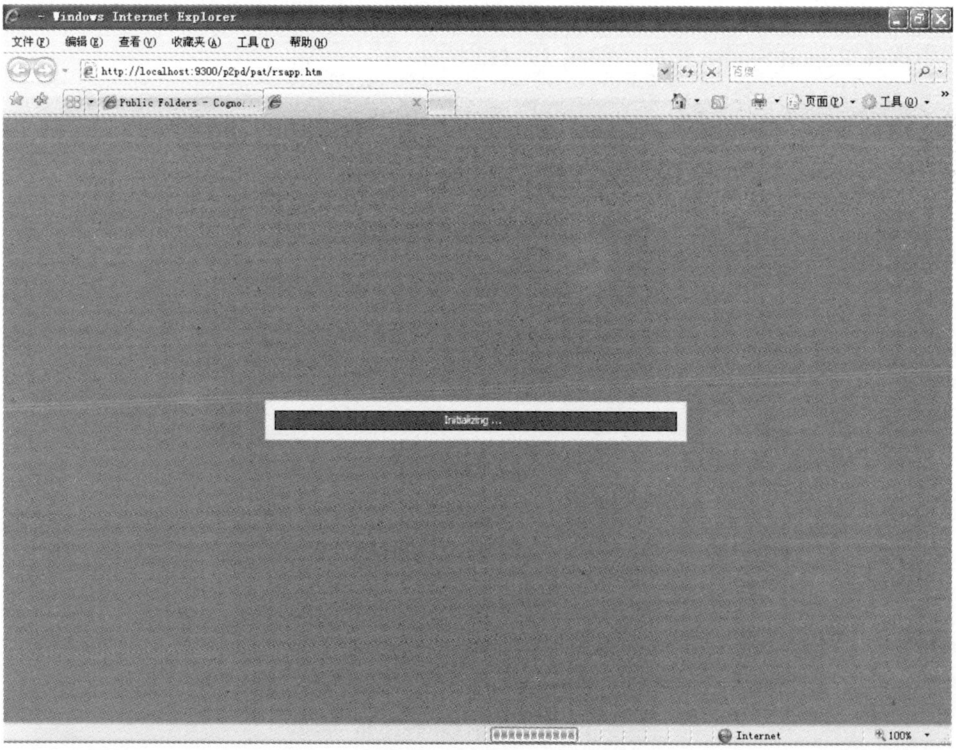

图 19-114　加载界面

加载完之后，进入 Report Studio 的欢迎界面。在该界面中，单击 Create a new report or template 按钮创建一个新报表，如图 19-115 所示。

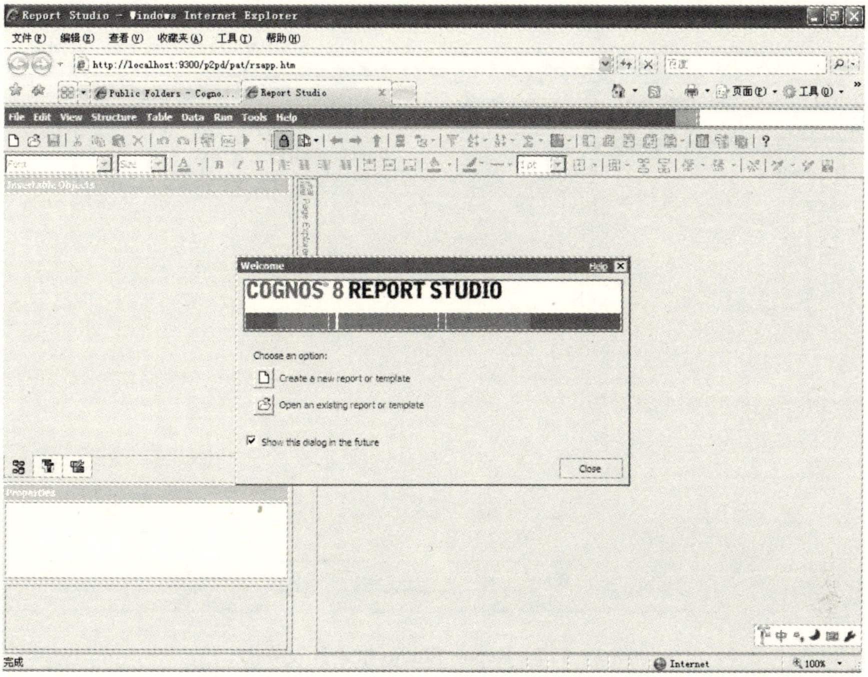

图 19-115　Report Studio 欢迎界面

在弹出的报表类型中，选择 List，然后单击 OK 按钮，如图 19-116 所示。

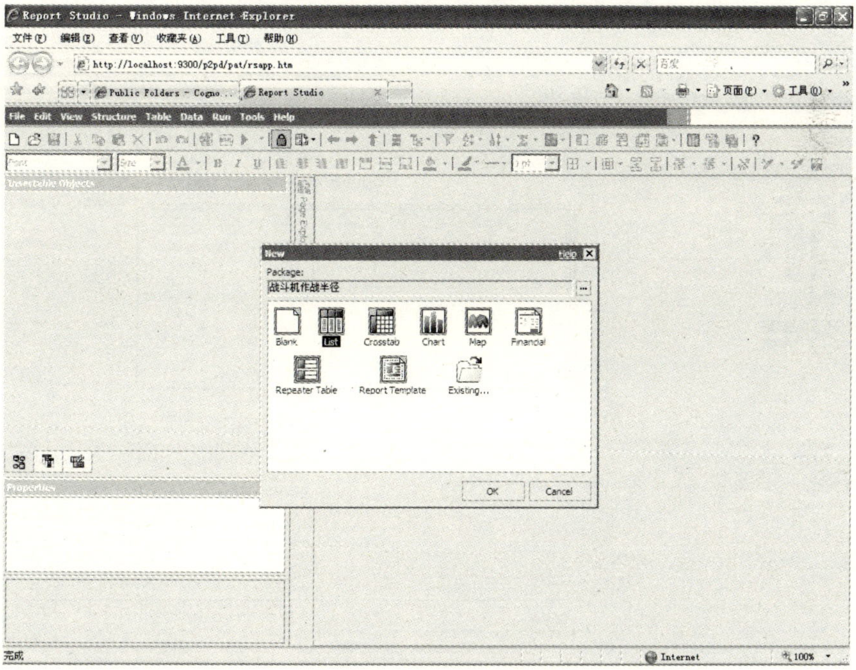

图 19-116　创建模式向导

进入 Report Studio 报表开发界面，如图 19-117 所示。

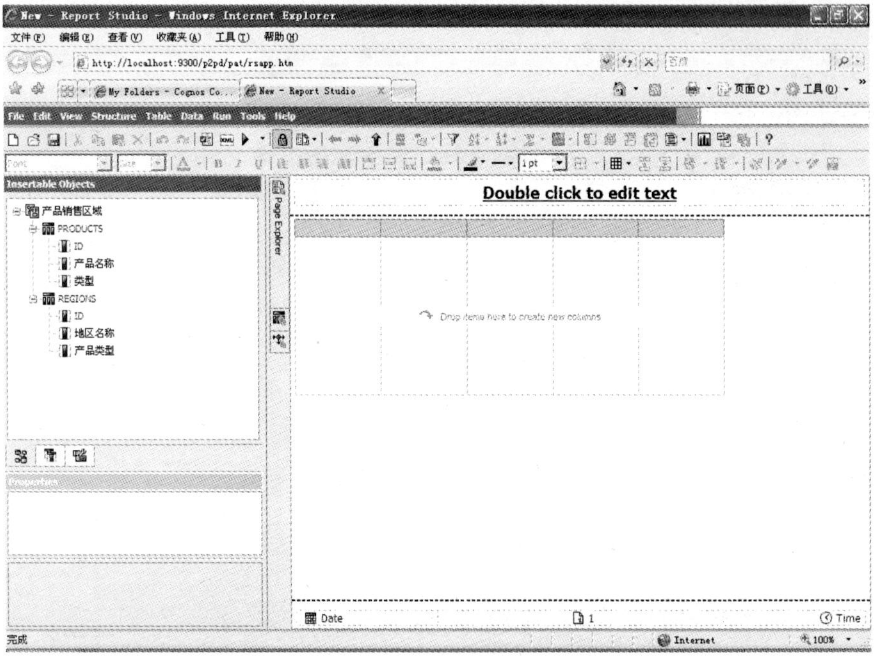

图 19-117　Report Studio 报表开发界面

拖住左边 Insertable Objects 工作区内的表 PREGIONS 中的“地区名称”列到右侧的表格中，如图 19-118 所示。

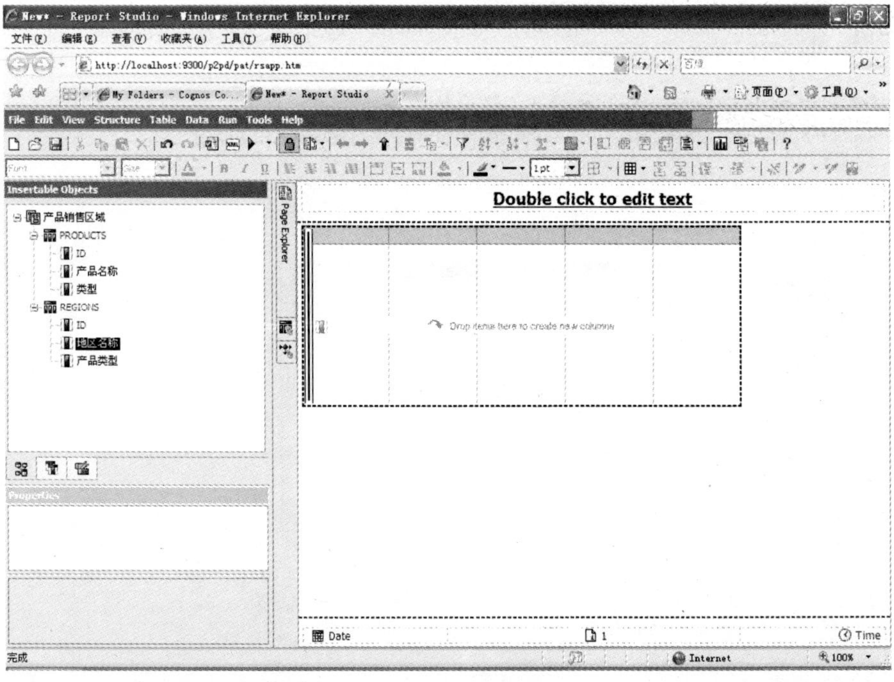

图 19-118　页面布局图

同样，将“产品类型”、“产品名称”列拖入右侧工作区。最后的效果如图 19-119 所示。

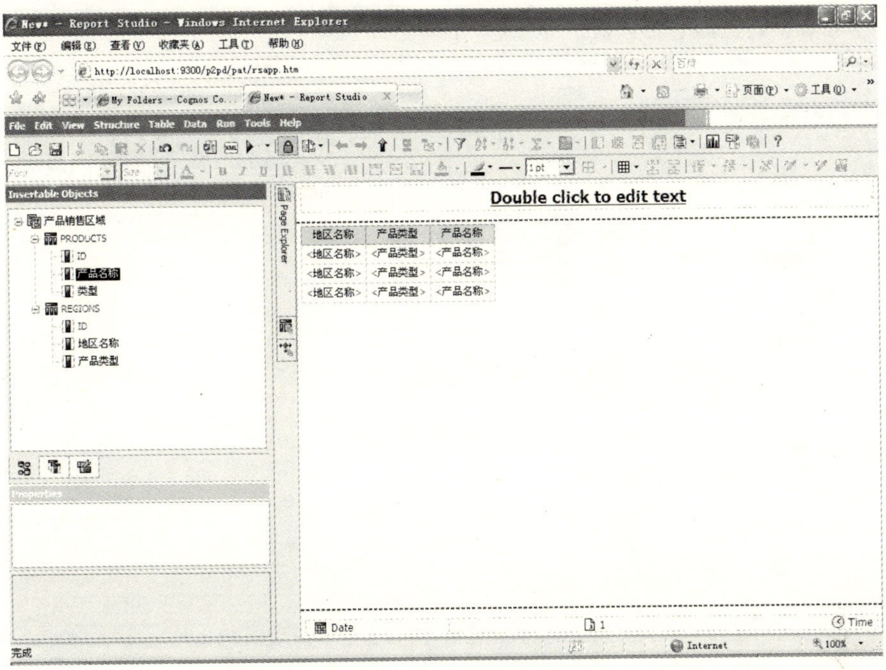

图 19-119　报表设置界面

报表列设计好之后，设计报表名称，双击 Double click to edit text 字体，在弹出的 Text 对话框中输入“产品销售区域”，然后单击 OK 按钮，如图 19-120 所示。

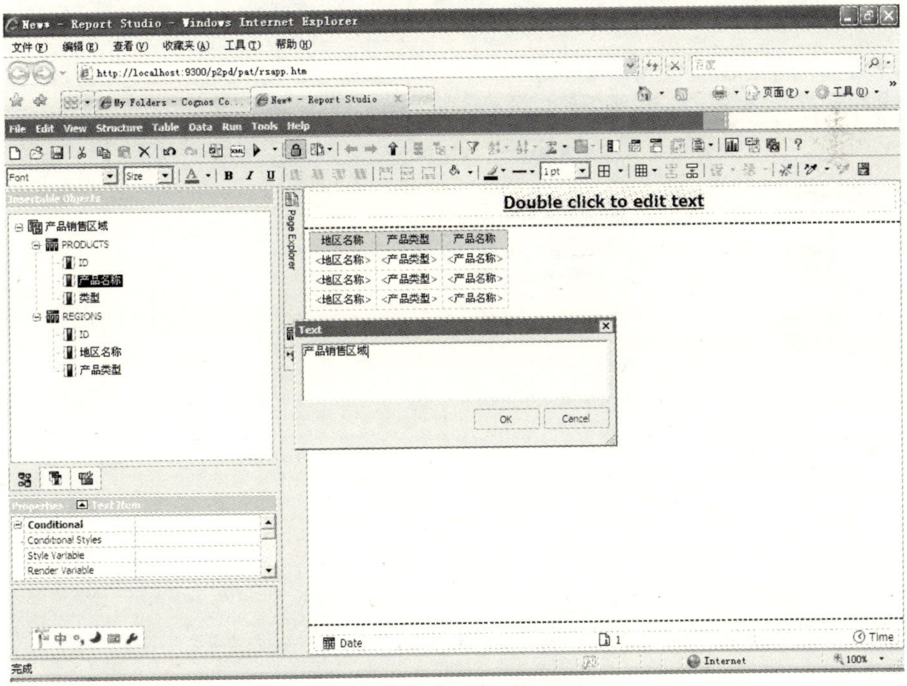

图 19-120　设计报表名称

设计好的标题如图 19-121 所示。

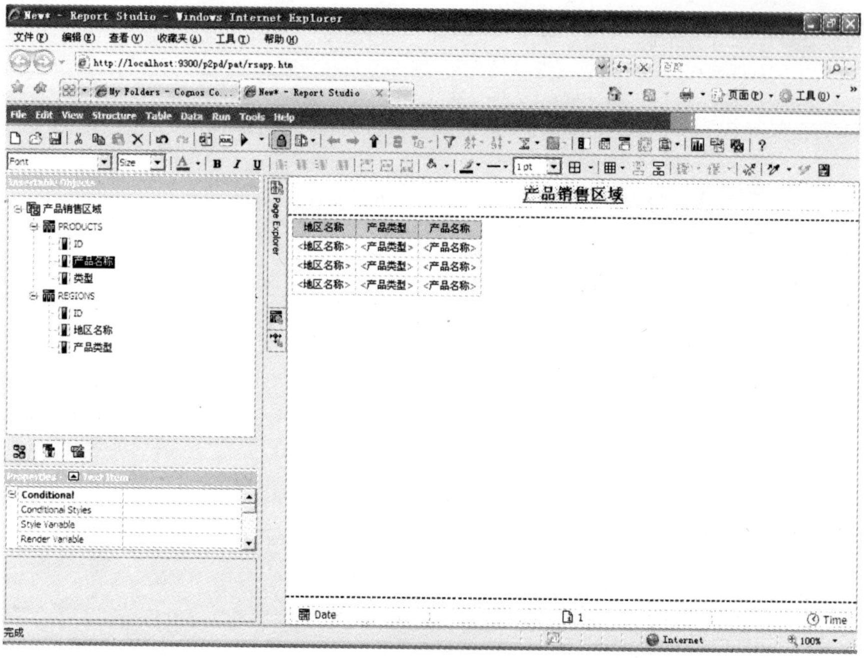

图 19-121　报表界面

接下来，将“产品名称”列分组显示。首先选中“产品名称”列，然后单击工具栏中的 Group / Ungroup 按钮，如图 19-122 所示。

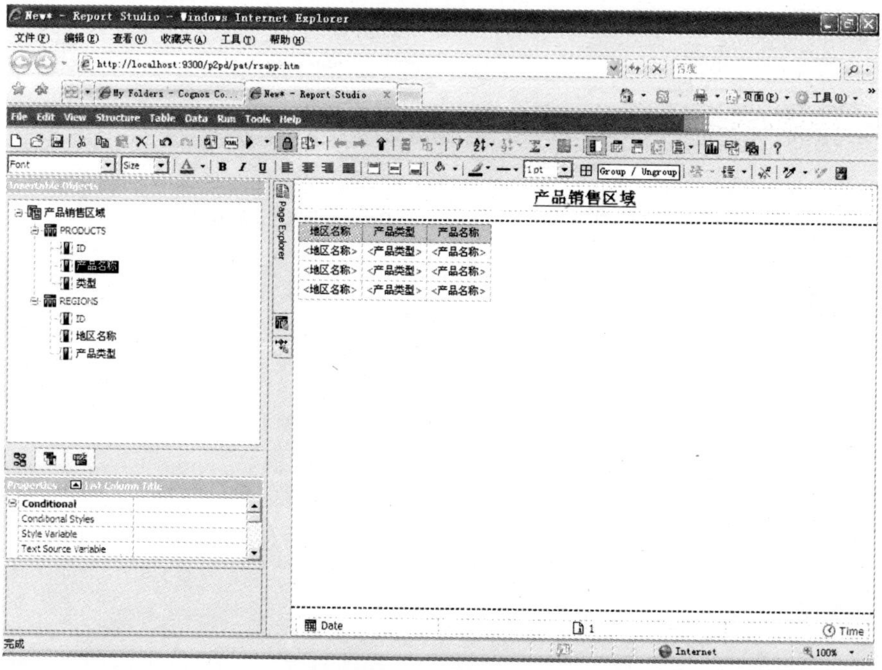

图 19-122　分组设置

列表“地区名称”中将多出一个图标，如图 19-123 所示。

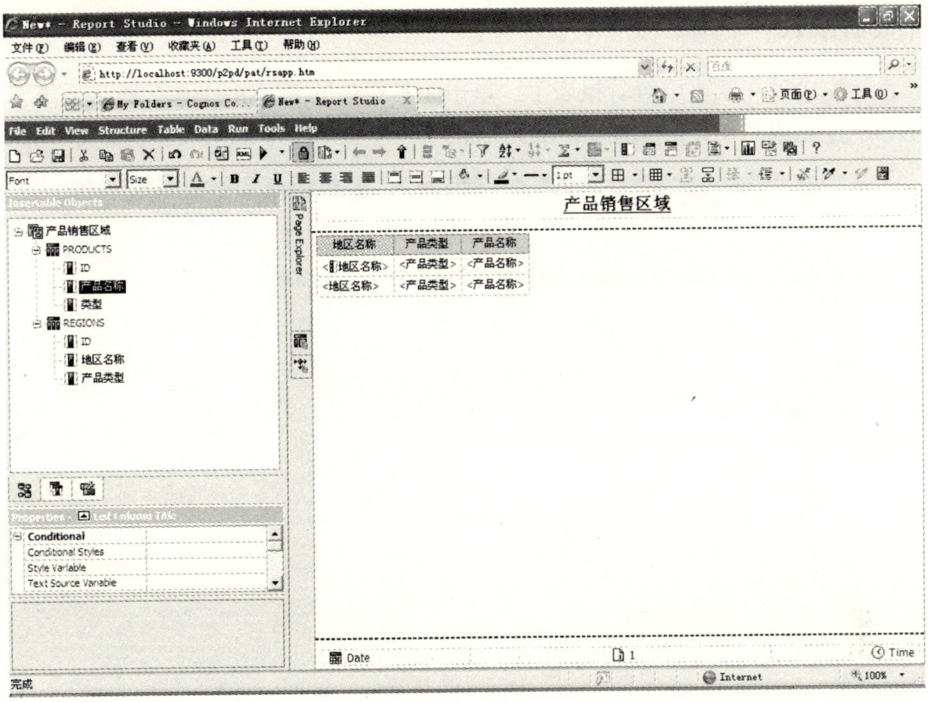

图 19-123　分组图标

接下来，选中空白区域，单击工具栏中的 Center 按钮将表格居中显示，如图 19-124 所示。

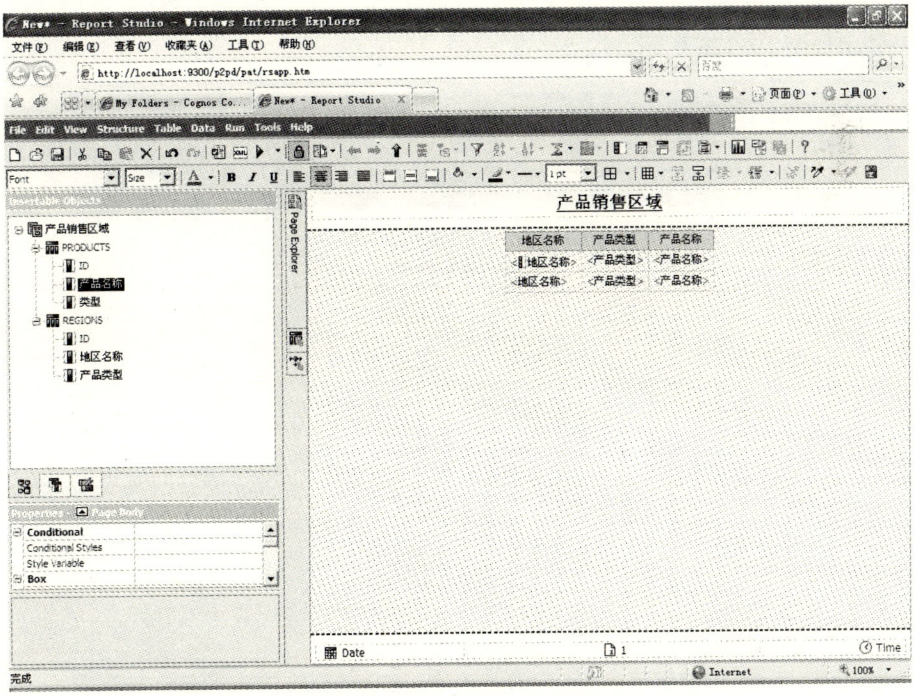

图 19-124　居中显示表格

至此，报表基本上就设计完成了。

19.3.3 查看报表

报表设计完之后，就可以查看报表了。单击工具栏中的 Run Report 按钮，系统将以报表的方式显示刚才完成的设计，如图 19-125 所示。

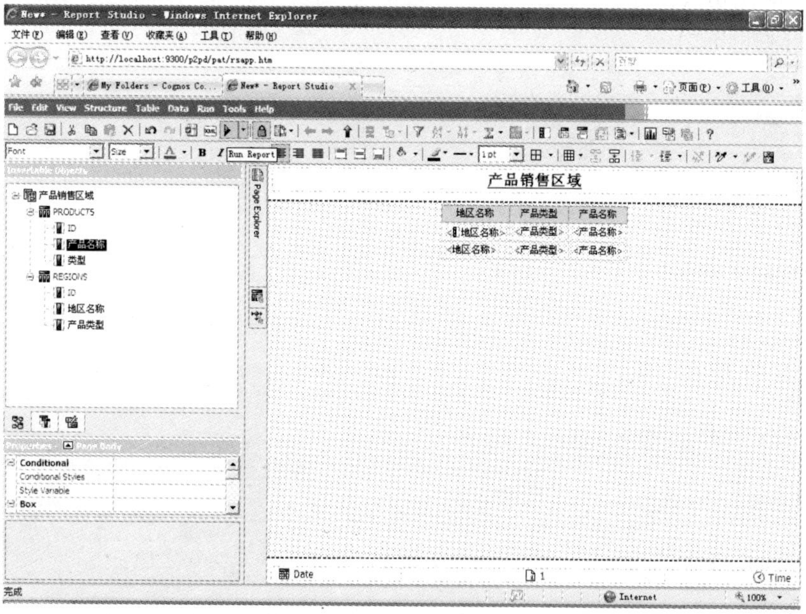

图 19-125　运行报表

报表显示如图 19-126 所示。

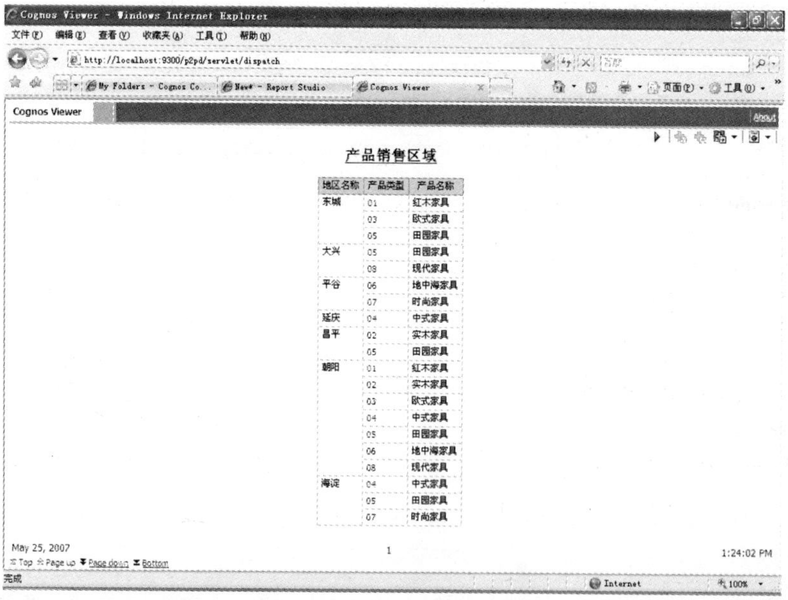

地区名称	产品类型	产品名称
东城	01	红木家具
	03	欧式家具
	05	田园家具
大兴	05	田园家具
	08	现代家具
平谷	06	地中海家具
	07	时尚家具
延庆	04	中式家具
昌平	02	实木家具
	05	田园家具
朝阳	01	红木家具
	02	实木家具
	03	欧式家具
	04	中式家具
	05	田园家具
	06	地中海家具
	08	现代家具
海淀	04	中式家具
	05	田园家具
	07	时尚家具

图 19-126　报表展示图

经过以上步骤的练习，读者已经对 Cognos 报表制作的流程和工具的使用有了初步的认识。在 19.4 节中，将介绍 Cognos 的另一个入门实例。

19.4 Cognos 入门实例二

经过上面的简单入门实例，读者已经大概熟悉了 Framework 建模工具的使用，以及使用 Report Studio 制作报表的步骤。在本节中，将使用 Transformer 立方体建立多维模型，然后使用 Analysis Studio 来制作多维分析报表。

19.4.1 使用 Framework 建模

1. 创建数据库脚本

```
create table SALES
(
  id            varchar2(32) not null,
  product_name  varchar2(100),
  produtct_type varchar2(100),
  region_name   varchar2(100),
  dates         date,
  amounts       number
);
insert into SALES (ID, PRODUCT_NAME, PRODUTCT_TYPE, REGION_NAME, AMOUNTS, DATES)
values ('8a81918e2f9bcf3a013044fb7b5a027e', '欧式家具', '03', '朝阳', 780, to_date('13-05-2010', 'dd-mm-yyyy'));
insert into SALES (ID, PRODUCT_NAME, PRODUTCT_TYPE, REGION_NAME, AMOUNTS, DATES)
values ('8a81918e2f9bcf3a012ffbf7b4610063', '地中海家具', '06', '平谷', 26, to_date('18-11-2009', 'dd-mm-yyyy'));
insert into SALES (ID, PRODUCT_NAME, PRODUTCT_TYPE, REGION_NAME, AMOUNTS, DATES)
values ('8a81918e2f9bcf3a012ffbe57a19005f', '松木家具', '08', '大兴', 263, to_date('20-05-2010', 'dd-mm-yyyy'));
insert into SALES (ID, PRODUCT_NAME, PRODUTCT_TYPE, REGION_NAME, AMOUNTS, DATES)
values ('8a81918e2f9bcf3a012ffbcb3fa1005d', '现代家具', '05', '大兴', 485, to_date('31-08-2009', 'dd-mm-yyyy'));
insert into SALES (ID, PRODUCT_NAME, PRODUTCT_TYPE, REGION_NAME, AMOUNTS, DATES)
values ('8a81918e2f9bcf3a013044f2c43e027c', '实木家具', '02', '朝阳', 88, to_date('01-10-2010', 'dd-mm-yyyy'));
insert into SALES (ID, PRODUCT_NAME, PRODUTCT_TYPE, REGION_NAME, AMOUNTS, DATES)
values ('8a81918e2f9bcf3a013044f23c73027b', '红木家具', '01', '朝阳', 1080, to_date('31-12-2010', 'dd-mm-yyyy'));
insert into SALES (ID, PRODUCT_NAME, PRODUTCT_TYPE, REGION_NAME, AMOUNTS, DATES)
```

```
values ('8a81918e2f9bcf3a012ffc04955e006d', '现代家具', '05', '朝阳', 956, to_date('01-01-2011', 'dd-mm-yyyy'));
insert into SALES (ID, PRODUCT_NAME, PRODUTCT_TYPE, REGION_NAME, AMOUNTS, DATES)
values ('8a81918e2f9bcf3a012ffc0072870069', '实木家具', '02', '昌平', 354, to_date('01-05-2011', 'dd-mm-yyyy'));
insert into SALES (ID, PRODUCT_NAME, PRODUTCT_TYPE, REGION_NAME, AMOUNTS, DATES)
values ('8a81918e2f9bcf3a012ffbfdd4520067', '中式家具', '04', '延庆', 261, to_date('15-09-2010', 'dd-mm-yyyy'));
insert into SALES (ID, PRODUCT_NAME, PRODUTCT_TYPE, REGION_NAME, AMOUNTS, DATES)
values ('8a81918e2f9bcf3a012ffbfa4d7d0065', '时尚家具', '07', '平谷', 182, to_date('20-05-2009', 'dd-mm-yyyy'));
commit;
insert into SALES (ID, PRODUCT_NAME, PRODUTCT_TYPE, REGION_NAME, AMOUNTS, DATES)
values ('8a81918e2f9bcf3a012ffbbe5a250059', '田园家具', '05', '东城', 820, to_date('21-07-2011', 'dd-mm-yyyy'));
insert into SALES (ID, PRODUCT_NAME, PRODUTCT_TYPE, REGION_NAME, AMOUNTS, DATES)
values ('8a81918e2f9bcf3a012fd3d0b3f00040', '欧式家具', '03', '东城', 366, to_date('22-11-2010', 'dd-mm-yyyy'));
insert into SALES (ID, PRODUCT_NAME, PRODUTCT_TYPE, REGION_NAME, AMOUNTS, DATES)
values ('8a81918e2f9bcf3a012fd3cdb10f003d', '红木家具', '01', '东城', 452, to_date('10-05-2011', 'dd-mm-yyyy'));
insert into SALES (ID, PRODUCT_NAME, PRODUTCT_TYPE, REGION_NAME, AMOUNTS, DATES)
values ('8a81918e2f9bcf3a013044fb8e2c027f', '田园家具', '04', '朝阳', 1823, to_date('30-09-2009', 'dd-mm-yyyy'));
insert into SALES (ID, PRODUCT_NAME, PRODUTCT_TYPE, REGION_NAME, AMOUNTS, DATES)
values ('8a81918e2f9bcf3a0130450794590282', '现代家具', '05', '昌平', 652, to_date('16-10-2010', 'dd-mm-yyyy'));
insert into SALES (ID, PRODUCT_NAME, PRODUTCT_TYPE, REGION_NAME, AMOUNTS, DATES)
values ('870c773a549a49e3acd2d6da426c0260', '地中海家具', '06', '朝阳', 462, to_date('20-12-2010', 'dd-mm-yyyy'));
insert into SALES (ID, PRODUCT_NAME, PRODUTCT_TYPE, REGION_NAME, AMOUNTS, DATES)
values ('d680c1c5b0534a81aa0ed0331f8b6f17', '中式家具', '04', '海淀', 116, to_date('20-03-2009', 'dd-mm-yyyy'));
insert into SALES (ID, PRODUCT_NAME, PRODUTCT_TYPE, REGION_NAME, AMOUNTS, DATES)
values ('55b936a7a65c43ab95150f3c793c2ddf', '现代家具', '05', '海淀', 286, to_date('01-04-2009', 'dd-mm-yyyy'));
insert into SALES (ID, PRODUCT_NAME, PRODUTCT_TYPE, REGION_NAME, AMOUNTS, DATES)
values ('4a478c724f314cc3b07d8f93718bb80e', '时尚家具', '07', '海淀', 450, to_date('31-01-2010',
```

'dd-mm-yyyy'));

insert into SALES (ID, PRODUCT_NAME, PRODUTCT_TYPE, REGION_NAME, AMOUNTS, DATES)

values ('ff808081328f0e4901328f47b0340032', '松木家具', '08', '朝阳', 295, to_date('01-10-2010', 'dd-mm-yyyy'));

commit;

2. 新建一个项目

新建项目向导如图 19-127 所示。

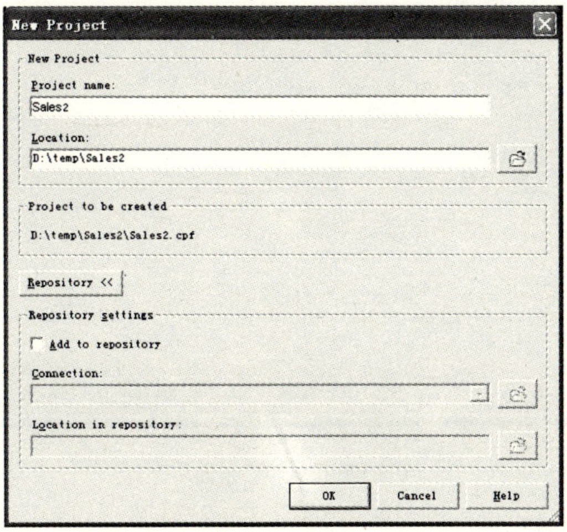

图 19-127　新建项目向导

数据库表使用上面 SALES 表。

导入数据库的过程和建模过程在 19.3 节中已经介绍了，这里就不再赘述。创建好的模型及发布的包完成后，如图 19-128 所示。

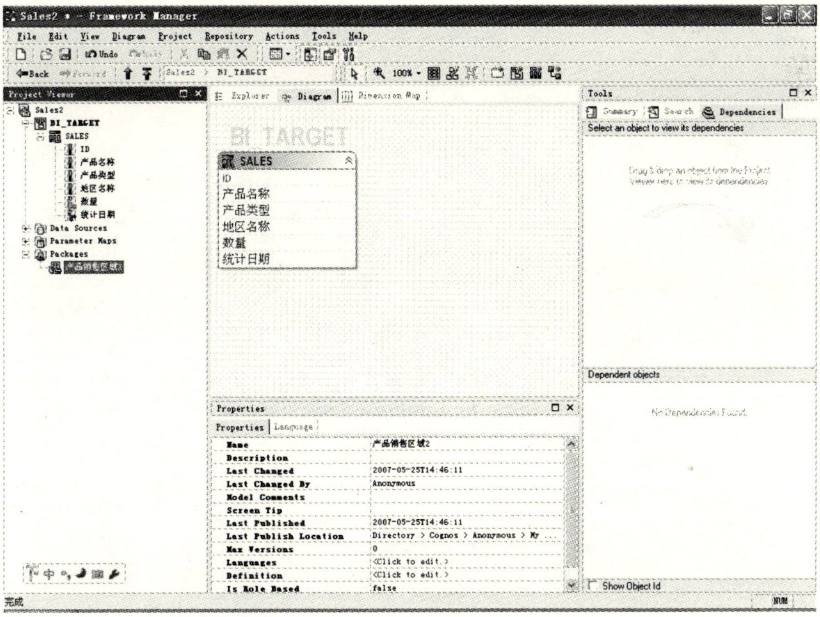

图 19-128　模型图

其中，需要注意的一点是：将模型 SALES 的 Externalize Method 属性值设置为.iqd，并设置保存的.iqd 路径，然后再进行发布，如图 19-129 所示。

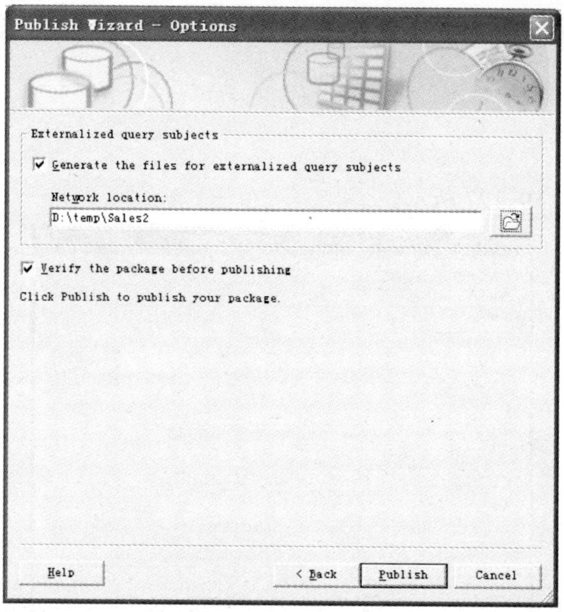

图 19-129　发布向导

19.4.2　使用 Transformer 立方体多维建模

1．新建 Transformer 多维模型

打开路径：选择“开始”→“程序”→“Cognos Transformer”→“Transformer”命令，如图 19-130 所示。

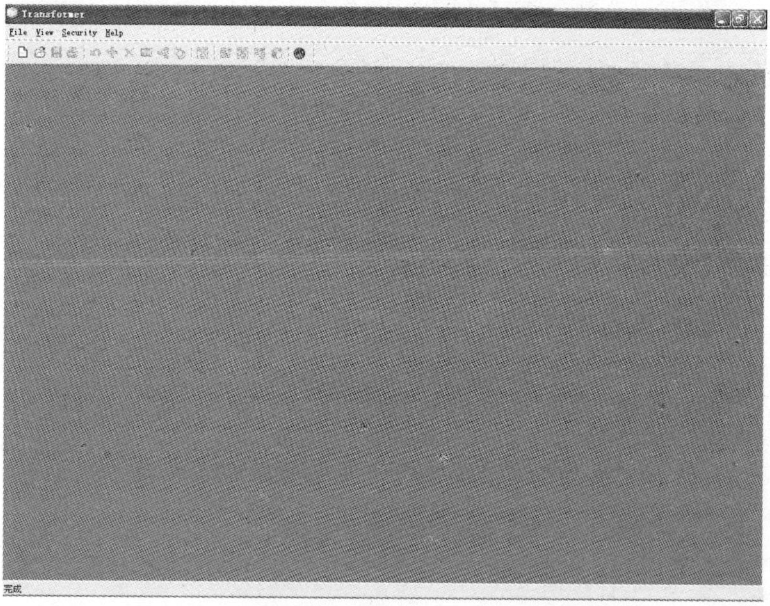

图 19-130　Transformer 界面

单击工具栏中的🗋按钮新建一个模型，弹出如图 19-131 所示的对话框。

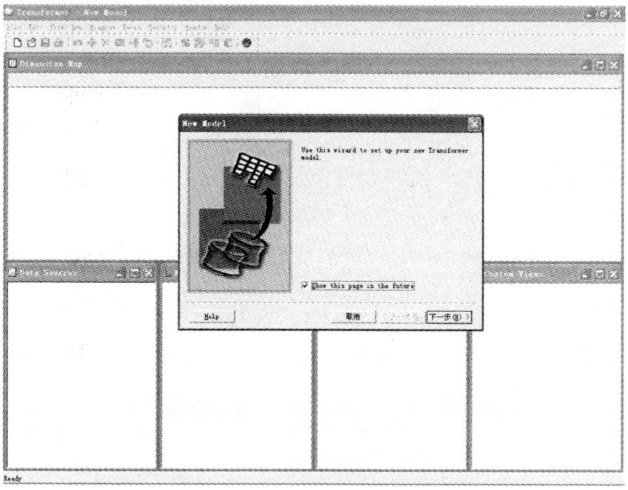

图 19-131　新建模型向导

单击“下一步”按钮，输入模型名称，如图 19-132 所示。

输入模型名称后，单击“下一步”按钮，进行数据源和数据类型的设置，如图 19-133 所示。

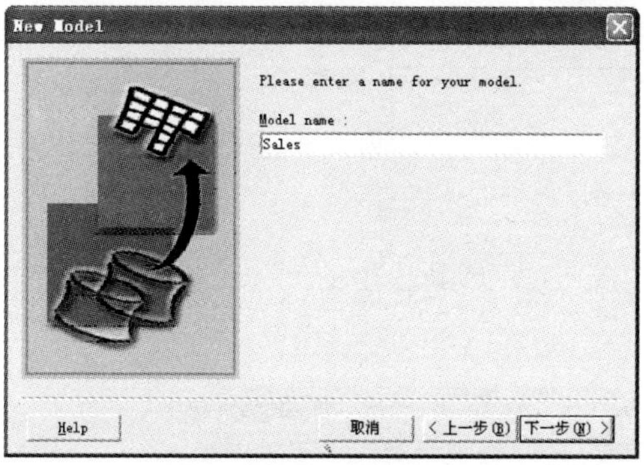

图 19-132　输入模型名称

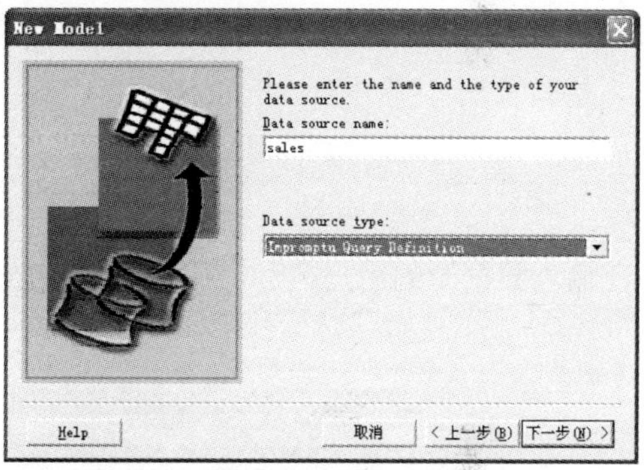

图 19-133　设置数据源和数据类型

在 Data source type 下拉列表中，选择 Impromptu Query Definition 选项，这里使用在上节中保存好的.iqd 文件作为数据源，单击“下一步”按钮，进行选择数据源路径，如图 19-134 所示。

单击“下一步”按钮，完成数据源的导入，如图 19-135 所示。

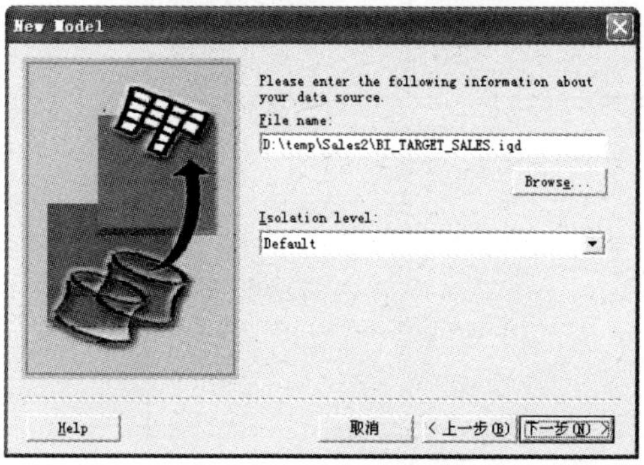

图 19-134　选择数据源路径

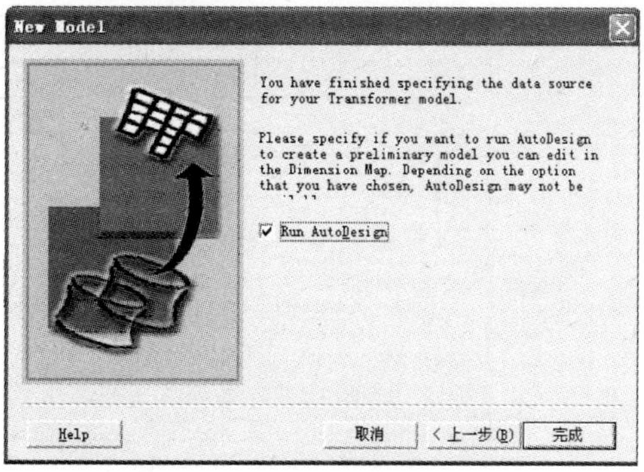

图 19-135　完成数据源的导入

选择 Run AutoDesign 复选框，然后单击“完成”按钮，这时弹出 Transformer Error 提示框，如图 19-136 所示。

图 19-136　Transformer Error 提示框

分析原因，Transformer 提示连接数据源错误，需要在 COGNOS.ini 文件中添加配置来完成与数据源的连接。

打开 Cognos 的安装目录，找到 COGNOS.ini 文件，双击打开，在文件末尾添加如下设置：

```
BI_TARGET=^User ID:^?Password:;LOCAL;OR;ORACLE@%s@usa/%s@COLSEQ=
```

其中，BI_TARGET 是数据源的用户名。

然后单击“完成”按钮，将弹出提示输入用户名和密码的登录对话框，如图 19-137 所示。

图 19-137　数据源登录对话框

输入数据源的用户名和密码后，单击 Log On 按钮，完成新模型的创建工作，如图 19-138 所示。

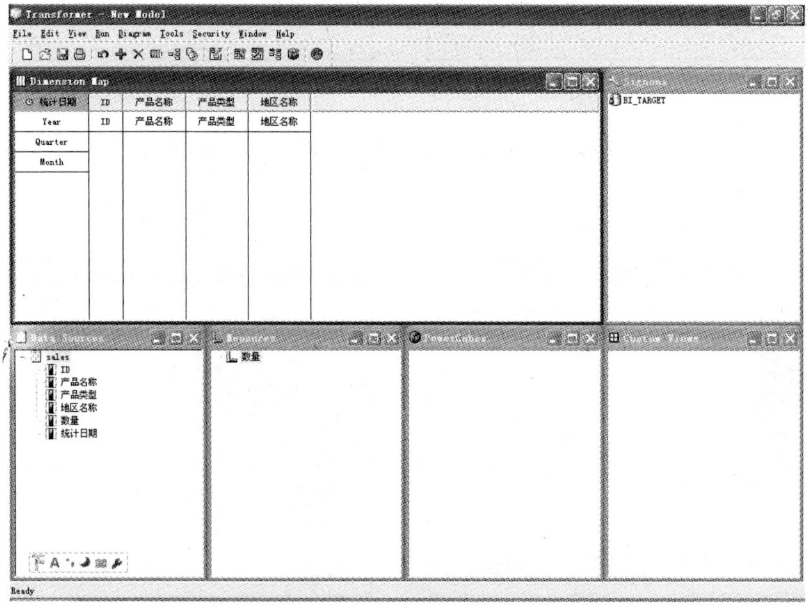

图 19-138　创建的新模型

2. 多维模型设计

默认的设置可能有些不符合多维模型设计需求，这时需要手工进行调整。首先设置维度，如图 19-139 所示。

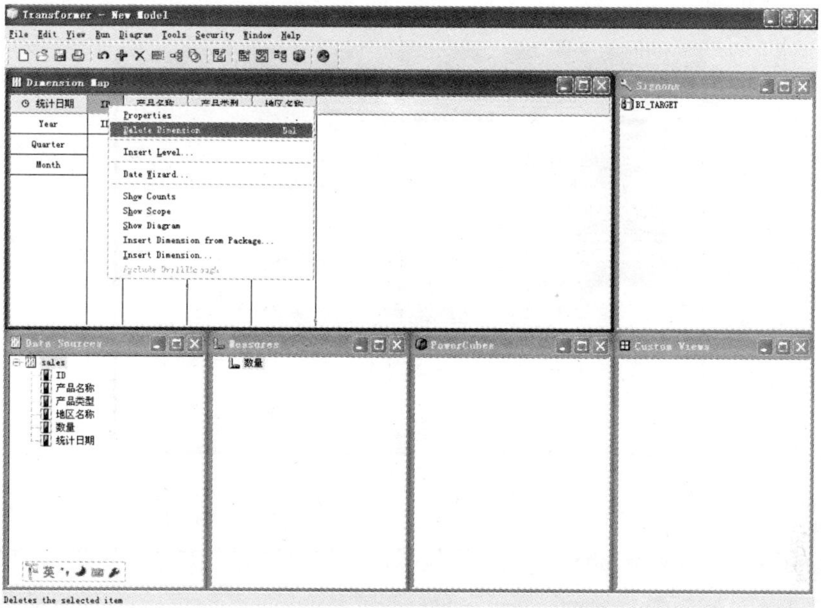

图 19-139　维度调整操作

右击维度窗口中的 ID，在弹出的快捷菜单中选择 Delete Dimension 命令，即可将其删除；“产品类型”也用同样方法删除。最终效果如图 19-140 所示。

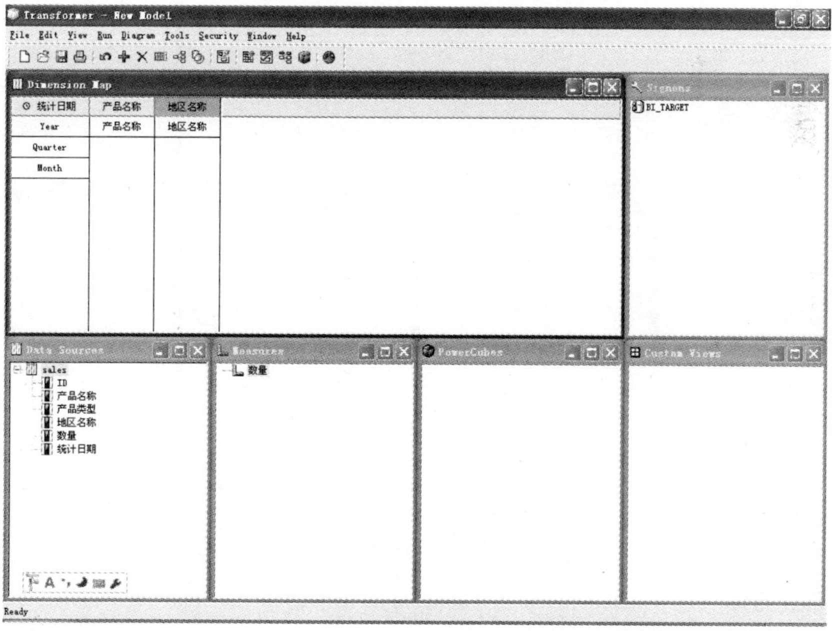

图 19-140　最终模型效果图

用同样方法进行 Measures 的设置。

3．创建立方体

单击工具栏中的按钮创建立方体，Transformer 将自动创建一个立方体模型，如图 19-141 所示。

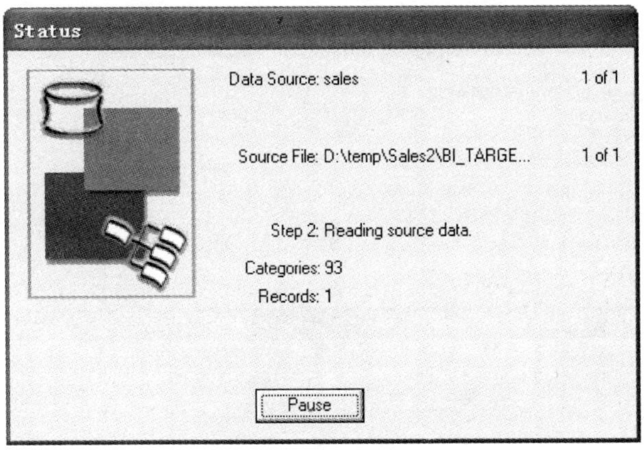

图 19-141 创建立方体

创建完成后，在 PowerCubes 窗口中将显示已经创建好的立方体，如图 19-142 所示。

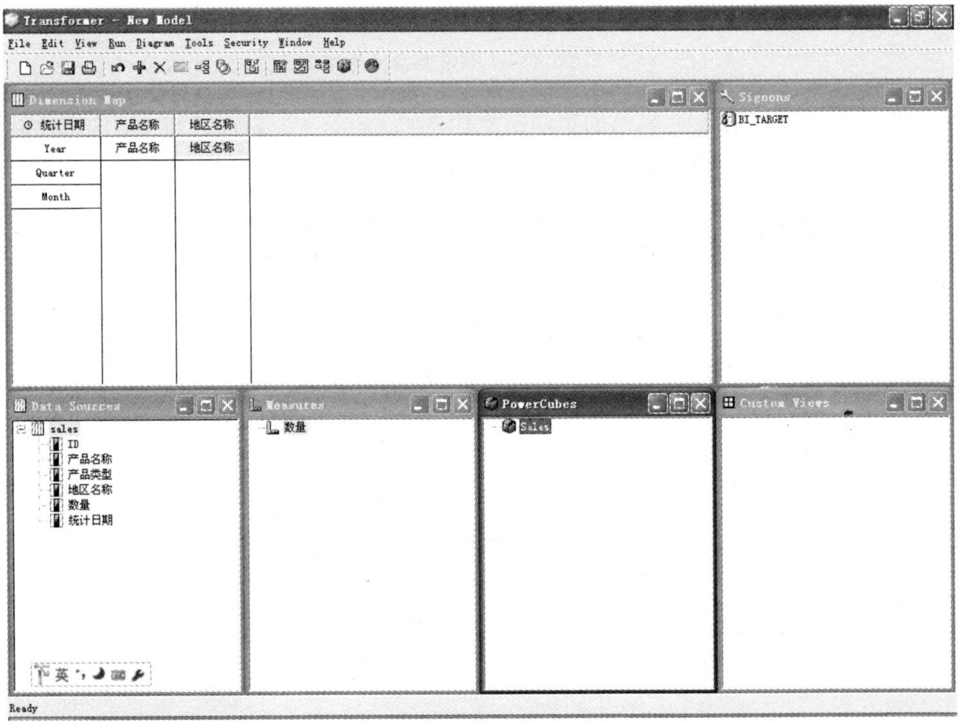

图 19-142 立方体模型

4．发布立方体

右击 Sales，在弹出的快捷菜单中选择 Publish PowerCube as Data Source and Package 命令进行立方体的发布，如图 19-143 所示。

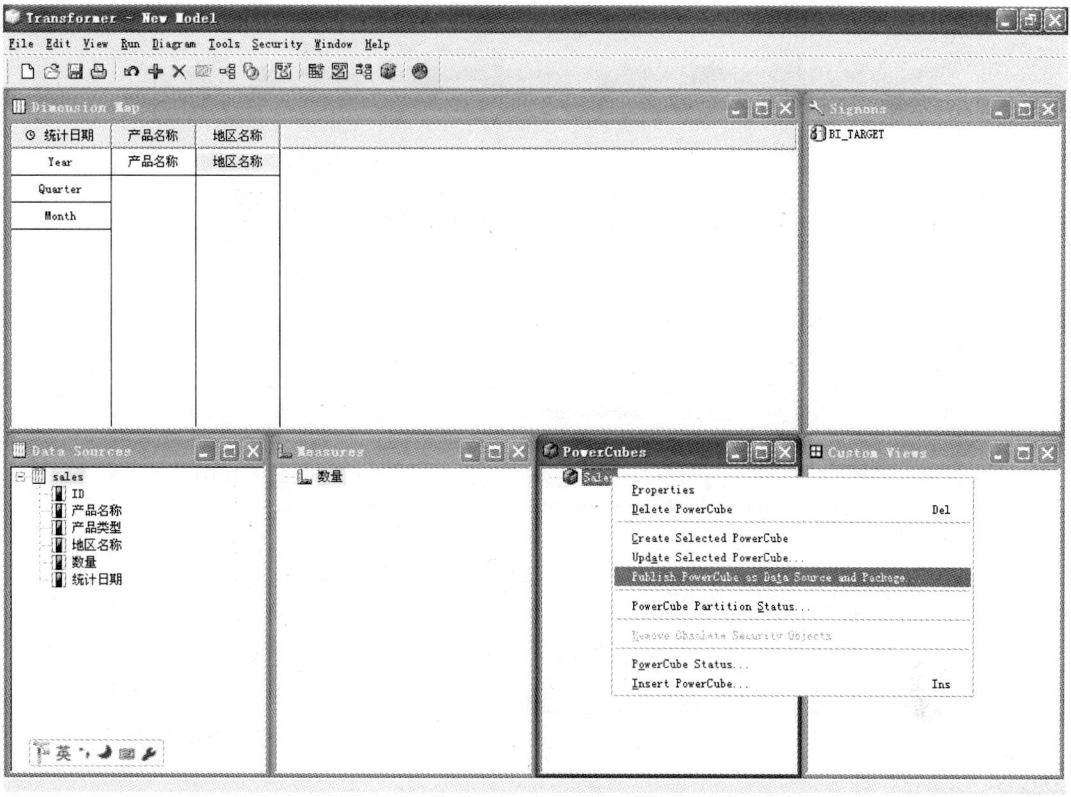

图 19-143 发布立方体

弹出 Publish PowerCube 对话框，如图 19-144 所示。

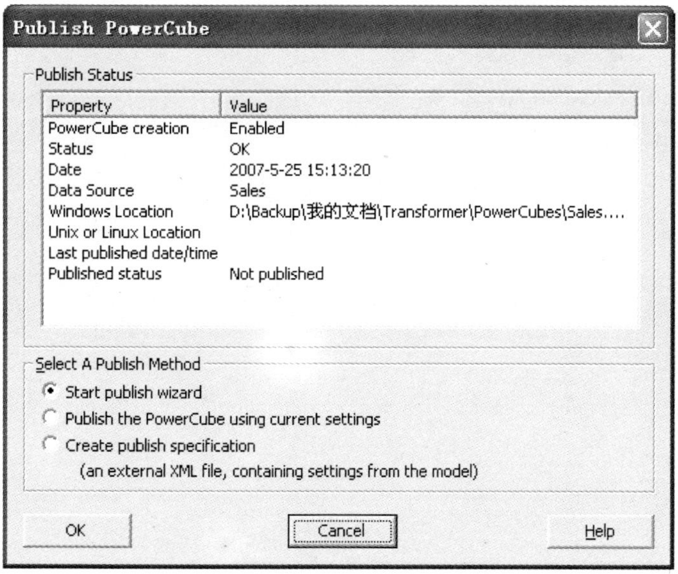

图 19-144 Publish PowerCube 对话框

选择 Start publish wizard 单选按钮以向导方式进行一个立方体的发布。单击 OK 按钮，如

图 19-145 所示。

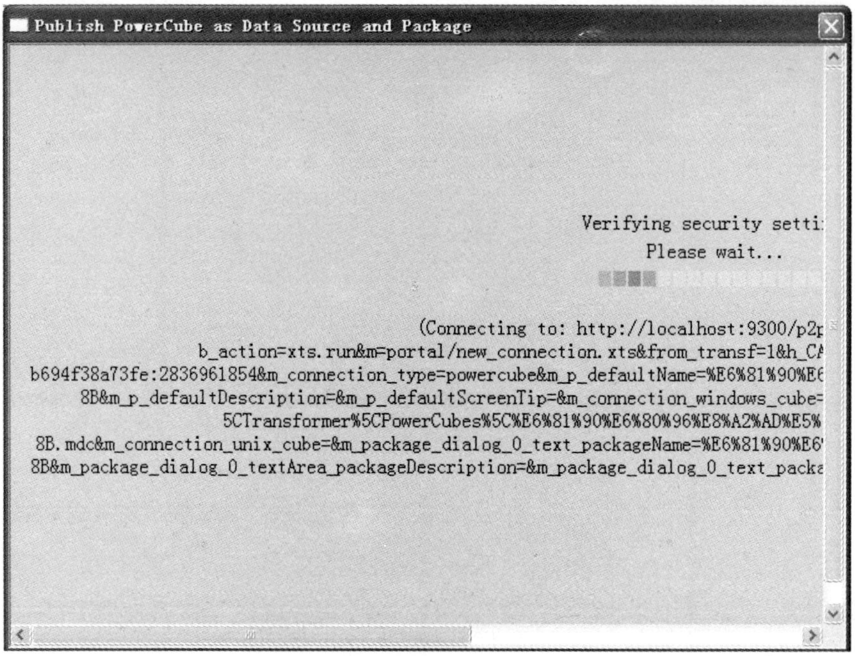

图 19-145　发布向导

在进行安全验证之后，将跳转到下一个对话框，如图 19-146 所示。

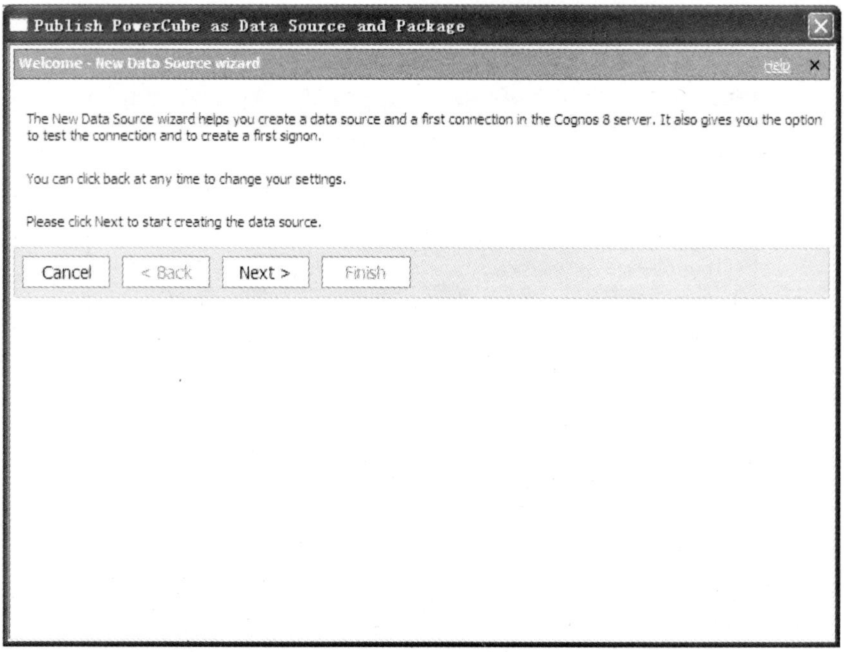

图 19-146　创建数据源向导

单击 Next 按钮，进入数据源设置界面，如图 19-147 所示。

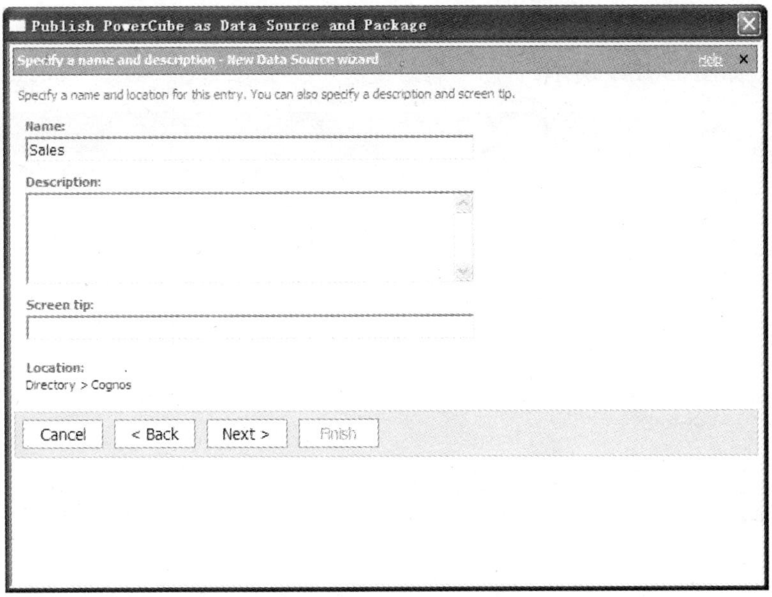

图 19-147　数据源设置

在图 19-147 中输入名称和描述等信息后，单击 Next 按钮，进入连接串设置界面，如图 19-148 所示。

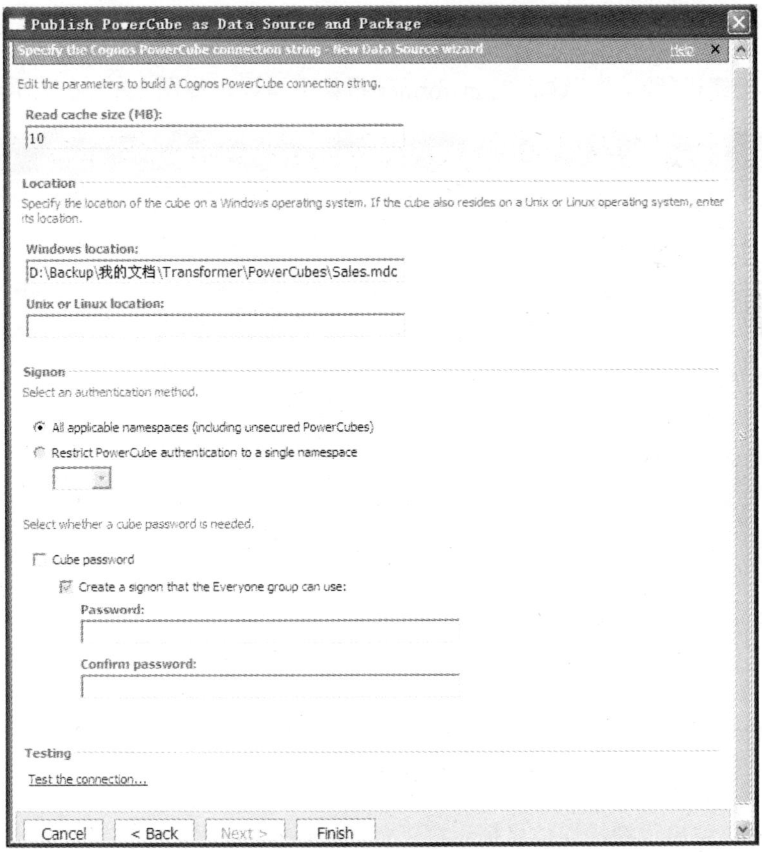

图 19-148　连接串设置

在 Read cache size(MB)文本框中输入“10”，然后单击下方的 Test the connection 按钮进入测试连接界面，如图 19-149 所示。

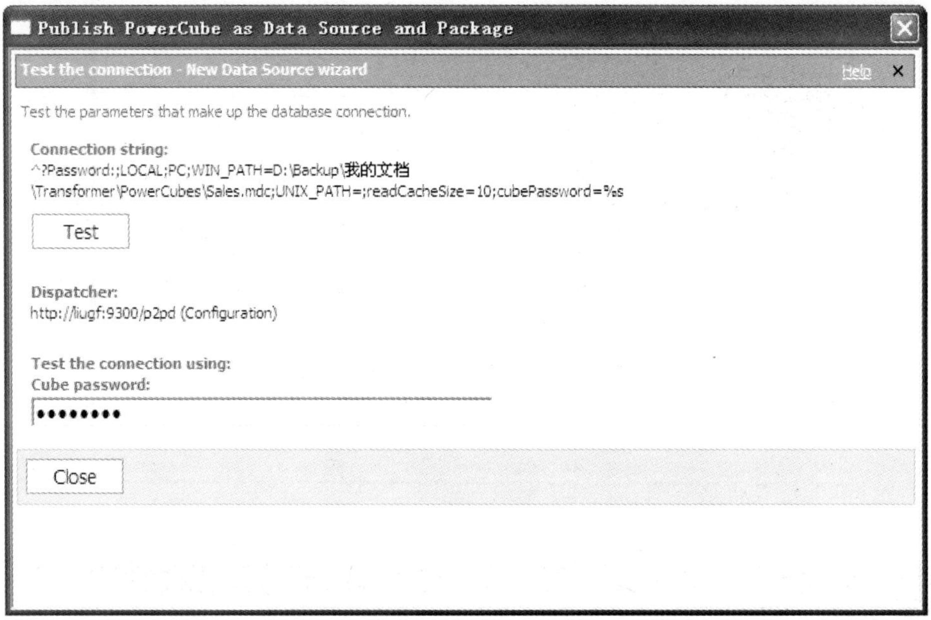

图 19-149　测试连接界面

单击 Test 按钮进行测试，这时 Transformer 报如下错误，如图 19-150 所示。

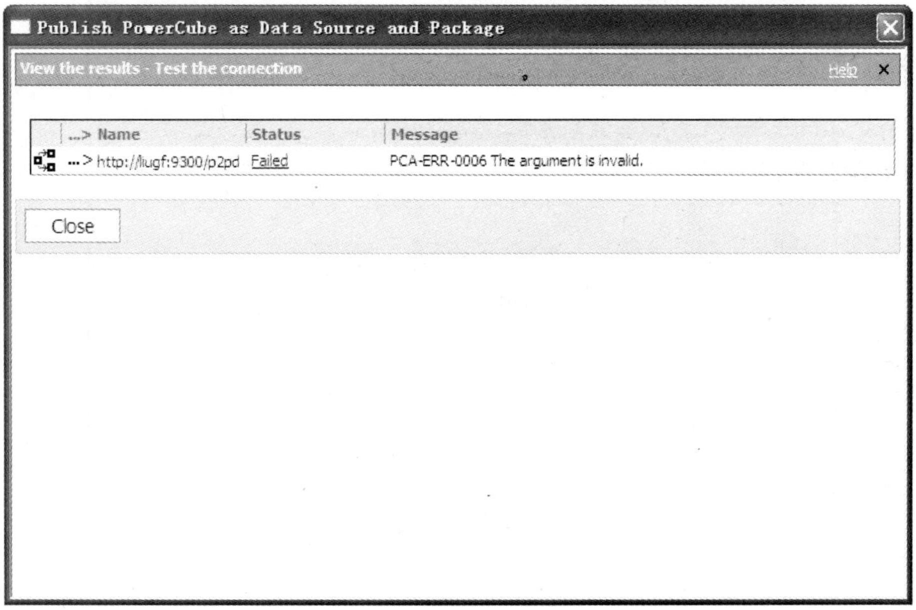

图 19-150　测试结果

单击 Failed，弹出详细错误信息提示框，如图 19-151 所示。

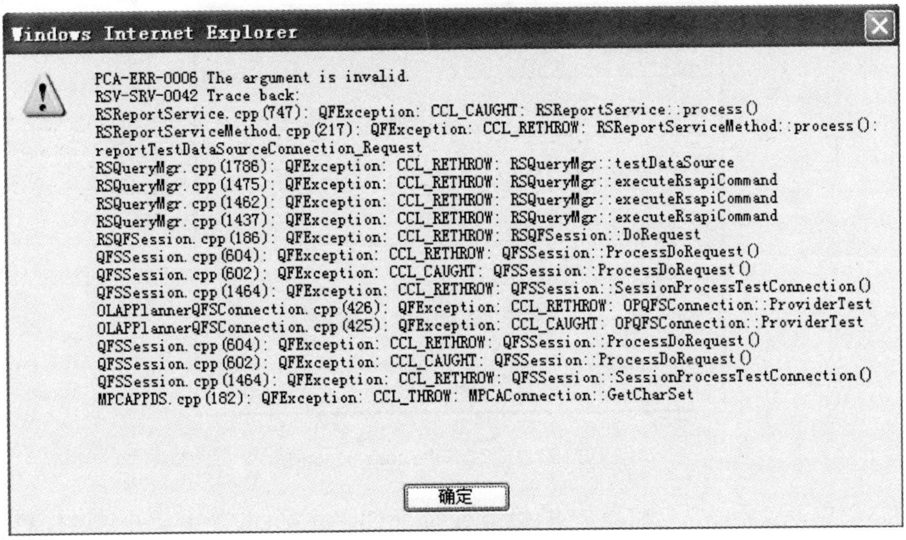

图 19-151　错误信息提示框

分析错误原因，造成该错误的原因是字符集不匹配，进行如下修改，如图 19-152 所示。

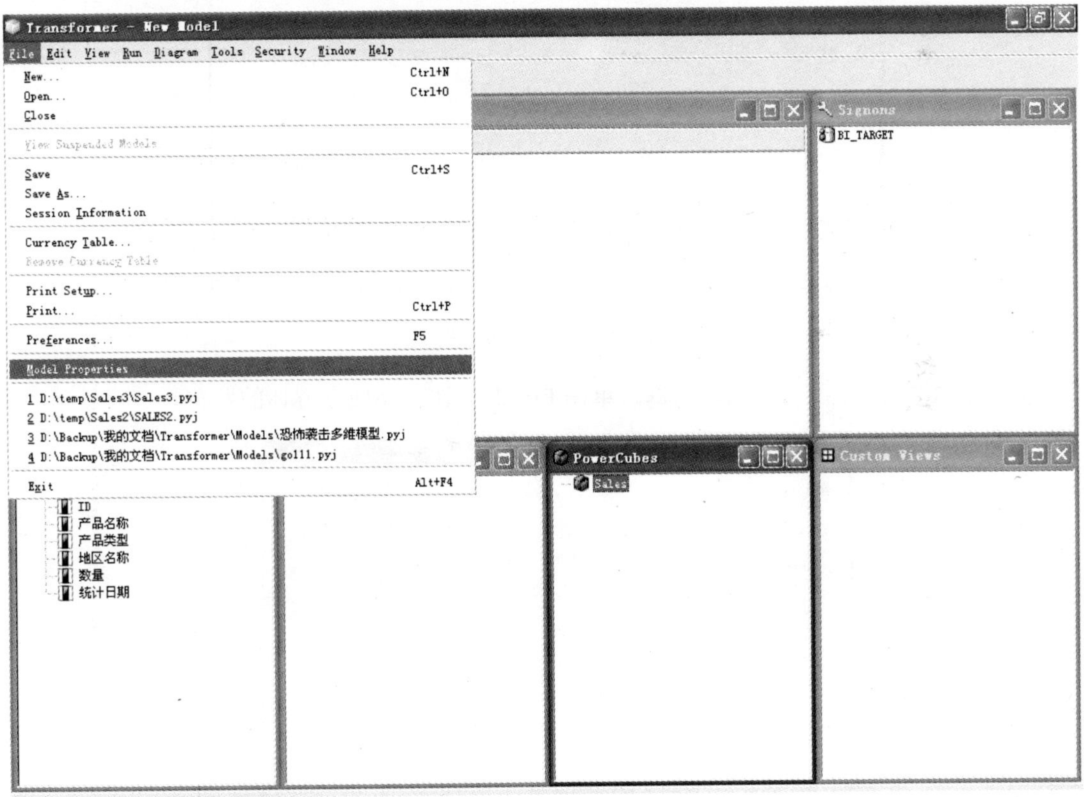

图 19-152　模型属性设置

打开 Model Properties 页面属性，修改 Cube code page 值为“UTF-8”即可，如图 19-153 所示。

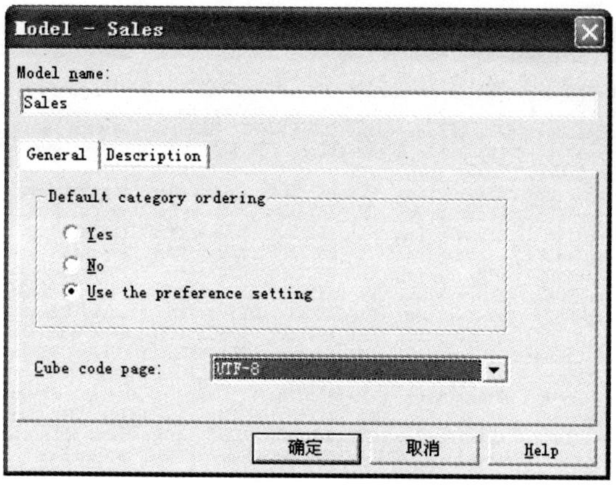

图 19-153　修改 Cube code page 值

模型字符集设置完成之后将原立方体删除，重新创建并发布立方体，并且进行测试连接，将显示成功信息，如图 19-154 所示。

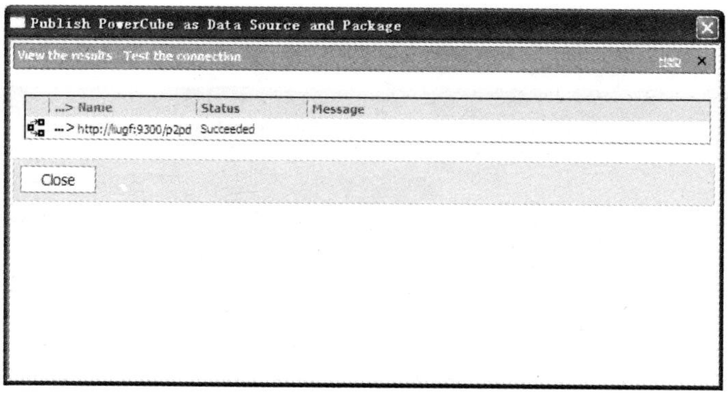

图 19-154　测试结果

返回到如图 19-155 所示的对话框，单击 Finish 按钮，完成立方体的发布。

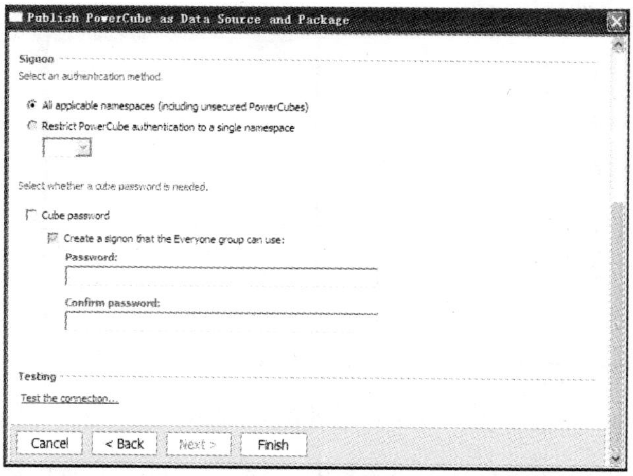

图 19-155　连接串设置

完成后，系统提示是否进行包的创建工作，如图 19-156 所示。

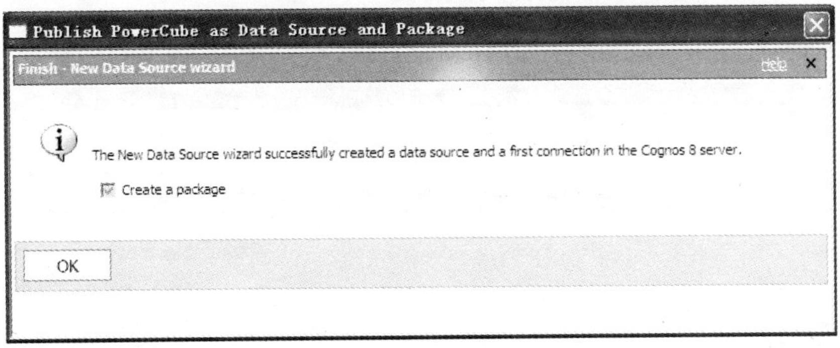

图 19-156　完成向导

单击 OK 按钮，进入新建数据源向导，如图 19-157 所示。

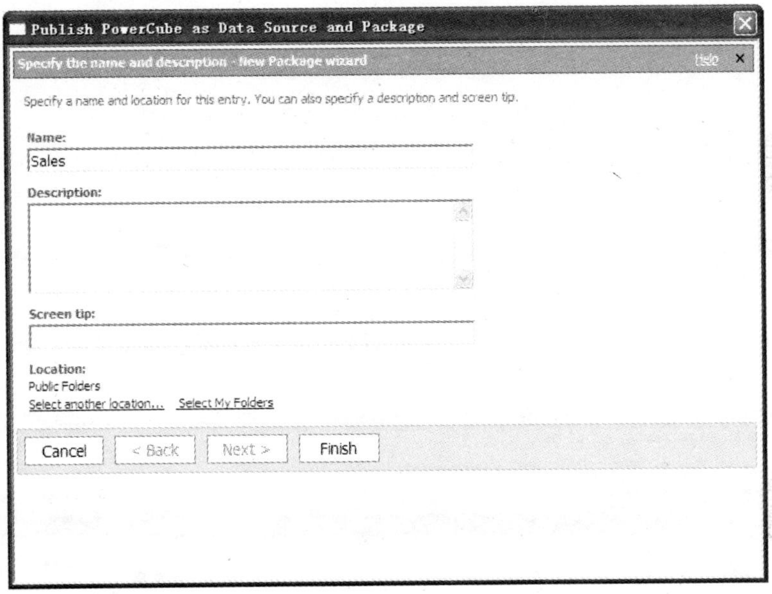

图 19-157　新建数据源向导

在 Location 下单击 Select My Folders，然后单击 Finish 按钮，完成对包的创建工作，系统弹出如图 19-158 所示的提示框。

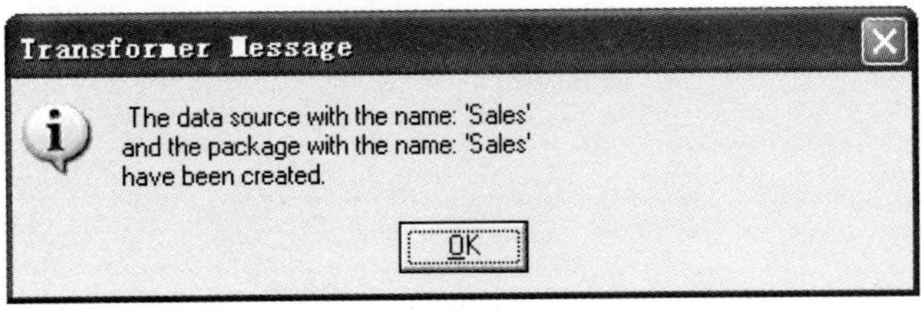

图 19-158　提示框

至此，使用 Transformer 建立多维模型以及发布立方体的工作全部完成。

19.4.3 使用 Analysis Studio 制作多维报表

登录 Cognos Connection 控制台，选择 My Folders 选项卡，如图 19-159 所示。

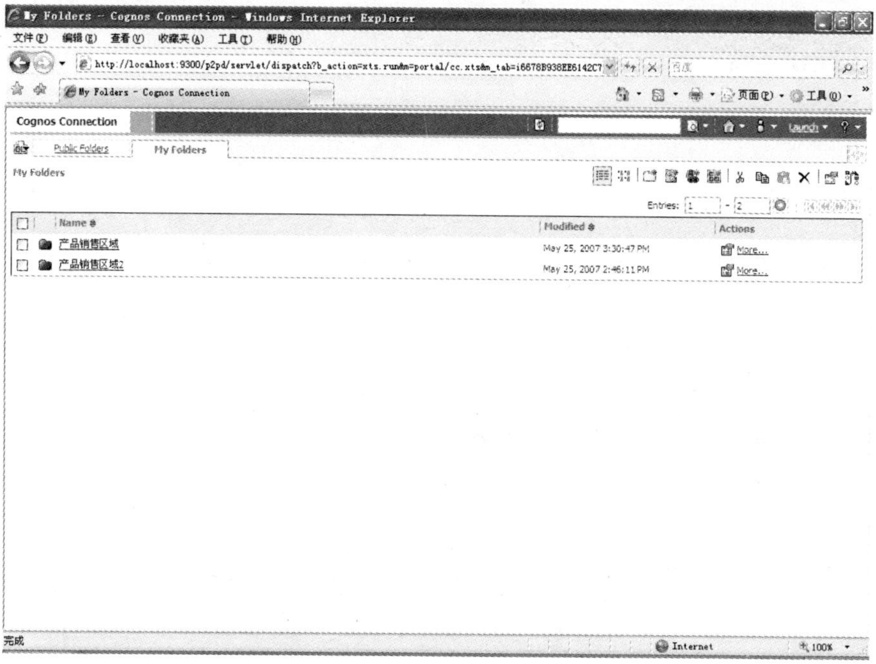

图 19-159 Cognos Connection 控制台界面

单击“产品销售区域 2”，然后选择右上角的 Launch→Analysis Studio 命令，如图 19-160 所示。

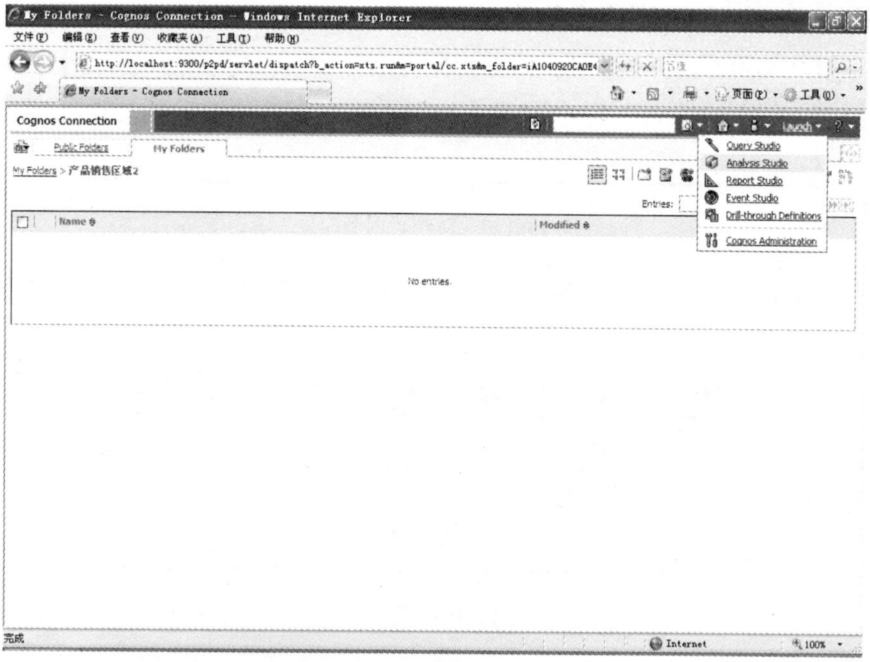

图 19-160 Analysis Studio 菜单

将打开 Analysis Studio 工具，如图 19-161 所示。

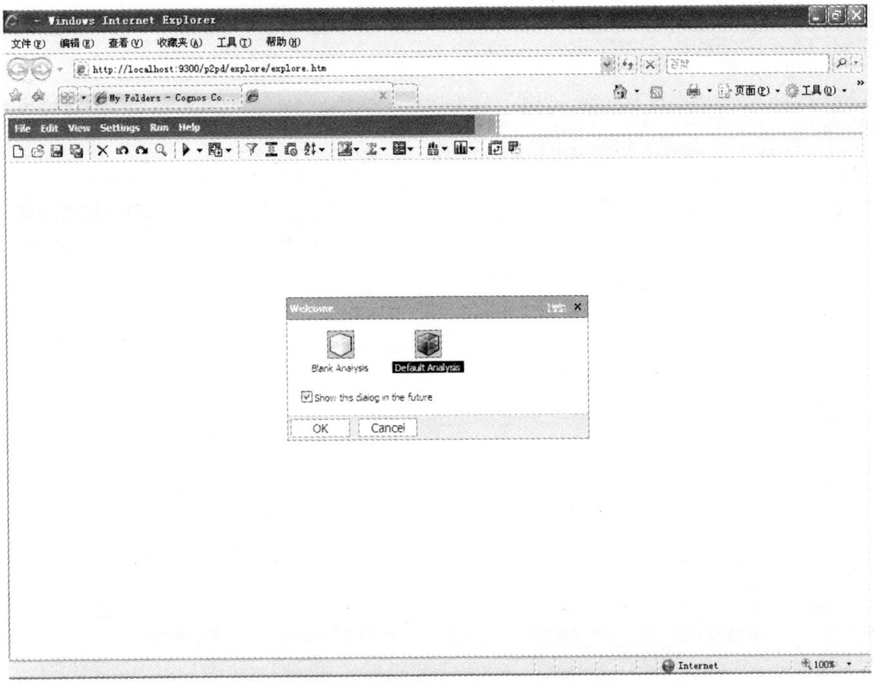

图 19-161　Analysis Studio 界面

选择 Default Analysis，然后单击 OK 按钮，Analysis Studio 将自动创建报表结构，如图 19-162 所示。

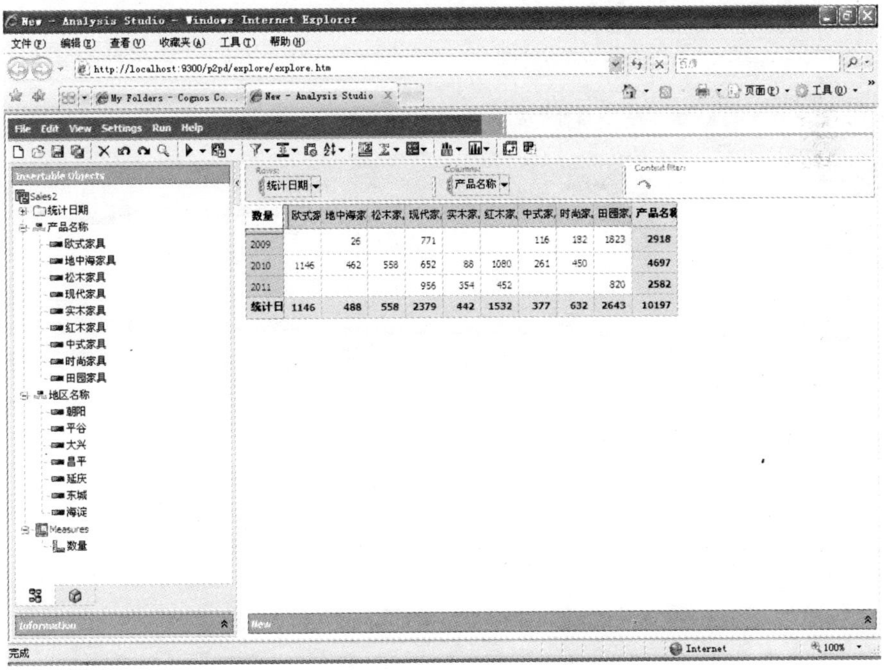

图 19-162　自动报表生成

将维度“地区名称”拖入右侧家具名下方，如图 19-163 所示。

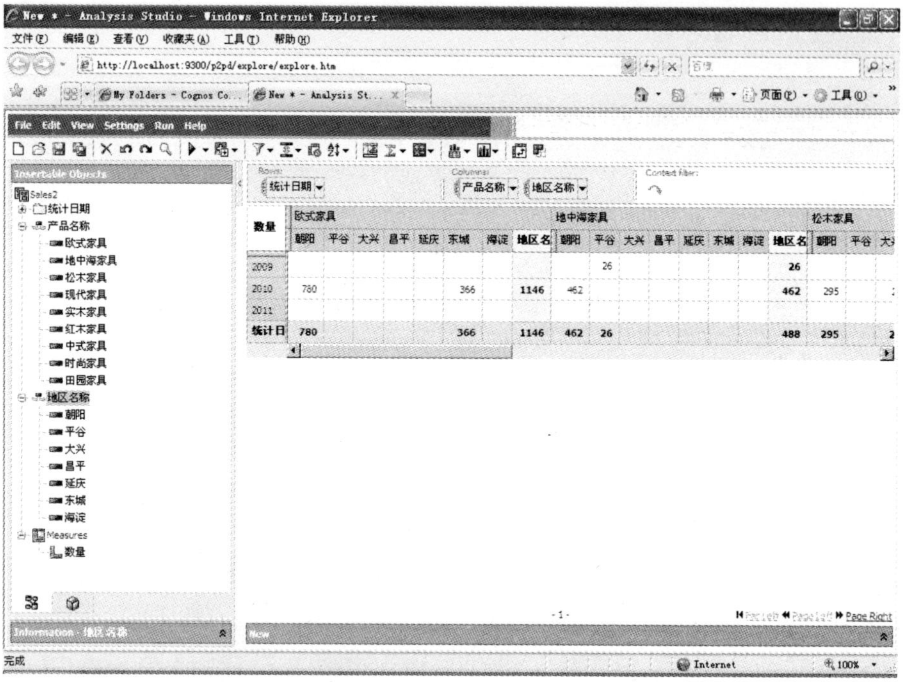

图 19-163　多表头设置

然后右击“地区名称”，将其隐藏显示，如图 19-164 所示。

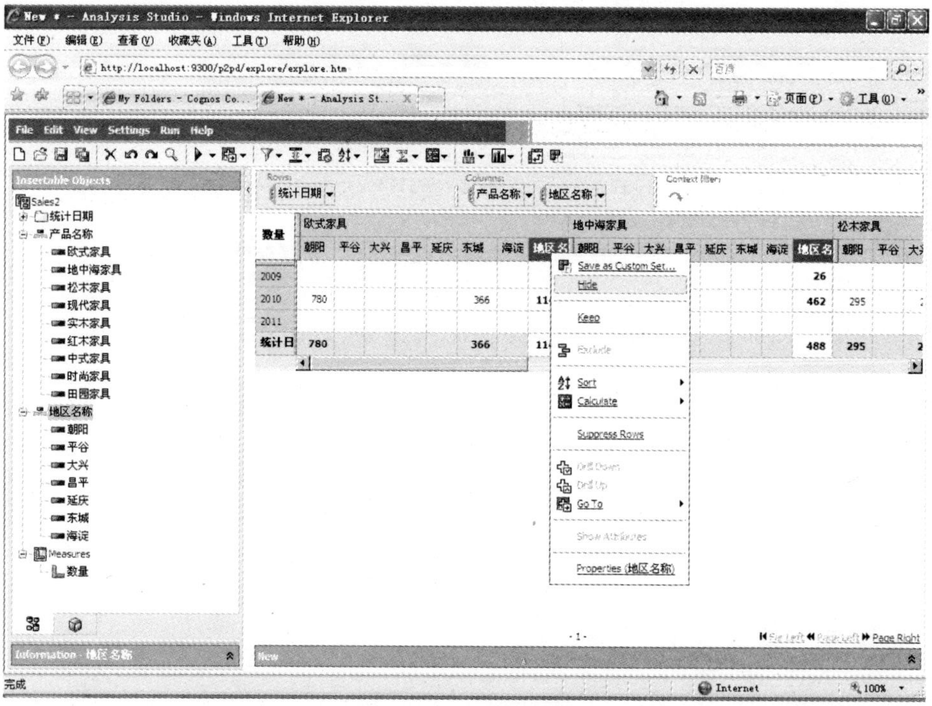

图 19-164　隐藏操作

最终效果如图 19-165 所示。

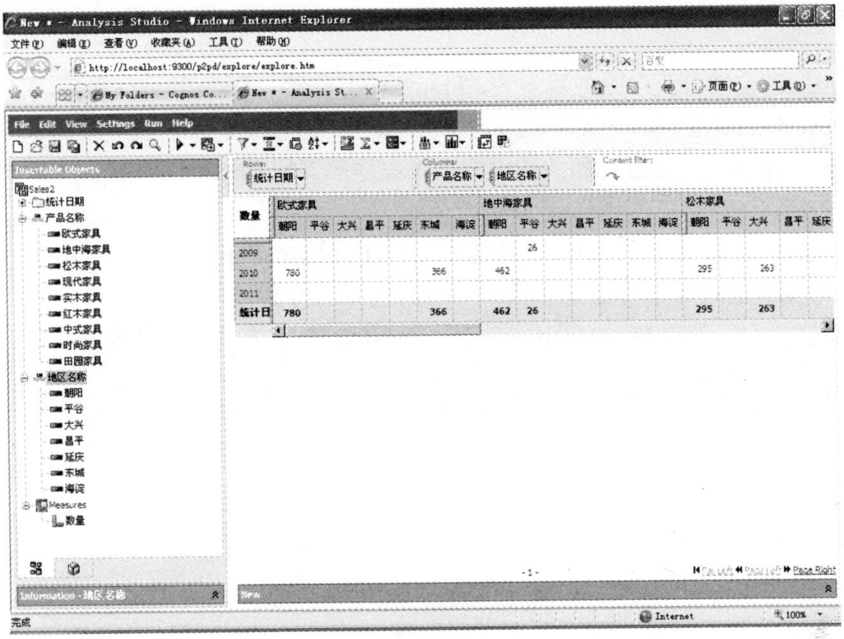

图 19-165　效果图

19.4.4　查看报表

单击“运行”按钮▶ ▾，在弹出的下拉列表中选择 ▶ Run Report (HTML) 选项，显示的效果如图 19-166 所示。

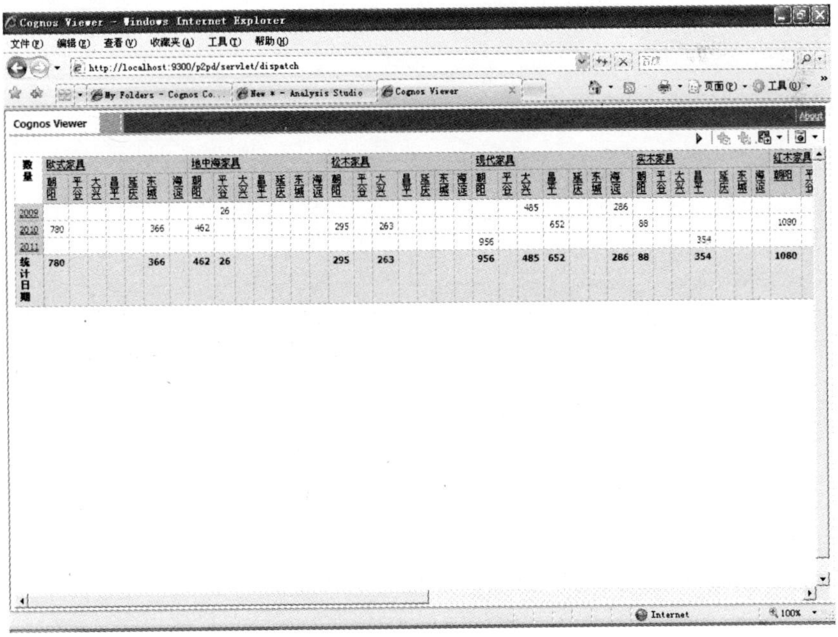

图 19-166　运行报表

19.5 本章小结

1）Cognos 的安装分为：服务器安装、Framework 安装、Transformer 安装、PowerPlay 安装等。

2）Cognos 部署前需要进行相关的设置：将程序部署到 Cognos 自带的 Tomcat 服务器并发布。

3）Cognos 启动的方式有两种。一是在 Cognos Configuration 中，单击工具栏中的 按钮启动；二是在 Windows 服务中，选择 Cognos 8 选项启动。

4）本章还介绍了使用 Framework 建模与 Transformer 立方体多维建模的步骤。

第 20 章　Cognos 实例

本章目标

前面几章，学习了 Cognos 的工具介绍、Cognos 的安装与快速使用，接下来本章将介绍几种常用的报表类型开发。

学习本章后，您将掌握：

- Section 报表的开发。
- Conditional Style 报表的开发。
- Chart 报表的开发。
- Drill-Through 报表的开发。

20.1　Section 报表的开发

Section 报表可以将分组的字段以分块的形式展示给用户，展示清晰、不易造成混乱。Section 报表的应用很多，比如工资条就是以这种方式统计并打印出来的。接下来为大家展示一个简单实用的 Section 报表开发实例。

首先使用 Framework 制作模型实例，制作好的模型如图 20-1 所示。

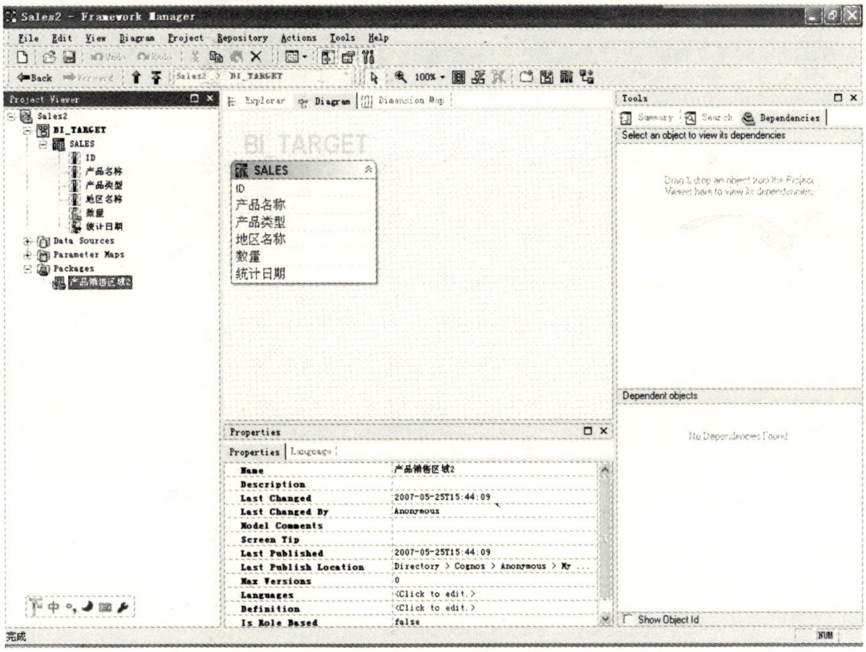

图 20-1　模型图

然后打开 Cognos Connection，选择发布好的包“产品销售区域 2”，选择 Query Studio 命令进入到报表页面，如图 20-2 所示。

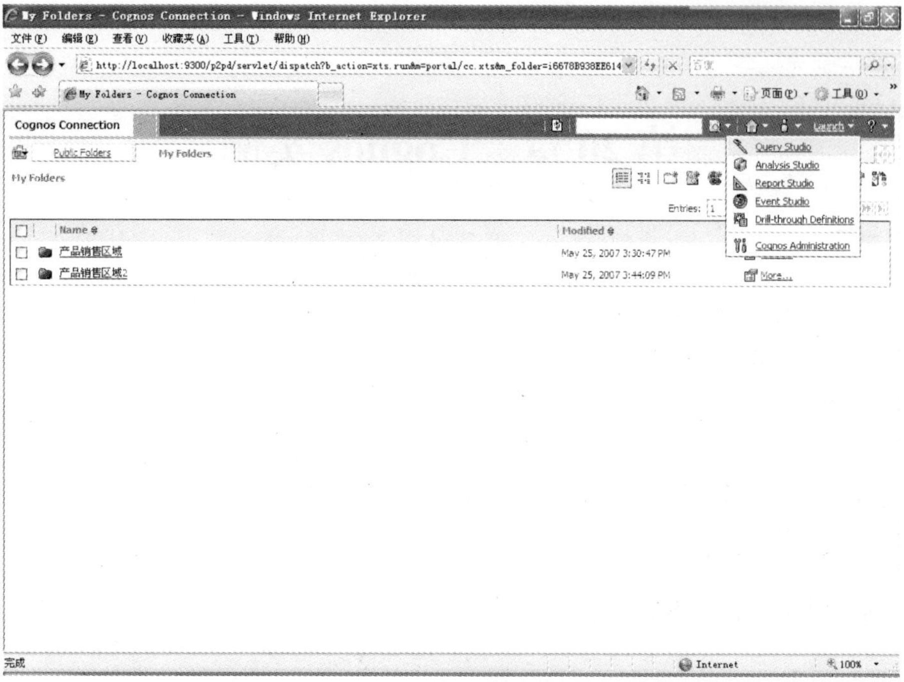

图 20-2　控制台界面

进入 Query Studio 报表开发工具后，在 Insert Data 菜单下，将查询项“统计日期”、“产品名称”、“地区名称”、“数量”依次选择，并单击下方的 Insert➡按钮插入到右侧的工作区中，如图 20-3 所示。

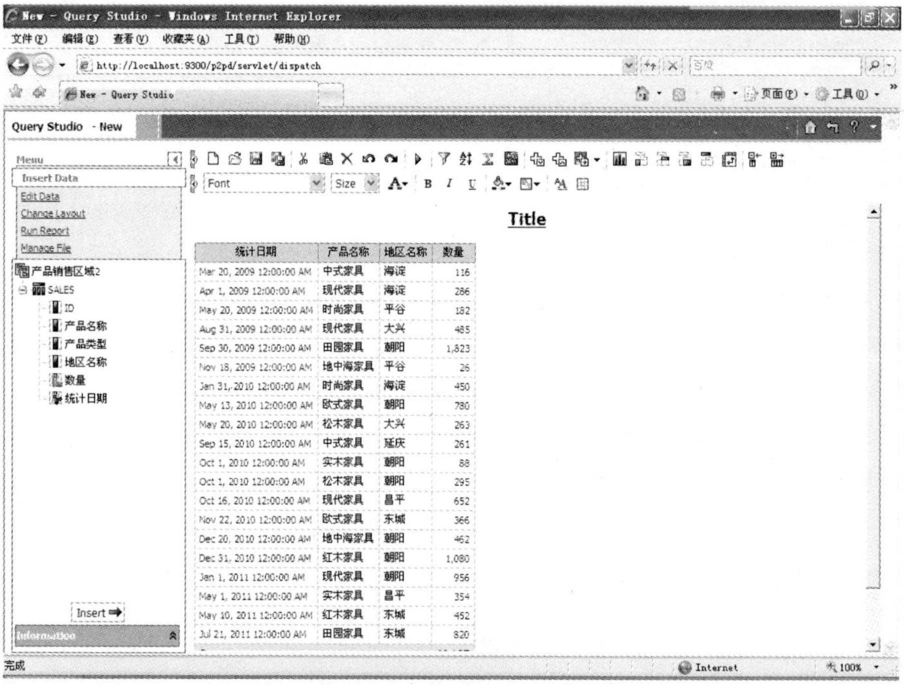

图 20-3　Query Studio 报表制作

选择“数量”列中的数据，然后单击 Text Alignment 按钮，选择 Align Top Center 选项，将其设为居中显示。

接着调整日期格式，选中“统计日期”列中的数据，选择菜单 Edit Data 下的 Format Data 命令，随后弹出 Format data 域，如图 20-4 所示。

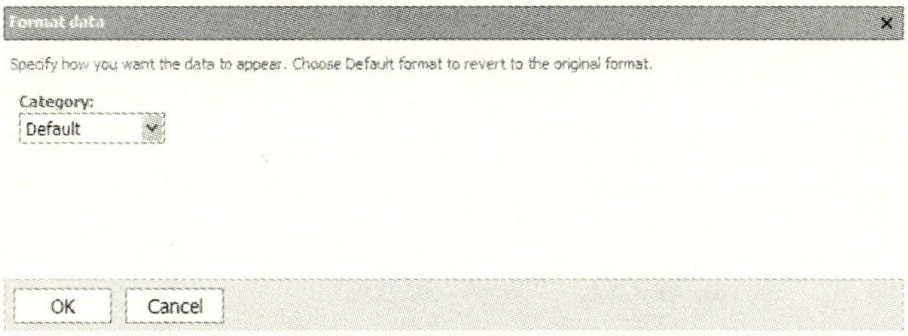

图 20-4　Format data 域

在 Category 下拉列表中选择 Date，在右侧出现的 Type 下拉列表中选择“19/08/2003”选项，如图 20-5 所示。

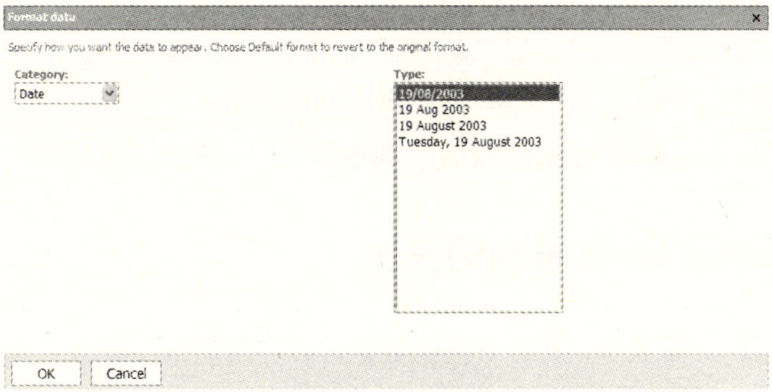

图 20-5　日期格式化

单击 OK 按钮，完成日期格式化，如图 20-6 所示 。

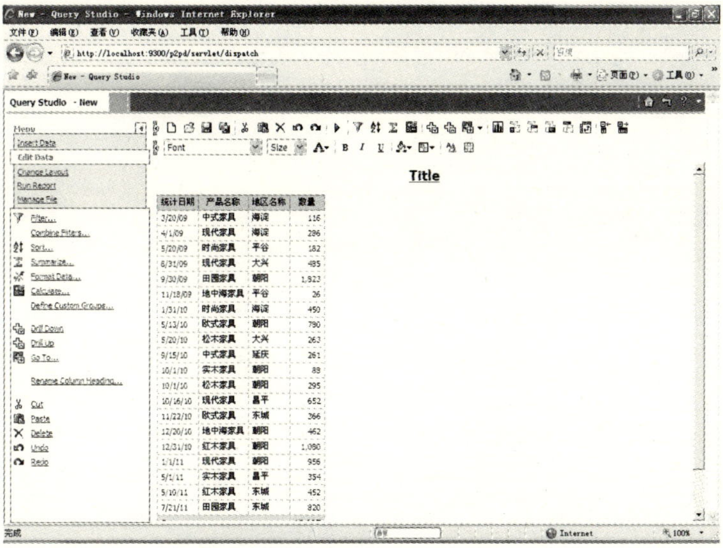

图 20-6　格式化后的日期

接着进行分段设置，选中“产品名称”列名，然后选择菜单 Change Layout 下的 Create Sections 命令，Query Studio 将自动进行分段，效果如图 20-7 所示。

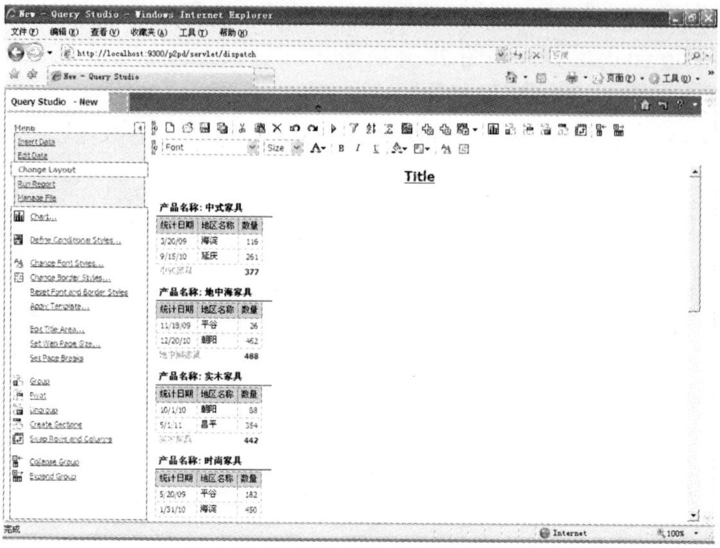

图 20-7　Section 报表

至此，完成了一个完整的 Section 报表的制作。

20.2　Conditional Style 报表的开发

在 Conditional Style 报表中，符合条件的数据可以突出显示。例如，当前某产品的销售额大于 10 万元人民币，则突出显示，背景色为红色，字体为绿色、加粗。

本节将演示一个 Conditional Style 报表的开发过程。

首先使用 Framework 制作模型实例，制作好的模型如图 20-8 所示。

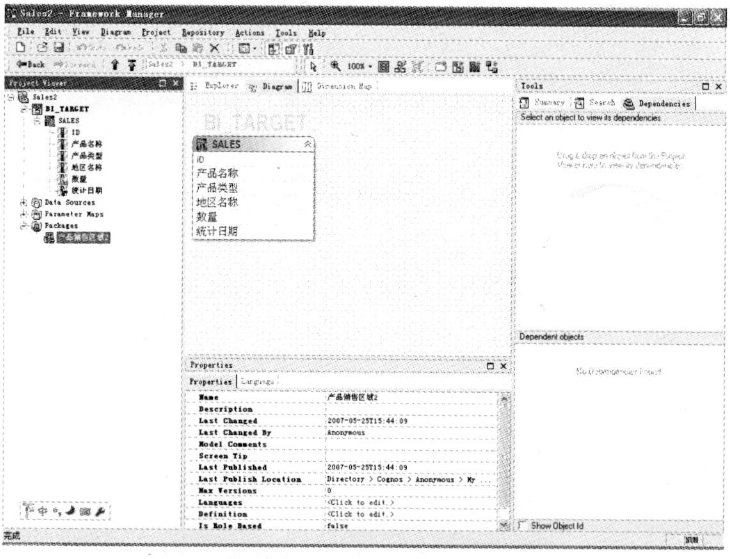

图 20-8　模型图

然后打开 Cognos Connection，选择发布好的包，在选择 Report Studio 进入到报表页面，如图 20-9 所示。

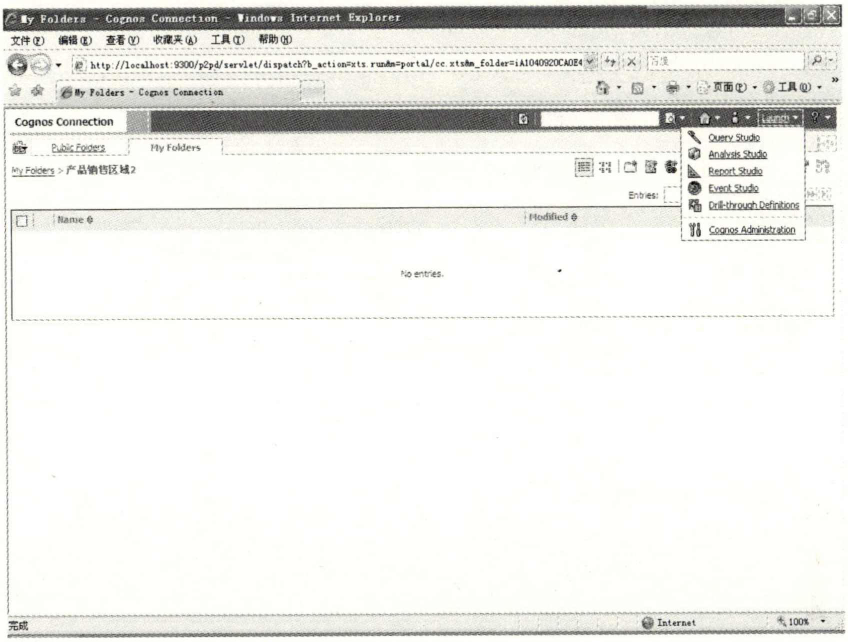

图 20-9　控制台界面

进入到 Report Studio 报表开发页面后，依次将查询项“统计日期”、“产品名称”、“地区名称”、“数量”拖入到右侧的工作区中，如图 20-10 所示。

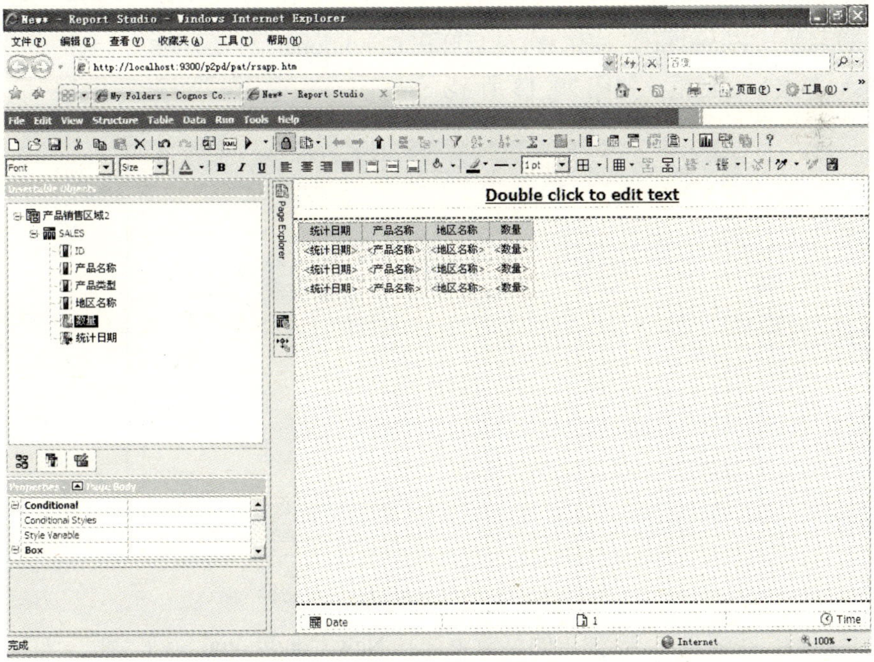

图 20-10　报表设计

单击工作区的空白地方，然后单击快速工具栏中的“居中显示”按钮，将列表居中显示，如图 20-11 所示。

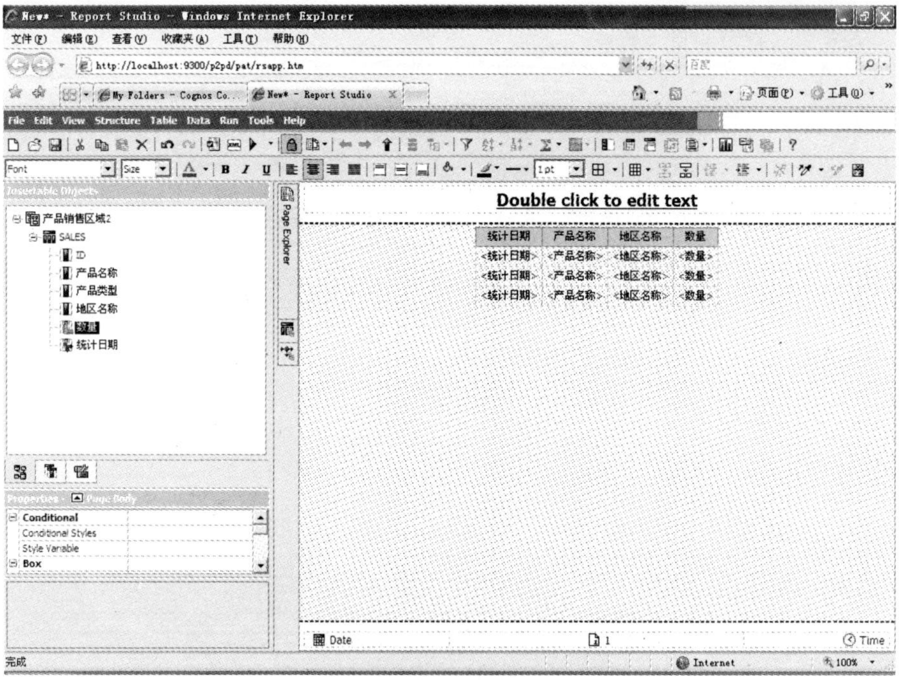

图 20-11　居中设置

单击“数量”列下方的“<数量>”项，此时工作区样式如图 20-12 所示。

统计日期	产品名称	地区名称	数量
<统计日期>	<产品名称>	<地区名称>	<数量>
<统计日期>	<产品名称>	<地区名称>	<数量>
<统计日期>	<产品名称>	<地区名称>	<数量>

图 20-12　选择“数量”后的效果图

接着单击 Conditional Style 按钮，随后弹出 Conditional Styles（条件样式）对话框，如图 20-13 所示。

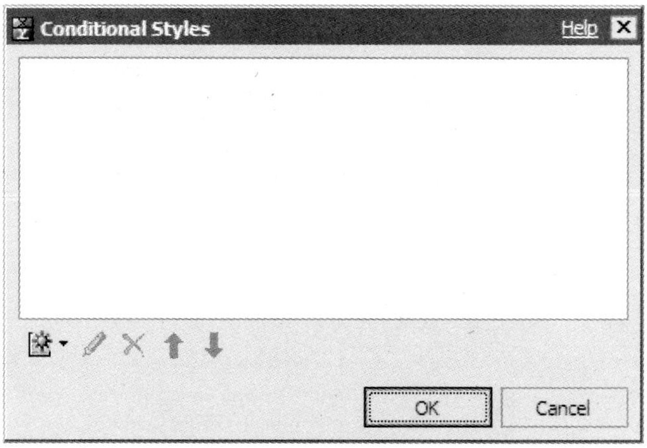

图 20-13　Conditional Styles 对话框

单击“新增”按钮，在弹出的菜单中选择 New Conditional Style 命令新建一个样式，如图 20-14 所示。

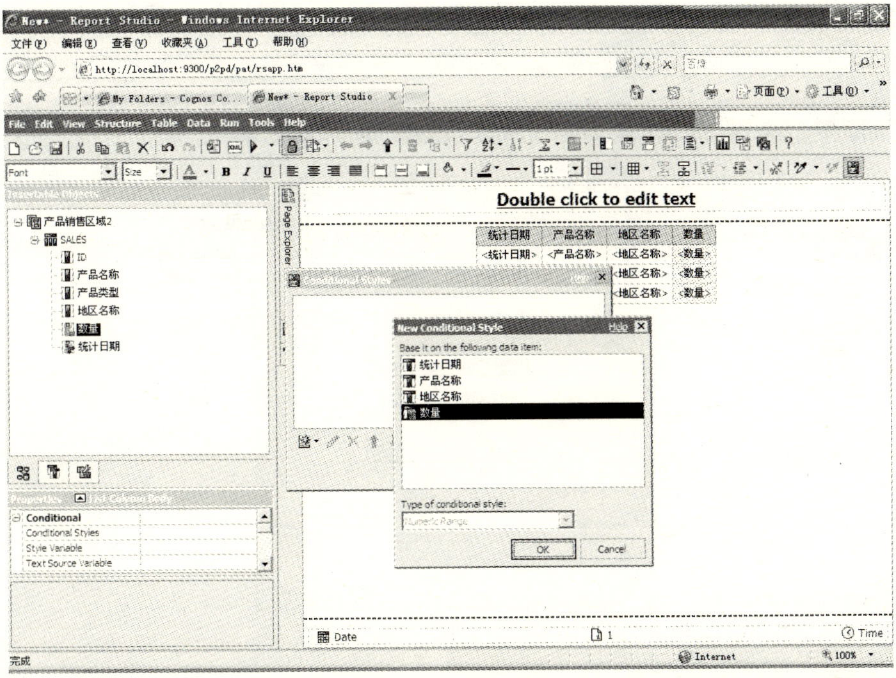

图 20-14　新建样式

选择“数量”选项，然后单击 OK 按钮，弹出 Conditional Style-Numeric Range 对话框，如图 20-15 所示。

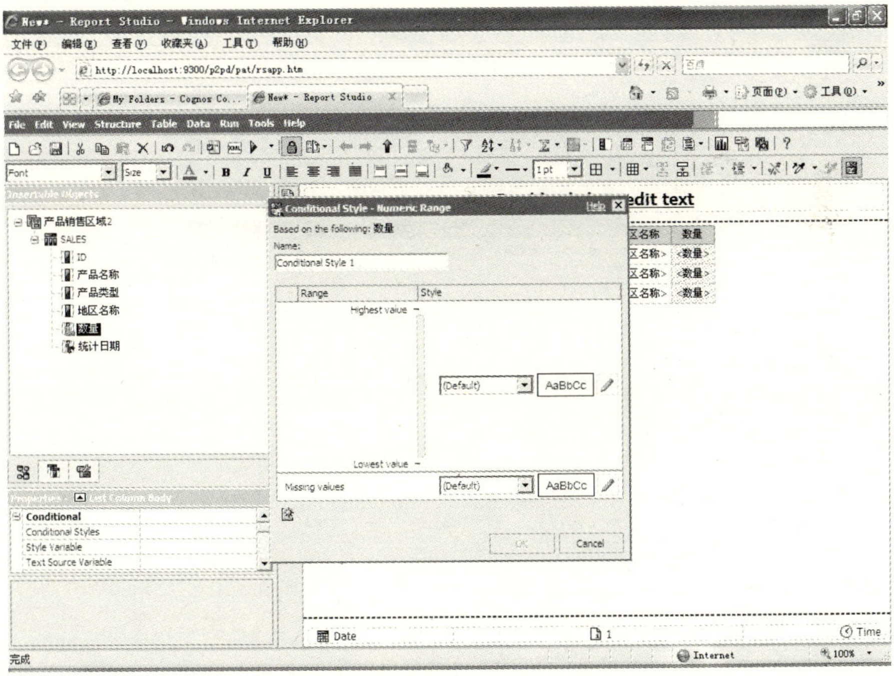

图 20-15　Conditional Style-Numeric Range 对话框

单击图 20-15 中的“新增”按钮，设置一个范围值，比如 500，如图 20-16 所示。

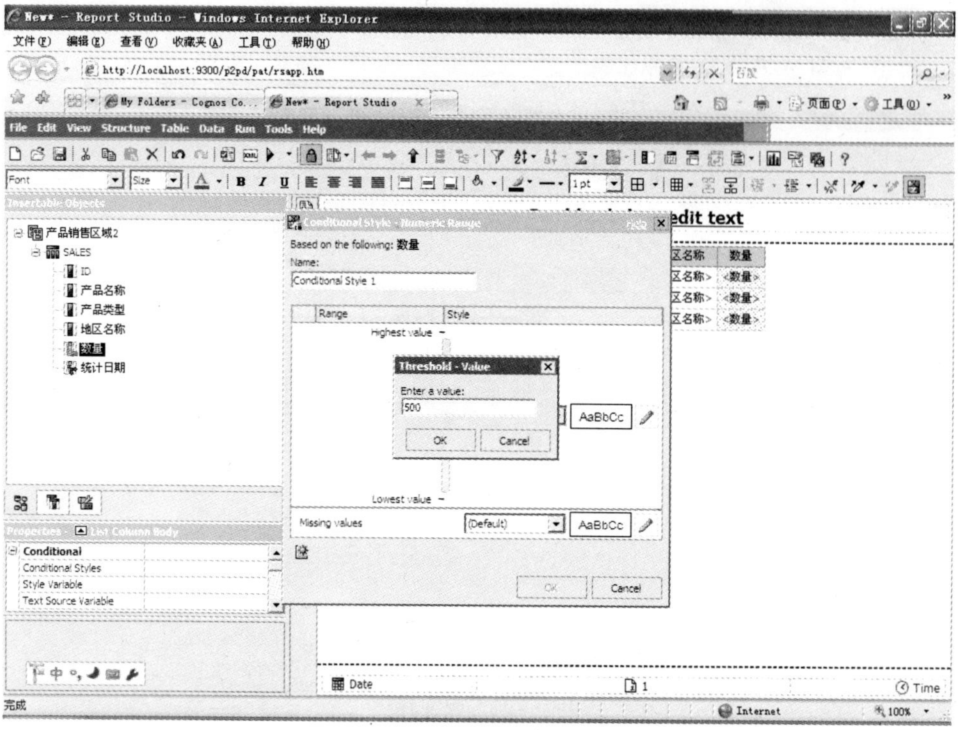

图 20-16 设置范围值

然后单击 OK 按钮，此时 Conditional Style-Numeric Range 对话框变更，如图 20-17 所示。

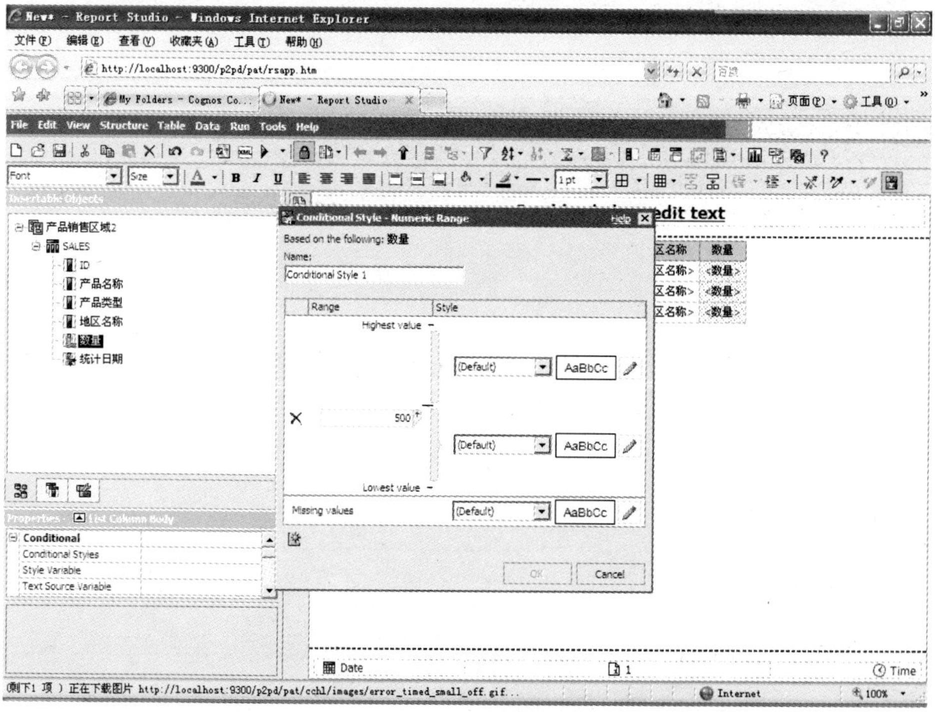

图 20-17 Conditional Style-Numeric Range 对话框发生变化

设置目标是：如果“数量”大于 500 人，则样式更改为背景色是黄色、字体颜色是红色、加粗字体。单击图 20-17 中最上方的“编辑”按钮，弹出 Style（样式）对话框，如图 20-18 所示。

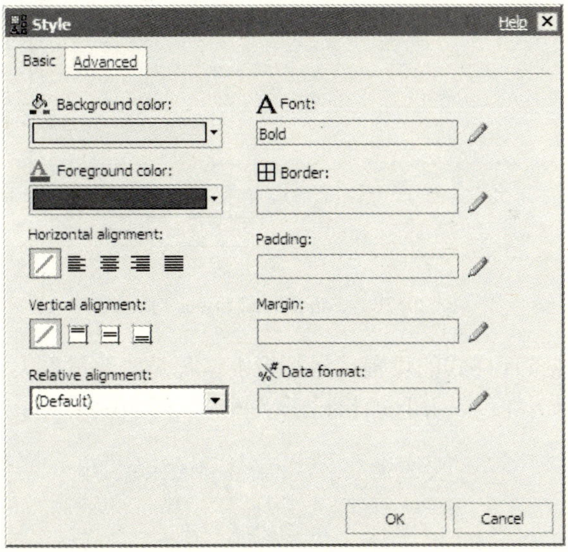

图 20-18　Style 对话框

设置完成之后，范围设置对话框显示如图 20-19 所示。

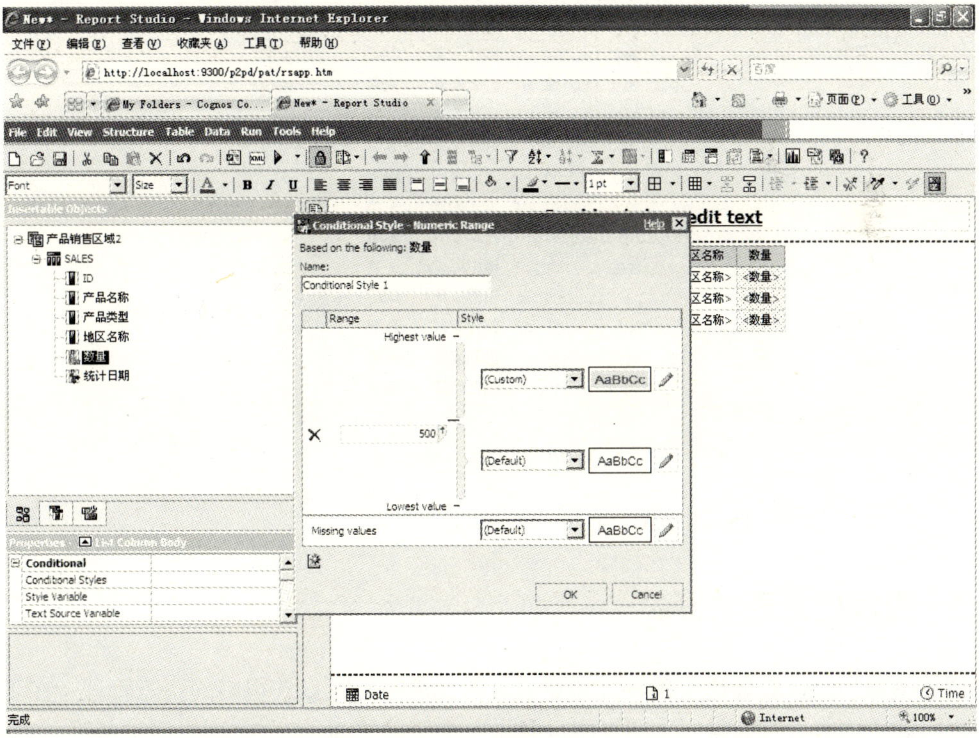

图 20-19　新建样式

此时 Conditional Styles 对话框中显示为一个条件，如图 20-20 所示。

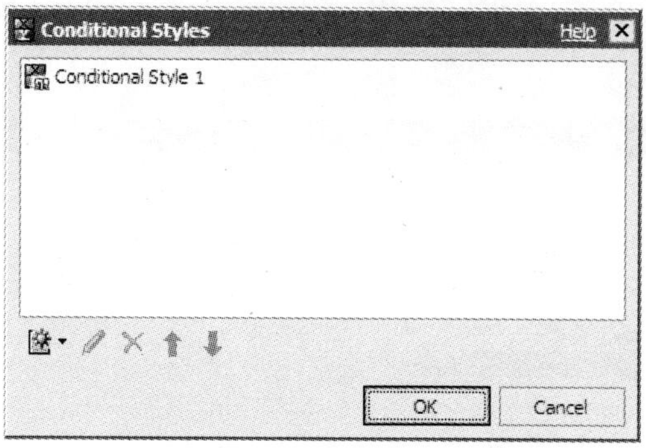

图 20-20　Conditional Styles 对话框

单击 OK 按钮完成条件样式的设置。运行报表，凡是“数量”大于 500 人的值将背景色显示为黄色、字体颜色为红色、并且加粗显示字体，如图 20-21 所示。

统计日期	产品名称	地区名称	数量
Dec 31, 2010 12:00:00 AM	红木家具	朝阳	**1,080**
May 20, 2009 12:00:00 AM	时尚家具	平谷	182
Dec 20, 2010 12:00:00 AM	地中海家具	朝阳	462
Oct 1, 2010 12:00:00 AM	实木家具	朝阳	88
May 1, 2011 12:00:00 AM	实木家具	昌平	354
May 10, 2011 12:00:00 AM	红木家具	东城	452
Sep 15, 2010 12:00:00 AM	中式家具	延庆	261
Mar 20, 2009 12:00:00 AM	中式家具	海淀	116
May 13, 2010 12:00:00 AM	欧式家具	朝阳	**780**
May 20, 2010 12:00:00 AM	松木家具	大兴	263
Aug 31, 2009 12:00:00 AM	现代家具	大兴	485
Jan 1, 2011 12:00:00 AM	现代家具	朝阳	**956**
Jan 31, 2010 12:00:00 AM	时尚家具	海淀	450
Nov 22, 2010 12:00:00 AM	欧式家具	东城	366
Oct 1, 2010 12:00:00 AM	松木家具	朝阳	295
Nov 18, 2009 12:00:00 AM	地中海家具	平谷	26
Sep 30, 2009 12:00:00 AM	田园家具	朝阳	**1,823**
Oct 16, 2010 12:00:00 AM	现代家具	昌平	**652**
Jul 21, 2011 12:00:00 AM	田园家具	东城	**820**
Apr 1, 2009 12:00:00 AM	现代家具	海淀	286

图 20-21　报表效果图

至此，完成了一个 Conditional Style 报表的制作。

20.3　图表型报表的开发

图表型报表，以其表达明确、方便查看、对比清晰等特点被很多的决策管理者在工作中使用，因此，本节将对如何创建图表型报表做一个简单的演示。

首先，使用 Framework 创建一个模型，如图 20-22 所示。

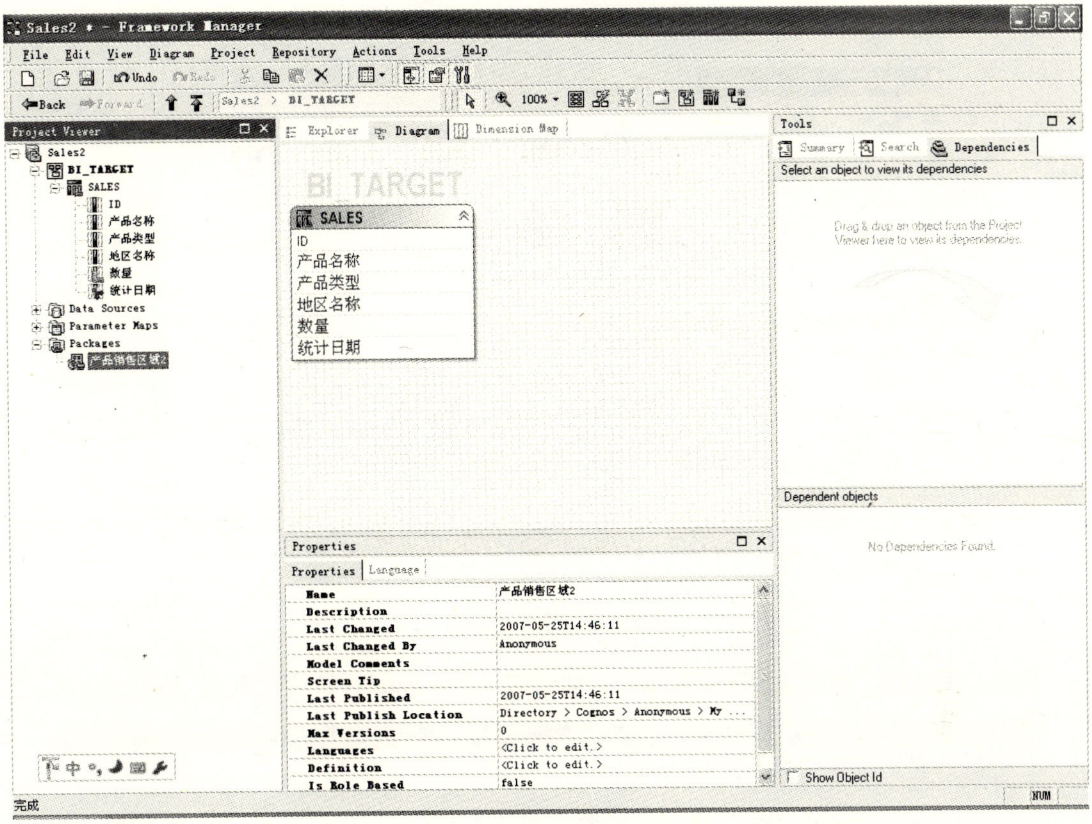

图 20-22　模型图

接下来，打开 Report Studio 工具，新建报表类型时选择 Chart 报表，如图 20-23 所示。

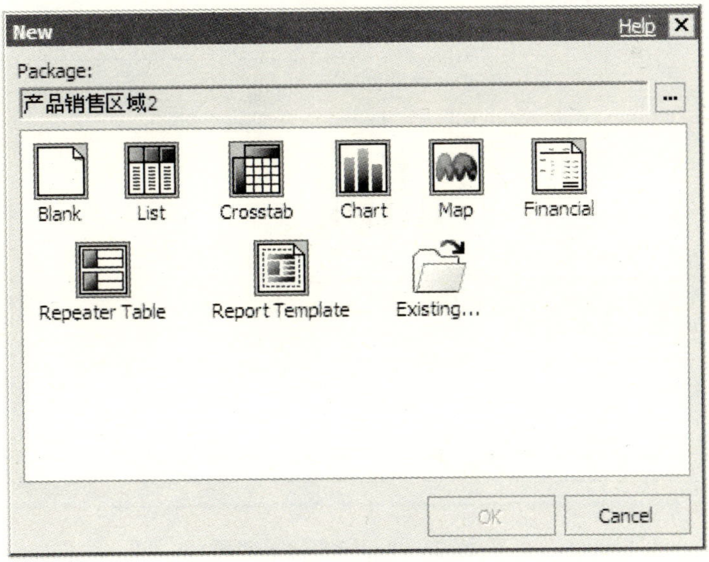

图 20-23　报表类型图

单击 OK 按钮，在图表类型中选择 Column，如图 20-24 所示。

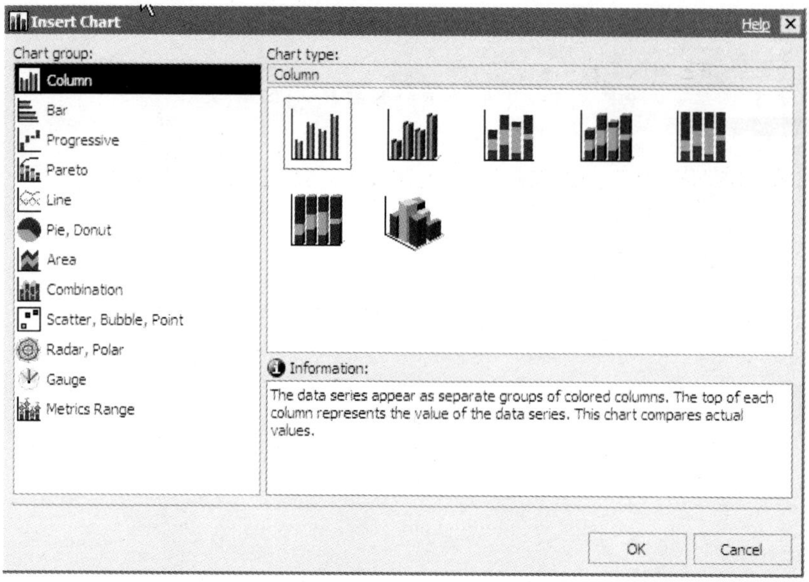

图 20-24　图表类型图

单击 OK 按钮，开始创建图表型报表。此时的 Report Studio 显示如图 20-25 所示。

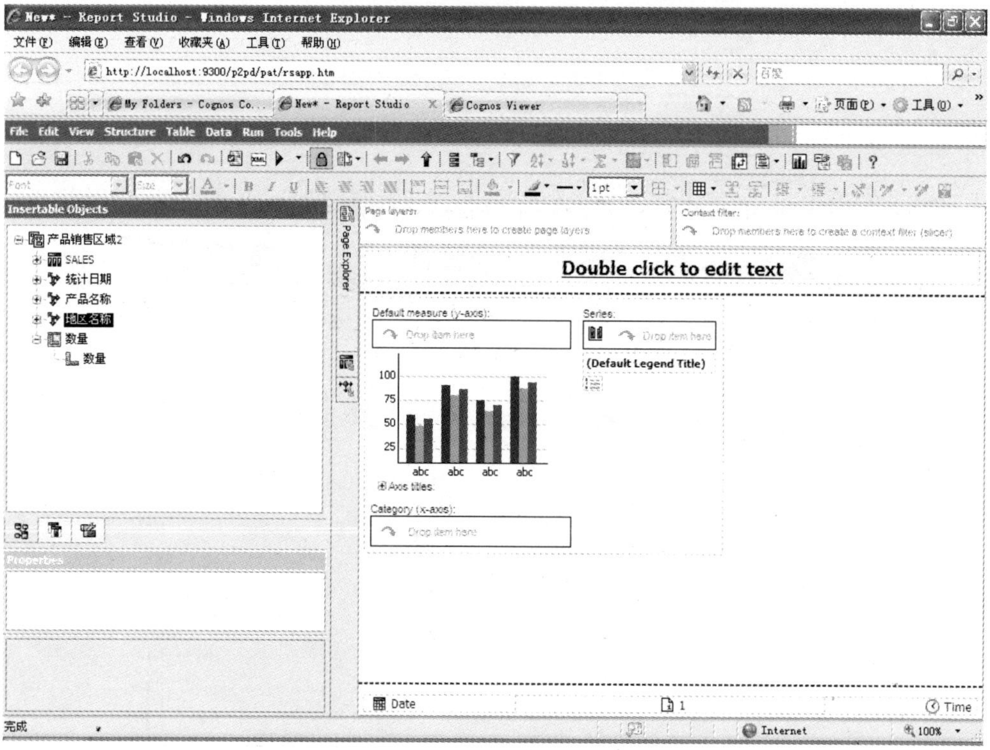

图 20-25　Report Studio 界面

具体步骤如下：

1）将 Measure 下的“数量”拖入到工作区的 Default measure（y-axis）中，如图 20-26

所示。

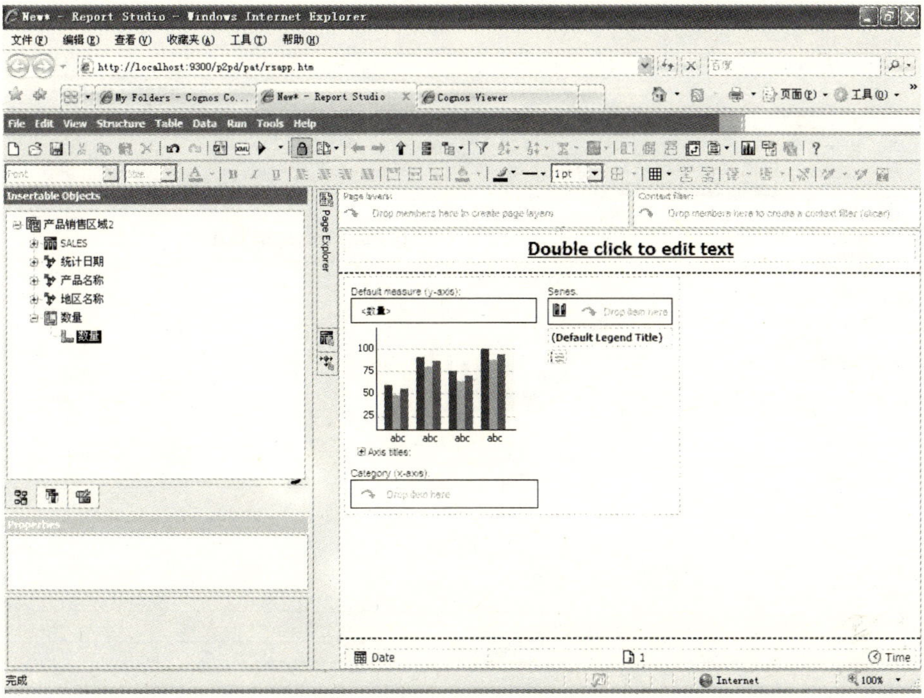

图 20-26 纵轴设置

2）将“地区名称”拖入到右侧工作区的 Series 中，如图 20-27 所示。

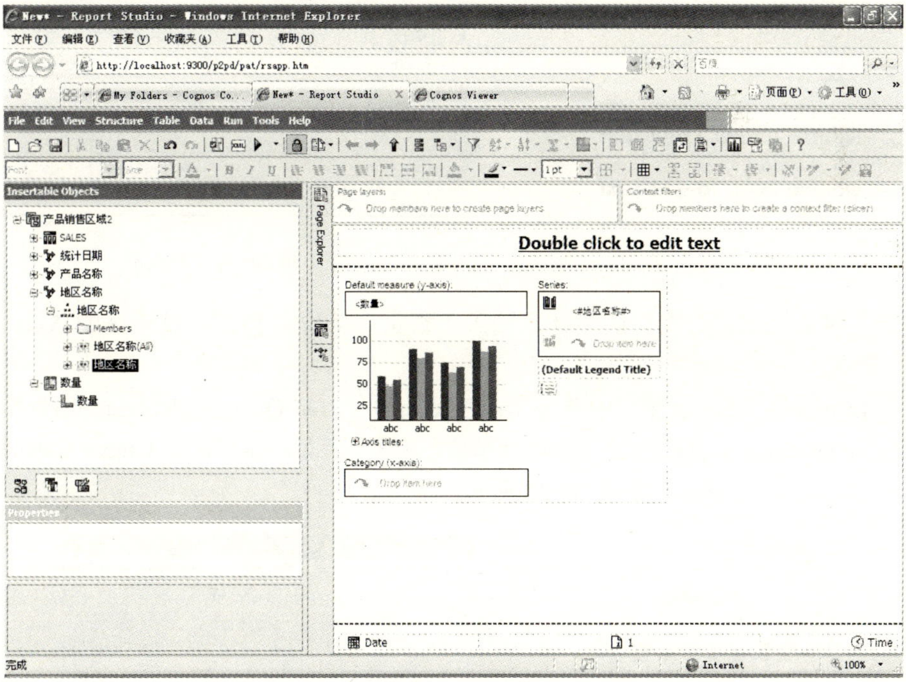

图 20-27 图表设置

3）将“产品名称”拖入到右侧工作区的 Category（x-axis）中，如图 20-28 所示。

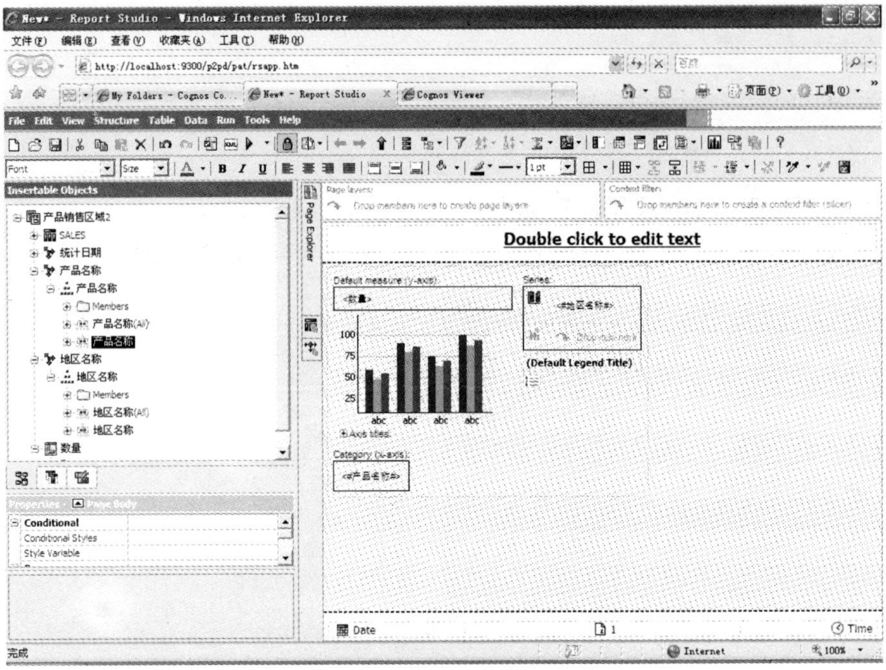

图 20-28　横轴设置

4）单击 Axis titles 前面的“+”号将其展开，如图 20-29 所示。

5）双击横着的 abc 图表后的字体，输入“产品名称”，如图 20-30 所示。

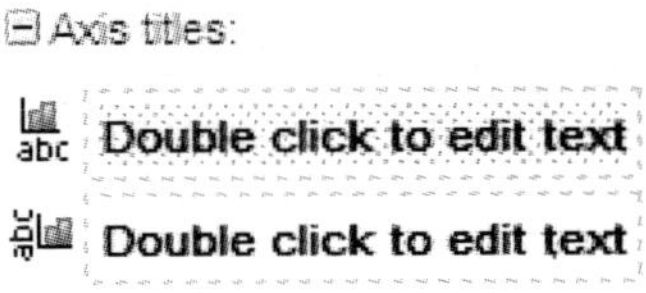

图 20-29　标题设置

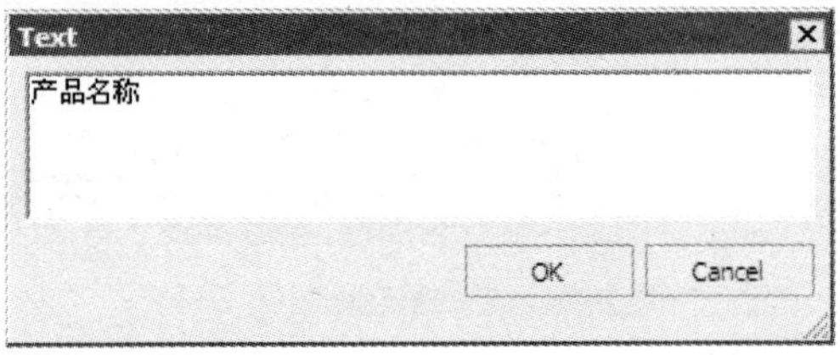

图 20-30　输入框

6）双击竖着的 abc 图表后的字体 输入“数量（单位：套）”。设置好的 Axis titles 如图 20-31 所示。

7）在 Insertable Objects 窗口中单击 ToolBox 选项卡，将 Query Calculation 组件拖入到右侧工作区的 Axis titles 下设置好的“数量（单位：套）”后面，在弹出的 Create Calculation 提示框中输入 Name 值为 total，如图 20-32 所示。

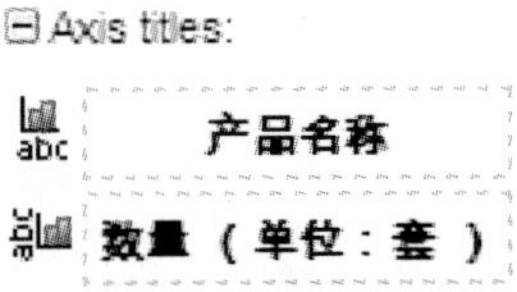

图 20-31　标题

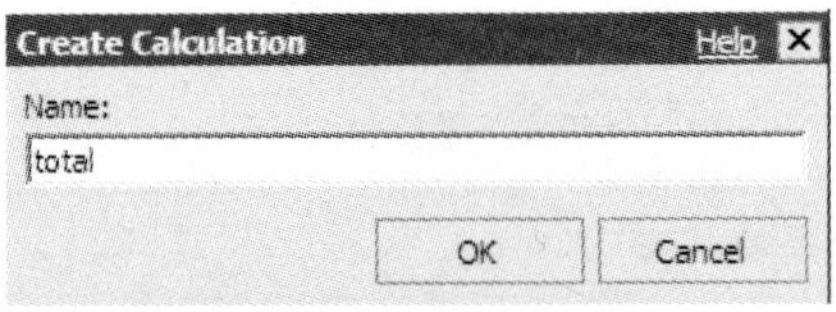

图 20-32　输入 Name 值

8）单击 OK 按钮，在随后弹出的 Data Item Expression 对话框的 Expression Definition 文本框中输入“total([数量])”，然后单击上方的“验证”按钮进行表达式验证，无误后显示如图 20-33 所示。

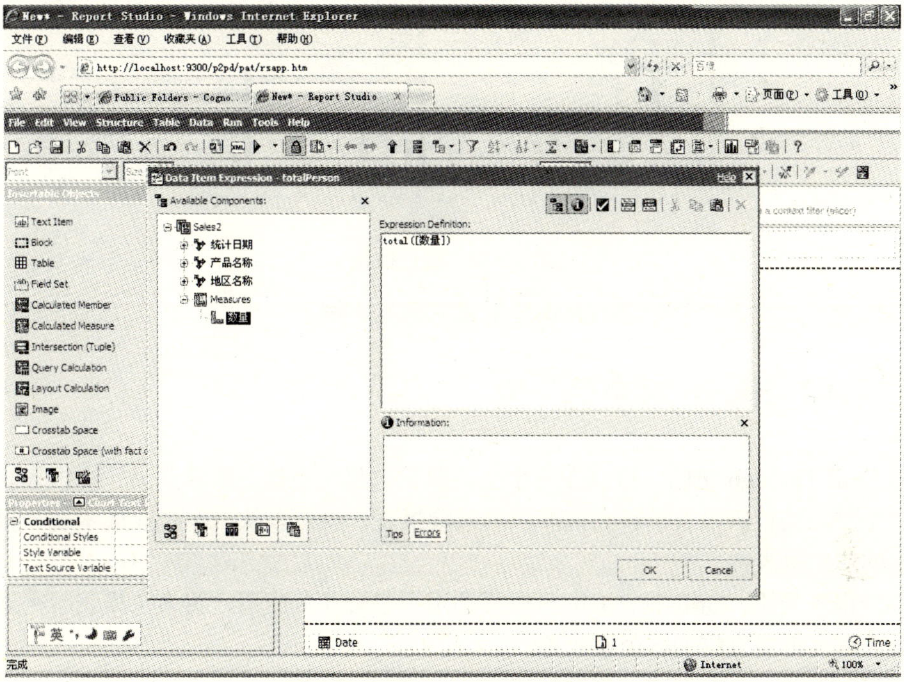

图 20-33 计算式设置

9）单击 OK 按钮，最后设计好的图表型报表样式如图 20-34 所示。

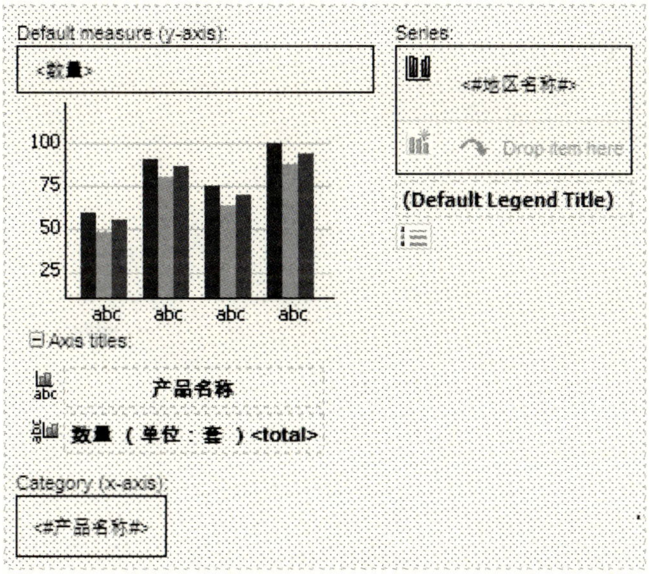

图 20-34 工作区

10）保存后单击“运行”按钮，最终效果如图 20-35 所示。

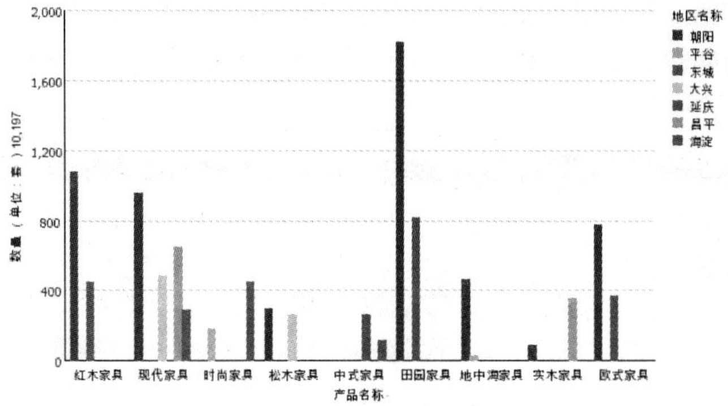

图 20-35　运行报表

到此为止，完成了一个完整的图表型报表的开发实例。

20.4　Drill-Through 报表的开发

使用 Drill-Through 访问，可以在一个会话范围内从一个报表跳转到另一个报表。比如，可以从一个产品的销售报表跳转到该产品的风险报表，也可以从一个企业成本统计报表跳转到某成本的明细报表。

与单一报表相比，Drill-Through 可以帮助用户整合业务应用，将多个报表紧密地联系在一起，最大程度地多方位了解企业业务。

1．使用 Framework 创建数据模型

使用 Framework 制作模型在这里就不做过多的介绍，制作好的模型如图 20-36 所示。

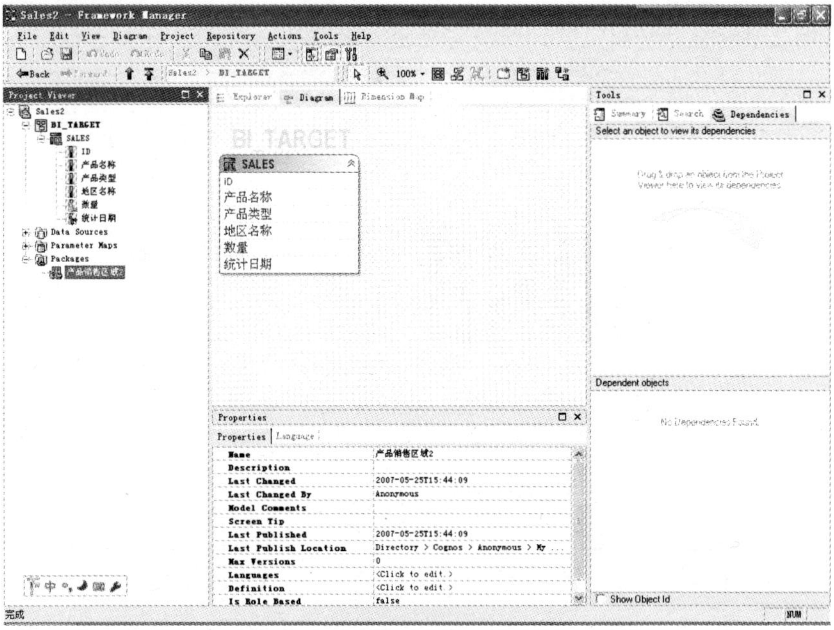

图 20-36　模型图

2. Cognos Connection 打开发布的包（见图 20-37）

3. 使用 Report Studio 创建详细列表信息页

首先创建一个 List 报表，如图 20-38 所示。

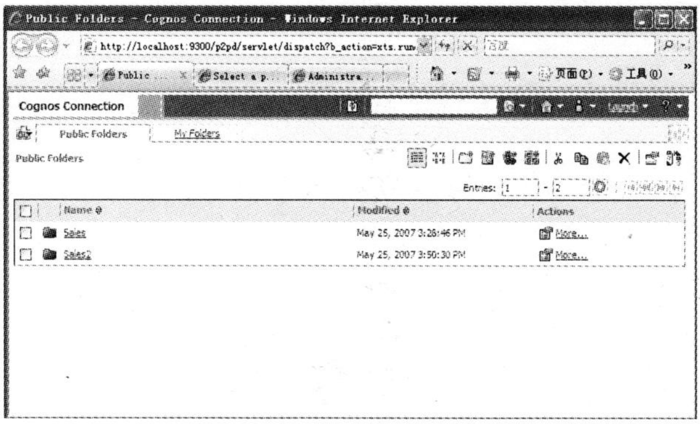

图 20-37 控制台

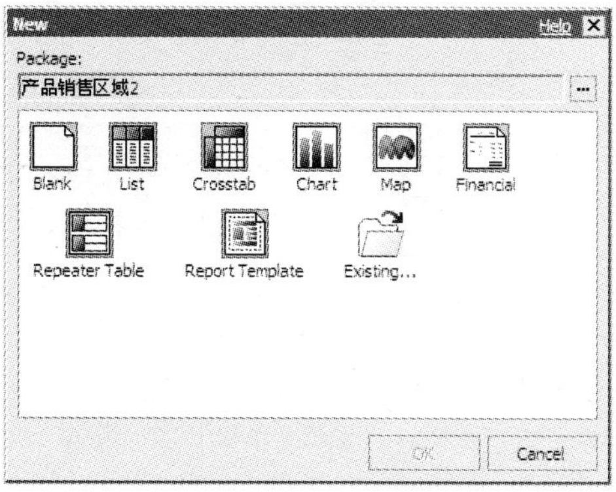

图 20-38 报表类型

将 Insertable Objects 中“产品销售区域 2”查询主题下的“统计日期”、“产品名称”、“地区名称”、“数量”依次拖入右侧工作区中，如图 20-39 所示。

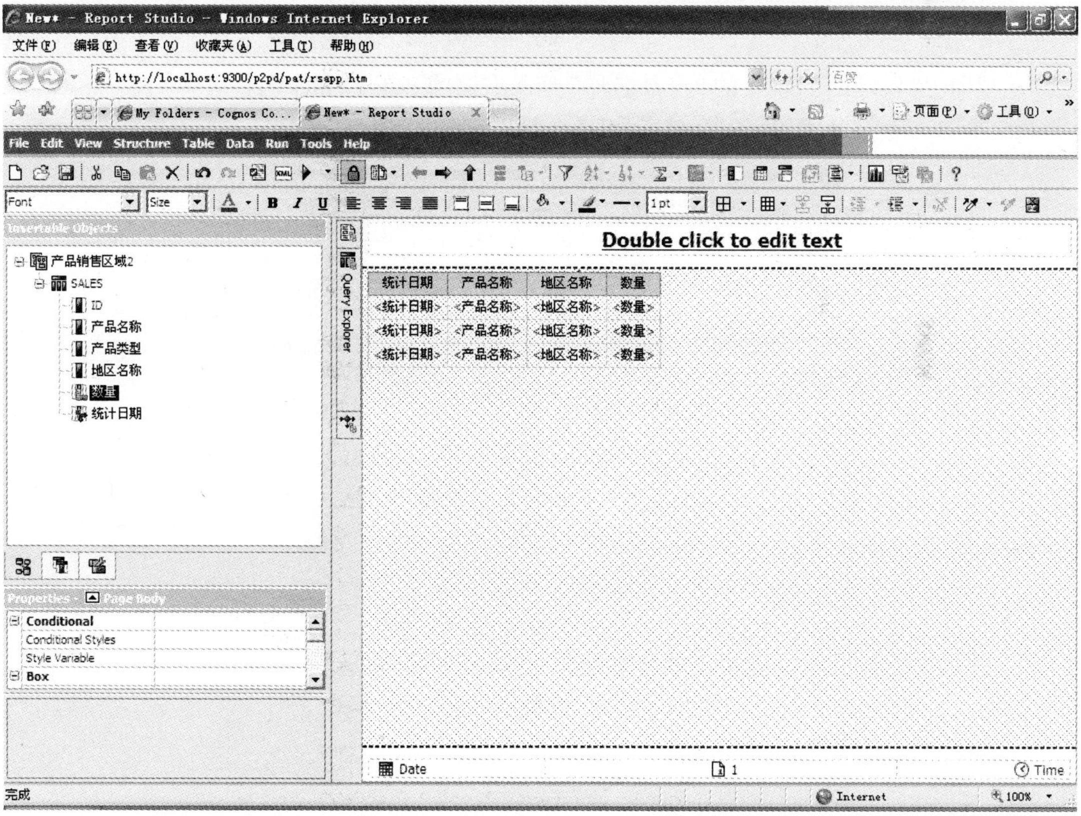

图 20-39 设置报表

接下来，打开 Query Explorer 视图，双击 Query1，如图 20-40 所示。

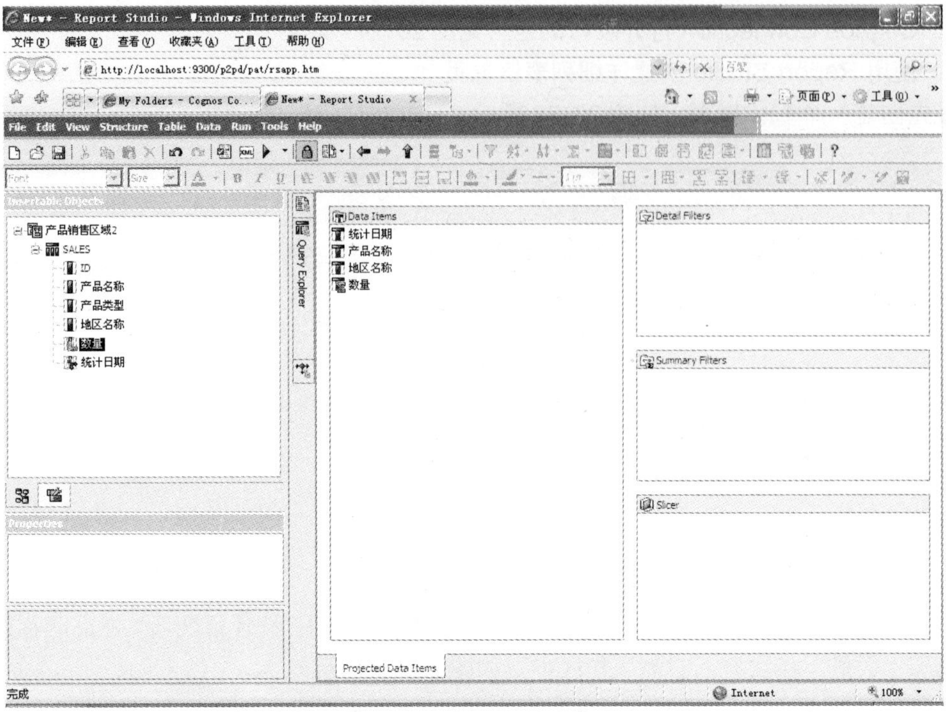

图 20-40　Query Explorer 视图

在视图中将 Data Items 中的“产品名称”拖入右侧的 Detail Filter 工作区中，在 Expression Definition 下的文本框中输入“[产品名称]=?cpmc?”，如图 20-41 所示。

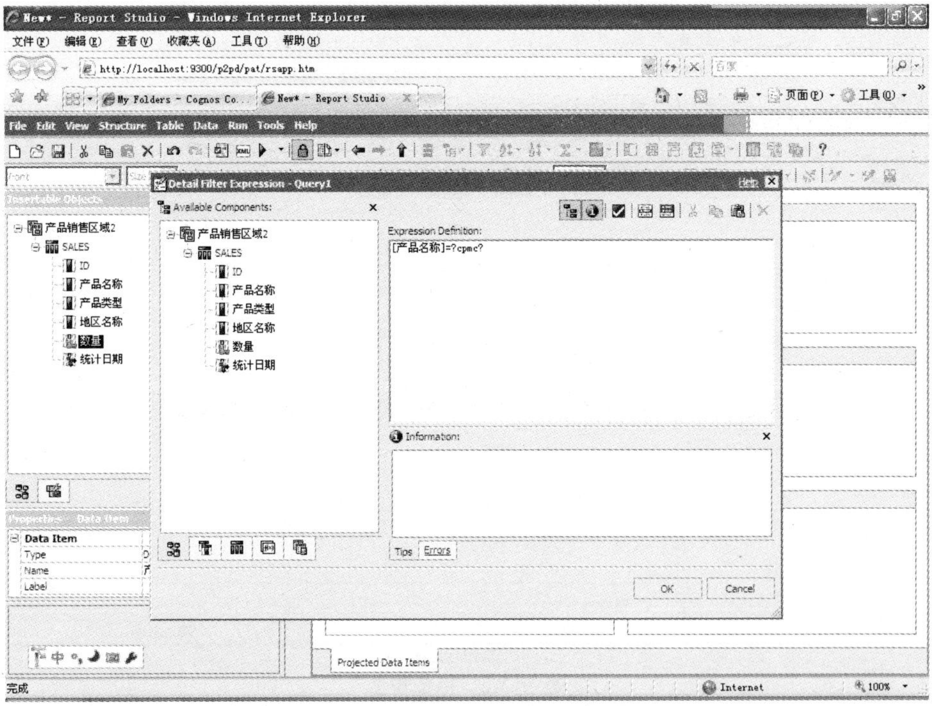

图 20-41　表达式设置

然后单击右上角的“验证”按钮☑，在弹出的页面中，选择一个产品作为默认，然后单击 OK 按钮，如图 20-42 所示。

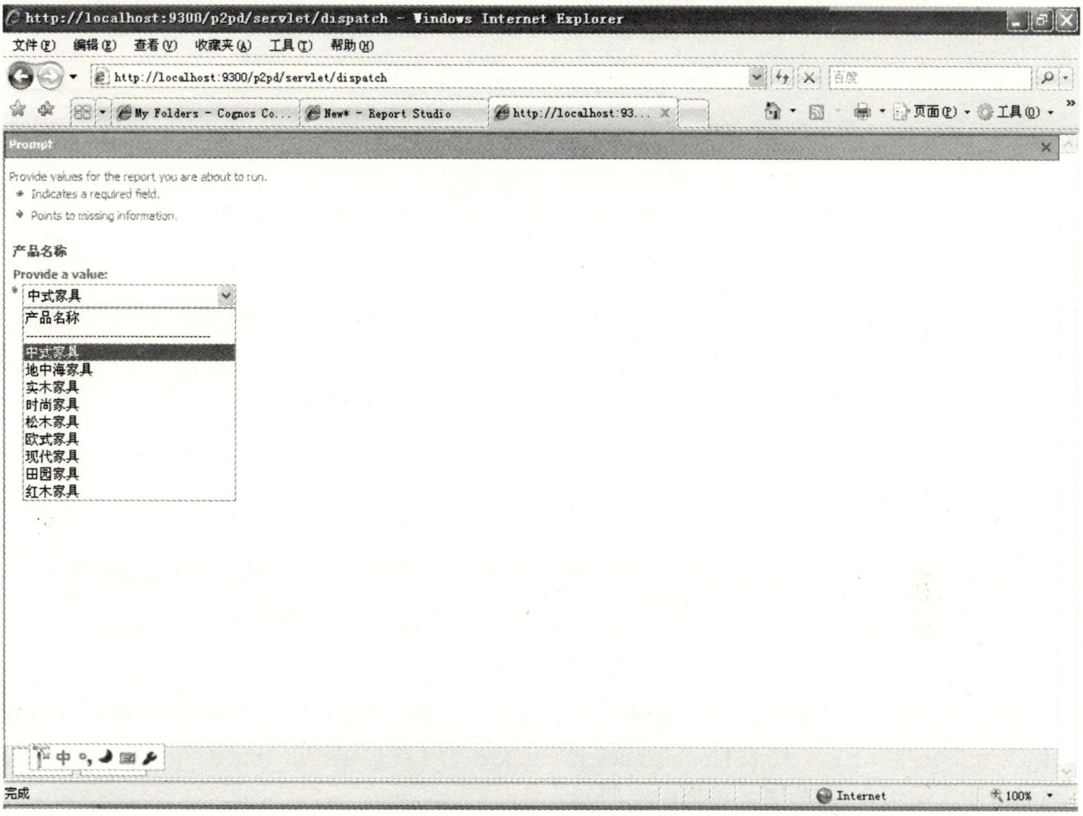

图 20-42 “产品名称”设置

接着使用同样方法，将 Data Items 中的“地区名称”拖入右侧的 Detail Filter 工作区中，在弹出的窗口表达式定义中输入“[地区名称] in ?dqmc?”，然后单击右上角的“验证”按钮☑，在弹出的页面中，选择所有 7 种方式，然后单击 OK 按钮。最终完成的 Detail Filters 如图 20-43 所示。

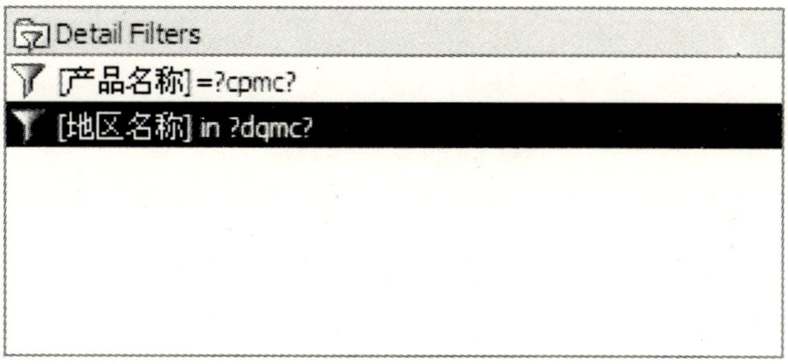

图 20-43 完成的 Detail Filters

然后单击 Page Explorer 中的 Page1 页面，回到页面设计工作区，如图 20-44 所示。

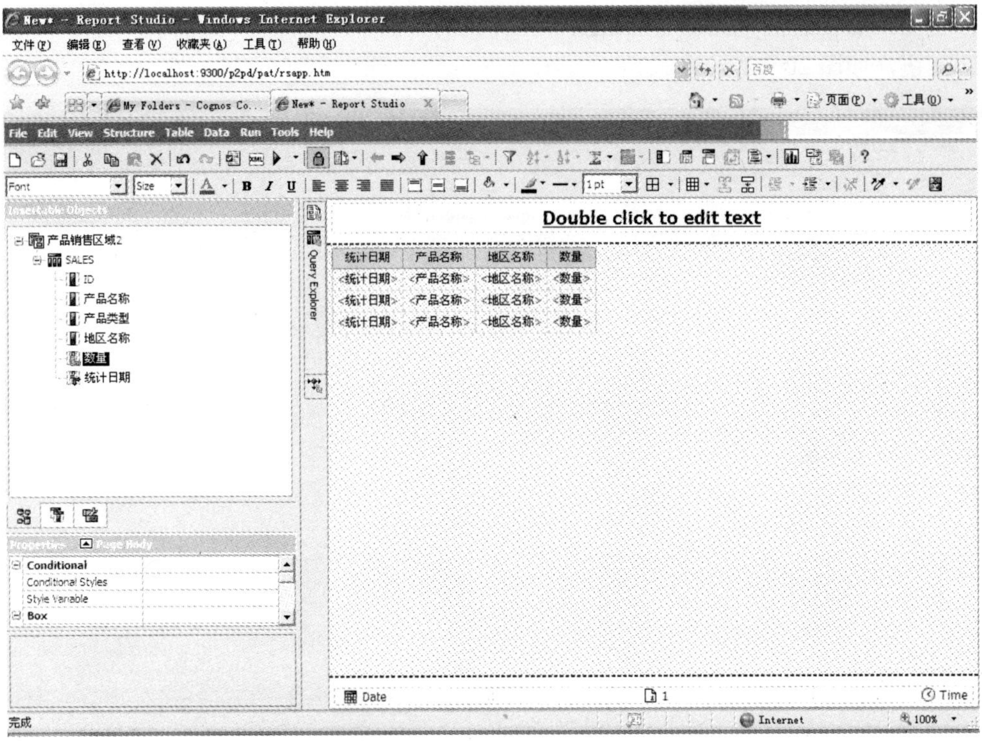

图 20-44　Report Studio 设置

接下来，将“产品名称”和“地区名称”分组，并且居中显示，将 List 靠左排列，将其名称改为“报告如下:”，修改 Double click to edit text 为“产品销售区域报告”，最后，保存为“产品销售区域报告”，效果如图 20-45 所示。

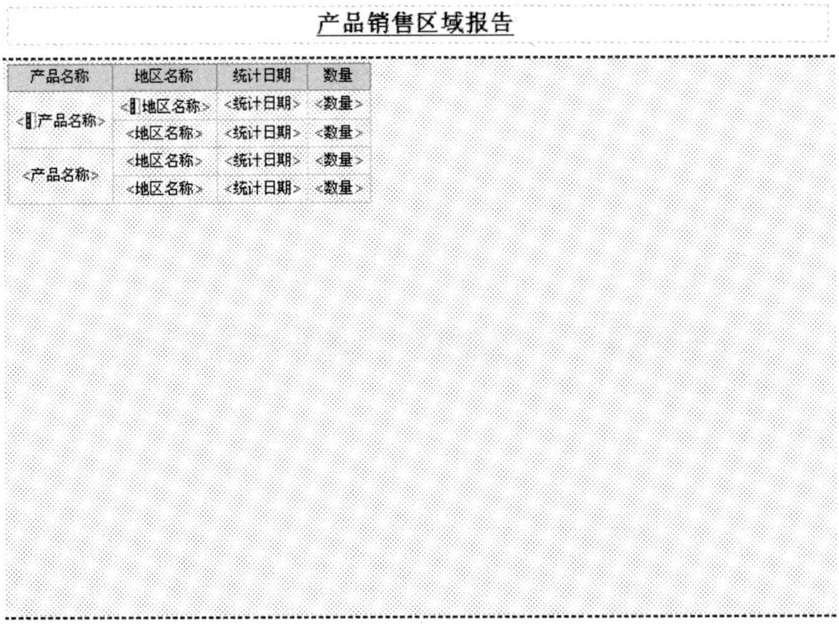

图 20-45　工作区设置

4．使用 Report Studio 创建主页

用类似前面的步骤创建一个 List 报表，将“产品名称”和“地区名称”拖入到列表中，如图 20-46 所示。保存为“产品销售区域汇总表”。

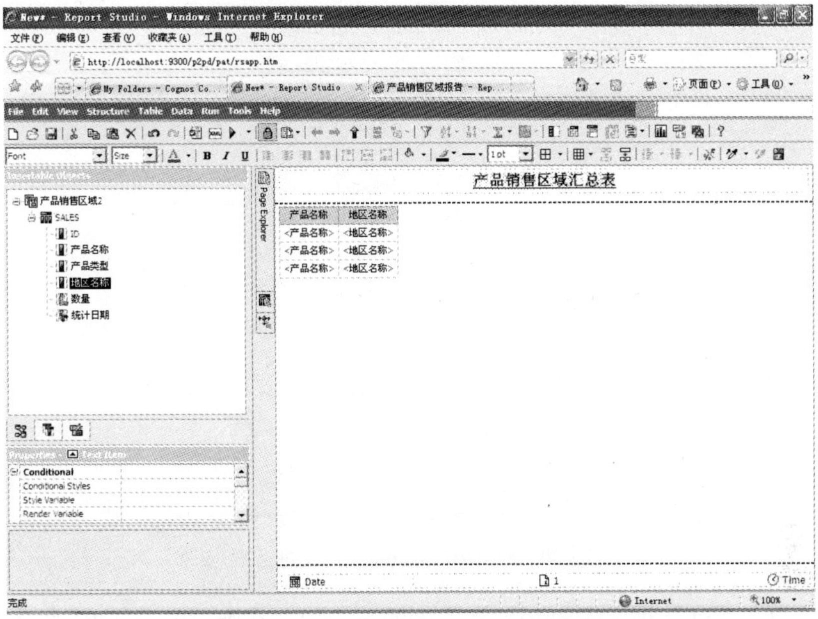

图 20-46 “产品销售区域汇总表”设置

5．制作 Drill-Through 报表

在“产品销售区域汇总表”中，右击“<产品名称>”，在弹出的快捷菜单中选择 Drill-Through Definitions 命令，弹出如图 20-47 所示的对话框。

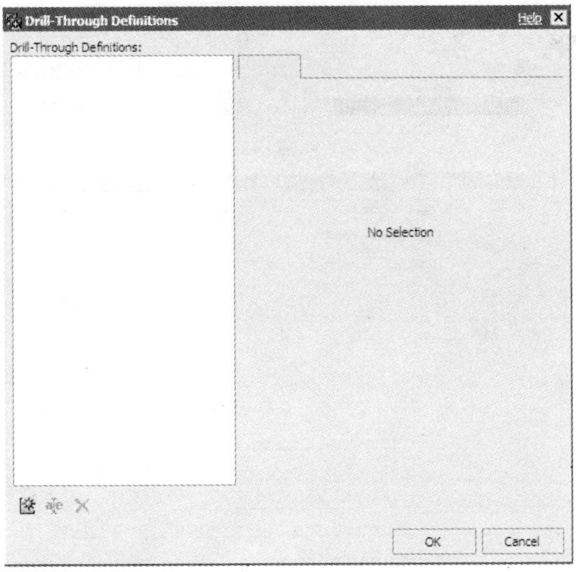

图 20-47 Drill-Through Definitions 对话框

单击按钮，创建一个 Drill-Through 定义，如图 20-48 所示。

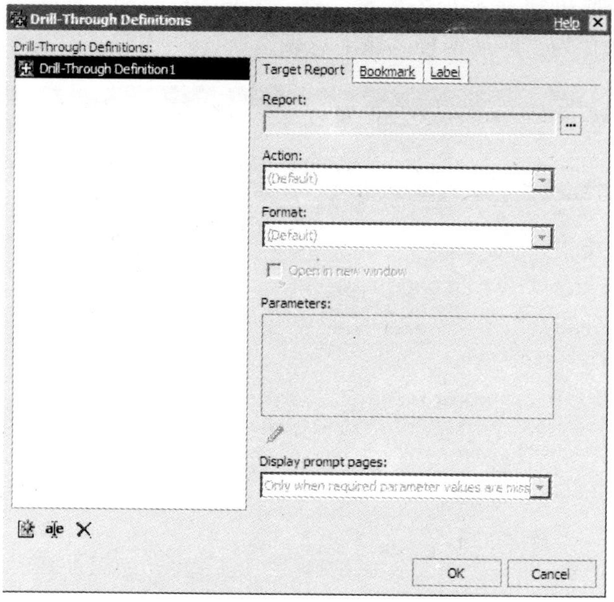

图 20-48　Drill-Through 定义对话框

单击 Target Report 选项卡中的 Report 右侧的 ⋯ 按钮，在弹出的对话框中选择“产品销售区域报告”，如图 20-49 所示。

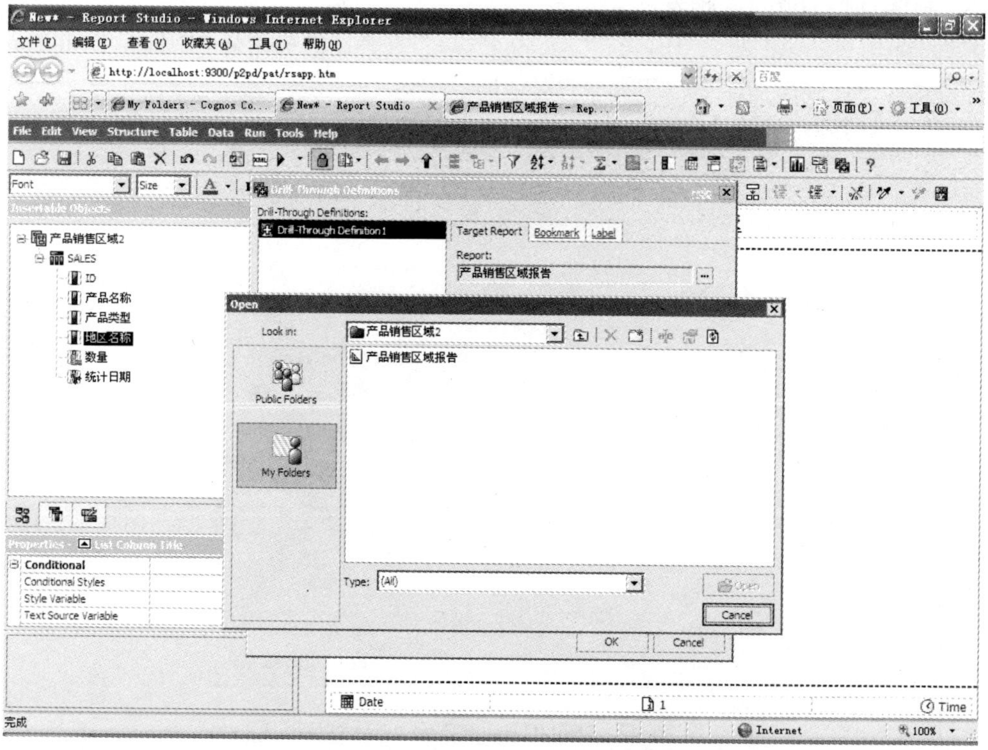

图 20-49　Drill-Through 链接对话框

然后将 Action 的值改为 Run the report，Format 的值改为 HTML，如图 20-50 所示。

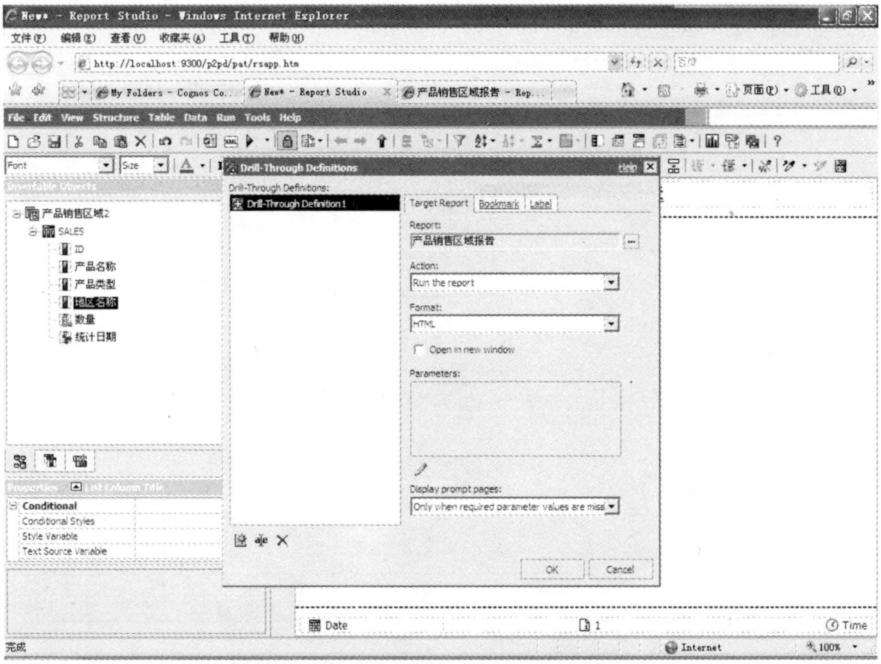

图 20-50　Drill-Through 定义对话框

单击按钮，在参数对话框中，cpmc 对应的 Method 值为 Pass data item value，Value 值选择“产品名称”；dqmc 对应的 Method 值为 Pass data item value，Value 值选择“地区名称”，如图 20-51 所示。

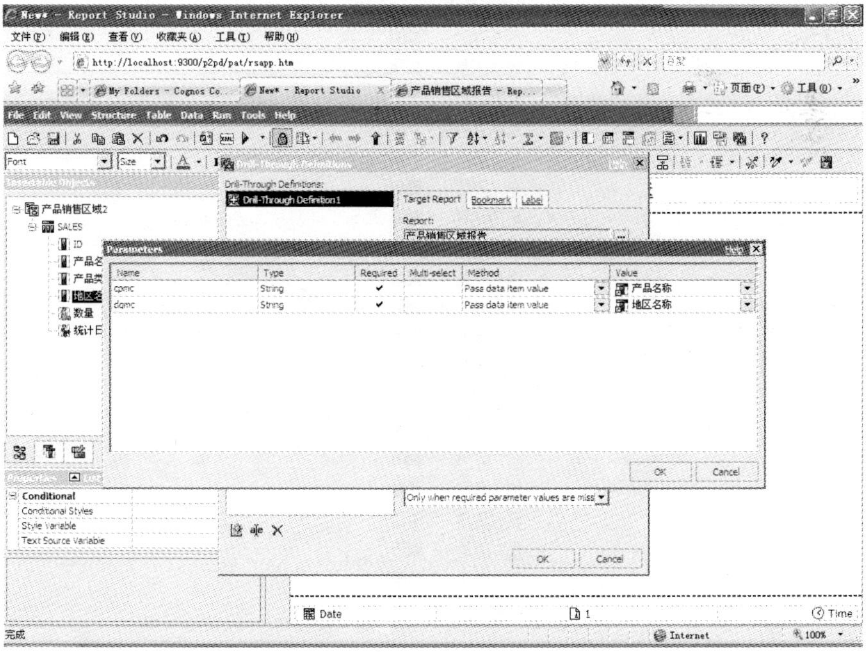

图 20-51　Drill-Through 变量设置对话框

最终完成的 Drill-Through Definitions 对话框的设置如图 20-52 所示。

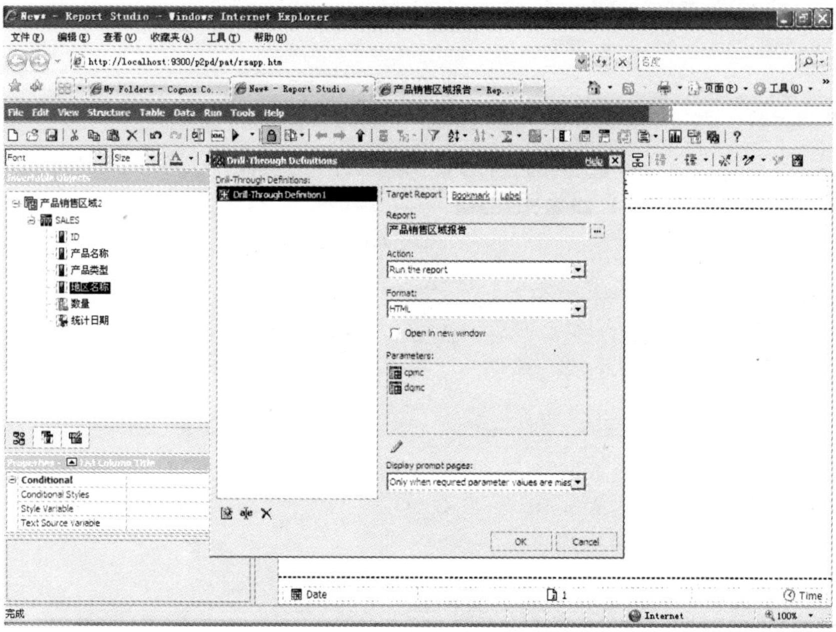

图 20-52 Drill-Through Definitions 对话框

单击 OK 按钮完成 Drill-Through 的配置，然后保存报表。

单击 Run Report 按钮，Report Studio 将运行报表“产品销售区域汇总表”，如图 20-53 所示。

产品名称	地区名称
红木家具	朝阳
现代家具	朝阳
时尚家具	平谷
红木家具	东城
松木家具	大兴
中式家具	延庆
田园家具	朝阳
现代家具	昌平
现代家具	大兴
地中海家具	朝阳
田园家具	东城
中式家具	海淀
实木家具	朝阳
欧式家具	东城
欧式家具	朝阳
地中海家具	平谷
现代家具	海淀
松木家具	朝阳
实木家具	昌平
时尚家具	海淀

图 20-53 运行报表

单击“产品名称”列中的数据“现代家具”，系统将跳转到“产品销售区域报告”页面。该页面列表信息如图 20-54 所示。

到此为止，完成了一个完整的 Drill-Through 实例。

产品名称	地区名称	统计日期	数量
现代家具	大兴	Aug 31, 2009 12:00:00 AM	485
	昌平	Oct 16, 2010 12:00:00 AM	652
	朝阳	Jan 1, 2011 12:00:00 AM	956
	海淀	Apr 1, 2009 12:00:00 AM	286

图 20-54 跳转页面

20.5 本章小结

1）Cognos 实例开发包含列表式、图表式、地图式、罗盘式等。

2）Section 报表的开发在业务需求中经常会碰到，本章介绍了该报表的开发过程，使用比较多的用户包括税务部门。

3）Conditional Style 报表将符合一定条件的数据用高亮或者其他醒目的方式显示出来，其特点是突出、明了。

4）图表型报表，以其表达明确、方便查看、对比清晰等特点被很多的决策管理者在工作中使用。

5）Drill-Through 报表可以追踪业务的明细或者更高层级的统计信息，方便用户动态地显示业务，有助于对业务数据进行分析决策。

第 21 章　Cognos 的安全管理

本章目标

本章主要介绍了 Cognos 的安全管理，包括应用防火墙、身份验证、访问授权等。

学习本章后，您将掌握：

- Cognos 的安全性涉及的内容。
- Cognos 的安全部署内容。
- Cognos 的安全实践内容。

21.1　Cognos 安全性介绍

Cognos 的安全性可以满足不同的用户安全需求。Cognos 提供了一组灵活的、可与现有系统安全模型进行兼容的安全架构，如图 21-1 所示。它可以很容易地与第三方身份验证和加密技术集成商进行整合。

Cognos 的安全性涉及以下几点：

- Cognos 应用防火墙。
- Cognos 身份验证。
- Cognos 访问授权。
- Cognos 加密服务。

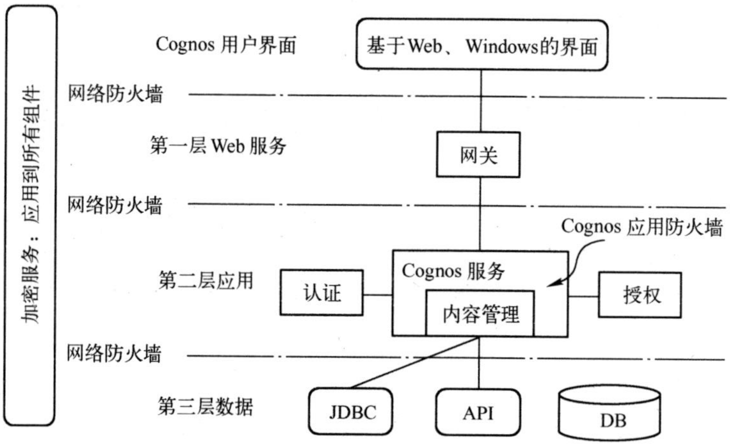

图 21-1　Cognos 安全架构

21.1.1　Cognos 应用防火墙

在 Cognos 安全架构中，Cognos 应用防火墙（CAF）是不可或缺的组件，用来帮助 Cognos 抵御外来恶意数据的攻击，比如缓存溢出和跨站脚本攻击。默认情况下，CAF 将启用，并且不能被禁用。

Cognos 应用防火墙在 Dispatcher 层对进出流量进行验证和过滤，如图 21-2 所示。

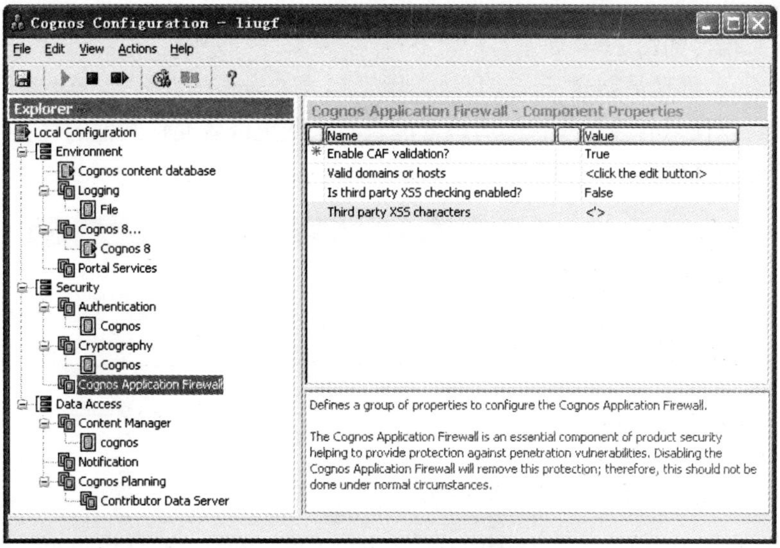

图 21-2　Cognos 应用防火墙

21.1.2　身份验证

Cognos 8 的身份验证是由第三方身份验证提供程序进行管理的，可以用于定义组、用户、角色，如图 21-3 所示。Cognos 8 如果使用了身份验证，那么用户在登录时必须提供有效的身份凭证，比如合法的用户名和有效的密码等。

Cognos 的身份验证包括：LDAP、Windows NT LAN 管理、微软的 Active 目录、eTrust 站点和自定义的 Java 供应商。

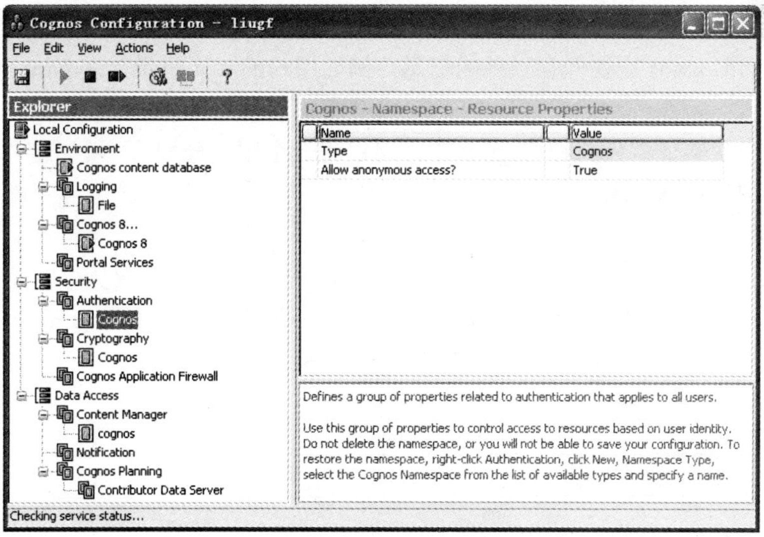

图 21-3　Cognos 身份验证

21.1.3 访问授权

访问授权是指授权一定的用户访问或者拒绝访问指定数据，特别是一些行为或者任务允许或拒绝访问数据，如图 21-4 所示。

例如，Cognos 管理员创建了一些目录，用于存放 Cognos 报表，那么他们可以设置这些目录的安全性，以便只有经过授权的用户才能查看、变更或者允许其他的任务可以对这些目录中的报表进行调度操作。

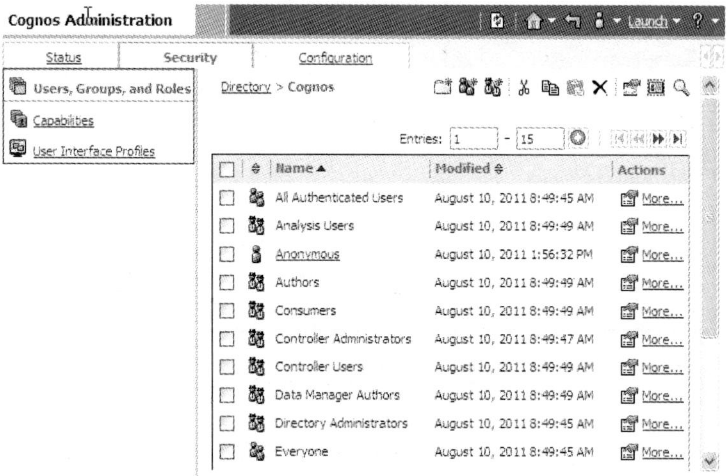

图 21-4 Cognos 访问授权

1．用户

用户实体是指在第三方身份验证供应商创建和维护的唯一账户，属于一个特定的人或者一台计算机。

特别需要注意的是，在 Cognos 中不能创建用户实体。

第三方身份验证供应商保存了用户的基本信息，包括姓、名字、登录 ID、密码、本地语言及邮箱等。而 Cognos 需要保存额外的信息，例如用户的私人目录、在 portal 中查看报表的格式参数等。

在第三方身份验证供应商和 Cognos 中，可以将一个用户分配给一个或者多个组、角色，以满足在业务中的特殊需求。

2．组、角色

组和角色代表了具有相同功能、状态的一些用户的集合。组的成员可以是其他组或者用户，如图 21-5 所示；角色的成员可以是用户、组或者其他角色，如图 21-6 所示。

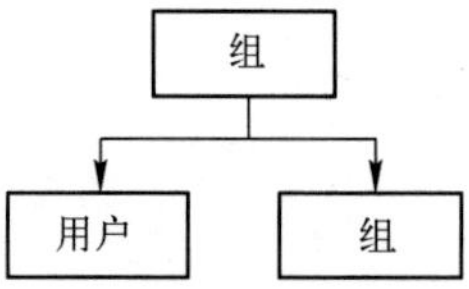

图 21-5 Cognos 组的成员关系

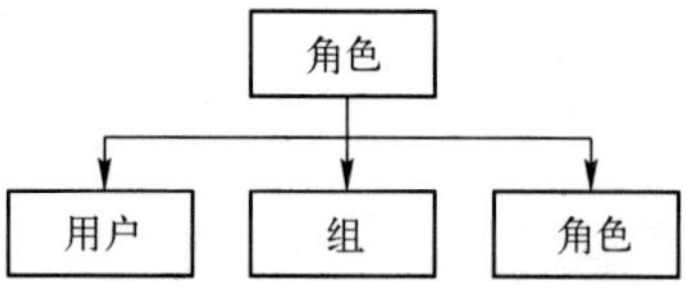

图 21-6 Cognos 角色的成员关系

21.1.4 加密服务

加密服务能确保 Cognos 通信和敏感数据的安全。

1．使用第三方授权认证

Cognos 8 依赖于认证授权的功能是加密服务。默认情况下，Cognos 8 提供一种简单的认证授权机制，在实际中可以将其设置为不可用，然后再使用第三方认证授权。

2．标准的加密服务供应商

Cognos 包括以下标准加密服务。

（1）SSL

SSL 协议用来保护 Cognos 8 组件和计算机之间的安全通信。

（2）建立在 BI 总线消息上的可信请求

使用可信的数字签名以保证它们来自于已注册的 Cognos 8 服务。

（3）部署过程加密

在导入和导出的过程中使用公用的算法来加密和解密数据。

（4）临时文件加密

公用的算法也用来加密和解密临时的文件。

数据库中的存储数据依赖数据库安全机制来保护。

3．增强的加密服务供应商

如果需要更强的安全性，那么可以使用增强的加密服务来替换标准的加密服务。在使用标准的加密服务之后还可以添加增强的加密服务。但是需要注意的是：一旦安装了增强的加密服务并在 Cognos 8 中使用它，那么将不能返回标准的加密服务。Cognos 加密服务如图 21-7 所示。

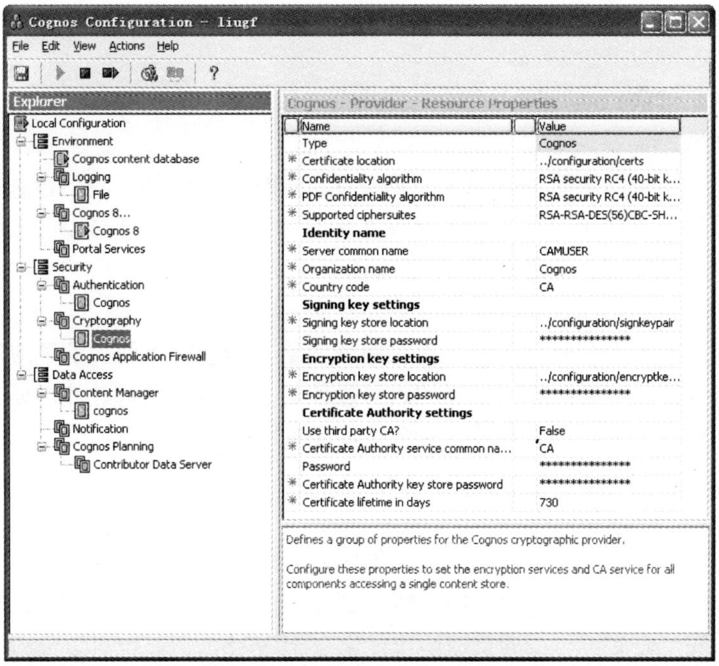

图 21-7　Cognos 加密服务

21.2 Cognos 安全部署

Cognos 8 的安全策略目标是：

- 对于准备访问授权数据的非法用户进行限制。
- 阻止未授权的用户修改数据。
- 预防信息的丢失或毁坏。
- 确保应用的可用性。

必须确保未经授权的用户不能以恶意的行为来访问数据，也必须预防合法用户在应用和使用过程中的各种中断情况的发生。

在设置安全性时，特别需要注意以下方面。

（1）认证和授权

用户的认证和授权机制可以预防未经授权的用户访问系统组件和数据。安全策略的有效性依赖于认证和授权的类型。

（2）Web 请求和内容验证

在数据传输之前，Web 请求和内容验证需要检查数据。安全策略的有效性依赖于验证技术，例如验证和预防缓存溢出。

（3）会话管理

安全策略的有效性依赖于系统使用的会话管理的类型，包括信息和程序的生命周期需要验证。

（4）传输过程中的安全

在使用不可信站点的网络时，明确哪些敏感的信息需要传输，安全策略的有效性依赖于什么样的数据和哪些数据需要加密和传输。

（5）加密

加密保护敏感的信息，例如账户认证和私人信息。

（6）日志和监控

当错误发生、事务结束时，应用程序将进行日志标识。此外，应用日志记录包括提供系统信息的错误信息，该错误信息在满足业务需要的同时，应该包括最少的账户信息。安全策略的有效性依赖于储存了哪些错误的日志信息。

（7）管理员

管理员账户包括新增和删除用户、提供组或者给予角色的访问、配置应用组件等功能，因此，管理员账户应该限制开放给适当的人员操作。安全策略的有效性需要考虑依赖于什么样的应用需求管理，怎样保护管理员的安全选项配置。

21.2.1 操作系统安全技术

操作系统是应用运行的物理环境，任何攻击操作系统的行为都可能危害应用程序的安全。因此，使用安全的操作系统可以使应用环境达到较高的稳定性。

系统的物理安全是必不可少的。威胁可能来自于 Web，但是也可以来自于一台物理终端设备。假设 Web 访问是安全的，如果攻击者可以对一台服务器进行物理访问，那么强行破坏系统是很容易的。

建议您审查操作系统的安全策略，可以从以下几点入手进行操作。

（1）用户账户

- 在服务器上限制用户账户的数量。
- 确保极少数的可信任用户具有超级管理员的权限。
- 授权特定用户进行应用的运行和操作。

（2）账户策略

- 操作系统的安全性可以依赖于管理员的密码策略。
- 使用增强的密码，保护系统的安全性。
- 在 UNIX 系统下，激活 shadow 密码文件。

（3）文件系统

- 授权用户操作目录的只读权限。
- 默认情况下拒绝访问设置。

（4）网络服务

- 在硬件服务器上控制必要的服务数量。
- 降低用户使用网络服务的访问权限级别。
- 确保用户账户可以访问 Web 服务，不可以访问 Shell 功能。
- 在 UNIX 和 Linux 系统下，确保/etc 目录下未使用的服务不存在 rc、rc0～rc6 文件。
- 在 Window 系统下，确保未使用的服务没有运行，并且不要设置成自动运行。
- 在 UNIX 系统下，确保必要的服务的运行。
- 减少信任的端口数量，特别是/etc/services 文件。
- 保护系统免受 NetBIOS 威胁，例如 137、138、139 端口。
- 使用套装服务，比如 iptables。
- 如果可能，尽量避免使用 GUI 服务。

（5）系统补丁

- 在操作系统上运行最新的、推荐的供应商的补丁。
- 为安全补丁设置规律的维护调度。

（6）操作系统最小化

- 删除非必要的应用，以降低系统受到攻击的可能性。
- 限制本地服务对服务的操作。
- 保护缓存区溢出。

（7）日志和监控

- 日志安全相关的事件，包括成功或者失败的登录、退出和改变用户的准入性。
- 监控系统日志文件。
- 限制访问系统日志文件以增强安全性。
- 安全日志配置文件。
- 确保在 Web 服务器上可以安全地访问日志。

（8）系统的完整性

- 创建生产系统以保护系统的完整性。

- 定期检查系统，包括和原始系统的快照进行比较。
- 使用第三方审计软件进行系统的完整性检查。
- 基于一定规则去备份系统的资源。

21.2.2 网络安全技术

网络是进入应用的一个点，因此，网络安全机制是预防外来入侵的第一道防线。网络安全涉及协议、通信通道和安全设备，例如路由器、防火墙和交换机。

可以从以下几个方面入手来增强网络安全。

- 使用防火墙。
- 确保防火墙能提供包的转发和过滤功能。
- 限制访问端口的数量。
- 限制某些端口的流量的方向。
- 限制某些网络协议，例如 ping。

21.2.3 应用安全技术

使用内置的安全功能，可以将 Cognos 8 的安全性最大化。这里提供的最好的做法不是一个配置安全需求的完整的列表，以下几点是解决问题的关键。

（1）特别推荐——使用 Cognos 应用防火墙

Cognos 应用防火墙（CAF）补充了现有 Cognos 8 的安全架构。默认情况下，CAF 是可用的。为了确保 Cognos 8 的解决方案是安全的，CAF 在生产环境中不应该被禁用。

在分布式环境中，所有已安装的 Cognos 8 应用层组件的计算机上的 CAF 设置必须是一致的。如果 CAF 在某些计算机上是不可用的，而在另一些计算机上可用的，这样可能会导致其他意外的行为和产品错误的发生。

CAF 保护处理恶意数据的 Cognos 8 组件。最常见的形式是恶意数据的缓存区溢出和跨站点脚本攻击（XSS 链接），或者通过在有效的网页或者重定向到其他网站的脚本注入。

使用 Cognos Configuration 时，可以改变第三方的 XSS 工具支持的设置，并添加包括主机名和域名的有效名称的 Cognos 列表。

还可以跟踪防火墙活动，检查包含被拒绝请求的日志文件。默认情况下，日志信息存储在 Cognos 8 本地位置\logs\ cogserver.log 文件里。

（2）配置加密环境

建议在评估环境之前，先备份安全级别。

（3）安全的临时文件

Cognos 8 使用报告活动期间的临时文件存储最近查看过的报告。该文件是不加密的。由于报告可能包含敏感数据，它们应该是安全的。

建议采取以下措施：

1）限制访问临时文件目录。

2）启用临时文件加密。

（4）安全访问 Cognos Connection 的技术

如果在 Cognos 配置中添加了一个身份验证，那么在目录中的所有用户都拥有访问 Cognos

Connection 的权限。为了确保 Cognos 8 的安全，需要限制该访问。

（5）安全的 PowerCube

部署到 Cognos 8 PowerCube 的 MDC 文件继续留在文件系统中。作为一个额外的安全措施，建议：

1）设立限制 PowerCube 数据源的访问。

2）PowerCube 的数据源使用第三方的文件加密系统。

3）设置 Cognos 8 中包含 cube 的目录的权限。

4）授予必须添加或删除目录中的 cube 的用户读取和写入权限。

5）授予用来启动 Cognos 8 服务的域用户账户的读取权限。

（6）安全的数据源签名

Cognos 8 使用数据源签名来访问报表数据库中的基础数据。

（7）安全的内容存储

为了确保其安全性和完整性，在 Cognos 配置中，内容存储通过使用单数据登录访问 Content Manager 服务。

然而，内容存储的安全性不仅依赖于 Cognos 8 的安全性，而且依赖于本地数据库的安全性、操作系统的安全性和网络的安全性。

（8）为了确保数据库的安全性，建议遵循下列准则

1）数据库和数据库 API 使用数据库、网络和操作系统提供的安全性机制。

2）分配有限数量的用户以维护数据库。

3）使用本地安全的数据库，仅授予最低权限的用户账户访问。

4）限制内容管理表的读写访问的用户数量。

5）采纳由数据库供应商提供的其他安全性建议。

21.2.4 安全审计

Cognos 8 使用安全审计作为管理方式来检查执行安全策略的有效性。Cognos 安全审计图如图 21-8 所示。

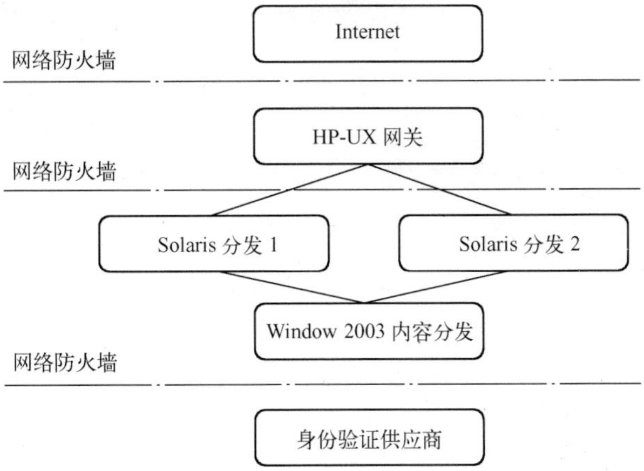

图 21-8　Cognos 安全审计图

21.3　Cognos 安全实践

在本节将进行 Cognos 安全性设置的学习。

21.3.1　创建 Cognos 组、角色

登录 Cognos Connection 控制台后，选择 Launch→Cognos Administration 命令进入 Cognos 管理界面，如图 21-9 所示。

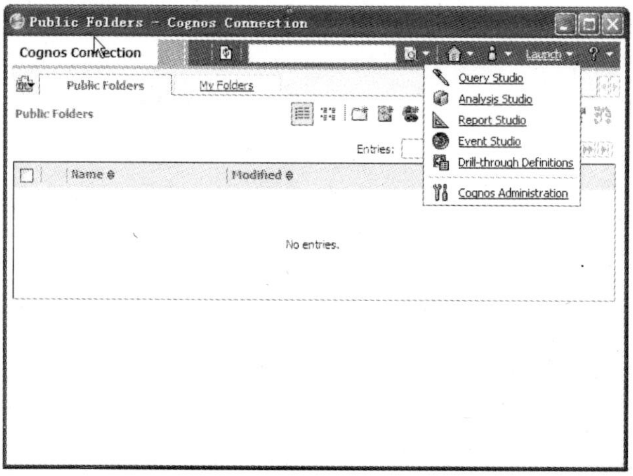

图 21-9　Cognos 安全实践（一）

Cognos Administration 由 3 部分组成：Status（状态）、Security（安全）和 Configuration（配置），如图 21-10 所示。

- Status（状态）：记录未发生的、当前的和已发生的活动，系统和调度的信息。
- Security（安全）：Cognos 用户、组和角色的设置和管理。
- Configuration（配置）：数据库连接、内容管理等信息。

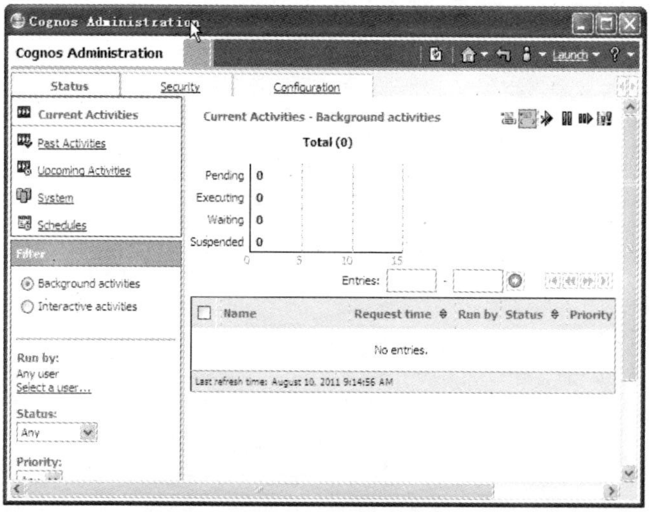

图 21-10　Cognos 安全实践（二）

选择 Security 选项卡，进入后单击 Users, Groups, and Roles 菜单，如图 21-11 所示。

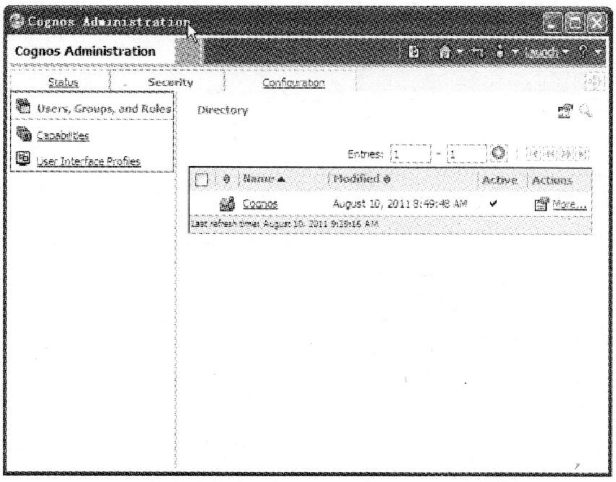

图 21-11　Cognos 安全实践（三）

在右侧 Directory 区域选择 Cognos 链接，单击后进入管理页面，如图 21-12 所示。

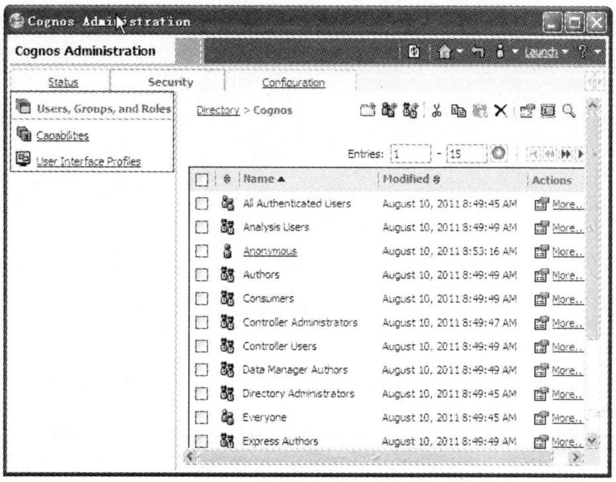

图 21-12　Cognos 安全实践（四）

单击“创建组”按钮，跳转至新建组向导指南，如图 21-13 所示。

图 21-13　Cognos 安全实践（五）

单击 Next 按钮，跳转至选择用户页面，直接单击 Finish 按钮完成组的创建，如图 21-14 所示。

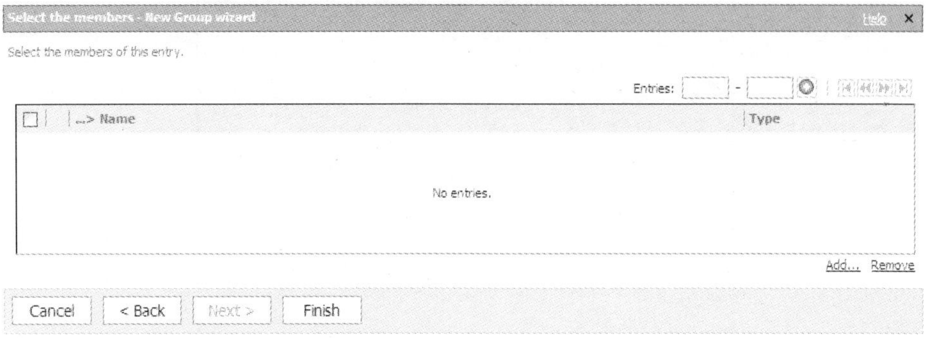

图 21-14　Cognos 安全实践（六）

组创建完成之后，返回到列表页面，可以看到刚才创建的 Sales 组，如图 21-15 所示。

图 21-15　Cognos 安全实践（七）

继续创建角色，单击“创建角色”按钮，跳转至新建角色向导指南，如图 21-16 所示。

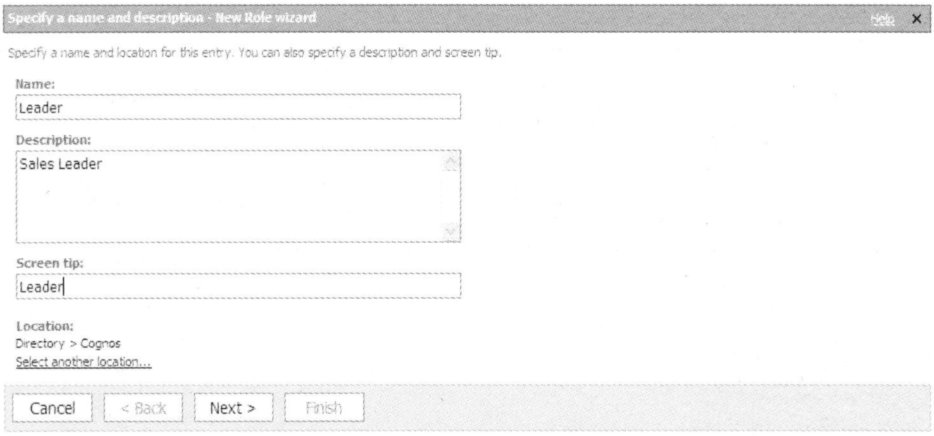

图 21-16　Cognos 安全实践（八）

单击 Next 按钮，跳转至选择用户页面，直接单击 Finish 按钮完成角色的创建，如图 21-17 所示。

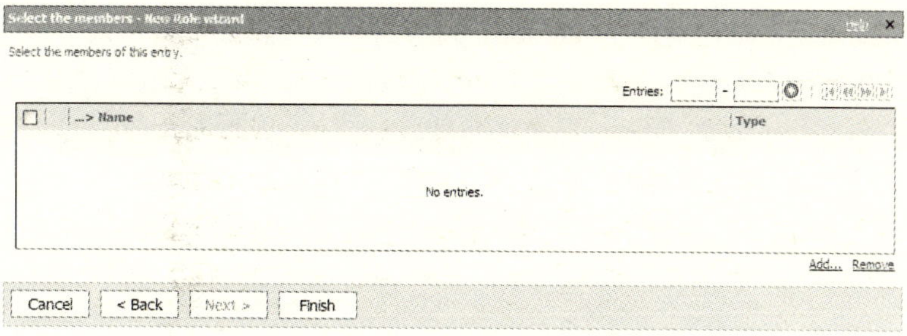

图 21-17　Cognos 安全实践（九）

角色创建完成之后，返回到列表页面，可以看到刚才创建的 Leader 角色，如图 21-18 所示。

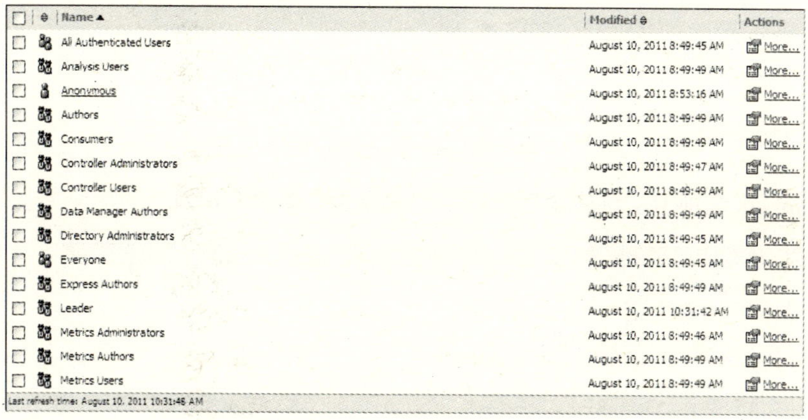

图 21-18　Cognos 安全实践（十）

21.3.2　为组、角色添加用户成员

打开用户、角色、组列表页面，如图 21-19 所示。

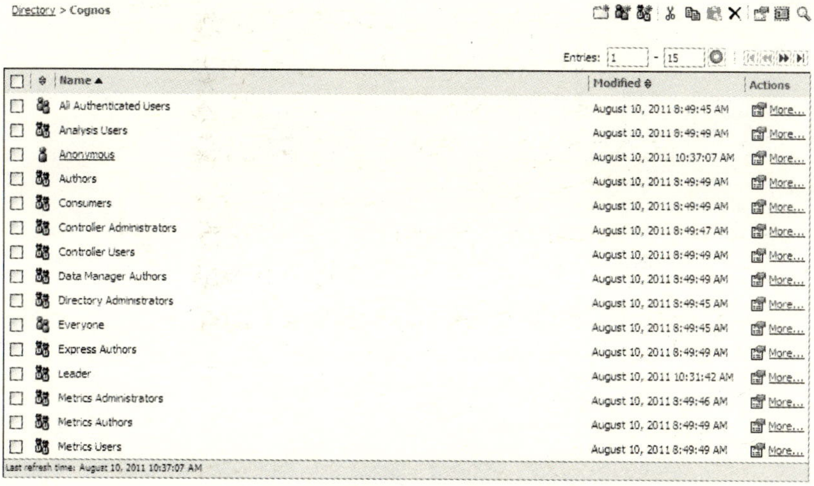

图 21-19　Cognos 安全实践（十一）

选择一个组或角色，单击对应的 Actions 列中的“设置属性”按钮，跳转至属性设置页面，如图 21-20 所示。

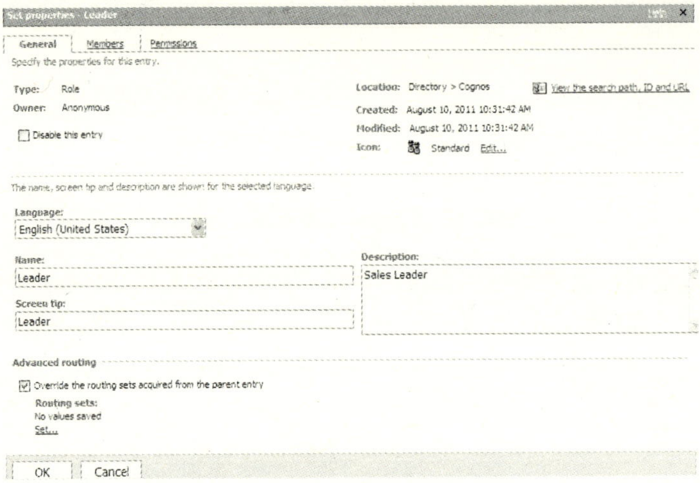

图 21-20　Cognos 安全实践（十二）

选择 Members 选项卡，跳转至用户成员选择页面，如图 21-21 所示。

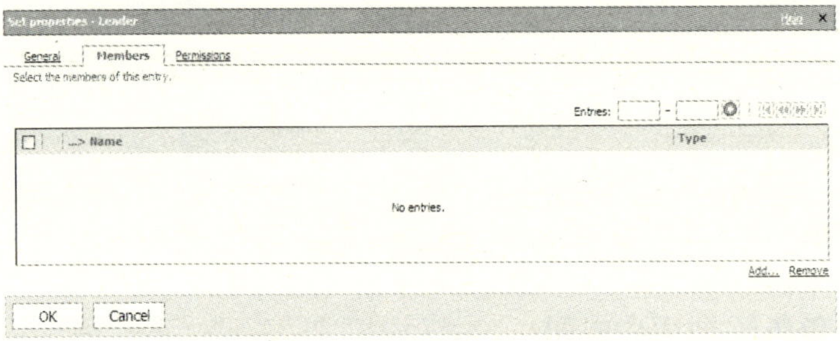

图 21-21　Cognos 安全实践（十三）

单击 Add 按钮，跳转至选择用户页面，如图 21-22 所示。

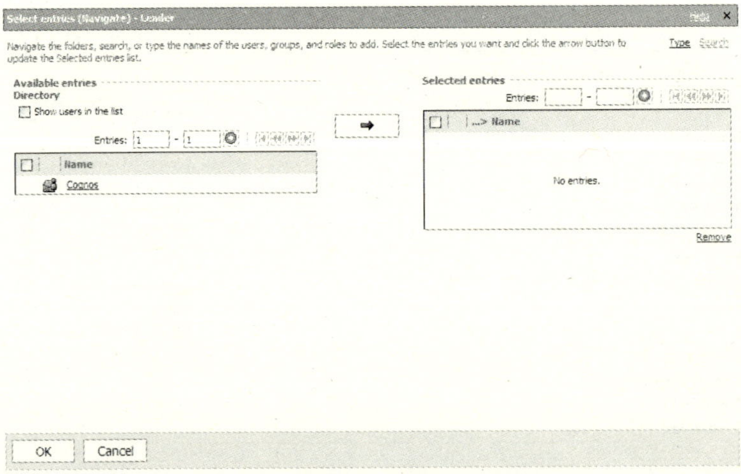

图 21-22　Cognos 安全实践（十四）

选择 Available entries Directory 的 Cognos 链接，单击后显示所有用户实体信息，如图 21-23 所示。

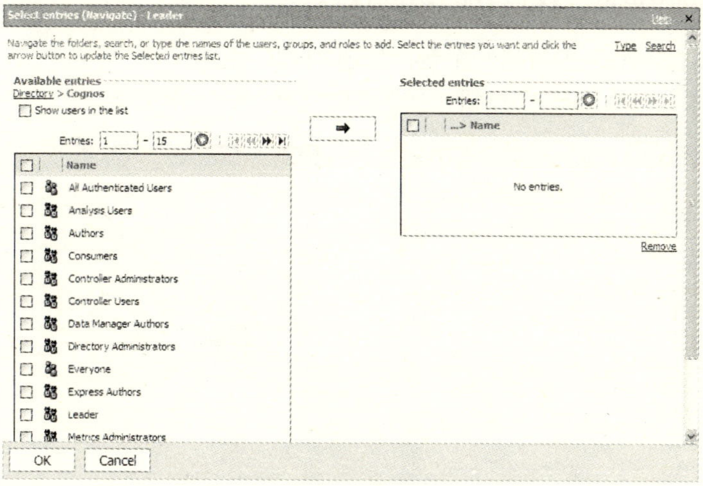

图 21-23　Cognos 安全实践（十五）

选中其中一个用户实体，如 Sales 组，单击 ➡ 按钮，将 Sales 组添加到 Selected entries 列表，如图 21-24 所示。

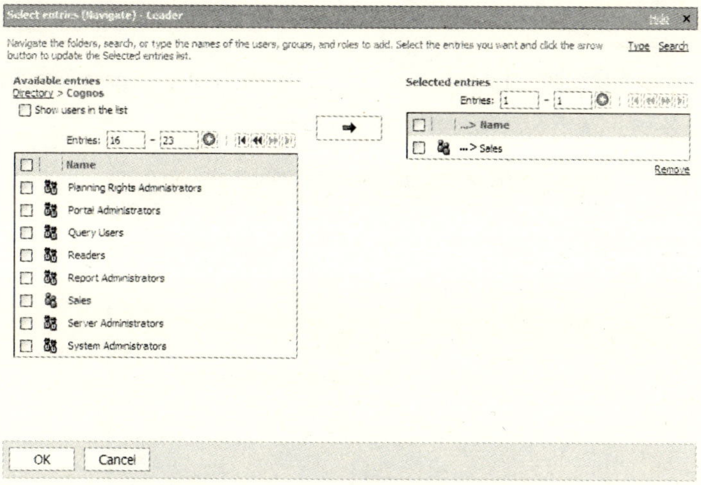

图 21-24　Cognos 安全实践（十六）

单击 OK 按钮，返回 Members 选项卡，如图 21-25 所示。

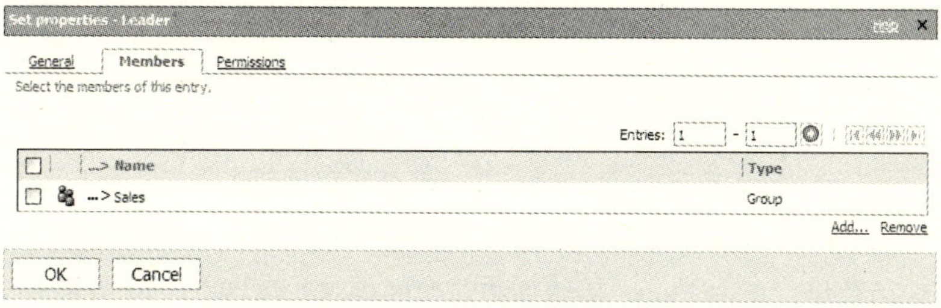

图 21-25　Cognos 安全实践（十七）

单击 OK 按钮，完成对角色、组的成员实体设置。

21.3.3 在 Framework 中设置包的访问授权

在 Framework Manager 中新建一个包，如图 21-26 所示。

输入包的名称后，单击 Next 按钮，如图 21-27 所示。

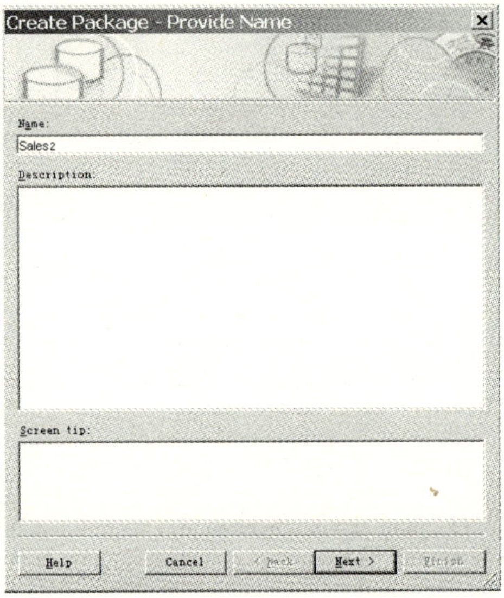

图 21-26　Cognos 安全实践（十八）

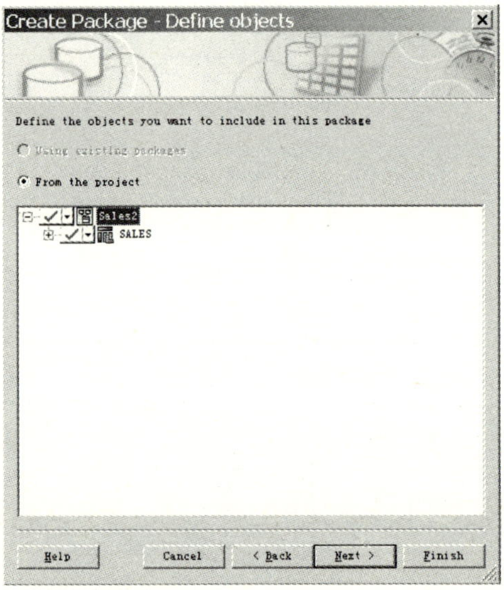

图 21-27　Cognos 安全实践（十九）

选择包含的对象后，单击 Next 按钮，如图 21-28 所示。

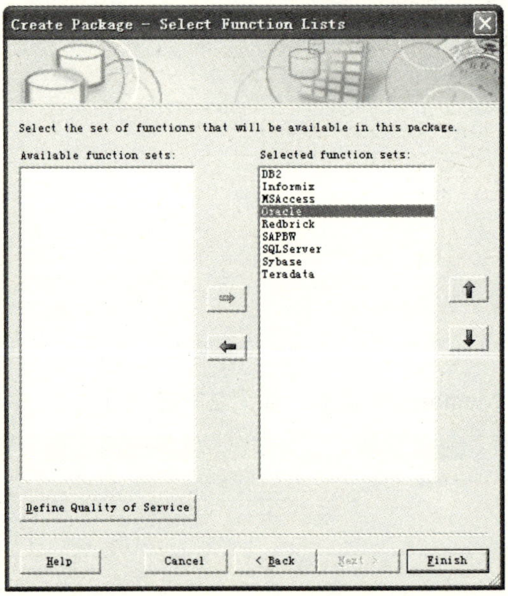

图 21-28　Cognos 安全实践（二十）

选择 Oracle 函数集，单击 Finish 按钮完成对包的创建，如图 21-29 所示。

单击 Yes 按钮，在跳转的发布向导中选择包发布的路径，单击 Next 按钮，如图 21-30

所示。

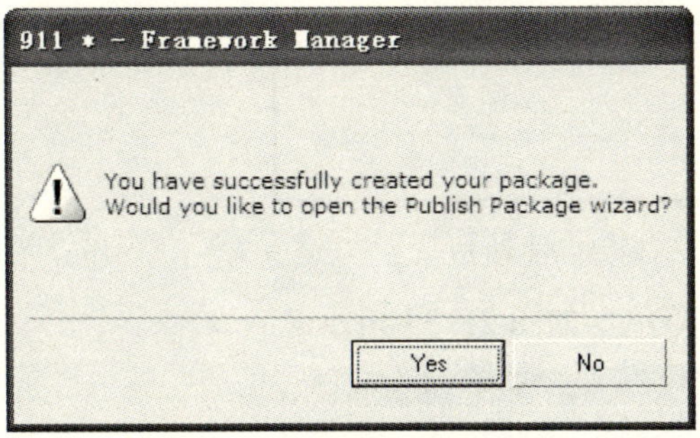

图 21-29　Cognos 安全实践（二十一）

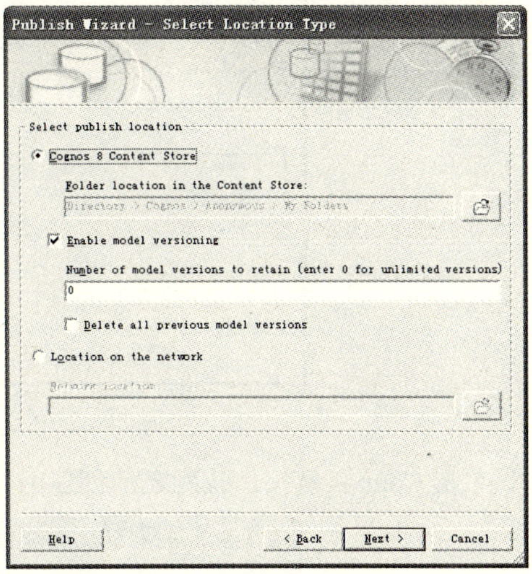

图 21-30　Cognos 安全实践（二十二）

在跳转的安全访问授权框向导中，可以进行两种授权访问控制：User Access（用户访问控制）和 Administrator Access（管理员访问控制），如图 21-31 所示。

- User Access（用户访问控制）：设置用户访问授权，授权的组和角色可以使用该包来创建报表等操作。
- Administrator Access（管理员访问控制）：设置包管理访问授权，授权的组和角色可以对该包进行管理。

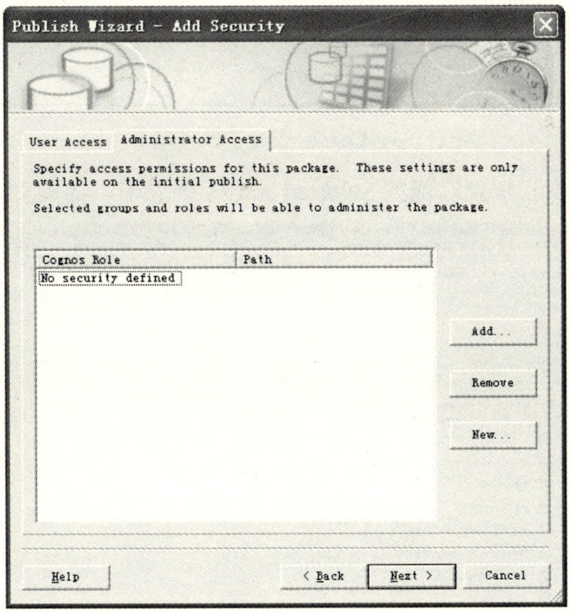

图 21-31　Cognos 安全实践（二十三）

在 User Access 选项卡中，单击 Add 按钮，弹出选择组和角色对话框，如图 21-32 所示。

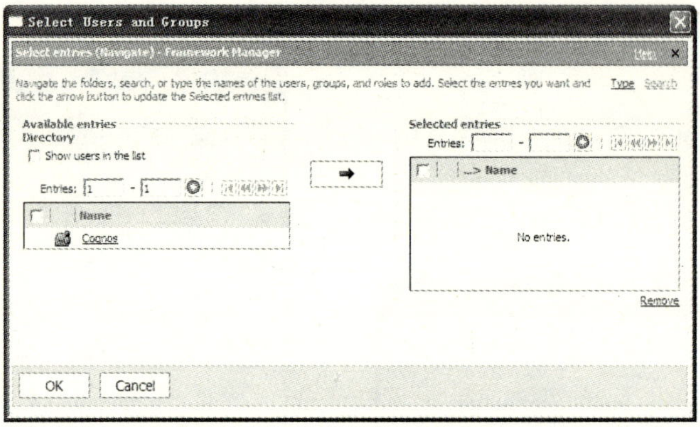

图 21-32　Cognos 安全实践（二十四）

单击 Cognos 链接，找到之前创建的 Leader 角色，如图 21-33 所示。

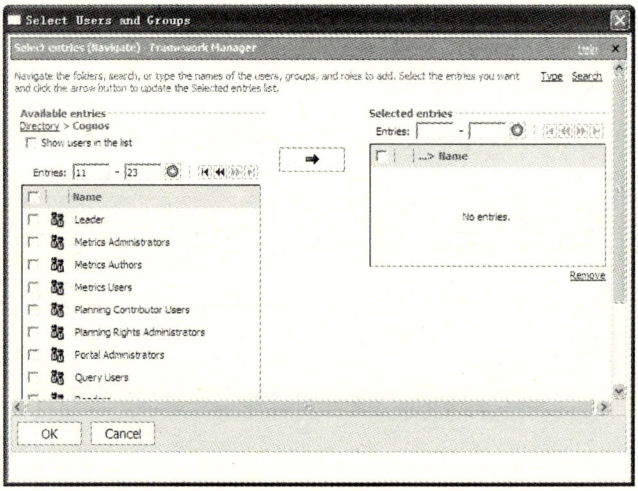

图 21-33　Cognos 安全实践（二十五）

将 Leader 角色选中添加到右侧的 Selected entries 列表中，如图 21-34 所示。

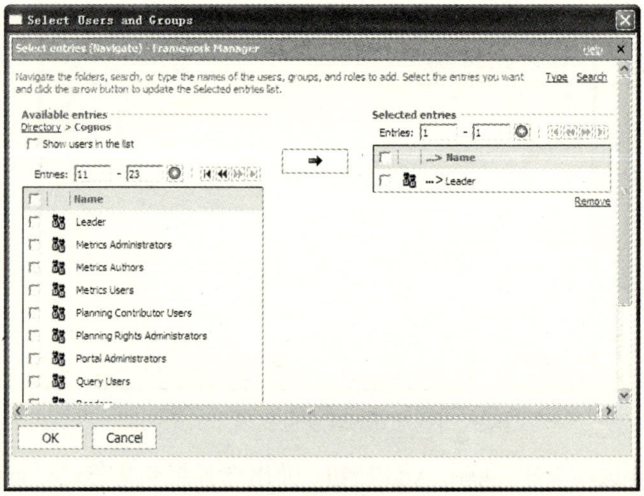

图 21-34　Cognos 安全实践（二十六）

单击 OK 按钮，返回安全设置向导页面，完成 Cognos Role 的添加，如图 21-35 所示。用同样的方法设置 Administrator Access，如图 21-36 所示。

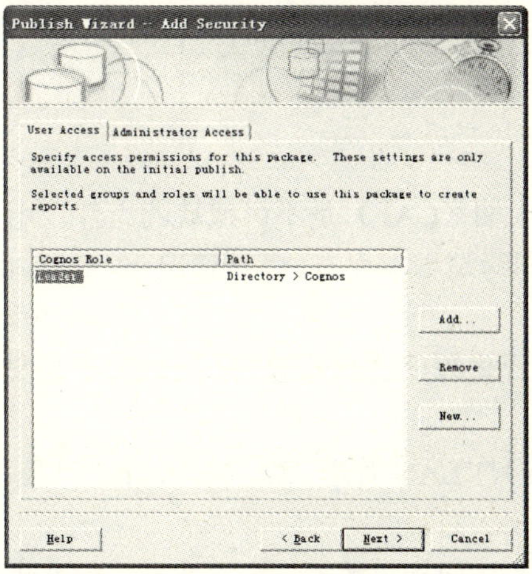

图 21-35　Cognos 安全实践（二十七）

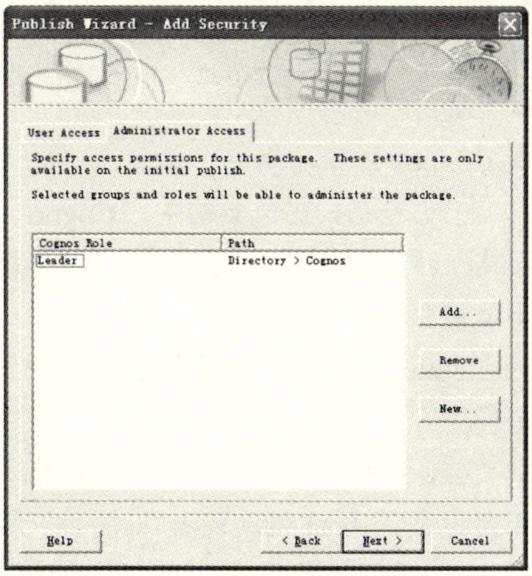

图 21-36　Cognos 安全实践（二十八）

单击 Next 按钮，跳转至发布页面，如图 21-37 所示。

单击 Publish 按钮，完成对包的发布，如图 21-38 所示。

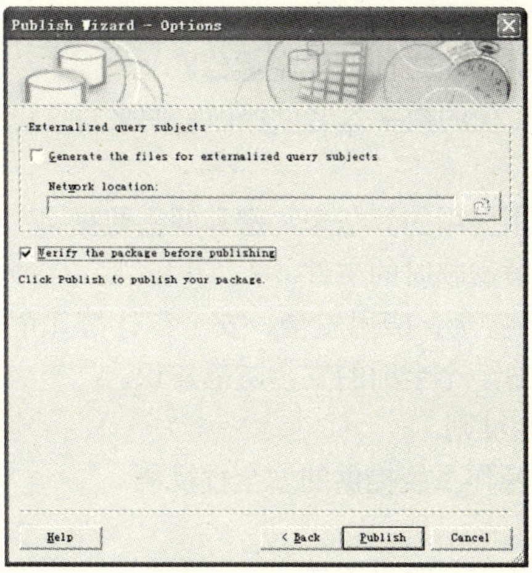

图 21-37　Cognos 安全实践（二十九）

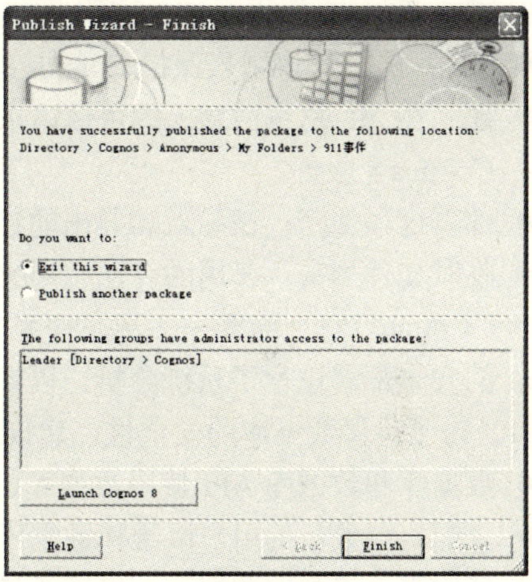

图 21-38　Cognos 安全实践（三十）

单击 Finish 按钮，完成包的访问权限的设置。

21.4　本章小结

本章介绍了 Cognos 的安全管理知识，主要包括以下内容。

1）Cognos 安全性介绍——针对 Cognos 应用防火墙、身份验证、访问授权和加密服务进行讲解，读者初步了解了 Cognos 的安全机制。

2）Cognos 的安全性可以满足不同的用户安全需求。Cognos 提供了一组灵活的、可与现有系统安全模型进行兼容的安全架构。它可以很容易地与第三方身份验证和加密技术集成商进行整合。

3）Cognos 的安全性涉及以下几点：

- Cognos 应用程序防火墙。
- Cognos 身份验证。
- Cognos 访问授权。
- Cognos 加密服务。

4）在 Cognos 安全架构中，Cognos 应用防火墙（CAF）是不可或缺的组件，用来帮助 Cognos 抵御外来恶意数据的攻击，比如缓存溢出和跨站脚本攻击。默认情况下，CAF 将启用，并且不能被禁用。

5）Cognos 8 的身份验证是由第三方身份验证提供程序进行管理的，可以用于定义组、用户、角色。

6）Cognos 的身份验证包括：LDAP、Windows NT LAN 管理、微软的 Active 目录、eTrust 站点和自定义的 Java 供应商。

7）访问授权是指授权一定的用户访问或者拒绝访问指定数据，特别是一些行为或者任务允许或拒绝访问数据。

8）组和角色代表了具有相同功能、状态的一些用户的集合。组的成员可以是其他组或者用户，角色的成员可以用户、组或者其他角色。

9）Cognos 包括以下标准加密服务。

- SSL：SSL 协议用来保护 Cognos 8 组件和计算机之间的安全通信。
- 建立在 BI 总线消息上的可信请求：使用可信的数字签名以保证它们来自于已注册的 Cognos 8 服务。
- 部署过程加密：在导入和导出的过程中使用公用的算法来加密和解密数据。
- 临时文件加密：公用的算法也用来加密和解密临时的文件。

10）Cognos 安全部署——从操作系统、网络安全、应用安全、安全审计等几个方面对 Cognos 的安全部署进行了系统分析，以期读者能有一个全面的安全防范意识。

11）为了确保数据库的安全性，建议遵循下列准则。

- 数据库和数据库 API 使用数据库、网络和操作系统提供的安全性机制。
- 分配有限数量的用户以维护数据库。
- 使用本地安全的数据库，仅授予最低权限的用户账户访问。
- 限制内容管理表的读写访问的用户数量。
- 采纳由数据库供应商提供的其他安全性建议。

12）Cognos 安全实践——在进行了 Cognos 安全性介绍和安全部署之后，对 Cognos 安全实践进行了简单的演示。

第 22 章　Cognos 优化

本章目标

本章主要介绍了 Cognos 的优化内容。包括如何增加 Cognos 的内存来提高运行的速度，如何提高 Cognos 的数据库访问速度，如何通过修改 Cognos 的 reportservice.xml 参数提高运行的效率，如何修改读取高速缓存的值来提升 Cognos 的性能，如何通过开启 crosstab caching 提高 cube 的访问速度，如何在读取数据时启用多 CPU 处理，如何减少 cube 数据提交的次数等内容。

学习本章后，您将掌握：

- 如何增加 Cognos 8 的内存来提高运行速度。
- 如何提高 Cognos 8 的数据库访问速度。
- 如何修改 Cognos 8 的 reportservice.xml 参数。
- 如何通过修改读取高速缓存的值提高性能。
- 如何通过开启 crosstab caching 提高 cube 的访问速度。
- 如何在读取数据时启用多 CPU 处理。
- 如何减少 cube 数据提交的次数。

22.1　增加 Cognos 8 的内存以提高运行速度

当运行 Cognos 8 的服务器配置较高时，可以适当增大 Cognos 8 的内存来提升其运行的效率。例如，在图 22-1 中，进入到 Cognos Configuration，修改下列参数提高 Cognos 8 的运行速度，如图 22-2 所示。

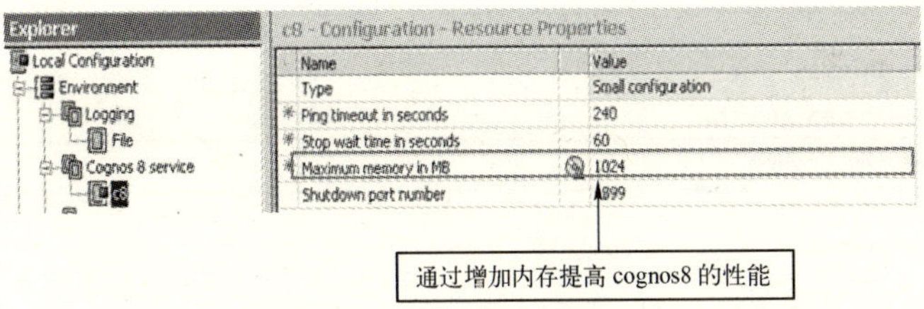

图 22-1　Cognos 优化内存(一)

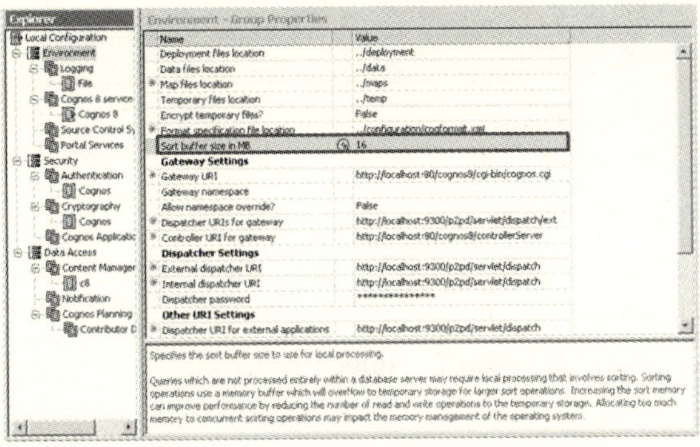

图 22-2　Cognos 优化内存（二）

22.2 提高 Cognos 8 的数据库访问速度

以 Oracle 数据库为例，修改存放在*\bin 下的 cogdmor.ini 文件，打开该文件，寻找字符串 Fetch Number of Rows=，将其前面的分号去掉，将 10 改成 500。这就表示每次从数据库中取 500 条数据，大大提高了对数据库的访问速度。

22.3 修改 Cognos 8 的 reportservice.xml 参数

1）在 Cognos 8 的安装目录下找到 c8\webapps\p2pd\WEB-INF\services\reportservice.xml 文件。

例如：

```
max_process
        <init-param>
                <!-- The maximum number of processes that can be running at one time -->
                <param-name>max_process</param-name>
                <param-value>2</param-value>
        </init-param>
```

其中<param-value>2</param-value>表示 ReportNet 服务交互式报表处理所占用的进程个数，默认值一般为 2。具体大小可以根据 CPU 的个数进行调整，一般每个 CPU 可以支持两个处理进程数。例如，在图 22-3 中该进程个数和 ReportNet ReportService 服务中的峰值时段内报表服务的最大进程数相匹配，通常非峰值时段内报表服务的最大进程数与峰值时段内报表服务的最大进程数是相同的。

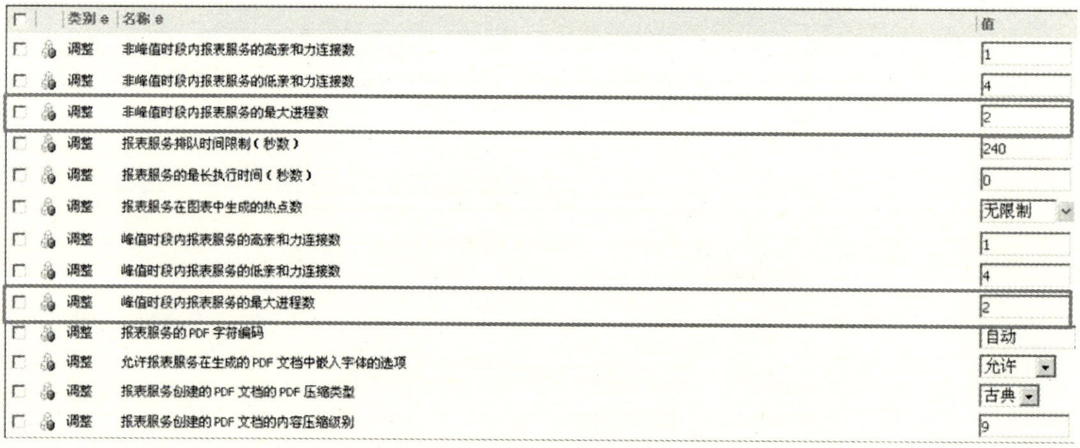

类别	名称	值
调整	非峰值时段内报表服务的高亲和力连接数	1
调整	非峰值时段内报表服务的低亲和力连接数	4
调整	非峰值时段内报表服务的最大进程数	2
调整	报表服务排队时间限制（秒数）	240
调整	报表服务的最长执行时间（秒数）	0
调整	报表服务在图表中生成的热点数	无限制
调整	峰值时段内报表服务的高亲和力连接数	1
调整	峰值时段内报表服务的低亲和力连接数	4
调整	峰值时段内报表服务的最大进程数	2
调整	报表服务的 PDF 字符编码	自动
调整	允许报表服务在生成的 PDF 文档中嵌入字体的选项	允许
调整	报表服务创建的 PDF 文档的 PDF 压缩类型	古典
调整	报表服务创建的 PDF 文档的内容压缩级别	9

图 22-3　Cognos 优化进程（一）

2）在 reportservice.xml 文件中修改　linger_process。

```
<init-param>
        <!-- The minimum number of processes to keep in memory once they're started -->
```

```
        <param-name>linger_process</param-name>
        <param-value>1</param-value>
</init-param>
```

其中<param-value>1</param-value>表示 ReportNet 服务交互式报表处理初始化所占用的进程数。默认值一般为 1，具体大小可根据 CPU 数情况进行调整，一般每个 CPU 可支持一个处理进程数，设置该参数的目的是提高服务器在非峰值使用时段的处理能力，通常该参数值小于或等于最大进程数。

3）在 reportservice.xml 文件中修改 max_non_affine_connections_per_process。

```
<init-param>
        <!-- The maximum number of non-affine connections per process -->
        <param-name>max_non_affine_connections_per_process</param-name>
        <param-value>4</param-value>
</init-param>
```

其中<param-value>4</param-value>表示 ReportNet 服务交互式报表处理所占用的线程数。默认值一般为 4，具体大小可以根据 CPU 数情况进行调整，一般每个 CPU 最多可以支持 4 个处理，而 Windows 环境一般设置成两个处理。在图 22-4 中，该线程数和 ReportNet Report Service 服务中的报表服务的低亲和力连接数相匹配。

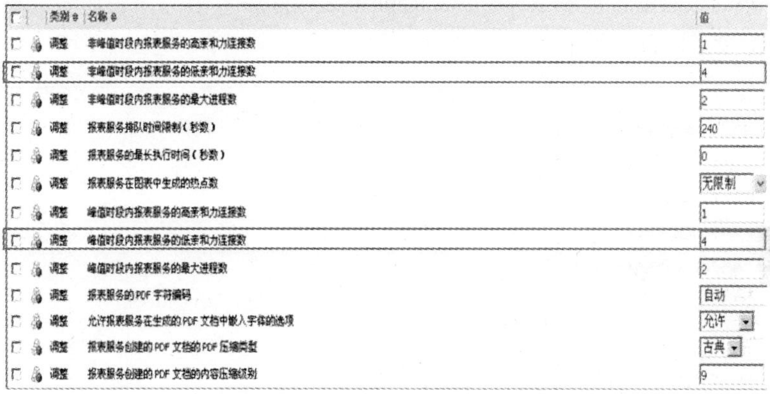

图 22-4　Cognos 优化进程（二）

4）在 reportservice.xml 文件中修改 idle_process_check_interval_ms。

```
<init-param>
        <!-- Time period between checks for idle or expired processes (in ms) .
        Everytime we check an idle process we bump its tick count.   Every time we use
        a process the count is reset to 0.   If the count ever reaches the value
        of idle_process_max_idle_ticks (below) the process is destroyed.
        -->
        <param-name>idle_process_check_interval_ms</param-name>
        <param-value>30000</param-value>
</init-param>
```

其中<param-value>30000</param-value>表示空闲进程检测时间间隔，默认值为 30000，

单位为 ms。目的是每 30s 检测一下进程是否是空闲的，适当缩短时间间隔，可以提高进程的使用效率。

5）在 reportservice.xml 文件中修改 idle_process_max_idle_ticks。

```
<init-param>
    <!-- number of idle check ticks before an idle process is killed. -->
    <param-name>idle_process_max_idle_ticks</param-name>
    <param-value>10</param-value>
</init-param>
```

其中<param-value>10</param-value>表示如果某个进程连续 10 次被检测为空闲进程，则该进程会被杀掉。

6）在 reportservice.xml 文件中修改 queue_time_limit_ms。

```
<init-param>
    <!-- The maximum time a request is queued before it gives up (in ms) -->
    <param-name>queue_time_limit_ms</param-name>
    <param-value>30000</param-value>
</init-param>
```

其中<param-value>30000</param-value>表示报表服务排队时间限制，通常默认值为 30000，单位为 ms。通常该值和 ReportNet ReportService 服务中的报表服务排队时间限制（秒数）值相匹配，如图 22-5 所示。

图 22-5　Cognos 优化进程（三）

22.4　修改读取高速缓存的值以提高性能

进入 Cognos Administration 单击“配置”→“数据源连接”，单击基于 cube 的数据源，单击属性，然后在弹出的窗口中单击连接，修改读取高速缓存的值，如图 22-6 所示。

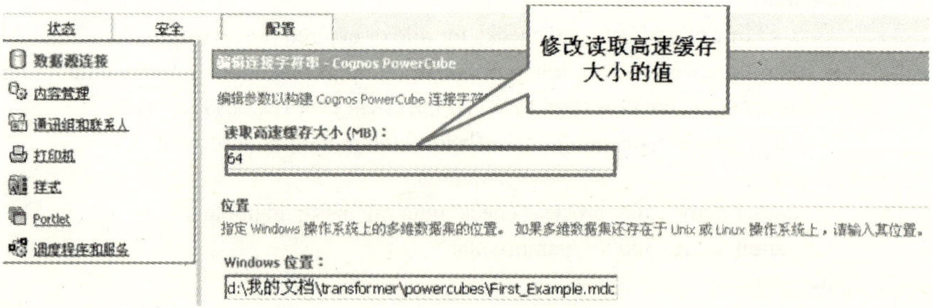

图 22-6　Cognos 优化缓存

22.5 开启 crosstab caching 提高 cube 的访问速度

通过开启 crosstab caching 提高 cube 的访问速度，如图 22-7 所示。

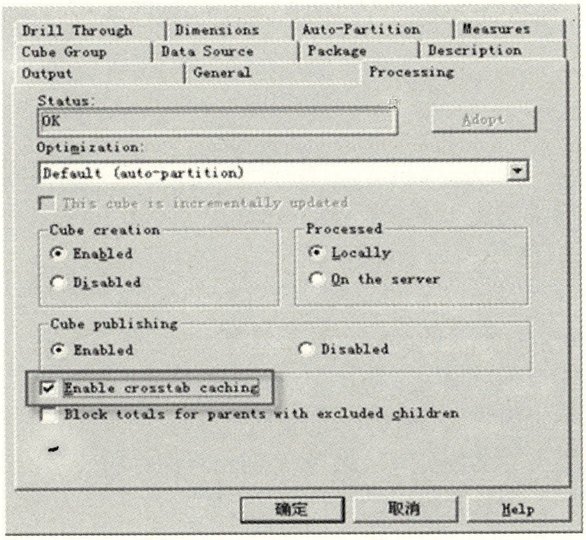

图 22-7 Cognos 优化访问速度

22.6 读取数据时启用多 CPU 处理

在 Transformer 中，单击 DataSource 的属性页面，如图 22-8 所示：可以看到有一个 Enable multi-processing 复选框，如果选中它，可实现读取数据时启用多 CPU 处理。这样可以大大提升性能。

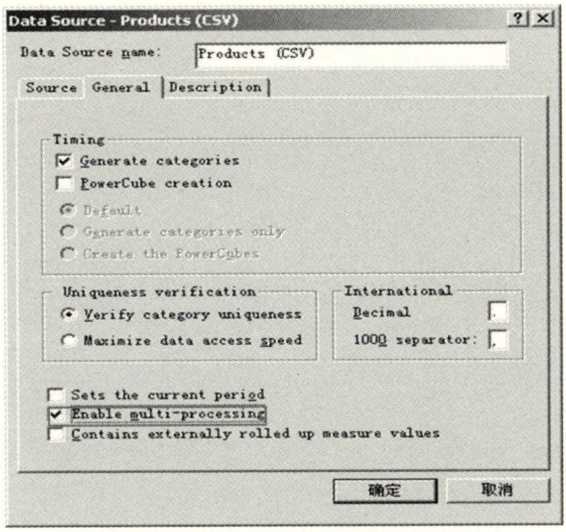

图 22-8 Cognos 优化多处理器

22.7 减少 cube 数据的提交次数

在 bin\trnsfrmr.ini 文件中 MaxTransactionNum 的默认值为 500000，可适当将其增大，例如将其修改为 MaxTransactionNum=1000000，这样会减少 cube 数据提交的次数，性能相应得到提高。

22.8 本章小结

本章介绍了 Cognos 的优化知识，包括以下几点。

1）增加 Cognos 的内存来提高运行的速度。

2）修改存放在*\bin 下的 cogdmor.ini 文件提高 Cognos 的数据库访问速度。

3）通过修改 Cognos 的 reportservice.xml 参数提高运行的效率。

4）通过修改读取高速缓存的值来提升 Cognos 的性能。

5）通过开启 crosstab caching 提高 cube 的访问速度。

6）在读取数据时启用多 CPU 处理，以提高 Cognos 运行的效率。

7）减少 cube 数据提交的次数以提升 Cognos 的性能。

技术词汇

1）数据库的定义：一系列的物理文件和对应的逻辑结构被称为数据库。

2）数据文件：物理存储数据库的数据文件，每一个数据文件只能对应一个数据库，主要包括数据表、索引和其他的段。

3）日志文件：记录对数据库的修改信息，以备恢复数据时使用，具体操作是每一个数据库至少包含两个日志文件组，日志文件组以循环的方式进行读写操作，每一个日志文件对应一个物理文件。

4）控制文件：是一个较小的二进制文件，用于描述数据库的结构。这个文件会告诉用户数据文件、临时文件、重做日志文件的位置，还包括一些描述性的信息。

5）参数文件：包括确定内存结构的大小、设置数据库的默认值、设置数据库的范围、设置数据库的各种属性、优化数据库的性能等内容。这些参数文件同样会告诉 Oracle 实例在什么位置可以找到控制文件。

6）块：Oracle 管理存储空间最基本的单元，也是最小的逻辑存储单元。

7）区段：比块高一级的逻辑存储结构。区段由一系列块组成。

8）段：由多个区段组成，区段可以是连续的，也可以是不连续的。

9）表空间：是最高一级的逻辑存储结构，数据库就是由若干个表空间组成的。

10）数据库实例：Oracle 实例由内存和一系列后台进程组成。Oracle 实例是存储和控制数据库的软件机制。

11）后台进程：主要功能是为所有的数据库用户异步完成各种操作任务，从而保证数据库的实际运行任务正常进行。

12）内存结构：主要包括系统全局区（SGA）、进程全局区（PGA）、用户全局区（UGA）。

13）SGA（系统全局区）：主要由共享池、数据缓冲区、日志缓冲区构成。

14）共享池：由共享 SQL 区和数据字典区组成，参数 shared_pool_size 确定共享池的大小。

15）数据缓冲区：用于存储从数据文件中读取的数据备份和临时存储数据库块的地方。

16）日志缓冲区：以记录项的形式备份到数据缓冲区中被修改的缓冲块里，这些记录被写到日志文件中，从而可以加快数据库的操作。

17）概念模型：一种高层次的数据模型。它定义了主要的业务概念及其关系，通过分析业务需求和调研访谈的内容，对业务模型的一个初步归纳、提炼的过程。

18）逻辑数型：是概念模型的进一步分解细化。它描述了实体、属性以及实体之间的关系，一般采用第三范式。

19）物理模型：在逻辑模型的基础上描述模型实体的细节，包括选择什么样的数据库平台，数据库产品所对应的数据类型、长度、索引等因素，为逻辑模型选择一个最优的物理存储环境。

20）数据仓库：是一个面向主题的、集成的、稳定的、反映历史变化的、随着时间的流逝发生变化的数据集合。它主要用来支持企业管理人员的决策分析。

21）数据集市：是满足特定的部门或者用户的需求，按照多维的方式进行存储，包括定义维度、需要计算的指标、维度的层次等，生成面向决策分析需求的数据立方体。

22）OLAP：联机分析处理，英文名称 OnLine Analysis Processing。OLAP 是根据用户特殊的需求而进行的联机数据分析，包括对数据仓库的分析，是业务分析人员、中层管理人员、企业领导者从多角度对企业数据进行深入理解的一类技术。

23）维度：人们观察事物的角度。

24）层：根据维度细节程度的不同，划分数据在逻辑上的等级关系，用来描述维度的各个方面。

25）维度的成员：维度的取值，即维度中的各个数据元素的取值。

26）钻取：通过变换维度的层次，改变粒度的大小。

27）旋转：通过变换维度的方向，重新安排维的位置，例如行列互换。

28）切片和切块：在一个或者多个维度上选取固定的值，分析其他维度上的度量数据，如果其他维度剩余两个，则是切片。如果是 3 个，则是切块。

29）度量：多维数据的取值。

30）ROLAP：是基于关系数据库的 OLAP，以关系型数据库为基础对多维数据的存储。

31）MOLAP：是基于多维数据库的 OLAP，其中切片、切块是主要技术。

32）HOLAP：是基于关系型和多维矩阵型的混合型的 OLAP。

33）OLTP：在线联机事务处理，主要面向细节性的数据，存储的都是当前的数据，被称作操作型数据或者是业务数据，用来支持日常业务运作。

34）元数据：在数据仓库系统的建立、维护、管理和使用过程中，用以描述实际数据的信息，是关于数据的数据。

35）企业模型：根据业务系统的特点，用数据建模的方法描述企业的各种生产经营活动，是对业务系统的抽象，是企业信息化建设的基础。

36）ODS：各个业务系统之间共享的数据存储区，是业务系统数据流动到数据仓库系统之间的缓冲区。

37）星型结构：主要包含事实表和维表两个部分。事实表主要由业务相关的度量值和与维表相关联的字段组成，维表是存放维度的具体信息。

38）雪花型结构：雪花型模式是在星型模式的基础上，对星型结构的一种拓展。通过对星型结构维表的规范化和细化，逐步建立起规范的第三范式数据结构，这种结构在形式上很像雪花形状，所以被称为雪花型结构。

39）数据建模：是指采用实体-关系的方法，用图形化的形式去描述业务规则的过程。

40）数据模型：是指用实体、实体的属性、实体之间的关系对企业在运营活动中涉及的所有业务概念和业务活动进行统一的定义和描述。